全国高等农林院校"十一五"规划教材

生 物 化 学

刘卫群 主编

U0248306

中国农业出版社

主　编　刘卫群（河南农业大学）

副主编　洪玉枝（华中农业大学）

　　　　高继国（东北农业大学）

　　　　郭红祥（河南农业大学）

编　者　（按姓氏笔画排序）

　　　　史　峰（浙江大学）

　　　　朱素娟（扬州大学）

　　　　刘卫群（河南农业大学）

　　　　杨虹琦（湖南农业大学）

　　　　杨致荣（山西农业大学）

　　　　赵亚华（华南农业大学）

　　　　洪玉枝（华中农业大学）

　　　　高继国（东北农业大学）

　　　　郭红祥（河南农业大学）

前　言

随着现代生物化学与分子生物学的迅速发展，生物化学内容涉及的范围愈来愈广，新的资料以庞大的数量快速积累，无论我们采取多有效的教学手段，都不可能在大学教育的有限学时内介绍完生物化学的所有知识，况且，随着教学改革的不断深入，为了让学生有更多时间选修其他课程，拓宽知识面，提高科学素质，各个专业基础课都在压缩学时。尽管本教材的编写人员都一直在教学一线，但在编写此教材时，还是感到了很大的压力。在确定编写大纲之时，对教材内容的取舍进行了充分、认真的讨论。

生物化学是生物科学和技术发展的基础，在整个生命科学中占据着越来越显著的地位，同时又是一门边缘科学，学科间的相互渗透和相互交叉非常突出，因而，内容不仅要考虑到和其他课程间相互补充与相互加强的问题，也要求我们必须在有限的学时内讲授基本概念和知识的同时，又为学生展现出一个较为全面、系统的生物化学研究概况，培养学生的微观思维能力和科学思维理念。所以在教材中对一些推动学科发展的重要内容编写得较详细，如酶学和蛋白质生物合成的内容介绍得相对详细；而考虑到糖的化学在有机化学中介绍的较多，本书侧重介绍糖蛋白等糖类衍生物；为避免与分子生物学教材内容的重复，基因表达调控一章从生物化学的角度仅介绍一些基本的概念。

本书共 14 章，包括糖类化学、脂类化学、蛋白质化学、核酸化学、酶、维生素与辅酶、生物膜、糖类代谢、生物氧化与氧化磷酸化、脂类代谢、含氮化合物代谢、核酸的生物合成、蛋白质的生物合成、代谢调节与基因表达调控，前 7 章为静态生物化学，从分子水平深入研究生物大分子化合物如蛋白质、酶和核酸的结构、性质及其功能；

后 7 章为动态生物化学，主要介绍这些生物大分子的分解与合成过程、能量的变化及调控。第一章由郭红祥和刘卫群编写，第二章由朱素娟编写，第三章由洪玉枝编写，第四章由赵亚华编写，第五章和第六章由史峰编写，第七章由杨致荣和郭红祥编写，第八章和第九章由高继国编写，第十章由杨致荣编写，第十一章由朱素娟编写，第十二章由杨虹琦编写，第十三章和第十四章由刘卫群和郭红祥编写。

本书适合作为农林院校生命科学学院各专业的教材，也可作为师范院校、植物生产类专业学生的教材。

由于编者水平有限，书中错误在所难免，希望读者批评指正。

编　者

2008 年 12 月

目　录

绪　　论

生物化学是生命科学的语言。一切有机体所表现出的生命活动及显示出的生物功能最终都取决于发生在分子水平上的物理、化学过程。研究生命现象的本质离不开生物化学的知识。阐述生命现象的本质必须运用生物化学的语言。生物化学是生命科学教育中的主干基础课程。

一、生物化学的概念和基本内容

生物化学是研究生命现象的基础和生命过程基本活动规律的科学。生物化学利用物理、化学和生物学的技术和原理，从分子水平研究生物体的化学组成、生命活动的基本规律及调节方式，从而阐明生命现象的本质。

生物化学的基本内容可概括为以下几个方面：

① 生物机体是由哪些物质组成的？它们具有什么样的结构、性质和功能？

② 这些物质在生物体内发生哪些变化？是怎样变化的？变化过程中能量是如何转变的？

③ 这些物质的结构、代谢和生物功能及复杂的生命现象之间（如生长、生殖、运动等）有什么样的关系？

生物体由水分、盐类和碳氢化合物组成。碳氢化合物包括糖类、脂类、蛋白质、核酸、激素等。生命过程新陈代谢的物质基础就是这些生物分子的化学变化过程。有机生命包含着复杂的矛盾，但无论生命现象如何复杂，它们都是以体内进行着具体的物理和化学变化为基础的。而生命活动是一种更高级的物质运动形式。因此我们不能简单地搬用一般地物理和化学原理对它们加以机械地解释。对于这类矛盾的研究，特别是对于新陈代谢的研究都构成了生物化学的研究内容。

二、生物化学用统一的术语来解释生物机体的分子特征

生物是极其多样的，就外表及功能而言，鸟类和兽类、树木、青草以及微生物差异极大。如果用生物化学的语言进行表述，所有生物在细胞和化学水平都极为相似。生物化学用分子术语来描述适合所有生物的结构、机制以及化学过程，并提供多种多样生命形式共有的组织原理。一切生命现象均为无生命分子（蛋白质、核酸、碳水化合物、维生素、无机盐等）的集合，以不同的方式、不同层次的相互作用与互相结合，并不断地进行着物理、化学的变化，这些变化综合起来表现为生命现象。所谓的不同生物或一种生物的属和种是取决于其一套独特的生物大分子。但无生命物质单独存在时都不能表现完整的生命现象，只有当它们处在"细胞"这样特定系统中，才表现出典型的生命现象。

三、生物化学与其他学科的关系

自 19 世纪末至 20 世纪初生物化学成为一门独立的学科以来，生物大分子的结构、性质和功

能的研究更加深入，许多学科向其靠拢，促使遗传学、细胞生物学、发育生物学、神经生物学等生命科学分支进入分子水平。冠以"分子"之姓；并且使动物、植物、微生物、人体、医学、工业、农业等生物相关领域也赋予"生物化学"之名，使之显示了切实之用；同时为物理学、化学、数学、计算机科学、信息科学、材料科学、国防科学等其他学科的发展带来了勃勃生机，大有促进整个自然科学的发展和技术进步之势。

生物化学研究的重大成果，对工业、农业、畜牧业、医疗卫生等行业的发展产生了越来越深远的影响，发挥着日益显著的作用。在工业上，生物化学不仅为食品、发酵、轻工、制药等工业生产提供可靠的科学依据，而且酶工程等生化技术的创新使大规模生产的连续化、自动化成为可能。在农业上，抗旱、抗寒、耐肥、抗病虫害等新作物品种的培育离不开生物化学的理论和实验分析，基因工程、蛋白质工程等生化技术在作物品种的改良和创新中正发挥着越来越大的作用。在畜牧业上，畜禽营养问题的解决，肉类、蛋类、乳类等产品的品质改善，以及人们所需要的优良品种的克隆，无疑地需要生物化学理论和技术。在医学上，一些生物化学分析方法已成为临床诊断的重要手段，癌症、艾滋病等威胁人类生存的疾病致病机理的研究、有效治疗药物的研制，有待于根据生物化学的理论和技术进一步探索，在改善营养、增强体质、提高人体抗病能力、延缓衰老等方面的研究，生物化学也将发挥积极的作用。

四、生物化学的学习方法

生物化学不同于有机化学或无机化学等基础学科，它既不以周期系，也不以官能团性质为体系，而是以生物学功能为体系来研究生物体的化学组成和性质的。生物体是整体功能协调，是处于动态化学过程的，因此，需要我们用新的学习方法来掌握新的知识。首先，要建立生物体系成分分类的方法是以生理功能为出发点的概念；其次，要建立生物体系中的化学反应基本是多步骤过程的概念；第三，要建立生物化学反应过程相互联系、制约的概念。在学习方法上，要善于应用归纳法，如蛋白质、核酸、淀粉分子质量都相当大，但是无论分子质量多大，它们多是由自己的基本组成单位多聚而成，只要注意到这些基本单位的连接方式以及高级结构的键合形式，就能够加强理解，避免记忆上的混乱。另外，生物体内生化反应数以千计，归纳起来每一种生物分子的代谢过程不外乎分解反应和合成反应两类。一种大分子的结构决定其特异性的生物功能。这样在总体脉络清晰的前提下进行学习，我们可以有的放矢，在理解的基础上，下一点记忆功夫，生物化学的内容就不难掌握了。

第一章　糖类化学

20 世纪 80 年代后期，对糖类化合物的研究从有机化学范围（化学组成和结构测定）发展到生物学领域（生物功能的研究）。研究表明，糖类化合物在细胞的相互识别、细胞分化、免疫等方面起着重要的作用，其生理作用已远远超出了"生物体的能源物质及组织组成物质"的传统认识。近年来这一研究领域进展极为迅速，已成为继蛋白质、核酸之后生物化学中的重大科学前沿。

第一节　糖的定义及分类

糖类化合物是自然界分布最广泛、数量最多的有机化合物。从细菌到高等动物都含有糖类化合物，植物体中含量最丰富，占其干重的 $85\%\sim90\%$。其次是节肢动物（如昆虫、蟹虾）外壳的主要成分是壳多糖（甲壳质）。

最初的糖类化合物用 $C_n(H_2O)_m$ 通式来表示，统称为碳水化合物，后来发现有些化合物不符合此通式。而且有些糖类化合物中除 C、H、O 外还有 N、S、P 等，名词显然已不恰当，但是因沿用已久，至今还用碳水化合物名称。现在糖类化合物定义为多羟基的醛、酮及其缩聚物和某些衍生物。

众所周知，糖类化合物是一切生命体维持生命活动所需能量的主要来源，是生物体合成其他化合物的基本原料，有时还充当结构性物质。20 世纪 70 年代后，随着分子生物学的发展，人们逐步认识到，糖类是涉及生命活动本质的生物大分子之一。糖链结构蕴涵着十分丰富的生物语言信息，是高密度的信息载体，是参与神经活动的基本物质。糖类是细胞膜上受体分子的重要组成部分，是细胞识别和信息遗传等重要生物学功能的参与者。因此，糖类的研究对于免疫学、肿瘤学、药物学及神经学科有着重要意义，也是人们在探索生命本质的道路上，继蛋白质与核酸之后的又一巨大挑战。一旦取得突破，不仅在理论上对揭示生命奥秘有巨大意义，而且将促进生物工程技术向纵深发展。

糖类化合物常按其组成分为单糖、寡糖和多糖。单糖是最简单的糖，不能再被水解为更小的单位。寡糖和多糖由单糖分子缩合而成。多糖中相同的单糖基组成的称为同多糖，不相同的单糖基组成的称为杂多糖。如按其分子中有无支链，则有直链、支链多糖之分；如按其功能的不同，则可分为结构多糖、储存多糖、抗原多糖等；如按其分布来说则又有胞外多糖、胞内多糖、胞壁多糖之别。如果糖类化合物中尚含有非糖物质部分，则称为糖缀合物或复合糖类，例如糖肽、糖脂、糖蛋白等。

第二节　单　　糖

一、单糖的结构与构型

（一）单糖的开链式结构和构型

在糖的开链式结构中，有一个碳原子和氧原子形成羰基，其余的碳原子上都带有一个羟基。

根据羰基的位置可将单糖分为醛糖和酮糖（图1-1）。

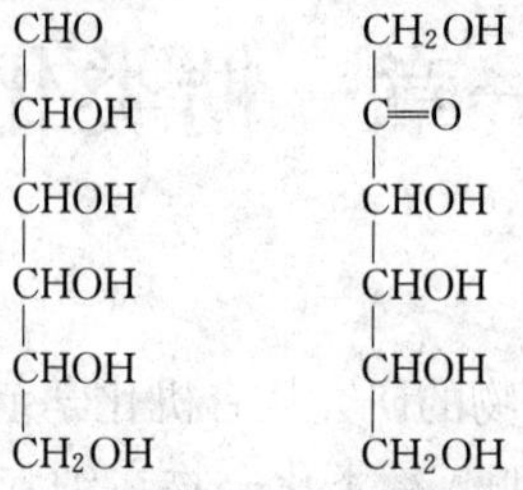

$$
\begin{array}{cc}
\text{CHO} & \text{CH}_2\text{OH} \\
| & | \\
\text{CHOH} & \text{C}=\text{O} \\
| & | \\
\text{CHOH} & \text{CHOH} \\
| & | \\
\text{CHOH} & \text{CHOH} \\
| & | \\
\text{CH}_2\text{OH} & \text{CH}_2\text{OH} \\
\text{醛糖} & \text{酮糖}
\end{array}
$$

图1-1　醛糖与酮糖结构

最简单的单糖是甘油醛（丙醛糖）和二羟基丙酮（丙酮糖）。主链由4、5、6和7个碳原子组成的单糖分别称为丁糖、戊糖、己糖和庚糖。D-葡萄糖和D-果糖是自然界中存在的最为普遍的单糖。D-核糖和2-脱氧-D-核糖则是核酸和核苷酸的组成成分。

除了二羟基丙酮以外所有的单糖都含有一个或者多个非对称（手性）碳原子，从而产生光学活性异构物。最简单的醛糖甘油醛拥有一个手性中心（中间的碳原子），因此有两个不同的旋光异构体或者对映体：D型和L型（图1-2）。物质的旋光性分为左旋光（用"一"表示）和右旋光（用"＋"表示）。D型异构体具有右旋光性，表示为D（＋）；L型异构体具有左旋光性，表示为L（一）。

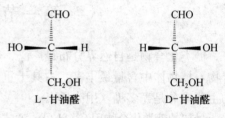

图1-2　D型与L型甘油醛

一般来说，甘油醛是决定糖构型的参考标准，只需比较编号最大的手性碳原子的构型，编号最大的手性碳构型与D-甘油醛相同者为D型糖，与L-甘油醛相同者为L型糖（图1-3）。

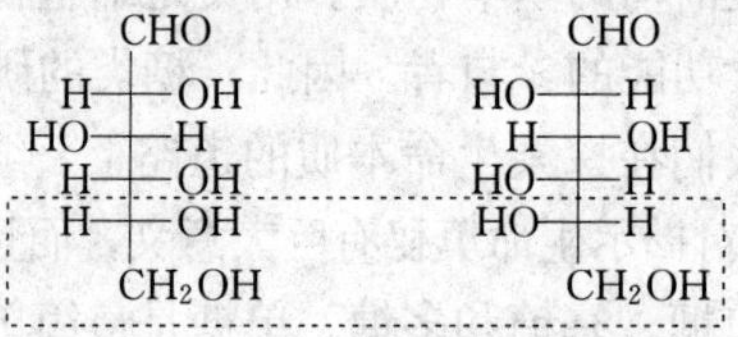

$$
\begin{array}{cc}
\text{CHO} & \text{CHO} \\
\text{H}\!-\!\!-\!\text{OH} & \text{HO}\!-\!\!-\!\text{H} \\
\text{HO}\!-\!\!-\!\text{H} & \text{H}\!-\!\!-\!\text{OH} \\
\text{H}\!-\!\!-\!\text{OH} & \text{HO}\!-\!\!-\!\text{H} \\
\text{H}\!-\!\!-\!\text{OH} & \text{HO}\!-\!\!-\!\text{H} \\
\text{CH}_2\text{OH} & \text{CH}_2\text{OH}
\end{array}
$$

D-（＋）-葡萄糖　　　L-（一）-葡萄糖

图1-3　D型与L型葡萄糖

19世纪末20世纪初，费歇尔（E.Fischer）首先对糖进行了系统的研究，确定了葡萄糖的结构，被誉为"糖化学之父"，也因而获得了1902年的诺贝尔化学奖。我们经常应用Fischer投影式结构来反映糖的三维结构（图1-4）。

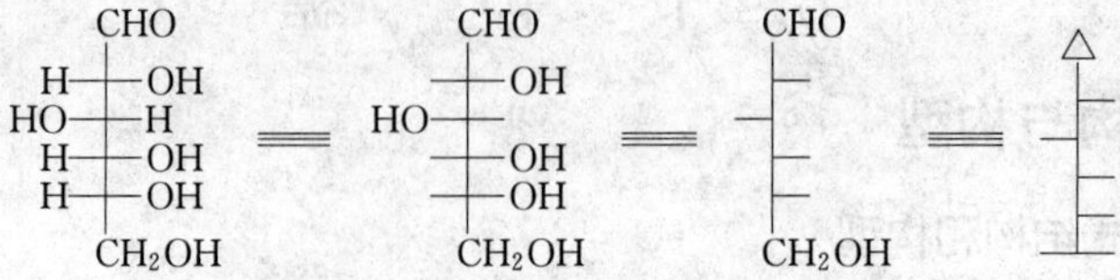

图1-4　单糖的Fischer投影式书写

另一种表示方法是用楔型线表示指向纸平面的键，虚线表示指向纸平面后面的键。如D-（＋）-葡萄糖用图1-5可表示。

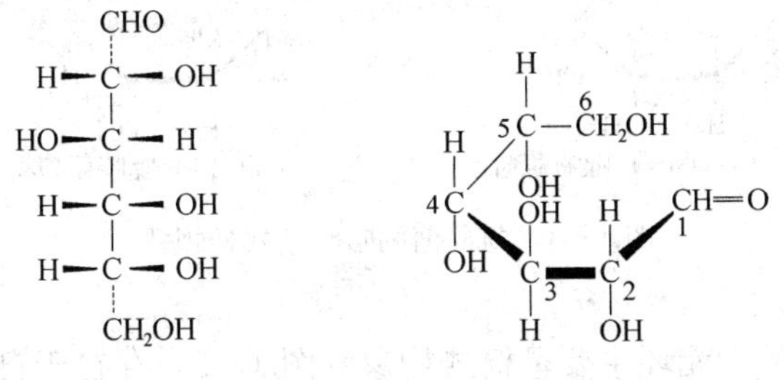

图1-5 D-（＋）-葡萄糖

（二）单糖的环状结构与变旋光现象

物理和化学的方法证明，单糖不仅以直链结构存在，而且以环状结构存在。1925—1930年，由X射线等现代物理方法证明，葡萄糖主要是以氧环式（环状半缩醛结构）存在的，与开链式结构建立了一个平衡体系。

1. 氧环式结构 氧环式结构如图1-6所示。

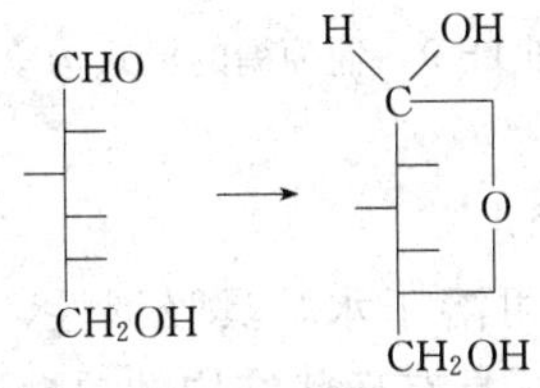

图1-6 链式结构（左）与氧环式结构（右）

2. 环状结构的α构型和β构型 糖分子中的醛基与羟基作用形成半缩醛时，由于C＝O为平面结构，羟基可从平面的两边进攻C＝O，所以得到两种异构体α构型和β构型。α构型是生成的半缩醛羟基与决定单糖构型的羟基在同一侧。β构型是生成的半缩醛羟基与决定单糖构型的羟基在不同的两侧（图1-7）。两种构型可通过开链式相互转化而达到平衡，这就是糖具有变旋光现象的原因。

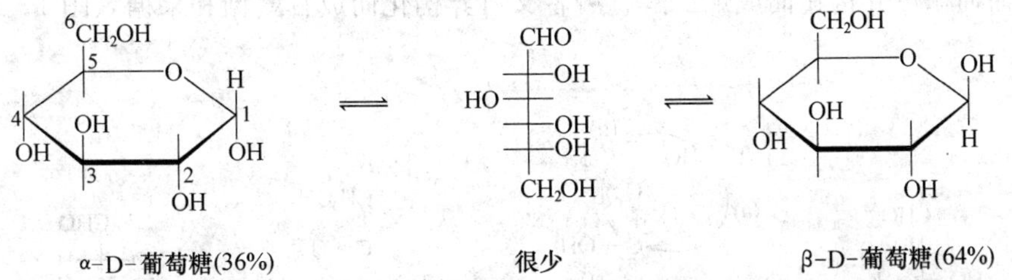

α-D-葡萄糖(36%)　　　　很少　　　　β-D-葡萄糖(64%)

图1-7 α构型和β构型葡萄糖

3. 环状结构的哈沃斯式（Haworth）透视式 糖的半缩醛氧环式结构不能反映出各个基团的相对空间位置。为了更清楚地反映糖的氧环式结构，环状结构用哈沃斯式透视式表示。例如，葡萄糖的哈沃斯式透视式如图1-8所示。

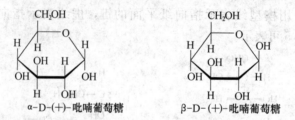

α-D-(+)-吡喃葡萄糖   β-D-(+)-吡喃葡萄糖

图1-8　葡萄糖的哈沃斯式透视式

（三）单糖的构象

研究证明，吡喃型糖的六元环主要呈椅式构象（图1-9）存在于自然界。

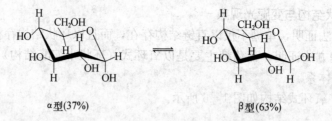

α型(37%)   β型(63%)

图1-9　葡萄糖的椅式构象

二、单糖的物理性质

单糖在常温下大多为白色晶体，可溶于水，具吸湿性，难溶于醇等有机溶剂。单糖都有甜味。除丙酮糖外，单糖都有旋光活性，具有环状结构的单糖还有变旋光作用。

三、单糖的化学性质

单糖是多羟醛或多羟酮，所以具有醛基、酮基、醇羟基的性质，能发生醇羟基的成酯、成醚等反应和羰基的氧化、还原和加成等反应，而且具有羟基及羰基相互影响而产生的一些特殊反应。

（一）异构化作用

例如，葡萄糖可异构化而成烯二醇，后者又可异构化而成甘露糖和果糖（图1-10）。

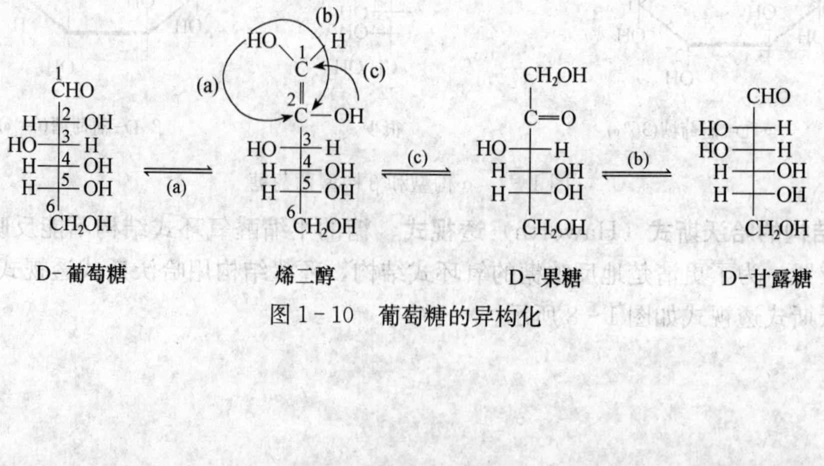

D-葡萄糖　　　烯二醇　　　D-果糖　　　D-甘露糖

图1-10　葡萄糖的异构化

（二）氧化反应

1. 与碱性弱氧化剂的作用 醛糖与酮糖都能被土伦试剂或费林试剂这样的弱氧化剂氧化，前者产生银镜，后者生成氧化亚铜的砖红色沉淀，糖分子的醛基被氧化为羧基（图1-11）。

$$单糖+[Ag(NH_3)_2]^+ \xrightarrow{\triangle} Ag\downarrow+复杂氧化物$$
银镜

$$单糖+Cu^{2+} \xrightarrow{\triangle} Cu_2O\downarrow+复杂氧化物$$
砖红色

图1-11 单糖与碱性弱氧化剂的作用

通常将能被碱性弱氧化剂氧化的糖称为还原性糖，不被氧化的糖称为非还原性糖。

2. 与酸性氧化剂的作用 溴水能氧化醛糖，但不能氧化酮糖，因为酸性条件下，不会引起糖分子的异构化作用。据此反应可区别醛糖和酮糖。稀硝酸的氧化作用比溴水强，能使醛糖氧化成糖二酸（图1-12）。

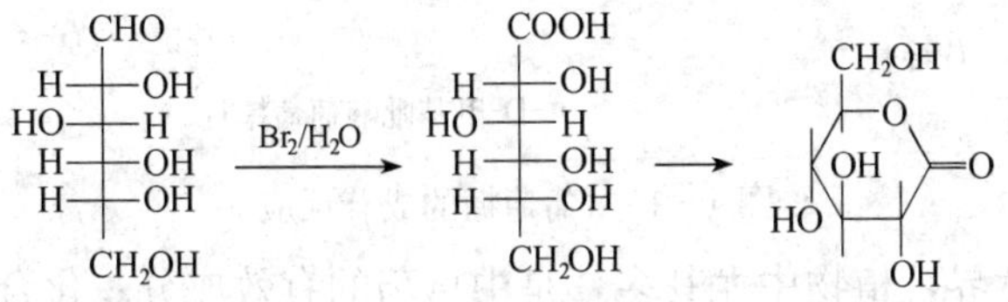

D-葡萄糖　　　　　D-葡萄糖酸　　　　　葡萄糖酸δ-内酯

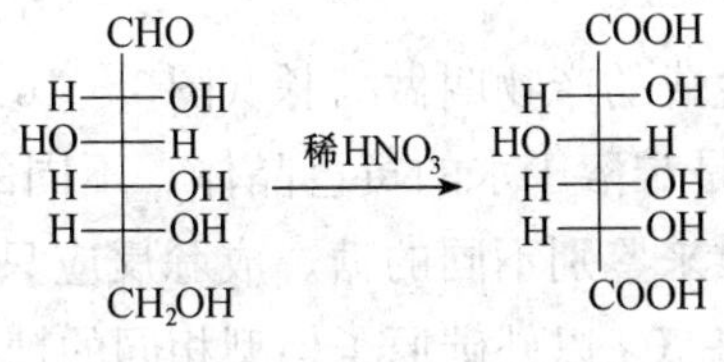

D-葡萄糖　　　　　D-葡萄糖二酸

图1-12 葡萄糖与酸性氧化剂的作用

3. 与高碘酸作用 糖类能被高碘酸所氧化，碳碳键断裂（图1-13）。

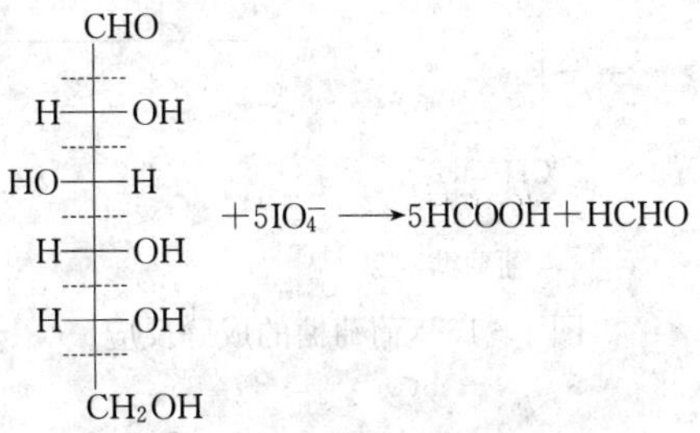

$$+5IO_4^- \longrightarrow 5HCOOH+HCHO$$

图1-13 葡萄糖与高碘酸作用

（三）磷酸化反应

葡萄糖的磷酸化反应如图1-14所示。

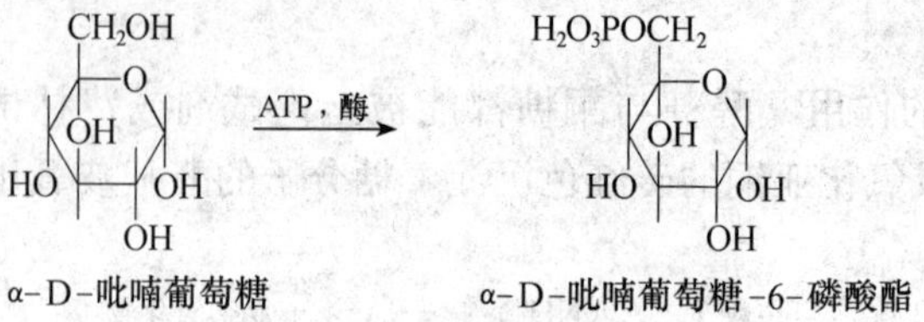

图 1-14　葡萄糖的磷酸化反应

（四）成苷反应

单糖的环状半缩醛羟基可与另一含有活泼氢（如—OH、—SH、—NH）的化合物进行分子间脱水，生成的产物称为糖苷（glycoside），这样的反应称为成苷反应（图 1-15）。

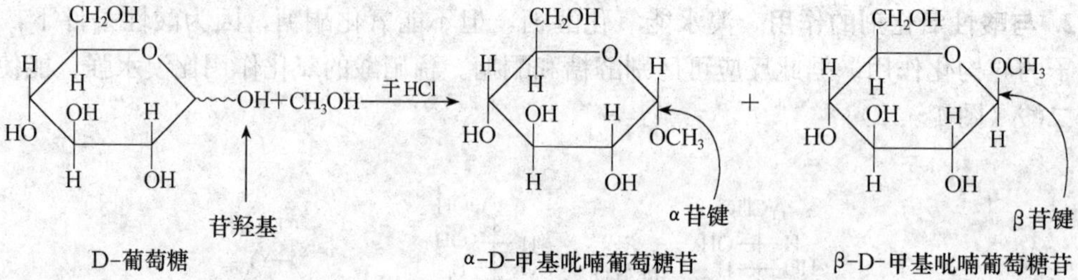

图 1-15　葡萄糖的成苷反应

糖苷广泛存在于自然界，植物中尤其多，是中草药的有效成分。化合物与糖结合成苷后，水溶性增大，挥发性降低，稳定性增强，毒性降低或消失。

（五）成脎反应

单糖分子与过量苯肼作用，生成的产物叫做糖脎（图 1-16）。成脎反应可以看作是 α-羟基醛或 α-羟基酮的特有反应。糖脎是难溶于水的黄色晶体。不同的脎具有特征性的结晶形状和一定的熔点。常利用糖脎和这些性质来鉴别不同的糖。成脎反应只在单糖分子的 C_1 和 C_2 上发生，不涉及其他碳原子，因此除了 C_1 和 C_2 以外碳原子构型相同的糖，都可以生成相同的糖脎。例如 D-葡萄糖和 D-果糖都生成相同的脎。

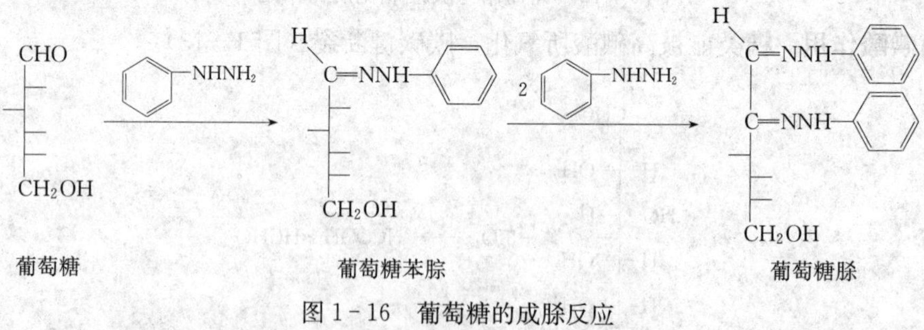

图 1-16　葡萄糖的成脎反应

第三节　寡糖与多糖

寡糖是 2～10 个单糖组成的低聚糖。自然界以游离状态存在的二糖有蔗糖、麦芽糖等，三糖有棉子糖等。到目前为止，已知的寡糖已达500多种。多糖是由10个以上单糖或单糖衍生物通过糖苷键聚合而成的高分子化合物，分为均多糖（homosaccharide）和杂多糖（heterosaccha-ride），水解的最终产物是单糖分子。多糖没有甜味，没有还原性和变旋光现象。

一、二糖

二糖（disaccharide）是最重要的低聚糖，是两分子单糖通过糖苷键结合而成的。二糖分子中保留有一个苷羟基的为还原性糖，反之为非还原性糖。

（一）蔗糖

蔗糖（sucrose）由葡萄糖与果糖组成（图1-17）。蔗糖无还原性和变旋光作用，为非还原性二糖。

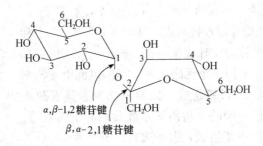

图1-17　蔗糖的结构

（二）麦芽糖

麦芽糖（maltose）存在于麦芽中，能水解成两分子葡萄糖，具有还原性和变旋光现象（图1-18）。

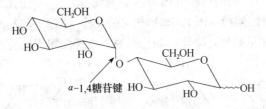

图1-18　麦芽糖的结构

（三）纤维二糖

纤维二糖（cellobiose）（图1-19）是纤维素水解的中间产物，具有还原性。纤维二糖与麦芽糖虽只是糖苷键的构型不同，但在生理上却有较大差别。如麦芽糖可在人体内分解消化，而纤维二糖却不能被人体消化吸收（草食动物体内存在水解β-糖苷键的酶而能消化吸收纤维二糖，人体内缺乏此酶而不能消化吸收纤维二糖）。

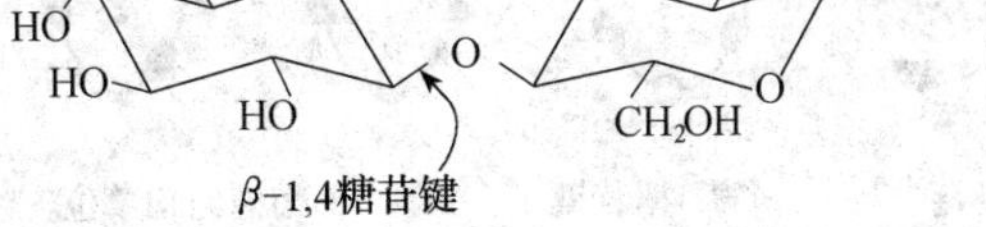

图1-19　纤维二糖的结构

（四）乳糖

乳糖（lactose）存在于哺乳动物的乳汁中，具有还原性（图1-20）。

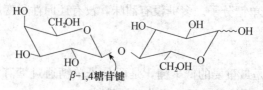

图1-20 乳糖的结构

二、环糊精

环糊精（cyclodextrin，CD）是由直链淀粉在芽孢杆菌产生的环糊精葡萄糖基转移酶作用下而生成的一类环状低聚糖的总称。环糊精一般是由6～8个或更多个D-吡喃葡萄糖残基通过α-1,4糖苷键连接而成，其中含有6个、7个和8个葡萄糖残基的环糊精分别称为α环糊精（图1-21）、β环糊精和γ环糊精。环糊精的分子形状如同一个无底的桶。桶的侧面由葡萄糖分子的C—C键、C—O键及C—H键组成，因而桶的内腔具有疏水性（冠醚的空腔具有亲水性）；桶的上边由6个葡萄糖分子的C_2羟基及C_3羟基组成，下边由羟甲基组成，上下边具有亲水性。

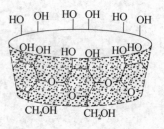

图1-21 α环糊精结构

三、多糖

（一）淀粉

淀粉（starch）是由α-D-葡萄糖通过α-1,4糖苷键和α-1,6糖苷键连接而成的多糖。淀粉是植物体中储藏的养分，由直链淀粉（图1-22）和支链淀粉（图1-24）两部分组成。直链淀粉溶液遇碘显蓝色（图1-23），加热退色，冷却后颜色复原。支链淀粉遇碘呈现紫色或紫红色。

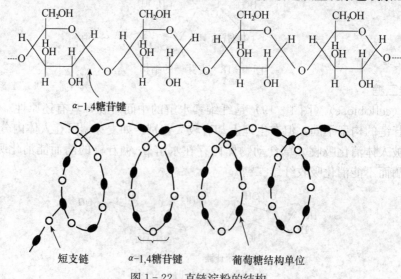

图1-22 直链淀粉的结构

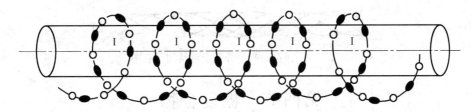

图 1-23　直链淀粉与碘结合

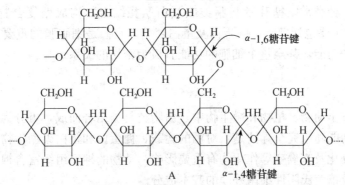

A

α-1,6糖苷键

α-1,4糖苷键

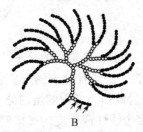

B

图 1-24　支链淀粉结构

A. 分支点结构　B. 结构示意图

（二）糖原

糖原（glycogen）（图 1-25）是动物体内储藏的多糖，也称为动物淀粉，主要存在于肝脏和肌肉中，所以有肝糖原和肌糖原之分，在肝脏中尤其丰富。

（三）纤维素

纤维素（cellulose）是自然界分布最广、存在量最多的有机物，是植物细胞壁的主要组分。纤维素是葡萄糖通过 β-1,4 糖苷键连接而不含有支链的线性高分子（图 1-26、图 1-27）。

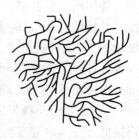

图 1-25　糖原的结构

β-1,4糖苷键

图 1-26　纤维素结构

图 1-27　扭在一起的纤维素链结构示意图

第四节　糖复合物

在生物体内，糖类常以糖苷键与脂类或蛋白质相结合，构成糖复合物（complex carbohydrate）。糖复合物主要包括糖脂、糖蛋白及蛋白聚糖，它们是细胞膜的重要成分，膜上的这些寡糖链的结构与膜的功能，甚至整个细胞的功能有极为密切的关系。

一、糖脂

糖脂广泛分布于动物、植物和微生物中，由脂类与糖结合而成，可分为糖脂与脂多糖。糖脂的糖含量较少，功能尚未完全弄清楚，对糖的运载、糖蛋白和蛋白聚糖生物合成的调控、细胞间的识别、细胞的分化及其癌变等作用均有重要影响。动物的神经组织富含神经节苷脂，它属于糖脂。脂多糖是构成革兰氏阴性细菌外膜的基本成分。

二、糖蛋白

糖蛋白是由短的寡糖链与蛋白质共价相连构成的分子。糖蛋白的总体性质更接近蛋白质，以蛋白质为主。与蛋白相连的寡糖链常常是具有分支的杂糖链，一般由 2～10 个单体（少于 15）组成，末端成员常常是唾液酸或 L-岩藻糖。通常糖蛋白分子的含糖量较少（约 4%），有些糖蛋白只含一个或几个糖基，有些含有多个线性或分支的寡糖侧链。

（一）糖蛋白的结构

组成糖蛋白分子中糖的单糖有 7 种：葡萄糖、半乳糖、甘露糖、N-乙酰半乳糖胺、N-乙酰葡萄糖胺、岩藻糖和 N-乙酰神经氨酸。由这些单糖构成各种各样的寡糖可经两种方式与蛋白部分连接即 N 连接寡糖和 O 连接寡糖（图 1-28），因此糖蛋白也相应分成 N 连接糖蛋白和 O 连接糖蛋白。

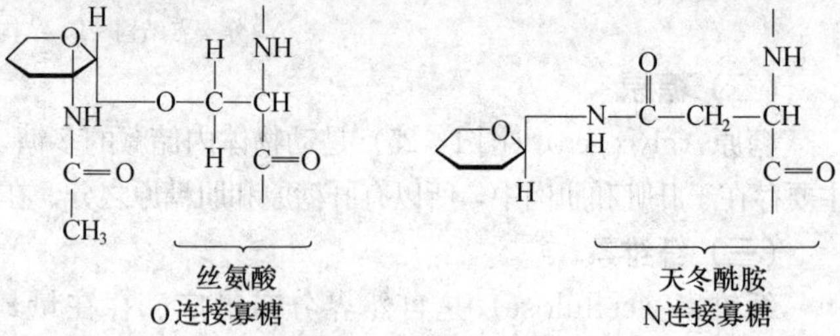

丝氨酸
O 连接寡糖

天冬酰胺
N 连接寡糖

图 1-28　糖蛋白结构

1. N 连接糖蛋白　寡糖中的 N-乙酰葡萄糖胺与多肽链中天冬酰胺残基的酰胺氮连接，形成 N 连接糖蛋白。但是并非糖蛋白分子中所有天冬酰胺残基都可连接寡糖。只有特定的氨基酸序列，即 Asn-X-Ser/Thr（其中 X 可以是脯氨酸以外的任何氨基酸）3 个氨基酸残基组成的序列才有可能，这一序列被称为糖基化位点。1 个糖蛋白可存在若干个 Asn-X-Ser/Thr 序列子，这些序列子只能视为潜在糖基化位点，能否连接上寡糖还取决于周围的立体结构。

N 连接寡糖可分为 3 种类型：高甘露糖型、复杂型和杂合型。这 3 种 N 连接寡糖都有一个五糖核心，高甘露糖型在核心五糖上连接了2～9个甘露糖；复杂型在核心五糖上可连接入3、4或5个分支糖链，宛如天线，天线末端常连有N-乙酰神经氨酸；杂合型则具有二者的结构。

2. O连接糖蛋白 寡糖中的N-乙酰半乳糖胺与多肽链的丝氨酸或苏氨酸残基的羟基连接形成O连接糖蛋白。它的糖基化位点的确切序列还不清楚，但通常存在于糖蛋白分子表面丝氨酸和苏氨酸比较集中且周围常有脯氨酸的序列中。O连接寡糖常由N-乙酰半乳糖胺与半乳糖构成核心二糖，核心二糖可重复延长及分支，再连接上岩藻糖、N-乙酰葡萄糖胺等单糖。

（二）糖蛋白寡糖链的功能

许多执行不同功能的蛋白质都是糖蛋白，糖蛋白中的寡糖链不但能影响蛋白部分的构象、聚合、溶解及降解，还参与糖蛋白的相互识别和结合等，这些作用是蛋白质和核酸不能取代的。

1. 寡糖链对新生肽链的影响

（1）不少糖蛋白的N连接寡糖链参与新生肽链的折叠并维持蛋白质正确的空间构象 如用核酸点突变的方法去除某病毒G蛋白的2个糖基化位点后，此G蛋白就不能形成正确的链内二硫键而错配成链间二硫键，空间构象也发生改变。运铁蛋白受体有3个N连接寡糖链，分别位于Asn_{251}、Asn_{317}和Asn_{727}。已发现Asn_{727}连接有高甘露糖型寡糖链，与肽链的折叠和运输密切相关，Asn_{251}连接有三天线复杂型寡糖链，此寡糖链对于形成正常二聚体起重要作用，可见寡糖链能影响亚基聚合。

（2）很多糖蛋白的寡糖链可影响糖蛋白在细胞内的分拣和投送 溶酶体酶合成后被运输至溶酶体内就是一个典型的例子。溶酶体酶在内质网合成后，其寡糖链末端的甘露糖在高尔基体内被磷酸化成6-磷酸甘露糖，然后与存在于溶酶体膜上的6-磷酸甘露糖受体识别并结合，定向转移至溶酶体内。若寡糖链末端甘露糖不被磷酸化，那么溶酶体酶只能分泌至血浆，而溶酶体内几乎没有酶，导致疾病产生。

2. 寡糖链对糖蛋白生物活性的影响 糖链影响蛋白质的结构和稳定性。例如，低密度脂蛋白受体正常情况下约含30条O连接糖链。在缺失O连接糖链合成的培养细胞中形成的低密度脂蛋白受体虽能正常转运至质膜，但易被细胞表面的蛋白酶降解并释放到胞外。

另外，去除寡糖链的糖蛋白容易受蛋白酶水解，说明寡糖链可保护肽链，延长半衰期。不少酶属于糖蛋白，若去除寡糖链，并不影响酶的活性，但也有些酶的活性依赖其寡糖链，如β-羟-β-甲戊二酰辅酶A还原酶去糖链后其活性降低90%以上，脂蛋白脂酶N连接寡糖的核心五糖为酶活性所必需。免疫球蛋白G也是N连接糖蛋白，其糖链主要存在于Fc段。若IgG去除糖链，其生物功能就会丢失。

3. 寡糖链的分子识别作用 寡糖链中单糖间的连接方式有$1\rightarrow2$、$1\rightarrow3$、$1\rightarrow4$、$1\rightarrow6$几种，又有α和β之分，这种结构的多样性是寡糖链起到分子识别作用的基础。如猪卵细胞透明带中相对分子质量为5.5万的ZP-3蛋白，含有O连接寡糖，能识别精子并与之结合。受体与配体识别和结合也需寡糖链的参与。红细胞的血型物质含糖达80%～90%。ABO系统中血型物质A和B均是在血型物质O的糖链非还原端各加N-乙酰半乳糖胺（GalNAC）或半乳糖（Gal），仅一个糖基之差，使红细胞能分别识别不同的抗体，产生不同的血型，可见糖链功能之奇妙。细菌表面存在各种凝集素样蛋白，可识别人体细胞表面的寡糖链结构，而侵袭细胞。

三、蛋白聚糖

蛋白聚糖（proteoglycan，PG）是一类非常复杂的大分子糖复合物。由一条或多条糖胺聚糖和一个核心蛋白共价连接而成。相对分子质量可达数百万，含糖的比例可高达 90％以上，而蛋白质仅占 5％～7％，糖链含己糖胺甚高，并富含糖醛酸和硫酸根（一般糖蛋白不含这些组分）。

一种蛋白聚糖可含有一种或多种糖胺聚糖。糖胺聚糖是因为其中必含有糖胺而得名，可以是葡萄糖胺或半乳糖胺。糖胺聚糖是由二糖单位重复连接而成，没有分支。二糖单位中除了一个是糖胺外，另一个是糖醛酸，可以是葡萄糖醛酸或艾杜糖醛酸。体内重要的糖胺聚糖有 6 种：硫酸软骨素、硫酸皮肤素、硫酸角质素、透明质酸、肝素和硫酸类肝素。除透明质酸外其他的糖胺聚糖都带有硫酸。除糖胺聚糖外，蛋白聚糖还含有一些 N 连接或 O 连接寡糖链。蛋白聚糖主要存在于结缔组织，由结缔组织特化细胞或纤维细胞和软骨细胞产生。

与糖胺聚糖链共价结合的蛋白质称为核心蛋白。核心蛋白均含有相应的糖胺聚糖取代结构域，一些蛋白聚糖通过核心蛋白特殊结构域锚定在细胞表面或细胞外基质的大分子中，有些核心蛋白还具有特异相互作用的结构域。核心蛋白最小的蛋白聚糖称为丝甘蛋白聚糖，含有肝素，主要存在于造血细胞和肥大细胞的储存颗粒中，是一种典型的细胞内蛋白聚糖。

蛋白聚糖具有如下生物功能：

① 蛋白聚糖最主要的功能是构成细胞间的基质，在基质中蛋白聚糖与弹性蛋白和胶原蛋白以特殊的方式相连而赋予基质以特殊的结构。基质中含有大量透明质酸，可与细胞表面的透明质酸受体结合，影响细胞与细胞的黏附、细胞迁移、增殖和分化等。

② 由于蛋白聚糖中的糖胺聚糖是多阴离子化合物，结合 Na^+、K^+，从而吸收水分子，糖的羟基也是亲水的，所以基质内的蛋白聚糖可以吸引、保留水而形成凝胶，其作用是：容许小分子化合物自由扩散而阻止细菌通过，起保护作用；在结缔组织中能起机械性保护作用，对于维持组织正常形态及抗局部压力也起着重要作用。

③ 硫酸肝素蛋白聚糖主要分布在细胞膜表面，也是细胞膜的成分，在细胞与细胞、细胞与环境识别中起重要作用。

④ 有些细胞还存在丝甘蛋白聚糖，它的主要功能是与带正电荷的蛋白酶、羧肽酶及组胺等相互作用，参与这些生物活性分子的储存和释放。

⑤ 蛋白聚糖也具有一些特殊作用：肝素是重要的抗凝剂，能使凝血酶原失活，抑制血小板聚集而起抗凝作用。肝素能促进毛细血管壁的脂蛋白脂肪酶释放入血，后者能水解血浆脂蛋白中的脂肪，促进血浆脂质的清除。在软骨中硫酸软骨素含量丰富，维持软骨的机械性能。角膜的胶原纤维间充满硫酸角质素和硫酸皮肤素，使角膜透明。

小　　结

1. 糖类是一切生命体维持生命活动所需能量的主要来源，是生物体合成其他化合物的基本原料。另外，糖链结构还蕴涵着十分丰富的生物语言信息，参与生命活动。

2. 最简单的单糖是甘油醛（丙醛糖）和二羟基丙酮（丙酮糖）。根据所含碳原子数，单糖可分别称为丁糖、戊糖、己糖和庚糖等。D-葡萄糖和 D-果糖是自然界中存在的最为普遍的单糖。D-核糖和 2-脱氧-D-核糖则是核酸和核苷酸的组成成分。单糖一般都存在两种旋光异构体：D型和 L 型（以甘油醛为参照标准）。单糖是多羟醛或多羟酮，所以具有醛基、酮基、醇羟基的性质，能发生醇羟基的成酯、成醚等反应和羰基的氧化、还原和加成等反应，而且具有羟基及羰基相互影响而产生的一些特殊反应。

3. 寡糖是 2～10 个单糖组成的低聚糖。自然界以游离状态存在的二糖有蔗糖、麦芽糖等，三糖有棉子糖等。多糖是由 10 个以上单糖或单糖衍生物通过糖苷键聚合而成的高分子化合物，分为均多糖和杂多糖，水解的最终产物是单糖分子。

4. 在生物体内，糖类常以糖苷键与脂类或蛋白质相结合，构成糖复合物。主要包括糖脂、糖蛋白及蛋白聚糖，它们是细胞膜的重要成分，而这些寡糖链的结构与膜的功能，甚至整个细胞的功能有极为密切的、微妙的关系。

复 习 思 考 题

1. 糖蛋白寡糖链的功能有哪些？
2. 蛋白聚糖的功能有哪些？
3. 简述淀粉、糖原的结构。
4. 简述糖蛋白的结构特点。
5. 举例说明寡糖链在分子识别中的作用。

主要参考文献

陈洪超主编 . 2002. 有机化学 . 北京：高等教育出版社 .

倪沛洲主编 . 2003. 有机化学 . 第五版 . 北京：人民卫生出版社 .

张普庆主编 . 2006. 医学有机化学 . 北京：科学出版社 .

张生勇主编 . 2006. 有机化学 . 第二版 . 北京：科学出版社 .

周爱儒主编 . 2005. 生物化学 . 第六版 . 北京：人民卫生出版社 .

王镜岩，朱圣庚，徐长法主编 . 2002. 生物化学 . 北京：高等教育出版社 .

Trudy Mckee，James R Mckee. 2000. 生物化学导论（影印版）. 北京：科学出版社 .

第二章　脂类化学

脂类（lipids）又称为脂质，是脂肪和类脂的总称。它是指一类不溶于水而易溶于非极性有机溶剂，广泛存在于生物体内的重要有机化合物。脂类均含有碳、氢、氧元素，有的还含有氮和磷。其化学本质为脂肪酸与醇作用生成的酯及其衍生物，它们的共同特征是以长链或稠环脂肪烃分子为母体，结构差异大，生物学功能多样。如脂肪是生物的主要燃料，能被生物体利用；磷脂是生物膜的重要成分，担负着物质运输、能量转换、信息传递等功能。

根据化学结构和组成，脂类可分为单纯脂、复合脂、非皂化脂。单纯脂即脂肪酸与各种不同的醇类形成的酯，包括脂酰甘油和蜡。复合脂即含有其他化学基团的脂肪酸酯，包括磷脂、糖脂及其衍生物。非皂化脂即不含脂肪酸的脂类，包括类萜、类固醇等。除上述脂质外，还有脂蛋白和脂多糖等脂类复合物。

第一节　脂酰甘油类

脂酰甘油（acyl glycerol）即脂酰甘油酯（acyl glyceride）俗称油脂。它是由甘油（glycerol）和脂肪酸（fatty acid）组成的一类化合物。

一、脂肪酸

脂肪酸是由碳、氢、氧 3 种元素组成的一类有机羧酸，其中含有 1 个烃基及末端 1 个羧基，是中性脂肪、磷脂和糖脂的主要成分。自然界存在的脂肪酸绝大多数是含偶数碳原子的直链一元酸，碳原子数目一般在 4～26 之间，通常以 C_{16} 和 C_{18} 最为多见。

（一）脂肪酸结构

根据脂肪酸分子结构中碳链的长度不同，可将其分为短链脂肪酸（碳原子数少于 6 个）、中链脂肪酸（碳原子数为 6～12 个）和长链脂肪酸（碳原子数大于 12 个）3 类。食物所含的脂肪酸大多是长链脂肪酸。

根据碳链中所含双键的数目不同，又可将其分为饱和脂肪酸（不含双键）、单不饱和脂肪酸（含 1 个双键）和多不饱和脂肪酸（含 2 个及 2 个以上双键）3 类。

动物脂肪是以饱和脂肪酸为主组成的，在室温下呈固态，如牛油、羊油、猪油等。大多数植物油是以不饱和脂肪酸为主组成的，在室温下呈液态，如花生油、玉米油、豆油、菜子油等。也有少数例外，如深海鱼油虽然是动物脂肪，但它富含多不饱和脂肪酸。

除直链脂肪酸外，还有环状脂肪酸，如用于治疗麻风病的、从大枫子油中得到的大枫子油酸与亚大枫子油酸等。

细菌中含的不饱和脂肪酸为单不饱和脂肪酸，动物和植物中既含单不饱和脂肪酸又含多不饱和脂肪酸。各种天然脂肪酸中以软脂酸（棕榈酸）分布最广，其次是硬脂酸。动物脂肪的脂肪酸比较单纯，多为直链饱和脂肪酸或不饱和脂肪酸。细菌的脂肪酸有饱和的，有含 1 个双键或含 1 个环丙烷基的。植物中的脂肪酸有含烯键（双键）、炔键（三键）、环氧基以及含环丙烯基的，因此种类较多。常见的天然脂肪酸的分类见表 2-1。

表 2-1　常见的天然脂肪酸

习惯名	系统名	简写法	结构
饱和脂肪酸			
月桂酸（lauric acid）	n-十二烷酸	12:0	$CH_3(CH_2)_{10}COOH$
豆蔻酸（myristic acid）	n-十四烷酸	14:0	$CH_3(CH_2)_{12}COOH$
软脂酸（palmitic acid）	n-十六烷酸	16:0	$CH_3(CH_2)_{14}COOH$
硬脂酸（stearic acid）	n-十八烷酸	18:0	$CH_3(CH_2)_{16}COOH$
花生酸（arachidic acid）	n-二十烷酸	20:0	$CH_3(CH_2)_{18}COOH$
不饱和脂肪酸			
棕榈油酸（palmitoleic acid）	9-十六碳烯酸	$16:1^{\Delta 9}$	$CH_3(CH_2)_5CH=CH(CH_2)_7COOH$
油酸（oleic acid）	9-十八碳烯酸（顺）	$18:1^{\Delta 9}$	$CH_3(CH_2)_7CH=CH(CH_2)_7COOH$
亚油酸（linoleic acid）	9,12-十八碳二烯酸	$18:2^{\Delta 9,12}$	$CH_3(CH_2)_4CH=CHCH_2CH=CH(CH_2)_7COOH$
α-亚麻酸（linolenic acid）	9,12,15-十八碳三烯酸	$18:3^{\Delta 9,12,15}$	$CH_3CH_2CH=CHCH_2CH=CHCH_2CH=CH(CH_2)_7COOH$
花生四烯酸（arachidonic acid）	5,8,11,14-二十碳四烯酸	$20:4^{\Delta 5,8,11,14}$	$CH_3(CH_2)_4(CH=CHCH_2)_3CH=CH(CH_2)_3COOH$
桐油酸（tungic acid）	9,11,13-十八碳三烯酸	$18:3^{\Delta 9,11,13}$	$CH_3(CH_2)_3CH=CHCH=CHCH=CH(CH_2)_7COOH$
含羟基脂肪酸			
脑羟脂酸（cerebronic acid）	α-羟二十四碳烷酸		$CH_3(CH_2)_{21}CHOHCOOH$
蓖麻子酸（ricinoleic acid）	9,12 羟十八碳烯酸		$CH_3(CH_2)_5CHOHCH_2CH=CH(CH_2)_7COOH$
α-羟二十四烯酸（hydroxyn-ervonic acid）	15,α-羟二十四碳烯酸		$CH_3(CH_2)_7CH=CH(CH_2)_{12}CHOHCOOH$

　　脂肪酸结构的简明表示法是先写出碳原子的数目，再写出双键的数目，最后表明双键的位置。如软脂酸（棕榈酸）用 16:0 表示，表明含 16 个碳原子，无双键；油酸用 18:1(9) 或 $18:1^{\Delta 9}$ 表示，表明油酸含 18 个碳原子，且在第 9～10 位碳原子之间有一个不饱和双键。不饱和脂肪酸由于具有双键，因此具有顺反异构现象。天然存在的不饱和脂肪酸多为顺式异

构体。

自然界存在的脂肪酸有 40 多种。其中有些脂肪酸人体不能自行合成，必须由食物供给，故称为必需脂肪酸。人体所必需脂肪酸为亚油酸和亚麻酸两种。花生四烯酸虽然也是人体所必需的脂肪酸，但它可利用亚油酸由人体自行合成。

（二）脂肪酸性质

脂肪酸性质与其结构相关。脂肪酸分子是由极性羧基和非极性烃基所组成，因此，它既有亲水性又有疏水性，为两亲化合物。脂肪酸水溶性表现为低级脂肪酸易溶于水，烃基的长度对溶解度造成影响，一般随碳链加长溶解度减小，所以，有些脂肪酸溶于水，有些不溶于水。碳链相同时，有无不饱和键对溶解度不造成影响。

脂肪酸都具有熔点，饱和脂肪酸的熔点与其分子质量有关，分子质量愈大，其熔点就愈高。不饱和脂肪酸的双键愈多，熔点愈低。此外，脂肪酸在紫外区和红外区显示出特有的光吸收性。饱和脂肪酸和非共轭酸，在 220 nm 以下的波长区域有吸收峰；共轭酸中的二烯酸在 230 nm 附近、三烯酸在 260～270 nm 附近、四烯酸在 290～315 nm 附近各显示出吸收峰。据此可对脂肪酸进行定性、定量及结构研究。红外吸收光谱也可有效地应用于研究脂肪酸的结构，利用它可以区分有无不饱和键存在，分子是反式还是顺式结构，推测脂肪酸侧链的情况以及检出过氧化物等特殊基团。

二、甘油

1779 年瑞典药剂师 Scheele 在进行橄榄油与一氧化铝反应时，偶然发现的一种具有甜味的油状物质，取名为甘油。甘油（glycerol）化学名称丙三醇，为无色、透明、无臭的黏稠状液体，熔点为 18.17 ℃，密度为 1.261 g/cm^3，可与水及乙醇混溶，能降低水的冰点，有极大的吸湿性，溶于约 500 倍的乙醚，不溶于苯、氯仿、四氯化碳等有机溶剂。

根据 1967 年国际理论和应用化学联合会及国际生物化学联合会（IUPAC - IUB）的生物化学名词委员会的规定，甘油的命名原则是：甘油分子中 3 个碳原子指定为 1、2、3 碳位，第 2 碳位羟基写在左边，上面为 1 碳位，下面为 3 碳位，1、3 两字的位置不能交换。也可用 α、β、α′ 代表甘油碳位，β 代表中间碳位。这就是立体专一序数（stereospecific numbering），用 Sn 表示，并写在甘油衍生物名称的前面，如甘油 - 3 - 磷酸即写为 Sn - 甘油 - 3 - 磷酸。

甘油用途广泛，可用于医药、食品、日用化学、纺织、造纸、油漆等行业。如用于制造硝化甘油、醇酸树脂和酯胶等；用做飞机和汽车液化染料的抗冻剂、玻璃纸的增塑剂以及化妆品、皮革、烟草、纺织品的吸湿剂等。甘油和硝酸反应得三硝酸甘油酯，后者是治疗心绞痛的急救药物。生物体内，甘油是合成脂肪酸的原料。

三、三脂酰甘油的类型

由 1 分子甘油与 3 分子脂肪酸作用形成三脂酰甘油（TAG），简称三酰甘油（triacylglycerol），或甘油三酯，俗称脂肪。脂肪酸中羧基上的 —OH 与甘油中羟基上的 H 脱水缩合形成酯键。酯键是三脂酰甘油的主要化学键。三脂酰甘油可根据其化学结构及来源进行分类，其化学结构通式见图 2 - 1。

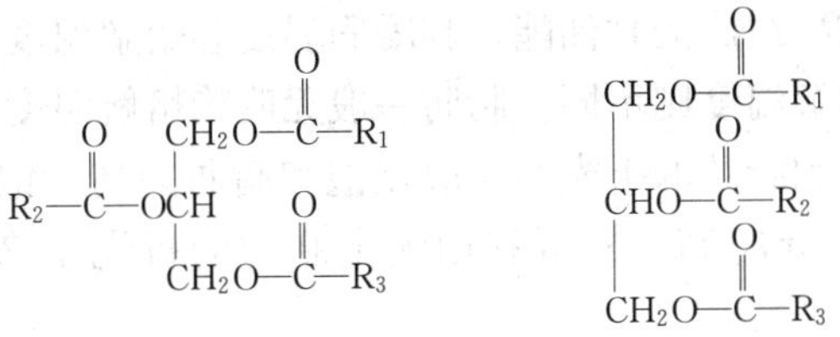

L-三脂酰甘油　　　　D-三脂酰甘油

图 2-1　三脂酰甘油（脂肪）结构通式

图 2-1 所示三脂酰甘油通式中，R_1、R_2、R_3 分别代表 3 分子脂肪酸的烃基，R_1、R_2、R_3 可以是相同的，也可以是不同的。若 3 个脂肪酸相同，则称为简单三脂酰甘油，命名时称为三某脂酰甘油，如三硬脂酰甘油、三油酰甘油等。若 3 个脂肪酸不同，则称为混合三脂酰甘油，命名时以 α、β 和 α' 分别表示不同脂肪酸的位置。如 α-软脂酸-β-油酸-α'-硬脂酰甘油。

甘油分子本身无不对称碳原子，但它的 3 个羟基可被不同程度的酯化，则甘油分子的中间碳原子是一个不对称原子，因而有 D 构型和 L 构型之分。甘油酯 2 碳位（即 β 碳位）的 RCOO—基团在碳链右侧的称为 D 型；反之，在左侧的称 L 型（图 2-1）。天然的三酰甘油都是 L 构型。根据甘油中羟基酯化程度不同，将脂酰甘油分为一酰甘油、二酰甘油、三酰甘油和烷基醚（或 α、β 烯基醚）酰甘油。

自然界由一种简单三脂酰甘油所组成的天然油脂极少，橄榄油和猪油含三油脂酰甘油较高，约为 70%。人体的脂肪一般为混合三脂酰甘油，所含的脂肪酸主要是软脂酸和油酸。

根据来源将脂肪分成动物性脂肪和植物性脂肪。动物性脂肪有两大类，一类为水产动物脂肪，如鱼类、虾、海豹等，其中的脂肪酸大部分是不饱和脂肪酸，所以这类脂肪的熔解温度低，并且也很易被消化；另一类是陆生动物脂肪，其中含大量饱和脂肪酸和较少量的不饱和脂肪酸。奶类中脂肪除含有一般的饱和脂肪酸与不饱和脂肪酸外，经常还有大量短链（含 4~8 个碳）脂肪酸，这些脂肪酸适于婴儿发育所需。植物性脂肪如棉子油、花生油、菜子油、豆油等，其脂肪中主要含不饱和脂肪酸，而且多不饱和脂肪酸（亚油酸）含量很高，占脂肪总量的 40%~50%。但椰子油中的脂肪酸主要是饱和脂肪酸。

四、三脂酰甘油的性质

（一）物理性质

三脂酰甘油（脂肪）一般为无色、无臭、无味，呈中性的液体或固体，相对密度皆小于 1。天然的脂肪（特别是植物油）因溶有维生素及色素而有颜色和气味。脂肪难溶于水，易溶于乙醚、石油醚、苯、氯仿及热乙醇等有机溶剂。

短链脂肪酸（含 6 个碳以下）组成的脂肪略溶于水。当有乳化剂（如肥皂和胆汁酸盐）存在时，脂肪可和水形成乳状液，人和动物体消化道内胆汁可分泌到肠道，胆汁内的胆汁酸盐使肠内脂肪乳化形成乳糜微粒，因而促进肠道内脂肪的消化吸收。

脂肪既是脂肪酸的储存和运输形式，也是生物体内的重要溶剂，它能溶解脂溶性维生素（维生素 A、维生素 D、维生素 E、维生素 K）、香精、固醇和某些激素等，这些物质溶于其中而被运输和吸收。

纯脂肪酸和由单一脂肪酸组成的甘油酯，其凝固温度和熔解温度是一致的，但由混合脂肪酸组成的油脂的凝固温度和熔解温度则不同。脂肪一般无明确熔解温度，有折光性，因为它们大多是几种脂肪的混合物。不饱和脂肪的折光率一般比饱和脂肪的高。饱和脂肪相对分子质量高者，它的折光率比相对分子质量低的高，故可利用测定脂肪的折光率来判断脂肪分子中脂肪酸的性质。

（二）化学性质

三脂酰甘油的化学性质与甘油、脂肪酸和酯键有关。

1. 水解和皂化　水解和皂化是酯键的性质。脂肪都能被酸、碱、脂肪酶水解，产物为甘油及各种脂肪酸。如果水解作用在碱性（NaOH 或 KOH）条件下进行，则得到甘油和脂肪酸的盐类。这些盐类即通常所称的肥皂，因此，我们把碱水解脂肪的作用称为皂化作用。

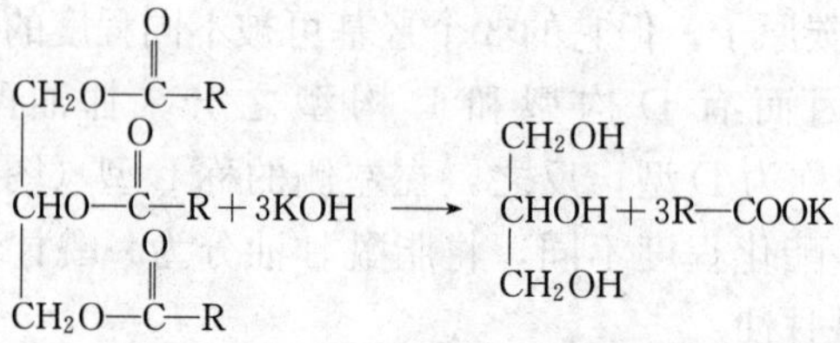

$$
\begin{array}{l}
CH_2O-C-R \\
| \quad \quad \| \\
CHO-C-R+3KOH \longrightarrow \\
| \quad \quad \| \\
CH_2O-C-R
\end{array}
\quad
\begin{array}{l}
CH_2OH \\
| \\
CHOH+3R-COOK \\
| \\
CH_2OH
\end{array}
$$

脂肪　　　　　　　　甘油　　　　皂

图 2-2　皂化反应

甘油与肥皂皆溶于水，但溶液中的肥皂可加无机盐使之沉淀。钠肥皂与钾肥皂溶于水，而钙肥皂与镁肥皂则不溶于水。普通用的肥皂都是钠肥皂或钾肥皂。如果用硬水洗涤，肥皂的功效就要减低，因为硬水含有很多的钙离子和镁离子，能使钾肥皂或钠肥皂变成不溶解的钙肥皂和镁肥皂而沉淀。皂化所需的碱量数值称为皂化值。皂化值为皂化 1 g 脂肪所需的氢氧化钾的毫克数，可用下式表示：

$$皂化值=\frac{VN\times56}{m}$$

上式中，V 表示皂化值测定时用来滴定的盐酸样品所消耗的体积（mL）；N 为盐酸的浓度（mol/L）；56 为 KOH 的摩尔质量（g/mol），m 表示测定的脂肪重量（g）。

通常根据皂化值可推算混合脂肪酸或混合脂肪的平均相对分子质量。

$$平均相对分子质量=\frac{3\times56\times1\,000}{皂化值}$$

上式中，56 是 KOH 的相对分子质量；由于中和 1 mol 三酰甘油的脂肪酸需要 3 mol 的 KOH，故以 3 乘之。

一般而言，皂化值与脂肪（或脂肪酸）的相对分子质量成反比，1g 脂肪完全水解后得到的脂肪酸愈少，所用的 KOH 的量也愈少，即皂化值愈小，说明脂肪酸的平均相对分子质量愈大。脂肪的皂化值高表示含相对分子质量低的脂肪酸较多。

2. 加成　不饱和脂肪酸分子中的碳碳双键可以与氢、卤素等进行加成反应。

在高温、高压和金属镍催化下，可在脂肪酸的双键上加入氢而形成饱和脂，称为氢化作用。

氢化作用的结果使液态的油变成半固态的脂，这个过程称为油脂的硬化。通常采用该方法将液体植物油（如棉子油、豆油、菜子油等），制成半固体脂肪。氢化油是食品、脂肪酸及肥皂等的工业原料，如棉子油氢化后形成奶油。有些高级糕点的油也是适当氢化的植物油。

卤素中的溴、碘同样可与双键加成，产生饱和的卤化脂，这种作用称为卤化作用。常把100 g脂类样品所能吸收的碘克数称为碘值。碘值可用下式计算。

$$碘值 = \frac{NV \times \frac{127}{100}}{m} \times 100$$

式中，N 表示硫代硫酸钠的浓度（mol/L）；V 表示测定时所消耗的硫代硫酸钠的体积（mL）；127 是碘的相对原子质量；m 为脂类样品的重量（g）。

加碘作用可表示油脂的不饱和度，碘值大，表示油脂中不饱和脂肪酸含量高，即不饱和程度高。

3. 氧化　不饱和脂肪酸与分子氧作用后，可产生脂肪酸过氧化物。后者在空气中可以形成胶状复杂化合物。油脂中含有较多的共轭双键，不饱和度很高，因而也能发生这种氧化。工业上常利用该性质，如桐油中含桐油酸 $[CH_3(CH_2)_3CH=CHCH=CHCH=CH-(CH_2)_7COOH]$ 达79%，桐油暴露在空气中，可得一层坚硬而有韧性的固体薄膜，可防雨防腐，这种现象称为脂类的干化。

活细胞内的不饱和脂肪酸被活性氧（自由基氧）氧化产生的过氧化物可破坏细胞结构。

4. 酸败　天然油脂长期暴露在空气中，会腐败而产生臭味，这种现象称为酸败。酸败现象在温暖季节更易发生。产生酸败原因，一是脂类因长期经光、热或霉菌作用而被水解，产生自由脂肪酸，低分子脂肪酸有臭味；二是不饱和脂肪酸氧化产生过氧化物，再裂解成小分子醛和酮，亦有臭味。

酸败程度的大小用酸值表示。酸值指中和1 g脂类的游离脂肪酸所需的氢氧化钾毫克数。酸值可以表示脂类的品质的优劣程度。

5. 乙酰化　这是脂类所含羟基脂肪酸产生的反应。如羟酸甘油酯和醋酸酐作用即成乙酰化酯（图2-3）。

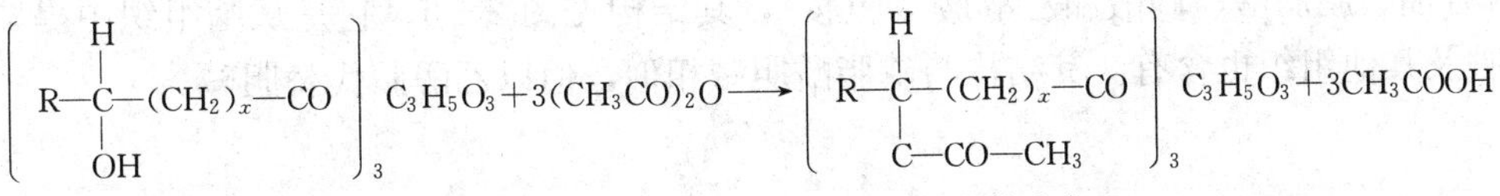

羟基化甘油酯　　　　　醋酸酐　　　　　乙酰化甘油酯

图2-3　乙酰化反应

脂肪的羟基化程度用乙酰值表示。乙酰值指中和由1 g乙酰脂经皂化释放出的乙酸所需的氢氧化钾毫克数。从乙酰值的大小，即可推知样品中所含羟基的多少。

第二节　磷脂类

磷脂（phospholipid）为含磷酸的脂类，是构成生物膜的重要成分。根据分子中所含醇的不同，分为甘油磷脂及鞘氨醇磷脂两类。

一、甘油磷脂

甘油磷脂（phosphoglyceride）又称为磷酸甘油酯，它是磷脂酸的衍生物。磷脂酸能在生物体内自行合成。甘油磷脂是由磷脂酸与羟基化合物（如胆碱、乙醇胺、丝氨酸等）组成的磷脂酰化合物。

天然磷脂酸均为 L 构型，其结构式如图 2-4 所示，式中 R_1、R_2 表示脂酰基的烃基，甘油磷脂的通式中 X 表示含氮碱或其他化学基团，如肌醇等。甘油磷脂包括磷脂酰胆碱、磷脂酰乙醇胺、磷脂酰丝氨酸、磷脂酰肌醇、缩醛磷脂和心磷脂。

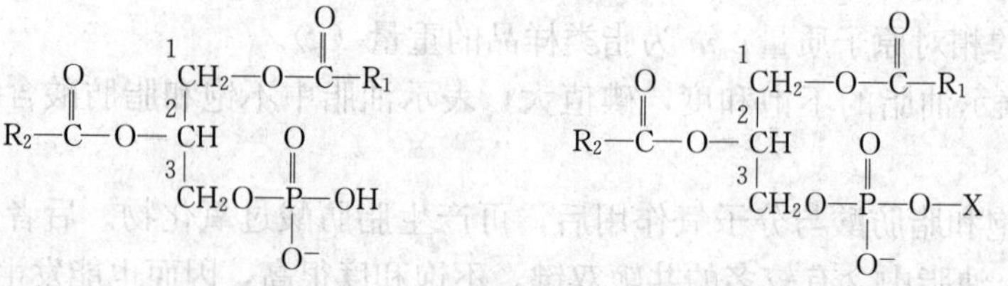

3-磷脂酸　　　　　　　　　　　甘油磷脂结构通式

图 2-4　磷脂酸、甘油磷脂结构

1. 磷脂酰胆碱　磷脂酰胆碱（phosphatidyl choline，PC）俗称卵磷脂（lecithin），含甘油、脂肪酸、磷酸和胆碱。胆碱碱性极强，乙酰化胆碱为一种神经递质，与神经兴奋的传导有关。自然界中存在的多为 L-α-磷脂酰胆碱，它易解离形成两性离子形式，其结构见图 2-5。

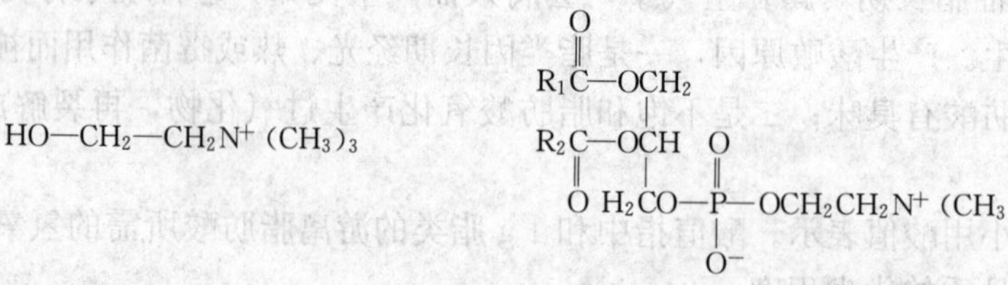

胆碱　　　　　　　　　　　L-α-磷脂酰胆碱（两性离子）

图 2-5　胆碱及磷脂酰胆碱

2. 磷脂酰乙醇胺　磷脂酰乙醇胺（phosphatidyl ethanolamine，PE）俗称脑磷脂（cephalin），含甘油、脂肪酸、磷酸和乙醇胺（胆胺），其结构见图 2-6。它是从脑组织中提取的，心脏、肝脏及其他组织也含有。其结构与磷脂酰胆碱相似，但以乙醇胺代替胆碱。

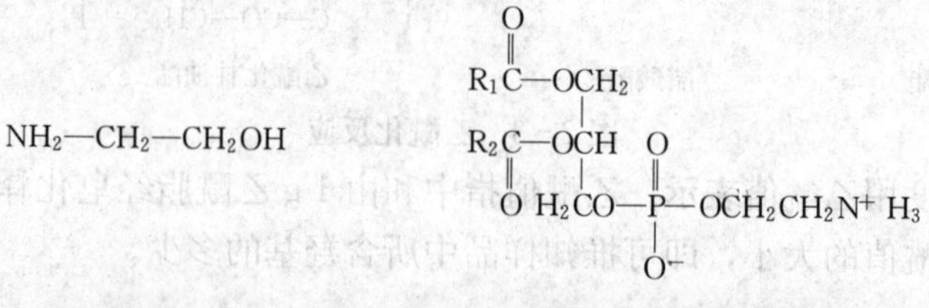

乙醇胺　　　　　　　　　　　磷脂酰乙醇胺（脑磷脂）

图 2-6　乙醇胺与脑磷脂

3. 磷脂酰丝氨酸　磷脂酰丝氨酸（phosphatidyl serine）称为血小板第三因子，含甘油、脂肪酸、磷酸和丝氨酸，其结构见图 2-7。血小板受损组织中磷脂酰丝氨酸能与其他因子一起促使凝血酶原活化。

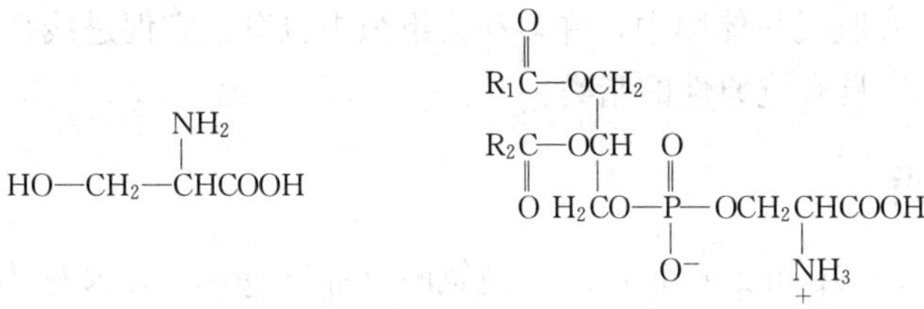

丝氨酸   磷脂酰丝氨酸

图 2-7 丝氨酸及磷脂酰丝氨酸

4. 磷脂酰肌醇 磷脂酰肌醇是磷脂酸与肌醇结合的脂质，其结构为磷脂酸中磷酸基团与肌醇的 1 碳位羟基通过酯键相连（图 2-8）。

除磷脂酰肌醇外，还有磷脂酰肌醇磷酸和磷脂酰肌醇二磷酸。磷脂酰肌醇广泛存在于动植物中，心肌及肝脏中含磷脂酰肌醇，脑中大多为磷脂酰肌醇二磷酸。磷脂酰肌醇的生理作用还在进一步研究中，实验表明肌醇三磷酸为胞内信使，通过钙调蛋白（calmodulin）可促进细胞内 Ca^{2+} 的释放，参与激素信号放大。

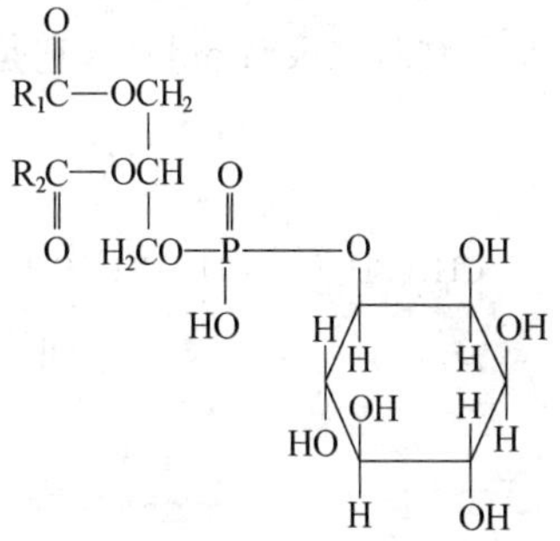

图 2-8 磷脂酰肌醇

5. 缩醛磷脂 缩醛磷脂经酸处理后产生 1 个长链脂性醛基。这个链代替了典型的磷脂结构式中的 1 个脂酰基，乙醇胺缩醛磷脂最常见，主要存在于脑组织及动脉血管中，有保护血管的作用。其结构如图 2-9 所示。

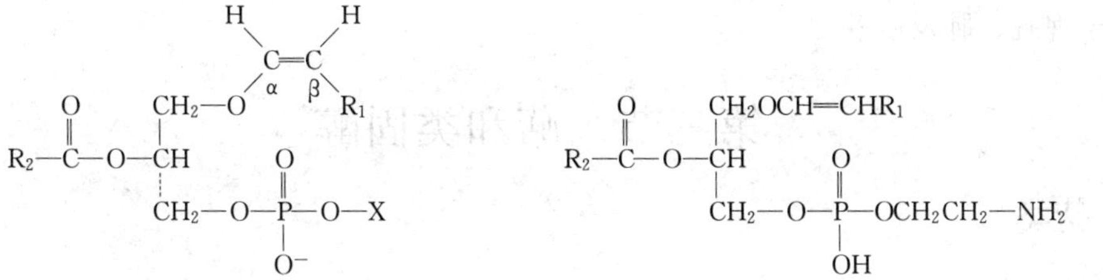

缩醛磷脂结构通式   乙醇胺缩醛磷脂

图 2-9 缩醛磷脂及乙醇胺缩醛磷脂

图 2-9 所示的缩醛磷脂的结构通式中，R_1 代表饱和烃链，脂肪酸（R_2CO—）大部分是不饱和脂肪酸。有的缩醛磷脂的脂性醛基在 β 位上，有的不含乙醇胺基而含胆碱基。

6. 心磷脂 心磷脂（cardiolipin）是由 2 分子磷脂酸与 1 分子甘油共价结合而成的（图 2-10），故又称双磷脂酰甘油或多甘油磷脂。

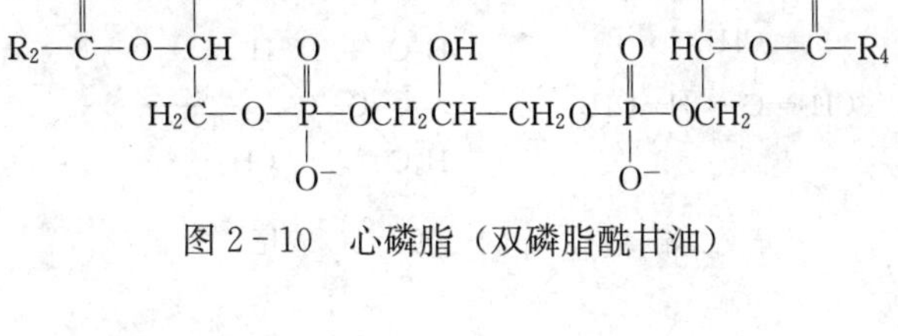

图 2-10 心磷脂（双磷脂酰甘油）

心磷脂广泛存在于心肌线粒体膜中，许多动物组织中也有。它促进线粒体膜的结构蛋白质与细胞色素 c 连接，是惟一具有抗原性的脂类。

二、鞘氨醇磷脂

鞘氨醇磷脂（phosphosphingolipid）是由鞘氨醇（sphingosine，又称为神经鞘氨醇）、脂肪酸、磷脂酰胆碱组成的（图 2-11）。其分子中只含 1 个脂肪酸，脂肪酸为 C_{16}、C_{18}、C_{24} 酸及 C_{24} 烯酸，随不同鞘磷脂而异。鞘氨醇磷脂与甘油磷脂的差异主要是醇，以鞘氨醇代替甘油醇，鞘氨醇为不饱和的带有氨基的多碳醇，鞘氨醇的氨基以酰胺键与长链（$C_{18\sim20}$）脂肪酸的羧基相连形成神经酰胺（ceramide），它是鞘氨醇磷脂的母体。

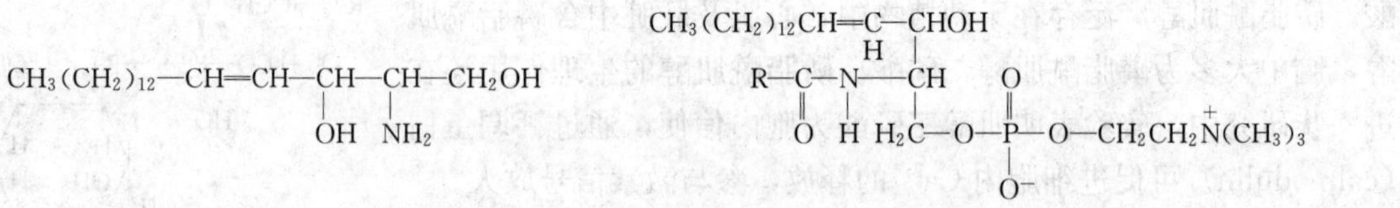

图 2-11 鞘氨醇磷脂的结构

现已发现的鞘氨醇磷脂有 40 多种，除分布于细胞膜的鞘磷脂（sphingomyelin）外，生物体中还存在其他鞘氨醇磷脂，如含不同脂肪酸的鞘氨醇磷脂。鞘磷脂不仅大量存在于神经组织，而且还存在于脾脏、肺及血液中。

第三节　萜和类固醇

一、萜类

萜类是异戊二烯的衍生物，为非皂化脂，不含脂肪酸。异戊二烯是含有支链的五碳烯烃。萜分类的主要依据是所含异戊二烯的数目，由 2 分子异戊二烯构成的称单萜，含有 3 个的称为倍半萜，含有 4 个的称为二萜（如视黄醛）。萜类分子呈线状或环状，异戊二烯在构成萜时，有头尾相连及尾尾相连。多数线状萜类的双键呈反式排布。

植物中多数萜类具有特殊气味，它是植物特有油类的主要成分，如薄荷醇、樟脑等。维生素 A、维生素 E、维生素 K 等都属于萜类衍生物，天然橡胶也是多萜衍生物。

萜包括多种结构不同物质，而这些结构复杂的物质无法进行系统命名。现沿用习惯名称，即以该化合物来源命名（图 2-12）。

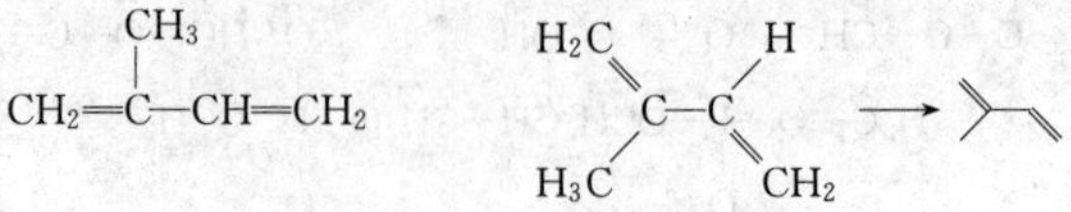

异戊二烯　　头　　尾

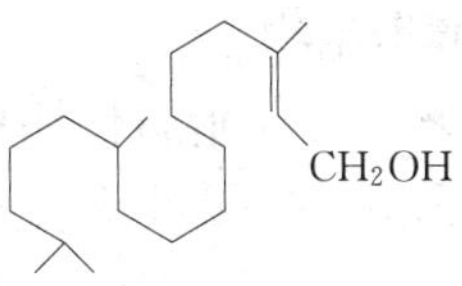

双萜（叶绿醇） 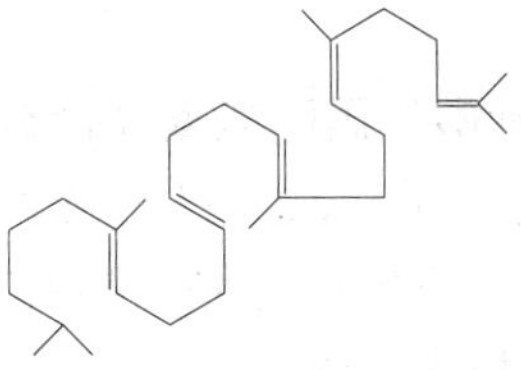　　　　　三萜（鲨烯）

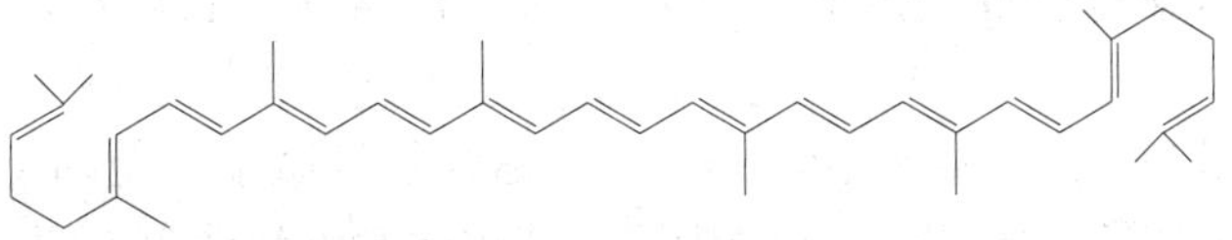

四萜（番茄红素）

图 2-12　几种萜的结构

二、类固醇

类固醇（steroid）又称为甾类，都含有环戊烷多氢菲结构，是非皂化脂。按羟基数量及位置不同分为固醇类及固醇衍生物，其中固醇是在核的 C_3 位有 1 个羟基，在 C_{17} 位有 1 个分支烃链（图 2-13）。

（一）固醇类

固醇类（sterols）是由 A、B、C 和 D 4 个环组成的高分子一元醇，为环戊烷多氢菲的衍生物，分布广，既可游离存在又可与脂肪酸结合成固醇

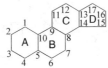

环戊烷多氢菲（母核）　　　类固醇基本骨架（甾核）

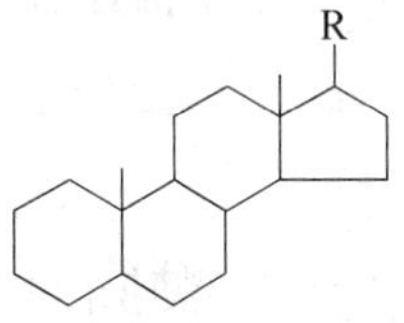

图 2-13　类固醇基本结构

酯。各种固醇物质的母核相同，差别只是 B 环中双键的数目、位置及 C_{17} 位上的侧链结构。固醇类分为动物固醇、植物固醇及酵母固醇 3 种。

1. 动物固醇　动物固醇多以酯的形式存在，包括胆固醇、胆固醇酯、7-脱氢胆固醇等。

胆固醇（cholesterol）是高等动物生物膜的重要成分，占质膜脂类的 20% 以上，占细胞器膜的 5%。在动物组织中常与其衍生物二氢胆固醇、7-脱氢胆固醇和胆固醇酯共同存在。动物体内可以合成胆固醇，在脑及神经组织和肾上腺中含量特别丰富，约占脑固体物质的 17%。胆石含有 70%～80% 的胆固醇。胆固醇是合成多种激素的前体物，如类固醇激素、维生素 D_3、胆汁酸等。

2. 植物固醇　植物固醇是植物中多种固醇的统称，是植物细胞的重要成分，如豆固醇、油菜固醇等。

3. 酵母固醇　酵母固醇以麦角固醇（ergosterol）最多，广泛存在于酵母菌及真菌中，因最初从麦角中分离而得名，属于霉菌固醇类。其结构比胆固醇多 2 个双键，分别在 C_7 与 C_8 之间和支链上的 C_{22} 与 C_{23} 间。麦角固醇经紫外线照射可转化为维生素 D_2，所以麦角固醇又称为维生素 D_2 原。维生素 D_2 的结构式与维生素 D_3 的不同主要差别在 R 支链。

除上述固醇外，还有多种动植物固醇类物质，如羊毛固醇、海绵固醇、蚌蛤固醇、谷固醇等。

（二）固醇衍生物

固醇衍生物包括胆汁酸、固醇激素及部分植物固醇衍生物。

1. 胆汁酸 胆汁酸（bile acid）的合成部位在肝脏，它在脂肪代谢中起非常重要作用。人的胆汁中胆汁酸有 3 种：胆酸、脱氧胆酸和鹅脱氧胆酸。胆酸可认为是固醇衍生的一类固醇酸，在生物体内与甘氨酸或牛磺酸结合，生成甘氨胆酸或牛磺胆酸，它们是胆苦的主要原因。胆汁酸在碱性胆汁中以钠盐或钾盐形式存在，称为胆汁酸盐。它可作乳化剂，能促进脂肪消化吸收。

2. 固醇激素 固醇激素（steroid hormone）又称为甾类激素，是动物体内起代谢调节作用的一类固醇衍生物。根据其来源不同，可分为肾上腺皮质激素和性激素两大类。肾上腺皮质激素具有升高血糖浓度和促进肾脏保钠排钾的作用。性激素有雄性激素、雌激素、孕激素等。

3. 植物固醇衍生物 植物固醇（phytosterol）衍生物是植物中的一些固醇衍生物。有些植物固醇衍生物具有较强生理活性及药理作用。如强心苷是来自玄参科及百合科植物中一类与葡萄糖、鼠李糖等寡糖与固醇构成的糖苷，水解后产生糖和苷，它促使心率降低，心肌收缩强度增加，可用于治疗心率失常等疾病。还有洋地黄毒苷、皂苷等。

第四节　结合脂类

一、糖脂

糖脂（glycolipid）是一类含糖的结合脂质。糖脂分子中，糖通过半缩醛羟基的糖苷键与脂质相连，所含的糖分子在 1 或 1 个以上，在理化性质上是典型的脂类物质，不溶于水而溶于脂溶剂。

糖脂分为鞘糖脂（glycosphingolipid）和甘油糖脂（glycerol glycolipid）两大类。

（一）鞘糖脂

鞘糖脂是以神经酰胺（ceramide）为母体构成的，这类糖脂最初从脑组织分离，主要包括脑苷脂（cerebroside）和神经节苷脂（ganglioside）。

1. 脑苷脂 脑苷脂是哺乳动物组织中存在的最简单的鞘糖脂。它由鞘氨醇、脂肪酸和 D-半乳糖所组成。脑苷脂分子中含 1 分子半乳糖，脂肪酸与鞘氨醇的氨基结合，鞘氨醇 C_1 上的—OH基与 D-半乳糖 C_1 上的 β-OH 基结合成 β-糖苷键。脑苷脂分角苷脂（kerasin 或 cerasin）、α-羟脑苷脂（phrenosin）、烯脑苷脂（nervon）和羟烯脑苷脂（oxynervon）。4 种脑苷脂的结构基本相同，所不同者仅脂肪酸部分。角苷脂的 R—COOH 为二十四酸 $[CH_3(CH_2)_{22}COOH]$；羟脑苷脂的R—COOH 为 α-羟二十四酸（亦称为脑酸）$[CH_3(CH_2)_{21}CHOHCOOH]$；烯脑苷脂的 R—COOH为二十四烯 [15] 酸 $[CH_3(CH_2)_7CH\!=\!CH(CH_2)_{13}COOH]$；羟烯脑苷脂的 R—COOH 为 α-羟二十四烯 [15] 酸 $[CH_3(CH_2)_7CH\!=\!CH(CH_2)_{12}CHOHCOOH]$（图 2-14）。

2. 神经节苷脂 神经节苷脂由鞘氨醇、脂肪酸、半乳糖、葡萄糖和唾液酸组成。在神经末梢中含量丰富，广泛存于大脑灰质、神经节、红细胞、脾、肝和肾等软组织中，已发现的神经节苷脂有 3 种，分别含 1 分子唾液酸、2 分子唾液酸和 3 分子唾液酸。含 1 分子唾液酸的单唾液酸神经节苷脂的分子式如图 2-15 所示。

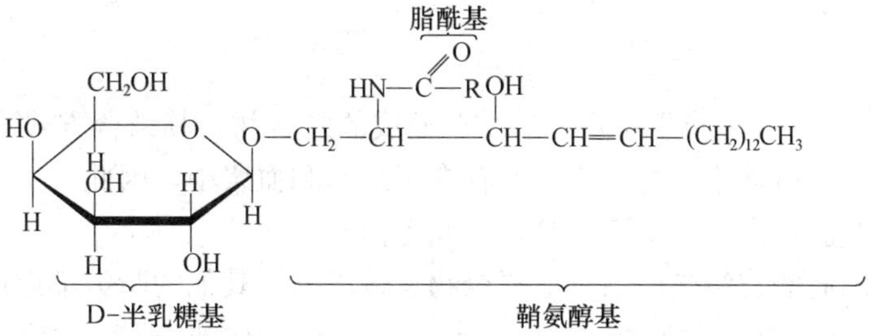

图 2-14　脑苷脂结构通式

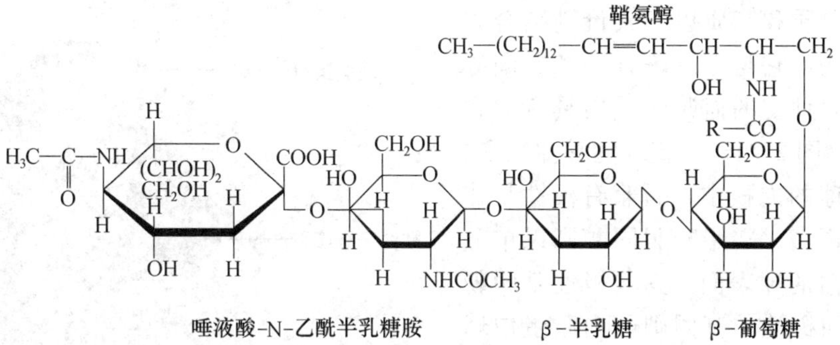

图 2-15　单唾液酸神经节苷脂的结构

神经节苷脂在神经突轴（synapse）的传导中起作用。

（二）甘油糖脂

甘油糖脂又称为植物糖脂，存在于绿色植物中，其结构与甘油磷脂相似。它是由二酰甘油与己糖通过糖苷键结合生成的，己糖主要为半乳糖、甘露糖、脱氧葡萄糖。甘油糖脂分子中可含1分子、2分子己糖，有些糖基带有—SO_3基（硫酯）。其分子结构如图 2-16 所示。

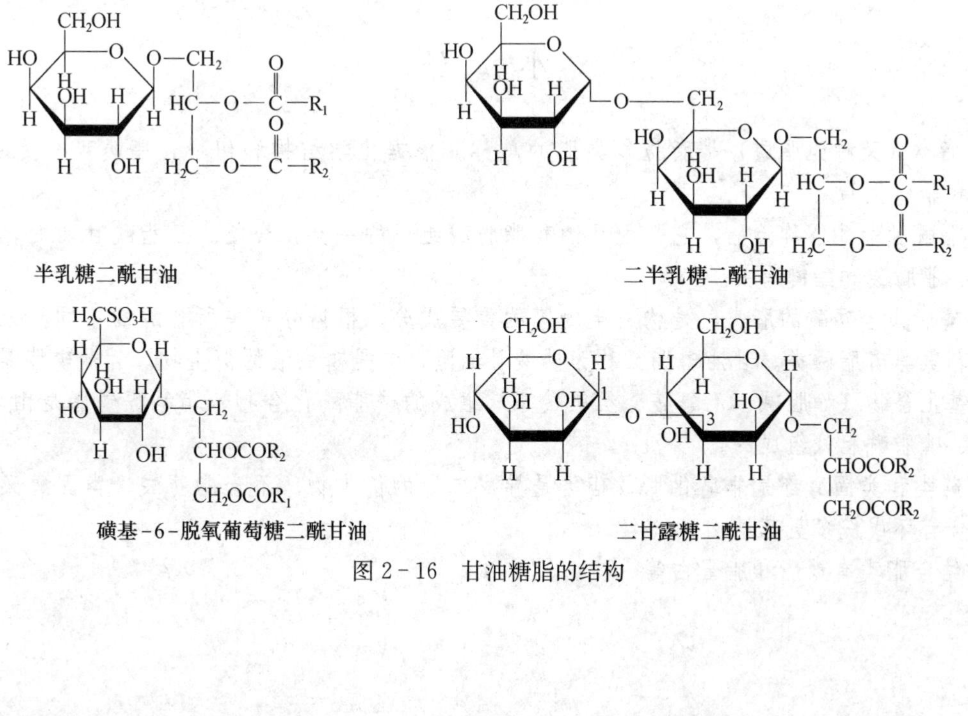

半乳糖二酰甘油

二半乳糖二酰甘油

磺基-6-脱氧葡萄糖二酰甘油

二甘露糖二酰甘油

图 2-16　甘油糖脂的结构

二、脂蛋白

脂蛋白（lipoprotein）是脂质与蛋白质结合而成的复合物，其结合方式大多以松散的非共价键结合，如疏水作用、范德华力等。它广泛存在于细胞和血浆中，因此，主要有细胞膜系统中脂溶性脂蛋白（即细胞脂蛋白）和水溶性的血浆脂蛋白。

血浆中除游离脂肪酸与清蛋白结合成复合物运输以外，其他的脂类都形成复杂的脂蛋白形式被运输。血浆脂蛋白主要有载脂蛋白（apolipoprotein）、甘油三酯、磷脂、胆固醇及其酯等成分。

脂蛋白中蛋白质和脂质以非共价键结合并形成球形微团结构。它是三脂酰甘油和胆固醇的转运载体。不同种类的血浆脂蛋白具有大致相似的球状结构（图2-17）。疏水的甘油三酯、胆固醇酯常处于球的内核中，而兼有极性与非极性基团的载脂蛋白、磷脂和胆固醇则以单分子层覆盖于脂蛋白的球表面，其非极性基团朝向疏水的内核，而极性的基团则朝向脂蛋白球的外侧。因而疏水的脂质可以在血浆的水相中运输。

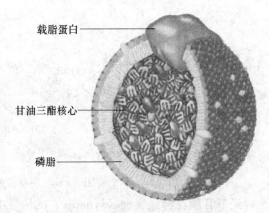

图2-17　低密度脂蛋白的结构模型

血浆脂蛋白因其所含脂类的种类、数量以及载脂蛋白的质量不同，有多种类型。通常用电泳或超速离心的方法将其进行划分。如根据其密度由小到大分为乳糜微粒（CM）、极低密度脂蛋白（VLDL）、低密度脂蛋白（LDL）、高密度脂蛋白（HDL）和极高密度脂蛋白（VHDL）5类。

小　结

1. 脂类（又称为脂质）是脂肪和类脂的总称。根据化学结构和组成，脂类可分为单纯脂、复合脂和非皂化脂。

2. 脂酰甘油酯俗称油脂，它是由甘油和脂肪酸组成的一类化合物。三脂酰甘油的化学性质与甘油、脂肪酸和酯键有关。

3. 磷脂为含磷酸的脂类，是构成生物膜的重要成分。根据分子中所含醇的不同，分为甘油磷脂及鞘氨醇磷脂两类。甘油磷脂又称为磷酸甘油酯，它是磷脂酸的衍生物。甘油磷脂是由磷脂酸与羟基化合物（如胆碱、乙醇胺、丝氨酸等）组成的磷脂酰化合物。鞘氨醇磷脂是由鞘氨醇、脂肪酸、磷脂酰胆碱组成的。

4. 萜类和类固醇都是非皂化脂，萜类是异戊二烯的衍生物，不含脂肪酸。类固醇又称为甾类，都含有环戊烷多氢菲结构。

5. 结合脂类有糖脂和脂蛋白等。

复 习 思 考 题

1. 如何测定脂类的皂化值和碘值？这两个数值能反映脂类的什么性质？
2. 简述脂肪酸结构与其性质之间的关系。
3. 生物体内的结合脂类有哪些？
4. 解释脂肪酸发生酸败的过程。
5. 举例说明甘油磷脂在生物体内的生物功能。

主要参考文献

王镜岩，朱圣，徐长法主编 . 2002 . 生物化学 . 第三版 . 北京：高等教育出版社 .

郭蔼光主编 . 2001 . 基础生物化学 . 北京：高等教育出版社 .

邹思湘主编 . 2004 . 动物生物化学 . 第三版 . 北京：中国农业出版社 .

张洪渊主编 . 2002 . 生物化学教程 . 第三版 . 成都：四川大学出版社 .

Lehningger A L，Nelson D L，Cox M M. 2000. Principles of Biochemistry. 3rd ed. Worth，Publishers. Inc.

Stryer L，Berg J M，Tymoczko J L. 2001. Biochemistry. 5th ed. New York：W. H. Freeman and Company.

Zubay G. 1998. Biochemistry. 4th ed. W m. C. Brown，Publishers. Inc.

第三章　蛋白质化学

第一节　蛋白质的生物学功能

蛋白质（protein）是一切生物体的重要组成成分，是生命活动所依赖的物质基础，因此蛋白质有非常重要的生物学功能。

（一）催化作用

细胞的生长和繁殖、代谢物的合成与分解、能量的产生和利用，这些过程所需要的物质都是通过无数的化学反应所合成的。所有这些化学反应几乎都是在酶的催化下进行的。除少数例外，目前已发现的酶差不多都是蛋白质。

（二）运输作用

生命活动所需要的许多小分子物质和离子的运输均由蛋白质来完成。例如，磷脂蛋白能将自身的脂质成分运送到各种组织和器官；镶嵌在细胞膜上的某些蛋白质能携带物质通过细胞膜出入细胞；血清脂蛋白能与游离脂肪酸结合，将脂肪酸在脂肪组织与其他组织之间进行运送；血液中的运铁蛋白运输铁离子；红细胞中的血红蛋白运输 O_2 等。

（三）运动作用

如高等动物骨骼肌收缩系统的两种主要蛋白质成分是肌球蛋白和肌动蛋白，肌肉收缩就是由这些互相平行的丝状蛋白依靠能量进行滑动来实现的。运动现象也是许多亚细胞特有的性质。例如，有丝分裂、某些细菌纤毛或鞭毛的推进运动，大多数运动和收缩的基本物质也是多组分的、以柔韧而平行的方式排列在一起的蛋白质纤维集合体。所以说，生命运动也离不开蛋白质。

（四）防御作用

脊椎动物的主要防御系统之一是免疫系统，它能防御致病微生物或病毒、细菌等入侵，当被称为抗原的外来物质入侵后，免疫系统对此做出反应，产生和释放抗体，每一种抗体对于相应的某一特定的抗原具有高度的专一性。抗原与抗体结合形成一种抗体抗原复合物，于是入侵物质失活从而被排出体外，消除它们的病理作用。抗原、抗体一般都是蛋白质，抗体具有保护机体的作用。

（五）调节作用

生物体内一切生物化学反应都能够有条不紊地进行，是由于有激素（hormone）、受体（receptor）等调节蛋白在起作用。

（六）结构作用

蛋白质是一切生物体的细胞和组织的主要组成成分，也是生物体形态结构的物质基础，对生物机体具有保护和支撑的功能。人和动物的肌肉都是蛋白质，横纹肌的主要成分是球状蛋白质，平滑肌的主要成分是纤维状蛋白质中的胶原蛋白，毛发等的主要成分是角蛋白。

（七）储藏作用

植物种子中的醇溶蛋白、蛋清中的卵清蛋白、乳制品中的酪蛋白等都具有储藏氨基酸的作用，以备机体及其胚胎或幼苗生长发育所需。

近代分子生物学的研究表明，蛋白质在遗传信息的控制、细胞膜的通透性以及高等生物的记忆、识别机构等方面都起着重要的作用。

除此之外，蛋白质还具有生物信息的传递作用。蛋白质在生物合成过程中，它的氨基酸序列是由核糖核酸（RNA）的核苷酸三联体排列序列所决定的，而 RNA 的核苷酸顺序又与 DNA 的核苷酸序列是互补的，从这种意义上讲，又将蛋白质间接地称为生物信息大分子。

第二节　蛋白质的化学组成

一、蛋白质的元素组成

蛋白质主要的元素组成为：碳（50%～55%）、氢（6%～7%）、氧（19%～24%）、氮（15%～17%）、硫（0%～4%），少数蛋白质还含有微量的磷、铁、铜、锌、锰、钴、钼等元素，个别蛋白质还含有碘元素。各种蛋白质的氮含量比较恒定，一般在 16% 左右，因此利用凯氏定氮的方法测定蛋白质的含氮量再乘以 6.25 即可计算出蛋白质的含量。这种方法常用在一些粗蛋白的分析上。

二、氨基酸

氨基酸（amino acid）是构成蛋白质的结构单位，将蛋白质用酸、碱处理可以得到 20 种不同的氨基酸。在生物体内，蛋白质是在一系列酶的作用下，逐渐分解成 20 种氨基酸。反应过程如图 3-1 所示。

$$蛋白质 \xrightarrow{蛋白酶} 蛋白胨 \xrightarrow{蛋白胨酶} 蛋白胨 \xrightarrow{蛋白胨酶} 多肽 \xrightarrow{端解酶} 氨基酸$$

相对分子质量：10^4 以上　　$5×10^3$　　$2×10^3$　　200 以上　　100 左右

图 3-1　蛋白质的分解

（一）氨基酸的一般结构特点及表示方法

氨基酸是含有氨基和羧基的有机化合物。除脯氨酸以外，其他氨基酸在 α 碳原子上都有一个游离羧基和一个游离氨基，因此，蛋白质氨基酸都是 α 型氨基酸（图 3-2）。氨基酸的 α 碳原子连接着 4 个不同的基团：羧基、氨基、H 和 R 基团，20 种氨基酸的结构不同在于它们的侧链 R 基团不同，脯氨酸是一个例外，它有一个亚氨基（—NH—），但也将其归入 α 氨基酸，其结构如表 3-1。

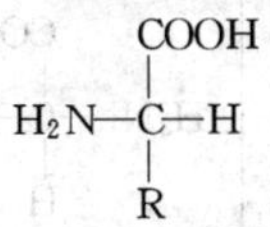

$$
\begin{array}{c}
\text{COOH} \\
| \\
\text{H}_2\text{N—C—H} \\
| \\
\text{R}
\end{array}
$$

图 3-2　氨基酸结构通式

表 3-1　蛋白质中基本氨基酸的结构、符号分类表

极性状况	带电荷状况	名称	三字符	单字符	化学结构式	相对分子质量
非极性氨基酸	不带电荷	甘氨酸	Gly	G	$H_3N^+\!-\!\overset{\displaystyle COO^-}{\underset{\displaystyle H}{C}}\!-\!H$	75
		丙氨酸	Ala	A	$H_3N^+\!-\!\overset{\displaystyle COO^-}{\underset{\displaystyle H}{C}}\!-\!CH_3$	89
		缬氨酸	Val	V	$H_3N^+\!-\!\overset{\displaystyle COO^-}{\underset{\displaystyle H}{C}}\!-\!CH\overset{\displaystyle CH_3}{\underset{\displaystyle CH_3}{}}$	117
		亮氨酸	Leu	L	$H_3N^+\!-\!\overset{\displaystyle COO^-}{\underset{\displaystyle H}{C}}\!-\!CH_2\!-\!CH\overset{\displaystyle CH_3}{\underset{\displaystyle CH_3}{}}$	131
		异亮氨酸	Ile	I	$H_3N^+\!-\!\overset{\displaystyle COO^-}{\underset{\displaystyle H}{C}}\!-\!\overset{\displaystyle CH_3}{\underset{\displaystyle H}{C}}\!-\!CH_2\!-\!CH_3$	131
		甲硫氨酸	Met	M	$H_3N^+\!-\!\overset{\displaystyle COO^-}{\underset{\displaystyle H}{C}}\!-\!CH_2\!-\!CH_2\!-\!S\!-\!CH_3$	149
		脯氨酸	Pro	P	$H_2\overset{+}{N}\!-\!CH\!-\!COO^-$ 环 $CH_2\ CH_2\ CH_2$	115
		苯丙氨酸	Phe	F	$H_3N^+\!-\!\overset{\displaystyle COO^-}{\underset{\displaystyle H}{C}}\!-\!CH_2\!-\!\bigcirc$	165
		色氨酸	Trp	W	$H_3N^+\!-\!\overset{\displaystyle COO^-}{\underset{\displaystyle H}{C}}\!-\!CH_2\!-\!$ 吲哚环	204

（续）

极性状况	带电荷状况	名称	三字符	单字符	化学结构式	相对分子质量
极性氨基酸	不带电荷	丝氨酸	Ser	S	$H_3N^+-\overset{COO^-}{\underset{H}{C}}-CH_2-OH$	105
		苏氨酸	Thr	T	$H_3N^+-\overset{COO^-}{\underset{H}{C}}-\overset{H}{\underset{OH}{C}}-CH_3$	119
		天冬酰胺	Asn	N	$H_3N^+-\overset{COO^-}{\underset{H}{C}}-CH_2-C\overset{O}{\underset{NH_2}{}}$	132
		谷氨酰胺	Gln	Q	$H_3N^+-\overset{COO^-}{\underset{H}{C}}-CH_2-CH_2-C\overset{O}{\underset{NH_2}{}}$	146
		酪氨酸	Tyr	Y	$H_3N^+-\overset{COO^-}{\underset{H}{C}}-CH_2-\bigcirc-OH$	181
		半胱氨酸	Cys	C	$H_3N^+-\overset{COO^-}{\underset{H}{C}}-CH_2-SH$	121
	带正电荷	赖氨酸	Lys	K	$H_3N^+-\overset{COO^-}{\underset{H}{C}}-CH_2-CH_2-CH_2-CH_2-NH_2^+$	146
		精氨酸	Arg	R	$H_3N^+-\overset{COO^-}{\underset{H}{C}}-CH_2-CH_2-CH_2-NH-C\overset{NH_2}{\underset{NH_2^+}{}}$	174
		组氨酸	His	H	$H_3N^+-\overset{COO^-}{\underset{H}{C}}-CH_2-$ 咪唑环	155
	带负电荷	天冬氨酸	Asp	D	$H_3N^+-\overset{COO^-}{\underset{H}{C}}-CH_2-C\overset{O}{\underset{O^-}{}}$	133
		谷氨酸	Glu	E	$H_3N^+-\overset{COO^-}{\underset{H}{C}}-CH_2-CH_2-C\overset{O}{\underset{O^-}{}}$	147

α氨基酸的结构特点是：①除甘氨酸（R基团为H原子）外，其他氨基酸的α碳原子都为不对称碳原子，都具有旋光性，能使偏振光平面向左或向右旋转；②每一种氨基酸都有D型和L型两种旋光异构体，书写时将羧基写在α碳原子的上端，氨基写在左边或右边，写在左边的为L型，写在右边的为D型，图3-3是丝氨酸的立体异构体，这是与甘油醛比较后确定的。到目前为止，所发现的蛋白质氨基酸绝大多数是L型氨基酸，D型氨基酸主要存在于微生物体的一些活性肽中。

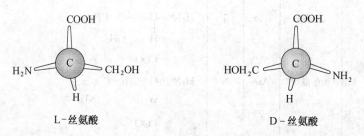

L-丝氨酸   D-丝氨酸

图3-3 丝氨酸的立体异构体

（引自郭霭光，2004）

氨基酸的名称可用3个英文字母或者1个英文字母表示。氨基酸的名称、相对分子质量和化学结构式如表3-1所示。20种氨基酸的平均分子质量为137 u。

（二）氨基酸的分类

蛋白质的20种氨基酸有几种分类方法，例如，根据它们的侧链基团可以分为脂肪族、芳香族、含硫、含醇、碱性、酸性和酰胺类；根据在人体内能否自行合成分为必需氨基酸和非必需氨基酸；但主要的分类方法是按照侧链R基团在生理pH 6.0～7.0的极性性质，将20种氨基酸分为：非极性R基团氨基酸和极性R基团氨基酸两类（表3-1）。

1. 非极性R基团的氨基酸 这类氨基酸共有9种。它的侧链R基团多为烃基，极性很小，具有疏水性。其中丙氨酸、亮氨酸、异亮氨酸、缬氨酸和甲硫氨酸这5种氨基酸侧链基团R基为脂肪族烃基，苯丙氨酸和色氨酸这两种氨基酸侧链R基为芳香族烃基，脯氨酸为亚氨基酸，可以看成是α氨基酸上的侧链取代了氨基上的一个氢原子所形成的产物。

由于非极性R基团的疏水性，所以在水中的溶解度都比极性氨基酸的小。其中丙氨酸的R基团（$CH_3—$）疏水性最小，它介于非极性R基团氨基酸和不带电荷的极性R基团氨基酸之间。

2. 极性R基团氨基酸 大多数氨基酸是具有极性性质的，根据带电荷情况将其分为下列3种类型。

（1）不带电荷的极性R基团氨基酸 这一组共有7种氨基酸，它们的侧链含有不解离的极性基团，能与水形成氢键。丝氨酸、苏氨酸和酪氨酸分子中侧链的极性是因为本身含有羟基；天冬酰胺和谷氨酰胺的极性是因为含有酰胺基；半胱氨酸含有巯基。甘氨酸的侧链基团是H，由于这个H与α碳原子联结，故称为α氢。由于α碳上的氨基和羧基的极性比α氢原子的极性强得多，故甘氨酸也列为极性氨基酸。

（2）带负电荷的极性R基团氨基酸（酸性氨基酸） 酸性氨基酸包括谷氨酸和天冬氨酸。这两个氨基酸侧链R基上都有一个可解离的羧基，因此在pH 6.0～7.0时带负电荷。

（3）**带正电荷的极性 R 基团氨基酸（碱性氨基酸）** 碱性氨基酸包括赖氨酸、精氨酸和组氨酸。这 3 个氨基酸侧链 R 基上都有一个可解离的碱性基团，在生理 pH(6.0～7.0) 时，R 基团带有一个净正电荷。赖氨酸的 ε 位置上带有正电荷氨基，精氨酸 R 基带有正电荷的胍基，组氨酸含有弱碱性的咪唑基。组氨酸就其性质来看属于边缘氨基酸。在 pH 6.0 时，组氨酸分子 50% 以上质子化，但在 pH 7.0 时，质子化分子低于 10%，是 R 基团的 pK 值接近于 7.0 的惟一氨基酸。在许多酶催化反应中，组氨酸残基既可以作为质子供体，又可以作为质子受体帮助反应的进行。

（三）蛋白质的稀有氨基酸

除了上述 20 种氨基酸外，少数天然蛋白质中还存在一些肽链合成后经加工修饰而成的修饰氨基酸，也称为稀有氨基酸（图 3-4）。常见的有 L-4-羟脯氨酸和 L-5-羟赖氨酸，它们分别是脯氨酸和赖氨酸的衍生物，在胶原及弹性蛋白中含量较多；L-胱氨酸，由两个 L-半胱氨酸的侧链巯基氧化联结而成，这种交联是肽链间或肽链内常见的交联，在角蛋白中含量较多；还有一些修饰氨基酸在蛋白质一级结构中短暂存在，如 N-乙酰甲硫氨酸，它只是原核生物（如大肠杆菌）中合成蛋白质多肽时，出现在 N 端的第一个氨基酸，而当肽链合成到一定阶段时便被水解除去。丝氨酸、苏氨酸和酪氨酸的 R 基团带有羟基，经磷酸化后分别形成磷酸丝氨酸、磷酸苏氨酸和磷酸酪氨酸。硒代半胱氨酸残基是在蛋白质合成时引入的，它不是修饰后的产物。硒代半胱氨酸只在少数几种蛋白质中发现。

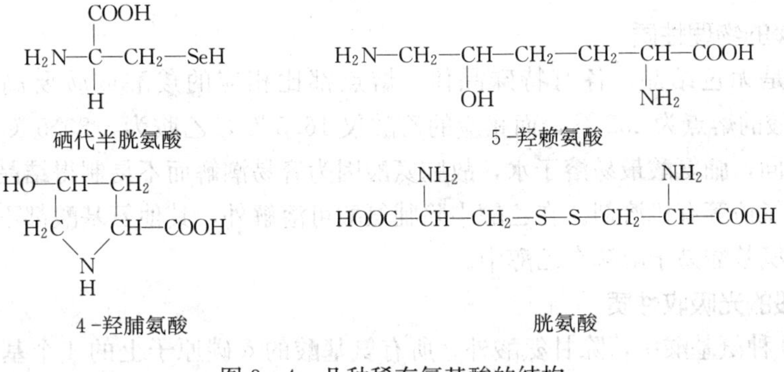

图 3-4 几种稀有氨基酸的结构

（四）非蛋白质氨基酸

生物体内发现的除 20 种蛋白质氨基酸外的其他氨基酸都称为非蛋白质氨基酸。已发现的非蛋白质氨基酸有 300 多种，它们大部分是蛋白质氨基酸的衍生物，有一些是重要的代谢中间产物或代谢物前体，如瓜氨酸和鸟氨酸是精氨酸生物合成和尿素循环的关键中间产物；高丝氨酸是合成苏氨酸和甲硫氨酸的中间产物；β-丙氨酸是辅酶 A 和酰基载体蛋白的前体，即维生素 B_3（遍多酸）的一部分（表 3-2）。非蛋白质氨基酸也具有非常重要的生物功能，如 γ-氨基丁酸是一种神经递质，在有些生物体内具有储藏和运输氮素的作用；刀豆种子中的刀豆氨酸、花生中的 γ-甲叉谷氨酰胺等随着种子萌发时间的延长而逐渐消失。这些氨基酸有些是 D 型氨基酸，如 D-谷氨酸和 D-丙氨酸就存在于细菌细胞壁的肽聚糖中；D-苯丙氨酸存在于短杆菌肽 S 中。关于非蛋白质氨基酸的一些生物功能还有待进一步深入研究。

表 3-2 一些非蛋白质氨基酸

名　称	结　构　式
β-丙氨酸	$H_2N—CH_2—CH_2—COOH$
γ-氨基丁酸	$H_2N—CH_2—CH_2—CH_2—COOH$
高半胱氨酸	$HS—CH_2—CH_2—\overset{NH_2}{\underset{H}{C}}—COOH$
高丝氨酸	$H_2N—CH_2—CH_2—\overset{NH_2}{\underset{H}{C}}—COOH$
鸟氨酸	$H_2N—CH_2—CH_2—CH_2—\overset{NH_2}{\underset{H}{C}}—COOH$
瓜氨酸	$H_2N—\overset{O}{\overset{\|}{C}}—NH—CH_2—CH_2—\overset{NH_2}{\underset{H}{C}}—COOH$

三、氨基酸的重要理化性质

（一）氨基酸的物理性质

α氨基酸都是无色结晶，各有特殊晶体。熔点都比相应的羧酸或胺要高，一般在 200～300 ℃。如甘氨酸的熔点为 232 ℃，而相应的乙酸仅 16.5 ℃，乙胺为 -80.5 ℃。各种氨基酸在水中的溶解度不同，脯氨酸最易溶于水，故脯氨酸因为容易潮解而不易制得结晶体。所有氨基酸都不溶于乙醚、氯仿等有机溶剂。在乙醇中除脯氨酸可溶解外，其他氨基酸都不溶解，但氨基酸的盐酸盐比游离氨基酸易于溶解在乙醇中。

（二）氨基酸的光吸收性质

蛋白质的 20 种氨基酸中，除甘氨酸外，所有氨基酸的 α 碳原子上的 4 个基团各不相同，因此都具有光学活性，即在旋光仪中测定时它们能使偏振光旋转。比旋光度是 α 氨基酸的物理常数之一，也是鉴别各种氨基酸的一种依据。各种氨基酸的比旋光度见表 3-3。

表 3-3 氨基酸的比旋光度

氨基酸	$[\alpha]_D$	氨基酸	$[\alpha]_D$
丙氨酸	+1.8	脯氨酸	-86.2
缬氨酸	+5.6	亮氨酸	-11.0
异亮氨酸	+12.4	甲硫氨酸	-10.0
苯丙氨酸	-34.5	色氨酸	-33.7
丝氨酸	-7.5	苏氨酸	-28.5

（续）

氨基酸	[α]$_D$	氨基酸	[α]$_D$
半胱氨酸	−16.5	天冬酰胺	−5.3
谷氨酰胺	+6.3	赖氨酸	+13.5
组氨酸	−38.5	精氨酸	+12.5
谷氨酸	+12.0	天冬氨酸	+5.0

注：表中的比旋光度是氨基酸在水中的比旋光度。甘氨酸、酪氨酸在水中的比旋光度为0。

色氨酸、酪氨酸和苯丙氨酸的 R 基含有共轭双键，所以对紫外光有吸收能力，其最大吸收波长分别为 279 nm、278 nm 和 259 nm（图 3-5）。这几种芳香族氨基酸的光吸收特性是利用紫外分光光度计（在波长 280 nm 处）测定蛋白质浓度的基础。

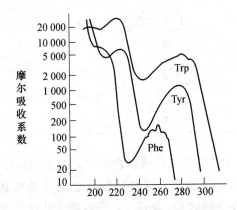

图 3-5　芳香族氨基酸的紫外吸收光谱

（引自王镜岩，2002）

（三）氨基酸的酸碱性质

α 氨基酸都具有 2 个或 3 个酸碱基团，所以每种氨基酸都有 2 个或 3 个 pK 值。表 3-4 给出了 25 ℃条件下游离氨基酸的酸性和碱性基团的 pK 值和等电点（pI）。

表 3-4　氨基酸的酸性和碱性基团的 **pK** 值和等电点（p**I**）

氨基酸	pK'_1（α-COOH）	pK'_2（α-NH$_3^+$）	pK'_R	pI	蛋白质中出现的几率（%）
甘氨酸	2.34	9.60		5.97	7.5
丙氨酸	2.34	9.69		6.01	9.0
缬氨酸	2.32	9.62		5.97	6.9
亮氨酸	2.36	9.60		5.98	7.5
异亮氨酸	2.36	9.68		6.02	4.6
脯氨酸	1.99	10.96		6.48	4.6
苯丙氨酸	1.83	9.13		5.48	3.5

（续）

氨基酸	$pK'_1(\alpha-COOH)$	$pK'_2(\alpha-NH_3^+)$	pK'_R	pI	蛋白质中出现的几率（%）
酪氨酸	2.20	9.11	10.07	5.66	3.5
色氨酸	2.38	9.39		5.89	1.1
丝氨酸	2.21	9.15		5.68	7.1
苏氨酸	2.11	9.62		5.87	6.0
半胱氨酸	1.96	8.18	10.28	5.05	2.8
蛋氨酸	2.28	9.12		5.74	1.7
天冬酰胺	2.02	8.80		5.41	4.4
谷氨酰胺	2.17	9.13		5.65	3.9
天冬氨酸	1.88	9.60	3.86	2.77	5.5
谷氨酸	2.19	9.67	4.25	3.22	6.2
赖氨酸	2.18	8.95	10.53	9.74	7.0
精氨酸	2.17	9.04	12.48	10.76	4.7
组氨酸	1.82	9.17	6.00	7.59	2.1

在结晶状态或水溶液中，氨基酸被解离成两性离子，即氨基是以质子化（—NH_3^+）形式存在，羧基是以解离状态（—COO^-）存在，这种两性状态的氨基酸既可以作为酸（质子供体），也可以作为碱（质子受体）。在不同的 pH 条件下，两性离子的状态也随之发生变化。

如中性氨基酸在不同 pH 条件下的解离状况，如图 3-6 所示。

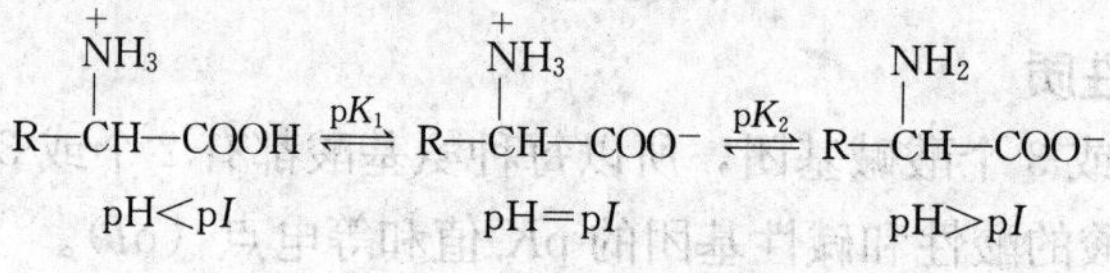

$$\overset{\overset{+}{N}H_3}{R-CH-COOH} \underset{}{\overset{pK_1}{\rightleftharpoons}} \overset{\overset{+}{N}H_3}{R-CH-COO^-} \overset{pK_2}{\rightleftharpoons} \overset{NH_2}{R-CH-COO^-}$$

$$pH<pI \qquad\qquad pH=pI \qquad\qquad pH>pI$$

图 3-6 中性氨基酸的解离

图 3-6 中，pK_1 和 pK_2 分别代表 $\alpha-COOH$ 和 $\alpha-NH_3^+$ 的解离常数的负对数。氨基酸的 pK 可以用测定滴定曲线的实验方法求得。

图 3-7 为甘氨酸的酸碱滴定曲线。1 mol/L 甘氨酸溶液的 pH 约为 6.0，用标准盐酸溶液滴定，以加入的盐酸的量（mol/L）对 pH 作图，得到滴定曲线 A，曲线的转折点为 pH 2.34。表明在此 pH 条件下，有一半的 $H_3N^+CH_2COO^-$ 转变成 $H_3N^+CH_2COOH$。用标准氢氧化钠溶液滴定，以加入的氢氧化钠的量（mol/L）对 pH 作图，得到滴定曲线 B，曲线的转折点的 pH 9.60，表明此时有一半的 $H_3N^+CH_2COO^-$ 转变成 $H_2NCH_2COO^-$。从滴定曲线可知，甘氨酸的 $pK'_1=2.34$，$pK'_2=9.60$。

氨基酸的带电状况与溶液 pH 有直接的关系，当溶液浓度为某一 pH 时，氨基酸分子中所含的—NH_3^+ 和—COO^- 数目正好相等，净电荷为零（图 3-7 中 A 和 B 曲线相交点），这一 pH 即为氨基酸的等电点（isoelectric point，pI），甘氨酸的等电点为 5.97。在 pH 低于 5.97 的溶液中，甘氨酸带正电荷，在电场中向负极移动；在 pH 高于 5.97 的溶液中，甘氨酸带负电荷，在电场中向正极移动；如果处于 pH 5.97 的溶液时，甘氨酸所带净电荷为 0，在电场中既不向正极移动，也不向负极移动。对于大多数只有两个可解离基团的氨基酸来说，其等电点就是该氨基酸的 pK_1 和 pK_2 的算术平均值，即 pI＝(pK_1'＋ pK_2')/ 2。

侧链不含有可解离基团的氨基酸均具有与甘氨酸类似的滴定曲线。酸性氨

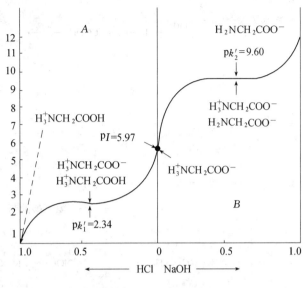

图 3-7　甘氨酸的解离曲线
（引自郭蔼光，2004）

基酸和碱性氨基酸的侧链分别含有可解离的羧基或氨基，它们有 3 个 pK 值，即 pK_1'、pK_2' 和侧链基团解离常数负对数 pK_R。

对于酸性氨基酸，pI＝(pK_1'＋ pK_R')/ 2。

对于碱性氨基酸，pI＝(pK_2'＋ pK_R')/ 2。

由此看来，氨基酸的 pI 值就是两性离子两边的 pK 值的算术平均值（表 3-4）。

从表 3-4 看出，中性氨基酸的等电点不是 pH 7.0，而都是小于 7.0，在 pH 6.0 左右，这是因为氨基酸中羧基的解离度大于氨基的解离度，在解离过程中总是先解离羧基，再解离氨基，对于有侧链解离基团的氨基酸来说，α-C 上基团的解离度大于非 α-C 上同一基团的解离度。

（四）氨基酸的重要化学反应

氨基酸有 α 氨基、α 羧基及侧链基团，这些基团分别都具有一定的化学反应能力，对蛋白质的研究十分有用。

1. 茚三酮反应　游离氨基酸与茚三酮共热时，能定量地生成蓝紫色的二酮茚-二酮茚胺，在一定范围内吸光度与游离氨基酸浓度成正比，所以常用在氨基酸的定性定量分析上。氨基酸与茚三酮反应分两步进行，第一步，氨基酸被氧化形成 CO_2、NH_3 和醛，茚三酮被还原成还原型茚三酮；第二步，还原型茚三酮与另一分子茚三酮和一分子氨进行缩合脱水，生成茚三酮-二酮茚胺（图 3-8）。

脯氨酸分子中的 α 氨基被取代，与茚三酮反应时不释放氨基，所以直接产生黄色物质。

2. Sanger 反应　氨基酸的 α 氨基与 2,4-二硝基氟苯（2,4-dinitroflurobenzene，DNFB）在弱碱性溶液中反应产生黄色的二硝基苯基氨基酸（dinitrophenyl amino acid，DNP-氨基酸），可以用于多肽的 N 末端分析。由于早年英国科学家 Sanger 使用这一反应测定了胰岛素的氨基酸残基的排列顺序，因此，称这一反应为 Sanger 反应（图 3-9）。

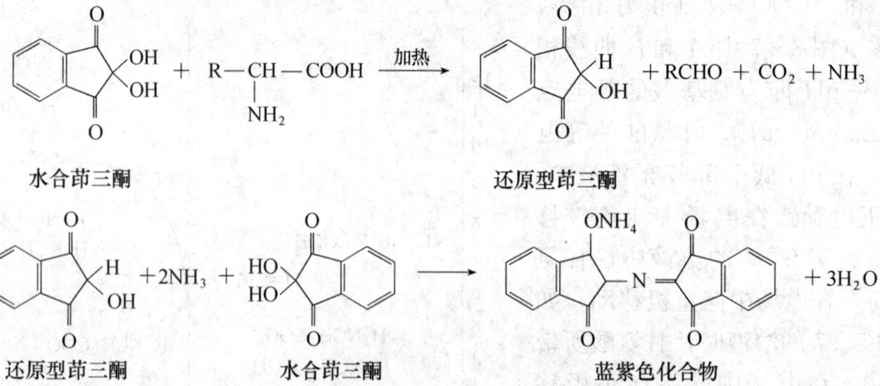

图 3-8　氨基酸的茚三酮反应

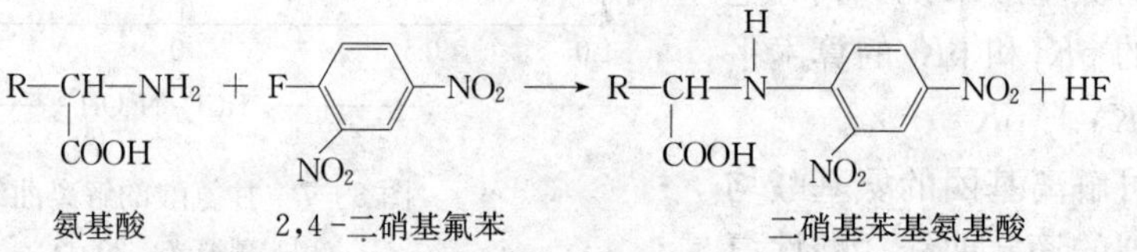

图 3-9　氨基酸的 Sanger 反应

3. 与甲醛的反应　氨基酸中的氨基与甲醛作用发生加成反应形成单羟甲基氨基酸衍生物（—NHCH₂OH）或双羟甲基氨基酸衍生物〔—N(CH₂OH)₂〕，因为氨基酸是两性物质，不能直接用酸、碱滴定，但与甲醛反应后使—NH₃⁺上的 H⁺ 游离出来，导致酸性增强，这样就可以用碱滴定—NH₃⁺放出的 H⁺，测出氨基氮，从而计算氨基酸的含量。

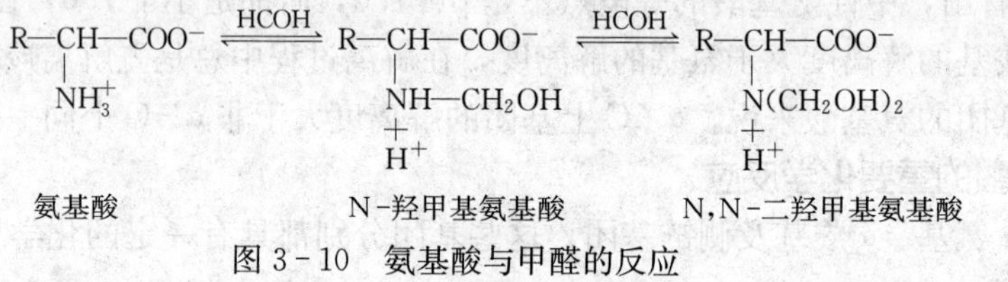

图 3-10　氨基酸与甲醛的反应

4. 艾德曼反应（Edman 反应）　氨基酸的 α 氨基在弱碱性条件下能与苯异硫氰酸酯（phenylisothiocyanate，PITC）生成苯氨基硫甲酰（phenylthiocarbamyl，PTC）衍生物，继续在硝基甲烷中与甲酸作用发生环化，生成相应的苯乙内酰硫脲（phenylthiohydantoin，PTH）氨基酸衍生物（图 3-11），所得的 PTH-氨基酸用层析法鉴定，即可确定肽链 N 端氨基酸的种类。

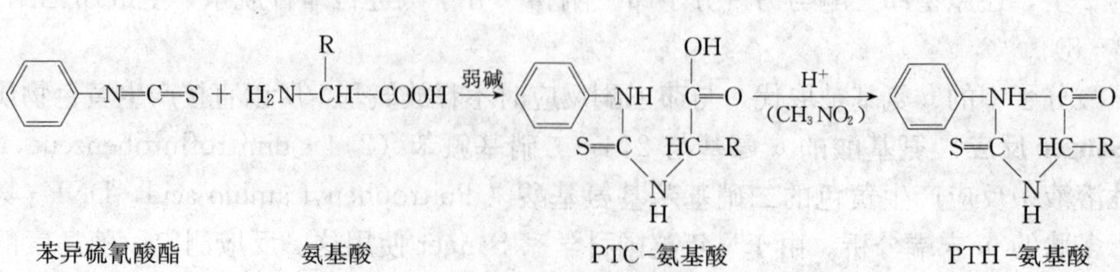

图 3-11　艾德曼反应

剩余的少一个氨基酸残基的多肽链重复与 PITC 作用，测定其 N 端的第二个氨基酸，如此重复就可以测定多肽链全部序列。由于 Edman 成功地将此法用于氨基酸序列分析，此法称为 Edman反应。目前使用的自动蛋白质序列测定仪就是根据此原理设计的。

5. 成盐反应 氨基酸的氨基与 HCl 作用产生氨基酸盐化合物。用 HCl 水解蛋白质得到的氨基酸就是氨基酸盐酸盐（图 3-12）。

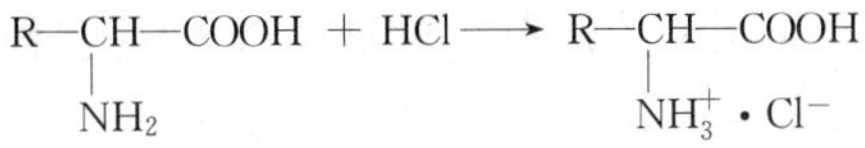

$$R{-}CH{-}COOH + HCl \longrightarrow R{-}CH{-}COOH$$
$$\qquad | \qquad\qquad\qquad\qquad | $$
$$NH_2 \qquad\qquad\qquad\qquad NH_3^+ \cdot Cl^-$$

图 3-12 氨基酸的成盐反应

6. 脱氨基反应 氨基酸在生物体内经脱氨酶的作用可脱去 α 氨基而转变成 α 酮酸（图 3-13）。

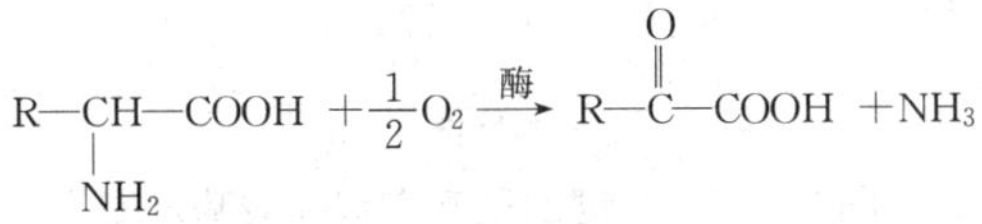

$$R{-}CH{-}COOH + \frac{1}{2}O_2 \xrightarrow{\text{酶}} R{-}\overset{O}{\overset{\|}{C}}{-}COOH + NH_3$$
$$\qquad | $$
$$NH_2$$

图 3-13 氨基酸的脱氨基反应

7. 成酯反应 在干燥氯化氢气体存在下，氨基酸可与醇酯化形成相应的酯（图 3-14）。

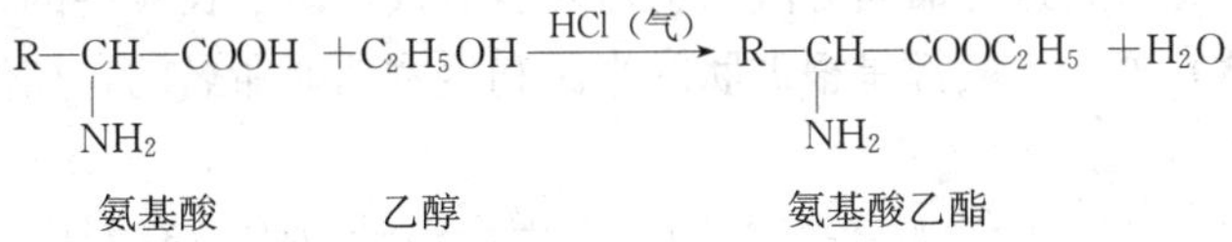

$$R{-}CH{-}COOH + C_2H_5OH \xrightarrow{HCl\,(气)} R{-}CH{-}COOC_2H_5 + H_2O$$
$$\qquad | \qquad\qquad\qquad\qquad\qquad\qquad | $$
$$NH_2 \qquad\qquad\qquad\qquad\qquad\qquad NH_2$$

氨基酸　　　　乙醇　　　　　　　氨基酸乙酯

图 3-14 氨基酸的成酯反应示例

羧基被酯化后，可增强氨基的化学活性，氨基更易起酯化反应，生成酰胺或者酰肼。所以在蛋白质人工合成中可利用成酯反应将氨基酸活化。因为各种氨基酸与醇所生成酯的沸点不同，因此可以利用分级蒸馏的方法对氨基酸进行分离纯化。

8. 脱羧基反应 氨基酸在脱羧酶的作用下，脱羧基放出 CO_2，并产生相应的胺（图 3-15），胺也有一定的生理功能。

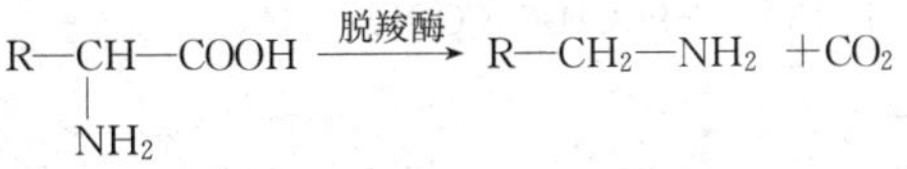

$$R{-}CH{-}COOH \xrightarrow{\text{脱羧酶}} R{-}CH_2{-}NH_2 + CO_2$$
$$\qquad | $$
$$NH_2$$

图 3-15 氨基酸的脱羧基反应

四、肽

（一）肽与肽键

一个氨基酸分子的 α 羧基与另一分子的 α 氨基脱水缩合而成的酰胺键称为肽键（peptide bond）（图 3-16）。氨基酸通过肽键连接而成的化合物称为肽（peptide）。

最小的肽是由两个氨基酸残基通过一个肽键连接的二肽，3～10 个氨基酸残基组成的肽称为寡肽（oligopeptide），含 10 个氨基酸残基以上的肽称为多肽（polypeptide）。所谓氨基酸残基（amino acid residue）是指肽链中的氨基酸的氨基和羧基都形成了肽键，而不再有完整的氨基和

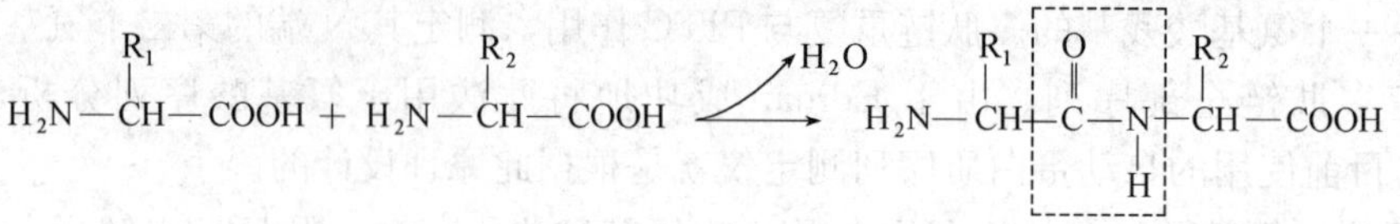

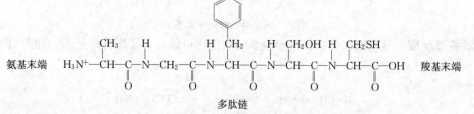

$$H_2N-CH-COOH + H_2N-CH-COOH \xrightarrow{\quad H_2O \quad} H_2N-CH-C-N-CH-COOH$$

图 3-16　肽键的形成

羧基，但无论肽链的长短，肽链上都有一个完整的氨基，称肽链的氨基末端或 N 端，写在肽链的左边；还有一个完整的羧基，称肽链的羧基末端或 C 端，写在肽链的右边（图 3-17）。

氨基末端　$H_3N^+-CH-C-N-CH_2-C-N-CH-C-N-CH-C-N-CH-C-OH$　羧基末端

多肽链

图 3-17　肽键的氨基末端和羧基末端

（二）肽的命名

肽的命名是从肽链的氨基端开始，称某氨酰某氨酰某氨基酸，例如，上列肽片段称丙氨酰甘氨酰苯丙氨酰丝氨酰半胱氨酸。这种命名方法只能对寡肽有效，对于长肽链的命名就太繁琐，所以除少数短肽（如谷胱甘肽）外，一般都是根据肽的来源和生物功能命名的，如催产素、加压素等。

（三）天然活性肽

活性肽是生物体内许多以游离状态存在的，在生命活动过程中有着极为重要功能的寡肽。它们大部分是新陈代谢的产物。举例如下：

1. 谷胱甘肽　谷胱甘肽（glutathione）普遍存在于动物、植物和微生物细胞中，小麦胚和酵母中含量特别高。它是由谷氨酸、半胱氨酸和甘氨酸经两个肽键连接而成的三肽分子。分子中的谷氨酸是以 γ 羧基与半胱氨酸的氨基连接成肽键，因此称为 γ-谷氨酰半胱氨酰甘氨酸，因为半胱氨酸上的侧链巯基以游离形式存在，常用符号 GSH 表示；氧化型谷胱甘肽是两个三肽之间经二硫键连接，用符号 G-S-S-G 表示（图 3-18）。

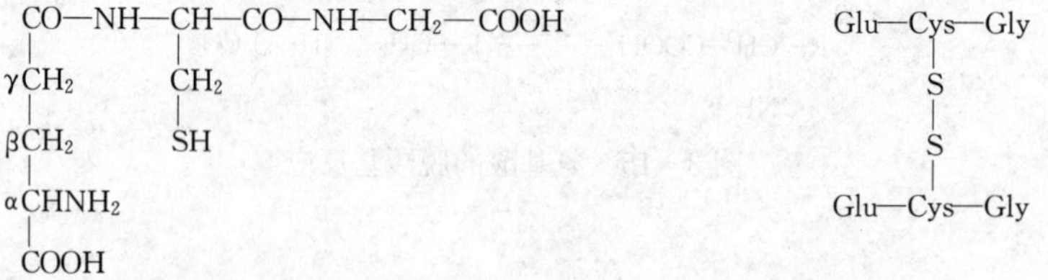

还原型谷胱甘肽（GSH）　　　　　　　　氧化型谷胱甘肽（G-S-S-G）

图 3-18　谷胱甘肽的两种形式

2. 脑啡肽　脑啡肽是高等动物中枢神经系统产生的一类小活性肽，例如 Met 脑啡肽和 Leu 脑啡肽等（图 3-19）。

$H_3^+N-Tyr-Gly-Phe-Met-COO^-$　　　　$H_3^+N-Tyr-Gly-Phe-Leu-COO^-$

Met 脑啡肽　　　　　　　　　　　　　　Leu 脑啡肽

图 3-19　两种脑啡肽

这两种脑肽的结构有相似之处，即 4 个氨基酸残基相同。这类活性肽与大脑的吗啡受体有很强的亲和力，具有与吗啡类似的镇痛作用。

3. 短杆菌肽 短杆菌肽是由细菌分泌产生的一类具有良好抗菌性能的多肽，含有 D-氨基酸（如 D-苯丙氨酸）和一些不常见氨基酸，如鸟氨酸（ornithine，Orn）（图 3-20）。

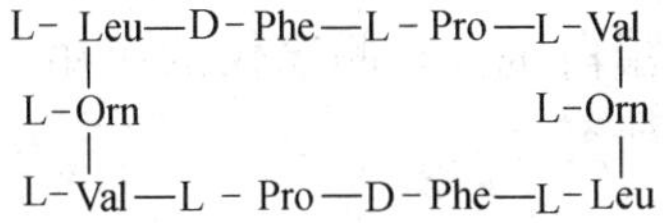

```
L- Leu—D- Phe—L- Pro—L- Val
 |                        |
L-Orn                  L-Orn
 |                        |
L-Val—L - Pro—D- Phe—L- Leu
```

短杆菌肽

图 3-20 短杆菌肽示例

第三节 蛋白质的分子结构

蛋白质是由许多氨基酸通过肽键连接的一条或多条多肽链组成的生物大分子。20 种氨基酸以不同的比例、不同的数量和不同的排列方式构成了成千上万种不同的蛋白质。蛋白质具有十分复杂的结构，共分为下列 6 个结构层次：一级结构、二级结构、超二级结构、结构域、三级结构和四级结构。一级结构也称为初级结构，指的是肽链中氨基酸残基的排列顺序，是由编码它的基因决定的。二级以上的结构又称为空间结构或高级结构，是由一级结构决定的。蛋白质的性质和功能取决于它的高级结构。

一、蛋白质的一级结构

蛋白质一级结构（primary structure）是指蛋白质多肽链中氨基酸的排列顺序。其顺序是由基因上的核苷酸序列所决定的，是蛋白质结构多样性和功能多样性的基础。

（一）蛋白质一级结构举例

胰岛素（insulin）是动物胰脏中胰岛 β 细胞分泌的一种分子质量较小的激素蛋白，它的主要功能是降低体内血糖含量。当胰岛素分泌不足时血糖浓度升高，并从尿中排出体外而形成糖尿病，因此，胰岛素是治疗糖尿病的有效药物。1953 年，Sanger 等人测定了胰岛素分子的氨基酸组成及其排列顺序。胰岛素共有 51 个氨基酸残基，由 A、B 两条多肽链组成，分子量为 5 734 u，A 链包含 21 个氨基酸残基，B 链包含 30 个氨基酸残基，胰岛素分子共形成 3 对二硫键，其中一个链内二硫键，两个链间二硫键（图 3-21）。

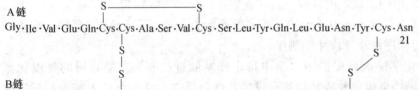

图 3-21 牛胰岛素的化学结构

一级结构的书写方式是从 N 末端到 C 末端，用氨基酸的 3 字母符号或单字母符号连续排列。若用 3 字母符号，每个氨基酸之间用圆点或横线隔开（图 3 - 21），用单字母表示则不用圆点。

（二）蛋白质一级结构的测定

1953 年，Frederick Sanger 报道了牛胰岛素的完整序列以来，已有成千上万种蛋白质的氨基酸序列被测定出来。近年来，由于蛋白质自动测序仪的应用，一次可连续测定上百个氨基酸顺序，大大促进了蛋白质一级结构的研究。

1. 蛋白质一级结构测定的意义

① 蛋白质的一级结构是最基本的结构，它是决定蛋白质高级结构的主要因素。蛋白质的氨基酸序列是判断蛋白质三维结构的条件，也是理解蛋白质作用的分子机制的必要前提。

② 比较不同生物来源的蛋白质氨基酸序列可以揭示蛋白质的功能和生物体之间的进化关系。

③ 有许多遗传性疾病是由于蛋白质中的单个氨基酸的突变造成的。氨基酸序列分析有助于疾病的诊断和治疗方法的研究。

2. 蛋白质一级结构测定方法 目前蛋白质氨基酸序列分析的程序非常精确和快速，大部分蛋白质可在几天内完成。测序的方法主要是根据 More 和 Stein 的片段重叠法进行的，其要点是将大化小，即先将蛋白质裂解成可测定的单个片段，再逐段分析各个片段的氨基酸序列，然后对照两套以上片段的重叠序列，排出肽段前后位置，最后构建出多肽链的一级结构。

（1）蛋白质一级结构测定（片段重叠法）的步骤

① 每条多肽链都有一个 N 末端和一个 C 末端，鉴定多肽链的末端氨基酸，由此确定蛋白质多肽链的数目，同时也知道末端氨基酸的组成。例如，胰岛素有两种 N 末端残基，Gly 和 Phe，这就说明胰岛素由两条不同的多肽链组成。

② 蛋白质分子若含有几条肽链，必须先对肽链进行拆分。肽链之间的非共价键利用加入盐酸胍的方法进行解离，如果多肽之间含有二硫键，则应该采用加入过甲酸氧化法或巯基乙醇还原法使其拆分。

③ 对肽链的一部分样品进行完全水解，做氨基酸组成分析，测定并计算各氨基酸的分子比。

④ 用两种不同的裂解方法得出两套大小不等的片段，分离出各片段并测定每个片段的氨基酸顺序。

⑤ 比较两套片段的氨基酸顺序，拼凑出整个肽链的氨基酸顺序。

⑥ 最后确定原来多肽链中的二硫键的位置。这样就确定出全部一级结构。

（2）多肽链的裂解方法 超过 40～100 个残基的多肽不能直接通过 Edman 法测序，必须被化学物质裂解或酶水解成可测序的小片段才能测序。

① 化学试剂：有几种化学试剂可促进蛋白质中特定残基肽键的断裂。最有用的是溴化氰（BrCN），它能够断裂多肽链中甲硫氨酸残基羧基形成的肽键，反应生成一个 C 末端为高丝氨酸内酯的肽和一个带有新的 N 末端残基的肽。分析结果表明，甲硫氨酸在多肽中的比例很少，所以用溴化氰处理后可以得到以高丝氨酸内酯环为末端的较大片段（图 3 - 22）。

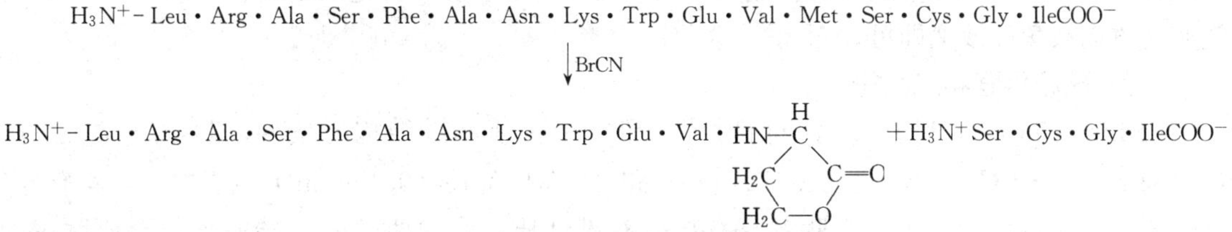

$H_3N^+-Leu \cdot Arg \cdot Ala \cdot Ser \cdot Phe \cdot Ala \cdot Asn \cdot Lys \cdot Trp \cdot Glu \cdot Val \cdot Met \cdot Ser \cdot Cys \cdot Gly \cdot IleCOO^-$

$\downarrow BrCN$

$H_3N^+-Leu \cdot Arg \cdot Ala \cdot Ser \cdot Phe \cdot Ala \cdot Asn \cdot Lys \cdot Trp \cdot Glu \cdot Val \cdot$ [结构式] $+H_3N^+ Ser \cdot Cys \cdot Gly \cdot IleCOO^-$

图 3 - 22 溴化氰对多肽链的水解作用

② 水解酶：有许多水解酶都可以用来水解多肽链，酶解后产生的肽片段较化学水解的肽片段要小得多，因为每一种酶的识别位点一般有两个以上氨基酸残基，如常用的有胰蛋白酶（trypsin）和胰凝乳蛋白酶（chymotrypsin）。胰蛋白酶特异地水解赖氨酸残基和精氨酸残基羧基端的肽键，如图 3 - 23a；胰凝乳蛋白酶特异地水解芳香族氨基酸残基的羧基端的肽键，如图 3 - 23b；同一样品分别用这两种不同的酶进行水解即可得到两套大小不同的肽片段，如图 3 - 23c。

a $H_3N^+-Met \cdot Arg \cdot Ala \cdot Ser \cdot Phe \cdot Ala \cdot Asn \cdot Lys \cdot Trp \cdot Glu \cdot Val - COO^-$

$\downarrow$ 胰蛋白酶

$H_3N^+-Met \cdot Arg - COO^- + H_3N^+-Ala \cdot Ser \cdot Phe \cdot Ala \cdot Asn \cdot Lys - COO^- + H_3N^+-Trp \cdot Glu \cdot Val - COO^-$

b $H_3N^+-Met \cdot Arg \cdot Ala \cdot Ser \cdot Phe \cdot Ala \cdot Asn \cdot Lys \cdot Trp \cdot Glu \cdot Val - COO^-$

$\downarrow$ 胰凝乳蛋白酶

$H_3N^+-Gly \cdot Arg \cdot Ala \cdot Ser \cdot Phe - COO^- + H_3N^+-Ala \cdot Asn \cdot Lys \cdot Trp - COO^- + H_3N^+-Glu \cdot Val - COO^-$

| Met · Arg | Ala · Ser · Phe · Ala · Asn · Lys | Trp · Glu · Val |

c

| Met · Arg · Ala · Ser · Phe | Ala · Asn · Lys · Trp | Glu · Val |

图 3 - 23 两种蛋白酶的水解部位和蛋白序列的测定

（3）二硫键位置的确定 氨基酸序列分析的最后一步是判断二硫键的位置。将含有完整二硫键的蛋白质样品切割生成成对的肽片段，每个肽片段中都含有一个 Cys 残基，并且以二硫键相连。分离出这对以二硫键相连的肽片段后，断开二硫键并且烷化，最后确定两个肽片段的氨基酸序列。通过比较这样成对的肽段和蛋白质序列间的联系，就可以确定二硫键的位置。

二、蛋白质的二级结构

蛋白质的二级结构（secondary structure）是指多肽链主链在一级结构的基础上进一步盘旋或折叠，从而形成有规律的构象。主要有 α 螺旋、β 折叠、β 转角和无规则卷曲。

（一）构型与构象

构型（configuration）是指不对称碳原子上相连的各原子或取代基团的空间排布。任何一个不对称碳原子相连的 4 个不同原子或基团，只可能有两种不同的空间排布，即两种构型：D 构型和 L 构型。构型的转变必然伴随着共价键的断裂和重组。

构象（conformation）是指相同构型的化合物中，与原子相连接的各个碳原子或取代基团在单键旋转时形成的相对空间排布。显然，构象的改变不需要共价键的断裂和重新形成，只需要单键旋转方向或角度改变即可。

（二）酰胺平面和二面角

Pauling 和 Corey 利用 X 射线衍射技术研究蛋白质肽键结构时发现，肽键 C—N 键的长度（0.132 nm）介于 C=N 双键长（0.124 nm）和 C_α—N 单键长（0.156 nm）两者之间，具有部分双键性质，不能自由旋转，由于肽键具有部分双键性质，肽键两端的 α 碳原子与形成肽键的 C、O、N、H 处于同一个平面，称为酰胺平面或肽平面。平面两侧的 α 碳原子都是反式的，而 N—C_α 和 C_α—C 单键都可以自由旋转。这样在多肽主链上，两个相邻酰胺平面之间，能以共同的 C_α 为定点旋转，绕 N—C_α 键旋转的角度用 Φ 表示，绕 C—C_α 键旋转的角度用 Ψ 表示（图 3-24A），Φ 和 Ψ 称为二面角，也称为构象角。多肽链所有的构象都能用这两个构象角来描述。顺时针方向为正，反时针方向为负。从理论上来讲，多肽链中的所有 C—C 单键和 N—C 单键都可以取 ±180° 之间的任意一个角度。由于肽链中各个氨基酸侧链基团的大小、形状和性质不同，从而限制了肽平面间相对旋转的角度，实际允许的构象角远不是上述的理论值。例如，Φ 和 Ψ 都等于 0° 时的构象会造成一些原子之间的空间重叠，实际上是不能存在的（图 3-24B）。生物物理学家 Ramachandran 等人根据 13 种蛋白质的 2 500 个氨基酸残基的构象角分析构建了一个二维图像，称为 Ramachandran 构象图（图 3-25）。构象图的空白处表示是不可能存在的，或者是很稀少的构象，因为这些构象中的原子或基团靠得太近以致不稳定、是不可能存在的构象。肽链中大多数氨基酸残基都落在 Ramachandran 构象图许可区的阴影部分。

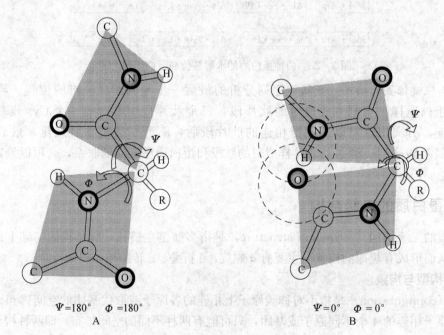

图 3-24 酰胺平面和二面角

（引自郭蔼光，2004）

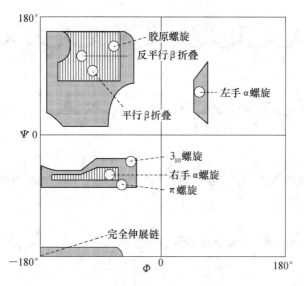

图 3-25　Ramachandran 构象图

(引自沃伊特等, 2003)

(三) 蛋白质二级结构的基本类型

1. α螺旋结构　α螺旋 (α-helix) 是蛋白质中最常见和最丰富的二级结构。不仅存在于毛发、角类纤维状蛋白中，球状蛋白中也广泛存在，它是蛋白质主链的一种典型结构形式 (图3-26)。α螺旋有下述结构特征。

① 在 α螺旋结构中，多肽链主链骨架围绕螺旋的中心轴，每3.6个氨基酸残基旋转一圈，每上升一圈，沿纵轴的间距为 0.54 nm，每个氨基酸残基沿中心轴上升 0.15 nm，绕轴旋转 100°。

② 螺旋的稳定性是靠链内氢键维持的，螺旋每隔 3 个氨基酸残基可形成一个氢键，即每个肽键上的N—H的 H 和它后面第四个残基上C＝O的 O 之间形成氢键，氢键的取向几乎与中心轴平行。氢键封闭环的本身包含 3.6 个氨基酸共 13 个原子，所以这种 α螺旋称为 3.6_{13} 螺旋。

③ 氨基酸残基的 R 侧链分布在螺旋的外侧，其形状、大小及电荷等均影响 α螺旋的形成。由于脯氨酸的亚氨基参与形成肽键之后，氮原子上已经没有氢原子，无法形成氢键，致使 α螺旋在此中断，并产生一个结。在一段螺旋里，如果相同氨基酸残基过于密集，则彼此间由于静电排斥而不能形成链内氢键，也会妨碍 α螺旋的形成。

④ α螺旋有右手螺旋和左手螺旋两种，天然蛋白质中几乎都是右手螺旋，这是因为右手螺旋比左手螺旋稳定。

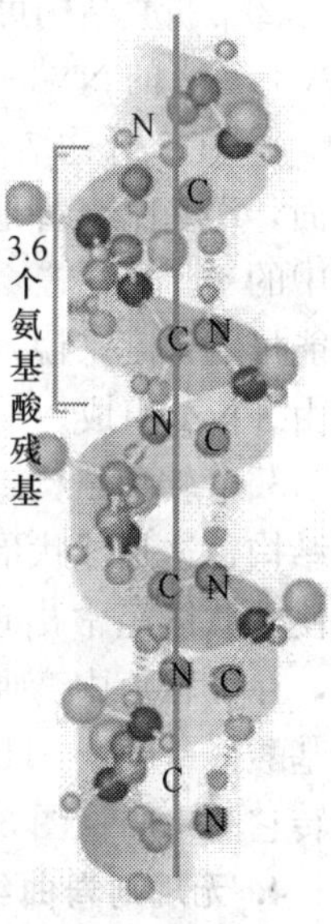

图 3-26　右手 α螺旋

(引自杨志敏, 2005)

自然界中除 3.6_{13} 螺旋外，还存在有 3_{10} 螺旋、π 螺旋等。

2. β折叠结构　β折叠 (β-plated sheet) 是 Pauling 等人利用 X 射线衍射法研究丝蛋白结构时提出的，又称为 β片层。是一种肽链相当伸展的结构 (图3-27)。β折叠有以下主要特征。

① 它是由两条或多条几乎完全伸展的多肽链侧向聚集在一起，相邻肽链之间肽键中N—H的

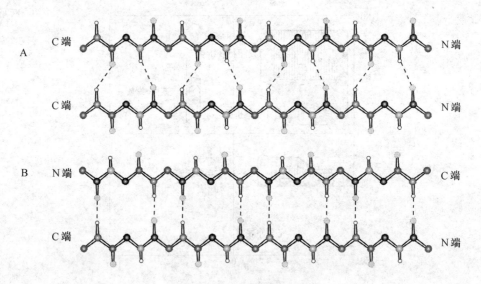

图 3-27 蛋白质的 β 折叠结构

A. 平行式　B. 反平行式

（引自杨志敏，2005）

H 与 C═O 的 O 形成有规则的氢键，形成 β 折叠。

② β 折叠结构可分为平行式和反平行式两种类型，前者所有肽链的 N 端在同一方向（图 3-27A），后者的 N 端一顺一反地交错排列（图 3-27B）。β 折叠是蛋白质中第二种最常见的二级结构。

③ 在 β 折叠结构中，多肽链主链呈锯齿状折叠构象。侧链基团与 C 间的键几乎垂直于折叠平面，R 基团交替地分布于片层平面两侧。平行式构象中 $\Phi = -119°$，$\Psi = +113°$；反平行式构象中的 $\Phi = -139°$，$\Psi = +135°$，因此反式构象中的肽链更为伸展。从能量的角度来说，反平行式的 β 折叠更为稳定。蚕丝蛋白几乎完全由 β 折叠组成。

3. β 转角结构 β 转角（β-turn）又称为 β 回折、β 弯曲或发夹结构，这是球状蛋白中广泛存在的一种二级结构。由于 β 转角结构使得肽链经常出现 180°的回折，使大多数蛋白质具有密集的球形，在 β 转角中弯曲的第一个氨基酸残基中 C═O 中的 O 和第四个氨基酸残基中 N—H 的 H 之间形成一个氢键，使一个多肽链急剧地扭转它的走向（图 3-28）。

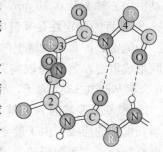

图 3-28　β 转角结构

（引自郭蔼光，2004）

4. 无规则卷曲结构 无规则卷曲（random structure）又称为自由回转，是指蛋白质的肽链中没有一定规律的松散肽链结构。这种结构与 α 螺旋、β 折叠等结构比起来是不规则的，但对于一些蛋白质来讲，需要一定的无规则卷曲结构，它有利于形成具有特殊生物活性的球状构象，如：酶的功能部位常常处于这种构象的区域。

三、纤维状蛋白质的结构

纤维状蛋白质（fibrous protein）是一种有规则的线性结构，纤维蛋白在许多方面与建筑材料相似，构成动物体的基本支架，在生命体中常具有保护、连接或支撑的功能。

下面讨论的角蛋白、丝心蛋白和胶原蛋白的形状都是由某个单一的二级结构决定的。

（一）角蛋白——卷曲螺旋

角蛋白（keratin）不溶于水，有机械耐力，化学性质不活泼，它是所有高等脊椎动物的附着物（如毛发、角、指甲和羽毛）的主要成分。角蛋白分α角蛋白和β角蛋白两种。α角蛋白存在于哺乳动物中，β角蛋白存在于鸟类和爬行类动物中。α角蛋白主要由右手α螺旋多肽组成，每3条右手α螺旋多肽链形成一个原纤维，4条原纤维构成一条直径为8 nm的微纤维，成百根微纤维组成巨原纤维，许多巨原纤维形成纤维（图3-29A）。一根哺乳动物的毛发含有多层死细胞，它们都是用平行的巨原纤维包装的。α角蛋白含有丰富的半胱氨酸残基，它们通过半胱氨酸残基之间二硫键的形成来连接相邻肽链。例如，烫发的原理是在烫发液里加硫醇将头发的二硫键还原断裂，再用氧化剂重建卷曲构象的二硫键，使卷曲的头发定型。β角蛋白又称为胞质角蛋白，存在于鸟类和爬行动物体表、体腔的上皮细胞中。

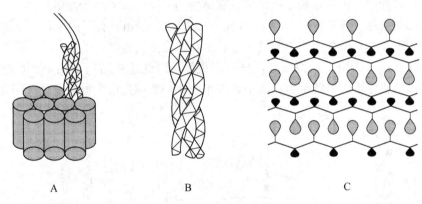

A   B   C

图3-29 纤维蛋白质结构

A. 角蛋白 B. 胶原蛋白 C. 丝蛋白

（引自沃伊特，2003）

（二）胶原蛋白——三股螺旋

胶原蛋白（collagen）存在于皮肤、软骨和骨质内，是体内含量最多的一类细胞外蛋白质，它在体内以不溶性的胶原纤维形式存在，属于高度抗张力的结构蛋白，是决定结缔组织韧性的主要因素。经组成分析表明，胶原蛋白含有 Gly - X - Pro 或 Gly - X - Hyp 的三肽重复顺序，其中X 可以是任何一种氨基酸，Hyp 是羟脯氨酸。由于重复出现脯氨酸残基，所以胶原不可能形成α螺旋和β折叠的构象，但是单股肽链之间可以形成一种左手螺旋的构象，即胶原的基本结构单位：原胶原蛋白分子。每个原胶原蛋白分子由3条α肽链略向左扭成左手螺旋，3条多肽链之间再由氢键相互盘绕成右手大螺旋（图3-29B）。胶原蛋白质中因缺少必需氨基酸，所以在营养方面属于不完全蛋白质。

（三）丝蛋白——β折叠

丝蛋白（silk fibroin）是蚕丝和蜘蛛丝中的主要蛋白质，是由线形的反平行β折叠堆积而成的多层结构。组成分析表明，丝蛋白主要由六肽重复连接而成，这六肽的氨基酸顺序为 Gly -

Ser-Gly-Ala-Gly-Ala，其中每隔一个氨基酸残基就有一个甘氨酸残基。由于反平行β折叠片层上的侧链基团交替伸向片层平面的上下方，所以甘氨酸残基位于折叠结构的一侧，丙氨酸残基或丝氨酸残基位于相反的一侧，于是当两个或两个以上这样的片层结构紧密聚集在一起形成片层堆积时，两个相邻的片层表面都互相嵌合。由于β折叠中的肽链构象是伸展的，而且片层之间的侧链又互相嵌合，所以说，丝蛋白是一种不易被拉直的刚性结构（图3-29C）。

四、蛋白质的超二级结构与结构域

超二级结构和结构域是近年来在球状蛋白质中发现的介于蛋白质二级结构与三级结构之间的两种结构形式。

（一）超二级结构

超二级结构（super secondary structure）是指在球状蛋白质分子的一级结构的基础上，相邻的二级结构单位（α螺旋、β折叠等）在三维折叠中相互靠近，彼此作用，在局部形成规则的二级结构组合体，这种组合体就是超二级结构。在结构的组织层次上高于二级结构，但没有形成完整的结构域，已知的超二级结构组合单元（combination element）有下述3种基本的组合形式。

1. αα组合形式 αα组合是由两股或3股右手α螺旋彼此缠绕，以14 nm的周期形成左手超螺旋，螺旋之间靠疏水作用而互相结合，自由能很低，因此这种结构很稳定。它存在于α角蛋白、肌球蛋白和原肌球蛋白等纤维蛋白质中。近年来在一些球蛋白中也有发现（图3-30A）。

 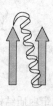 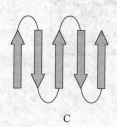

A   B   C

图3-30 蛋白质中的超二级结构

A. αα组合 B. βαβ组合 C. βββ组合

2. βαβ组合形式 βαβ组合形式是由二段平行式β链（单股的β折叠）和一段α螺旋连接而形成的结构。蛋白质中常见的是两个βαβ聚集体组合在一起，形成βαβαβ结构，这种结构称为Rossmann折叠（Rossmann fold），见图3-30B，这是一种更复杂的超二级结构。丙酮酸激酶、乳酸脱氢酶中具有典型的Rossmann折叠的超二级结构。

3. βββ组合形式 这是一级结构连续的多个β折叠，相邻的3条反平行β链通过紧凑的β转角连接而成，见图3-30C。它存在于许多球状蛋白质中，如枯草芽孢杆菌蛋白酶和乳酸脱氢酶等。

除上列3种超二级结构外，还有βαβαβ和βcβ结构，βcβ结构中的c代表无规则卷曲结构。

（二）蛋白质的结构域

蛋白质的结构域（domain）是指在较大的蛋白质分子里，多肽的三维折叠常常形成两个或多个松散连接的近似球状的、相对独立的、在空间上能辨认的三维实体。它可由一条多肽链（在单结构域蛋白质中）或多肽链的一部分（在多结构域蛋白质中）独立折叠形成稳定的三级结构。一个结构域与另一结构域之间以共价键相连接，这是与蛋白质亚基结构之间的非共价键缔合的根本区别。分子质量较大的蛋白质包含有两个或两个以上的结构域，例如免疫球蛋白分子总共有 12 个结构域，两条轻链各 2 个结构域，两条重链各 4 个结构域（图 3-31）。一个结构域由 100～200 个氨基酸残基组成。同时，结构域也是功能域（functional domain），功能域是指蛋白质分子中能够独立存在的功能单位，这种功能单位可以是一个结构域，也可以是多个结构域组成，不同的结构域常常与蛋白质的不同功能相关联。例如，免疫球蛋白与抗原的结合部位就在重链和轻链相邻的两个结构域交界的裂沟处。

对于分子质量较小的蛋白质来讲，结构域和三级结构是一个意思，如核糖核酸酶、肌红蛋白的三级结构就相当于一个结构域。

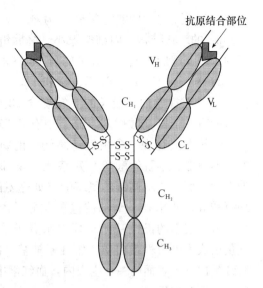

图 3-31　抗体分子的结构域

（引自沃伊特，2003）

五、蛋白质的三级结构

（一）蛋白质的三级结构概念及特点

1. 概念　蛋白质的三级结构（tertiary structure）是指球状蛋白质的多肽链在二级结构的基础上相互配置而形成特定的构象。α螺旋、β折叠、β转角和无规则卷曲等二级结构通过侧链基团的相互作用进一步卷曲、折叠，借助次级键的维系形成三级结构，三级结构的形成使肽链中所有的原子都达到空间上的重新排布，它是建立在二级结构、超二级结构和结构域基础上的球状蛋白质的高级空间结构。

2. 蛋白质三级结构的特点　蛋白质三级结构的特点为：①含多种二级结构单元；②有明显的折叠层次；③为紧密的球状或椭球状实体；④分子表面有一空穴（活性部位）；⑤疏水侧链埋藏在分子内部，亲水侧链暴露在分子表面。

（二）蛋白质三级结构举例

肌红蛋白（myoglobin，Mb）是哺乳动物肌肉中结合氧，并能使氧在肌肉中很快扩散的蛋白质，由一条包含 153 个氨基酸残基的多肽链和一个血红素辅基（heme prosthetic group）组成的结合蛋白质。这是一个典型的具有三级结构的球状蛋白质，Kendrew 首先成功地利用 X 射线衍射技术取得了抹香鲸的肌红蛋白的三维结构（图 3-32）。

图 3-32　肌红蛋白的三级结构

（引自王镜岩等，2002）

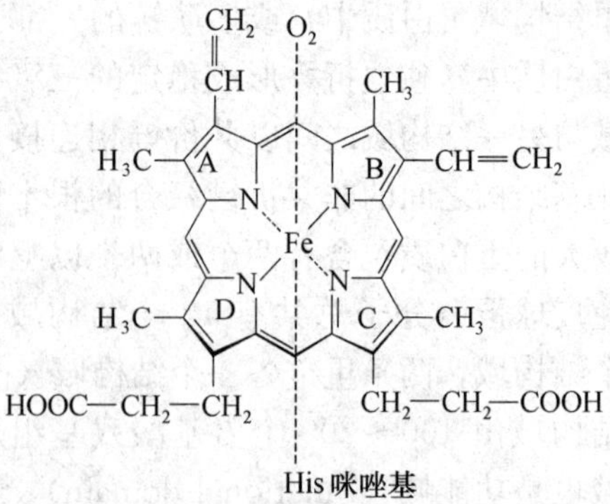

肌红蛋白分子结构紧密，为 4.5 nm×3.5 nm× 2.5 nm 的球状结构，内部空隙小。多肽链主链由长短不等的 8 段 α 螺旋组成一个扁平的分子，8 段 α 螺旋分别被命名为 A、B、C、D、E、F、G 和 H，这些螺旋之间的拐角处是无规卷曲，最长的 α 螺旋含 23 个氨基酸残基，最短的有 7 个氨基酸残基，分子中有 80% 的氨基酸残基以 α 螺旋形式存在。含极性基团侧链的氨基酸（如丝氨酸、苏氨酸、半胱氨酸等）残基几乎全部分布在分子的外表面，而含疏水侧链的氨基酸（如亮氨酸、异亮氨酸、缬氨酸等）残基几乎全部被包藏在分子内部，不与水接触。分子表面的极性基团正好与水分子结合，从而使肌红蛋白成为可溶性蛋白质。血红素辅基（图 3-33）处于肌红蛋白分子表面的一个空穴内，血红素中的二价铁有 6 个电子，能形成 6 个配位键，4 个与血红素的原卟啉Ⅸ（protoporphyrin Ⅸ）的 4 个吡咯环的 N 结合，第五个电子与 F 螺旋的第八位组氨酸的咪唑基 N 配位，第六个与氧分子可逆结合。每个吡咯环上有一个甲基，有两个吡咯环上分别带有乙烯基，两个吡咯环上分别带有丙酸基，血红素辅基处于一个疏水性环境中，肌红蛋白脱离辅基后的多肽链成分称为珠蛋白（globin）。

图 3-33 卟啉环结构
（引自王镜岩等，2002）

（三）稳定蛋白质三级结构的作用力

蛋白质一级结构上相距较远的氨基酸残基在三级结构中有的靠得很近。蛋白质多肽链之所以能形成稳定的构象，主要依赖于分子的主链和侧链上许多极性、非极性基团相互作用所形成的化学键，如图 3-34 所示。

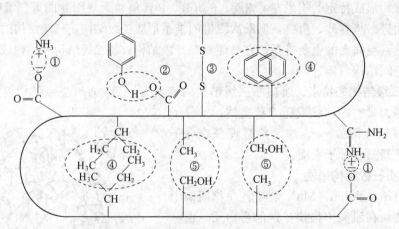

图 3-34 稳定蛋白质空间结构的化学键
①离子键 ②氢键 ③二硫键 ④疏水作用力 ⑤范德华力

1. 氢键 多肽链中氮原子或氧原子的孤对电子与氢原子间相互吸引而形成氢键，蛋白质表面的侧链通常形成这类氢键，在蛋白质分子中数量很大，对维系和促进蛋白质结构形成起着极其重要的作用。

2. 范德华力　范德华力即范德华吸引力。一般为 0.418～0.836 kJ/mol，在蛋白质分子中它的数量也较大，具有加和性，因此也是形成和稳定蛋白质构象的一种较为重要作用力。

3. 疏水作用力　它是疏水基团或疏水侧链避开水分子而相互靠近聚集的作用力。在蛋白质构象中，疏水作用力往往位于蛋白质分子内部，因而对形成和稳定构象也起着重要的作用。

4. 离子键　离子键也称为盐键，是正电荷与负电荷之间的一种静电相互作用，蛋白质分子中的某些酸性或碱性氨基酸残基，在生理 pH 条件下，其侧链是带电基团，这些带电基团之间即形成离子键。因此，离子键是蛋白质分子侧链基团上形成的作用力。

5. 配位键　由两个原子之间提供共用电子对所形成的共价键称为配位键。不少蛋白质含有某种金属离子，如 Fe^{2+}、Cu^{2+}、Mg^{2+}、Zn^{2+} 等，这些金属离子往往以配位键与蛋白质连接，参与蛋白质高级结构的形成与维持。当用螯合剂除去金属离子时，会造成蛋白质三级结构的局部破坏，以致丧失活力。

6. 二硫键　是肽链之间或肽链内部的两个半胱氨酸残基的巯基氧化后形成的共价相互作用力，有较高的强度，对蛋白质构象的稳定性有较大的贡献。

在蛋白质一级结构的基础上，通过稳定蛋白质分子构象的各种化学键或作用力使肽链折叠、卷曲形成各种蛋白质特有的高级结构。

六、蛋白质的四级结构

（一）蛋白质的四级结构概念

生物体内由几个具有三级结构的多肽链通过非共价键彼此形成一个功能性的聚集体称为蛋白质的四级结构。尽管许多球状蛋白都是以单个亚基为功能单位，但是在生命活动过程中，有许多功能蛋白是以多个亚基聚合在一起才具有生物活性。在具有四级结构的蛋白质中，单个亚基无生物活性，只有完整的四级结构才有生物活性。具有四级结构的蛋白质统称为寡聚蛋白质。

（二）蛋白质四级结构特征

组成四级结构的亚基可以是相同的，也可以是不同的；亚基与亚基之间呈高度有序的对称性排列。例如，血红蛋白的亚基成分是 $\alpha_2\beta_2$（图 3-35）。含有多个亚基的蛋白质称为寡聚体，其相同的单元称为原聚体（protomer）。一个原聚体可能由一条肽链或几条不同的肽链组成，血红蛋白是由两个 $\alpha\beta$ 原聚体组成。在大多数寡聚蛋白质中，原聚体是对称排列的，即每个原子在寡聚物中占据一个几何等同的位置。

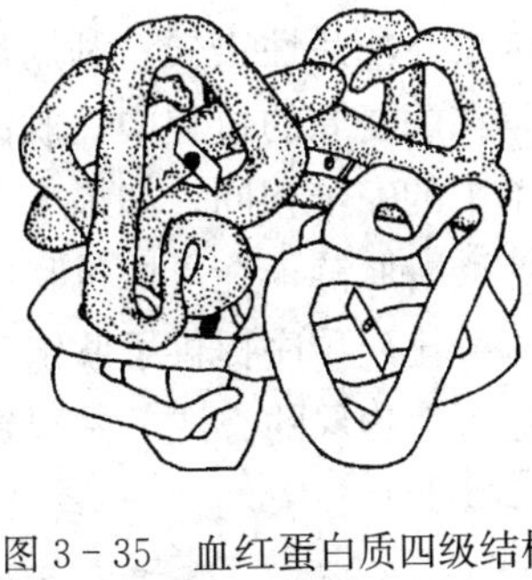

图 3-35　血红蛋白质四级结构
（引自杨志敏，2005）

（三）蛋白质四级结构举例

血红蛋白（hemoglobin，Hb）是具有四级结构的蛋白质。成人的血红蛋白由两个 α 亚基和两个 β 亚基（$\alpha_2\beta_2$）组成（图 3-35），胎儿的血红蛋白由两个 α 亚基和两个 γ 亚基（$\alpha_2\gamma_2$）组成，因此血红蛋白属于不均一四级结构的蛋白质（由相同亚基组成的寡聚蛋白质称均一寡聚蛋白质）。血红蛋白的每个亚基含一条多肽链和一个血红素辅基，具有 4 个氧结合部位。α 亚基多肽链由 141 个氨基酸残基组成，β 亚基多肽链及 γ 亚基多肽链由 146 个氨基酸残基组成，每个亚基的三级结构与肌红蛋白非常相似，呈球状。四个亚基彼此相互作用，从而具有单链肌红蛋白所不具有的特殊功能。血红蛋白除运输氧外，还能将代谢的废物 CO_2 运输到肺部排出体外。如血红蛋白中，血红素铁原子的第六配位键可以与不同的分子结合：无氧存在时，与水结合，生成脱氧血红蛋白（Hb）；有氧存在时，能够与氧结合形成氧合血红蛋白（HbO_2）；血红蛋白还能与 H^+ 结合维持体内的生理 pH，也有利于 HbO_2 的形成。氧的分压和 pH 较高时，有利于血红蛋白与氧的结合，反之，则有利于解离。

病毒外壳蛋白质的亚基结合方式也是四级结构，例如烟草花叶病毒（TMV 病毒）的 2 130 个亚基聚合而成棒状结构。

蛋白质分子的四级结构靠分子中多种次级键来维持其稳定性，如疏水作用、离子键、氢键等。如果次级键遭到破坏，分子的四级结构就会发生变化，其生物活性也随之改变甚至完全丧失。

第四节　蛋白质分子结构与功能的关系

生物大分子结构与功能的研究是生物化学与分子生物学的中心课题。蛋白质是最重要的功能大分子，以蛋白质的结构与功能为基础，从分子水平上来认识生命现象，已经成为现代生物学发展的主要方向之一。

一、蛋白质一级结构与功能的关系

蛋白质空间结构是蛋白质生物学功能的基础，而它的空间结构又是由其一级结构的氨基酸排列顺序决定的。因此，蛋白质一级结构与其功能密切相关。

（一）一级结构决定高级结构

一级结构决定高级结构的最好例子是核糖核酸酶的变性与复性实验。核糖核酸酶是由 124 个氨基酸残基组成的一条多肽链，其中 4 对二硫键使其折叠成一个球状分子。用 8 mol/L 尿素和 β-巯基乙醇处理核糖核酸酶，酶分子内的 4 个二硫键均被还原而断裂。整个肽链松散而成为无规则的构象，酶活性丧失。利用透析法除去尿素和巯基乙醇后，核糖核酸酶活性又恢复接近天然的酶。在酶复原的过程中，肽链上的 8 个半胱氨酸残基的巯基重新氧化成 4 个二硫键，配对与天然分子中的完全相同。如果 8 个巯基随机配对，将是 105 种不同的连接方式，但走向随机松散的核糖核酸酶肽链，在复原过程中空间构象几乎与变性前的完全一样，充分说明核糖核酸酶肽链上的氨基酸排列顺序提供了肽链三维折叠所需要的重要信息，这些信息控制着肽链本身的折叠卷曲成特定天然构象的方式，并决定了二硫键的正确位置和肽链的高级结构（图 3-36）。

β-巯基乙醇和 8 mol/L 尿素

天然核糖核酸酶　　　　变性核糖核酸酶

图 3-36　核糖核酸酶的变性与复性

（二）一级结构的变异与分子病

分子病是指某种蛋白质分子一级结构的氨基酸的排列顺序与正常有所不同的遗传病。一级结构发生变化，往往导致生物功能的改变。血红蛋白的 4 个亚基共 574 个氨基酸残基，只要改变其中一个氨基酸残基，其生物功能就会发生根本性的变化。例如，镰刀型贫血病人的血红蛋白（HbS）与正常人的血红蛋白（HbA）在结构上的差异只是 β 链上的一个氨基酸残基不同，这个氨基酸残基的差异造成了生物功能不同，即 HbA 的 β 链第六位为谷氨酸，而 HbS 的 β 链的第六位为缬氨酸（图 3 - 37）。

排列顺序	1	2	3	4	5	6	7	8……
HbA（β链）	Val—	His—	Leu—	Thr—	Pro—	Glu—	Glu—	Lys……
HbS（β链）	Val—	His—	Leu—	Thr—	Pro—	Val—	Glu—	Lys……

图 3 - 37　正常人与镰刀型贫血病人血红蛋白的 β 链的氨基酸残基的不同

由于这一改变，使原来正常的血红蛋白表面的带负电荷的谷氨酸的侧链羧基的亲水基变成为不带电荷的缬氨酸疏水基，引起等电点改变，溶解度降低，使之不正常地聚集成纤维状血红蛋白，导致红细胞收缩而变成镰刀状，输氧性能下降，细胞脆弱性溶血，引起头昏、胸闷等贫血症状。

（三）一级结构与生物进化

不同机体中表现相同功能的蛋白质称同功蛋白质。对同功蛋白质的研究，不仅能了解蛋白质结构与功能的关系，而且可以根据它们在一级结构上的差异程度，判断它们在亲缘关系上的远近，为生物进化的研究提供有价值的依据。

细胞色素 c 在不同的种属中的分子形式有所不同，但它们的空间结构非常相似，其生物功能是广泛存在于需氧生物细胞中的一个色素蛋白，在电子传递体中起到传递电子的作用。大多数生物的细胞色素 c 由 104 个氨基酸残基和一个血红素分子组成。分析不同生物的细胞色素 c 的结构，发现组成一级结构的氨基酸可分为两部分，一部分是固定不变的氨基酸，它决定蛋白质的空间结构与功能，无论哪种来源的蛋白质的这些氨基酸序列完全一样；另一部分是可变的氨基酸序列，即蛋白质来源不同，这些氨基酸就可能不同，这是同功蛋白质的种属差异的体现。它们虽然在亲缘关系上差别很大，但与功能相关的氨基酸序列却是相同的，如 14 和 17 位的半胱氨酸、18位的组氨酸、48 位的酪氨酸、59 位的色氨酸是固定不变的，这些位置与其功能紧密相关。这些生物的细胞色素 c 中，发现只有 35 个氨基酸残基完全不变，这 35 个氨基酸残基中除 11 个残基（在 70～80 位）是在一起形成一个肽段外，其余则分散在肽链的不同位置上，因此细胞色素 c 实现它的生物功能只需要肽链上的部分氨基酸。对已经清楚的近 100 种生物的细胞色素 c 的氨基酸序列进行比较，发现亲缘关系越近，其结构越相似；亲缘关系越远，在结构组成上差异越大。如人与黑猩猩相比，二者细胞色素 c 的氨基酸组成基本一致，但人与马相比有 12 处不同，人与昆虫相比有 27 处不同，人与酵母相比有 44 处不同。从这些数据可以看出各个种属之间的亲缘关系，也为生物进化的研究提供了有价值的依据；另一方面，根据同功蛋白质在组成上的差异程度，可以判断生物之间亲缘关系的远近，从而辩证地阐明分子进化。

（四）一级结构的局部断裂与蛋白质激活

生物体内的蛋白质必须具有一定的空间结构才具有相应的生物功能。例如，胰岛素分子的 51 个氨基酸残基由 A、B 两条肽链组成，是具有调节血糖浓度的激素分子。但最初由 β 胰岛细胞合成的是前胰岛素原，该分子的 N 端 20 个左右的信号肽被信号肽酶水解切除后成为胰岛素原。胰岛素原是 86 个氨基酸残基组成的单链多肽，它是胰岛素的前体，没有调节功能。只有在胰蛋白酶的作用下，胰岛素原被切去连接肽（C 肽）而留下 A、B 两条寡肽，留下的两条寡肽通过两个链间二硫键和一个链内二硫键连接，才成为有功能的胰岛素分子（图 3-38）。在生物体内很多功能蛋白质都需要有类似的处理过程才具有生物活性。

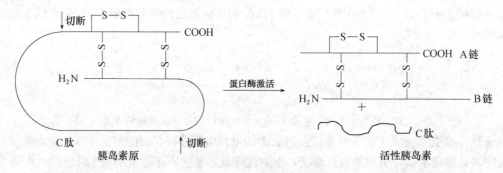

图 3-38　胰岛素原的激活

二、空间结构与功能的关系

蛋白质的空间结构是蛋白质发挥生物功能的基础，空间结构的改变必然导致功能的改变。所以，生物体内各种分子间复杂、专一、灵活而多样的功能表现都是因为蛋白质具有其相应的空间结构。

血红蛋白的变构效应就是一个例子。变构效应（allosteric effect）也称为别构效应，它是指当某些寡聚蛋白与别构效应剂发生作用时，可以通过蛋白质构象的变化来改变自身活性的现象。蛋白质构象的改变可以使活性增强，也可以使活性减弱。血红蛋白的变构效应是因为它是由 4 个亚基组成的寡聚蛋白，在血液红细胞中运输 O_2 和 CO_2，O_2 和 CO_2 分子就是血红蛋白的变构效应剂。当血红蛋白未与氧结合时，4 个亚基由 8 个盐桥连接（图 3-39），使分子构象保持稳定，在两个 β 亚基之间夹着一分子 2,3-二磷酸甘油酸使整个分子处于紧密型的构象状态，这种构象状态与氧的亲和力不大，但是，当氧分子与血红蛋白中 1 个亚基的血红素铁原子结合氧后，会引起该亚基构象的改变，一个亚基构象的改变又会引起其他 3 个亚基构象的改变，导致亚基间的盐键断裂，从而使原来结构紧密的血红蛋白分子变得较为松散，整个血红蛋白分子就成为易与氧结合的构象，加快了氧合速率，这种效应称为正协同效应。

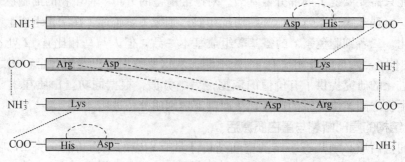

图 3-39　血红蛋白 4 个亚基间的 8 个盐桥

图 3-40 为肌红蛋白和血红蛋白的氧结合曲线，以氧分压（p_{O_2}）为横坐标，氧饱和度（Y）为纵坐标，可以得到血红蛋白的氧合曲线为 S 形曲线，表示寡聚蛋白间的协同作用。而肌红蛋白是只有一个亚基的单链蛋白，不存在亚基之间的协同作用，所以与氧结合曲线为双曲线。这意味着在氧分压很低的情况下，肌红蛋白容易与氧结合，而血红蛋白不易与氧结合。

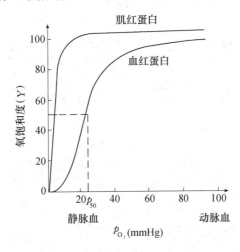

图 3-40　血红蛋白和肌红蛋白的氧合曲线

1 mm Hg＝133 Pa

（引自郭蔼光，2004）

第五节　蛋白质的重要性质

蛋白质是由氨基酸组成的高分子化合物，理化性质一部分与氨基酸相似，如两性解离、等电点、呈色反应和成盐反应等。但也有一部分理化性质与氨基酸不同，如分子质量、胶体性质、沉淀、变性等，下面对蛋白质的主要理化性质进行讨论。

一、蛋白质的紫外吸收光谱特征

蛋白质中的芳香族氨基酸，即酪氨酸、色氨酸和苯丙氨酸含有共轭双键，使蛋白质在 280 nm 波长有最大的紫外吸收值，紫外吸收能力与蛋白质的量有一定的比例关系，所以能用这种方法测定蛋白质的含量。如果样品中含有核酸，核酸在 260 nm 波长也有紫外吸收能力，它会干扰蛋白质的测定，因此要根据下列公式进行校正。

$$蛋白质质量浓度（mg/mL）＝1.55A_{280}－0.76A_{260}$$

测定范围：$0.1\sim0.5$ mg/mL。

二、蛋白质的酸碱性及等电点

蛋白质分子的多肽链上带有可解离的侧链基团和肽链末端的 α 氨基和 α 羧基（表 3-5），因此，蛋白质也是两性电解质，能与酸或碱发生反应，使蛋白质分子带有一定电荷，所带电荷的性质和数量不仅由蛋白质分子中的可解离基团的种类和数目决定，也与溶液的 pH 有关。在某一 pH 溶液中，蛋白质所带的正电荷与负电荷数恰好相等，即净电荷为零，在电场中，蛋白质分子既不向阳极移动，也不向阴极移动，这时溶液的 pH 就称为该蛋白质的等电点。在 pH 低于等电点的溶液中，蛋白质分子作为阳离子向阴极移动；相反，在 pH 高于等电点溶液中，蛋白质分子作为阴离子向阳极移动。

表 3-5 蛋白质分子中可解离基团的 pK 值

可解离基团	pK' (25 ℃)	氨基酸相应基团的 pK (25 ℃)
α-COOH，α-COO⁻	3.0～3.2	1.8～2.6
β-COOH (Asp)，β-COO⁻	3.0～4.7	2.09
γ-COOH (Glu)，COO⁻	4.4	2.19
咪唑基 (His)	5.6～7.0	6.0
α-NH₂，α-NH₃⁺	7.6～8.4	9.15～10.78
ε-NH₂，ε-NH₃⁺ (Lys)	9.4～10.6	10.53
—SH (Cys)	9.1～10.8	10.73
酚基 (Tyr)	9.8～10.4	9.11
胍基 (Arg)	11.6～12.6	12.48

蛋白质的可解离基团在特定 pH 范围内进行解离而产生带正电荷或负电荷的蛋白质，蛋白质分子可解离基团的 pK（表 3-5 所列数值）是由分析蛋白质的滴定曲线得来的。它们和自由氨基酸中相应基团的 pK 比较接近，但不完全相同，这是因为蛋白质分子中受到邻近电荷的影响所造成的。表 3-6 列出了几种蛋白质的等电点。

表 3-6 几种蛋白质的等电点

蛋白质	等电点	蛋白质	等电点
胃蛋白酶	1.0	血红蛋白	6.7
卵清清蛋白	4.1	α胰凝乳蛋白酶	8.3
血清清蛋白	4.7	α胰凝乳蛋白酶原	9.1
大豆球蛋白	5.0	核糖核酸酶	9.5
β乳球蛋白	5.1	细胞色素 c	10.7
胰岛素	5.3	溶菌酶	11.0

凡碱性氨基酸含量较多的蛋白质，等电点偏碱性，如精蛋白、组蛋白等。反之，含酸性氨基酸较多的蛋白质，等电点偏酸性。人体内很多蛋白质的等电点在 pH 5.0 左右，所以这些蛋白质在体液中（pH 7.35～7.45）以负离子的形式存在。

在同一 pH 溶液中，由于各种蛋白质所带电荷的性质、数量以及分子大小不同，因此它们在电场中的移动速率也不相同。利用这种性质来分离和鉴定蛋白质的方法，称为蛋白质电泳分析法，简称电泳法。蛋白质处于等电点时比较稳定，其物理性质的导电性、溶解度、黏度、渗透压等皆最小。因此，可以利用蛋白质在等电点时溶解度最小的特性来纯化或沉淀蛋白质。

三、蛋白质的胶体性质

由于蛋白质的分子质量很大，在水溶液中形成 $1\sim10$ nm 的颗粒，因而具有胶体溶液的一些性质，如布朗运动、丁达尔效应、不能透过半透膜等。在纯化蛋白质过程中，利用这种性质可以将蛋白质溶液中能够透过半透膜的低分子杂质（如硫酸铵等盐类）除去，这种方法称为透析法。即将蛋白质溶液盛入半透膜袋内，放在流水中，让杂质扩散到水里，以达到纯化蛋白质的目的。

蛋白质溶液是一种稳定的亲水胶体，因为在蛋白质颗粒表面带有许多极性基团，如—NH_2、—COOH、—OH、—SH、—$CONH_2$等，与水具有高度亲和性，当蛋白质与水接触时，很容易在蛋白质颗粒表面形成一层水膜。水膜的存在使蛋白质颗粒相互隔离，颗粒之间不会碰撞而聚集成大颗粒。另一方面，在非等电点状态时，蛋白质分子带有相同电荷，蛋白质颗粒之间相互排斥，保持一定距离，不易相互聚集而沉淀。所以，蛋白质溶液的稳定因素是带电层和水化层。

四、蛋白质的变性与复性

（一）变性

1. 变性的概念　天然蛋白质分子在物理因素、化学因素（如强酸、强碱、高温、剧烈振荡等环境条件）的作用下，其高级结构发生异常变化，从而导致物理性质和化学性质的改变以及生物功能丧失，这种现象称为蛋白质的变性。

2. 蛋白质变性的表现　变性后的蛋白质物理性质发生变化，主要表现在黏度增加、旋光性的改变、紫外吸收光谱变化、失去结晶能力、溶解度下降甚至出现凝结、沉淀等。生物功能的变化表现为生物功能的丧失，如酶蛋白失去催化作用、运输蛋白失去运输功能（变性血红蛋白失去与氧结合的能力）等。化学性质的变化表现在结构松散，由于蛋白质构象改变而本来被埋藏在分子内部的基团暴露出来，有利于酶的结合和催化使之水解。

3. 蛋白质变性作用的种类　蛋白质的变性作用包括可逆变性和不可逆变性。除去引起变性的因素后可恢复其原来的理化性质和生物学性质的变性称可逆变性。如核糖核酸酶被 8 mol/L 尿素和 β-巯基乙醇还原后，其高级结构被破坏而失去生物活性，用透析的方法除去尿素和 β-巯基乙醇后，核糖核酸酶的结构和功能随之恢复。所谓不可逆变性是指蛋白质变性后，即使除去了变性因素，蛋白质的天然性质仍得不到恢复。如鸡蛋清热变性就是一种不可逆变性。变性的可逆与不可逆与导致变性的因素、蛋白质种类和蛋白质分子结构改变程度等都有关系。到目前为止，并未做到使所有的蛋白质在变性后重新恢复活性。但复性的概念普遍被接受，并认为有一些蛋白质之所以不能复性，主要是所需的条件复杂，如辅因子、蛋白质水解酶杂质的彻底去除、解离缔合的掌握、巯基的保护等。

4. 变性作用机制　使天然蛋白质变性的因素很多，物理因素有热（$60\sim70$ ℃）、光（X射线、紫外线）、高压、剧烈振荡等；化学因素有酸、碱、有机溶剂、尿素浓溶液、盐酸胍、水杨酸负离子、磷钨酸、三氯乙酸、十二烷基磺酸钠（SDS）等。

热变性主要是高温引起肽链的氢键破坏。振荡变性是由于表面张力作用，使肽链间的次级键遭到破坏。酸碱的变性作用是：酸使—COO⁻变为—COOH、碱使—OH与—NH₃⁺结合而且破坏蛋白质的盐键。有机溶剂可能降低蛋白质溶液的介电常数，使蛋白质粒子的静电作用增加，从而与邻近分子相互吸引，使分子中原有的弱键断裂。高浓度的尿素同蛋白质争夺水分子，从而引起蛋白质分子的氢键破坏，使蛋白质分子松散（低浓度尿素溶液不引起蛋白质变性）。盐酸胍也能破坏氢键，使巯基露出。三氯乙酸能使带正电荷的蛋白质与三氯乙酸的负离子结合，形成溶解度很低的盐类。总之，所有变性因素都是使蛋白质分子中的次级键（主要是氢键）受到破坏，使肽链结构松散而造成蛋白质失去原有功能。

5. 变性作用的实际应用　蛋白质变性是多肽链的氨基酸序列分析的第一步，也为蛋白质分子质量测定技术奠定了基础。蛋白质变性常用在日常生活当中，如临床上酒精、蒸煮、高压、紫外线等方法进行消毒灭菌，食物煮熟后易于消化。当要从一种溶液中去除不需要的蛋白质时，就可用它的变性性质。例如，在耐高温的 *Taq* DNA 聚合酶的纯化过程中，将酶提取物放置 90 ℃ 条件下处理，再高速离心一定时间，所有杂蛋白因高温变性而被离心沉淀，上清液即为纯度较高的 *Taq* DNA 聚合酶蛋白。

（二）复性

蛋白质的复性是指用适当的方法除去变性因素以后，蛋白质恢复原来的构象，生物活性也随之恢复的现象。例如，图 3 - 36 所示核糖核酸酶的变性与复性作用。

五、蛋白质的沉淀作用

正如前文的蛋白质的胶体性质中所讲，生物体内的蛋白质是以一种稳定的亲水胶体的形式存在，是因为有带电层和水化层，这种稳定性是生物体正常新陈代谢所必需的。如果破坏了蛋白质胶体的稳定因素，即分子外的水膜被破坏或蛋白质分子所带的电荷被中和了，则蛋白质胶体溶液就不稳定，蛋白质分子会相互聚集而从溶液中析出。这种由于某些理化因素使蛋白质从溶液中析出的现象称为蛋白质的沉淀（precipitation）作用。引起蛋白质沉淀的因素主要有以下几个方面。

1. 中性盐沉淀蛋白质——盐析法　向蛋白质溶液中加入大量中性盐，以破坏蛋白质的胶体性质，从而使蛋白质从溶液中沉淀析出的现象称盐析（salting out）。

由于加入了大量中性盐，盐离子结合了大量的自由水，使水的活度降低，从而降低了蛋白质极性基团与水分子间的相互作用，破坏蛋白质分子表面的水膜，而加大蛋白质颗粒之间的相互作用，使蛋白质从溶液中析出。若溶液 pH 在蛋白质的等电点时进行盐析，沉淀效果会更好。

由于蛋白质分子的颗粒大小和亲水程度不同，盐析所需要的盐浓度也不一样，因此调节混合蛋白质溶液中的中性盐浓度，可使各种蛋白质分段沉淀，这种方法称分段盐析。盐析沉淀蛋白质往往不会引起变性，所以常用于分离各种天然蛋白质。

低浓度的中性盐可以增加蛋白质的溶解度，这种现象称为盐溶（salting in）。这是由于蛋白质表面的带电基团吸附了盐离子，而盐离子的水合能力比蛋白质强，所以吸附了盐离子的蛋白质与水之间的作用力加强，因而使蛋白质的溶解度增加。

2. 有机溶剂沉淀蛋白质　与水互溶的一些有机溶剂（如乙醇、丙酮）可以吸水，破坏蛋白质颗粒上的水膜而使蛋白质沉淀。低温时，用丙酮脱水，还能保存原有蛋白质的活性。但用乙醇脱水，时间较长后可使蛋白质变性。临床上常用 70％酒精消毒，就因为它能更好地扩散到整个细菌体内，使蛋白质变性沉淀。95％浓酒精，吸水力强，与细菌接触时，细菌表面的蛋白质立即变性沉淀，酒精不能继续扩散到细菌体内，不能使细菌死亡。

3. 重金属盐沉淀蛋白质 蛋白质在碱性溶液中发生解离而带负电荷，可以与重金属离子（如 Cu^{2+}、Hg^{2+}、Pb^{2+} 等）作用生成不溶解的重金属蛋白质盐沉淀。根据这一原理，给重金属盐中毒的患者喝生鸡蛋清或牛奶可以起到缓解的作用。

4. 生物碱试剂沉淀蛋白质 单宁酸、苦味酸、钼酸、钨酸等生物碱试剂和三氯乙酸、磺基水杨酸等都能使蛋白质沉淀。因为在生物碱试剂和这些酸性溶液中，蛋白质带正电荷，能与带负电荷的酸根相结合，生成溶解度很小的盐类。临床血液分析时常用生物碱试剂除去血液中干扰测定的蛋白质。

六、蛋白质的显色反应

蛋白质中因含某种特殊结构的氨基酸，能与多种化合物作用，产生各种显色反应，现将最重要的几种分述于下。

（一）双缩脲反应

蛋白质分子中含有许多与双缩脲结构相似的肽键，双缩脲（$H_2N—CO—NH—CO—NH_2$）是两分子脲经 180 ℃左右加热，放出一分子氨后所得到的产物。在碱性环境中，双缩脲与蓝色的稀硫酸铜溶液作用生成红紫色至蓝紫色的络合物，这种反应称双缩脲反应。凡具有两个酰胺基或两个直接连接的肽键的这类化合物都能与双缩脲试剂作用。蛋白质都具有两个以上的肽键，因而能产生双缩脲反应。在一定的条件下双缩脲反应所形成的紫红色的深浅与蛋白质的含量成正比，而与蛋白质的分子质量及氨基酸成分无关，故可用于蛋白质的定量测定，也可利用这一反应来鉴定蛋白质是否水解完全，根据颜色深浅程度还可进行蛋白质的定量分析。测定时，将蛋白质溶液加入双缩脲试剂，混合均匀后在室温（20～25 ℃）静置 30 min，在 540～560 nm 波长范围内测定光密度，查标准曲线就可以求得蛋白质的含量。

（二）茚三酮反应

茚三酮与蛋白质反应生成蓝紫色化合物，反应与氨基酸相似，其原理请参看本章第二节"氨基酸的重要理化性质"部分的相关内容。

（三）福林试剂反应

福林酚试剂反应（Folin 反应）包括两步反应，第一步是在碱性条件下，蛋白质中的肽键与铜结合生成紫红色的蛋白质铜络合物；第二是蛋白质铜络合物以及蛋白质中酪氨酸和苯丙氨酸等芳香族氨基酸的残基使磷钼酸-磷钨酸还原，产生深蓝色的磷钼蓝和磷钨蓝的混合物，颜色深浅与蛋白质含量成正相关，可利用在 650 nm 波长下的特定吸收进行比色测定。此法的灵敏度很高，测定范围在 25～250 $\mu g/mL$。

（四）考马斯亮蓝 G-250 法

考马斯亮蓝 G-250 法（Coomassie brilliant blue G-250）也称为 Bradford 法，是一种染料结合法，染料主要是与蛋白质中的碱性氨基酸和芳香族氨基酸残基相结合。考马斯亮蓝在游离状态下呈红色，最大光吸收波长在 450 nm，当它与蛋白质结合后变为蓝色，蛋白质-色素结合物的最大光吸收波长变为 595 nm。这一波长下其光吸收值与蛋白质含量成正比，因此可用于蛋白质的定量测定。

第六节　蛋白质的研究方法

一、蛋白质含量的测定

蛋白质是细胞中含量最丰富的生物大分子，蛋白质的含量测定也是生物化学研究中最常用、最基本的分析方法之一。根据蛋白质的不同理化性质，已经建立了多种分析蛋白质含量的方法，除了上文提到的福林酚试剂法（Lowry 法）、双缩脲法（Biuret 法）、考马斯亮蓝法外，还有凯氏定氮法和紫外吸收法等。这些方法各具特点，在实际应用中可根据具体条件和要求加以选择。

（一）凯氏定氮法

根据氮在蛋白质分子中含量恒定（平均占 16%）作为依据进行的测定方法。首先将待测物质加浓硫酸消化，硫酸分解蛋白质，并进一步生成硫酸铵 $[(NH_4)_2SO_4]$，硫酸铵被过量的浓 NaOH 碱化而分解放出 NH_3，再通蒸汽蒸馏将 NH_3 导入过量的硼酸溶液中，并用标准盐酸滴定，直到硼酸溶液恢复原来的氢离子浓度，根据消耗的标准盐酸量，计算出样品的总氮量，将总氮量乘以 $6.25(100/16＝6.25)$ 即可计算出蛋白质的含量。此方法适宜于测定 $0.2\sim1.0$ mg/mL 范围的氮。

（二）紫外吸收法

蛋白质分子中芳香族氨基酸具有共轭双键，在 280 nm 波长具有最大吸收，各种蛋白质分子中的芳香族氨基酸的含量相差不大，所以在 280 nm 的吸收值与浓度成正相关，可用于蛋白质含量的测定。如果测定物质有核酸物质的存在，会对其有干扰，使准确度降低，因此可利用在 280 nm 及 260 nm 波长下的吸收值差求出蛋白的浓度。

$$蛋白质浓度（mg/mL）＝1.45A_{280}－0.74A_{260}$$

二、蛋白质的分离、纯化与鉴定

蛋白质的分离纯化是研究蛋白质的基础。生物细胞的蛋白质都是以复杂的混合物形式存在的，要从这些混合物中分离出某个单独的蛋白质，必须选择一套适当的分离提纯程序才能得到高纯度的制品。不同的蛋白质有不同的分离条件和方法，如利用蛋白质分子质量的大小、所带净电荷和溶解度等的差异进行分离。

（一）蛋白质分离的一般原则

蛋白质存在于生物体的组织细胞中，在分离纯化之前必须采用适当方法使蛋白质以溶解状态释放出来。通常是根据细胞的结构特点，选择适当的方法破碎细胞，常用超声波法、冻融法、酶解法和研磨法等。细胞破碎后，选择适当的介质（一般用缓冲液）把所要的蛋白质提取出来，然后用离心法等除去细胞碎片，再根据不同蛋白质的特性，选择不同的溶剂进行提取。提取蛋白质的溶液应为偏离等电点两侧的 pH 缓冲液，离子强度适中，以维持蛋白质结构的稳定。一般而言，蛋白质提取液以水为主，再加少量的酸、碱或盐组成。这样，可以通过少量离子的作用，减少蛋白质分子极性基团之间的静电引力，加强蛋白质与提取液之间的相互作用，从而提高其溶解度。对于某些与脂质结合得比较牢固的蛋白质复合体或含脂肪族氨基酸较多的蛋白质，疏水性强，则需要在微碱性提取液中加入一定浓度的表面活性剂［如十二烷基磺酸钠（sodium dodecyl sulfate，SDS）］或高浓度的有机溶剂（如乙醇）。

提取时一定要在冰浴上或低温室内操作。

（二）蛋白质分离、纯化的方法

蛋白质的分离纯化方法有多种，可以根据蛋白质分子质量大小进行分离纯化，还可以根据其溶解度、带电性质和吸附性质等进行分离纯化。

1. 根据蛋白质带电性质不同的分离方法

（1）电泳　电泳是目前分离纯化蛋白质的一种常用实验技术。在电场中，带电颗粒向着与其带电性质相反的电极移动的现象称为电泳（electrophoresis）。由于各种蛋白质的等电点不同，在一定 pH 条件下，它们所带电荷的种类、数量、分子大小和形状等不同，在电场中的迁移率也各不相同。

等电聚焦电泳是根据蛋白质的等电点差异进行的分离方法。它是将含有几种称为两性电解质的有机带电分子的凝胶置于电场中，接通电源后，两性电解质分子根据相对电荷的大小连续分布于电场中，这样便在电场中形成了一个连续的 pH 梯度。此时，将蛋白质溶液加入到凝胶内，蛋白质在电场中随后发生移动，移动到与自身等电点相等的 pH 的位置即停止移动，因为此时蛋白质的净电荷为零。采用等电聚焦的方法既可以精确地测定蛋白质的等电点，也可以对等电点仅差百分之几个 pH 单位的蛋白质进行良好的分离。等电聚焦电泳与 SDS-聚丙烯酰胺凝胶电泳结合起来就是蛋白质组学研究的主要技术之一——双向电泳。

（2）离子交换层析　离子交换层析（ion-exchange chromatography）是利用离子交换剂对需要分离的各种离子有不同的亲和力，使待分离的离子在层析柱中移动时达到分离的目的。离子交换剂的酸性或碱性基团，分别能与水溶液中的蛋白质阴离子或阳离子进行交换。交换过程为：①蛋白质扩散到离子交换树脂的表面；②蛋白质通过树脂扩散到交换位置；③在交换位置上进行离子交换；④被交换的离子通过树脂扩散到表面；⑤用洗脱液洗脱，被交换的离子扩散到外部溶液中。

这种交换是定量完成的，因此测定溶液中由固体上交换下来的离子量，可知样品中原有蛋白质阴离子或阳离子的含量，也可将吸附在交换剂上的样品的成分用另一洗脱液洗脱下来，再进行定量。

如果有两种以上的成分被交换在离子交换剂上，用另一洗脱剂洗脱时，亲和力强的离子移动较慢，而亲和力弱的离子先洗脱下来，由此可将各成分分开。

2. 根据蛋白质分子大小不同的分离方法

（1）透析法　透析（dialysis）法是根据分子质量大小进行纯化的。蛋白质具有不能透过半透膜的性质，将含有一些小分子物质（如氨基酸、小肽、糖类、硫酸铵等）的蛋白质溶液盛入一个透析袋中，然后置流水中进行透析，此时蛋白质溶液的小分子物质不断地从透析袋中渗出，而大分子蛋白质仍留在袋内，经过多次更换缓冲液，就可达到纯化的目的。这是实验室分离纯化某些酶蛋白的常用方法（图 3-41）。

（2）离心沉降法　蛋白质溶液在离心时，蛋白质颗粒在强离心力作用下发生沉降，并与溶液分离。蛋白质颗粒的沉降速率取决于离心机转子的速度以及蛋白质颗粒的大小、密度、分子的形状、溶液的密度和性质等，因此，可以通过控制离心速度达到分离蛋白质的目的。如果蛋白质颗粒在具有密度梯度的介质中离心时，质量和密度大的颗粒比质量和密度小的颗粒沉降得快，并且每种蛋白质颗粒沉降在与自身密度相等的介质时便停止。目前常用的密度梯度有蔗糖梯度和聚蔗糖梯度以及其他合成材料的密度梯度。管底部的密度最大，向上依次减小（图3-42）。

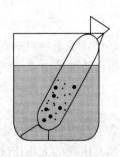 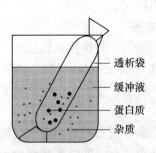

透析袋
缓冲液
蛋白质
杂质

转子驱
动电机

图 3-41　透析法纯化蛋白质
（引自古练权，2002）

图 3-42　离心机
（引自古练权，2002）

（3）凝胶过滤层析　凝胶过滤层析（gel - filtration chromatography）又称为分子筛层析或分子排阻层析。这是根据分子大小进行分离的最有效的方法之一。分子质量不同的蛋白质通过固定相凝胶时，分子的扩散速度各异，使大小不同的分子得到分离和纯化。

层析介质的凝胶是多孔性的网状结构，经过适当的溶液平衡后装入层析柱，构成层析床（图3-43A）。当不同分子大小的蛋白质混合物流经由凝胶装成的层析柱时，比凝胶孔径大的分子（阻滞作用小）就沿凝胶颗粒间孔隙随溶剂流动（图3-43B），流程短而移动速度快，先流出层析床；但分子较小的物质，可渗入凝胶颗粒（图3-43C），流程长而移动速度慢，使分子小的物质后被洗脱下来（图3-43D）。在一定条件下，被分离的蛋白质的相对分子质量的对数与其洗脱体积成比例，所以常用这一原理测定蛋白质的相对分子质量。

3. 根据蛋白质溶解度的差异进行分离　因为蛋白质含有许多带电基团，所以它的溶解度依赖于盐浓度、溶液 pH 和温度，分别对这些环境条件进行调节，可以选择性地沉淀一些蛋白质，让其他蛋白质处在溶解状态中。盐析法是利用蛋白质溶解度的差异进行分离纯化最常用的一种方法，其次有等电点沉淀法（表3-6列举了一些蛋白质的等电点值）、有机溶剂分级分离法等。

4. 根据蛋白质的配体专一性进行亲和层析分离　亲和层析（affinity chromatography）是利用蛋白质和它的配体之间的相互作用来达到分离目的的一种柱层析。如果将配基共价连接在固相载体上制成吸附系统（图3-44），则通过层析柱的蛋白质就能以高亲和力与配基特异结合，而其他没有结合的蛋白质通过层析柱被缓冲液洗脱下来。通过改变洗脱条件，比如用含有高浓度的自由配体的溶剂，或是浓缩了的盐溶液洗脱再从固相载体上释放蛋白质，即可获得高纯度的蛋白质。配基可以是较小的分子（例如，辅酶、辅基和别构酶的效应剂），也可以是大分子（例如酶的抑制剂或抗体等）。

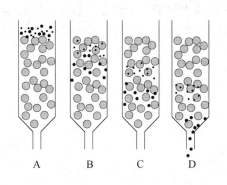

图 3-43　凝胶过滤层析的原理
（引自古练权，2002）

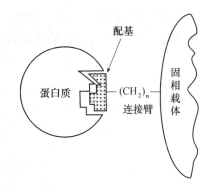

图 3-44　亲和层析示意图
（引自古练权，2002）

（三）蛋白质纯度的鉴定

蛋白质纯度鉴定通常采用的方法是 SDS-聚丙烯酰胺凝胶电泳法。在样品中加入十二烷基磺酸钠（SDS），它与蛋白质结合形成 SDS-蛋白质复合物。由于 SDS 带负电荷，使得各种蛋白质 SDS 复合物都带上相同密度的负电荷，从而掩盖了各种蛋白质间的电荷差异，去除了电荷效应。此时蛋白质的迁移速度主要取决于蛋白质的相对分子质量。样品通过 SDS-聚丙烯酰胺凝胶电泳后出现一个区带，就说明这是一个纯度较高的蛋白质。

蛋白质纯度鉴定还有很多其他的方法，如等电聚焦电泳法，纯的蛋白质在一系列不同 pH 梯度的凝胶中进行电泳时，以单一的泳动速率移动而显示出一条区带。还有 N 末端氨基酸残基分析法、高效液相柱层析法、沉降分析、扩散分析等分析方法。单独的采用一种方法都不能确定蛋白质的纯度，必须同时用几种方法进行鉴定才能确定其纯度。

三、蛋白质相对分子质量的测定

（一）葡聚糖凝胶层析法

葡聚糖凝胶层析与一般凝胶过滤层析类似。被分离物质的分子质量和层析特征之间同样有十分密切的关系，即不同蛋白质的相对迁移率和与分子质量之间存在线性关系，因此可用于蛋白质分子质量的测定。将待测样品与标准蛋白质放在一起进行层析，经干燥、染色后，即可显现斑点迁移位置，测定各斑点的迁移距离，作标准蛋白质的相对迁移率和分子质量对数关系曲线，即可查出待测蛋白质分子质量。

（二）SDS-聚丙烯酰胺凝胶电泳法测定

这种方法是将待测的蛋白质样品加去污剂十二烷基磺酸钠和还原剂（巯基乙醇）并放置沸水处理 3~5 min。由于还原剂使多亚基的蛋白质之间的二硫键断开而成为单亚基，同时 SDS 是带有负电荷的阴离子去污剂，结构上带有一个长的疏水性尾巴，这个疏水性尾巴与肽链中氨基酸的疏水侧链结合成为长的椭圆棒状结构的蛋白质-SDS 复合体，这种棒状结构的长度与蛋白质分子质量成正比。电泳时 SDS-蛋白质复合物在凝胶中的迁移率与所带电荷及分子形状无关，而主要取决于蛋白质的分子质量。将待测样品与标准蛋白质放在一起进行电泳，染色后作标准蛋白质的相对迁移率和分子质量对数关系曲线，即可查出待测蛋白质分子质量。所以常用 SDS-聚丙烯酰胺凝胶电泳法（SDS-PAGE）测定蛋白质的纯度和蛋白质大致的分子质量（图3-45）。蛋白质的相对分子质量（M_r）与迁移率的关系为

$$lgM_r = K_1 - K_2\mu_R$$

式中，K_1、K_2为常数。

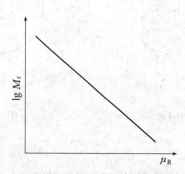

图3-45 蛋白质分子质量对数与电泳迁移率的关

四、蛋白质分子结构的研究

（一）蛋白质一级结构的研究

对于蛋白质一级结构的研究主要是研究蛋白质多肽链的氨基酸排列顺序。多肽链的氨基酸排列顺序可以利用本章第三节介绍的片段重叠法进行测定。

（二）蛋白质高级结构的研究

蛋白质分子构象研究的方法主要是测定晶体蛋白质的分子结构（如中子衍射法和X射线衍射法）以及测定溶液中的蛋白质分子构象（如核磁共振波谱法、荧光光谱法、圆二色谱法、激光拉曼光谱法、紫外差光谱法等）。

1. 中子衍射法 因为氢核（质子）对中子的散射，所以能利用中子衍射法观察到电子密度极为细小的氢原子。这种方法需要专门的设备，还要以X射线衍射研究的结构作为计算的基础。利用中子衍射法已经测定了肌红蛋白和胰蛋白酶的晶体结构，并确定了许多重要质子的位置。

2. X射线衍射法 X射线衍射技术测定晶体结构是根据稳定的晶体中原子重复出现的周期性结构，当X射线穿过晶体的原子平面层时，只要原子层的距离d与入射的X射线波长λ、入射角θ之间的关系能够满足布拉格方程式$2d\sin\theta = n\lambda$（n为± 1、± 2、± 3、$\pm 4\cdots$），则反射波可以互相叠加而产生衍射，形成复杂的衍射图案。衍射图案需要用电子计算机代替透镜进行重组，绘出电子密度图，从中构建出三维分子图像。

纤维蛋白可被X射线诱导而定向凝聚成纤维。蛋白质中的α螺旋和β折叠结构就是用X射线衍射法来测定构象中的有规则的重复区域。

3. 核磁共振法 与X射线晶体衍射法不同的是，核磁共振（nuclear magnetic resonance，NMR）法是测定蛋白质处于溶解后的运动状态时的结构。核磁共振的产生是由于原子核被置于磁场中时能级间差值的射频脉冲来使核能发生改变，观察偶极核间的相互作用，从而观察到蛋白质的扭转角度，通过偶极相互作用即可测定质子间的距离。如果测定出蛋白质的氨基酸序列组

成，再结合所测得的肽平面间的二面角及质子间的距离的数据来了解氨基酸残基构象变化，由此测得蛋白质的结构。

4. 圆二色谱法　圆二色谱是研究生物大分子结构的重要方法。圆二色性是指平面偏振光与光活性物质作用后，左圆与右圆的偏振光的吸收情况不同。许多生物分子（如核酸、蛋白质、多糖等）具有光学活性，具有两种不同的对映体，当一束平面偏振光通过具有手性的介质时，由于该介质对左旋、右旋圆偏振光的折射率不同，使得它们通过介质的速度不同，因此叠加产生的平面偏振光的振动方向将会改变，偏振光的振动平面将发生偏转，这种性质称为旋光性。同时，对于同一种分子，其手性不同的两种构型对左旋、右旋圆偏振光的吸收是不同的。这二者的差值就定义为圆二色性。圆二色性使得左旋、右旋圆偏振光通过介质后振幅不同，这样二者的叠加将不再产生线偏振光，而形成椭圆偏振光。圆二色性与波长有关，如果按波长扫描就可得到圆二色谱，测定生物大分子的圆二色谱就可以了解其分子手性的特征，从而进一步研究分子的结构及其物理性质和生物学特性。其中一种有生物活性，而另一种却没有，所以测定这些具有光学活性物质的圆二色谱就可以了解其结构。

5. 紫外差光谱法　在蛋白质分子中，由于 Trp、Phe、Tyr 3 种氨基酸残基的侧链基团对紫外光具有不同的吸收光谱，因而大多数蛋白质在 280 nm 波长附近有一个吸收峰。Trp、Phe、Tyr 的吸光性质受它的微环境影响，微环境因素包括溶液 pH、溶剂及邻近基团的极性性质。微环境发生变化，则这 3 种氨基酸的紫外吸收光谱随着发生变化，包括吸收峰的位置、强度和谱形状等。变化前后光谱之差称为差光谱。差光谱是两种不同条件下的比较，通常选用变性蛋白质和天然蛋白质作为参比。从对比实验中可以推断蛋白质在特定条件下溶液的大致构象。

第七节　蛋白质的分类

根据蛋白质的分子形状、分子组成及其溶解度的不同进行分类。

一、根据蛋白质分子的形状分类

根据蛋白质分子形状可分球状蛋白质和纤维状蛋白质两大类。

（一）球状蛋白质

球状蛋白质的分子形状似球形，结构紧密，分子的外层多为亲水性氨基酸残基，能够发生水化；内部主要为疏水性氨基酸残基。因此，许多球蛋白分子的表面是亲水的，而内部则是疏水性的，如动物红细胞内的运输蛋白即血红蛋白和具有抗体作用的免疫球蛋白都是球状蛋白质。

（二）纤维状蛋白质

纤维状蛋白质分子外形通常呈纤维状，不溶于水，是动物体的基本支架和保护成分。纤维状蛋白质主要有蚕丝的丝蛋白和指甲、头发中的角蛋白。

二、根据蛋白质的组成分类

根据蛋白质的分子组成可分为简单蛋白质和结合蛋白质两大类。

（一）简单蛋白质

简单蛋白质完全水解的产物为α氨基酸而无其他成分。根据溶解度的不同可以将简单蛋白质分为表3-7所示的7种类型。

表3-7　简单蛋白质的分类

简单蛋白质	溶解度	举例	存在
清蛋白	溶于水和稀盐溶液，在饱和硫酸铵溶液中不溶解	血清清蛋白、麦清蛋白等	一切动物、植物
球蛋白	不溶于水，溶于稀盐溶液，不溶于半饱和硫酸铵溶液	血清球蛋白、免疫球蛋白、大豆球蛋白	一切动物、植物
醇溶蛋白	不溶于水，溶于稀酸稀碱溶液中，溶于70%～80%的乙醇中	小麦胶体蛋白、玉米蛋白	各类植物种子
谷蛋白	不溶于水，溶于稀酸稀碱溶液中，受热不凝固	麦谷蛋白	各类植物种子
精蛋白	不溶于水及稀酸溶液	鱼精蛋白	与核酸结合成核蛋白，存在于动物体
组蛋白	溶于水及稀酸，不溶于稀氨溶液	胸腺组蛋白	与核酸结合成核蛋白，存在于动物体
硬蛋白	不溶于水、盐溶液、稀酸和稀碱溶液	角蛋白、胶原蛋白和丝蛋白	毛发、角、爪、筋、骨等保护组织

（二）结合蛋白质

结合蛋白质是由简单蛋白质和非蛋白质两部分组成，其非蛋白质部分通常称为辅基。根据辅基的不同，可将结合蛋白质分为下述5类。

1. 核蛋白　核蛋白由蛋白质与核酸组成，动物和植物细胞核中的核蛋白由脱氧核糖核酸与组蛋白结合而成。核蛋白存在于一切生物体中。

2. 脂蛋白　脂蛋白由蛋白质与脂类结合而成，存在于生物膜和细胞核及动物血液、乳汁中。通常脂类均能溶于乙醚等有机溶剂，而脂蛋白则不溶于乙醚而溶于水，因此血液中脂蛋白成为脂类的运输方式。血液中游离脂肪酸绝大部分与清蛋白结合，而脂肪、胆固醇和磷脂等则以不同比例与球蛋白结合成不同的脂蛋白在血液中运输。

3. 色素蛋白　由蛋白质与色素结合而成的蛋白质称为色素蛋白。以卟啉类的色素蛋白为最重要。如血红蛋白、细胞色素c、过氧化氢酶等都是由血红素和蛋白质构成的复合蛋白质。

4. 糖蛋白　糖蛋白由蛋白质与糖类物质组成，分布于生物界，存在于黏液和血液等体液、皮肤、软骨和其他结缔组织中。黏蛋白也是糖蛋白，由黏多糖和蛋白质组成。

5. 磷蛋白质　磷蛋白由蛋白质和磷酸组成。磷酸主要与蛋白质中的丝氨酸、苏氨酸的羟基结合，也可以与酪氨酸的羟基结合，如酪蛋白、卵蛋白等。

三、根据蛋白质的功能分类

根据蛋白质的功能（本章第一节已介绍），将蛋白质分为酶蛋白、运输蛋白、储藏蛋白、调节蛋白和结构蛋白等，除此之外，功能蛋白还包括毒素蛋白、收缩蛋白、抗体、抗原、激素等。

小　结

1. 蛋白质是 20 种氨基酸经肽键连接的生物大分子。

2. 20 种氨基酸除脯氨酸外，都有一个 α 氨基、一个 α 羧基、一个 α-H 和一个侧链 R 基团。根据 R 基团的性质将氨基酸分为非极性氨基酸（Leu、Ile、Met、Pro、Phe、Val、Ala 和 Trp）和极性氨基酸两大类。极性氨基酸有两种氨基酸带负电荷（Glu 和 Asp），3 种氨基酸带正电荷（Lys、His 和 Arg），还有几种不带电荷（Ser、Thr、Tyr、Cys、Gly、Asn 和 Gln）。

3. 在氨基酸、多肽和蛋白质分子中有两个或两个以上的可解离基团，每个基团解离的程度都可以根据其本身的 pK 及溶液的 pH 来计算。当调节溶液 pH，使氨基酸、多肽和蛋白质分子所带正负电荷数正好相等，分子所带的净电荷为零，此时溶液的 pH 即为此氨基酸、多肽或蛋白质的等电点，用 pI 表示。其 pI 是两性离子两边的 pK 的算术平均值。

4. 氨基酸有 α 氨基、α 羧基，有些还有侧链氨基或侧链羧基，因此可发生一系列的化学反应。

5. 肽是一个氨基酸的羧基和另一个氨基酸的氨基脱水缩合而成的化合物。最小的肽是二肽。除了二肽外，还有寡肽和多肽，组成肽的氨基酸称为氨基酸残基。

6. 肽键具有部分双键性质，肽键不能自由旋转，形成肽键的 4 个原子（C、O、N、H）与两边的 C_α 共计 6 个原子处于平面内，这个刚性平面称为酰胺平面。

7. 蛋白质有多级结构层次，一级结构的主要作用力是肽键，二级结构的作用力是氢键；三级结构的作用力是次级键，也有二硫键；四级结构的作用力是次级键。

8. 可根据蛋白质的溶解度不同，利用盐析或分段盐析进行蛋白质的浓缩和纯化；根据蛋白质的带电性质不同，利用等电聚焦电泳的技术分离蛋白质；根据蛋白质的分子质量不同，利用 SDS-PAGE 和超速离心技术测定其分子质量。

9. 根据核糖核酸酶的变性与复性实验证明，蛋白质一级结构的氨基酸排列顺序有蛋白质三维结构的折叠信息。

10. 蛋白质功能的实施不仅决定于蛋白质分子的一级结构，更决定于蛋白质的三维结构，因此凡是影响到蛋白质结构的因素都会影响到蛋白质的功能。

11. 蛋白质三级结构的特点是：呈球形；非极性氨基酸侧链一般处于球状分子的内部，而极性氨基酸残基的侧链处于蛋白质分子的表面；易溶于水。

12. 寡聚蛋白质在行使功能时具有协同效应和变构效应。

13. 蛋白质分子表面有许多亲水基团和相同的净电荷，使蛋白质溶液成为一种亲水胶体溶液，破坏蛋白质分子表面的水膜或中和蛋白质的电荷，蛋白质即从溶液中析出的现象称为蛋白质的沉淀。蛋白质不能透过半透膜，利用透析法可以达到纯化蛋白质的目的。

14. 蛋白质变性的实质是空间结构破坏，一级结构不变。

15. 蛋白质分子含有芳香族氨基酸残基，在近紫外区即在 280 nm 波长有最大光吸收值，这一特性可用于蛋白质的定量和定性测定。

复习思考题

1. 画出 20 种蛋白质氨基酸的结构和相应的三字母缩写。

2. 根据氨基酸的极性、结构功能基团类型和酸碱性质将 20 种蛋白质氨基酸分成哪几大类型？

3. 画出 pH 7.0 时的 Glu－Cys－Gly 三肽结构。

4. 分别计算 Ala、Glu 和 Lys 的 pI。

5. 举例说明利用蛋白质所带电荷、极性性质、分子大小等分子特性的分离技术。

6. 多肽链的 N 末端和 C 末端分别有哪些鉴定方法？

7. 了解氨基酸组分对多肽链序列测定有什么帮助？

8. 简述 Edman 降解法的实验步骤。

9. 分别用 CNBr 和胰蛋白酶裂解一条多肽链，所得序列为：

CNBr 处理：Ala－Tyr－Gly－Asp－Leu－Phe－Met，Leu－Met；

胰蛋白酶处理：Leu－Met－Ala－Tyr－Gly－Asp，Leu－Phe－Met；

请判断原始多肽链的氨基酸序列。

10. 试解释肽键为什么不能自由旋转。

11. 转角的环会经常出现在蛋白质分子的表面，为什么？

12. 哪些氨基酸侧链常出现在蛋白质分子表面？哪些常出现在蛋白质分子内部？

13. 某多肽的分子质量为 1 500 u，如果此多肽完全以 α 螺旋形式存在，请计算该螺旋的长度和螺旋的圈数。

14. 解释蛋白质一级结构、二级结构、三级结构和四级结构的概念。

15. 描述稳定蛋白质各级结构层次的作用力。

16. 什么是分子病？试述镰刀型红细胞贫血病的机理。

17. 什么是变构效应？试述蛋白质空间结构与功能的关系。

18. 试述肌红蛋白和血红蛋白之间在结构和功能方面的差别。

19. 在蛋白质纯化过程中，哪些因素会影响到蛋白质的稳定性？

20. SDS－PAGE 法测定蛋白质分子质量的过程中，SDS 和巯基乙醇分别起什么作用？

21. 阐述凝胶过滤层析和亲和层析分离、纯化蛋白质的实验原理。

22. 什么是蛋白质变性？引起蛋白质变性的主要因素有哪些？蛋白质变性后有哪些特征变化？

23. 试述胰岛素原的激活过程。

主要参考文献

王金胜.2006.基础生物化学.北京：中国林业出版社.

王镜岩，朱圣庚，徐长法.2002.生物化学（上）.北京：高等教育出版社.

杨志敏，蒋立科.2005.生物化学.北京：高等教育出版社.

张洪渊，万海清.2002.生物化学.北京：化学工业出版社教材出版中心.

［美］D.沃伊特，J.G.沃伊特，C.W.普拉特.2002.基础生物化学（上）.北京：科学出版社.

郭蔼光.2004.基础生物化学.北京：高等教育出版社.

第四章 核酸化学

第一节 细胞内的遗传物质

一、DNA 是主要的遗传物质

DNA 是遗传物质，是在 20 世纪 50 年代建立 DNA 双螺旋模型后确立的，这是自然科学史上的重大突破之一。所有已知的有机体和许多病毒的遗传物质都是 DNA。

作为遗传物质的 DNA 主要有以下特性：①储存遗传信息；②将遗传信息传递给子代；③物理和化学性质稳定；④有遗传变异的能力。

生物体内 DNA 分子上的遗传信息通过表达产生各种蛋白质实现其功能。DNA 在执行其作为遗传物质功能的同时，也具有其一定的稳定性和灵活性。DNA 是通过碱基互补配对形成的双链分子，碱基互补是其复制、转录、表达遗传信息的基础。复制过程中，通过碱基互补配对，准确地把遗传信息传递给子代。DNA 分子在生理状态下性质稳定，适于作为遗传物质；而作为生物进化的分子基础，DNA 也会少量发生突变（mutation），且这种突变可稳定地遗传。

二、RNA 也是遗传物质

低等生物（如某些病毒和噬菌体）也采用 RNA 作为遗传物质，而类病毒只由环状 RNA 组成。尽管 RNA 的化学结构式与 DNA 有所不同，但它仍可发挥与 DNA 相同的功能。不同的病毒，复制机制的细节不同，但基本原理一样，都通过其互补链的合成来实现。

第二节 核酸的化学组成与一级结构

一、核酸的化学组成

核酸是以核苷酸为基本结构单位，通过 $3',5'$-磷酸二酯键形成的链状多聚体。

核苷酸（nucleotide）含有 3 种成分（图 4-1）：一种含氮碱基（nitrogenous base）、一种戊糖（pentose）和一个磷酸基团（phosphate）。其中，含氮碱基和戊糖结合形成核苷（nucleoside），核苷的磷酸酯即为核苷酸。含氮碱基是嘌呤（purine，Pu）和嘧啶（pyrimidine，Py）这两种母体化合物的衍生物。

核酸中碱基分两大类：嘌呤碱与嘧啶碱。RNA 中的碱基主要有 4 种：腺嘌呤（A）、鸟嘌呤（G）、胞嘧啶（C）和尿嘧啶（U）；DNA 中的碱基也有 4 种，3 种与 RNA 中的相同，只是用胸腺嘧啶（T）代替了尿嘧啶（U）。戊糖（又称为核糖）亦分两类：D-核糖（D-ribose）和 D-2'-脱氧核糖（D-2'-deoxyribose）。核酸就是根据所含戊糖种类的不同而分为核糖核酸（RNA）和脱氧核糖核酸（DNA）。

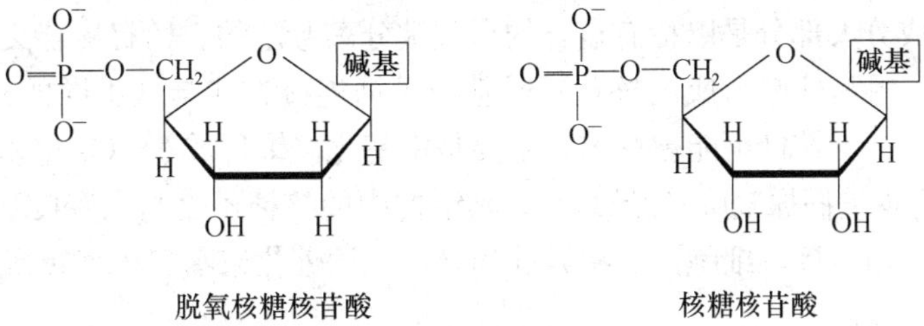

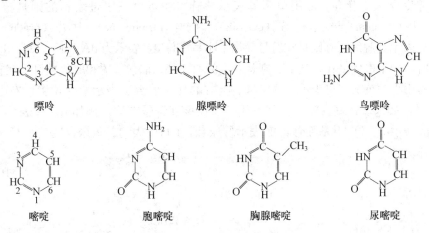

脱氧核糖核苷酸　　　　　　核糖核苷酸

图 4-1　核苷酸的基本结构

（一）碱基

1. 嘧啶碱　嘧啶碱是母体化合物嘧啶的衍生物。核酸中常见的嘧啶有 3 类：胞嘧啶（cytosine，Cyt）、尿嘧啶（uracil，Ura）和胸腺嘧啶（thymine，Thy）。其中胞嘧啶为 DNA 和 RNA 两类核酸所共有。胸腺嘧啶只存在于 DNA 中，但是 tRNA 中也有少量存在；尿嘧啶只存在于 RNA 中。植物 DNA 中有相当量的 5-甲基胞嘧啶。一些大肠杆菌噬菌体 DNA 中，5-羟甲基胞嘧啶代替了胞嘧啶（图 4-2）。

嘌呤　　　　　　　　腺嘌呤　　　　　　　　鸟嘌呤

嘧啶　　　　胞嘧啶　　　　胸腺嘧啶　　　　尿嘧啶

图 4-2　常见的嘌呤碱与嘧啶碱

2. 嘌呤碱　嘌呤碱是母体化合物嘌呤的衍生物。核酸中常见的嘌呤碱有 2 类：腺嘌呤（adenine，Ade）和鸟嘌呤（guanine，Gua）（图 4-2）。

3. 稀有碱基　除了上述 5 种基本碱基外，核酸中还有一些含量甚少的碱基，称为稀有碱基（rare base），又称为修饰碱基（modified base）、痕量碱基（minor base）。稀有碱基种类很多，大多数都是甲基化的碱基。tRNA 中含有较多的稀有碱基，可高达 10%。已知的稀有碱基和核苷达近百种。

（二）核苷

核苷是一种糖苷，由戊糖和碱基缩合而成。糖与碱基之间以 β 糖苷键相连接。嘌呤核苷中糖环 C_1' 与嘌呤碱的 N_9 相连，嘧啶核苷中糖环 C_1' 与嘧啶碱 N_1 相连。碱基平面与糖环平面互相垂直，N—C 苷键均呈反式构象。

根据核苷中所含戊糖类型，将核苷分成 3 大类：核糖核苷、脱氧核糖核苷和 2′-O-甲基核苷（较为稀有）。根据核苷中所含碱基类型，又可分为嘌呤核苷和嘧啶核苷。

核酸中的稀有成分大部分是以稀有核苷的形式被分离鉴定的。稀有核苷又分3大类：稀有碱基组成的核苷、2′-O-甲基核糖组成的核苷、甲基与戊糖连接方式与众不同的核苷。RNA 中含有某些修饰和异构化的核苷。核糖也能被修饰，主要是甲基化修饰形成 2′-O-甲基核糖（图4-3）。tRNA 和 rRNA 中还含少量假尿嘧啶核苷（Ψ），其结构中的核糖不是与尿嘧啶的第1位氮（N_1），而是与第5位碳（C_5）相连接。细胞内有特异性的异构化酶催化尿嘧啶核苷转变为假尿嘧啶核苷。

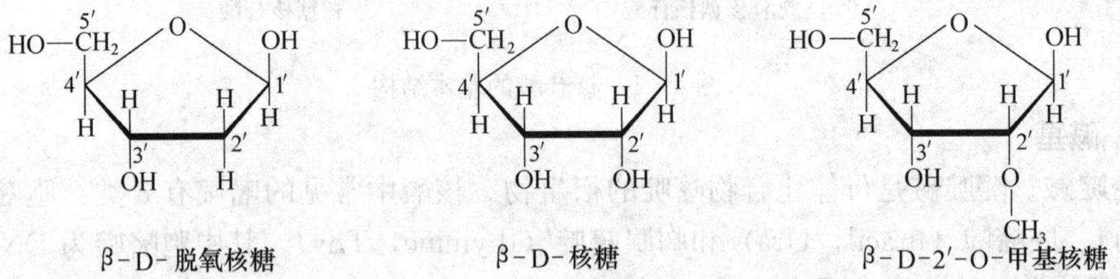

β-D-脱氧核糖   β-D-核糖   β-D-2′-O-甲基核糖

图4-3 3种戊糖的结构

核苷的命名和符号表示有一定的要求。对核苷进行命名时，必须先冠以碱基的名称，例如腺嘌呤核苷、腺嘌呤脱氧核苷等。常用单字母表示核苷（注意用三字母表示的则是核苷酸），腺苷（adenosine）、鸟苷（guanosine）、胞苷（cytosine）、胸苷（thymidine）、尿苷（uradine）分别用 A、G、C、T、U 表示，脱氧核苷则是在符号前加上小写字母 d，表示为 dA、dG、dC、dT、dU。在表示稀有碱基时，如果取代基在碱基上，则碱基上的取代基、取代位置和取代数目写在核苷单字符号左边，取代基用小写英文字母表示，这字母右上方的阿拉伯数字表示取代位置，右下方的数字为取代基的数目；如果取代基在糖上，则取代基写在核苷符号右边。例如 m_2^6A 表示 N_6, N_6-二甲基腺苷，Am 表示 2′-O-甲基腺苷，Ψ 表示假尿苷，DHU 表示二氢尿（嘧啶）苷（图4-4）。

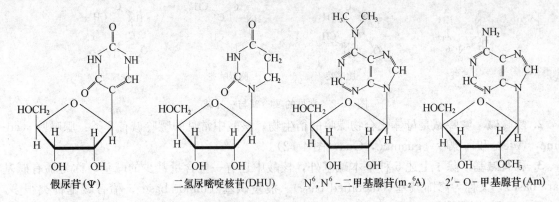

假尿苷（Ψ）   二氢尿嘧啶核苷（DHU） N^6, N^6-二甲基腺苷（m_2^6A）   2′-O-甲基腺苷（Am）

图4-4 几种稀有核苷

（三）核苷酸

核苷酸是核苷的磷酸酯，分为核糖核苷酸和脱氧（核糖）核苷酸两大类，分别是 RNA 和 DNA 的基本结构单位。

所有的核苷酸都可在其5′位置连接一个以上的磷酸基团。从核糖5′位置开始的第1、2、3个磷酸残基依次称为 α、β、γ。在分子中的 α 和 β 及 β 和 γ 之间的键是高能键，为许多细胞活动提供能量来源。核苷三磷酸缩写为 NTP，核苷二磷酸缩写为 NDP。5′-核苷三磷酸是核酸合成的前体。

核糖核苷的糖环上有 3 个自由羟基，能形成 3 种不同的核苷酸。脱氧核苷的糖环上只有 2 个自由羟基，所以只能形成两种核苷酸。生物体内游离存在核苷酸多是 5′-核苷酸。用碱水解 RNA 时，可得到 2′-核糖核苷酸与 3′-核糖核苷酸的混合物。几种核苷酸的结构式列举于图 4-5。

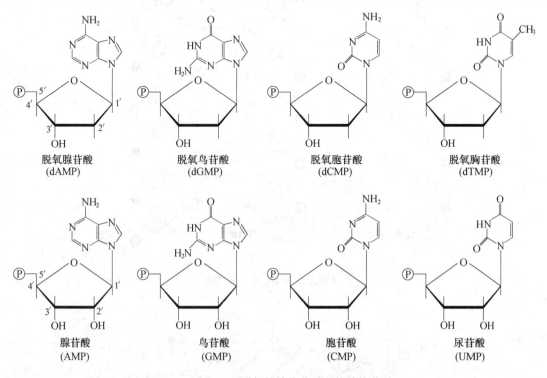

图 4-5　脱氧核糖核苷酸和核糖核苷酸

核苷酸不仅是核酸的组成单位，其衍生物在细胞代谢过程中还有着许多重要的作用。例如，它们是生命体各种生物化学成分代谢转换过程中的能量"货币"（如 ATP）；承担着传递激素及其他细胞外刺激的化学信号的角色（如 cAMP、cGMP）；还是一系列酶的辅因子和代谢中间体（如 NAD、NADP、FMN、FAD、CoA、维生素 B_{12} 等）。

二、核酸的一级结构

核酸的一级结构即指共价结构，通常指其核苷酸序列。核酸是由一系列交替存在的单核苷酸以戊糖和磷酸残基形成骨架连接而成的、无分支结构的多聚核苷酸链（图 4-6）。一个戊糖环的 5′ 位置通过 3′,5′-磷酸二酯键（phosphodiester linkage）与另一个戊糖环的 3′ 位置相连接，含氮碱基突出于骨架上。2~50 个核苷酸组成的称为寡核苷酸（oligonucleotide），50 个核苷酸组成的称为多聚核苷酸（polynucleotide）。核酸的骨架有亲水性，其中糖的羟基可与水形成氢键；磷酸基的 pK 接近零，在 pH7.0 是完全离子化，带负电荷，一般可以与蛋白质、金属离子和多胺等带正电荷的物质相互作用。

多聚核苷酸链一端的核苷酸具有自由的 5′ 磷酸基团，而另一端的核苷酸具有自由的 3′ 羟基基团。通常按照从 5′ 到 3′ 的方向书写核酸顺序。核苷酸序列可以结构式表示，也可以竖线式表示，还可以更简单的缩写式书写（图 4 - 7）。

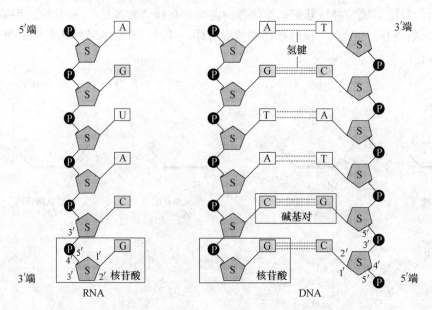

图 4 - 6　DNA 和 RNA 的一级结构

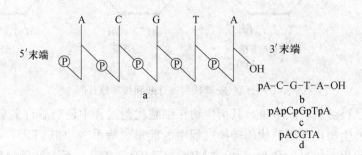

图 4 - 7　核苷酸链的书写方式
a. 竖线式　b. 短线式　c、d. 缩写式

（一）DNA 的一级结构与功能

由于在 DNA 分子的脱氧核糖中 $C_{2'}$ 上不含羟基，$C_{1'}$ 又与碱基相连接，惟一可以形成的键是 3′,5′-磷酸二酯键。所以，DNA 没有支链。

DNA 分子中碱基序列表面上看似乎是不规则的，但实际上是高度有序的，任何一段 DNA 序列都可以反映出它高度的个体性和种族特异性。作为信息分子的 DNA，携带有两类不同的遗传信息，一类负责编码细胞内组成型蛋白质氨基酸序列的信息以及编码 RNA 的信息，在这类信息中，DNA 序列结构与蛋白质的一级结构以及 RNA 的序列结构之间基本上存在着共线性关系。DNA 携带的另一类遗传信息是负责编码一大类重要的调控蛋白以及决定基因表达的开启或关闭的序列元件，即负责基因表达的调节控制，这部分 DNA 在细胞周期的不同时期和个体发育的不同阶段、不同器官、组织以及不同的外界环境下，能使基因选择性表达。

DNA 一级结构决定其高级结构，这些高级结构又决定和影响着一级结构的信息功能。研究 DNA 的一级结构对阐明遗传物质结构、功能及表达调控都极其重要。

在真核细胞的基因组 DNA 序列中，还含有大量不同程度的重复序列。

DNA 的分子质量非常大，通常一个染色体就是一个 DNA 分子，最大的染色体 DNA 可超过 10^8 bp。可见它能够编码的信息量十分巨大。生物的遗传信息通过核苷酸不同的排列顺序储存在 DNA 分子中。DNA 分子中 4 种核苷酸千变万化的序列排列即反映了生物界物种的多样性和复杂性。为了阐明某生物蕴藏有多少遗传信息及这些信息的功能，首先就要测定该生物基因组的序列。迄今为止，已测定基因组序列的生物数以千计。

（二）RNA 的一级结构与功能

RNA 的一级结构也是无分支的线性多聚核糖核苷酸，主要由 4 种核糖核苷酸 A、G、U、C 组成。组成 RNA 的核苷酸也是以 $3',5'$-磷酸二酯键彼此连接起来的多聚核苷酸链，尽管 RNA 分子中核糖环 $C_{2'}$ 上还有一个羟基，但实验证明 RNA 不形成 $2',5'$-磷酸二酯键。

细胞内 RNA 的种类甚多，各层次的结构都不尽相同，将在以后各相关章节中叙述。细胞内 RNA 的最主要功能是参与蛋白质的生物合成。除此之外，在 20 世纪 80 年代对 RNA 的深入研究揭示了 RNA 功能的多样性，发现它不仅仅如"中心法则"描述的作为遗传信息由 DNA 到蛋白质的中间传递体的核心功能，目前已知还有以下几种功能：①具有生物催化剂的功能，作用于 RNA 转录后的剪接加工；②与生物机体的生长发育密切相关，参与基因表达的调控；③与生物的进化有很大关系。

RNA 复合物也承担着一些重要的细胞功能，如作为核糖体（ribosome）、信息体（informosome）、信号识别颗粒（signal recognition particle，SRP）、拼接体（spliceosome）、编辑体（editosome）等。RNA 病毒是具有很强感染性的 RNA 复合物。

第三节　DNA 的空间结构

一、DNA 的二级结构

（一）DNA 双螺旋模型的特征

1. DNA 双螺旋模型的提出　1953 年，Watson J. 和 Crick F. 提出了 DNA 双螺旋模型（double helix model）。模型解释了当时所知道 DNA 的理化性质，并将 DNA 的结构与功能联系了起来，其根据主要有以下 3 个方面。

① 利用 X 射线衍射的方法研究 DNA 纤维结构，表明 DNA 分子是规则的螺旋结构。

② 不同生物的 DNA 碱基组成不同，但其总量是 A 与 T 基本相等、G 与 C 基本相等，即碱基含量符合 [A]=[T]，[G]=[C]，[A]+[G]=[T]+[C] 的定律，即查格夫法则（Chargaff rule）。

③ DNA 分子密度表明，螺旋由两条多聚核苷酸链组成。螺旋的直径恒定（2 nm），故每条链上的碱基只能朝向螺旋内部，嘌呤碱总是与嘧啶碱相对。根据 4 种碱基的物化数据，碱基分成大小两种，嘌呤比嘧啶大，当 A－T 配对或 G－C 配对时，所形成碱基对的几何大小接

近；同时，从嘌呤和嘧啶的氨基和酮基的键长和键角分析，A-T间和G-C间能形成合适的氢键。

2. DNA 双螺旋结构的特征　DNA双螺旋结构具有以下特征（图4-8）。

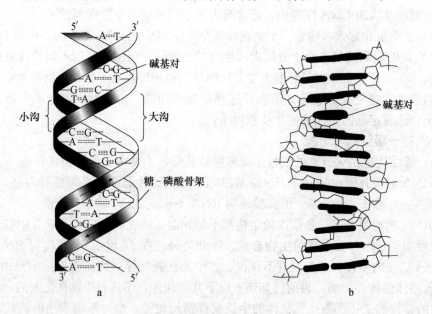

图 4-8　DNA 双螺旋模型结构图（a）和分子构象简图（b）

（引自 Lewin B，2000）

① 两条链多核苷酸链反向平行、围绕同一中心轴盘绕而成右手双螺旋。

② 脱氧核糖和磷酸基通过 $3',5'$-磷酸二酯键连接形成螺旋链的骨架。磷酸与戊糖处于螺旋的外侧，碱基处于螺旋的内侧。戊糖平面与碱基平面几乎垂直，碱基平面与螺旋轴垂直。

③ 螺旋参数：双螺旋的平均直径为 2 nm，两个相邻碱基对之间相距 0.34 nm（即碱基堆积距离），两个相邻碱基对之间绕螺旋轴旋转的夹角为 36°，每旋转一圈包括 10 个核苷酸，因此，双螺旋链中任意一条链绕轴旋转一周的螺距为 3.4 nm。

由于每种碱基对占据的空间不对称，且脱氧核糖中连接碱基的每一个 $C_{1'}$ 并不正好处在螺旋的相对位置上，使双螺旋骨架的两股链在螺旋轴上的间距不相等，因此，在双螺旋的分子表面形成了宽窄不等的大沟（major groove）（宽为 2.2 nm）和小沟（minor groove）（宽为 1.2 nm）。由于空间位阻较小，大沟中的碱基种类差异易于识别，对于蛋白质识别并结合于双螺旋结构上的特异序列区域非常重要。

④ 碱基配对：两条核苷酸链依靠彼此碱基之间的立体化学特性，形成氢键，旋转结合在一起，而且只有 A 和 T 互补配对形成两个氢键；G 与 C 互补配对形成三个氢键（图 4-9），才能保证形成正确的双螺旋结构，这种碱基之间的配对原则称为碱基互补。根据碱基配对原则，当一条多核苷酸链的序列被确定后，即可决定另一条互补链的序列。

碱基互补原则具有极其重要的生物学意义，它是 DNA 复制、转录、反转录等基因复制与表达的分子基础。碱基配对理论是核酸参与遗传信息传递所有过程的核心。

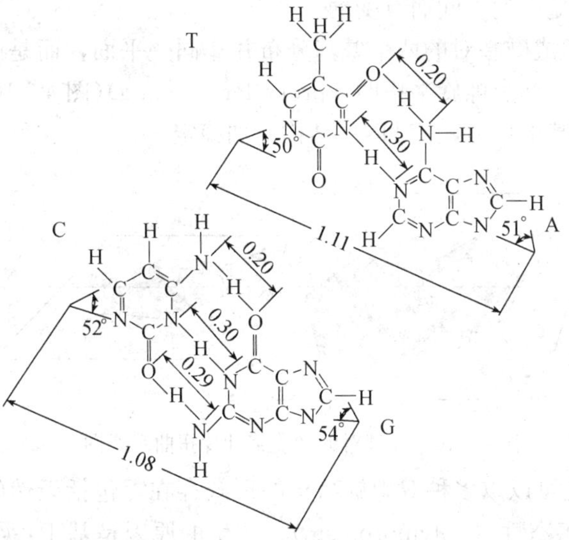

图 4-9 A-T、G-C 碱基配对（图中长度单位为 nm）

（二）维持 DNA 双螺旋结构的作用力

DNA 双螺旋结构在细胞生理状态下一般都是稳定的。维持这种稳定性的主要因素有以下 3 个方面。

1. 氢键 在双螺旋中互补碱基 G-C 对有三个氢键，A-T 对有两个氢键。G-C 对比 A-T 对更稳定，因此双螺旋结构的稳定性与 G+C 的百分含量成正相关。

2. 碱基堆积力 分布于双螺旋结构内侧的嘌呤环与嘧啶环碱基呈疏水性，大量邻近疏水性碱基对的堆积，使其内部形成了强有力的疏水区，与分子表面的介质水分子隔开。

3. 正负电荷的作用 存在于 DNA 分子中磷酸基团上的氧原子带负电荷，能与介质中阳离子、带正电荷的碱性蛋白、精胺类之间形成离子键，从而有效地屏蔽磷酸基之间的静电斥力。

另外，DNA 分子中的其他弱键在维持双螺旋结构的稳定上也起着一定的作用。

（三）DNA 的二级结构的其他形式（双螺旋结构的多态性）

生物体基因组的大多数 DNA 都以 B 型双螺旋的形式存在，但不能把 DNA 视为一成不变的碱基对序列，在细胞内的双螺旋结构是动态可变的，DNA 具有构象变化的性质是其发挥功能的前提，这种变化范围可从 B 型双螺旋结构参数的微小改变到双螺旋分开形成单核苷酸链。

1. B-DNA 的构象 DNA 结构受环境条件的影响。J. Watson 和 F. Crick 提出的结构是 DNA 钠盐在较高湿度下（92%）的纤维结构，是 B 型（B-form）双螺旋，称为 B-DNA 结构。B-DNA 含水量较高，是大多数 DNA 在细胞中的构象（conformation）。后来 K. Dickerson 等用人工合成的多聚脱氧核糖核苷酸（12 聚体）晶体进行 X 射线衍射分析后发现，这种十二聚体的结构与 B 型结构很接近，但并不是均一的，这是因为碱基序列的不同导致了在局部结构上有较大差异。而我们通常所描述的 B-DNA 构象的各种参数是平均数据。

Watson-Crick 模型认为每一螺周含有 10 个碱基对，所以两个核苷酸之间的夹角是 36°。但在 Dickerson 的 12 聚体中，两个碱基间的夹角可由 28°～42°不等。每一螺周平均含 10.4 个碱基对。分子大小的各参数也随序列不同而有变动。

在 12 聚体结构中，组成碱基对的两个碱基分布并非同一平面，而是碱基对沿长轴旋转一定角度，形状像螺旋桨叶片，称为螺旋桨扭曲（propeller twisting）(图 4 - 10)。分子计算发现，这种构象能够提高分子的碱基堆积力，使 DNA 结构更加稳定。

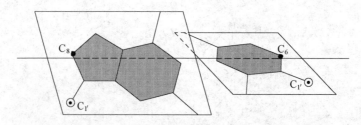

图 4 - 10　碱基对的螺旋桨叶片扭曲示意图

实际上，DNA 分子还可以以多种双螺旋结构的形式存在，包括天然的以及人工合成的，这一现象称为 DNA 结构的多态性（polymorphism）。产生的原因是基于：①多核苷酸链骨架中五元糖环采取的不同构象；②核糖与碱基之间的C—N键自由旋转；③单核苷酸之间磷酸二酯键的旋转等。这些不同构象和可转动的大量单键及单键转动时所带动的基团的相互作用总合，形成了 B 型、A 型、C 型等的右手螺旋构象和 Z 型的左手双螺旋构象。当所存在的细胞环境发生改变时，这些构象之间可以发生相互的转化。在每一种构象家族中，其参数还会有轻微的变化。

2. A - DNA 的结构　在相对湿度 75% 以下时，DNA 纤维的 X 射线衍射分析表明这种构象具有不同于 B - DNA 的结构特点，也是右手双螺旋，但碱基对与中心轴的倾角为 19°，螺体宽而短，每圈螺旋包括 11 个碱基对，螺旋夹角为 32.7°，每个碱基对的轴升为 0.23 nm，碱基平面不与螺旋轴垂直，螺旋直径 2.55 nm，称为 A 型（A - form），即 A - DNA。

在 A - DNA 和 B - DNA 的构象中，两者糖环的折叠方式不同。由于呋喃糖环并不是一个平面，糖环上通常有一个或两个原子偏离平面，糖环因此而折叠。如若折叠偏向 $C_{5'}$ 侧称为 $C_{5'}$ 内式（endo）；若偏向另一侧称 $C_{5'}$ 为外式（exo）。A 型为 $C_{3'}$ 内式，B 型为 $C_{2'}$ 内式。碱基平面绕 N 糖苷键旋转则产生顺式（syn）和反式（anti）构象。反式构象指嘌呤六元环或嘧啶的 O_2 指向远离糖的方向；顺式构象则指向糖。碱基与糖的旋转位置在立体结构上受到限制。A 型和 B 型均为反式。除糖环折叠方式外，A 型与 B 型螺旋的重要区别是碱基对倾斜角和位移（碱基对离开螺旋轴的距离），A - DNA 碱基对倾斜大，并偏向双螺旋的边缘，给出一个深窄的大沟和宽浅的小沟；B - DNA 中碱基对倾斜角甚小，螺旋轴穿过碱基对，其大沟比小沟宽，深度相近，但螺旋体较宽而短（图 4 - 11）。A - DNA 比较常见在 RNA 分子的双股发夹螺旋区域及 RNA - DNA 杂交双链中。

RNA 分子由于糖环上存在 $2'$ - OH，空间结构上不能形成 B 型构象。

3. Z - DNA 的结构　A. Rich 等用 X 射线衍射法分析人工合成的 dCGCGCG 寡核苷酸结构时发现，它是左手双螺旋。这种左手螺旋中的碳与磷原子相连接成锯齿形（zig - zag），因此取名为 Z - DNA。

其结构特点是：①两条六核苷酸链以反向平行排列并互补的形式形成了左手螺旋；②每圈螺

旋含 12 对碱基，螺距 4.56 nm，碱基平面不与螺旋轴垂直，螺旋直径 1.84 nm；③螺旋扭角为 $-51°(G-C)$ 和 $-9°(C-G)$，碱基对移向边缘，螺旋轴位于小沟中，小沟密集了较多负电荷，深而窄；④G≡C碱基对非对称地位于螺旋轴附近，而是向螺旋边缘伸展，使大沟外凸，即大沟被胞嘧啶的 C_5 和鸟嘌呤的 N_7、C_8 原子填充而不太明显。

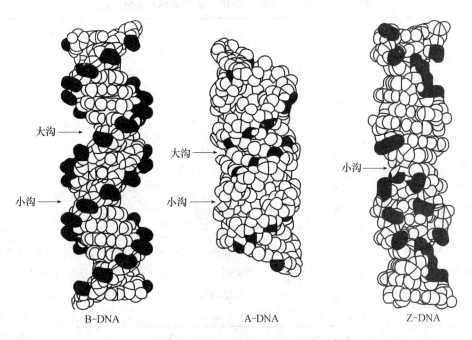

图 4-11　DNA 的 A 型、B 型、Z 型分子构象

与右手螺旋不同的是，在 B-DNA 向 Z-DNA 转变过程中，鸟嘌呤绕糖苷键旋转180°，导致核苷酸成顺式构象。而胞嘧啶糖苷键整个旋转，使其保持反式构象，即左手螺旋中糖环折叠和糖苷键的构象对嘧啶碱和嘌呤碱各不相同，dC 是 $C_{2'}$ 内式，碱基反式；dG 是 $C_{3'}$ 内式，碱基顺式。这样造成了磷酸和糖的骨架呈现 Z 字形走向。Z-DNA 不只限于 GC 相间的 DNA 顺序，只要在双螺旋中嘌呤和嘧啶碱基交替排列，一定条件下（如高盐浓度），都有可能出现 Z 型构象。对 Z-DNA 抗体研究发现，天然 DNA 中的部分区域可与 Z-DNA 的抗体结合，说明左手螺旋存在于天然 DNA 的特殊区域中。

总之，A 型螺旋比较粗短，碱基倾角大，大沟深度明显超过小沟；B 型比较适中；Z 型细长，大沟平坦，核苷酸构象顺反相间，螺旋骨架呈 Z 字形（图 4-11）。其余各型 DNA（C 型、D 型和 E 型及有关亚型）均接近 B 型，可看做与 B 型同一族。

共价结构的改变涉及共价键的断裂与连接。分子构象受环境条件的影响，其改变不涉及共价键。DNA 的各型构象在一定条件下可以相互转变。这些条件是：相对湿度、溶液的盐浓度、离子种类、有机溶剂、碱基组分、特异蛋白质的结合等。增加 NaCl 浓度可使 B 型转变为 A 型。当 DNA 是钠盐时，A、B、C 3 种形态都能出现；为锂盐时，只有 B 型和 C 型可能出现。Z-DNA 的序列必须含鸟嘌呤，且嘌呤与嘧啶碱交替出现，在此条件下存在盐和有机溶剂有利于 Z 型的形成。DNA 的甲基化，使大沟表面暴露的胞嘧啶形成 5-甲基胞嘧啶，即可导致 B-DNA 向

Z-DNA转化。DNA的变构效应与基因表达调控有一定关系。表4-1列出 A 型、B 型和 Z 型 DNA 的主要结构参数比较。由于各实验室测定样品的方法和条件各不相同，所得数据有一定差异，表中所列数据可作为各类构象特性的比较。

表 4-1　A 型、B 型和 Z 型 DNA 的主要结构参数比较

	A-DNA	B-DNA	Z-DNA
外形	粗短	适中	细长
螺旋方向	右手	右手	左手
螺旋直径	2.55 nm	2 nm	1.84 nm
碱基轴升	0.23 nm	0.34 nm	0.38 nm
碱基夹角	32.7°	36°	60°
每圈碱基数	11	10	12
螺距	2.46 nm	3.4 nm	4.56 nm
轴心与碱基对的关系	不穿过碱基对	穿过碱基对	不穿过碱基对
碱基倾角	19°	1°	9°
糖环折叠	$C_{3'}$ 内式	$C_{2'}$ 内式	嘧啶 $C_{2'}$ 内式，嘌呤 $C_{3'}$ 内式
糖苷键构象	反式	反式	C 和 T 反式，G 顺式
大沟	很狭，很深	很宽，较深	平坦
小沟	很宽，很浅	狭，深	较狭，很深

二、DNA 的高级结构

（一）单链核酸形成的二级结构

有些病毒基因组由单链 DNA 或 RNA 组成。单链 DNA 核酸也可由于部分序列之间的碱基配对而形成分子内或分子间的双螺旋区域。互补单链之间的碱基配对不限于 DNA-DNA 或 RNA-RNA，它们可发生于 DNA 和 RNA 分子之间。

当同一个核酸分子中一段碱基序列附近紧接着一段它的互补序列时，核酸链有可能自身回折配对产生一个反平行的双螺旋结构，称为发夹（hairpin）结构。发夹结构由称为茎的碱基互补配对双螺旋区域和不能配对的突环区域构成。当互补序列在分子中距离较远时，形成双链区域时产生较大的单链环，如果两个可能的互补序列中的一个包含一段不配对的多余序列时产生凸环（bulge loop）。

（二）三股螺旋的 DNA 与 DNA 的四链结构

1957 年，Felsenfeld 等人发现，当双链核酸的一条链为全嘌呤核苷酸链，另一条链为全嘧啶核苷酸链时，DNA 分子还能转化形成三链结构（triplex）。Hoogsteen 于 1963 年提出了 DNA 的三螺旋结构的理论。

三股螺旋中的第三股链可以来自分子间或分子内。根据第三股链的组成和糖环构型可分为不同的类型。

1. 分子内的 DNA 三螺旋结构　通常是在一条自身回折的寡嘧啶核苷酸与寡嘌呤核苷酸双螺旋的大沟内结合了第三股寡核苷酸。第三股链的碱基与原来双螺旋 Watson‐Crick 碱基对中的嘌呤碱形成 Hoogsteen 配对，即：Py·Pu∗Py、Py·Pu∗Pu 和 Py·Pu∗Py$^+$ 等（"·"表示 Watson‐Crick 配对，"∗"表示 Hoogsteen 配对），且第三股链与寡嘌呤核苷酸之间为同向平行。一般认为，三螺旋中的碱基配对方式必须符合 Hoogsteen 模型，即第三个碱基是以 A 或 T 与原螺旋中A═T碱基对中的 A 配对；G 或 C 与原螺旋中G≡C碱基对中的 G 配对，C 必须质子化，以提供与 G 的 N_7 结合的氢键供体，它与 G 配对只形成两个氢键（图 4‐12）。

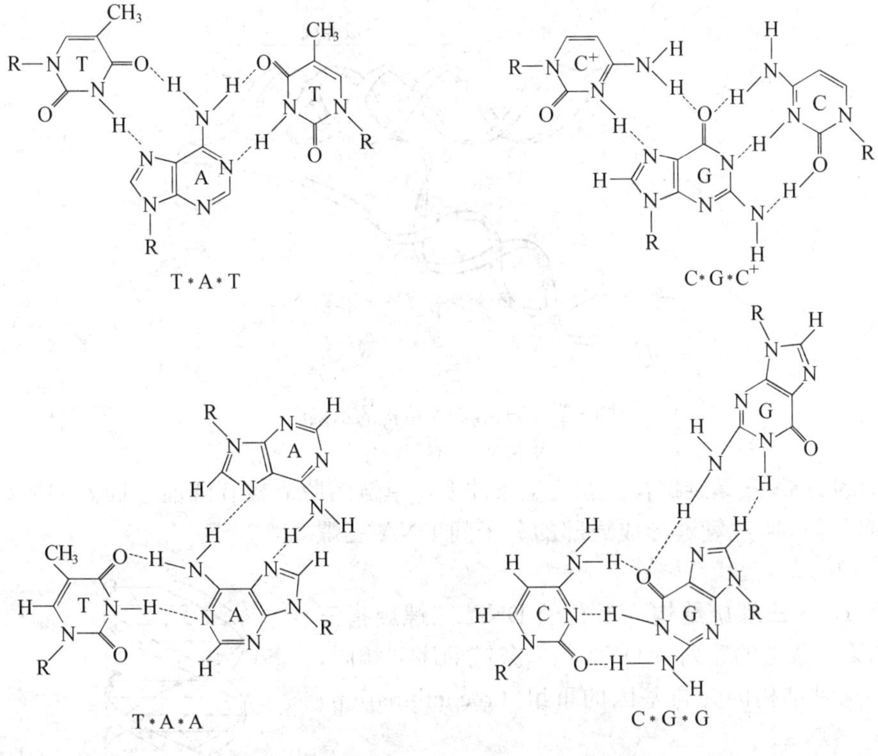

图 4‐12　三股螺旋中的碱基配对方式

　　铰链 DNA（hinged‐DNA，H‐DNA）是一种分子内折叠形成的三股螺旋。当 DNA 的一段多聚嘧啶核苷酸或多聚嘌呤核苷酸序列为镜像重复（mirror repeat）时，即可回折产生 H‐DNA，又称为 H 回文结构（H‐palindrome sequence）。例如，交替出现的 T 和 C 序列，其互补链为重复的 A 和 G 序列，就可能形成 H‐DNA 结构（图 4‐13）。通常，在 pH 为酸性或负超螺旋张力的环境下，即可发生 B‐DNA 向 H‐DNA 的转变。因为 pH 偏酸性时，可促使胞嘧啶质子化，促进了形成三股螺旋时以 Hoogsteen 氢键与鸟嘌呤配对的能力。由于这种结构在形成分子内三股螺旋时胞嘧啶需发生质子化（H^+ 化）的过程，故称为 H‐DNA。H‐DNA 存在于基因调控区和其他的重要区域中，具有重要生物学意义。实验表明，有些启动子的 S_1 核酸酶敏感区存在一些短的、同向或镜像重复的聚嘧啶‐嘌呤区，该区域可以形成 H‐DNA，因而产生可被 S_1 核酸酶降解的单链结构。

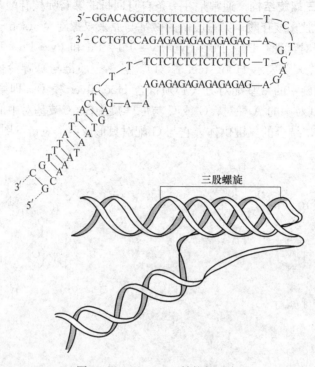

图 4-13　H-DNA 结构的示意图

（引自 Weaver，2002）

2. 分子间的 DNA 三螺旋结构　在一定条件下，单链的脱氧核苷酸能够插入 DNA 双螺旋结构大沟的特定区域，通过氢键形成局部的分子间 DNA 三螺旋结构（图 4-14）。

3. 平行的 DNA 三螺旋结构　平行的 DNA 三螺旋指三螺旋结构中的第三条链的序列与 DNA 第一条链的序列相同，方向也相同。这种结构因为与基因的重组（recombination）有关而称为 R-DNA。

利用 X 射线纤维衍射技术研究发现，多聚鸟苷酸能够采取四螺旋 DNA 的构象形式，其结构单元是鸟嘌呤四联体（G-quartet），4 个鸟嘌呤碱基有序地排列在一个近似正方形的片层结构中，相邻碱基间以 G-G 氢键相连，形成首尾相接的环形结构，以螺旋方式堆积而成，其中每一片层包含 4 个鸟嘌呤碱基，分别来自 4 条多聚鸟苷酸链。在此结构中螺旋扭角为 30°，每个片层沿螺旋上升 0.34 nm。鸟嘌呤的糖苷链为反式构象。

在线性染色体 DNA 的 3′ 端常含有几百个类似的 AGGGTT（人）、GGGGTT（四膜虫）、酵母 G1-4T 和 G1-8A序列，其特点是富含鸟嘌呤，4 个 G 以 Hoogsteen

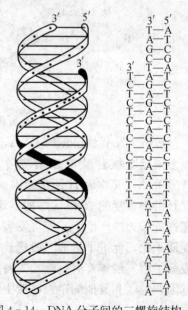

图 4-14　DNA 分子间的三螺旋结构

（引自 Weaver，2002）

配对方式形成分子内或分子间的四联体螺旋结构（G-quadruplex），四联体的中心由四个带负电荷的羰基氧原子围成一个"负电微区"，是与阳离子相互作用的位点，这种结构依赖于环境能够产生不同的构象，在钠盐的水溶液中，可以形成对称的双行四螺旋。通过G-四联体的堆积，还可形成分子内四联体、双分子间四联体、四分子间四联体等多种高级结构形式（图4-15）。

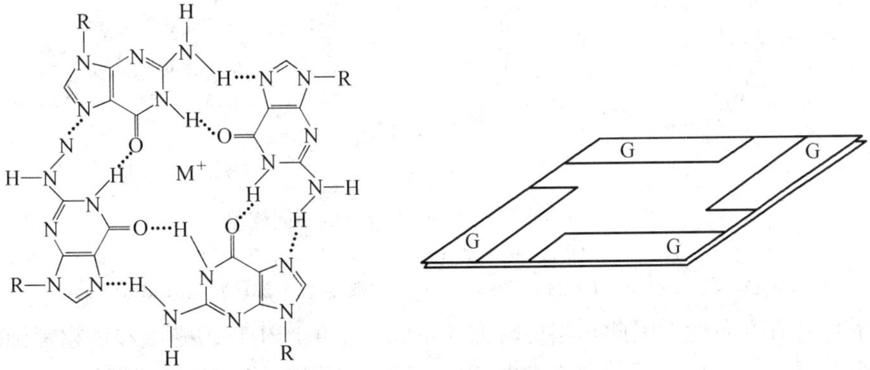

图4-15 G-四联体螺旋结构示意图

真核生物染色体的3′末端（即端粒）复制时的RNA引物在复制后即被切除，这段序列不易被修复，结果造成了子代DNA的5′端逐步缩短，当细胞进行了若干次分裂以后，端粒愈来愈短。

真核生物染色体的端粒中富含G序列，在一定条件下可采取以G-四联体为基本单位的四链DNA结构。有实验表明，G-四联体的多种结构特征在端粒中可以观察到。除端粒DNA外，其他富含G的DNA序列也可产生以G-四联体为基础的结构，包括免疫球蛋白铰链区基因中富含G的部位、成视网膜细胞瘤敏感性基因和tRNA、*sup*f基因上的一些特殊序列等。

（三）DNA的超螺旋结构与拓扑学性质

1. DNA的超螺旋结构 在细菌、病毒、真核细胞线粒体、叶绿体中，DNA都是双链环状分子，即是没有自由末端的闭合双链结构。真核生物染色体虽为线性分子，但其DNA与蛋白质相互结合，以许多大环的形式存在，每个环的基部结合在一起形成类似环的结构。这种闭合环的存在使双螺旋结构既具有相当的柔韧性，又表现出更多的构象限制。这些DNA在细胞内采取了更复杂的高级结构（三级结构）形式，包括线性双链中的纽结（kink）、超螺旋（super-coil，super-helix）、多重螺旋、连环等，其中常见的是超螺旋结构。

DNA双螺旋中大约每10个核苷酸长度旋转一圈，这种双螺旋分子处于能量最低的状态即常态，又称为松弛型DNA（relaxed DNA）（双螺旋分子在溶液中以一定构象自由存在时也处于这种状态）。如果使这种常态的分子以纵轴向额外地多转或少转几圈，就会使螺旋结构产生分子内部张力。当螺旋分子的末端放开时，这种张力可通过链的自由转动而释放，DNA双螺旋恢复常态。如果固定分子两端，或本身是环状的以及是与蛋白结合着的，分子的两条链不能自由转动，额外张力不能释放，DNA分子就会发生扭曲，用以抵消张力。这种扭曲后的结构就称为超螺旋（图4-16）。

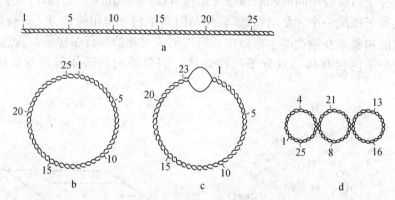

图 4-16 双链环状 DNA 分子的不同构象

a. 非环状 DNA b. 松弛态（$L=25$，$T=25$，$W=0$）

c. 解链环状（$L=23$，$T=23$，$W=0$） d. 负超螺旋（$L=23$，$T=25$，$W=-2$）

超螺旋本身具有方向性，因此，当旋转方向不同时，可产生正超螺旋和负超螺旋两种形式的拓扑结构。当超螺旋方向与右手双螺旋方向相反时形成负超螺旋（即左超螺旋），负超螺旋是细胞内常见的 DNA 高级结构形式。当超螺旋方向与右手双螺旋方向相同时，形成正超螺旋（即右手超螺旋），正超螺旋是过度缠绕的双螺旋。体外实验可以产生这种正超螺旋。目前仅在一种嗜热菌内发现了活体内的正超螺旋。

2. DNA 超螺旋结构的拓扑学性质　DNA 不同的空间分子构象又称为拓扑异构体（topoisomer），其拓扑学特性可以用连环数（L）、盘绕数（T）、超螺旋周数（W）这 3 个参数来描述。

（1）连环数　连环数 L（linkage number）指双螺旋 DNA 中两条链互相缠绕交叉的总次数。L 为整数。一个闭合环状 DNA 分子，只要其主链的共价键不断裂，连接数值就不会改变。一级结构相同（序列相同）而 L 值不同的环形 DNA 分子称为拓扑异构体。在染色体与蛋白质紧密结合的许多区域，存在着与其他 DNA 区域不同的拓扑结构，这些蛋白质的锚定作用能有效地维持环形 DNA 分子在染色体上所特有的拓扑结构特性。

（2）盘绕数　盘绕数 T（twisting number）是 DNA 分子中双螺旋的周数，表示 DNA 分子一条链绕另一条链的扭转数。对于松弛态的环状 DNA，以每周 10.5 个碱基对计算，$T=$ 碱基对总数/10.5（相当于连环数）。盘绕数 T 的数值由碱基对的数目决定，是双螺旋结构本身的性质。细胞内 DNA 分子的盘绕数因蛋白质的结合而有变化，如在 Watson-Crick 模型中，每 10.5 个碱基对绕双螺旋一周，当装配成核小体后，则变为 10.1 个碱基对。因此，盘绕数 T 是 DNA 分子中 Watson-Crick 螺旋的数目。

（3）超螺旋周数　超螺旋周数 W（writhing number）又称为超螺旋数，指双螺旋结构在一定的盘绕数下，DNA 分子的超螺旋缠绕数，即指整个 DNA 分子在双螺旋基础上，一条双螺旋链绕另一条双螺旋链缠绕转动的周数，它表示 DNA 超螺旋的程度，负超螺旋的 W 为负值，正超螺旋的 W 为正值。

连环数（L）、盘绕数（T）、超螺旋周数（W）三者关系为：$L=T+W$。它们的变化表示为

$$\Delta L = \Delta T + \Delta W$$

从公式可见，连环数 L 由两条单链的盘绕数 T 和双螺旋的缠绕数 W 两部分组成，当 L 为一个定值时，T 与 W 成相反的变化关系。T 与 W 值可以是小数，但 L 值必须是整数。

对于松弛态的 DNA 分子，L 与 T 相等，$W=0$。当把环状的双螺旋"拧松"几圈（向右手双螺旋方向相反的方向旋转）时，在相同碱基对数目中，T 值降低，出现解链区（unwound region），此时分子能量不适，处于结构不稳定状态，分子内部自身调整，其内能驱动着以双螺旋骨架为单股链的缠绕转动，形成了超螺旋结构。

例如，某双螺旋环状 DNA 分子由 525 bp 组成，松弛型分子内无超螺旋，此时 $W=0$，$L=T=50$，表示分子内一条单链绕另一条单链 50 次。如果将该松弛的环状 DNA"拧松"5 圈，则 $T=45$（盘绕数 T 减少），$W=+5$，相当于引入 5 个正超螺旋；如果把双螺旋分子"拧紧"5 圈，在相同碱基对数目中，$T=55$（盘绕数 T 增加），则 $W=-5$，表示引入 5 个负超螺旋。

可以用连环数比差描述 DNA 的超螺旋程度。以 λ 表示连环数比差，其表达式为

$$\lambda = \Delta L / L_0$$

式中，L_0 指松弛环形 DNA 的连环数；ΔL 为连环数的变化。

如果 L 的变化都是由于超螺旋周数 W 引起的（$\Delta T=0$），那么连环数比差 λ 相当于超螺旋的密度。正如 $\Delta L / L_0$ 所定义的，只要双螺旋结构本身保持稳定，可以假设 λ 相当于超螺旋密度。

对于任何一个封闭的 DNA 分子而言，连环数 L 是不变的，它不会因为分子变形而改变，这是该参数的一个重要性质。具有特定连环数的环状 DNA 分子，都可以用 $T+W$ 项的不同组合来表示，只要 DNA 链不断裂，它们的和就不变。特定环状 DNA 分子的连环数 L，只能通过切断一条或两条 DNA 单链后，发生超螺旋化和去超螺旋化，并重新连接后才能改变，且连环数 L 的改变必须是整数。

由于负超螺旋 DNA 是以 Watson-Crick 双螺旋（右手）方向相反的方向（左手）缠绕转动，故而能使 DNA 通过调整双螺旋自身结构而释放扭曲压力，变得"松弛"。即放松两条单链间的缠绕，减少每个碱基对的旋转度。因此，负超螺旋 DNA 缠绕不足，过度的缠绕不足能导致碱基配对的局部混乱。对于环状的 DNA 分子，由于连环数（L）不变，当引入负超螺旋时，亦即 $W<0$，此时的盘绕数 T 增加，造成 DNA 环链的非解旋段双螺旋缠绕更紧（通过产生负超螺旋形式消除局部解旋造成的过紧部分）。

正超螺旋具有与双螺旋结构相同的内部旋转方向，扭力使双螺旋分子绕的更紧。正超螺旋是过度螺旋化。在离体条件下进行特殊处理时，能使 DNA 分子形成这种状态。

现以一段由 260 碱基对组成的线型 B-DNA 为例，讨论 DNA 分子的拓扑异构特性。

一段长为 260 碱基对的 DNA 螺旋周数约为 25（$260/10.4=25$），见图 4-16。将此线状 DNA 连成环状时，为松弛环型 DNA（图 4-16b）。若将上述线型 DNA 的螺旋先拧松两周再连接成环，可形成两种环状 DNA。一种为局部解链环状 DNA（图 4-16c），其连接数 $L=23$，盘绕数 $T=23$，$W=0$，包括局部解链后形成的一个小突环。另一种是超螺旋 DNA（图 4-16d），它的连接数 L 仍等于 23，但盘绕数 T 变为 25，则超螺旋数 W 等于 -2，即产生了两个螺旋上的螺旋，即超螺旋。在松弛的 DNA 中 $L=25$，在解链环状及超螺旋分子中 L 值都等于 23，这三种环状 DNA

分子的序列结构相同，但 L 值不同，故互为拓扑异构体。拓扑异构酶可以催化拓扑异构体之间的转换。

上例中，DNA 的 $L=23$，$L_0=25$，通过计算 $\lambda=-0.08$。如前所述，天然环状 DNA 一般都以负超螺旋构象存在，大多数生物的超螺旋密度大约在 -0.05 左右。

SV_{40} DNA 的拓扑学变化特性可由图 $4-17$ 说明。

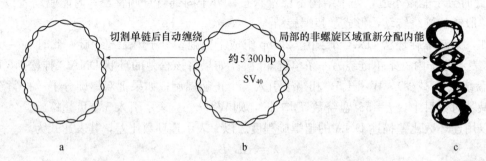

图 $4-17$　SV_{40} DNA 的拓扑学变化特性

a. 正常的松弛环形（$L=500$）　b. 低旋状态（$L=475$）　c. 负超螺旋状态（$L=475$，T 不变，W 减少）

（引自赵亚华，2006）

图 $4-17b$ 是除去结合蛋白后，SV_{40} DNA 处于游离低螺旋状态，或局部有非螺旋区，连环数 $L=475$。此时，如果不切断 DNA，低螺旋态 DNA 就可形成负超螺旋，按照 $L=T+W$ 的定义，$475=500-25$，$W=-25$，见图 $4-17c$。图 $4-17a$ 表示在低螺旋态单链 DNA 上产生切口后，单链自动缠绕，摆脱能量不适的低螺旋态，恢复到松弛态 DNA，$L=500$。就能量学原则而言，超螺旋结构的 DNA 易于形成，使它具有更为致密稳定的结构。

由于超螺旋 DNA 比双螺旋有较大的密度，在离心场中移动比线型或开环 DNA 快，在凝胶电泳中泳动的速度也较快。应用超速离心及凝胶电泳可以很容易地将不同构象的 DNA 分离开来。

DNA 的复制、重组和转录等过程都需将两条链解开，因此负超螺旋有利于这些功能的进行。但这些生物学过程需要的负超螺旋程度各不相同，可通过 DNA 的拓扑异构酶来调节拓扑异构体的功能。

（四）真核生物的染色体及其组装

1. 真核生物的染色体　真核生物的染色体（chromosome）十分复杂，每个染色体只包含 1 个 DNA 分子，在不同的细胞周期有不同的表现形态。间期表现为染色质（chromatin）。染色质是以双链 DNA 作为骨架与组蛋白（histone）和非组蛋白（non-histone）及少量各种 RNA 等共同组成的丝状结构的大分子物质。在细胞核内，染色质是一类可被碱性染料着色的非定形物质。

染色质中的 DNA 与组蛋白组成非常稳定，非组蛋白和 RNA 则随细胞生理状态不同而有变化。染色体和染色质在化学组成上（DNA 和组蛋白等）基本相同，所不同的是它们的空间构象，这一点反映了它们在细胞周期的不同阶段执行着不同的功能，在真核细胞的细胞周期时相中，大多数以染色质形式存在。

按照形态和功能的不同，染色质分为两类：常染色质（euchromatin）和异染色质（hetero-chromatin）。常染色质是在细胞间期核内染色体折叠压缩程度较低（压缩比为 1 000～2 000 倍），处于伸展状态，碱性染料着色浅而均匀的那些染色质，是染色质的主要部分。在常染色质中的 DNA 主要是单拷贝和中度重复序列的 DNA，是基因的活跃表达区域，其表达受各种调节因子的调节。异染色质是在细胞间期核内染色质压缩程度较高，处于凝集状态，碱性染料着色较深的区域。在着丝粒、端粒、次缢痕以及染色体的某些节段，由较短和高度重复的 DNA 序列组成永久性的异染色质。

根据异染色质的性质又分为组成型异染色质（constructive heterochromatin）和兼性异染色质（facultative heterochromatin）两种类型。组成型异染色质存在于各类细胞，在染色体中的位置和大小都较恒定，在细胞间期处于高度螺旋化状态，染色很深。哺乳动物细胞核中的组成型异染色质主要分布在着丝粒区和端粒中。与常染色质相比，组成型异染色质含较高比例的 G、C 碱基，DNA 由相对简单而高度重复的序列组成，遗传上惰性较强，很少参与遗传信息的编码和转录。兼性异染色质又称为 X 性染色质，是在某些细胞类型及某些发育阶段，由原来的常染色质凝缩后复制较迟，并丧失了基因转录活性的那些染色质。在人类和哺乳动物的胚胎发育早期，雄性个体的细胞含一条 X 染色体，呈常染色体状态；雌性个体的细胞含两条 X 染色体，其中一条在发育早期随机发生异染色质化而成为无活性的巴氏小体，基因关闭失活，被永久封闭。这个过程使雄性细胞和雌性细胞 X 染色体基因的活性水平相等，属于性分化的剂量补偿效应。

2. 染色体中的组蛋白　真核生物染色质通常含有 5 种主要组蛋白（histone），分别命名为 H_1、H_{2A}、H_{2B}、H_3 和 H_4。组蛋白含量丰富，在同一生物的不同组织中都完全一样，在不同的真核生物中也很相似。H_4 最为保守，其氨基酸序列在大鼠、猪、牛中完全一样，与豌豆相比，102 个氨基酸中只相差 2 个。5 种组蛋白中，H_1 的 N 端富含疏水氨基酸，C 端富含碱性氨基酸。其余 4 种组蛋白都是 N 端富含碱性氨基酸（Arg 和 Lys），C 端富含疏水氨基酸（如 Val 和 Ile）。

由于组蛋白富含碱性的 Arg 或 Lys，在中性 pH 环境中具有大量正电荷，在凝胶电泳中能与许多其他的蛋白质组分分开。因此可以用强酸（如 1.5 mol/L HCl）抽提组蛋白。又由于组蛋白带正电荷，在非变性电泳凝胶中向负极移动，这与细胞中的绝大多数其他蛋白质不同，后者一般都是酸性蛋白，在凝胶电泳中向正极移动。组蛋白在不同物种中都具有高度的保守性。

真核生物组蛋白尽管高度保守，但分子之间有很大的差异，这主要因为基因有重复和翻译之后的修饰作用。组蛋白基因不是单拷贝的，而是重复了许多拷贝，例如在小鼠中重复 10～20 次，果蝇约 100 次。这些拷贝多数是相同的，但有些也完全不同。H_1 表现了最大的多样性，在小鼠中至少有 6 种亚型。H_1 在鸟类、鱼类、两栖类中有一种富含 Lys 的组蛋白是 H_1 的极端变异体。由于差异很大，将其命名为 H_5。H_4 的变异性最小。研究推测，每种组蛋白的变异类型都起着基本相同的作用，只是对染色质的性能略有不同影响。

翻译之后的修饰作用是产生组蛋白异质性的第二个原因，这种修饰最常见的是乙酰化（acetylation）。一般发生在 N 末端氨基和 Lys 的 ε 氨基上。其他修饰主要有 Lys 的 ε 氨基甲酰化，Ser 和 Thr 残基的 O-磷酸化，Lys 和 His 残基的 N-磷酸化等。这些修饰都是动态的过程，所修饰的基团能加上也能被去除。组蛋白的乙酰化在控制基因的活性中起着重要作用。在某些物种的精子中，染色质含鱼精蛋白，而不是组蛋白。

3. 染色质的高级结构 真核生物染色体在细胞周期的大部分时间中都以染色质的形式存在。染色质由最基本的结构单元核小体成串排列后又层层折叠压缩，常染色质压缩 1 000～2 000 倍，异染色质约压缩 10 000 倍，从而形成的复杂的纤维状结构。

这种折叠压缩的结构层次如图 4-18 所示。

DNA 和组蛋白构成核小体

↓

多个核小体形成串珠链

↓

串珠链绕成每圈 6 个核小体的中空螺旋管的微纤丝 （φ30 nm）（DNA 约压缩 7 倍），

用温和的方法已分离到在电子显微镜下能观察到的这种微纤丝结构

↓

微纤丝与多种非组蛋白结合形成 φ150 nm 的突环（DNA 压缩约 100 倍），每个突环含若干功能相关基因。

如果蝇编码整套组蛋白的基因成簇分布在突环上，突环两侧为骨架附着位点。骨架含有多种蛋白质，

其中包括拓扑异构酶 II，说明 DNA 的拓扑结构与染色质组装关系密切

↓

由 6 个突环形成一个玫瑰花结状结构（φ300 nm）

↓

组装成每圈 30 个玫瑰花结的螺旋圈（φ700 nm）

↓

由 10 个螺旋圈再组装成一个染色单体（φ1 400 nm）

图 4-18 一种目前广泛接受的染色体组装模型

人类基因组 DNA 如果伸展为双链分子，将有 1 m 的长度，当组装成核小体链时压缩成 15～20 cm，核小体链还须进一步压缩成若干微米。在复制或转录过程中，这些高级结构都要被短时局部地解开。按每个核小体内 DNA 长度约 200 bp，人类基因组内应有 7.5×10^5 个核小体。X 射线衍射分析表明，核小体直径为 11 nm。在相关蛋白的协同作用下，6 个核小体为一周形成直径约 30 nm 的紧密微纤丝（DNA 压缩至 1 mm）。再经非组蛋白的结合，染色质形成大环状结构，每个环的长度为 20～100 kb，高 300 nm。含这种环的染色质再盘曲成直径 700 nm 的染色单体，经过一系列的组装，人类 DNA 约形成 2 000 个大环结构，长度压缩约 30 万倍（图 4-19）。

总之，染色体是由 DNA 和蛋白质构成的不同层次的螺线管和缠绕线的结构，DNA 压缩的基本原则是在螺旋上形成螺旋的复杂过程。这种组装很可能因不同物种、或同一物种的不同状态、或同一染色体的不同区域，其组装的高级结构都有所不同。只用简单的示意图或模型来描述染色体组装的动态过程及复杂的空间结构是很困难的。

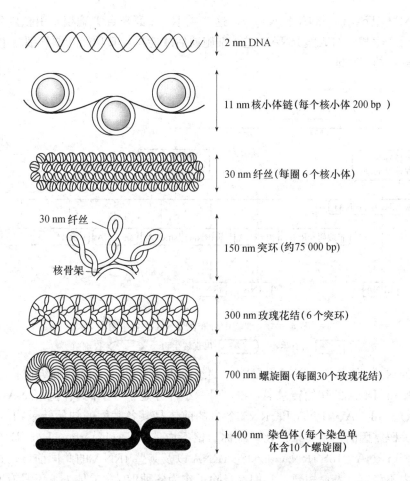

2 nm DNA

11 nm核小体链(每个核小体 200 bp)

30 nm 纤丝(每圈 6 个核小体)

30 nm 纤丝

核骨架

150 nm 突环 (约75 000 bp)

300 nm 玫瑰花结(6 个突环)

700 nm 螺旋圈(每圈30个玫瑰花结)

1 400 nm 染色体(每个染色单
体含10个螺旋圈)

图 4 - 19 真核生物的染色体 DNA 组装的不同结构层次
(引自 Weaver，2002)

第四节　RNA 的空间结构

RNA 通常是单链线形分子，在分子内可自身回折形成局部的双螺旋（二级结构），进而折叠（三级结构）。除 tRNA 外，细胞中的 RNA 几乎全部都与蛋白质形成核蛋白复合物。

一、RNA 的概述

生物体特别是高等真核生物体内，RNA 的种类繁多，各层次的结构都不尽相同，据估计它的种类超过了蛋白质。RNA 分布在细胞的不同部位，并具有不同的种类。各类 RNA 的化学组成、分子大小、碱基组成、分子结构、生物学功能以及在亚细胞内定位等，既有相同的性质，又有不同的特性。图 4 - 20 列举了细胞中已发现的 RNA 的类型。

成熟的 RNA 主要分布在细胞质中。无论是在真核或原核细胞质中，成千上万种的 RNA 都分为 3 大类：①转运 RNA（transfer RNA，tRNA）；②信使 RNA（messenger RNA，mRNA）；

③核蛋白体 RNA(ribosome RNA,rRNA)。这 3 类 RNA 都来自细胞核,由核内各自的初始转录产物经加工后产生相应的成熟 RNA,进入细胞质后才能执行其功能。原核细胞中 mRNA 转录产物无需加工即可执行功能。

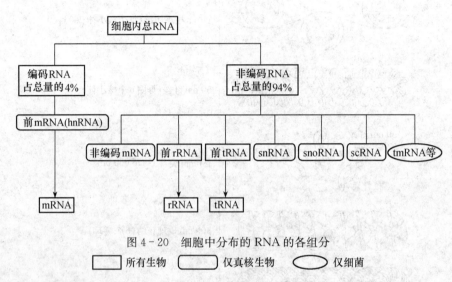

图 4-20　细胞中分布的 RNA 的各组分

所有生物　　仅真核生物　　仅细菌

细胞核内的 RNA 统称为 nRNA。nRNA 的组分十分复杂,由两部分组成。一部分是核内 mRNA、tRNA 和 rRNA 的初始转录混合物,另一小部分是小分子的核内小 RNA(small nuclear RNA,snRNA)。mRNA、tRNA 和 rRNA 各自的前体是其各基因的初始转录物。如 mRNA 的前体是蛋白质编码基因的初始转录产物,统称为核不均一 RNA(heteronuclear RNA,hnRNA)。45S RNA 是 28S rRNA、18S rRNA 和 5.8S rRNA 以及某些 tRNA 的共同前体。这些初始转录产物在细胞核内不稳定,寿命短暂。它们本身除了作为各种 RNA 前体外,不具有其他功能,但经过加工修饰后就变为成熟的有活性分子,迅速转移到细胞质,执行特定功能。在真核细胞内,核内 RNA 与细胞质内成熟 RNA 相比,无论在生存的时间、存在的时间顺序和功能上都有着本质的差异。

另一小部分核内小 RNA 是含量不多但种类却不少的 RNA。它们既不是任何 RNA 的前体,也不是某些 RNA 合成的中间产物,而是一类独立的 RNA,其分子较小,一般为 70~300 个核苷酸(nt)。由于始终存在于细胞核内,故称为核内小 RNA(snRNA)。目前发现它们的功能主要是参与 hnRNA 以及 rRNA 前体的加工。

二、mRNA

mRNA 存在于细胞质,总量不到细胞总 RNA 的 5%,但每个哺乳动物细胞可含有数千种不同的 mRNA。mRNA 在蛋白质生物合成中起着关键作用,作为蛋白质合成的模板,它直接决定着合成哪一种蛋白,表达何种性状。

由于真核细胞 mRNA 是单顺反子(mono-cistron),每种 mRNA 分子只编码一种蛋白质的信息,只能作为一种蛋白质的翻译模板,所以,真核细胞 mRNA 的种类基本上代表了蛋白质的种类数。相反，原核细胞的 mRNA 与它们编码的蛋白质种类数没有这种线性关系，因为原核细胞 mRNA 是多顺反子（poly‐cistron），即一个 mRNA 分子含有几种蛋白质的信息，可以编码几种蛋白质。

细胞内 mRNA 分子大小不等，一般由 200 nt 至数千个核苷酸，沉降系数在 8～30 S，分子质量为 200～2 000 ku，个别 mRNA 还要更大，例如蚕丝纤维蛋白 mRNA 的分子质量可达 6 000 ku。真核 mRNA，无论是核内的前体还是胞质内成熟 mRNA，都有各种程度的修饰，特别是 5′端帽子结构和 3′端的 poly(A)尾巴（图 4‐21）。组蛋白 mRNA 的 3′端不具有 poly(A)。poly(A) 序列不由该基因编码。

图 4‐21　真核细胞 mRNA 的基本结构

mRNA 一般不稳定，代谢活跃，半衰期短。原核 mRNA 的半衰期只有一分钟至数分钟，而真核 mRNA 可达数小时至 24 h。有些 mRNA 寿命较长，如人红细胞内的珠蛋白 mRNA 可达数周。5′端的帽子结构和 3′端 poly(A) 与 mRNA 的稳定性直接有关。真核 mRNA 分子的 5′端和 3′端都有相当长的不翻译区（untranslated region）序列；中间是蛋白质编码的翻译区（translated region）。翻译区的核苷酸数目变化极大，较少形成二级结构。非翻译区能形成很多的二级结构，即由丰富的茎环结构组合而成。这些茎环结构长短不同、立体结构各异，在整体上缺乏共同规律，是一些相关蛋白质分子的识别和结合位点。

三、tRNA

tRNA 含量相对较多，约占真核细胞总 RNA 的 15%，以自由状态或与氨基酸结合成氨酰 tRNA(aminoacyl‐tRNA，aa‐tRNA) 的状态存在。tRNA 的种类很多，一种细胞内有 60～80 种。从不同来源的细胞中能够分离出更多的种类。已确定一级结构的 tRNA 达数百种。

tRNA 的核苷酸的线性序列长 74～95 个 nt，常见为 76 nt。在任意一种 tRNA 分子中，均含有许多修饰碱基，有时高达总碱基数目的 20%。在已鉴定的几百种 tRNA 分子中，已观察到 50 余种不同类型的修饰碱基都是在转录后经修饰形成的。其中胸腺嘧啶核糖核苷（T）、假尿嘧啶核苷（Ψ）、二氢尿苷（DHU）和肌苷（I）是常见的 4 种。在 tRNA 一级结构中，有 15 个核苷酸是恒定的，有 8 个位置上的核苷酸是半恒定的，即间或是嘌呤或嘧啶。

各种 tRNA 分子质量都在 2.3～3.1 ku 左右，沉降系数约 4.5 S。有以下共同特点：①含稀有碱基和稀有核苷较多，达核苷酸总量的 5%～20%。②不同的 tRNA 尽管核苷酸组分和排列顺序各异，但其 3′端都含 —CCA 序列，是所有 tRNA 接受氨基酰化的特定位置。—CCA 序列由 tRNA 合成后酶促加工产生，而非 tRNA 基因编码。③所有的 tRNA 分子都折叠成紧密的三叶草二级结构和 L 形立体构象，结构较稳定，半衰期均在 24 h 以上。

tRNA 的主要功能是在蛋白质生物合成中特异性地运载氨基酸。氨酰 tRNA 是氨基酸的活化形式。在 20 种天然氨基酸中，每一种都有其相应的 tRNA。有些氨基酸特异的同功 tRNA 多达 5 种。在各种细胞中一般都含有 20 种氨基酸的同功 tRNA 家族。

除了在蛋白质生物合成中起的重要作用外，近年来还发现 tRNA 在逆转录作用中作为合成互补 DNA 链的引物。不同的逆转录病毒使用不同种类的 tRNA 作为引物。此外，在细菌细胞壁、叶绿素、脂多糖和氨酰磷脂酰甘油的合成中都有某些 tRNA 的参与。

tRNA 的三叶草形结构具有 4 个臂和 4 个环（图 4－22），分别是氨基酸臂、TΨC 臂、二氢尿嘧啶（DHU）臂、反密码子臂、TΨC 环、二氢尿嘧啶（DHU）环、反密码子环和额外环。氨基酸臂与 TΨC 臂形成一个连续的双螺旋区，构成字母 L 下面的一横；二氢尿嘧啶臂与它相垂直，并与反密码臂及反密码环共同构成字母 L 的一竖；反密码臂经额外环与二氢尿嘧啶臂相连接。此外，二氢尿嘧啶环中的某些碱基与 TΨC 环及额外环中的某些碱基之间形成额外的碱基对，是维持 tRNA 三级结构的重要因素。

tRNA 的三叶草形二级结构进一步折叠能够形成 L 形的三级结构，它的生物学功能与其三级结构密切相关。目前认为氨酰 tRNA 合成酶是结合在 L 形的侧臂上。tRNA 被甲基化修饰时，有甲基的部位也与三级结构有关，且增加了 tRNA 的识别功能。

用高分辨率 X 射线衍射分析酵母苯丙氨酸 tRNA 晶体，证明其具有 L 形的三级结构，大小为 6.5 nm× 7.5 nm×2.5 nm（图 4－23）。

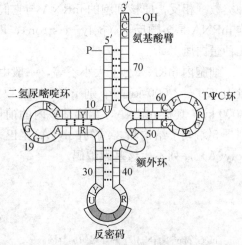

图 4－22　tRNA 三叶草结构

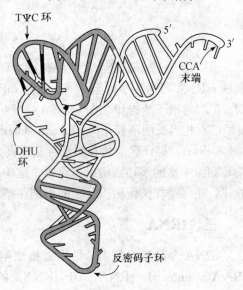

图 4－23　tRNA 的高级结构酵母 tRNA^{Tyr}的 L 形三级结构

（引自 D. M. Freifelder，1987）

四、rRNA

在真核和原核细胞中，rRNA 是所有 RNA 中含量最多的一类，占细胞总 RNA 的 80％以上。它们在细胞内并非单独游离存在，而是与多种小分子蛋白结合成核糖体（ribosome）颗粒的形式，在细胞蛋白质生物合成中发挥重要作用。

核糖体由 RNA 和蛋白质组成，真核细胞中两者比例为 1∶1，原核细胞为 2∶1。对核糖体晶体学研究，解析了核糖体大亚基和小亚基高分辨率的结构。在核糖体中含有超过 4 500 个核苷酸的 rRNA 以及数十种蛋白质分子，如此复杂的复合物能够在原子水平上揭示其结构，充分显示了当今科学技术的水平。这一成果不仅有助于阐明核糖体的作用机制，而且也揭示了 RNA -RNA 与 RNA -蛋白质相互作用的规律。所有生物的核糖体都由大小不同的两个亚基所组成，大小亚基分别又由几种 rRNA 和数十种蛋白质组成。原核生物核糖体沉降系数为 70S，分子质量为2 750 ku，由沉降系数为 50S 的大亚基和 30S 的小亚基组成。50S 大亚基含 23S RNA 和 5S rRNA和 33 种蛋白质分子。其中 23S rRNA 约有 2 904 nt，5S rRNA 含 121 nt。30S 小亚基含有 16SrRNA 和约 21 个蛋白质分子。16S rRNA 含 1 542 nt。

　　真核核糖体沉降系数为 80S，分子质量约 4 500 ku，由 60S 大亚基和 40S 小亚基组成。60S大亚基含 28S rRNA、5.8S rRNA、5S rRNA 和大约 49 种蛋白质分子。其中，28S rRNA 含4 718 nt，5.8S rRNA 由 158 nt 组成，5S rRNA 由 120 nt 组成。40S 小亚基含 18S rRNA 和 33 种蛋白质分子。其中，18S rRNA 有 1 874 nt（图 4 - 24）。

核糖体	亚基	rRNA	蛋白质
细菌 70 S $M_r=$ 2 750 66% RNA	50 S	23 S, 2 904 nt 5 S, 121 nt	33
	30 S	16 S, 1 542 nt	21
哺乳动物 80 S $M_r=$ 4 500 60% RNA	60 S	28 S, 4 718 nt 5.8 S, 158 nt 5 S, 120 nt	>49
	40 S	18 S, 1 874 nt	>33

图 4 - 24　细菌和哺乳动物的核糖体组成

（引自 D W Freifelder，1987）

　　rRNA 结构中的修饰碱基含量比 tRNA 少，但甲基化核苷约占 2%。在不同生物中，5S rRNA 的一级结构序列比其他各类 rRNA 保守性都高。这些保守序列大多位于能与核糖体蛋白质相互结合的区域。不同生物来源的两种大分子 rRNA（类 16S 和类 23S rRNA）一级结构的某些区域具有高度的序列同源性，且二级结构相似。这提示着这些 rRNA 甚至所有核糖体可能都有着共同的祖先。

　　rRNA 分子内含有大量的茎环结构，使 rRNA 具有多种多样构象的可能性。因此，rRNA 的二级结构十分复杂，即使是分子质量最小的 5S rRNA，也很难确认其碱基配对方式（图 4 - 25）。对E.coli 的 16S rRNA 二级结构研究较详细，其结构中近一半的核苷酸处于配对状态，形成了 4 个较明显的结构域（图 4 - 26）。在23S rRNA 中有 52% 的配对区，同一分子的 5′端与 3′端序列间也能形成碱基配对，对分子的稳定性十分重要。然而，rRNA 构象不是固定不变的，在蛋白质生物合成中，它随着 mRNA、tRNA 的结合及

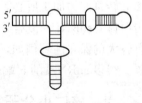

图 4 - 25　5S rRNA 二级结构示意图

（引自 Weaver，2002）

亚基内蛋白质分子的装配将发生改变。因此，rRNA 的二级结构始终处于动态变化中，与其结构组装和功能密切相关。

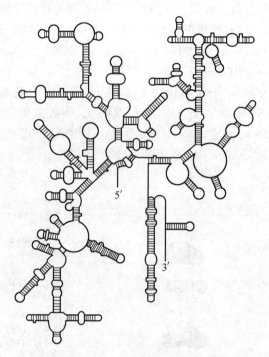

图 4-26 16S rRNA 二级结构示意图

（引自 Weaver，2002）

五、核内小 RNA

真核细胞核内特有的核内小 RNA（snRNA）存在于细胞核或核质及在核仁中，在基因转录初始产物的加工过程中具有重要的作用。snRNA 是含 70～300 nt 的小分子，不像核内的核不均- RNA（hnRNA），snRNA 既不是任何 RNA 的前体，也不是某些 RNA 代谢的中间产物。它们在每个细胞内的拷贝数非常多，具有独特的功能，主要参与基因初始转录产物加工。

至今已发现的 snRNA 有 20 多种，其中有 13 种富含 U，含量达分子内核苷酸总数的 35%，因此称为 U 族 snRNA。例如 U_1 snRNA、U_2 snRNA 和 U_3 snRNA 为大多数真核生物 RNA 聚合酶 II 转录产物加工所必需。细胞内的 snRNA 并不以游离状态存在，而是与各种蛋白质结合成核蛋白体（snRNP）复合物发挥作用。在各种类型的生物中，snRNA 的一级结构和二级结构都具有较大的保守性。例如，人体 HeLa 细胞和爪蟾卵母细胞的核内 U_1 snRNA，其序列有 95% 同源。很多 snRNA 的 5′端也具有帽子结构，并与真核生物 mRNA 的 5′帽子结构相似。

六、核仁小分子 RNA

核仁小分子 RNA（small nucleolar RNA，snoRNA）广泛分布于从酵母到哺乳动物细胞的核仁区。大小一般在几十到几百个核苷酸。snoRNA 的重要功能是作为 rRNA 前体加工复合体的重要成分，参与 rRNA 前体的加工。在 rRNA 前体转录过程中，反义 snoRNA 始终与新生 rRNA 前体结合，参与 rRNA 空间构象的形成，起着分子伴侣（molecular chaperone）的作用。

七、非编码的 mRNA

mRNA 主要功能是指导蛋白质的合成，作为细胞核与细胞质之间的信使。近年来又发现了一类非编码 mRNA，它们与传统的 mRNA 一样可进行剪接和 $3'$ 端加尾修饰，但不具有典型的开放阅读框架（ORF）。非编码 mRNA 广泛分布于从果蝇到人类，其基因位于染色体的重要功能位点。实验结果表明，它们参与许多生理过程，如胚胎发育、肿瘤形成和抑制、细胞生长和分化、染色体失活等等。由于非编码 mRNA 具有明显的生物功能，因此有学者提出了非编码 mRNA 是"调控 RNA(riboregulator)"。

人类目前对 RNA 尚未有全面的了解，但预计 RNA 很可能与蛋白质一样，具有十分复杂的生物学功能。

第五节　核酸的理化性质

一、核酸的化学水解

核酸在酸、碱和酶的作用下，发生共价键断裂，多核苷酸链被打断，分子质量变小，此过程称为降解。下面简要讨论酸、碱对核酸的降解作用。

（一）酸解

酸对核酸的作用因酸的浓度、温度和作用时间长短而不同。用温和的或稀的酸做短时间处理，DNA 和 RNA 都不发生降解。但延长处理时间或提高温度，或提高酸的强度，则会使核酸中的部分糖苷键发生水解，先是嘌呤碱基被水解下来，生成无嘌呤的核酸，同时少数磷酸二酯键也发生水解，使链断裂。若用中等强度的酸在 100 ℃下处理数小时，或用较浓的酸（如 2～6 mol/L HCl）处理，则可使嘧啶碱基水解下来，更多的磷酸二酯键断裂，核酸降解程度增加。

（二）碱解

RNA 在稀碱条件下很容易水解生成 $2'$-核苷酸和 $3'$-核苷酸。因为 RNA 中的核糖具有 $2'$-OH，在碱催化下 $3',5'$-磷酸二酯键断裂，先形成中间物 $2',3'$-环核苷酸，它不稳定而进一步水解，生成 $2'$-核苷酸和 $3'$-核苷酸的混合物。RNA 碱解所用的 KOH（或 NaOH）的浓度可因温度和作用时间而不同，如 1 mol/L KOH（或 NaOH）在 80 ℃下作用 1 h，或 0.3 mol/L KOH（或 NaOH）在 37 ℃下作用 16 h 均可以使 RNA 水解成单核苷酸。在同样的稀碱条件下，DNA 是稳定的，不会被水解成单核苷酸，因为 DNA 中的脱氧核糖 C_2 位没有 -OH，不能形成 $2',3'$-环核苷酸。DNA 在碱的作用下，只发生变性，不发生磷酸二酯键的水解。根据碱对 DNA 和 RNA 的不同作用，可用碱解法从 RNA 制取 $2'$-核苷酸和 $3'$-核苷酸；用碱处理 DNA 和 RNA 混合液，使 RNA 水解成单核苷酸保留在溶液中，再把 DNA 从溶液中沉淀下来，分别进行定量测定。

二、核酸的紫外吸收性质

核酸、核苷、核苷酸、碱基均在紫外线下有强烈的吸收，在 240～290 nm 的紫外波段有一强烈的吸收峰,最大吸收峰在 260 nm 附近。这是由于碱基具有共轭双键。可以用紫外分光光度计加以定性或定量分析。通过测定样品的 260 nm 和 280 nm 的吸光度 A,从 A_{260} 与 A_{280} 的比值可以判断样品的纯度,一般在 A_{260}/A_{280} 大于 1.8 时的 DNA 较纯,RNA 应达到 2.0。通过测定紫外吸收光谱的变化能够检测 DNA 变性。

三、核酸的变性、复性与分子杂交

(一)核酸的变性

1. 核酸的变性 双链 DNA 中配对碱基的氢键不断处于断裂和再生状态之中,特别是稳定性较低的富含 A-T 的区段,氢键的断裂和再生更为明显。凡是破坏双螺旋结构的作用力(主要是氢键和碱基堆积力)的因素都可使 DNA 双螺旋解链,导致 DNA 变性。变性后原来隐藏在双螺旋内部的发色基团暴露出来,使 DNA 的物理性质和化学性质发生一系列的变化。这些变化包括:DNA 溶液的黏度大大下降、沉淀速度增加、浮力密度上升、紫外吸收光谱升高、酸碱滴定曲线改变、生物活性丧失等。

由于细胞内的 DNA 分子细长,可用长径比这一术语来描述。DNA 的直径约 2 nm,长度则达到微米(μm)、毫米(mm)量级,某些真核染色体甚至长达几厘米。这些性质使 DNA 的水溶液具有高黏性(high viscosity)。但细长的 DNA 分子又容易被机械剪切力(shearing force)或超声波(sonication)损伤而黏度下降。

DNA 的浮力密度指在高浓度盐溶液如 8 mol/L 氯化铯(CsCl)中,DNA 具有与该溶液大致相同的密度,约 1.7 g/cm³。将该溶液高速离心,则形成自下而上密度逐渐增加的密度梯度(图 4-27);DNA 最终沉降在与其浮力密度相同的位置,即沉降带。由于 DNA 的浮力密度(ρ)与 G+C 含量呈线性关系,$\rho=1.66+0.098(G+C)\%$。因此,DNA 沉降法可用来确定其平均 G+C 含量,也可用于分离基因组中具有不同 G+C 含量的 DNA 片段。

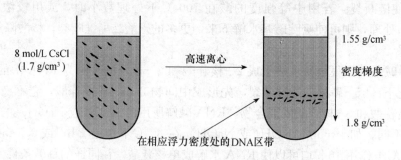

8 mol/L CsCl
(1.7 g/cm³)

高速离心

1.55 g/cm³

密度梯度

1.8 g/cm³

在相应浮力密度处的DNA区带

图 4-27 DNA 密度梯度离心

2. 引起 DNA 变性的主要因素

(1)加热(生理温度以上) 加热使 DNA 变性后,在 260 nm 波长处的紫外吸收值明显上升,一般当 DNA 加热时,在 260 nm 吸收值先缓慢上升,到达某一温度后骤然上升,表明变性是一个协同过程。其特点是爆发式的,变性发生的温度范围很窄,其相变过程用 T_m(熔解温度,熔点)描述,是使 DNA 双螺旋结构解开一半的链时的温度。DNA 的 T_m(熔解温度,熔点)一般在 82~95 ℃之间。天然 DNA 和变性 DNA 的吸收值相差约 34%。将 DNA 的稀盐溶液加热到

80～100 ℃时，双螺旋结构即发生解体，两条链分开，形成无规则线团。

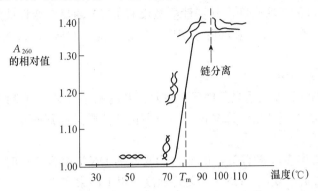

图 4-28　DNA 变性过程中双链分离的不同温度范围的分子构象

(引自赵亚华，2006)

（2）极端 pH　当 pH 为 12 左右时，碱基上的酮基转变为烯醇基，影响氢键形成，从而改变 T_m，当 pH 为 2～3 时，碱基上的氨基发生质子化，也影响氢键的形成。

（3）有机溶剂（尿素和酰胺等）　当环境中存在酰胺或尿素时，它们可与 DNA 分子中的碱基形成氢键，从而使 DNA 分子保持单链状态，以利于分子克隆的操作。甲酰胺或尿素也是测定 DNA 序列时，PAGE 中常用的变性剂。

3. DNA 变性的检测　在 DNA 变性过程中，紫外吸收光谱的变化是检测变性最简单的定性和定量方法。核酸在 260 nm 具有特征的吸收峰，表示为 A_{260}，吸收紫外光的量取决于核酸分子的结构。结构越有序，吸收的光越少。DNA 处于双螺旋结构的 260 nm 光吸收值和解链为单链状态的光吸收值的不同是由于碱基电子结构变化引起的。当两条链靠在一起（双螺旋）时，链内碱基相互靠近淬灭了部分吸收，两条链分开时淬灭消失，吸收值上升 30%～40%。因此，可用紫外吸收值的变化来描述 DNA 结构的动态变化，以及用紫外吸收值的大小来测定 DNA 的含量。游离核苷酸比单链 RNA 和 DNA 吸收更多的光，而单链 RNA 或 DNA 的吸收又比双链 DNA 分子多，以 50 $\mu g/mL$ DNA 溶液测定，三者的 A_{260} 数值为：双链 DNA $A_{260}=1.00$；单链 DNA $A_{260}=1.37$；游离碱基、核苷酸 $A_{260}=1.60$。

4. 决定 DNA 变性温度（T_m）的主要因素

（1）DNA 的均一性　均质 DNA(homogeneous DNA) 如一些病毒的 DNA、人工合成的多聚腺嘌呤-胸腺嘧啶脱氧核苷酸和多聚鸟嘌呤-胞嘧啶脱氧核苷酸，熔解过程的温度范围较小。异质 DNA(heterogeneous，DNA) 熔解温度范围较宽，故 T_m 值可作为衡量 DNA 样品均一性 (homogeneity) 的标准。

（2）G-C 碱基对的含量　在 pH7.0 时，0.165 mol/L NaCl 溶液中，DNA 的 T_m 值与 G-C 含量之间有线性关系，G-C 对含量越多，T_m 值越高。

测定 T_m 值可以推算 DNA 的碱基百分组成 (X_{G+C})。经验公式为：$X_{G+C}=(T_m-69.3)\times 2.44$，利用此公式也可计算 DNA 的 T_m。

（3）介质中离子强度　在离子强度较低的介质中，DNA 的 T_m 较低而范围宽。而在较高的离子强度时，T_m 较高而范围窄。所以，DNA 样品不能保存在稀电解质溶液中，一般在含盐缓冲溶液中保存较稳定。

RNA 分子只有局部的双螺旋区，其变性参数没有 DNA 明显，变性曲线不太陡，T_m 较低。tRNA 具有较多的双螺旋区，T_m 值较高，变性曲线也较陡。双链 RNA 的变性几乎与 DNA 的相同。

（二）核酸复性与分子杂交

1. 核酸复性 变性 DNA 在适当条件下，彼此分开的两条链又可重新缔合成为双螺旋结构，这一过程称为复性。DNA 复性后，许多物理性质和化学性质又得到恢复，如光吸收值减低、生物活性得到部分恢复等。

复性过程的进行与许多因素有关，例如将热变性的 DNA 骤然冷却时，DNA 不可能复性，只有在缓慢冷却时，才可以复性。DNA 的复性速度与以下因素有关。

（1）DNA 的大小 DNA 片段小的比大的复性容易，信息含量少的比信息含量多的易于复性。因为太大，在介质中遇到扩散问题，寻找互补链的机会大大减少，往往不能准确地重新结合，影响复性的速度。

（2）离子强度 增加盐的浓度，两条互补单链重新结合的速度加快。因为盐能中和两条单链中磷酸基团的负电荷，减少互补单链间的负电荷相互排斥。

（3）DNA 的浓度 由于复性需要两条互补单链相互接触才能重新结合形成双螺旋分子。因此，DNA 的浓度大，两条单链彼此相遇的可能性就大，复性的速度也就加快。复性的速度服从二级反应动力学，即重新结合的速度与两条反应单链的浓度成正比。

2. 核酸分子杂交 不同来源的 DNA 分子放在一起热变性，然后慢慢冷却，让其复性。若这些异源 DNA 之间有互补的序列或部分互补的序列，则复性时会形成杂交分子。DNA 与互补的 RNA 之间也可以发生杂交。核酸的杂交在分子生物学和分子遗传学的研究中应用极为广泛。如将已知基因的 DNA 制成具有同位素标记的 DNA 片段——DNA 探针，用其去检测未知 DNA 分子。许多重大的分子遗传学问题都是通过分子杂交来解决的。

小　　结

1. DNA 是遗传物质，所有已知的有机体和许多病毒的遗传物质都是 DNA。作为遗传物质的 DNA 主要有 4 个特性：贮存遗传信息、将遗传信息传递给子代、物理和化学性质稳定和有遗传变异的能力。某些病毒和噬菌体也采用 RNA 作为遗传物质。

2. 核苷酸由核苷和无机磷酸组成。核苷由碱基和（脱氧）核糖通过 $\beta - N$ 糖苷键连接而成。碱基是含有氮原子的嘌呤或嘧啶的衍生物。生物体内最常见的嘧啶碱基是胞嘧啶、尿嘧啶和胸腺嘧啶，嘌呤碱基是腺嘌呤和鸟嘌呤。尿嘧啶只存在于 RNA，胸腺嘧啶只存在于 DNA。生物体内还存在其他嘌呤或嘧啶的衍生物，大都是 5 种常见碱基的修饰产物或代谢产物。碱基几乎不溶于水，在溶液中能发生酮式-烯醇式互变异构和酸碱解离，并在 260 nm 具有最大的紫外吸收值。

核苷中的 D-核糖或 2-脱氧-D-核糖都以呋喃型结构存在，$\beta - N$ 糖苷键由戊糖的异头物 C 原子与嘧啶碱基的 N_1 或嘌呤碱基 N_9 形成。核苷在碱性条件下较稳定，嘧啶核苷能抵抗酸水解，嘌呤核苷很容易发生酸水解。

核苷酸是核苷的戊糖羟基的磷酸酯，包括核糖核苷酸和脱氧核苷酸。自然界的核苷酸多为核苷-5′-磷酸。核苷酸有核苷单磷酸、核苷二磷酸和核苷三磷酸。核苷酸的许多性质由碱基、核糖或脱氧核糖、磷酸基团及 N-糖苷键决定。

3. 核酸是由多个核苷酸通过 3′,5′-磷酸二酯键相连的多聚物。核酸的一级结构指构成核酸的多聚核苷酸链上的所有核苷酸或碱基的排列顺序。每一条线形多聚核苷酸链都具有极性，有 3′端和 5′端。书写核酸一级结构是从左到右先写 5′端，再写 3′端。核酸一级结构的意义是储存生物体的遗传信息。

4. DNA 的二级结构主要是各种形式的螺旋，特别是 B 型双螺旋，此外还有 A 型双螺旋、Z 型双螺旋、三链螺旋和四链螺旋等。其中，最主要的形式为 Watson 和 Crick 于 1953 年提出的 B 型双螺旋。B 型双螺旋的核心内容是：由两条反平行的多聚核苷酸链相互缠绕形成右手双螺旋；两条链通过 A-T 碱基和 G-C 碱基对互补结合；碱基对位于双螺旋内部，并垂直于脱氧核糖磷酸骨架。碱基对之间的氢键和堆积力对双螺旋的稳定起重要作用；双螺旋的表面含有大沟和小沟；相邻碱基对距离为 0.34 nm，相差约 36°。螺旋直径为 2 nm，每一转完整的螺旋含有 10 个碱基对，其高度为 3.4 nm。

DNA 双螺旋结构的证据有 X 射线衍射数据、Chargaff 规则和碱基的互变异构性质。双螺旋稳定的因素有氢键、碱基堆积力和阳离子或带正电荷的化合物对磷酸基团的中和，其中起决定性作用的是碱基的堆积力。

DNA 的三级结构主要为超螺旋，分为正超螺旋和负超螺旋，其中正超螺旋因双螺旋的过度缠绕引起，负超螺旋因缠绕不足引起。超螺旋 DNA 可通过连环数、扭转数、缠绕数和比连环差几种数据定量地表示。负超螺旋 DNA 很容易解链，有利于 DNA 的复制、重组和转录。

5. RNA 的二级结构取决于碱基组成，有多种形式。多数 RNA 只有一条链，其二级结构主要由链内碱基的互补性决定，最常见的是茎环结构。tRNA 的二级结构像三叶草，含有 4 个环和 4 个臂。按照从 5′到 3′的顺序，4 个环依次是二氢尿嘧啶环、反密码子环、额外环和 TΨC 环。四个臂为二氢尿嘧啶臂、反密码子臂、TΨC 臂和氨基酸臂。rRNA 分子上有大量链内互补序列，因此 rRNA 高度折叠。

RNA 的三级结构主要是 tRNA 的 L 形结构。在 L 形结构中，氨基酸臂位于 L 的一端，而 D 环和 TΨC 环形成 L 的角。

6. DNA 与蛋白质形成的复合体最重要的是染色质或染色体。真核的基因组 DNA 呈高度折叠。染色质上的蛋白质有组蛋白和非组蛋白两类。核小体为染色质的一级结构。染色体是基因组的结构单位，由 DNA 分子和与它相结合的蛋白质组成，呈高度浓缩的状态。

7. 核酸的性质包括紫外吸收、酸碱解离、变性、复性和水解。其中紫外吸收和酸碱解离与核苷酸有关，变性和复性与核酸的二级结构的破坏和恢复有关，水解与磷酸二酯键裂解有关。

核酸的变性是指核酸受到极端的 pH、热等因素或特殊化学试剂的作用，其双螺旋解链成单链的过程，不涉及共价键断裂。核酸变性后紫外吸收升高，黏度降低，生物活性变化。紫外吸收增加的现象称为增色效应。当各种变性因素不存在时，解开的互补单链全部或部分恢复到天然双螺旋结构的现象称为复性。热变性 DNA 一般经缓慢冷却后可复性，此过程称为退火。伴随着 DNA 复性发生的是与其变性时发生的情形正好相反，紫外吸收减少的现象称为减色效应。这些变化可用做检测核酸变性或复性的指标。

DNA 也具有熔点，用 T_m 表示。DNA 的 T_m 受到 DNA 均一性、G-C 含量、离子强度和其他变性因素的影响。在溶剂固定前提下，T_m 的高低取决于 DNA 分子中的 G-C 的含量。

影响 DNA 复性的因素有温度、离子强度、DNA 浓度和 DNA 序列的复杂度等。

核酸杂交是利用核酸分子变性和复性的性质，将来源不同的核酸片段，按照碱基互补配对规则形成异源双链的技术，它既可在液相中也可在固相中进行。

酸、碱和酶均可导致核酸水解。核酸分子内的糖苷键和磷酸二酯键对酸的敏感性不同。RNA 的磷酸二酯键对碱敏感，容易水解成 2′-核苷酸和 3′-核苷酸的混合物。核酸可受到多种不同酶的作用而发生水解。

复 习 思 考 题

1. 简述细胞的遗传物质，怎样证明 DNA 是遗传物质？
2. 研究 DNA 的一级结构有什么重要的生物学意义？
3. DNA 双螺旋结构有哪些形式？说明其主要特点和区别。
4. 简述 DNA 双螺旋结构与现代分子生物学发展的关系？
5. 简述真核生物染色体的组成，它们是如何组装的？
6. 简述细胞内 RNA 的结构特点以及与 DNA 的区别。
7. 引起 DNA 变性的主要因素有哪些？核酸变性后分子结构和性质发生了哪些变化？
8. 检测核酸变性的定性和定量方法是什么？
9. DNA 的 T_m 一般与什么因素有关？
10. DNA 复性程度怎样检测？
11. 核酸的分子杂交一般有几种类型？它们分别用于检测哪些物质？

主要参考文献

王镜岩，朱圣根，徐长法主编.2002.生物化学.第三版.北京：高等教育出版社.

张曼夫主编.2002.生物化学.北京.中国农业大学出版社.

陈启民，王金忠，耿运琪.2001.分子生物学.天津.南开大学出版社.

卢向阳主编.2004.分子生物学.北京：中国农业出版社.

杨歧生编著.2004.分子生物学.第二版.杭州：浙江大学出版社.

郭蔼光.2005.基础生物化学.北京：高等教育出版社.

Turner P C, Mclennan A G, Bates A D, White M R H. 1999. 分子生物学.（影印版）.科学出版社.

Gerald Karp. 2002. Cell and Molecular Biology. 3rd ed. 北京：高等教育出版社.

Lewin B. 2000. Genes Ⅶ, Oxford，New York，Tokyo：Oxford University Press.

第五章　酶

第一节　酶的概念及其化学本质

新陈代谢是生命体的基本特征，它由成千上万个错综复杂的化学反应组成，表现出高度的有序性。如果让其在生物体外进行，反应速率极慢，几乎达到不能觉察的程度；或者需要在极其剧烈的反应条件才能进行，比如用酸做催化剂水解淀粉成葡萄糖，需耐受 $245\sim294$ kPa 的压力和 $140\sim150$ ℃的高温及强酸才能完成。但在活体细胞中，这些化学反应在温和的条件下、在瞬间就可以达到化学反应的平衡点。究其原因，是因为生物体内含有一种高效生物催化剂——酶。

人类利用酶有几千年的历史，早在 2 500 年前的春秋战国时期，我们的祖先就开始用"曲"治疗消化不良，但人类真正认识和利用酶，却只有二三百年的历史。1833 年，Payen 和 Persoz 从麦芽的水提物中得到了一种对热不稳定的物质，它能促使淀粉水解成可溶性的糖。1835—1837 年，Berzelius 提出了催化作用的概念。1878 年，Kühne 首先把这种存在于生物体内、能加速化学反应的物质称为酶（enzyme）。到了 20 世纪，对酶的研究进入了飞速发展的时期。1913 年，Michaelis 和 Menten 提出了酶促反应动力学原理——米曼氏学说。1926 年，Sumner 第一次从刀豆中获得脲酶结晶，并证明具有蛋白质性质。直到今天，人们已鉴定出 3 000 多种酶，并对其中不少酶进行了分子结构、酶活性与活性调节的关系的研究。目前通用的酶概念是：酶是生物体活细胞产生的具有特殊催化活性和特定空间构象的生物大分子，包括蛋白质及核酸，又称为生物催化剂。绝大多数酶的化学本质是蛋白质，少数是核糖核酸，后者称为核酶。本章主要讨论以蛋白质为本质的酶。

酶学研究是生物化学的热点领域，其成果为人类社会和经济发展带来了深刻的影响，特别是为催化理论、催化剂设计、药物设计、疾病诊断和治疗、遗传和变异、工业化生产等广泛领域提供了理论依据及实践应用。如用天冬酰胺酶来治疗白血病；用多酶片（含蛋白酶、脂肪酶、淀粉酶等）帮助消化；用链激酶、尿激酶、葡激酶、纳豆激酶等清除血凝块；用溶菌酶抗菌防腐；而脂肪酶、纤维素酶、蛋白酶等可作为洗涤剂用酶；在基因工程操作中也涉及到许多工具酶如限制性核酸内切酶、连接酶、多聚酶、修饰酶等。随着酶学研究的深入，其成果必将为人类做出更大贡献。

第二节　酶的作用特点

作为生物催化剂的酶，它具有一般无机催化剂所具有的下述共同特征。

① 酶只能催化热力学上允许进行的反应。对于可逆反应，酶只能缩短反应达到平衡的时间，但不能够改变反应的平衡点和平衡常数。

② 酶通过降低化学反应的活化能来加快反应速度。

③ 酶在反应中用量很少，它参与化学反应，但是在化学反应前后数量、性质不变。

由于酶的本质是生物大分子，如蛋白质，因而它又具有另外一些有别于一般催化剂的特殊的性质，主要表现在以下几方面。

一、高的催化效率

在相同条件下，酶的存在可以使一个反应的反应速率大大加快。一般情况下，由酶催化的反应速率比相应的非催化反应速率快 $10^6 \sim 10^{12}$ 倍。例如，生物体内由碳酸酐酶催化进行的二氧化碳水合反应，每个酶分子在 1 s 内可以使 10^5 个 CO_2 分子发生水合反应，比非酶促反应快 10^7 倍；尿素的水解反应在 H^+ 催化作用下反应温度为 62 ℃，反应速度常数为 7.4×10^{-7}，而脲酶催化作用下反应温度为 21 ℃，反应速度常数为 5.0×10^6；α 胰凝乳蛋白酶对苯酰胺的水解速度是 H^+ 催化作用的 6×10^6 倍，且不需要较高的温度。可见酶有极高的催化效率。

二、酶作用的高度专一性

酶对底物（substrate）有严格的要求，即一种酶只作用于一种或一类化合物，或一定的化学键，催化发生一定的化学反应，这种对底物和化学反应的选择性称为酶的专一性（specificity）。由于酶催化反应的专一性使得酶促反应无副反应出现。根据酶对其底物结构选择的严格程度不同，酶的专一性可分为下述 3 种类型。

1. 绝对专一性 绝对专一性（absolute specificity）指某些酶只能作用于特定的底物进行特定的化学反应，即一种酶对应一种底物、一个反应。如脲酶仅能催化尿素水解产生 CO_2 和 NH_3。

2. 相对专一性 相对专一性（relative specificity）指某些酶只作用于一类化合物或一种化学键。如磷酸酶对一般的磷酸酯键都有水解作用；脂肪酶不仅水解脂肪，也对简单的酯有水解作用；蛋白酶虽然对肽键两侧的氨基酸有一定的要求，如胰蛋白酶仅水解由碱性氨基酸的羧基形成的肽键，但对其催化的蛋白质无严格的要求。

3. 立体异构专一性 立体异构专一性（stereospecificity）指某些酶对底物要求极其严格，只作用于立体异构体中的一种。例如，乳酸脱氢酶仅催化 L-乳酸脱氢产生丙酮酸，对 D-乳酸则无作用，图 5-1 表示了乳酸脱氢酶的活性中心的特定性严格限制了底物的立体结构，体现了光学异构专一性；而延胡索酸酶仅能催化反式丁烯二酸（延胡索酸）反应，对顺式丁烯二酸无作用。

图 5-1 乳酸的立体结构

三、酶促反应的温和性与对反应条件的高度敏感性

酶的化学本质是蛋白质，所有能使蛋白质变性的理化因素均能导致酶的失活。因此，酶和一般的非酶催化剂不同，它所参与的反应都是在比较温和的条件下进行的，如比较低的温度、接近于中性的 pH、常压等。当反应条件发生较剧烈的变化、反应体系中缺少激活剂或受抑制剂的污染时，都将引起酶活性的显著改变，甚至失去部分或全部的催化活性。

四、催化活性可被调节控制

酶的作用无论是在体内还是在体外都是可以调节控制的。酶的这一特性是保证生命有机体维持正常的代谢速率，以适应机体不断变化的内外环境和生命活动的需要。在长期进化过程中，酶和代谢物形成了细胞区域化分布、多酶体系和多功能酶等；生物在进化中出现的基因分化形成了各种类型的同工酶；代谢物作用于参与代谢的关键酶来调节酶活性的方式很多，如变构调节、共价修饰调节；酶生物合成的诱导和阻遏等。

第三节　酶的分类与命名

酶是蛋白质，其分子结构遵循球状蛋白质普遍的规律，具有一级结构、二级结构和三级结构，有些酶还有四级结构。只有一条多肽链构成的酶称为单体酶（monomeric enzyme）；由多个相同或不同亚基以非共价键连接组成的酶称为寡聚酶（oligomeric enzyme）。另外，由一些功能相关的酶彼此聚集在一起完成某条代谢途径，这个复合物称为多酶复合体。还有一些在进化过程中由于基因融合，形成由一条多肽链组成却具有多种不同催化功能的酶，这类酶称为多功能酶（multifunctional enzyme）或串联酶（tandem enzyme）。

一、酶的化学组成与分类

酶按其分子组成可分为两大类：单纯酶和结合酶。

（一）单纯酶

单纯酶（simple enzyme）是仅由单纯的蛋白质构成，即只由氨基酸残基构成的酶，如一些蛋白酶、淀粉酶、脲酶等。其活性只决定于它的蛋白质结构。

（二）结合酶

有些酶的分子组成除蛋白质以外，还有非蛋白质物质的参与，称为结合酶（conjugated enzyme）。结合酶的催化活性，除蛋白质部分即酶蛋白（apoenzyme）外，还需要非蛋白质的物质，即所谓酶的辅助因子（cofactor），两者结合成的复合物称为全酶（holoenzyme）。结合酶只在酶蛋白和相应的辅助因子结合为全酶形式时，才能呈现出完全的催化活性。辅助因子可以是金属离子或小分子有机化合物。

辅助因子按其与酶蛋白结合的紧密程度和作用特点可分为辅酶（coenzyme）和辅基（prosthetic group）。辅酶与酶蛋白结合疏松，可以用透析或超滤的方法除去，在酶催化反应后，离开酶的活性部位，可成为另一个酶的底物。通过其他反应又可再生成原来的形式，如 NAD^+、$NADP^+$ 等。辅基与酶蛋白结合紧密，不易除去，它们在反应中始终结合在酶的活性部位，成为活性部位的一部分。它们再生为原来形式时，也不与原来的酶的活性部分分离。

通过对许多酶分子化学组成的分析表明，辅酶或辅基的种类不多，一种辅酶或辅基往往是几种催化反应相类似的酶的共同组分。说明酶催化作用的专一性不决定于辅酶，而是由酶蛋白的结构决定的，辅助因子决定反应的种类和性质。

作为酶辅助因子的小分子有机化合物的化学性质稳定，它们在酶促反应过程中，起运载底物的电子、原子或某些化学基团的作用，其分子结构中常含有维生素或维生素类物质。常见的辅酶、辅基及相关的维生素总结于表 5-1。

表 5-1　常见的辅酶和辅基

名　称	介导的反应	转移基团	功能基团（部位）	所含维生素
生物素	羧化	CO_2	N_1 或脲基氧	生物素
辅酶 B_{12}（CoB_{12}）	烷基化	$-CH_3$	$Co+5'$-脱氧腺苷基	维生素 B_{12}
辅酶 A（CoASH）	酰基转移	$\underset{RC-}{\overset{O}{\parallel}}$	$-SH$ 基	泛酸
黄素辅酶（FAD、FMN）	氧化还原	2H	异咯嗪 N_1、N_5	维生素 B_2
硫辛酸	酰基转移	$\underset{RC-}{\overset{O}{\parallel}}$ $+2H$	$-SH$ 基	硫辛酸
尼克酰胺辅酶（NAD^+、$NADP^+$）	氧化还原	H^++2e	吡啶环 N_1、C_4	尼克酰胺
磷酸吡哆醛	氨基转移	$-NH_2$	$-CHO$	维生素 B_6
四氢叶酸（FH_4）	一碳单位转移	$-CH_3$、$-CH_2OH$、$-CHO$、$-CH=NH$、$-CH=$、$-CH_2-$	N_5、N_{10}	叶酸
焦磷酸硫胺素（TPP）	醛基转移	$\underset{RC-}{\overset{O}{\parallel}}$	噻唑环 C_2	维生素 B_1
血红素辅酶	电子转移	e	卟啉环中的 Fe^{3+}	
泛醌（CoQ）	氧化还原	2H	醌的碳原子	泛醌

表 5-1 显示，许多辅酶和辅基的分子构成中都含有 B 族维生素，有的就是某种 B 族维生素的衍生物。

金属离子是最常见的辅助因子，约 2/3 酶含有金属离子。常见的作为辅助因子的金属离子有 K^+、Na^+、Mg^{2+}、Ca^{2+}、Zn^{2+}、Cu^{2+}（Cu^+）、Fe^{2+}（Fe^{3+}）等。有的金属离子与酶结合紧密，提取过程中不易丢失，这类酶称为金属酶（metalloenzyme），如羧基肽酶（Zn^{2+}）、谷胱甘肽过氧化物酶（Se^{2-}）、碱性磷酸酶（Mg^{2+}）等。金属酶中金属离子与酶结合相当牢固，而且加入游离金属离子后其活性不会增强。有的金属离子虽对酶活性是必需的，但不与酶直接结合，这类酶称为金属激活酶（metal activated enzyme）（表 5-2）。如丙酮酸羧化酶可被 Mn^{2+} 激活，柠檬酸合成酶可被 K^+ 激活等。这种金属离子在酶的纯化过程中常常丢失，必须再加入金属离子才能恢复活性。

表 5-2　一些金属酶和金属激活酶类

金属酶	金属离子	金属激活酶	金属离子
碳酸酐酶	Zn^{2+}	柠檬酸合成酶	K^+
羧基肽酶	Zn^{2+}	丙酮酸激酶	K^+，Mg^{2+}
过氧化物酶	Fe^{2+}	丙酮酸羧化酶	Mn^{2+}，Zn^{2+}
过氧化氢酶	Fe^{2+}	精氨酸酶	Mn^{2+}

（续）

金属酶	金属离子	金属激活酶	金属离子
己糖激酶	Mg^{2+}	磷酸水解酶类	Mg^{2+}
磷酸转移酶	Mg^{2+}	蛋白激酶	Mg^{2+}，Mn^{2+}
锰超氧化物歧化酶	Mn^{2+}	磷脂酶 C	Ca^{2+}
谷胱甘肽过氧化物酶	Se^{2-}	磷脂酶 A_2	Ca^{2+}

金属离子的功能多种多样，或作为酶活性中心的催化基团参与传递电子和催化反应；或与酶、底物形成三元复合物作为连接酶分子与底物分子之间的桥梁（图 5-2）；或使底物靠近酶的活性中心与底物反应基团形成正确空间排列，以利于反应发生；或中和阴离子，降低反应中的静电排斥力，便于底物与酶结合。如丙酮酸激酶催化过程中形成酶-Mg^{2+}-底物三元复合物，己糖激酶催化时形成葡萄糖-Mg^{2+}-ATP 三元复合物等。有一些酶既含有小分子有机辅助因子也含有金属离子。如细胞色素氧化酶以血红素为辅基，也含有铜离子。

图 5-3 所示，Zn^{2+} 与羧肽酶 A 紧密结合，对于该酶的活性颇为重要。Zn^{2+} 使底物上肽键敏感键中的碳-氧基团极化，同时 Glu_{270} 的氧离子也使碳-氧基团的偶极矩增加，但并不抵消电子张力的作用，这样 Zn^{2+} 在底物中造成的电子张力就大大促进了底物水解。

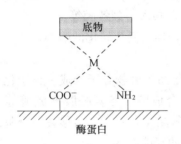

图 5-2 金属离子在酶催化反应中的作用示意图

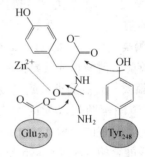

图 5-3 Zn^{2+} 与羧肽酶 A 的作用示意图

二、国际系统分类法

国际生物化学学会酶学委员会根据酶催化的反应类型，将酶分为下述 6 大类（表 5-3）。

表 5-3 酶的分类及系统命名法举例

类别	催化的反应	推荐名称	系统名称	编号
1. 氧化还原酶类	醇＋NAD^+⇌醛或酮＋NADH	醇脱氢酶	醇：NAD^+ 氧化还原酶	EC 1.1.1.1
2. 转移酶类	L-天冬氨酸＋α-酮戊二酸⇌草酰乙酸＋L-谷氨酸	天冬氨酸氨基转移酶	L-天冬氨酸：α-酮戊二酸氨基转移酶	EC 2.6.1.1
3. 水解酶类	D-6-磷酸葡萄糖＋H_2O⇌D-葡萄糖＋H_3PO_4	6-磷酸葡萄糖酶	D-6-磷酸葡萄糖水解酶	EC 3.1.3.9

（续）

类　别	催化的反应	推荐名称	系统名称	编　号
4. 裂解酶类	酮糖-1-磷酸⇌磷酸二羟丙酮＋醛	醛缩酶	酮糖-1-磷酸醛裂合酶	EC 4.1.2.7
5. 异构酶类	D-6-磷酸葡萄糖⇌D-6-磷酸果糖	磷酸果糖异构酶	D-6-磷酸葡萄糖酮醇异构酶	EC 5.3.1.9
6. 合成酶类	L-谷氨酸＋ATP＋NH_3⇌L-谷氨酰胺＋ADP＋磷酸	谷氨酰胺合成酶	L-谷氨酸：氨连接酶	EC 6.3.1.2

1. 氧化还原酶类　氧化还原酶类（oxidoreductases）即催化底物氧化还原反应的酶类，例如乳酸脱氢酶、醇脱氢酶、琥珀酸脱氢酶等，还包括氧化酶、加氧酶、羟化酶等。

2. 转移酶类　转移酶类（transferases）即催化底物之间基团转移或转换的酶类，例如氨基转移酶、甲基转移酶、糖基转移酶、激酶、磷酸化酶等。

3. 水解酶类　水解酶类（hydrolases）即催化底物进行水解的酶类，例如淀粉酶、蛋白酶、脂肪酶、蔗糖酶、磷酸酶等。

4. 裂解酶类　裂解酶类（或裂合酶类，lyases）即催化底物移去一个基团并形成双键的反应或逆反应的酶类，例如醛缩酶、合酶、水化酶、脱水酶、脱羧酶、裂解酶等。

5. 异构酶类　异构酶类（isomerases）即催化同分异构体的互相转化的酶类，例如磷酸葡糖异构酶、消旋酶、磷酸甘油酸异构酶等。

6. 合成酶类　合成酶类（或连接酶类 ligases）即催化两个底物分子合成一分子化合物，同时偶联 ATP 磷酸键断裂放能的酶类，例如氨酰 tRNA 合成酶、谷氨酰胺合成酶等。合成酶（synthetase）与上述的合酶（synthase）不同。合酶为裂解酶类，催化底物移去一个基团或合二为一，如柠檬酸合酶（citrate synthase），且不涉及 ATP 的释能改变。

除按上述 6 类酶依次编号外，根据酶催化的化学键特点和参加反应基团不同，将每一类分成亚类、亚亚类。每个酶分类编号由 4 个阿拉伯数字组成，数字前冠以 EC（enzyme commission），如 6 - 磷酸葡萄糖酶（系统名为 D - 葡萄糖 - 6 - 磷酸水解酶）的编号为 EC 3.1.3.9，编号中的第一个数字表示该酶属于 6 大类中的某一类，第二位数字表示该酶属于哪一亚类，第三位数字表示亚亚类，第四位数字表示该酶在亚亚类中的排号。

三、酶的命名

目前已发现 4 000 多种酶，为了研究和使用方便，1961 年国际生物化学学会酶学委员会推荐一套系统命名法及分类方法。

（一）习惯命名法

1961 年以前，人们使用的是酶的习惯命名法，酶的名称多由发现者确定，根据所催化的底物、反应的性质及酶的来源而定。其原则是：①依据酶所催化的底物命名，在底物的英文名词上加尾缀-ase作为酶的名称。如催化蛋白水解的酶称为蛋白酶（proteinase），水解脂肪的酶为脂肪酶（lipase）。②根据酶所催化的反应类型或方式命名，如乳酸脱氢酶、谷丙转氨酶等。③在上述命名基础上再加上酶的来源和酶的其他特点，例如胃蛋白酶指出酶的来源；碱性磷酸酶和酸性磷酸酶指出这两种酶在催化时要求反应条件不同等。习惯命名法简洁明了，遗憾的是随着酶学研究的迅猛发展，有越来越多的酶被发现，可能会出现一酶多名、或者一名多酶的现象，需要更加科学的命名法。

（二）国际系统命名法

国际生物化学会酶学委员会提出的系统命名法的原则是以所催化的整体反应为基础的。命名时应明确每种酶的底物及催化反应的性质（表5-3），若有多个底物都要写明，其间用冒号（:）隔开。如乳酸脱氢酶的系统命名是L-乳酸：NAD^+氧化还原酶。该命名法同时赋予每个酶专有的编号。这样一种酶只有一个名称和一个编号。缺点是名称过长且繁琐，因此人们还常常使用习惯命名法。国际酶学委员会还建议使用一种习惯名称作为推荐名称，如L-乳酸：NAD^+氧化还原酶的推荐名称为乳酸脱氢酶。

第四节 酶的作用机理

一、酶的催化作用与分子活化能

酶促反应高效率的根本原因是降低化学反应过程的活化能。在任何一种热力学允许的反应体系中，底物分子的平均能量水平较低。在反应过程中，只有那些能量较高、达到或超过一定能量水平的分子（即活化分子）进入过渡态即活化态，这时就能打破或新形成一些化学键，使底物分子转变成产物分子。活化分子高出底物分子的平均能量的能量称为活化能（activation energy）。反应体系中，活化分子越多，反应速率就越快。由图5-4可见，非催化反应的活化能最高，其次是一般催化剂催化的反应，而酶促反应的活化能极大地降低，使底物只需较少的能量便可进入活化状态，因而，酶促反应产生了极大的效率。

如H_2O_2的分解反应，在没有催化剂时需要的活化能为75.24 kJ·mol^{-1}，用胶态钯做催化剂时为48.9 kJ·mol^{-1}，当有过氧化氢酶催化时活化能下降至8.36 kJ·mol^{-1}以下。由此可见，酶作用的实质

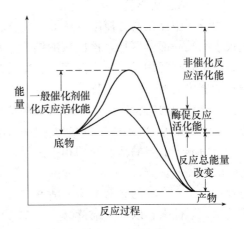

图5-4 催化过程和非催化过程自由能的变化
（引自周爱儒，2001）

就在于它能高效率地降低反应活化能，使反应在尽量低的能量水平上进行，从而加快反应速率。

二、中间产物学说

酶催化反应为什么具有高效率，这在酶促反应和非酶促反应过程自由能变化的研究中已获得

启示。酶能加快化学反应的速率，根本原因在于酶能有效地降低化学反应的活化能。长期以来，解释酶降低化学反应活化能、加快反应速率，普遍被生物化学家们所接受的是中间产物学说（intermediate theory）。该理论认为，在酶促化学反应中，底物（S）先与酶（E）结合形成暂时的、不稳定的过渡态中间复合物（ES），然后再分解释放出产物（P）和酶。该过程经典的反应式是

$$S+E \Longleftrightarrow ES \longrightarrow E+P$$

当底物和酶互补结合形成过渡态中间复合物时，释放出一部分结合能，这部分能量的释放，使过渡态 ES 复合物处于比 E 和 S 低的能阶，从而使整个反应的活化能降低，加快了化学反应速率。ES 中间物的形成是酶促反应过程中的关键性步骤。因为只有在酶与底物结合的前提下，酶分子方可对底物分子发挥各种催化作用。底物和酶形成中间复合物时，大多通过短程的非共价键结合，反应产物容易同酶-底物复合物分开；另外，从酶作用的立体特异性可见酶和底物的结合至少有 3 点，否则就不能产生立体特异性。

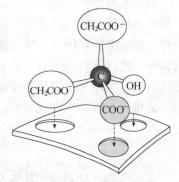

中间产物学说已经得到一些可靠的实验依据。如用吸光法证明了含铁卟啉的过氧化物酶参加反应时，单纯的酶的吸收光谱与加入了第一个底物 H_2O_2 后的比较确实产生了变化。

图 5-5　酶和底物的三点结合

三、酶的活性部位

（一）酶活性部位及必需基团

酶分子中存在的各种化学基团并不一定都直接与酶活性相关，酶的催化作用只局限在酶分子上很小的某一部分区域，该区域的结构（包括一级结构和空间构象）发生改变，将敏感地影响酶的催化活性。能与底物特异结合并将底物转化成产物的酶的特定的区域称为酶的活性中心（active center）或活性部位（active site）。在酶蛋白分子上与酶活性密切相关的基团，称为酶的必需基团（essential group），其中，参与酶活性中心形成的必需基团为活性中心内必需基团；活性中心以外的维持酶活性中心的空间构象的称为酶活性中心外的必需基团（图 5-6、图 5-7）。

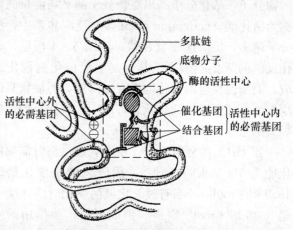

图 5-6　酶的活性中心示意图
（引自周爱儒，2001）

酶活性中心内的必需基团组成上分为两类：一类是结合基团（binding group），其作用是与底物相结合，生成酶-底物复合物；另一类是催化基团（catalytic group），其作用是影响底物分子中某些化学键的稳定性，催化底物发生化学反应并促进底物转变成产物。这两方面的功能可由不同的必需基团来承担，也可由某些必需基团同时承担这两方面的功能。

近 20 年来，随着对蛋白质空间构象研究技术的发展以及对酶活性中心氨基酸残基的认识，对酶活性中心的界定更趋具体化。所谓活性中心，是酶分子在空间结构上比较靠近的少数几个氨基酸残基或是这些残基上的某些基团，它们在一级结构上可能位于肽链的不同区段，甚至位于不同的肽链上，通过折叠、盘绕而在空间上相互靠近，是由特定空间构象维持的一个裂隙。

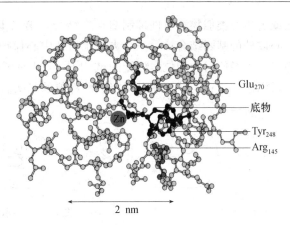

图 5-7 羧肽酶的活性中心示意图
（引自王镜岩等，2002）

对结合酶来说，辅酶分子的全部或部分结构常常也是活性中心结构的组成部分。酶活性中心常见的基团主要有丝氨酸的羟基、天冬氨酸和谷氨酸的非 α 羧基、组氨酸的咪唑基、半胱氨酸的巯基和甘氨酸 α 碳上的氢等。

（二）研究酶活性部位的方法

测定酶活性中心的组成和结构是研究酶催化作用的重要课题。目前常用方法有：化学修饰法、反应动力学法、X 射线衍射法等。近年来，随着基因工程迅速发展，基因定位诱变技术已成为更具权威性的方法。这些方法各具特点，但常常是相互补充的。

1. 化学修饰法 此方法是应用最早和最广泛的方法。酶中分子侧链上常含有各种基团，如羧基、羟基、巯基和咪唑基等，这些基团均可由特定的化学试剂进行共价修饰。当它被某一化学试剂修饰后，若酶活性显著下降或丧失，则可初步推断该基团为酶的必需基团。

（1）非特异性共价修饰 某些试剂与活性部位内和活性部位外的某种基团都结合，称为非特异性共价修饰剂。若某个基团只存在于酶的活性中心，活性中心以外不存在或很少，则称为特殊基团。对于特殊基团可选择某些非特异性试剂进行修饰。如木瓜蛋白酶有 7 个半胱氨酸残基，其中 6 个形成 3 对—S—S—键，另一个游离的—SH 存在于活性部位，这时就可以用任何一种巯基试剂来标记修饰，如碘乙酸与之反应就可使酶失活。若某一基团在活性部位及活性部位外都存在，则称为非特殊基团。对于非特殊基团，要充分利用活性部位中的基团往往具有特别高的反应性这一有利条件，也可进行非特异性共价修饰。如胰凝乳蛋白酶共有 38 个丝氨酸残基，但若用适量的二异丙基氟磷酸（DFP）进行修饰时，只有 Ser_{195} 被修饰，而其他丝氨酸则无反应，从而抑制酶活性。

非特异性共价修饰在应用中有一定的局限性，它不但不能区分活性中心内外基团，而且可与不同侧链基团起反应，如碘试剂既可修饰巯基，还可修饰咪唑基和酚羟基，因此使用这种方法时，下结论要慎重。同时在不同环境中，酶分子同一基团对同一试剂反应也不同。例如，酶蛋白分子中半胱氨酸和蛋氨酸都含有—SH，但在 pH 低于 6.0 时，半胱氨酸侧链—SH 很难发生解离，而蛋氨酸侧链此时亲核性很强。因此在 pH5.6 时碘乙酸盐和猪心肌异柠檬酸酶共同温育，碘乙酸可与蛋氨酸侧链—SH 结合，而不与半胱氨酸反应。这说明条件控制也很重要。

（2）差示标记 差示标记是在非特异性修饰基础上的改进，要求被标记的活性部位基团有特殊灵敏的反应性。差示标记过程如图 5-8 所示，第一步将酶活性部位保护，其方法是用过量底物或过渡态类似物竞争性抑制剂与之结合；第二步加入修饰剂 R，此时修饰剂 R 只能与酶活性中心以外的基团结合；第三步去除酶活性中心保护物（底物或抑制剂），暴露活性中心基团；第四步加入经放射性同位素标记的试剂 R*，此时试剂 R* 结合的只能是活性部位的基团，测定同位素标记的位置，即可帮助确定活性部位的基团。

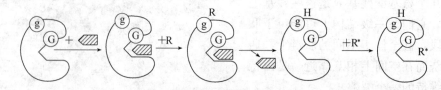

图 5-8　差示标记法图

（g 和 G 示处于不同部位的同一基团；黑色块体代表底物或抑制剂）

差示标记的主要缺点是保护效率问题。有时保护剂不能完全阻止 R 与 G 反应，同时也可能由于保护剂的存在影响酶分子的构象，导致反应第一步 R 与 g 不能完全结合，而在除去保护剂后还有部分 g 与 R* 反应。

（3）亲和标记　亲和标记主要是利用酶与底物特异性结合的原理而发展起来的一种特异性化学修饰法。通过设计，将某一特殊试剂（基团）与酶的亲和性底物结合，当该亲和性底物与酶结合时，就将这种特殊试剂（基团）带到酶活性部位上，此特殊试剂（基团）与必需基团进行结合修饰，从而避免了与酶活性中心外基团的结合，因此这种试剂又称为活性部位指示剂。例如，17-β-雌二醇是 17-β-脱氢酶的亲和性底物，如将溴乙酰基连到雌二醇上，然后将这个化合物与酶在 25 ℃恒温反应，结合了酶活性中心，即可认为组氨酸是催化作用所不可缺少的一个氨基酸。

表 5-4 列举了一些酶的亲和标记试剂。从表 5-4 可以看出，这些试剂大多是卤乙酰化合物或卤代酮，因为这类卤试剂与活性部位氨基酸侧链某些基团有很强的反应性。

表 5-4　一些酶的亲和标记试剂

酶	亲和标记试剂	被修饰残基
天冬氨酸转氨酶	β-溴丙酮酸，β-氯丙氨酸	Cys, Lys
羧肽酶	N-溴乙酰-D-精氨酸，溴乙酰-p-氨基苄琥珀酸	Glu, Met
α胰凝乳蛋白酶	L-苯甲磺酰苯丙氨酰氯甲酮（TPCK），苯甲烷磺酰氟	His_{57}, Ser_{195}
胰蛋白酶	L-苯甲磺酰赖氨酸氯甲酮（TLCK）	His
半乳糖苷酶	N-溴乙酰-β-D-半乳糖胺	Met
乳酸脱氢酶	3-溴乙酰吡啶	Cys, His
溶菌酶	2′,3′-环氧丙基-β-D-(N-乙酸葡萄糖胺)$_2$	Asp_{52}
RNA 聚合酶	5-甲酰尿苷-5′-三磷酸	Lys

2. 动力学分析法　组成酶蛋白的氨基酸残基上含有许多解离基团，pH 改变必然影响到解离

基团的解离状态，处于活性中心基团的解离状态的改变必然影响到酶的活性。因此，通过研究酶活性与 pH 的关系，可以推测到与催化直接相关的某些基团的 pK，进而推测这些基团的性质和作用。另外，改变反应温度求出 K_m、v_{max} 与 pH 关系，从而求出有关基团解离的 ΔH，ΔH 的求得有助于补充 pK 对活性中心的判断。在有机溶剂存在条件下，测定酶 pK 与介电常数的关系，也有助于对活性部位的判断。

3. X 射线衍射分析法　化学修饰法和动力学分析只能推断酶活性部位氨基酸残基的数目，活性中心空间结构的信息则需用 X 射线衍射法。采用 X 射线衍射法研究酶活性中心空间构象时，通常是将酶与底物类似物或专一性抑制剂形成复合物，而后做 X 射线衍射分析，从而得到有关酶活性中心构象、酶与底物的接触状况以及催化机理的信息。例如，通过化学修饰法得知胰凝乳蛋白酶的 His_{57} 和 Ser_{195} 与催化活性密切相关。X 射线衍射法进一步证实了这一点，His_{57} 和 Ser_{195} 确实折叠在一起，它们之间以氢键相连。此外还发现 Asp_{102} 在 His_{57} 的下面，它们之间形成氢键，三者构成三足式的电荷接力系统（图 5-9）。N-甲酰色氨酰胺是胰凝乳蛋白酶的良好的底物，N-甲酰色氨酸是酶的竞争性抑制剂，当 N-甲酰色氨酸和酶结合后结晶，经 X 射线衍射分析发现，抑制剂分子芳香侧链是落在一个口袋内，其他部分则暴露在口袋外，其中—NH—和 Ser_{214} 形成氢键，＼C＝O 则接近 Ser_{195} 侧链，可能和 Ser_{195} 的—NH—形成氢键，也可能和 Gly_{193} 的—NH—同时或单独形成氢键（图 5-10）。

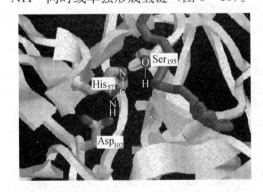

图 5-9　胰凝乳蛋白酶活性中心示意图　　　　图 5-10　胰凝乳蛋白酶和它的抑制剂 N-甲酰色氨酸
　　　　　　　　　　　　　　　　　　　　　　　　　（括弧内是底物 N-甲酰色氨酸胺的结构差示标记法图）

4. 蛋白质工程　蛋白质工程是近年来发展的研究酶必需基团和活性中心的最先进的方法。蛋白质工程实质是按照人们的设想，通过改变基因来改变蛋白质的结构，制造新的蛋白质。利用基因定点突变技术将酶相应的互补 DNA（cDNA）基因定点突变，突变的 cDNA 表达出被一个或几个氨基酸置换的酶蛋白，再测定其活性就可以知道被置换的氨基酸是否为酶活性所必需。此方法可改变酶蛋白中任一氨基酸而不影响其他同类残基和不引起底物和活性中心结合的立体障碍，还可人工地造成一个或几个氨基酸的缺失或插入，了解肽链的缩短或延长对酶活性的影响，定点改变酶蛋白的糖基化位点或磷酸化位点，从而了解糖基化或磷酸化对酶结构和功能的影响。

（三）酶原激活

如同其他某些活性蛋白质一样，有一些酶主要是消化酶和执行防御功能的酶，如消化系统中的蛋白水解酶和血液凝固系统的酶等，它们在细胞内合成及释放的初期，通常不具催化活性，被输送到作用部位，当功能需要时就会被活化而起作用。因而，必须有一种调控机制，使其在胞内合成时处于失活状态，而在需要时激活。这些细胞内合成初分泌的、无活性的酶的前体称为酶原（proenzyme）。酶原必须经过蛋白酶酶解或其他因素的作用，然后才能转变成有活性的酶。由酶原转变成酶的过程称为酶原激活（proenzyme activation）。从分子结构分析，在酶原激活过程中，酶原分子发生一级结构和空间构象改变。酶原分子首先被切去若干小段，即发生一级结构变化，引起肽链再进行三维空间重排，使酶分子活性部位构象变化，形成或暴露出能与特异性底物相结合的完整的疏水穴，即活性中心，于是由无活性的酶原转变成有活性的酶。酶原激活是蛋白质肽链的水解过程，是不可逆激活，激活后不能再变为酶原状态，因而这是"一次性"的调节。

酶原激活是体内较普遍存在的现象，它是一种调节控制酶活性的机制，保护酶的分泌器官本身不受酶的作用；酶原还可以视为酶的储存形式，保证酶在其特定的部位与环境发挥其催化作用。下面是几个酶原激活的例子。

1. 胰蛋白酶原的激活　胰蛋白酶原（trypsinogen）由胰腺分泌到十二指肠，经十二指肠黏膜细胞分泌的内肽酶（通常称为肠激酶，是一种丝氨酸蛋白酶）作用，专一性水解切去胰蛋白酶原 N 端的六肽，使构象发生变化，进而形成酶的活性中心，无活性的酶原即转变成有活性的胰蛋白酶（trypsin）（图 5-11）。

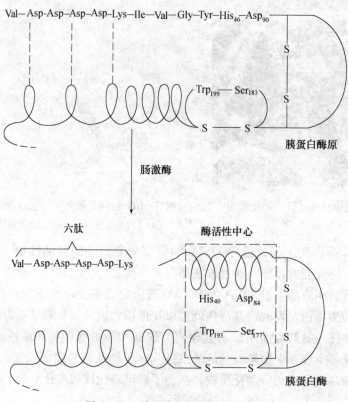

图 5-11　胰蛋白酶原的激活示意图

（引自历朝龙，2001）

胰蛋白酶原的酶解发生在多肽链 N 端 Lys 与 Ile 之间，结果形成以 Ile 为 N 端的胰蛋白酶分子，由 His_{40}、Asp_{84}、Ser_{177} 和 Trp_{193} 组成活性中心。

2. 胰凝乳蛋白酶原的激活　胰凝乳蛋白酶原（chymotrypsinogen）是一个由 245 个氨基酸残基组成的单链蛋白。当酶原的 Arg_{15} 和 Ile_{16} 之间的肽键被胰蛋白酶水解后，生成具有活性的 π 胰凝乳蛋白酶（π-chymotrypsin）。然后再经胰凝乳蛋白酶自促酶解，切去 Ser_{14}-Arg_{15} 和 Thr_{147}-Asn_{148} 两个二肽，形成活性等同于 π 酶的 α 胰凝乳蛋白酶。α 胰凝乳蛋白酶含有 3 条肽链，即 A 链（1~13）、B 链（16~146）及 C 链（149~245），三者通过 2 个二硫键彼此相连（图 5-12）。

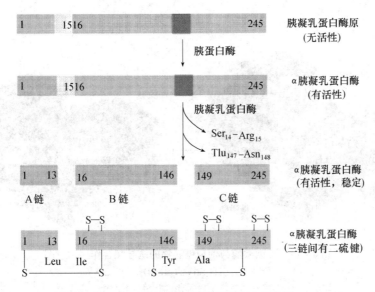

图 5-12　胰凝乳蛋白酶原的激活示意图

胰凝乳蛋白酶原受胰蛋白酶作用后，Arg_{15}-Ile_{16} 间的肽键被打断，形成了新的 Ile_{16} 末端，这个新末端的氨基再与酶分子内部的 Asp_{194} 发生静电作用，触发一系列的构象变化：Met_{192} 从酶分子的深层移动到酶分子的表面，第 187 和 193 残基更加舒展等，这些改变的总结果是造成一个口袋（活性中心），允许带芳香族的底物或带一个较大的非极性脂肪族链的底物进入专一性部位。

3. 胃蛋白酶原　胃蛋白酶原（pepsinogen）由胃壁细胞分泌出来，在胃酸 H^+ 作用下，低于 pH 5 时，酶原自动激活，失去 44 个氨基酸残基，转变为高度酸性的、有活性的胃蛋白酶。

四、诱导契合学说

酶在发挥催化作用之前必须先与底物紧密结合。这种结合不是简单的锁与钥匙的关系，而是当底物与酶接近时，结构上相互诱导适应，酶与底物的结构均有形变。酶在底物的诱导下，活性中心的某些氨基酸残基或基团获得正确的空间定位，其活性中心进一步形成，结构上发生有利于反应物的变化，最终导致二者在构象上的互补关系而发生反应。诱导契合学说也解释了酶的高度专一性。这种因底物诱导而产生的酶构象的变化称为酶的诱导契合（诱导镶嵌）假说（induced-fit hypothesis）（图 5-13、图 5-14）。

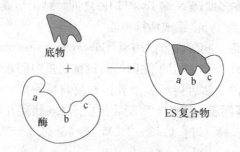

图 5-13　酶的诱导契合模式图

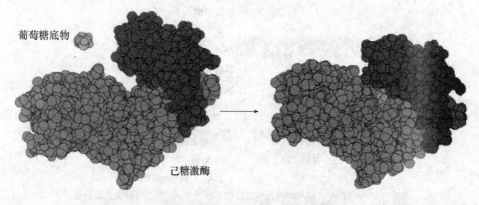

图 5-14　己糖激酶与葡萄糖底物的诱导契合作用示意图

（引自 Stryer，1999）

五、使酶具有高催化效率的因素

酶催化反应之所以具有高效率，其原因在酶促反应和非酶促反应过程自由能变化的研究中已获得启示。酶能加快化学反应的速率，根本原因在于酶能有效地降低化学反应的活化能。然而要彻底阐明酶催化作用的机理，还需要在分子水平上，即在酶与底物相互作用中揭示底物分子如何在酶的作用下转变成产物分子的本质。

（一）邻近效应与定向效应

由于化学反应速率与反应物浓度成正比，若在反应体系的某一局部区域，反应物浓度增高，反应速率也随之增高。邻近效应（approximation effect）是指由于酶具有与底物较高的亲和力，从而使游离的底物集中于酶分子表面的活性中心区域，使活性中心的底物有效浓度得以极大提高，并同时使反应基团之间互相靠近，增加亲核攻击的机会，从而有效碰撞几率增加，提高反应速度（图5-15）。在生理条件下，底物浓度一般约为 $0.001\ mol \cdot L^{-1}$，而酶活性中心的底物浓度达 $100\ mol \cdot L^{-1}$，因此在活性中心区域反

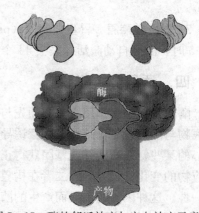

图 5-15　酶的邻近效应与定向效应示意图

应速度必然大为提高。

定向效应（orientation effect）是指底物的反应基团和催化基团之间或底物的反应基团之间正确地取向所产生的效应（图 5-15）。因为邻近的反应分子基团如能正确地取向或定位，使得这些基团的分子轨道重叠，电子云相互穿透，分子间反应趋向于分子内反应，便于分子转移，增加底物的激活，从而加快反应。对一个双分子反应来说，在酶的参与下，可以把两个底物分子结合在活性中心，彼此靠近并使之有一定的取向，显然要比一个在稀溶液中的双分子反应有利得多。这一过程从热力学观点看是不利的，但由于酶和底物的多点结合，结合的自由能可以补偿这一非自发过程。于是一个分子间的反应变成了一个类似于分子内的反应，从而提高了反应速率。

（二）底物的形变与诱导契合

当酶分子与底物分子接近时，酶蛋白受底物分子的诱导，其构象会发生适合与底物结合的变化。也就是说，酶与底物结合的活性中心构象并非完全是刚性不变的，它在一定条件下呈现部分可变的柔性。研究证明，许多酶在催化反应中确实发生了构象的变化。其原因是由于酶的活性中心关键性电荷基团可使底物分子电子云密度改变，产生张力（strain）作用使底物扭曲，削弱有关的化学键，从而使底物从基态转变成过渡态，有利于反应进行。如 X 射线晶体衍射证明，溶菌酶与底物结合后，底物中的乙酰氨基葡糖中吡喃环可从椅式扭曲成沙发式，导致糖苷键断裂，实现溶菌酶的催化作用（图 5-16）。

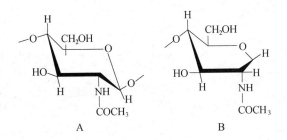

图 5-16　乙酰葡糖胺残基中吡喃环的扭曲

A. 椅式　B. 沙发式

（三）酸碱催化

酸碱催化在酶促反应中主要是广义的酸碱催化（general acid-base catalysis），是指质子供体和质子受体的催化。广义酸催化是一个由 Bronsted 酸（具有质子供体作用的分子或离子）供出质子，降低反应过渡态自由能的过程。酶之所以可以作为酸碱催化剂，是由于很多酶活性中心存在酸性或碱性氨基酸残基，如羧基、氨基、胍基、巯基、酚羟基和咪唑基等，它们在近中性 pH 范围内，可作为催化性质的质子受体或质子供体，有效地进行酸碱催化。例如，蛋白质分子中组氨酸的咪唑基 $pK_a=6.0$，生理条件下以酸碱各半形式存在，随时可以接受 H^+，速度极快，半衰期仅 $10^{-10}s$，是个活泼而有效的酸碱催化功能基团。因此，组氨酸在大多数蛋白质中虽含量很少，但却很重要。这很可能是由于生物进化过程中，它不是作为一般的结构分子，而是被选择作为酶活性中心的催化成员而保留下来。

在无催化剂参与时，酮-烯醇互变异构反应由于生成类似碳负离子过渡态所需的自由能高，故反应速率极慢（如图5-17a）。如果向氧原子提供质子，即还原为过渡态碳负离子性质，催化反应就快速进行（图5-17b）。这一反应也可通过广义碱催化而发生，即由 Bronsted 碱（具有质子受体效应的分子或离子）接受质子而增加反应速率（图5-17c）。代谢过程中的水解、水合、分子重排和许多取代反应都是因酶的酸碱催化而加速完成。

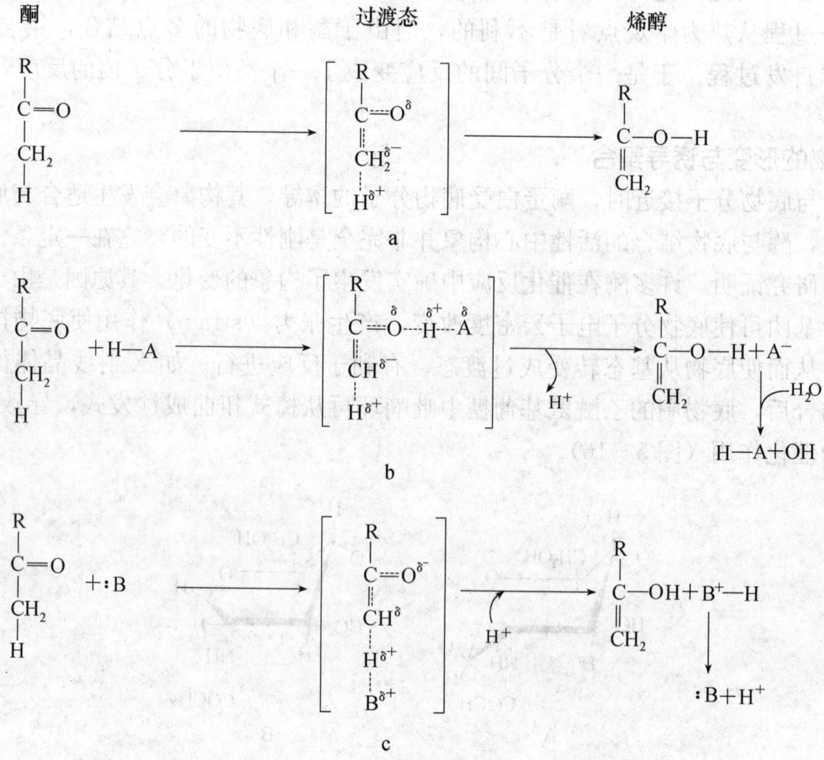

图5-17 酮-烯醇互变异构反应机制

a. 无催化剂 b. 催化剂向氧原子提供质子 c. 广义碱催化

（四）共价催化

共价催化可分为亲核催化和亲电子催化，催化时，酶作为亲核催化剂或亲电子催化剂能分别放出电子或汲取电子并作用于底物的缺电子中心或负电中心，迅速形成不稳定的反应活性很高的共价络合物，降低反应活化自由能。

在亲核催化时酶的亲核基团对底物中亲电子的碳原子进行攻击。亲核基团含有多电子的原子，可以提供电子。通常酶分子活性中心内都含有亲核基团，如 Ser 的羟基、Cys 的巯基、His 的咪唑基、Lys 的氨基这些基团都有剩余的电子对，可以对底物缺电子基团发动亲核攻击。例如胰凝乳蛋白酶就是利用 $Ser_{195}-OH$ 的 H^+ 通过 His_{57} 传向 Asp_{102} 后，$Ser_{195}-O^-$ 成为强的亲核基团，攻击底物的羰基碳 $\left(\begin{array}{c}\diagdown\\ \diagup\end{array} C=O\right)$。在辅酶分子中还含有另外一些亲核基团。

咪唑催化乙酸硝基苯酯水解反应也是一个典型的例子，其反应式如图5-18所示。

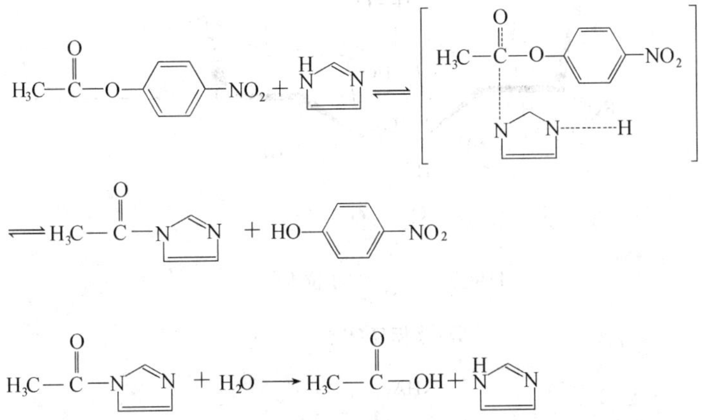

图5-18 咪唑催化乙酸硝基苯酯水解反应

亲电子催化是由亲电子基团起催化反应。亲电子基团包括一个可以接受电子对的原子，是亲核反应的逆过程。酶蛋白中酪氨酸的羟基及—NH_3^+等均属于亲电子基团。

（五）金属离子催化

很多酶都以金属离子作为它们的辅助因子，有些金属离子起稳定酶的三维结构作用，有些则是直接参与催化反应。金属离子催化作用（metal ion catalysis）往往和酸的催化作用相似，但有些金属离子可以带几个正电荷，作用比质子强。此外，有的金属离子还有络合作用，并且在中性 pH 溶液中，H^+浓度很低，而金属离子却能维持相对恒定的浓度。

（六）活性部位微环境的影响

在酶促反应过程中，由于极性的水分子对电荷往往有屏蔽作用，而低介电环境有利于电荷相互作用，所以，反应在低介电常数的介质中反应速度比在高介电常数的水中的速度要快得多。

酶活性中心主要由一些疏水氨基酸残基组成，疏水作用的结果使其成为向内部折叠的非极性口袋状，这非极性口袋状区域不仅固定了酶与底物的特定结合作用，而且为其活性部位内造成一个疏水的微环境，其催化基团被低介电环境所包围，有利于中间络合物的生成和稳定，以达到加速反应的目的。

另外，酶的活性基团在不同的微环境中其作用性质也有差异。如溶菌酶主要活性基团是Glu_{35}的—COOH和Asp_{62}的 β-COOH，在游离状态下，Glu 和 Asp 这两个羧基的解离常数差异不显著，但在酶分子内，Glu_{35}残基处在非极性环境中，因此其羧基不解离，而Asp_{52}残基则处于极性微环境中，其β-COOH 可解离（图5-19）。由于微环境差异导致羧基解离状态不同，从而使此酸可以利用相应基团进行酸碱催化反应。

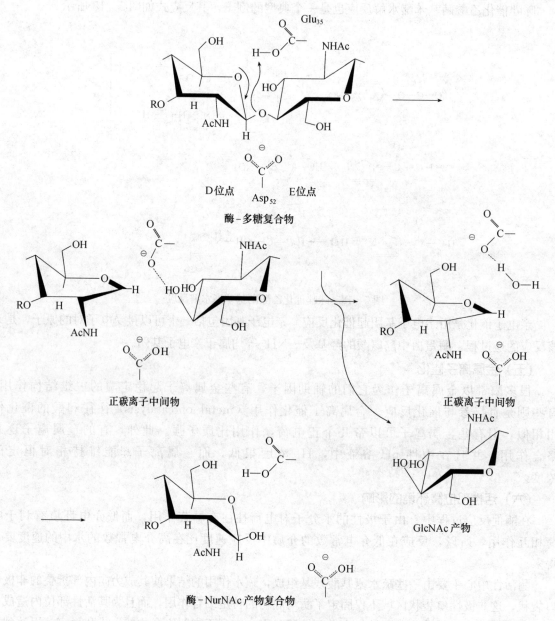

图 5-19 溶菌酶催化作用机制

(七) 多元催化

上述降低酶活化能的因素，在酶促反应中并非各种因素同时都发挥作用，也不是单一机制，而是由多种因素配合完成的，称为酶的多元催化 (multielement catalysis)。如一般催化剂通常仅有一种解离状态，只有酸催化或碱催化，但酶是两性电解质，由不同的氨基酸残基组成了多种功能基团，有着不同的解离常数。同一种基团在不同的蛋白质分子中所处的微环境不同，其解离度也不同。因此，对于同一酶来讲常常既可以发生酸催化也可以发生碱催化的双重作用。这种多功能基团（包括辅酶或辅基）的协同作用极大地提高了酶的催化能力。

六、酶催化反应机制实例

（一）溶菌酶

溶菌酶是一种糖苷酶，专一性水解多糖的 N-乙酰氨基葡糖乙酸 （NurNAc)C_1 和 N-乙酰氨基葡萄糖 （GlcNAc)C_4 之间的 β-1,4 糖苷键，酶切部位是 β-1,4 糖苷键的 C_1-O 键。某些细菌细胞壁的多糖是 GlcNAc 和 NurNAc 的共聚体，通过 β-1,4 糖苷键交替排列，溶菌酶最小分子底物为 GlcNAc-NurNAc 交替排列的六糖，专一性发生在第 4 位点和第 5 位点之间（D 位点与 E 位点）。溶菌酶亦能水解由 GlcNAc 所组成的壳多糖 （chitin），对 (GlcNAc)$_6$ 的水解速度很快。

溶菌酶活性中心有两个催化基团 Asp_{52} 的—COO^- 和 Glu_{35} 的—COOH，当酶与底物结合时，位于酶多糖复合物 D-E 糖苷键的两侧。Asp_{52} 位于极性微环境中，当酶在最适 pH(pH 5) 作用时，其 β-COOH 便解离成—COO^-，其 O 原子距 D 糖环的 C_1 和 O 原子只有大约 0.3 nm；而 Glu_{35} 位于非极性微环境中，其—COOH 保持着质子化的形式，其 H 原子距 D-E 糖苷键的 O 原子也只有大约 0.3 nm。

在酶与底物的诱导契合作用下，底物的 D 糖环由椅式变为沙发式，嵌入酶分子裂隙中。酶中的 Glu_{35} 作为质子供体，转移一个 H^+ 给 D-E 糖苷键的 O 原子，从而打开糖苷键中的 C_1-O 键，此时 C_1 原子变成正离子 (C_1^+)，即生成正碳离子中间物。由于 Asp_{52} 的—COO^- 对 C_1^+ 正电荷的吸引，稳定了 C^+。正碳离子中间物进一步与 H_2O 的—OH^- 反应，Glu_{35} 的—COO^- 与 H_2O 的 H^+ 反应，生成 GlcNAc 产物，同时生成酶-NurNAc 产物复合物。可见溶菌酶在进行催化时并非单一机制，而是受邻近效应和定向效应、广义的酸碱催化和底物变形及微环境的差异等多种因素的相互协同作用完成的（图 5-19）。

（二）乳酸脱氢酶

乳酸脱氢酶 （LDH） 是催化乳酸或丙酮酸氧化还原反应的酶类。其辅助因子是辅酶 I （NAD^+ 或 NADH），活性中心由 Val、Ile、Ala 等氨基酸残基侧链形成疏水性口袋，NAD^+ 的腺嘌呤在活性中心内与 Tyr_{85} 形成氢键，核糖环的 2-OH 与腺嘌呤环由 Asp_{53}、Asp_{30}、Lys_{58} 连接，使其完全固定；烟酰胺的酰胺羰基的氧和 Lys_{250} 以氢键相连，Arg_{101} 和 NAD^+ 的焦磷酸基形成离子对，两个五碳核糖环都有氢键连接在结合部位上，特别是核糖环的 2-OH 与腺嘌呤环由 Asp_{53}、Asp_{30}、Lys_{58} 连接；烟酰胺有一个很重要的氢键，把酰胺羰基的氧和 Lys_{250} 相连 （图 5-20）。

乳酸脱氢酶和 NAD^+ 或 NADH 与乳酸或丙酮酸三元复合物相互作用时，在酶内部发生构象变化。这不仅使乳酸或丙酮酸结合位点得以形成，而且使酶两个 β 折叠结构之间的 1 个环发生位移。乳酸脱氢酶转移氢原子的作用具有立体特异性。可以把氢负离子 （hydride ion） 加在 NAD^+ 烟酰胺的同一侧，把这个辅酶和底物按一定位置和空间取向固定在酶的表面，使烟酰胺的 C_4 靠近底物具有反应活性的氢原子，并提供功能基团以利于底物碳-氧键电荷的重新分配。在乳酸脱氢酶底物结合位点 Arg_{171} 通过和底物羧基之间的离子键，使乳酸和丙酮酸分子保持一定取向；而 His_{195} 与底物羟基或酮基形成氢键。在乳酸氧化成丙酮酸过程中，His_{195} 可能起一般碱催化作用，即从底物的羟基获得 1 个质子，从而使这个羟基所连接的碳原子电子密度增加有利于氢负离子的释放。在丙酮酸还原为乳酸的过程中。His_{195} 起一般酸催化作用，使丙酮酸的羰基氧原子质子化，造成羰基碳原子的正电荷增加，有利于接受氢负离子。乳酸脱氢酶的催化机制如图 5-21 所示。

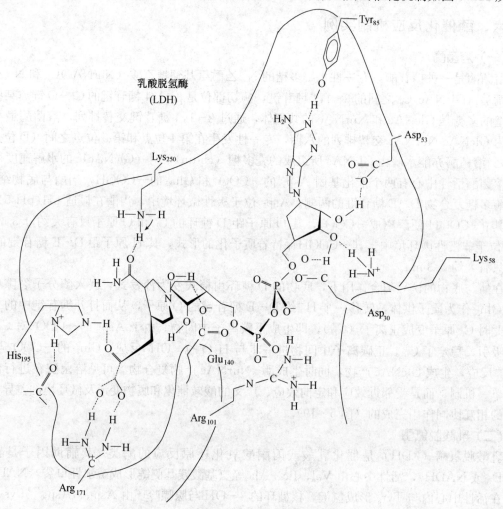

图 5-20 丙酮酸和 NAD$^+$ 结合乳酸脱氢酶示意图

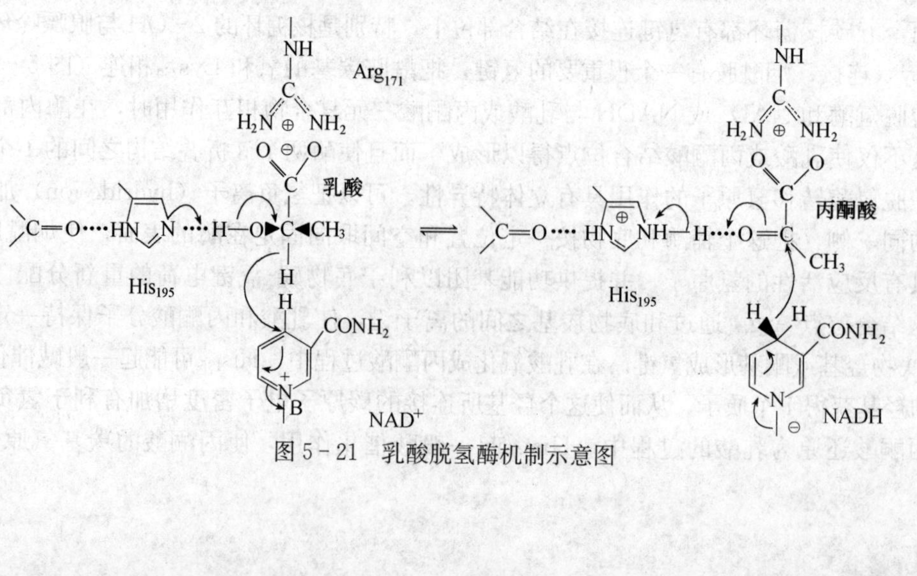

图 5-21 乳酸脱氢酶机制示意图

（三）胰凝乳蛋白酶

胰凝乳蛋白酶是催化肽键水解的酶，作用底物要求是芳香型氨基酸或其他疏水氨基酸的羧基形成的肽键。其活性中心的 His_{57}、Asp_{102}、Ser_{195} 构成了催化电荷接力网，对疏水氨基酸肽键进行亲核攻击，形成四连体过渡态，肽键断裂。在水分子存在下，His_{57} 的咪唑基与水分子作用，使其氧原子攻击羧基碳，形成含水分子在内的四聚体过渡态，Ser_{195} 形成的 $C-O$ 键断裂，形成羧基产物、游离酶。反应机理见图 5-22、图 5-23、图 5-24 和图5-25。

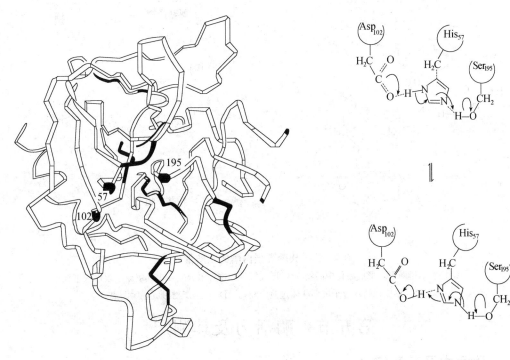

图 5-22 胰凝乳蛋白酶一级结构和活性中心示意图   图 5-23 胰凝乳蛋白酶的电荷接力网

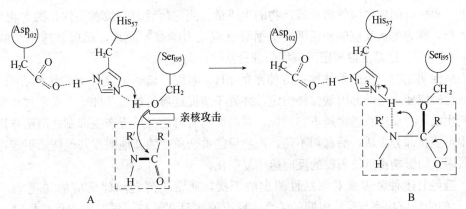

图 5-24 胰凝乳蛋白酶的亲核催化

A. 酶与底物结合，形成米氏复合物（ES）   B. 形成四联体过度态中间物

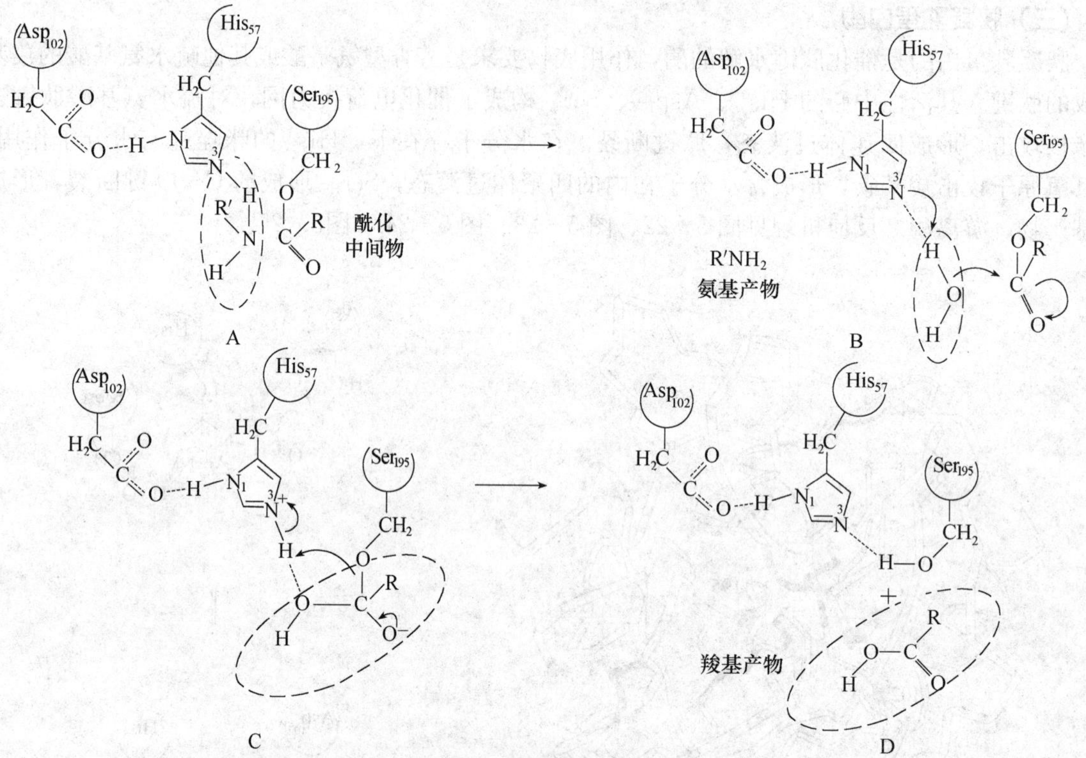

图 5 - 25　胰凝乳蛋白酶的水解催化

A. 底物肽键断裂，形成酰化中间物　B. 形成氨基产物，水分进入，其氧原子攻击羰基碳

C. 形成包括水分子的四联体过渡中间物　D. 羧基产物形成，酶游离

第五节　酶活力及其测定

一、酶活力及其测定

　　酶活力指酶催化化学反应的能力，其衡量标准是酶促反应的速度。酶促反应的速度是指在适宜条件下，单位时间内底物的消耗或产物的生成量。测定酶活力一般在酶催化的底物5％转化为产物时进行，称为酶促反应的初速度。根据酶反应动力学基本原理，反应初速率与酶浓度成正比，即 $v=K[E]$。这是定量测定酶浓度的理论基础。

　　在酶活性测定时，反应条件如反应体系的 pH、温度、离子强度等对酶活性有很大的影响。在测定活性时应使这些外部因素保持恒定，并处于酶促反应的最适条件。在反应过程中，由于产物的不断生成，逆反应将越来越不容忽视；有的产物有可能对反应产生抑制或激活作用；酶在反应过程中可能会部分失活；酶制剂不纯，产物可能被杂质中的其他酶或其他物质引起进一步的反应。这些因素的影响都可使测得的反应速率复杂化。

　　为了避免上述种种因素对酶活性测定的干扰，通常应测定酶促反应的初速率。根据如图5-26所示的酶反应速率与反应时间的关系，反应速率只在最初一段时间内保持恒定，随着反应时间的延长，反应速率逐渐下降。反应初速率是指图中曲线的斜率，即 v 与时间呈直线的区段，

此时 v 与酶浓度成正比。为此，测定酶活性要求底物浓度足够大。这样整个酶促反应对底物来说是零级反应，而对酶来说是一级反应，即 $v = K[E]$。如果底物浓度太低，5％以下的底物浓度变化在实验上不易推测。

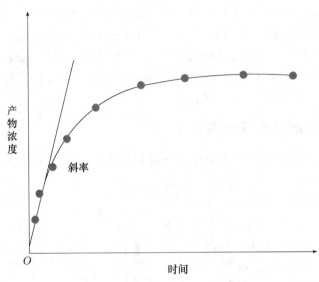

图 5-26　酶反应速率与反应时间的关系

二、酶催化效率的表示单位

（一）酶的活性单位

酶活性单位（active unit，U）是衡量酶活力大小的尺度，指在规定条件下，酶促反应在单位时间内生成一定量的产物或消耗一定量的底物所需的酶量。

依据国际酶学委员会规定：1 个酶活性单位是指在特定条件下，在 1 min 内能转化 1 μmol 底物的酶量，或是转化底物中 1 μmol 有关基团的酶量，其单位为 U，特定条件是指温度为 25 ℃，其他条件均采用最适条件。

（二）酶比活性

酶比活性（specific activity）是指每毫克蛋白所具有的酶活性，常用 U/mg（蛋白质）来表示。这一表示法可反映酶含量的大小，也可反映酶制剂纯度的高低。

（三）酶转换数

酶转换数（kcat）是指在最适条件下，每秒钟每摩尔活性亚基或者催化中心转换底物的微摩尔（μmol）数；或每摩尔活性亚基或者催化中心每分钟所催化底物的摩尔（mol）数，代表了酶将底物转换为产物的效率。如碳酸酐酶转换数为 3.6×10^7 min^{-1}，一个催化周期为 1.7 μs。

第六节　影响酶促反应速度的因素

酶作用的主要特征是加速化学反应速度，因此研究反应速度规律，即酶动力学的研究是酶学研究的主要内容之一。酶促反应动力学是对酶反应速度的规律及其影响因素的研究。研究酶催化反应的速率变化规律，是从底物到产物之间的反应历程对酶的作用进行定量的描述，获得可靠的定量结果，进一步了解反应的机制。在酶的结构与功能之间的关系以及酶作用原理的研究中，需要动力学提供实验证据；在实际工作中为了使酶能最大限度地发挥催化效率，必须寻找酶作用的最有利条件；为了解酶在代谢中的作用和某些药物的作用原理等，都需要掌握酶促反应速度的规律。因此酶动力学的研究无论在理论上还是在实际应用上都有重要的意义。

影响酶促反应速度的因素主要包括酶的浓度、底物的浓度、pH、温度、抑制剂和激活剂等。酶促反应动力学遵循化学反应动力学一般规律，但又有其自身特点，通过建立模式和动力学方程，可以较为准确地反映酶促反应的规律。

一、底物浓度对酶促反应速度的影响

酶促反应与非酶催化反应不同，根据中间产物学说可见，在底物转变成产物之前，必须先与酶形成中间复合物，后者再转变成产物并重新释出游离的酶，因而，在酶促反应中，反应速度 v 与底物浓度 [S] 的变化，不呈直线而是矩形双曲线（rectangular hyperbola）关系。从图 5-27 所见，在 [S] 较低时，v 与 [S] 之间呈正比关系，表现为一级反应。随着 [S] 的增加，v 不再按正比关系增加，而表现为混合级反应。当 [S] 达到一定值后，若再增加 [S]，v 将趋于恒定，不再受 [S] 的影响，曲线表现为零级反应。

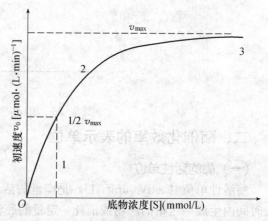

图 5-27 底物浓度对酶促反应速度的影响

根据中间产物学说，底物浓度对反应速率的影响可设想为：当底物浓度较低时，酶的活性中心没有全部与底物结合，反应速率随着底物浓度的增加而增加。当底物浓度加大到可占据全部酶的活性中心时，反应速率达到最大值，即酶活性中心被底物所饱和。此时如继续增加底物浓度，不会使反应速率再增加。中间产物学说是由 Brown(1922) 和 Henri(1903) 首先提出。Michaelis 和 Menten(1913) 在此学说基础上，设立如下反应模式式（5-1），式中 E 表示平衡时游离酶，S 表示底物，ES 表示酶-底物复合物，k_{+1}、k_{-1} 分别表示 E+S→ES 正方向和逆方向的反应速度常数，k_{+2} 为 ES 分解为 P 的速度常数。

$$E+S \underset{k_{-1}}{\overset{k_{+1}}{\rightleftharpoons}} ES \xrightarrow{k_{+2}} E+P \qquad (5-1)$$

进而提出了反应速度与底物浓度关系的数学方程式，即著名的米-曼氏方程式（5-2）

$$v = \frac{v_{\max}[S]}{K_m + [S]} \qquad (5-2)$$

式中，v 是在不同 [S] 时的反应速度；$v_{\max}$ 为最大反应速度（maximum velocity）；[S] 为底物浓度；K_m 称为米氏常数（Michaelis constant）。当底物浓度很低（[S]≪[K_m]）时，反应速度与底物浓度成正比。

$$v = \frac{v_{\max}}{K_m}[S] \qquad (5-3)$$

当底物浓度很高（$[S] \gg [K_m]$）时，反应速度达最大值，再增加底物浓度也不会影响反应速度，即

$$v = v_{\max} \qquad (5-4)$$

（一）米-曼氏方程的推导

1913 年，Michaelis 和 Menten 针对 $[S]$-v 的这种特征性关系，进行了大量实验研究，积累了丰富的定量数据，从化学反应动力学角度，对 $[S]$-v 双曲线关系加以分析，根据中间产物学说和三条假设，从而提出了酶促反应动力学的基本原理，并归纳出能合理解释底物浓度与反应速率间的定量关系的数学式，即米氏方程。三条假设如下：

① 测定的反应速度为初速度。此时 S 消耗极少，只占起始浓度极小部分（5％以内），而 P 生成也极少，所以 E+S→ES 的逆反应可忽略不计。

② 底物浓度远远大于酶浓度。ES 的形成不明显降低 $[S]$，即 $[S]=[S_0]$，$[S]$ 为反应初期底物浓度，$[S_0]$ 为反应前底物浓度。

③ ES 解离成 E+S 的速度显著快于 ES 解离成 E+P 速度，即 $k_{-1} \gg k_{+2}$，也即少量 P 生成不影响 S、E 和 ES 之间的平衡关系。

在式（5-1）中 k_{+1}、k_{-1} 分别为 E+S $\Longleftrightarrow$ ES 正逆反应两方向的速度常数，k_{+2} 为 ES 生成 E+P 的速度常数。根据三条假设，此时 P 的量极少，因而 P+E 逆反应可忽略不计，因此反应速度取决于 ES 的浓度即

$$v = k_{+2}[ES] \qquad (5-5)$$

$$\text{ES 的生成速度} = k_{+1}[E][S] \qquad (5-6)$$

$$\text{ES 的解离速度} = (k_{-1} + k_{+2})[ES]$$

在处于恒定状态时，ES 复合物的生成速度等于分解速度，即

$$k_{+1}[E][S] = (k_{-1} + k_{+2})[ES] \qquad (5-7)$$

或

$$[ES] = \frac{k_{+1}[E][S]}{(k_{-1} + k_{+2})} \qquad (5-8)$$

设 $(k_{-1} + k_{+2})/k_{+1} = K_m$（米氏常数），则

$$[ES] = [E][S]/K_m \qquad (5-9)$$

如 E 的起始浓度为 $[E_0]$，恒态时有

$$[E] = [E_0] - [ES] \qquad (5-10)$$

根据假设②S 浓度的降低量可忽略不计，则

$$[ES] = ([E_0] - [ES])[S]/K_m \qquad (5-11)$$

整理得

$$[ES] = \frac{[E_0][S]}{K_m + [S]} \qquad (5-12)$$

将式（5-12）代入式（5-5），得

$$v = k_{+2} \frac{[E_0][S]}{K_m + [S]} \qquad (5-13)$$

当 $[S]$ 为极大时，全部的 E 转变为 ES，$[ES]=[E_0]$，此时 v 为最大反应速度 $v_{\max}$，即 $v=$

v_{max}。所以

$$v_{max} = k_{+2}[E_0]$$
$$[E_0] = v_{max}/k_{+2} \tag{5-14}$$

将式（5-14）代入式（5-13）得

$$v = \frac{v_{max}[S]}{K_m + [S]} \tag{5-15}$$

方程（5-15）就是米氏方程，它表明了底物浓度与反应速度的定量关系。若将方程（5-15）移项、相加及整理可得

$$vK_m + v[S] = v_{max}[S] \tag{5-16}$$
$$vK_m + v[S] - v_{max}[S] - v_{max}K_m = -v_{max}K_m \tag{5-17}$$
$$(v - v_{max})([S] + K_m) = -v_{max}K_m \tag{5-18}$$

因 v_{max} 和 K_m 均为常数，因而方程（5-18）是 v 对 $[S]$ 为变量的典型双曲线方程，与图5-27的实际曲线相符。

另外，根据米氏方程可见，当底物浓度很小时，方程（5-15）分母中的 $[S]$ 可忽略不计，得到的方程为

$$v = \frac{v_{max}}{K_m}[S] \tag{5-19}$$

可见此时反应速度与底物浓度成正比，为一级反应，即图5-27曲线的阶段1；当底物浓度很大时，K_m 可以忽略不计，得到方程

$$v = v_{max} \tag{5-20}$$

方程（5-20）说明反应速度在此时达到最大恒定值，而与底物浓度变化无关了，为零级反应，即图5-27曲线阶段3。

（二）米氏常数 K_m 的意义和应用

K_m 在酶学、药学代谢研究和临床工作中都有重要意义和应用价值。

1. K_m 的物理含义 K_m 等于酶促反应速度为最大反应速度一半时的底物浓度，即当 $v = v_{max}/2$ 时，$[S] = K_m$，单位为摩尔·升$^{-1}$（$mol \cdot L^{-1}$）。K_m 是酶极为重要的动力学参数，其物理含义是指 ES 复合物消失速度（$k_{-1} + K_{+2}$）与形成速度（k_{+1}）之比。当 pH、温度、离子强度不变时，K_m 是恒定的。对于大多数酶来说，K_m 在 $10^{-1} \sim 10^{-11}$ $mol \cdot L^{-1}$ 范围内。

2. K_m 是酶的特征性常数 每一种酶都有它的 K_m，K_m 只与酶的结构、催化的环境（温度、pH、离子强度）和所催化的底物有关，与酶的浓度无关，多底物反应的酶，对不同的底物也有不同的 K_m。

3. K_m 可用来表示酶对底物的亲和力的大小，鉴别酶的最适底物 同一种酶有几个底物，就有几个 K_m，K_m 的大小，可以近似地表示酶和底物的亲和力，从 K_m 的物理含义（ES 复合物消失速度与形成速度之比）可以看出，K_m 大，意味着酶和底物亲和力小，反之则大。因此，对于一个专一性较低的酶，作用于多种底物时，各底物与该酶的 K_m 则有差异，具有最小的 K_m 就是该酶的最适底物（或称天然底物）。

4. 当 K_m 已知时，可求得任何底物浓度下酶活性中心被底物饱和的分数（F_{ES}） 计算公式为

$$F_{ES} = \frac{v}{v_{max}} = \frac{[S]}{K_m + [S]} \tag{5-21}$$

根据这一原理，由 K_m 及米氏方程可决定在所要求的反应速率下应加入的底物的浓度，或者根据已知浓度来求出该条件下的反应速率。例如，假设要求反应速率达到 v_{max} 的 90%，则底物浓度应为

$$90\% = \frac{[S]}{K_m + [S]}$$

$$90\% K_m + 90\% [S] = [S]$$

$$[S] = 9K_m$$

这对设计一些比较简单的酶促反应试验具有较大的参考价值。

5. 判断可逆反应进行的方向 催化可逆反应的酶，对正反应和逆反应两项底物的 K_m 往往不同，测定 K_m 的差别和细胞内正反应和逆反应底物浓度，可大致推测出该酶催化正反应和逆反应两项反应的效率。K_m 小的底物所示的反应方向，应是该酶催化的优势方向。

6. 了解 K_m 及其底物在细胞内的浓度，可以判断在细胞内酶的活性是否受底物抑制 如果测得离体酶的 K_m 远低于细胞内的底物浓度，而反应速度没有明显变化，则表明该酶在细胞内常处于被底物所饱和的状态，底物浓度的稍许变化不会引起反应速度有意义的改变。反之，如果酶的 K_m 大于底物浓度，则反应速度对底物浓度变化就十分敏感。

7. 判断代谢中的限速步骤 多酶催化的连锁反应，如能确定各种酶 K_m 及相应底物浓度，有助于寻找代谢过程的限速步骤。在各底物浓度相似时，K_m 大的酶为限速酶。

8. 判断抑制剂类型 测定不同抑制剂对某个酶 K_m 及 v_{max} 的影响，可以区别该抑制剂是竞争性抑制剂还是非竞争性抑制剂。如果 K_m 没有变化，抑制剂为非竞争性抑制剂；如果 v_{max} 没有变化，抑制剂为竞争性抑制剂。

9. 药用酶的筛选应用 为了鉴定不同菌株来源的天冬酰胺酶对治疗白血病的疗效，可以测定不同菌株的天冬酰胺酶对天冬酰胺的 K_m，从中选用 K_m 较小的酶，因此这不仅是评价药用酶的理论基础之一，也是选用药用酶来源的依据。

（三）v_{max} 的意义

v_{max} 虽不是酶的特征常数，但当酶浓度一定时，而且 $[S] > [E_0]$ 的假定条件下，对酶的特定底物而言，v_{max} 是一定的。与 K_m 相似，同一种酶对不同底物的 v_{max} 也不同。当 $[S]$ 无限大时，$v_{max} = k_{+2}[E_0]$，可得 $k_{+2} = v_{max}/[E_0]$。k_{+2} 为一级速度常数，它表示单位时间内每个酶分子或每一活性部位催化的反应次数，因此又称为酶的转换率（turnover rate）或转换数（turnover number）。在单底物反应中，且假设反应过程中只产生一个活性中间物时，k_{+2} 即为催化常数（catalytic constant），用 kcat 表示，其值越大，说明酶的催化效率越高，kcat 数值一般在 $5 \sim 10^5 \ min^{-1}$ 范围内。

v_{max} 是酶完全被底物饱和时的反应速度，与酶浓度呈正比。

（四）K_m 和 v_{max} 的求取

从理论上说，只要测出不同底物浓度的反应速率，绘制成图 5-27 所示的曲线，即可求得 K_m 和 v_{max}。但是米氏方程是一个双曲线函数，而且只能在极高底物浓度时才能得到近似的 v_{max}，况且极高的底物浓度在实践中很难达到，因此直接用米氏方程来求 K_m 和 v_{max} 是不方便的。

为了求得准确的 K_m 和 v_{max}，可以把米氏方程的形式加以改变，使它成为相当于 $y = ax + b$ 的直线方程，然后用图解法求之，由作图的直线斜率、截距求得 K_m 和 v_{max}。常用方法有以下几种。

1. Lineweaver – Burk 作图法（双倒数作图法） 将米氏常数各项做倒数处理得

$$\frac{1}{v} = \frac{K_m}{v_{max}} \cdot \frac{1}{[S]} + \frac{1}{v_{max}} \tag{5 - 22}$$

根据方程（5 - 22）以 $1/v$ 为纵坐标，以 $1/[S]$ 为横坐标作图，得图 5 - 28 所示直线，所得直线在纵轴上截距为 $1/v_{max}$，在横轴上截距为 $-1/K_m$，斜率为 K_m/v_{max}，由此可方便地求得 K_m 和 v_{max}。此作图法的两个坐标分别是 $[S]$ 和 v 的倒数，故又称为双倒数作图法。

此法作图应用最广，但在 $[S]$ 较低时常因测定困难而致 v 误差较大。在 $[S]$ 等差值实验时作图点较集中于纵轴。因此在设计底物浓度时，最好将 $1/[S]$，而非 $[S]$ 配成等差数列，这样可使点距较为平均，再配以最小二乘回归，就可得到较为准确的结果。

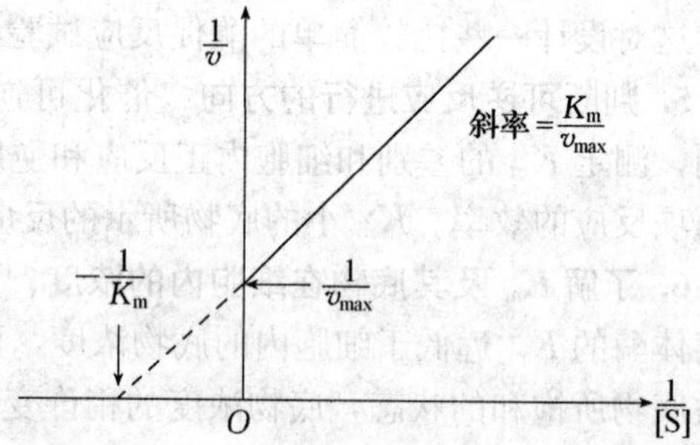

2. Hanes – Woolf 作图法 将方程（5 - 22）乘以 $[S]$，可得

图 5 - 28 Lineweaver – Bark 作图法（双倒数作图法）

$$\frac{[S]}{v} = \frac{[S]}{v_{max}} + \frac{K_m}{v_{max}} \tag{5 - 23}$$

根据方程（5 - 23）以 $[S]/v$ 为纵坐标，以 $[S]$ 为横坐标作图，得图 5 - 29 所示的直线，斜率为 $1/v_{max}$，在纵轴上截距为 K_m/v_{max}，直线延伸于 $[S]$ 轴交点为 $-K_m$。

此法优点是横轴上点分布均匀，缺点是也有 $1/v$ 放大误差。同时也应注意底物浓度选择。如果 $[S] \ll K_m$，图形近于水平线；如果 $[S] \gg K_m$，直线将在距离原点很近处与轴相交。

3. Eadie – Hofstee 作图法 由米氏方程式 5 - 15 可得 $vK_m + v[S] = v_{max}[S]$，重排得

$$v = -K_m(v/[S]) + v_{max} \tag{5 - 24}$$

根据方程（5 - 24）以 v 为纵坐标，以 $v/[S]$ 为横坐标作图，得图 5 - 30 所示的直线，此直线斜率为 $-K_m$，纵轴截距为 v_{max}。此法优点是数据在坐标中分布均匀，v 不取倒数，无误差放大，对 v 误差大的实验数据比较适用；缺点是第二个变数 $v/[S]$ 相应增加了误差，不能太精确（点分布不均匀），统计处理复杂得多。

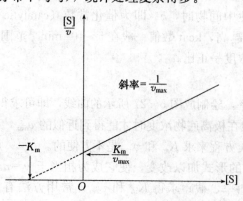

图 5 - 29 Hanes – Woolf 作图法

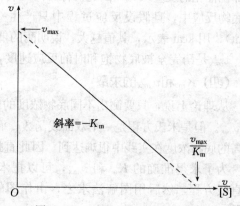

图 5 - 30 Eadie – Hofstee 作图法

4. v_{max} 对 K_m 作图法　将式（5-24）重新整理得

$$v_{max} = \frac{v}{[S]}K_m + v \qquad (5-25)$$

根据方程（5-25）以 v_{max} 为纵坐标，以 K_m 为横坐标作图。此法以未知 v_{max} 和 K_m 分别为纵轴和横轴，把已知的底物浓度 [S] 标在横轴负半轴上，把测得反应速度 v 标在纵轴上，并将相应 [S] 和 v 连成直线，各直线交点坐标为 (v_{max}, K_m)，见图 5-31。在用计算机模拟作图时可采用此法。

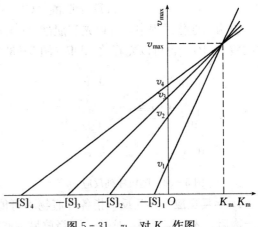

图 5-31　v_{max} 对 K_m 作图

（五）关于多底物酶的作用和酶反应动力学

前面所讨论的是酶催化单个底物发生转化的反应动力学原理。但生物界存在的许多酶促反应不全是只有一个底物，即使最简单的蛋白酶催化蛋白质的水解反应，实际上也包括蛋白质和水两个底物，只不过水的浓度在反应过程中变化甚微，通常当做单底物反应处理而已。

双底物反应是一类广泛存在的反应，反应模式为：A+B ⟶ P+Q。依据底物与酶结合及发生反应的程序不同，通常分为两大类，一类是序列反应（sequential reaction），意思是底物的结合和产物释放有一定顺序，产物不能在底物完全结合前释放；另一类为乒乓反应（Ping-Pang reaction），如同打乒乓球一样，一部分底物结合后，就释放出一部分产物，再结合另一部分底物，再释放出另一部分产物。

1. 序列反应　序列反应又分为顺序序列反应（ordered sequential reaction）和随机序列反应（random sequential reaction）两种。

（1）顺序序列反应　A、B 底物与酶结合按特定的顺序进行，先后不能倒换，产物 P、Q 释放也有特定顺序，反应如图 5-32 所示。

图 5-32 中，水平横线表示反应进行的途径，正反应从左到右，逆反应从右到左。箭头方向表示底物和产物与各种形式的酶作用方式。横线下

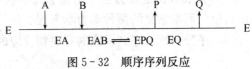

图 5-32　顺序序列反应

的符号表示在反应过程中，可能存在的各种形式的酶的中间物和自由酶。

如乳酸脱氢酶（LDH）催化乳酸（Lac）脱氢，生成丙酮酸（Pyr）的反应为顺序序列反应。在此反应中，LDH 酶蛋白先与 NAD^+ 结合生成 $LDH \cdot NAD^+$，再与底物结合，完成催化反应，生成 $LDH \cdot NADH \cdot Pyr$，然后按顺序释放出产物 Pyr 和 NADH（图 5-33）。

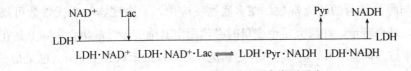

图 5-33　乳酸脱氢酶的顺序序列反应

（2）随机序列反应　指酶与底物结合的先后是随机的，可以先 A 后 B，也可以先 B 后 A，无规定顺序，产物的释出也是随机的，先 P 或先 Q 均可。反应机制如图 5-34 所示。

如肌酸激酶（CK）催化的反应，可表示为

$$\text{ATP}+\text{肌酸（C）}\xrightarrow{\text{CK}}\text{ADP}+\text{磷酸肌酸（CP）}$$

该酶在催化过程中，可以先和肌酸（C）也可先和 ATP 结合；在形成产物时，可先释出磷酸肌酸（CP），也可以先释放 ADP（图 5-35）。

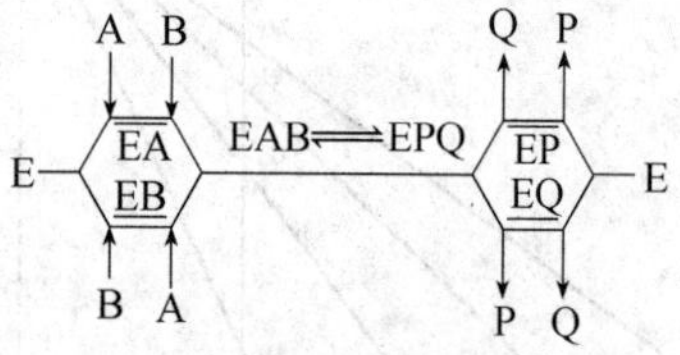

图 5-34　随机序列反应 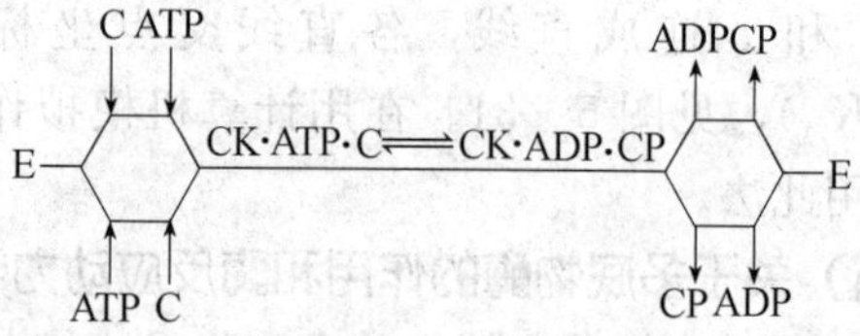　　　　　　图 5-35　肌酸激酶催化的随机序列反应

2. 乒乓反应　乒乓反应指各种底物不可能同时与酶形成多元复合体，酶结合底物 A，并释放产物后，才能结合另一底物，再释放另一产物。实际上这是一种双取代反应，酶分两次结合底物，释出两次产物。如己糖激酶（HK）催化的反应为乒乓反应，可表示为

$$\text{葡萄糖（G）}+\text{Mg}^{2+}\cdot\text{ATP}\xrightarrow{\text{HK}}\text{Mg}^{2+}\cdot\text{ADP}+6\text{-磷酸葡萄糖（G-6-P）}$$

可写成图 5-36 的形式。

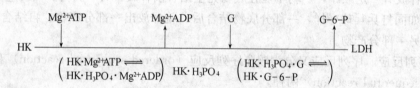

图 5-36　己糖激酶催化的乒乓反应

3. 双底物反应速度方程　用稳态法和快速平衡法都可推导出双底物反应速度方程，但较复杂。这里仅列举常见的两种动力学方程。

（1）序列反应　序列反应的双底物反应的动力学方程为

$$v=\frac{v_{\max}[\text{A}][\text{B}]}{K_s^A\cdot K_m^B+K_m^B[\text{A}]+K_m^A[\text{B}]+[\text{A}][\text{B}]}$$

（2）乒乓反应　乒乓反应的双底物反应的动力学方程为

$$v=\frac{v_{\max}[\text{A}][\text{B}]}{K_m^A[\text{B}]+K_m^B[\text{A}]+[\text{A}][\text{B}]}$$

上两式中，[A]、[B] 分别为底物 A 和 B 浓度；K_m^A 和 K_m^B 分别为底物 A 和 B 的米氏常数，而 K_s^A 为底物 A 与酶 E 结合的解离常数。在多底物反应中，一个底物的米氏常数可随另一底物浓度变化而变化，是个变量，在研究一个变量时必须固定其他变量，故 K_m^A 实际上是在 B 浓度饱和时，A 的米氏常数。同理，K_m^B 是指 [A] 达到饱和时，B 的米氏常数，$v_{\max}$ 也是指 A、B 达到饱和时的最大反应速度。

4. 双底物动力学中 K_m 和 v_{max} 求取　双底物动力学中 K_m 和 v_{max} 求取，必须首先固定某一底物浓度，改变另一底物浓度来得一组实验数据，并进行两次作图方可求得。

以乒乓机制为例，双倒数方程为

$$\frac{1}{v} = \frac{K_m^A}{v_{max}} \cdot \frac{1}{[A]} + \frac{K_m^B}{v_{max}} \cdot \frac{1}{[B]} + \frac{1}{v_{max}}$$

固定 [B]，改变 [A]，可得一组实验数据，以 $1/v$ 对 $1/[A]$ 作图，得一组由不同 [B] 固定时的平行线（图 5-37）。

但从图 5-37 还不能直接获得 K_m^A 和 K_m^B 及 v_{max} 的数值，因无论是斜率，还是截距都是未知数，因此必须第二次作图。将 $1/v$ 轴的每个截距再对 $1/[B]$ 作图，可得图 5-38，其斜率为 K_m^B/v_{max}，纵轴截距为 $1/v_{max}$，横轴截距为 $-1/K_m^B$。同样可通过这种方式求得 K_m^A。

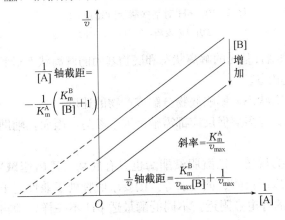

图 5-37　酶促双底物反应乒乓机制双倒数图

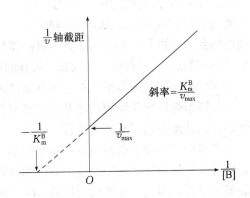

图 5-38　乒乓机制的第二次作图法

二、酶浓度对酶促反应速度的影响

在一定温度和 pH 下，酶促反应在底物浓度大大超过酶浓度时，反应达到最大反应速度，此时增加酶的浓度可加快反应速度，即酶促反应速度速度与酶的浓度呈正比（图 5-39）。酶浓度对速度的影响机理：酶浓度增加，[ES] 也增加，而 $v_0 = k_3[ES]$，故反应速度增加。

三、pH 对酶促反应速度的影响

酶催化底物发生转变的过程必须在酶的活性中心结合基团作用下与底物结合生成 ES 中间物，然后由酶活性中心的催化基团作用转变为产物。因而，酶促反应所处环境的 pH 对大多数酶活性影响较大。实验证明，如果其他条件保持恒定，酶只有在一定的 pH 范围内才能表现出催化活性，并且在某一 pH，酶反应速率达最大值，大于或小于该 pH，反应速率均降低。当酶促反应速率（活性）达最大值时溶液的 pH，称为酶的最适 pH（optimum pH）。典型的最适

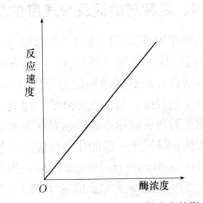

图 5-39　酶浓度对酶促反应速度的影响

pH 曲线是钟罩形曲线，如图 5 - 40 所示。

pH 对酶促反应速度的影响主要有下列因素。

① 极端的酸或碱可以使酶的空间结构破坏，引起酶变性失活。酶的本质是蛋白质，一切可以引起蛋白质变性的因素都可以使酶变性失活，当然包括强酸、强碱的变性作用。

② 酶促反应环境的 pH 影响酶蛋白分子活性中心结合基团的解离状态，也会影响底物的解离状态，从而影响酶与

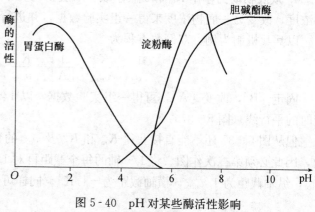

图 5 - 40 pH 对某些酶活性影响
(引自周爱儒，2001)

底物的结合。当处于一个恰当的 pH 条件下时，酶结合基团的解离状态和底物基团的解离状态最利于形成 ES 复合物，酶促反应也就趋于最佳的反应状态。

③ 同理，pH 影响酶活性中心催化基团的解离状态，影响底物分解成产物的速度。

④ pH 影响底物和辅酶功能基团的解离状态。许多酶促反应都需辅助因子参与，因而，辅助因子的解离状态直接影响反应进程。

如胃蛋白酶与带正电荷的蛋白质分子结合最为敏感，乙酰胆碱酯酶也只有底物（乙酰胆碱）带正电荷时最易与之结合。相反，有的酶（如木瓜蛋白酶、蔗糖酶等）则要求底物处于兼性离子状态最易结合，因此，这些酶的最适 pH 在底物的等电点附近。不同的酶最适 pH 不一样，动物组织酶的最适 pH 一般在 6.5～8.0 之间；植物及微生物酶的最适 pH 多为 4.5～6.5。也有少数例外，如胃蛋白酶的最适 pH 为 1.5，肝精氨酸酶的最适 pH 为 9.7。

应当指出，体外测得的酶的最适 pH 与它所在细胞的生理 pH 并不一定完全相同。在同一细胞内可以存在很多酶，不同最适 pH 的酶同处在一个细胞内，该细胞的 pH 对某种酶是最适 pH，而对另一种酶则不是，结果使各种酶表现出不同的活性。这种差异对控制细胞内复杂的代谢途径可能具有重要的意义。

四、温度对酶促反应速度的影响

酶的作用对温度的变化也非常敏感。酶反应速率与温度的关系类似于 pH 的影响（图5 - 41），每种酶只有在某一温度时表现出最大活性，此温度即称最适温度（optimum temperature），高于或低于该温度，酶活性都降低，过高温度甚而导致酶变性。

温度对酶反应速率的影响有两方面：①当温度升高时，反应速率加快，等同于一般的化学反应。一般情况下，许多酶的温度系数（temperature coefficient，Q_{10}）为 1～2。也就是说，每增高 10 ℃，酶反应速率为原反应速率的 1～2 倍。②酶的本质是蛋白质这一特性，使它对温度非常敏感，随着温度升高，酶逐步变性

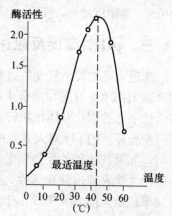

图 5 - 41 温度对酶活性影响
(引自周爱儒，2001)

失活。酶的最适温度是这两种过程平衡的结果。低于最适温度时，前一效应为主；高于最适温度时，则后一效应为主。

动物组织中提取的酶，最适温度在 $35\sim40\ ^{\circ}\mathrm{C}$ 之间，植物酶一般在 $40\sim50\ ^{\circ}\mathrm{C}$ 之间，一些细菌酶（如 *Taq* DNA 聚合酶）的最适温度可达 $70\ ^{\circ}\mathrm{C}$。可以说，除少数酶外，大部分酶在 $60\ ^{\circ}\mathrm{C}$ 以上时即发生变性失活。

五、激活剂对酶促反应速度的影响

凡能提高酶的活性或使酶原转变成酶的物质均称为酶的激活剂（activator）。从化学本质看，激活剂包括无机离子和小分子有机物。作为激活剂的无机阳离子有：Na^+、K^+、Ca^{2+}、Mg^{2+}、Cu^{2+}、Zn^{2+}、Co^{2+}、Cr^{3+}、Fe^{2+} 等，无机阴离子有：Cl^-、Br^-、I^-、CN^-、NO_3^-、PO_4^{3-} 等。例如，RNA 酶需 Mg^{2+}，脱羧酶需 Mg^{2+}、Mn^{2+}、Co^{2+} 为激活剂。大多数金属离子激活剂对酶促反应不可缺少，称为必需激活剂，如 Mg^{2+}；有些激活剂不存在时，酶仍有一定活性，这类激活剂称为非必需激活剂，如 Cl^-。

激活剂作用机理有以下几个方面。

① 与酶分子氨基酸侧链基团结合，稳定酶分子催化基团的空间结构。

② 作为底物或辅助因子与酶蛋白之间的桥梁。

③ 作为辅助因子的组成成分协助酶的催化反应。

一些小分子有机物也可作为某些酶的激活剂。如抗坏血酸、半胱氨酸、还原型谷胱甘肽等是某些巯基酶的激活剂。这是因为这些酶分子的巯基需要在还原状态下才具有催化活性。在提取巯基酶时，酶分子的巯基极易氧化而使活性降低，上述的激活剂就可还原被氧化的巯基，使酶回复活性。

还有些酶的催化作用易受某些抑制剂的作用，凡能除去抑制剂的物质也可成为激活剂。如乙二胺四乙酸（EDTA）是金属螯合剂，能除去重金属杂质来解除重金属对酶的抑制作用，可看成是激活剂。

激活剂的作用是相对的，一种试剂对某种酶是激活剂，对另一种酶可能是抑制剂。不同浓度的激活剂对酶活性的影响也不同。

六、抑制剂对酶促反应速度的影响

酶分子中的必需基团在某些化学物质的作用下发生改变，引起酶活性的降低或丧失称为抑制作用（inhibition）。能对酶起抑制作用的物质称为抑制剂（inhibitor）。抑制剂通常对酶有选择性，一种抑制剂只能对某一类酶或几类酶起抑制作用。能引起酶催化活性降低或丧失的另一方式是酶的变性失活。失活作用不同于抑制作用，失活是指酶蛋白在一些物理因素或化学制剂作用下破坏了分子特定的空间构象，引起酶活性的丧失，即酶的变性作用，而引起酶变性作用的因素（如强酸、强碱、高温等）对酶是没有选择性作用的。一般情况下，抑制剂虽然可使酶失活，但它并不明显改变酶的结构，也就是说酶尚未变性，去除抑制剂后，酶活性又可恢复。失活可以是一时的抑制，也可以是永久性的变性失活。

按照抑制作用的作用方式，可将酶的抑制作用分成可逆抑制作用和不可逆抑制作用两类。

（一）不可逆抑制作用

1. 概念 不可逆抑制（irreversible inhibition）是指抑制剂与酶的某些必需基团共价结合，导致酶活性丧失。抑制剂与酶作用后，不能用一般物理方法（如透析、超滤等）除去抑制剂恢复酶活性，必须通过化学等方法解除抑制作用。其实际效应是降低系统中有效酶浓度。抑制强度决定于抑制剂浓度及酶与抑制剂间的接触时间。

2. 不可逆抑制剂的类型 抑制剂按照作用的选择性不同，又可分为两类。

（1）专一性不可逆抑制剂 专一性不可逆抑制剂是一些具有专一化学结构并带有一个活泼基团的类底物，它仅仅与活性中心的有关特定基团反应，发生共价修饰而使酶失活。这类专一性抑制剂在研究酶结构和功能上有重要意义，常用于确定酶活性中心和必需基因，如 TPCK（L-苯甲磺酸苯丙氨酰氯甲酮）、DFP（二异丙基氟磷酸）等。

（2）非专一性不可逆抑制剂 这类抑制剂可以和一类或几类基团反应，主要是一些修饰氨基酸残基的化学试剂，可与氨基、羟基、胍基、酚羟基等反应，如烷化巯基的碘代乙酸等，重金属 Hg^{2+}、Pb^{2+}、Cu^{2+}、三价砷等。

专一性不可逆抑制剂和非专一性抑制剂两者之间并不存在绝对的区别。某些非专一性抑制剂，因为作用的条件、对象不同，或是由于位阻效应等，有时也产生专一性的不可逆抑制作用。例如，碘代乙酸是非专一性抑制剂，能使醛缩酶的巯基烷化而失去活性。如果适当地控制条件，则可使醛缩酶的一部分巯基被选择性烷基化。

3. 几类导致酶不可逆抑制的物质

（1）有机磷化合物 如称为神经毒气的二异丙基氟磷酸、沙林、塔崩和作为有机磷农药和杀虫剂的一六〇五、敌百虫、敌敌畏等，它们都能通过与酶蛋白的丝氨酸羟基结合，破坏酶的活性中心，使酶丧失活性，强烈地抑制与神经传导有关的乙酰胆碱酯酶活性，造成乙酰胆碱堆积，使神经处于过度兴奋状态，引起功能失调，导致中毒。如昆虫失去知觉而死亡；鱼类失去波动平衡致死；人、畜产生多种严重中毒症状以至死亡等。但对植物无害，故可在农业、林业上用做杀虫剂。

有机磷化合物可用含 —CH=NOH 基的肟化物或羟肟酸（R—CHNOH）化物将其从酶分子上取代下来，使酶恢复活性。故将此类化合物称为杀虫剂解毒剂，如常用的解磷啶（PAM）就是其中的一种（图 5-42）。

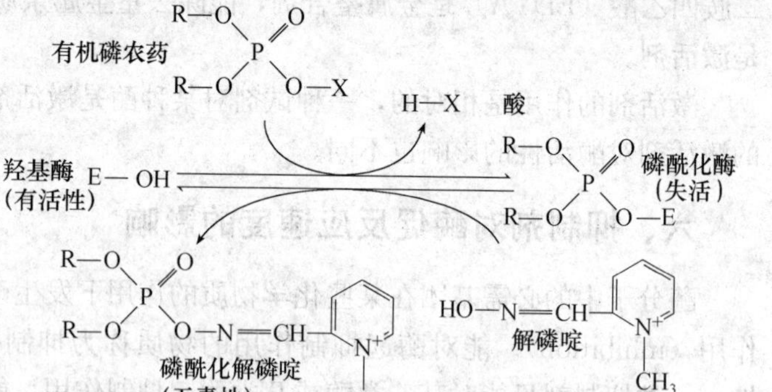

（2）有机汞、砷化合物 如路易士气、砒霜类、对氯汞苯甲酸等，这些

图 5-42 有机磷农药对羟基酶的抑制和解磷啶的解抑制作用

化合物可作用于酶的巯基，使许多巯基酶活性丧失。其解毒方式可通过加入过量的巯基化合物（如半胱氨酸、还原型谷胱甘肽、二巯基丙醇、二巯基丙碘酸钠等）而使酶恢复活性，解除抑制。它们常被称为巯基酶保护剂，可被用做砷、汞、重金属等中毒的解毒剂。

（3）重金属离子 重金属盐类的 Ag^+、Hg^{2+}、Pb^{2+}、Cu^{2+}、Fe^{2+}、Fe^{3+} 等对大多数酶活性

都有强烈的抑制作用，在高浓度时可使酶蛋白变性失活，低浓度时可与酶蛋白的巯基、羧基和咪唑基作用而抑制酶活性。应用金属离子螯合剂（如 EDTA、半胱氨酸、焦磷酸盐等）将金属离子螯合，可解除其抑制，恢复酶活性。

（4）烷化剂　作为酶不可逆抑制剂的烷化剂最主要的是含卤素的化合物，如碘乙酸、碘乙酰胺、卤乙酰苯等。它们可使酶中巯基烷化，从而使酶失活，常用做鉴定酶中巯基的特殊试剂。

（5）氰化物　氰化物能与含铁卟啉的酶（如细胞色素氧化酶）中的 Fe^{2+} 结合，使酶失活而阻抑细胞呼吸。木薯、苦杏仁、桃仁、白果等都含有氰化物，以及工业污水和试剂中的氰化物等进入体内，均可造成严重中毒。临床上抢救氰化物中毒时，常先注射亚硝酸钠，使部分 $HbFe^{2+}$ 氧化生成 $HbFe^{3+}$，而夺取与细胞色素氧化酶（Cyt a_3）结合的 CN^-，生成 $HbFe^{3+} - CN^-$，再注射硫代硫酸钠，将 $HbFe^{3+} - CN^-$ 中的 CN^- 逐步释放，在肝脏硫氰生成酶的催化下转变为无毒的硫氰化物，随尿排出，从而解除其抑制。

（二）可逆抑制作用

可逆抑制（reversible inhibition）是指抑制剂与酶非共价的可逆结合，导致酶活性的丧失。这类抑制作用可用一般的物理方法除去抑制剂后，使酶活性完全恢复。

根据抑制剂的作用方式，将可逆抑制作用分为竞争性抑制作用、非竞争性抑制作用和反竞争性抑制作用 3 种类型。

1. 竞争性抑制作用

（1）竞争性抑制的原理　竞争性抑制剂（I）与底物（S）结构相似，因此两者互相竞争与酶的活性中心结合，当 I 与酶结合后，就不能结合 S，从而引起酶催化作用的抑制，称竞争性抑制（competitive inhibition）（图 5－43）。竞争性抑制作用有以下特点：①抑制剂结构与底物相似；②抑制剂结合的部位是酶的活性中心；③抑制作用的大小取决于抑制剂与底物的相对浓度，在抑制剂浓度不变时，增加底物浓度可以减弱甚至解除竞争性抑制作用。

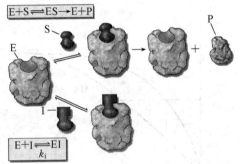

图 5-43　竞争性抑制作用示意图

竞争性抑制的反应式可用图 5－44 表示。图 5－44 中，k_i 与 k_s 分别代表了 ES 复合体与 EI 复合体的解离常数，可得下列方程。

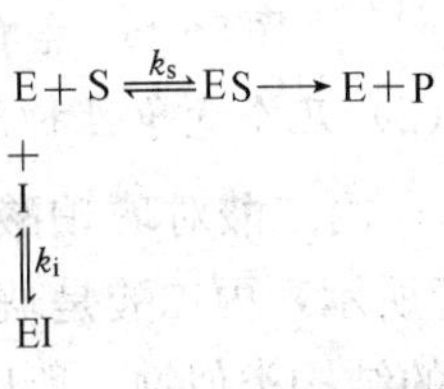

$$E+S \underset{k_s}{\rightleftharpoons} ES \longrightarrow E+P$$
$$+$$
$$I$$
$$\Big\Updownarrow k_i$$
$$EI$$

图 5-44　竞争性抑制的作用机制

$k_s = [E][S]/[ES]$，故
$$[ES] = [E][S]/k_s \qquad (5-26)$$

$k_i = [E][I]/[EI]$，故
$$[EI] = [E][S]/k_i \qquad (5-27)$$

我们已知 v_{max} 与酶的总浓度成正比，即 $v = k_0[ES]$ $v_{max} = k_0[E_0]$，故
$$v/v_{max} = [ES][E_0] \qquad (5-28)$$

而酶的总浓度为
$$[E_0] = [E] + [ES] + [EI] \qquad (5-29)$$

将式 (5-26)、式 (5-27)、式 (5-28) 和式 (5-29) 整理，并以 K_m 代替 k_s 得到下列竞争性抑制作用的反应速度公式，其动力学曲线见图 5-45。

$$v = \frac{v_{max}[S]}{K_m\left(1+\dfrac{[I]}{k_i}\right)+[S]} \tag{5-30}$$

由式 (5-30) 可看出，由于抑制剂与酶的结合，改变了底物与酶结合的 K_m，增大了 $(1+[I]/k_i)$ 倍。因此，竞争性抑制剂可使反应的 K_m 值增大。由于最大反应速度只与酶的总浓度成正比，在竞争抑制作用中，可以通过增加底物浓度最终达到消除抑制作用的目的，所以，v_{max} 不变。

将方程 (5-30) 可按 Lineweaver-Burk 法双倒数重排，得

$$\frac{1}{v} = \frac{K_m}{v_{max}}\left(1+\frac{[I]}{k_i}\right)\times\frac{1}{[S]}+\frac{1}{v_{max}} \tag{5-31}$$

以 $1/v$ 对 $1/[S]$ 作图，得图 5-46 所示直线，表明竞争性抑制作用呈现直线。在 $1/v$ 轴上的截距为 $1/v_{max}$，和无抑制剂时的反应相同，亦即 v_{max} 并不因为抑制剂的存在而改变。但是直线的斜率却增加了 $(1+[I]/k_i)$ 倍，k_m 值比无抑制剂时增大了 $(1+[I]/k_i)$ 倍。也就是说，当有竞争性抑制剂存在时的 k_m 增加值，相当于 $1/[S]$ 轴上截距的增加数。

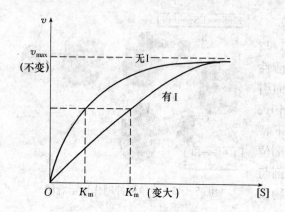

图 5-45　竞争性抑制动力学图

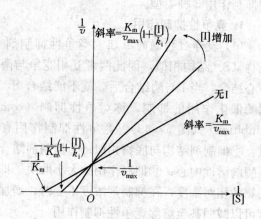

图 5-46　竞争性抑制双倒数法作图

(2) 几个竞争性抑制剂作用的例子

① 丙二酸对琥珀酸脱氢酶的竞争性抑制：如图 5-47所示，丙二酸是琥珀酸脱氢酶（SDH）底物琥珀酸的结构类似物，所以可与琥珀酸竞争性结合琥珀酸脱氢酶的活性中心，对酶活性产生抑制作用。

② 对氨基苯磺酰胺对二氢叶酸合成酶的竞争抑制作用：如图 5-48 所示，对氨基苯磺酰胺是氨基苯甲酸的结构类似物，因而与其竞争，抑制了二氢叶酸合成酶，影响二氢叶酸的合成，从而抑制细菌的生长繁殖，达到抗菌消炎治疗疾病的目的。

图 5-47　丙二酸对琥珀酸脱氢酶的竞争性抑制

③ 叶酸类似物：叶酸类似物（如氨基蝶呤、氯甲蝶呤见图 5－49）竞争抑制二氢叶酸还原酶。这类 4－氨基衍生物的 2，4－二氨基嘧啶部分能与四氢叶酸合成酶形成更多的氢键。另外，由于 4－氨基存在，增加了化合物的碱性，在生理 pH 下，质子化后易与酶活性中心上的阴离子结合，因此对酶的亲和力大于叶酸。它们可竞争性抑制二氢叶酸还原酶，阻止叶酸还原成二氢叶酸和四氢叶酸，从而阻断嘌呤核苷酸合成而抑制癌细胞生长。

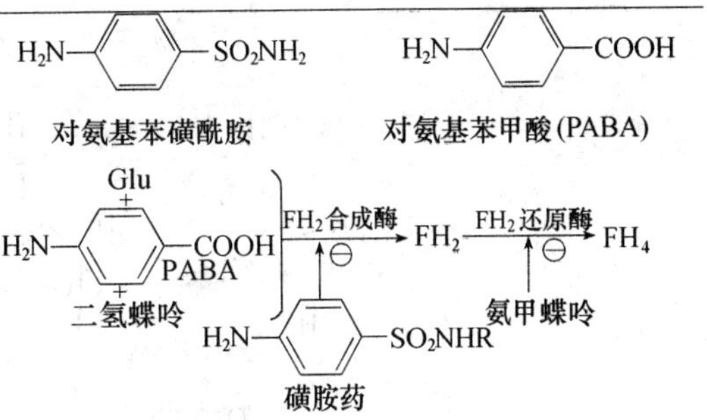

图 5－48　对氨基苯磺酰胺对二氢叶酸合成酶的竞争抑制作用

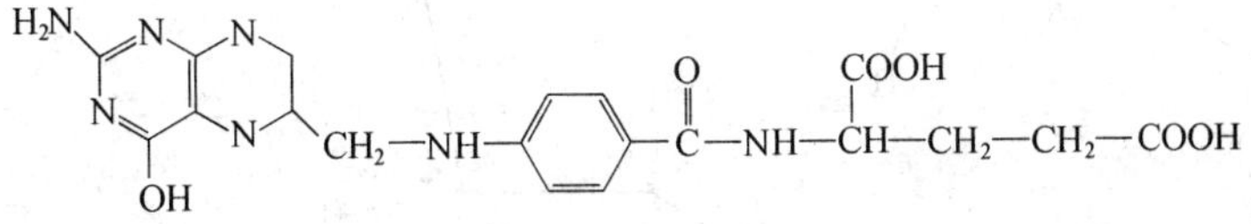

7,8－二氢叶酸

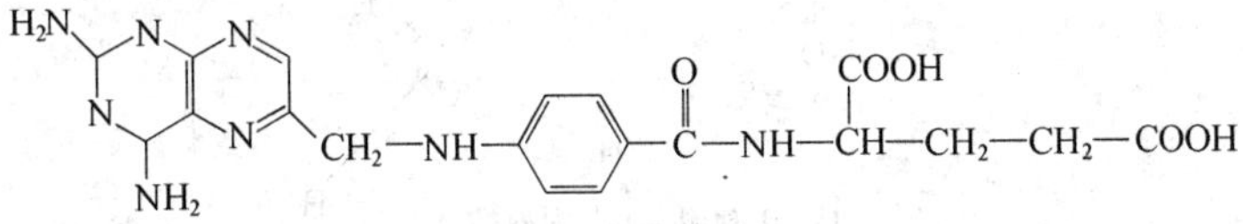

氨基蝶呤(APT)

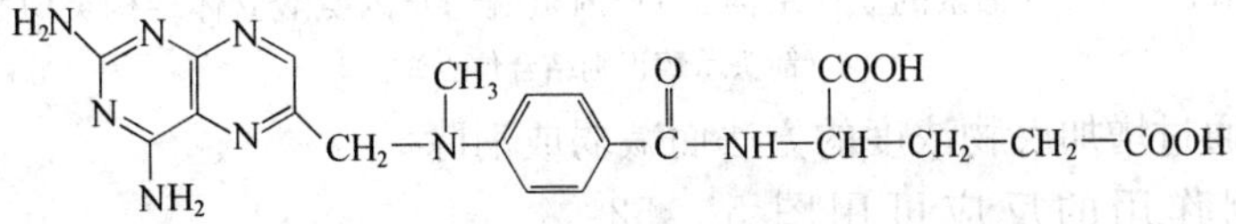

氨甲蝶呤(MTX)

图 5－49　叶酸类似物结构式

④ 立体结构类似的竞争性抑制：有些化合物虽然其平面结构与底物类似处不多，但立体结构与底物十分相似（图 5－50），也可作为竞争性抑制剂，如青霉素抑制革兰氏阳性菌的糖肽转肽酶（glycopeptide transpeptidase）的作用。革兰氏阳性菌的胞壁以肽聚糖为主要成分，肽聚糖是由多糖链与肽链交叉联结的网状结构物质。青霉素在立体结构上与转肽酶底物——肽聚糖链中的 D－丙氨酰－D－丙氨酸相似，故能竞争性地与转肽酶结合，抑制甘氨酸与丙氨酸的交联，从而阻断肽聚糖的合成。

利用竞争性抑制原理可设计许多药物，如抗肿瘤药物阿拉伯糖胞苷、5－氟尿嘧啶等，通过抑制嘧啶核苷酸磷酸化酶，即抑制核苷酸合成，起抗癌作用。因此具有很重要的实用意义。

2. 非竞争性抑制作用　非竞争性抑制剂（I）和底物（S）的结构不相似，I 常与酶活性中心外的部位结合，使酶催化作用抑制，叫做非竞争性抑制（noncompetitive inhibition）。S 和 I 与酶结合互不相关，即无竞争性，也无先后次序，两者都可以与酶及相应中间复合物（EI 或 ES）结合，但形成三元复合物（ESI 或 EIS 相同）不能再分解（图 5－51）。抑制作用的特点是：①抑制剂与底物结构不相似；②抑制剂结合在酶活性中心以外；③抑制作用的强弱取决于抑制剂的浓

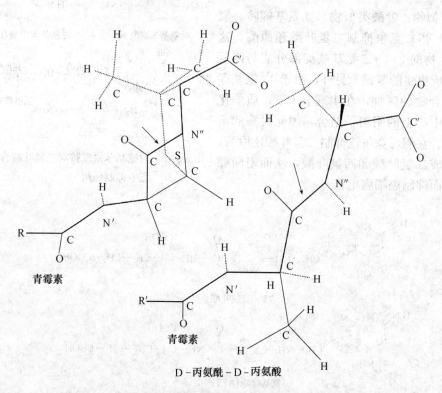

图 5 - 50　青霉素的立体结构和 D-丙氨酰-D-丙氨酸立体结构类似性

（箭头示酶识别结合位点）

度，此种抑制不能通过增加底物浓度的方法而减弱或消除。

非竞争性抑制作用的反应可用图 5 - 52 表示。

图 5 - 52 中，k_s 与 k_s' 分别为 ES 和 EIS 解离出 S 的解离常数，而 k_i 和 k_i' 分别代表了 EI 和 ESI 解离出 I 的解离常数。当反应中有 I 存在时，既可以使 E 和 ES 的平衡倾向于 EI，也可以使 ES 和 EIS 的平衡倾向于 ESI，因为抑制剂与酶的结合作用与有无底物存在无关，所以 $k_i = k_i'$。同样根据稳态学说可得下列方程。

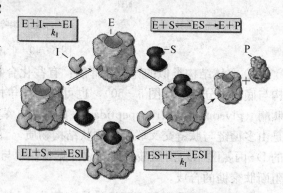

图 5 - 51　非竞争性抑制作用示意图

$$[ES] = [E][S]/k_s \quad (5-32)$$

$$[EI] = [E][S]/k_i \tag{5-33}$$

$$[ESI] = [ES][I]/k_i' = [E][S][I]/(k_i' k_s) \tag{5-34}$$

$$[ESI] = [EI][S]/k_s' = [E][I][S]/(k_i k_s') \tag{5-35}$$

而酶的总浓度为

$$[E_0] = [E] + [ES] + [EI] + [ESI] \tag{5-36}$$

$$v/v_{max} = [ES][E_0] \qquad (5-37)$$

将式（5-32）至式（5-36）代入式（5-37），整理得到非竞争性抑制作用的反应速度公式，即式（5-38）。其动力学曲线见图5-53。

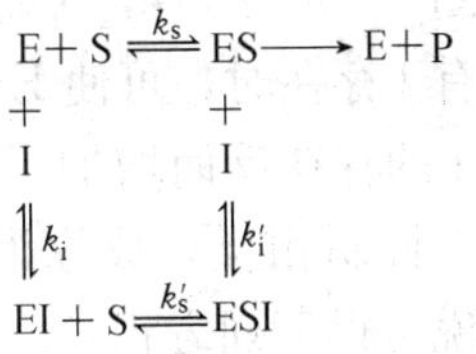

$$v = \frac{v_{max}[S]}{(K_m + [S])\left(1 + \dfrac{[I]}{k_i}\right)} \qquad (5-38)$$

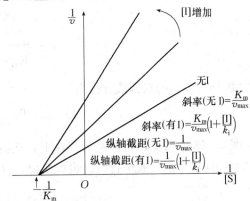

图5-52　非竞争性抑制作用

式（5-38）显示，非竞争性抑制剂的作用对K_m没有影响，但v_{max}值改变了，减小为原来的$1/(1+[I]/k_i)$。

将方程（5-38）等号两边取倒数并重排，得

$$\frac{1}{v} = \frac{K_m}{v_{max}}\left(1 + \frac{[I]}{k_i}\right) \cdot \frac{1}{[S]} + \frac{1}{v_{max}}\left(1 + \frac{[I]}{k_i}\right)$$

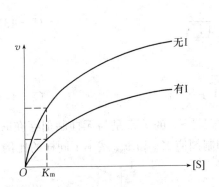

图5-53　非竞争性抑制动力学图

图5-54　非竞争性抑制双倒数法作图

图5-54所示曲线图的特征是，在有不同浓度的非竞争性抑制剂存在下，出现具有不同斜率的一些直线，它们又以不同的截距与$1/v$轴相交。抑制剂存在时的酶反应与无抑制剂时的酶反应相比，前者在$1/v$轴上的截距增大了$(1+[I]/k_i)$倍。说明由于抑制剂的存在，酶反应的v_{max}降低了。虽然被抑制的酶促反应斜率增加了$(1+[I]/k_i)$倍，但在$1/[S]$轴上的截距仍为$-1/K_m$。可见非竞争性抑制并不改变K_m。

非竞争性抑制剂结合于酶活性中心以外的特定位置，改变了酶分子活性中心的构象，影响酶对底物的催化作用。如乙酰胆碱酯酶可被质子化叔胺（$R-NH_3^+$）类化合物所抑制，就属于非竞争性抑制类型。

3. 反竞争性抑制作用　反竞争性抑制作用（uncompetitive inhibition）是抑制剂只能和ES复合物结合形成无活性三元复合物ESI，而不能和自由酶结合。这种情况与竞争性抑制相反，故称为反竞争性抑制（图5-55）。

如氰化物或肼对芳香基硫酸酯酶的抑制就属于这一类。这种抑制作用的反应可用图5-56表示。

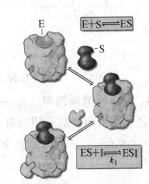

图5-55　反竞争性抑制作用示意图

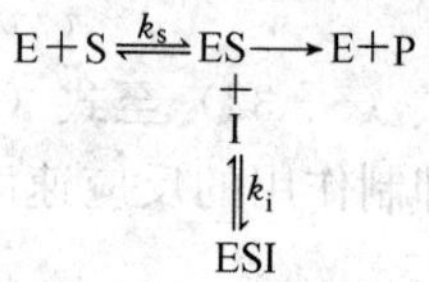

图 5-56 中，k_s 与 k_i 分别为 ES 和 ESI 的解离常数，当反应中有 I 存在时，可使 E+S 和 ES 的平衡倾向于 ES 的形成，因此 I 的存在反而增加了 E 对 S 的亲和力。这种情况刚好与竞争性抑制相反，故称为反竞争性抑制作用。同样，根据稳态学说可得下列方程。

$$\text{E}+\text{S} \underset{}{\overset{k_s}{\rightleftharpoons}} \text{ES} \longrightarrow \text{E}+\text{P}$$
$$+$$
$$\text{I}$$
$$\bigg\updownarrow k_i$$
$$\text{ESI}$$

图 5-56　反竞争性抑制作用机制

$$[\text{ES}] = [\text{E}][\text{S}]/k_s \qquad (5-39)$$

$$[\text{ESI}] = [\text{ES}][\text{I}]/k_i = [\text{E}][\text{S}][\text{I}]/k_i k_s \qquad (5-40)$$

而酶的总浓度为

$$[\text{E}_0] = [\text{E}] + [\text{ES}] + [\text{EIS}] \qquad (5-41)$$

$$v/v_{\max} = [\text{ES}][\text{E}_0] \qquad (5-42)$$

整理得到反竞争性抑制作用的反应速度公式，即式 5-43。反应的动力学曲线见图 5-57。

$$v = \frac{v_{\max}[\text{S}]}{K_m + [\text{S}]\left(1+\dfrac{[\text{I}]}{k_i}\right)} \qquad (5-43)$$

式（5-43）的双倒数方程为

$$\frac{1}{v} = \frac{K_m}{v_{\max}[\text{S}]} + \frac{1}{v_{\max}}\left(1+\dfrac{[\text{I}]}{k_i}\right) \qquad (5-44)$$

图 5-58 中可见，在抑制剂存在下，获得的 $1/v$ 与 $1/[\text{S}]$ 的关系是与无抑制剂存在时的反应具有相同斜率的一簇平行线。也就是说，反竞争性抑制剂使 K_m 和 $v_{\max}$ 减小了同样的比例。

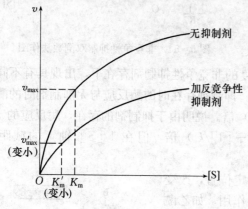

图 5-57　反竞争性抑制动力学图

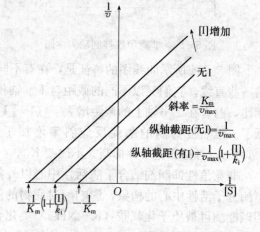

图 5-58　反竞争性抑制动力学双倒数作图

4. 混合性抑制作用　在一般动力学方程中，$k_i \neq k_i'$ 时，即 E 或 ES 结合 I 的亲和力，以及 E 或 EI 结合 S 的亲和力都不相当时，就是混合性抑制。当 $k_i > k_i'$ 时，表现为非竞争与竞争性抑制的混合；而 $k_i < k_i'$ 时，表现为非竞争性与反竞争性混合。这种抑制作用的反应式可用式（5-45）表示

$$v = \frac{v_{\max}[\text{S}]}{K_m\left(1+\dfrac{[\text{I}]}{k_i}\right) + [\text{S}]\left(1+\dfrac{[\text{I}]}{k_i}\right)} \qquad (5-45)$$

式（5-45）的双倒数方程为

$$\frac{1}{v} = \frac{K_m}{v_{max}[S]}\left(1 + \frac{[I]}{k_i}\right) + \frac{1}{v_{max}}\left(1 + \frac{[I]}{k_i'}\right) \tag{5-46}$$

由图5-59、图5-60可见，当有抑制剂I存在时，v_{max}均减小，K_m则可大可小，在v_{max}和K_m均减小情况下，v_{max}减小甚于K_m减小，故K_m/v_{max}增大，抑制强度与$[I]$成正比，与$[S]$成正比（$k_i > k_i'$）或反比（$k_i < k_i'$），但无论$[S]$怎样增加，v均小于v_{max}。

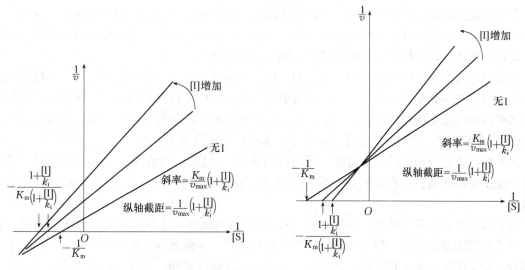

图5-59 $k_i > k_i'$时的混合性抑制动力学双倒数作图　图5-60 $k_i < k_i'$时的混合性抑制动力学双倒数作图

现将酶的可逆抑制作用的特点归纳于表5-5。

表5-5 酶的可逆抑制作用的特点

作用特点	无抑制剂	竞争性抑制剂	非竞争性抑制剂	反竞争性抑制剂	非竞争性与反竞争性混合抑剂制	非竞争性与竞争性混合抑剂制
与I结合的组分		E	E、ES	ES	E、S	E、S
动力学特点						
表观K_m	K_m	增大	不变	减小	减小	增大
v_{max}	v_{max}	不变	降低	降低	降低	降低
双倒数曲线的						
横轴截距	$-1/K_m$	增大	不变	减小	减小	增大
纵轴截距	$1/v_{max}$	不变	增大	增大	增大	增大
斜率	K_m/v_{max}	增大	增大	不变	增大	增大

第七节　调节酶

生物体的代谢过程处于动态平衡中，每条代谢途径中都有一些重要的酶的活性可以被调节，控制反应速率，使体内物质代谢速率与生理状态的变化保持同步。这些在某些因素作用下可改变酶活性，进而影响代谢的反应速度甚至方向的酶称为调节酶。本节将重点介绍变构酶（allosteric enzyme)、同工酶（isoenzyme）、共价修饰调节酶（covalent regulatory enzyme）的机理以及在酶活性调节中的意义。

一、变构酶

（一）变构酶的作用性质

变构酶又名别构酶，是由两个及两个以上亚基组成的寡聚酶，有两个重要的结构部位，一个是结合和催化底物的活性中心，另一个是结合配基（调节物或效应剂）的变构中心。这两个活性部位既可位于不同的亚基上，也可以位于同一亚基的不同结构区域。变构酶的活性中心与底物结合，起催化作用；而变构中心与配基结合，调节酶的活性。

当调节物与酶分子中的别构中心结合后，诱导出或稳定住酶分子的某种构象，使酶活性部位对底物的结合与催化受到影响，从而调节酶的反应速度及代谢过程，因此称为变构酶。此效应称为酶的变构调节或变构效应（allosteric effect）。引起变构效应的配基称为变构效应物（allosteric effector）或变构剂，它们可以是非底物分子，也可以是底物分子。

协同效应也是变构酶的一个特征。所谓协同效应，是指当一个配基与酶蛋白结合后，可以影响另一配基和酶的结合。根据配基与底物的性质以及结合配基后的效应，协同效应有如下几种类型。

（1）同促效应和异促效应　同促效应（homotropic effect）是指酶结合一分子配基后，影响另一分子相同配基的结合，即效应物分子就是底物分子。异促效应（heterotropic effect）则是指酶结合一分子配基（效应物）后，影响另一分子不同配基（底物）结合。由此可见，变构酶活性的调节物可以是底物外的效应物，也可以是底物分子本身。

（2）正协同效应和负协同效应　正协同效应（positive cooperation）是指一分子配基与蛋白质或酶结合后，可促进后一分子配基的结合。血红蛋白对氧的结合作用就是这一效应的典型例子。负协同效应（negative cooperation）是指一分子配基与蛋白质或酶结合后，使蛋白质或酶与后一分子配基的亲和力降低。

别构酶调节酶活性的机理有两个模型：续变模型（也称为 KNF 模型）和齐变模型（对称模型）。续变模型认为，酶分子中的亚基结合小分子物质（底物或调节物）后，亚基构象逐个地依次变化，因此亚基有各种可能的构象状态。酶分子在无调节物作用时处于"关"型；在底物或调节物 S 存在时，S 依次与酶的亚基作用，导致亚基构象依次变化，处于"开"型（图 5-61）。

齐变模型认为，别构酶的所有亚基有两种状态，一种是不利于结合底物的 T 状态，另一种是有利于结合底物的 R 状态，这两种状态间的转变对于每个亚基都是同时的、齐步发生的，如图 5-62 所示。

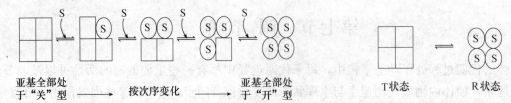

图 5-61　续变模型（KNF 模型）示意图　　　　图 5-62　齐变模型（对称模型）示意图

（二）变构酶的动力学特征及意义

变构酶的动力学往往不遵循 Michaelis - Menten 方程，v 与 [S] 的关系见图 5 - 63。

图 5 - 63 中，曲线 1 是遵循 Michaelis - Menten 方程的酶；曲线 2 是具有正协同效应的酶；曲线 3 是具有负协同效应的酶。从表观上，曲线 3 与双曲线相似，但在低底物浓度范围内反应速率上升比曲线 1 快，而达到饱和时，随底物浓度增加，配基结合却要比一般的酶困难得多。Koshland 等曾建议用下列公式来区分这 3 类酶。

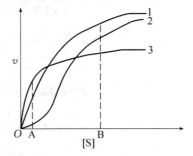

图 5 - 63 变构酶的 v - [S] 关系曲线

$$R_s = \frac{\text{酶与配基结合达到 0.9 饱和度时的配基浓度}}{\text{酶与配基结合达到 0.1 饱和度时的配基浓度}}$$

Michaelis - Menten 型酶 $R_s = 81$；正协同效应酶 $R_s < 81$；负协同效应酶 $R_s > 81$。

大多数变构酶都表现出 S 形动力学曲线，这种曲线非常有利于对反应速率的调节。从图 5 - 64 可以看出，非调节酶曲线（曲线 A）中，当 [S] = 0.11 时，v 达到 v_{max} 的 10%；当 [S] = 9 时，v 达到 v_{max} 的 90%，$R_s = 81$。而调节酶的 S 形曲线（曲线 B）达到同样两种速率时的 [S] 比值 $R_s = 3$。由此表明，对变构酶来说，[S] 略有变化，如上升 3 倍，v 即可以从 10% v_{max} 上升到 90% v_{max}。而对 Michaelis - Menten 型酶来说，要使 v 发生如此大的变化，[S] 必需升高 81 倍才行。由此可见，变构酶对底物的变化极为敏感。

正协同效应使酶的反应速度对底物浓度的变化极为敏感。具有负协同效应的酶，在底物浓度较低的范围内酶活力上升很快，但继续下去，底物浓度虽有较大提高，反应速度升高却

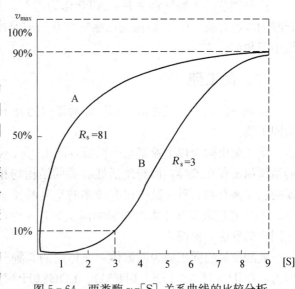

图 5 - 64 两类酶 v-[S] 关系曲线的比较分析

（引自历朝龙，2001）

较小，也就是说负协同效应可以使酶的反应速度在较高底物浓度时对外界环境中底物浓度的变化不敏感。

大肠杆菌的天冬氨酸转氨甲酰酶（aspartate transcarbamoylase，ATCase）是嘧啶核苷酸生物合成 CTP 反应序列中的第一个酶。ATCase 由 12 条多肽链组成，其中 6 个多肽链形成 2 个三聚体催化亚基（C 亚基），另外 6 个多肽链形成 3 个二聚体调节亚基（R 亚）（图 5 - 65）。C 亚基有活性中心，可与底物作用；R 亚基上有可以结合调节物的别构中心，但无催化活性。

ATCase 所催化的反应如图 5 - 66 所示。

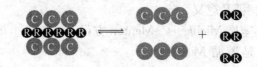

图 5-65 ATCase 结构示意图

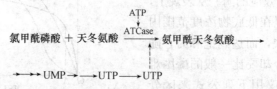

图 5-66 ATCase 所催化的反应

ATCase 的正常底物为天冬氨酸及氨甲酰磷酸，它受 CTP 的反馈抑制，CTP 是其负调节物，其正调节物是 ATP。CTP 在不影响酶的 v_{max} 的情况下通过降低酶与底物的亲和性来抑制 ATCase；ATP 则相反，它增强酶与底物的亲和性，也不影响其 v_{max}。

这种调节的生物学意义是：ATP 作为信号，表明有能量供 DNA 复制使用，并引发嘧啶核苷酸的生物合成；CTP 则保证在嘧啶核苷酸丰足时，不再进行不必要的氨甲酰天冬氨酸及其后续中间物的合成。

二、同工酶

在同一种属中，催化活性相同而酶蛋白的分子结构、理化性质及免疫学性质不同的一组酶称为同工酶。

同工酶由两个以上亚基聚合而成，同工酶的不同之处主要是所含亚基的组成及活性中心以外的结构组成存在差异，但与酶活性有关的结构均相同。已发现的同工酶有数百种，其中研究较多的是乳酸脱氢酶同工酶（LDH）。在哺乳动物中乳酸脱氢酶同工酶有 5 种，它们都催化同样的反应，见图 5-67。

乳酸脱氢酶同工酶为四聚体，在体内的 5 种分子形式分别为：LDH$_1$（H$_4$）、LDH$_2$（H$_3$M）、LDH$_3$（H$_2$M$_2$）、LDH$_4$（HM$_3$）和 LDH$_5$（M$_4$）。它们的相对分子质量相近，大约为 140 000。同工酶的生理意义主要在于适应不同组织或细胞器在代谢上的不同需要。图 5-68 是 5 种乳酸脱氢酶同工酶的分子组成和在不同细胞中的分布情况。

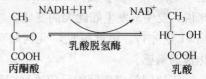

图 5-67 乳酸脱氢酶的催化作用

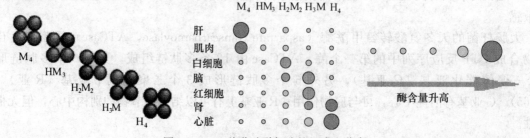

图 5-68 5 种乳酸脱氢酶的组成和分布

心肌中以 LDH_1 含量最多，LDH_1 对乳酸的亲和力较高，它的主要作用是催化乳酸转变为丙酮酸，再进入三羧酸循环氧化分解，以供应心肌的能量。在骨骼肌中含量最多的是 LDH_5，LDH_5 对丙酮酸的亲和力较高，因此它的主要作用是催化丙酮酸转变为乳酸，以促进糖酵解的进行。

近年来同工酶的研究已应用于疾病的诊断。如在正常情况下，血清中乳酸脱氢酶活力很低，因为它属于胞内酶，只有少量渗出。当某一器官或组织发生病变，细胞受损时，乳酸脱氢酶同工酶被释放到血液中，通过测定乳酸脱氢酶同工酶电泳图谱的变化，为临床诊断提供参考。例如，LDH_1 和 LDH_2 含量增高可能是冠心病及冠状动脉血栓引起的心肌损伤造成的；而血清中 LDH_5 的增加可能是肝细胞损伤引起的。

三、共价修饰调节酶

酶的共价修饰是指酶分子的表面与某种化学基团发生可逆的共价结合，改变某些功能基团的性质，从而改变酶催化活性的过程。具有共价修饰的酶称为共价调节酶。共价修饰调节是体内快速调节代谢活动的一种重要的方式。共价修饰酶通常在两种不同的酶的催化下发生修饰或去修饰，从而引起酶分子在有活性形式与无活性形式之间进行相互转变。

在生物体内，酶的共价修饰包括磷酸化与脱磷酸化、乙酰化与脱乙酰化、甲基化与脱甲基化、腺苷化与脱腺苷化等，其中以磷酸化修饰最为常见。这一类酶可受由 ATP 转移来的磷酸基的共价修饰，或脱去磷酸基，调节酶的活性。

糖原合成酶和糖原磷酸化酶是糖原合成与分解过程的限速酶，两种酶活性受磷酸化和去磷酸化的共价修饰调节，两种酶的调节效果不同，糖原磷酸化酶磷酸化有活性，糖原合成酶去磷酸化有活性。糖原合成活跃时，糖原分解受到抑制，避免浪费，避免产生无效循环。

糖原合成酶催化下列反应：

$$UDPG＋糖原（引物）（G_n）\longrightarrow 糖原（G_{n+1}）＋UDP$$

糖原磷酸化酶催化下列反应：

$$糖原（G_n）＋Pi \longrightarrow 糖原（G_{n-1}）＋1\text{-}磷酸葡萄糖（G\text{-}1\text{-}P）$$

以糖原磷酸化酶为例来说明共价修饰对酶活性的调节。该酶有两种分子形式，一为有活性的磷酸化酶 a（phosphorylase a），是一个具有 4 个亚基的寡聚酶，其中每一亚基含有一个羟基被磷酸化的丝氨酸残基，这些磷酸基团是酶发挥催化活性的必需基团。糖原磷酸化酶的另一种形式为无活性的磷酸化酶 b（phosphorylase b），

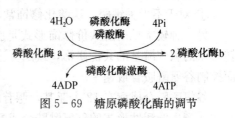

图 5-69 糖原磷酸化酶的调节

由磷酸化酶 a 除去磷酸基，继而亚基解聚而形成的二聚体（图 5-69）。这两种形式可以通过磷酸化和去磷酸化而控制糖原磷酸化酶的活性，调节糖原的分解速率。

图 5-70 是糖原合成酶和分解酶的共价修饰调节作用，可见极微量的激素通过逐级放大，最终使糖原分解和糖原合成途径的限速酶的活性发生极大的改变。因而，共价修饰调节具有快速调节和级联放大效应。

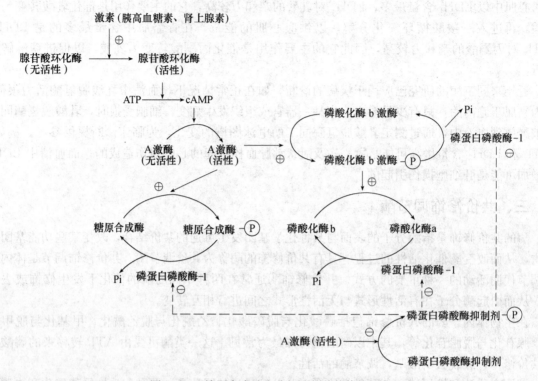

图 5-70 糖原合成酶和分解酶的共价修饰调节

酶的磷酸化修饰的意义突出表现在以下几个方面。

① 磷酸化和去磷酸化分别由蛋白激酶和磷酸化酶激酶催化，只要这两种酶的活性稍有改变，即能通过酶促反应显著改变某些关键酶的活性，调节效果十分显著。

② 酶促共价修饰反应在体内可连锁进行，逐级进行磷酸化或去磷酸化作用，呈现级联放大效应。

③ 磷酸化修饰只需 ATP 提供磷酸基团，其耗能远小于合成酶蛋白，作用快速，因此是调节代谢酶活性的经济而有效的方式。

④ 对于不少关键酶，磷酸化修饰常与变构调节相协作，更增强了调节因子的作用。

另一种较常见的酶共价修饰形式是腺苷酰基化。如大肠杆菌谷氨酰胺合成酶，它接受 ATP 转移来的腺苷酰基的共价修饰，或酶促去腺苷酰基，调节有活性与无活性两种酶形式的平衡，从而控制谷氨酰胺合成速率。

谷氨酰胺合成酶有 12 个亚基，腺苷酰基从 ATP 脱下后连接到每一个亚基的专一性酪氨酸残基上，产生低活性形式的谷氨酰胺合成酶。

值得注意的是，可逆共价修饰酶对不同代谢环境应答的调节功能，远远超过不可逆共价修饰调节酶。可逆共价修饰可看成它对外界条件变化是随时准备好了的，只要有一个恰当的刺激影响，其可逆系统便能快速地活化，体内所需酶几乎都变成活化形式；而当刺激一旦去除，这个系统即可变回其静止状态（即非活性形式）。不可逆共价修饰酶反应虽然也有一个快速增加酶活性的放大作用，但是它的反应是向一个方向，一旦结束，需要重新补充。

第八节　酶工程简介

酶工程是指在一定的生物反应器内,利用酶的催化作用,将相应的原料转化成有用物质的技术,是将酶学理论与化工技术结合而形成的新技术。酶工程是研究酶的生产和应用的一门新兴学科,其应用领域已经涉及农业、食品、医药、环境保护、能源开发和生命科学理论研究等各个方面。与此同时,酶工程产业也在快速发展,1998 年全世界工业酶制剂销售额高达 16 亿美元。到 2008 年,销售额可达 30 亿美元。全世界已发现的酶有 3 000 多种,而工业上生产的酶有 60 多种,真正达到工业规模的只有 20 多种。

酶工程的名称出现在 20 世纪 20 年代初。在当时,其范围大致包括酶的生产(包括微生物酶的发酵和提取以及从动植物中提取酶的技术)、酶的固定化技术、酶的化学修饰、酶动力学研究、酶反应器的设计和应用、酶在医学、工业、农业、食品等方面的应用等。近年来,随着酶技术研究的深入以及相关学科的发展,酶工程也增添不少新内容。

目前国际上对酶工程的研究主要集中在以下几方面。

① 研究开发新的人工合成酶和模拟酶。

② 运用基因工程和蛋白质工程,改善原有酶的各种性能,提高酶的产率和稳定性,使其在后续提取工艺和应用过程中更容易操作;采用定点突变技术对天然酶蛋白进行改性或通过蛋白质全新设计出新的酶蛋白。

③ 加紧对核酸酶和抗体酶的研究。人们在研究过程中发现,核酸酶是一种多功能的生物催化剂,不仅可作用于 RNA 和 DNA,而且还可以作用于多糖、氨基酸等底物;抗体酶也具有较高的催化活性,可表现出一定程度的底物专一性和主体专一性。目前,抗体酶催化的反应已包括:水解反应、合成反应、交换反应、闭环反应、异构反应和氧化还原反应等。对这两种酶的研究将会为酶的生产开创一条崭新的途径。

④ 研究酶在有机合成和非水介质中进行生物催化等领域中的应用,也就是对化学技术和非水相酶学的研究,拓宽酶的应用领域。

⑤ 研究开发酶的定向固定化技术,拓宽酶的应用范围,使酶活性的损失降低到最小程度。

⑥ 深入进行微生物学和糖基转移酶的研究。大量的研究已表明,复合糖类中的糖链,在受精、发生、发育、分化、神经系统和免疫系统恒态的维持方面起着重要作用,也与机体老化、自身免疫疾病、癌细胞异常增殖和转移、病原体感染等生命现象密切相关,所以对这方面的研究有非常重大的意义。

酶工程的研究可以分为两大类:化学酶工程和生物酶工程。化学酶工程是从微生物中直接提取分离制备酶的粗制品,通过对酶的化学修饰或固定化处理,改善酶的性质以提高酶的效率和降低成本,甚至通过化学合成法制造人工酶,以便于工业生产和应用。生物酶工程是以 DNA 重组技术为核心发展的新的生物技术,包括克隆酶、基因修饰酶等,即用基因重组技术生产酶以及对酶基因进行修饰或设计新基因,从而生成性能稳定,具有新的生物活性及催化效率更高的酶。因此,酶工程可以说是把酶学基本原理与化学工程技术及重组技术有机结合而形成的新型应用技术。

一、化学酶工程

化学酶工程也称为初级酶工程，是指天然酶、化学修饰酶、固定化酶及人工模拟酶的研究与应用。

（一）天然酶

工业用酶制剂大多是通过微生物发酵而获得的粗酶，价格低，应用方式简单，产品种类少，使用范围窄，例如，洗涤剂和皮革生产等用的蛋白酶、纸张制造和棉布退浆等用的淀粉酶、漆生产用的多酚氧化酶、乳制品中的凝乳酶等。天然酶的分离纯化随着各种层析技术及电泳技术的发展，得到了长足的进展，目前多数的医药及科研用酶是从生物材料中分离纯化得到的。如 L-天冬酰胺酶（L-asparaginase，EC 3.5.1.1），专一催化 L-天冬酰胺水解形成 L-天冬氨酸和氨，它是一种重要的抗肿瘤药物。它在血液中能特异性地将 L-天冬酰胺的酰胺基水解，生成天冬氨酸和氨，活跃繁殖的癌细胞（其本身缺乏 L-天冬酰胺合成酶）因摄取不到足够的 L-天冬酰胺而生长受到抑制，起到白血病的辅助治疗作用。

（二）酶的化学修饰

用物理或化学的方法，部分改变酶分子表面的理化性质，提高酶在反应介质中的稳定性和溶解性，但不涉及酶活性中心结构的变化。如为了提高酶的活性、改变其作用专一性或最适反应条件、增强其稳定性、消除其抗原性（指某些酶能在体内诱导产生抗体而失活）等目的，而对酶进行化学修饰，即对酶在分子水平上用化学方法进行改造。常用的改造方法是将酶的侧链与一些具有生物相容性的大分子（如右旋糖酐、人血清白蛋白、聚乙二醇等）进行共价连接。

通过对酶分子的化学修饰可以改善酶的性能，以适用于医药的应用及研究工作的要求。化学修饰可以通过对酶分子表面进行修饰，也可对酶分子内部进行修饰。酶化学修饰的主要方法有下述几种。

1. 酶功能基团修饰 通过对酶功能基团的化学修饰提高酶的稳定性和活性。例如，α淀粉酶一般含有 Ca^{2+}、Mg^{2+}、Zn^{2+} 等金属离子，属于杂离子型，若通过离子置换法将其他离子都换成 Ca^{2+}，则酶的活性提高 3 倍，稳定性也大大增强。胰凝乳蛋白酶与水溶性大分子化合物右旋糖酐结合，酶的空间结构发生某些细微改变，使其催化活力提高 4 倍。日本学者 H. Wada 报告了用聚乙烯醇修饰天冬酰胺酶用于治疗白血病，经修饰的酶具有低抗性反应，而且延长了其在体内的存留时间。酶表面的疏水脂肪链增加了酶在有机溶剂中的溶解性，使酶在有机溶剂中的催化效率提高数十倍，扩大酶在工业生产上的应用。

2. 交联反应 用某些双功能试剂能使酶分子间或分子内发生交联反应而改变酶的活性或稳定性。例如，将人 α-半乳糖苷酶 A 经交联反应修饰后，其酶活性比天然酶稳定，对热变性与蛋白质水解的稳定性也明显增加。若将两种大小、电荷和生物功能不同的药用酶交联在一起，则有可能在体内将这两种酶同时输送到同一部位，提高药效。

3. 分子修饰 可溶性高分子化合物（如肝素、葡聚糖、聚乙二醇等）可修饰酶蛋白侧链，提高酶的稳定性，改变酶的一些重要性质。如 α淀粉酶与葡聚糖结合后热稳定性显著增强，在 65 ℃时，结合酶的半衰期为 63 min，而天然酶的半衰期只有 2.5 min。用聚乙二醇修饰脂肪酶、蛋白酶，可以使它们溶于有机溶剂。

（三）酶的固定化技术

1. 概念 固定化酶（immobilized enzyme）是用物理或化学方法处理水溶性的酶，使之不溶于水或被束缚在特殊的载体上，但仍具有酶活性的酶衍生物。在催化反应中，它与整体的流动相分隔开，但能进行底物与效应物等的分子交换，以固相状态作用于底物完成催化过程。反应完成后，容易与水溶性反应物分离，可反复使用。固定化酶不但仍具有酶的高度专一性和高催化效率的特点，且比水溶性酶稳定，可较长期地使用，具有较高的经济效益。将酶制成固定化酶，模拟生物体内的酶，可有助于了解微环境对酶功能的影响。

2. 固定化酶的性质 固定化酶具有如下性质：①酶的稳定性提高，具有一定的机械强度；②酶的活性和催化底物有所变化，专一性减弱；③最适温度有所提高。

3. 固定化酶的优点 与水溶性的酶相比，固定化酶的优点有：①反应完成后可通过简单的方法回收酶，酶活力降低不多，这样可使酶重复使用，同时由于酶没有游离到产品中，便于产品的分离和纯化；②酶固定化处理后，一般稳定性有较大提高，对温度和 pH 的适应范围增大，对抑制剂和蛋白酶的敏感性降低；③提高抗有机溶剂的能力；④便于实现批量或连续操作模型的可能，适于产业化、连续化、自动化生产。

4. 酶的固定方法

（1）包埋法 将聚合物单体（如聚丙烯酰胺凝胶、硅酸盐凝胶、藻酸盐、角叉菜聚糖等）和酶溶液混合后，再用聚合促进剂（包括交联剂）聚合。常用的有凝胶包埋法、纤维包埋法和微胶囊法。包埋条件温和，酶本身不参与反应，所以较安全。此法最简单，但固定后的酶活力不高，固定酶的牢度不强，底物与产物的扩散受到限制，因而此法只适合小分子底物。

（2）吸附法 吸附法又叫做载体结合法，可分为 3 种：①非特异性物理吸附法，是通过氢键、疏水键等作用力将酶固定于活性炭、多孔玻璃、酸性白土、高岭土、硅胶等惰性载体上。此法对酶活性破坏较少，但吸附作用力较弱而易脱落，因而常与交联法结合使用。②离子结合法，是利用离子键将酶及带有离子交换基团的不溶性载体，如离子交换树脂或带有交换基团的纤维素、葡聚糖等结合在一起。此法操作简便，酶回收率也较高，但在较强离子强度下进行酶反应时易于脱落。③共价结合法，是利用共价键将酶和载体加以偶联，但因涉及条件较苛刻而又需剧烈的化学反应，因而酶回收率较低，操作复杂，但酶与载体的结合相当牢固。总的来说吸附法操作方便，条件温和，酶可再生后反复使用，但吸附力弱，不适宜的极端 pH、高盐浓度、高底物浓度、高温等，因这些条件都能把吸附的酶解吸下来。

（3）交联法固定 利用双功能试剂与酶侧链基团上非必需基团共价结合，将酶分子相互交联而不需要载体。常用载体有两类：一是天然高分子化合物，如纤维素或其衍生物、葡聚糖凝胶、琼脂糖的衍生物，其特点是亲和性好，机械性能差；二是合成的高分子化合物，如聚丙烯酰胺、多聚氨基酸、聚苯乙烯、尼龙，其特点是机械性能好，但有疏水结构。此法的优点是稳定性好，可耐受温度和 pH 等的剧烈变化，酶固定化结合牢、稳定而不易丢失，可以连续使用，因而应用较广泛。

（4）细胞的固定化技术 包括微生物、植物和动物细胞的固定化。在 20 世纪 70 年代初，出现了固定化细胞技术，目的是解决需要辅酶参与的酶反应，因细胞有辅酶再生的能力。另外，也可省去从细胞中提取酶的复杂过程，并希望可发展为取代游离细胞的发酵过程。固定化细胞的细胞类型，除了微生物细胞外，已扩大至植物细胞以至动物细胞，但迄今应用固定化细胞的工业实例还很少。一般情况下，该技术要求被固定化细胞仍能进行正常的新陈代谢，也能进行增殖，故也称为固定化增殖（或活）细胞。但在一定特殊情况下，灭活的微生物细胞仍能进行某些生物转化作用，那么将灭活的细胞加以固定后也能做生物催化剂之用。固定化增殖和灭活细胞在应用时最大不同之处在于前者仍要消耗一定营养物质以维持其存活以至增殖，而后者则不需要；另外前者对无菌操作的要求也高于后者。

二、生物酶工程

生物酶工程是在化学酶工程基础上发展起来的，是酶学和 DNA 重组技术为主的现代分子生物学技术相结合的产物，因此亦称为高级酶工程。

生物酶工程主要包括 3 个方面：①用 DNA 重组技术（即基因工程技术）大量地生产酶（克隆酶）；②对酶基因进行修饰，产生遗传修饰酶（突变酶）；③设计新的酶基因，合成自然界不曾有过的、性能稳定、催化效率更高的新酶。

1. 基因工程技术酶 酶基因克隆和表达技术的应用，使人们有可能克隆各种天然的蛋白基因或酶基因。先在特定酶的结构基因前加上高效的启动基因序列和必要的调控序列，再将此片段克隆到一定的载体中，然后将带有特定酶基因的上述杂交表达载体转化到适当的受体细菌中，经培养繁殖，再从收集的菌体中分离得到大量的表达产物——所需要的酶（图 5-71）。已成功地克隆的酶有 200 多种，其中一些已进行了高效表达，一些来自人体的酶制剂，如治疗血栓塞病的尿激酶原、组织纤溶酶原激活剂与凝乳酶等。此法可产生出大量的酶，并易于提取分离纯化。

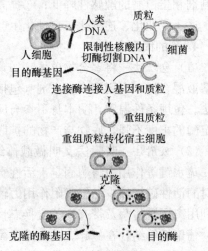

图 5-71 应用基因工程技术生产酶的过程示意图

2. 修饰酶基因产生遗传修饰酶 通过基因工程技术使酶基因发生定位突变，产生遗传性修饰酶（突变酶）。具体方法是对酶蛋白进行一级结构序列分析，用 X 射线衍射分析空间结构，根据研究成果，按照既定的蓝图，确定选择性遗传修饰的修饰位点，利用定点诱变技术，改变编码酶基因中的特定核苷酸，经过寄主细胞的表达，产生被改造的突变酶。例如枯草芽孢杆菌蛋白酶（subtilin）的突变修饰。

表 5-6 是几种经定点突变后酶性质发生改变的例子。

表 5-6 酶的选择性修饰

酶	修饰部位	修饰		酶性质的改变
		原氨基酸残基	新氨基酸残基	
酪氨酰 tRNA 合成酶	51		苏→丙	对底物 ATP 的亲和力提高 100 倍
	51		苏→脯	
β-内酰胺酶	70-71		丝·苏→苏·丝	完全失活
	70-71		苏·丝→丝·丝	恢复活性

（续）

酶	修饰部位	修饰		酶性质的改变
		原氨基酸残基	新氨基酸残基	
二氢叶酸还原酶	27	天冬→天胺		活性降低为正常酶的 0.1%
胰蛋白酶	216	甘→丙		提高精氨酸底物的专一性
	226	甘→丙		提高赖氨酸底物的专一性
天冬氨酸氨甲酰转移酶	165	酪→丝		失去别构调节性质
T$_4$ 溶菌酶	3	异亮→赖		提高耐热性
枯草芽孢杆菌蛋白酶	222	蛋→赖		最适 pH 由 8.6 变为 9.6
	166	甘→赖		水解临近谷氨酸肽键能力提高 100 倍

3. 设计出新酶基因合成自然界从未有过的酶 利用人们已掌握的技术，根据遗传设计蓝图，人工合成出所设计的酶基因。酶遗传设计的主要目的是创制优质酶，用于生产昂贵、特殊的药品和超自然的生物制品，以满足人类的特殊需要。

目前的关键问题在于如何设计超自然的优质酶基因，即如何做出优质酶基因的遗传设计蓝图。现在还不可能根据酶的氨基酸序列预测其空间结构，但随着计算机技术和化学理论的进步，酶或其他大分子的模拟在精确度、速度及规模上都会得到改善，这将导致产生有关酶行为的新观点或新理论，酶的化学修饰及遗传修饰也将提供更多的实验依据及数据，有助于了解关于酶的结构与功能的关系，因而将促进酶的遗传设计的发展。设计酶或蛋白质分子能力的发展，将开创从分子水平根据遗传设计理论制造超自然生物机器的新时代。

另外，运用基因工程工程技术还可以通过增加编码该酶的基因的拷贝数，来提高微生物产生的酶的数量，这一原理已成功地应用于酶制剂的工业生产。

三、酶工程与相邻学科交叉发展产生的新内容

1. 人工合成酶和模拟酶 人工合成酶是根据酶的作用原理，用人工的方法合成的具有活性中心和催化作用的专一性催化剂。它们一般具有高效、高适应性的特点，在结构上比天然酶简单。人工合成酶在结构上具有两个特殊部位，一个是底物结合位点，一个是催化位点。利用现有的酶或蛋白质作为母体，在它的基础上再引入相应的催化基团。例如在木瓜蛋白酶的 Cys$_{25}$ 上共价偶联溴酰黄素衍生物，结果形成的产物具有很高的氧化还原活性；在肌红蛋白的 His$_{93}$ 上连接钌（Ⅱ）氨络合物，结果产物具有很强的氧化活性，其催化效率为钌氨咪唑的 200 倍，比钌氨和去掉了血红素的肌红蛋白组成的络合物高 100 倍。所以，这些衍生物也可看成是酶的化学修饰产物。

2. 抗体酶 抗体酶是将酶反应中的过渡态类似物注入动物体内后所诱发出来的一种抗体。抗体酶首先是抗体，具有高度选择性，同时又具有酶提高化学反应速度的能力。所以，抗体酶具有抗体分子和酶两个不同的属性，因此在体内具有导向性，并能催化专一的反应。酶的专一性在生物进化上演化了上百万年，抗体的专一性的形成只需要几个星期而已。现在人们可以借助物理和合成化学的发展，利用免疫系统巨大的细胞和分子网络产生催化抗体（图 5-72）。

1975 年时，G. Kohler 和 C. Milstein 发明了单克隆抗体技术后，就有了后来的抗体酶。

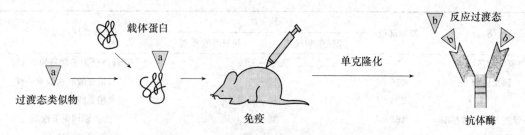

图 5-72 利用过渡态制备抗体酶示意图

1986 年，美国的 Schultz 小组研究对硝基苯酚磷酸胆碱脂（pNPPC）相应的羧酸二酯水解反应的过渡态类似物时，用这个过渡态类似物做半抗原，从中选出了两株有催化活性的单克隆抗体，其中之一为 MOPC167，可使水解速度提高 1.2×10^4 倍。经过测定，这个抗体酶符合米氏方程，具有底物专一性和需要一定的温度、pH 等酶的催化特征。

如用一个环化的磷酸酯做过渡态类似物免疫兔子，得到催化外消旋的羟基羧酸酯分子内环化形成内酯的抗体酶。不但速度快，而且产物中一种对映体含量高达 94%。

另外，可用生物工程的方法产生抗体。在体外制造抗体片段即 Fab 片段，然后组成催化剂。抗体酶有这样的片段即可，无须完整的抗体分子。这种新技术使科学家们要得到一种新抗体时，不需要用抗原给老鼠注射一次，而是从人或动物的抗原中抽取基因，然后用 PCR 技术扩增轻链和重链，这样就可以把这些基因组合成 100 万个含有成对轻链和重链的基因库。这些基因库存储在细菌病毒里，通过随机地将基因和轻链、重链结合的方法，就可大量制造 Fab 片段了。片段里的基因是通过细菌的形式表达出来的，这样就可在细菌培养中繁殖数百万计的不同抗体，将它们用于催化反应比使用老鼠杂交细胞更快更方便。

抗体酶研究的方向：①虽然有了不少抗体酶，但对诱导方法而言，过渡态复合物的寻找是一个最为困难的问题。所以，寻找抗体酶的过渡态复合物是研究的一个重要方面。②通过抗体酶来研究酶的作用机理，并为过渡态复合物设计提供理论依据，从而指导抗体酶的设计。③通过对抗体酶本身的进一步研究，搞清蛋白质结构和功能的关系。④通过抗体酶的制备来制造一些原先没有的酶。如果要水解什么氨基酸就可设计出相对应的抗体酶，那么也就有可能解决蛋白质的结构与功能研究上面临的困难，多一条全新的研究途径。⑤设计有治疗价值的新药物，如利用抗体酶基因来治疗遗传性疾病。⑥抗体酶的固定化研究，可以更加有利于工业化生产。⑦抗体酶是酶工程研究中的一个重要内容。抗体酶学本身的理论也要在整个研究过程中得到发展。

3. 核酶 核酶（ribozyme）是一种近年来才发现的具有催化活性的 RNA 分子而不是蛋白质，因此被称为第二类生物催化剂。通过研究，已经知道 RNA 催化剂的活性部位及其底物专一性。根据 RNA 催化剂的这个特性，可由人工制造出一系列新的催化剂，不断扩大其应用领域。这些人工催化剂对竞争性抑制剂十分敏感。所以，这些催化剂具有蛋白质催化剂的一些特征，也可以满足生物催化剂所必需的结构要求。通过定点突变，人工制造出目前还没有的限制性核酸内切酶。

4. 非水酶 近来 Klianov 为首的研究组又探索出一种新方法，可以使酶溶解而不是悬浮在有机溶剂中，而且找到很多能够溶解酶的有机溶剂，并阐明了导致有机溶剂中较高蛋白质浓度的规律。由此，可以进一步研究溶解在有机溶剂中的天然酶的结构和催化特性，因而，必将大大拓宽酶在非水系统中的应用范围。在非水系统内酶很容易回收和反复使用，不需要进行固定化。

5. 酶标免疫分析　酶标免疫分析是一种以待测抗原或酶标抗原与相应抗体之间的专一结合为基础，并通过酶活力的测定来测定待测抗原含量的分析方法。其中常用的是酶标免疫吸附分析法。具体方法之一是用两组抗原溶液（一组是待测抗原与酶标抗原的混合液，另一组仅含酶标抗原液）分别与固定在载体上的抗体进行反应，随后再分别与定量的酶底物反应。由于待测抗原不含酶，不能与底物反应，故两组中底物降解量之差应为待测抗原量。

6. 酶传感器　酶传感器是生物传感器中最重要的一类，一般包括两个组成部分，一是固定化酶膜，膜允许被测小分子物质进入膜内，而固定在膜内侧的酶则不能泄漏到膜外；另一是基本传感器，酶膜即覆盖在其上。当小分子被测物质作为底物被酶催化进行反应时，会引起 pH 或 O_2 的变化或形成简单的产物（如 NH_3、H_2O_2、CO_2、CN^- 等），因此可用相应的基本传感器加以检测。

小　结

1. 生物体内的各种化学反应都是在酶催化下进行的，酶是生物体活细胞产生的具有特殊催化活性和特定空间构象的生物大分子，包括蛋白质及核酸，又称为生物催化剂。目前发现的大多数酶均为蛋白质。酶不仅具有一般催化剂的共有特性，但也具有显著的自身特点：催化效率高、高度专一性、酶促反应的温和性及对反应条件的高度敏感性、催化活性可被调节控制。

2. 国际生物化学学会酶学委员会根据酶催化的反应类型将酶分为 6 大类。根据酶的结构特点可将酶分为单体酶、寡聚酶和多酶复合体，根据酶的化学组成可将其分为单纯酶和结合酶。

3. 酶促反应高效率的根本原因是降低化学反应过程的活化能。这一过程可以用中间产物学说进行解释。

4. 能与底物特异结合并将底物转化成产物的酶的特定区域称为酶的活性中心，活性中心又可分为催化部位和结合部位。在酶蛋白分子上与酶活性密切相关的基团，称为酶的必需基团。

5. 细胞内合成初分泌的、无活性的酶的前体称为酶原。酶原必须经过蛋白酶酶解或其他因素的作用，才能转变成有活性的酶，这一过程称为酶原激活。

6. 诱导契合学说描述了酶与底物结合的过程，同时也解释了酶高度专一性的原因。

7. 酶活性指酶催化化学反应的能力。其衡量标准是酶促反应的速度。酶促反应的速度是指在适宜条件下，单位时间内底物的消耗或产物的生成量。测定酶活力一般在酶催化的底物 5% 转化为产物时进行，称为酶反应的初速度。酶活性单位是衡量酶活力大小的尺度，指在规定条件下，酶促反应在单位时间内生成一定量的产物或消耗一定量的底物所需的酶量。

8. 影响酶促反应速度的因素主要包括酶的浓度、底物的浓度、pH、温度、抑制剂和激活剂等。

9. 在某些因素作用下可改变酶活性，进而影响代谢的反应速度甚至方向的酶称为调节酶。本章重点介绍了变构酶、同工酶、共价修饰调节酶的作用机理以及其在酶活性调节中的意义。

10. 酶工程是指在一定的生物反应器内，利用酶的催化作用，将相应的原料转化成有用物质的技术，是将酶学理论与化工技术结合而形成的新技术。酶工程的研究可以分为两大类：化学酶工程和生物酶工程。

复 习 思 考 题

1. 酶作为生物催化剂有哪些特点？
2. 酶为什么会具有高效催化性？
3. 简述米氏常数的意义及应用。
4. 何谓竞争性抑制与非竞争性抑制？二者有何特点？
5. 米氏方程的实际意义和用途是什么？它有什么局限性？
6. 影响酶促反应速度的因素有哪些？
7. 变构酶有何特点？
8. 测定酶活力时为什么要测定初速度，且一般以测定产物的增加量为宜？
9. 什么叫核酶和抗体酶？它们的发现有什么重要意义？
10. 辅酶和辅基有什么不同，在催化反应中起什么作用？

主要参考文献

王镜岩，朱圣庚，徐长发主编．2002．生物化学．第三版．北京：高等教育出版社．

袁勤生主编．2001．现代酶学．第二版．上海：华东理工大学出版社．

周晓云主编．2007．酶学原理与酶工程．北京：中国轻工业出版社．

郭勇主编．2004．酶工程．第二版．北京：科学出版社．

David L Nelson，Michael M Cox. 2000. Lihninger's Principles of Biochemistry. Third Edition. Worth Publishers.

Jeremy M Berg，John L Tymoczko，Lubert Stryer，Neil D Clarke. 2002. Biochemistry. Fifth Edition. W. H. Freeman and Company.

第六章　维生素与辅酶

第一节　维生素概论

维生素（vitamin）是指一类维持细胞正常功能所必需的，但在生物体内不能自身合成而必须由食物供给的小分子有机化合物。

一、维生素代谢特点

① 人体所需的维生素主要存在于天然食物中，除了其本身形式，还有可被机体利用的前体化合物形式（维生素原 provitamin）。

② 维生素的生理功能主要是参与体内代谢过程的调节控制，但非机体结构成分，也不提供能量。

③ 维生素一般不能在人体内合成或合成量太少（维生素 D 除外），必须由食物提供。

④ 人体只需少量维生素即可满足生理需要，但绝不能缺少，否则可引起相应的维生素缺乏症。

二、维生素的命名和分类

维生素的命名和分类方法有多种，主要有下述几种。

1. 按发现的先后顺序命名　如维生素 A、维生素 B_1、维生素 B_2、维生素 C、维生素 D、维生素 E 等。

2. 按特有生理功能或治疗作用命名　如抗干眼病维生素、抗癫皮病维生素、抗坏血酸等。

3. 按其化学结构命名　如视黄醇、硫胺素、核黄素等。

4. 按溶解性分类　按溶解性不同，可将维生素分为脂溶性维生素和水溶性维生素两大类。脂溶性维生素包括维生素 A、维生素 D、维生素 E 和维生素 K。水溶性维生素包括 B 族维生素（维生素 B_1、维生素 B_2、维生素 B_3、维生素 B_5、维生素 B_6、维生素 B_7、维生素 B_{11}、维生素 B_{12}）和维生素 C。

三、维生素缺乏的原因

1. 摄入不足　可由于膳食中供给不足或挑食、偏食而引起维生素缺乏。膳食中维生素含量取决于食物的种类和数量，以及在生产、加工、储存、烹调时丢失或破坏的程度。

2. 人体吸收利用降低　消化系统功能障碍（如胆汁分泌受限）可妨碍脂溶性维生素的吸收，高纤维膳食、低蛋白饮食可造成维生素吸收减少等。

3. 维生素需要量增高　如妊娠和哺乳期的妇女、生长发育期的儿童、特殊环境条件下生活和工作的人群以及某些疾病（如长期高热、慢性消耗性疾患等）都可以使维生素需要量相对增高。药物的使用（如异烟肼、青霉胺及口服避孕药等）也可增加人体对某些维生素的需要量。在这些情况下，若不相应提高摄入量，就会造成维生素缺乏。

4. 存在抗维生素物质 部分维生素可由于一些称为抗维生素的化合物的存在而无法发挥作用，甚至使机体出现维生素缺乏症。如双羟香豆素具有对抗维生素 K 的作用，可造成低凝血酶原血症，导致出血性疾病；生蛋清中含有抗生物素蛋白，可与生物素紧密结合而使之失活等。抗维生素物质常随食物加工、烹调处理而失去活性。

第二节 水溶性维生素与辅酶的关系

B 族维生素和维生素 C 易溶解于水中，称为水溶性维生素。体内大部分的辅酶与辅基衍生于水溶性维生素。维生素的重要性在于它们是体内一些重要的代谢酶的辅酶或辅基的组成成分。水溶性维生素易溶于水的特性，使机体不能对其储存，因而需要每天从食物中适量补充。水溶性维生素常以原形从尿中排出体外，几乎无毒性，但非生理剂量时仍可能有不良作用，如干扰其他营养素的代谢等。

一、维生素 C

（一）化学本质及性质

维生素 C 又称为抗坏血酸（ascorbic acid）（图 6-1），是水溶性的维生素。分子结构中 C_2 和 C_3 形成二烯醇的形式，极易释放 H^+，因而呈酸性，且具有很强的还原性，易被氧化成氧化型抗坏血酸。氧化型抗坏血酸易溶于水，遇碱、热、氧易破坏。食物中氧化酶、Cu^{2+}、Fe^{3+} 可加速其氧化破坏。氧化型抗坏血酸接受两个 H^+ 再转变为抗坏血酸（图 6-2）。

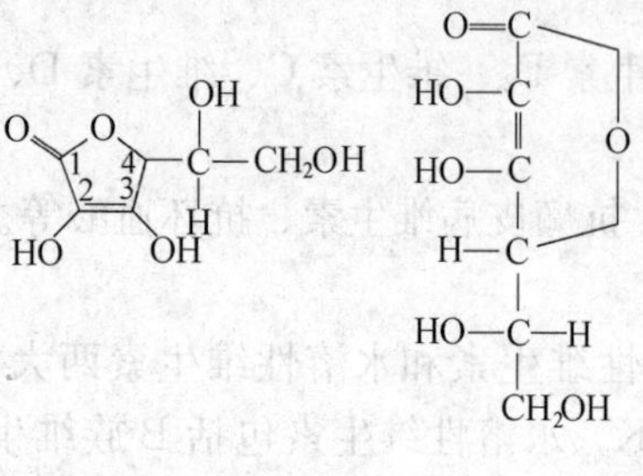

图 6-1 维生素 C 的结构

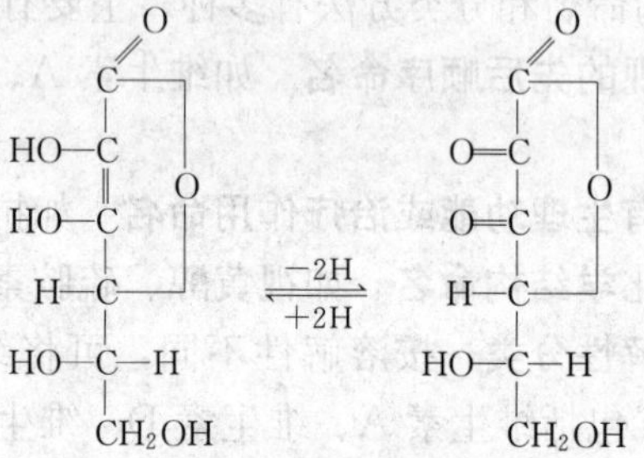

图 6-2 维生素 C 的氧化还原反应

氧化型抗坏血酸水解为二酮古洛糖酸被灭活。抗坏血酸为天然的生理活性物质，氧化型抗坏血酸虽然也有生理活性，但在血液中以还原型为主，氧化型仅为还原型的 1/15。

（二）生理功能

1. 维生素 C 具有较强的还原（抗氧化）性 因为维生素有较强的还原作用，所以其在体内有清除自由基的作用，如可清除氧、臭氧、二氧化氮、酒精、四氯化碳及抗癌药中的阿拉霉素等的自由基防止它们对心脏造成损伤。维生素 C 作为体内水溶性的抗氧化剂，可与脂溶性抗氧化剂协同作用，能在防止脂类过氧化作用上起一定的作用。人眼晶体在光的作用下，也可产生 O_2^- 自由基，可能是白内障产生的原因。这些自由基在正常情况下被体内抗氧化剂（如维生素 C、谷胱甘肽）所清除。所以大量的维生素 C 可以阻止这种过氧化作用的破坏。

2. 维生素 C 与胶原蛋白合成有关，维生素 C 对透明质酸有氧化还原解聚作用 维生素 C 作用使透明质酸与蛋白质结合的大分子分解，可增加皮肤的渗透性。维生素C也影响硫酸软骨素的形成，兔子喂胆固醇饲料后，注射维生素C者主动脉基质中硫酸肝素及硫酸软骨素都比注射生理盐水者要高。维生素C硫酸酯可能与体内硫酸化有关。维生素C是脯氨酸羧化酶的辅酶，促进骨胶原的生物合成，有利于组织伤口的更快愈合。

3. 维生素C通过对肝微粒体酶系统的作用影响某些药物代谢　组胺有一定的血管扩张作用，因而可增加血管的渗透作用。维生素C影响组胺的分解代谢，有去组胺的作用，因而维生素可用于烧伤治疗。食物中的硝酸盐经过微生物作用可产生亚硝酸盐，亚硝酸盐可以与仲胺或叔胺作用，在胃中形成亚硝胺，这类物质有致癌作用。在食物添加剂中常含有这些胺类。维生素C可与胺竞争，同亚硝酸盐作用，因而阻止亚硝胺的产生。但它必须与亚硝酸盐同时存在于胃中，其浓度（以分子量计）应为亚硝酸盐的2倍。

4. 维生素C对心血管系统也有较明显的作用　维生素C长期供应不足，可使主动脉及心脏动脉壁有明显粥样硬化病变，血、肝及皮肤内胆固醇的含量都显著高于维生素C正常供应者。因此，认为维生素C不足时，可减慢胆固醇的7位羧基化，使其转变为胆酸的能力减少，不能阻止胆固醇分解及排出，而使其在体内积累。

（三）维生素C的摄入量

根据英国的试验，维生素C最低需要量为每日10 mg。维生素C参考摄入量（中国DRIs，2000）：成人为100 mg/d，孕妇为130 mg/d，乳母为130 mg/d。如果维生素C摄入严重不足，可患坏血病，早期表现有疲劳、倦怠、皮肤出现瘀点或瘀斑、毛囊过度角化，其中毛囊周围轮状出血具有特异性，常出现在臀部和下肢。继而出现牙龈肿胀出血，球结膜出血，机体抵抗力下降，伤口愈合迟缓，关节疼痛及关节腔积液，同时也可伴有轻度贫血以及多疑、抑郁等神经症状。

临床上有时使用大剂量维生素C，人体服用后，副作用不大。但每天摄入量超过8 g会有害，症状包括：恶心，腹部痉挛，腹泻，铁的过量吸收，红细胞破坏，骨骼矿物质代谢增强，妨碍抗凝剂的治疗，血浆胆固醇升高，并可能对大剂量维生素C形成依赖。

维生素C含量较高的食物有：猕猴桃、樱桃、柑橘类水果、番石榴、青椒或红辣椒、芥菜、菠菜、草莓、葡萄以及番茄等。

二、维生素B_1

（一）化学本质及性质

维生素B_1（图6-3）也称为硫胺素（thiamine），为白色结晶，易被氧化成氧化硫胺素，在紫外光照射下呈蓝色荧光，可利用这一性质进行定量和定性分析。它与焦磷酸生成焦磷酸硫胺素（thiamine pyrophosphate，TPP）（图6-4），是体内的活性形式，即羧化辅酶（cocarboxylase），这个反应需要ATP参加。TPP参与糖代谢中α酮酸的氧化脱羧作用。

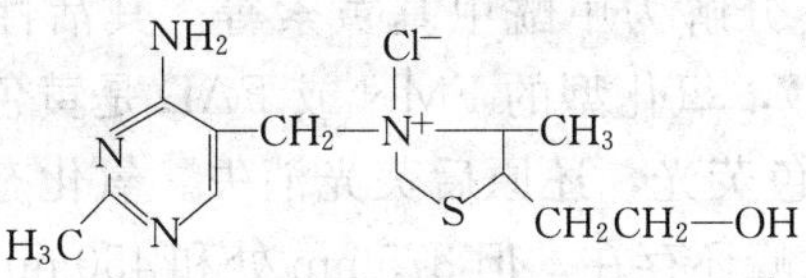

图6-3　维生素B_1的结构式 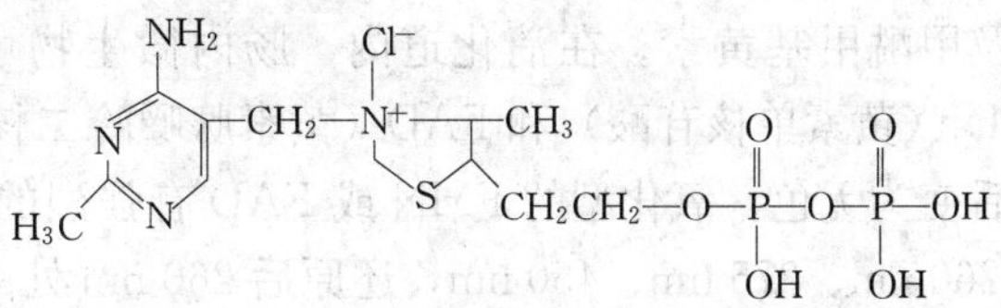　　　　　图6-4　焦磷酸硫胺素（TPP）的结构式

（二）生理功能

1. 焦磷酸硫胺素为羧化酶的辅酶 维生素 B_1 被小肠吸收后，经血液循环主要在肝及脑组织中生成焦磷酸硫胺素（TPP），焦磷酸硫胺素噻唑环上的硫和氮之间的碳原子十分活泼，易释放 H^+ 离子而形成具有催化功能的亲核基团——焦磷酸硫胺素负离子，即负碳离子。负碳离子与 α 酮酸羧基结合使其发生脱羧基反应。在微生物中，丙酮酸脱羧变为乙醛而放出 CO_2；参与乙酰羧基酸的合成，乙酰羧基酸是合成支链氨基酸（缬氨酸、异亮氨酸等）的中间体；作为磷酸戊糖中转酮酶的辅酶，参与糖代谢；作为 α 酮脱氢酶（如丙酮酸、α-酮戊二酸）系统中的辅酶。

2. 维生素 B_1 在神经生理上的作用 维生素 B_1 通过影响丙酮酸的氧化脱羧反应而影响乙酰辅酶 A 的生成，乙酰辅酶 A 参与体内乙酰胆碱的合成，因而维生素 B_1 可间接影响神经传导，如可影响消化液的分泌和肠蠕动等。另外，一个神经冲动可以使维生素 B_1 磷酸化合物去磷酸，并使其在膜上位移，Na^+ 得以自由通过膜，但尚不能确定有神经生理活性的维生素 B_1 衍生物是焦磷酸衍生物还是三磷酸衍生物，对大脑功能的作用可能是由于对 5-羟色胺的纳入及磷脂合成有影响。

3. 硫胺素与心脏功能的关系 维生素 B_1 缺乏可引起心脏功能失调，这不是直接的作用，可能是由于维生素 B_1 缺乏使血流入到组织的量增多，使心脏输出增加负担过重，或由于维生素 B_1 缺乏，心肌能量代谢不全。

（三）维生素 B_1 的摄入量

成人维生素 B_1 每天需要量为 1.0~1.5 mg，孕妇与乳母的供应量增加 0.3 mg。饮酒过量者维生素 B_1 需要量增加，长期饮酒者可以导致不良饮食习惯或者干扰肠对维生素 B_1 的吸收。

缺乏维生素 B_1 时可致酮酸氧化脱羧反应和磷酸戊糖代谢障碍，导致脚气病和末梢神经炎。临床表现为多发性神经炎、肌肉萎缩、组织水肿、心脏扩大、循环失调及胃肠症状。缺乏的原因是长期食用精白米、精面；烹调方法不当，特别是煮稀饭为了黏稠和松软加入少量的碱，破坏了维生素 B_1；还有偏食等。此外，还有疾病引起进食减少，也可造成维生素 B_1 摄取不足；妇女妊娠和哺乳、儿童生长发育、成人剧烈活动等生理状态、代谢率增加的疾病（如甲状腺机能亢进）、一些慢性消耗性疾病、吸收或利用障碍、长期腹泻或经常服用泻剂以及胃肠道梗阻均可造成吸收不良。

三、维生素 B_2

（一）化学本质及性质

维生素 B_2 也称为核黄素（riboflavin），它是核醇与 7,8-二甲基异咯嗪的缩合物（图 6-5）；为黄褐色针状结晶，溶解度较小，在碱性溶性液及光照下易分解，光分解侧链可得光色素、光黄素及甲酰甲基黄素。在消化道内，肠内微生物可将其分解为甲酰甲基黄素等。其活性形式为 FMN（黄素单核苷酸）和 FAD（黄素腺嘌呤二核苷酸），氧化型的 FMN 或 FAD 是黄色的，还原后变为无色，氧化型的 FMN 或 FAD 有强烈的黄绿色荧光，还原后荧光消失。氧化态吸收峰在 260 nm、375 nm、450 nm，还原后 260 nm 处的吸收峰还存在，但 375 nm 处和 450 nm 处的吸收峰消失。

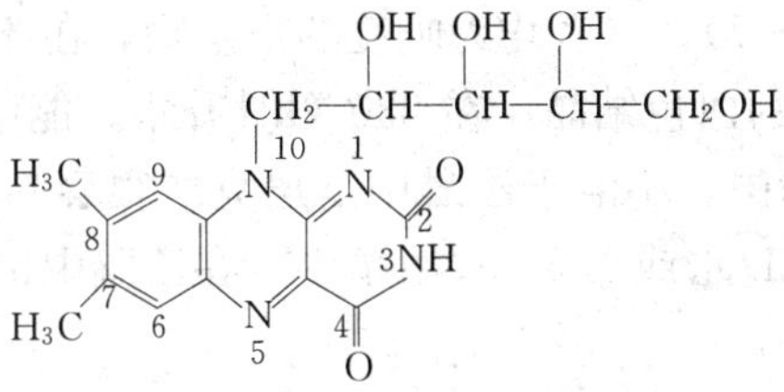

图 6-5　维生素 B_2 的结构式

（二）生理功能

维生素 B_2 的异咯嗪环上的第 1 位及第 10 位氮原子与活泼的双键连接，这两个氮原子可反复接受和释放氢，因而具有可逆的氧化还原反应。

维生素 B_2 的主要功能是以黄素单核苷酸（flavin mononucleotide，FMN）和黄素腺嘌呤二核苷酸（flavin adenine dinucleotide，FAD）（图 6-6）构成体内许多黄素酶中的辅助因子。FMN 或 FAD 与酶蛋白结合，一般是通过第 8 位上的亚甲基与酶蛋白上的半胱氨酸、组氨酸相联结。

这些酶是电子传递系统中的氧化酶及脱氢酶，氧化酶使还原型的辅酶与分子氧直接起作用，生成过氧化氢，作用较快。脱氢酶所催化的反应是 FMN 或 FAD 直接接受了底物脱下的一对氢原子，形成还原型的 $FMNH_2$ 或 $FADH_2$，再经呼吸链传递被分子氧所氧化生成水。

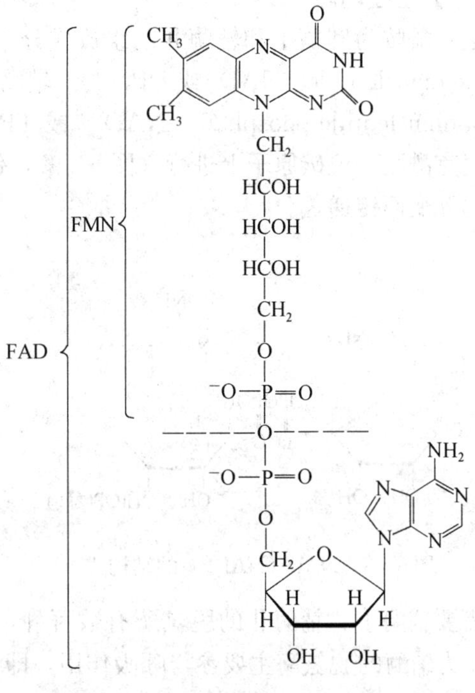

（三）维生素 B_2 的摄入量

维生素 B_2 每日最低需要量为 1.5 mg，维生素 B_2 的需要量与热量及劳动强度没有关系，但与蛋白质需要量有关系，迅速生长、创伤恢复、怀孕与哺乳期蛋白质需要增加，维生素 B_2 需要量也增加。

图 6-6　FMN、FAD 的结构式

维生素 B_2 富含于动物性食品（如乳类、肉类、肝、蛋等）和新鲜蔬菜中，如果由于经济条件差、食物供应困难或偏食习惯等，上述食物受限制时，容易缺乏。酗酒也是维生素 B_2 缺乏最常见的原因。有 40 多种酶需要维生素 B_2 做辅基，因此，它对人体生理功能影响较大，涉及范围也较广，故缺乏病的症状也是多种多样，常见的是口腔和阴囊的病变，即所谓口腔-生殖系综合征。另外，缺乏维生素 B_2 还可表现为脂溢性皮炎和眼睛症状，如有球结膜充血，角膜周围血管形成并侵入角膜；角膜与结膜相连处有时发生水疱；严重缺乏时，角膜下部有溃疡，眼睑边缘糜烂以及角膜混浊等。

四、维生素 PP

（一）化学本质及性质

维生素 PP 又名抗癞皮病因子，包括尼克酸（nicotinic acid，亦名烟酸）及尼克酰胺（nicotinamide，亦名烟酰胺）（图 6-7），二者均为吡啶的衍生物，在体内可相互转化。

尼克酸为不吸水的较稳定的白色结晶，在 230 ℃时升华，能溶于水及酒精中，25 ℃时，1 g 能溶于 60 mL 水或 80 mL 酒精中，不溶于乙醚中。尼克酸很容易变成尼克酰胺，尼克酰胺比尼克酸更易溶解，1 g 可溶于 1 mL 水或 1.5 mL 酒精中，在乙醚中也能溶解。

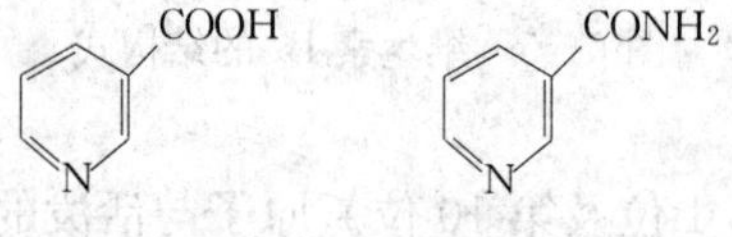

图 6-7 尼克酸（左）和尼克酰胺（右）的结构式

（二）生理功能

尼克酰胺为辅酶Ⅰ和辅酶Ⅱ的组成成分。辅酶Ⅰ为尼克酰胺腺嘌呤二核苷酸（nicotinamide adenine dinucleotide，NAD^+ 或 DPN^+），辅酶Ⅱ为尼克酰胺腺嘌呤二核苷酸磷酸（nicotinamide adenin dinucleotide phosphate，$NADP^+$ 或 TPN^+）（图 6-8）。它们都是脱氢酶的辅酶，氢的传递在尼克酰胺 4 位碳原子上进行（图 6-9），作为脱氢酶的辅酶，在催化底物时通过氧化态与还原态的互变而传递氢。

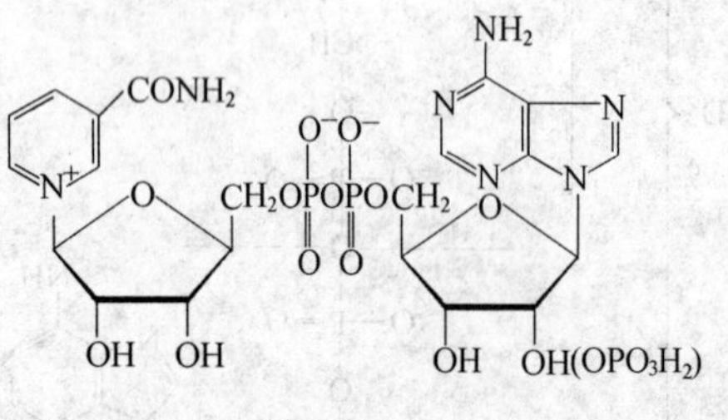

图 6-8 NAD（NADP）的结构式

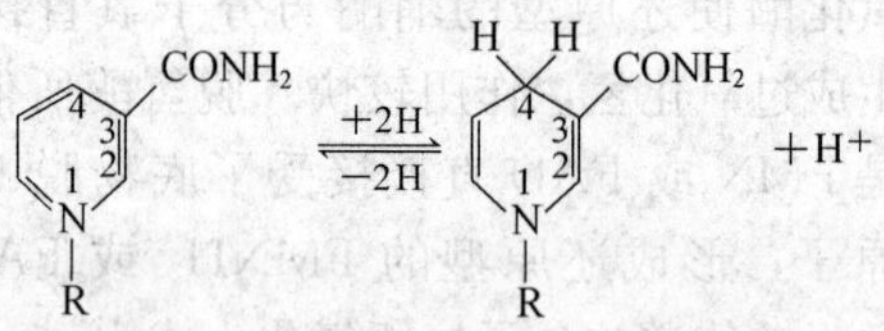

图 6-9 尼克酰胺上氢的传递

需要辅酶Ⅰ、辅酶Ⅱ的脱氢酶有数百种，这些脱氢酶从底物中提取一个氢、两个电子。以 NAD^+ 为辅酶的脱氢酶主要参与呼吸作用，即参与从底物到氧的电子传递作用的中间环节。而以 $NADP^+$ 为辅酶的脱氢酶类，主要将分解代谢中间物上的电子转移到生物合成中需要电子的中间物上。

（三）维生素 PP 的摄入量

尼克酸缺乏时引起癞皮病，患者常有疲劳乏力、一般工作能力减退、记忆力差和失眠等症状。如不及时治疗，可出现下列典型症状：皮肤炎、腹泻和抑郁或痴呆。由于这 3 种症状英文名词的开头字母均为 D，故又称为三 D 症状。抗结核药物异烟肼的结构与维生素 PP 相似，二者有颉颃作用，长期服用可能引起维生素 PP 的缺乏。

服用过量的尼克酰胺时（每日 2～4 g）很快引起血管扩张、脸颊潮红、痤疮及肠胃不适等症，而且大量长期服用对肝脏有害。

最近临床上用尼克酸作为降胆固醇的药物。尼克酸能抑制脂肪组织的脂肪分解，可引起肝脏的超低密度脂蛋白（VLDL）合成下降而起到降胆固醇的作用。

五、维生素 B₆

（一）化学本质及性质

维生素 B₆ 包括吡哆醇（pyridoxine）、吡哆醛（pyridoxal）、吡哆胺（pyridoxamine）（图 6 - 10），在体内以磷酸酯的形式存在。磷酸吡哆醛和磷酸吡哆胺可以相互转变，均为活性形式。吡哆醇的相对分子质量为 205.6，系白色板状结晶，溶于水，在酸性溶液中稳定，在碱性溶液中易被光所破坏。

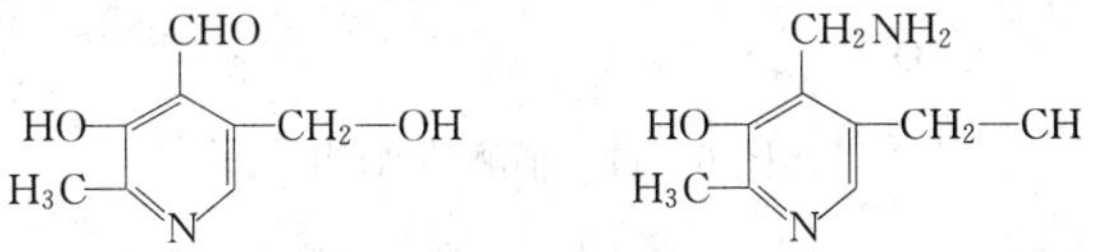

图 6 - 10　吡哆醛（左）和吡哆胺（右）的分子结构

（二）生理功能

1. 氨基转换作用　转氨酶主要为谷草转氨酶与谷丙转氨酶，转氨酶中都有磷酸吡哆醛为辅酶。

2. 脱羧基作用　氨基酸脱羧形成伯胺，脱羧酶的专一性很高，一种氨基酸脱羧酶只对一种 α 氨基酸起作用。除组氨酸脱羧酶不需要辅酶外，各种脱羧酶都以磷酸吡哆醛为辅酶。

3. 侧链分解作用　含羟基的苏氨酸或丝氨酸可分解为甘氨酸及乙醛或甲醛，催化此反应的酶为丝氨酸转羟甲基酶，该酶能够催化丝氨酸或苏氨酸两种氨基酸发生醇醛分裂反应。该酶的辅酶为磷酸吡哆醛。

4. 作为血红素合成限速酶的辅酶。

（三）维生素 B₆ 的摄入量

维生素 B₆ 可在肠中由细菌合成，但不能满足需要。在食物中普遍存在，肉、谷类、硬果、水果和蔬菜中都有，肉中维生素 B₆ 含量较丰富。

大鼠维生素 B₆ 缺乏可以导致生长不良、肌肉萎缩、脂肪肝、惊厥、贫血、生殖系统功能破坏、水肿及肾上腺增大。人类未发生维生素 B₆ 缺乏症，但异烟肼能与磷酸吡哆醛结合，使其失去辅酶的作用，所以结核病人在服用异烟肼时，应补充维生素 B₆。

六、泛酸

（一）化学本质及性质

泛酸（pantothenic acid）又称遍多酸。是丙氨酸通过肽键与 α, γ -二羧- β - β -二甲基丁酸缩合而成。泛酸被肠道吸收后，被磷酸化并获得巯基乙胺而生成 4 -磷酸泛酰巯基乙胺。4 -磷酸泛酰巯基乙胺是辅酶 A(CoA) 及酰基载体蛋白（acyl carrier protein，ACP）的组成成分。机体内的泛酸几乎都用以组成辅酶 A 及 ACP 的辅基，辅酶 A 结构如图 6 - 11 所示。

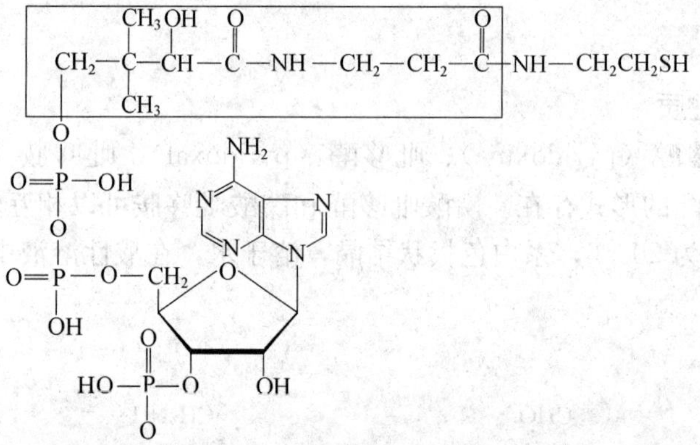

$$CH_2 - CH - C - NH - CH_2 - CH_2 - C - NH - CH_2CH_2SH$$

图 6-11 辅酶 A 结构

（二）生理功能

辅酶 A 参与糖、脂类及蛋白质的代谢。在糖代谢中，丙酮酸转变为乙酰辅酶 A，由此可合成脂酸，或与草酰乙酸形成柠檬酸进入三羧酸循环。12 种氨基酸（丙氨酸、甘氨酸、丝氨酸、苏氨酸、半胱氨酸、苯丙氨酸、亮氨酸、酪氨酸、赖氨酸、色氨酸、苏氨酸及异亮氨酸）的碳链分解代谢都形成乙酰辅酶 A。脂肪酸分解与合成都需要辅酶 A 参加，在脂肪酸合成时，ACP 与其他脂肪酸合成所需要的酶形成一个或几个复合体。可见，泛酸广泛参与了糖、脂类、蛋白质代谢及肝脏的生物转化作用，约有 70 多种酶需 CoA 及 ACP。

泛酸广泛存在于自然界中，所以很少见其缺乏症。

七、生物素

（一）化学本质及性质

生物素（biotin）为无色针状白色晶体，耐酸而不耐碱，在常温下稳定，但在高温和氧化剂作用下，可使其失去活性，它的化学结构如图 6-12 所示。生物素侧链的羧基与酶的赖氨酸的 $\varepsilon - NH_2$ 相结合，作为羧基转移酶（羧化酶）及脱羧酶的辅酶。

（二）生理功能及缺乏症

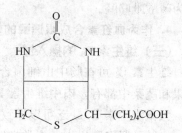

图 6-12 生物素的分子结构

羧化酶在哺乳动物代谢上有其重要性。例如，在脂肪酸合成的过程中，乙酰 CoA 转变为丙二酰 CoA 需要乙酰辅酶 A 羧化酶。某些氨基酸代谢后生成丙酸，通过丙酰 CoA 羧化酶羧化而产生琥珀酸，再进行分解代谢。丙酮酸羧化酶不但能形成草酰乙酸进入三羧酸循环，而且还可合成天冬氨酸及形成磷酸烯醇式丙酮酸以进行糖异生。

生物素来源广泛，人体肠道也能合成，因而，很少出现缺乏症。在鲜鸡蛋中有一种抗生物素蛋白，它能与生物素结合使其失活而不被吸收，加热蛋清可使该蛋白变性，失去活性。另外，长期使用抗生素可抑制肠道细菌的生长，也可造成生物素的缺乏，主要症状为疲乏、恶心、呕吐、食欲不振、皮炎及脱屑性红皮病。

八、叶酸

（一）化学本质及性质

叶酸（folic acid）因绿叶中含量丰富而得名，亦称为蝶酰谷氨酸，它的结构式如图6-13所示。叶酸为黄色结晶，不溶于冷水，但其钠盐很容易溶解。在pH 4以下被分解为其组成物：蝶啶、对氨基苯甲酸及谷氨酸。

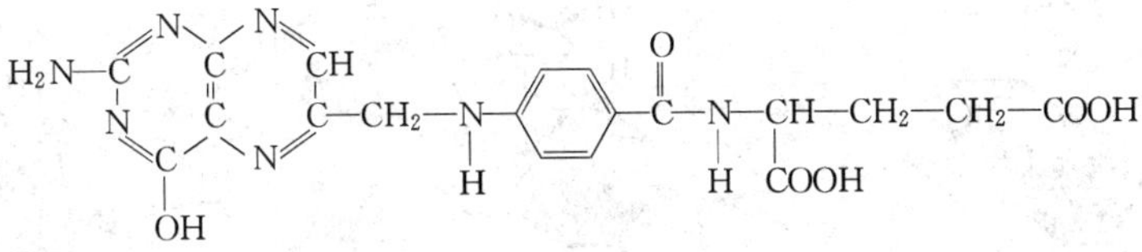

图 6-13　叶酸的结构

食物中的叶酸绝大多数为蝶酰多谷氨酸，被小肠黏膜上皮细胞分泌的蝶酰-L-谷氨酸羧基肽酶水解，生成蝶酰单谷氨酸及谷氨酸。蝶酰谷氨酸在小肠上段被吸收，在十二指肠及空肠上皮细胞的叶酸还原酶（以NADPH为辅酶）作用下转变为叶酸的活性形式四氢叶酸（THFA或FH_4）（图6-14）。

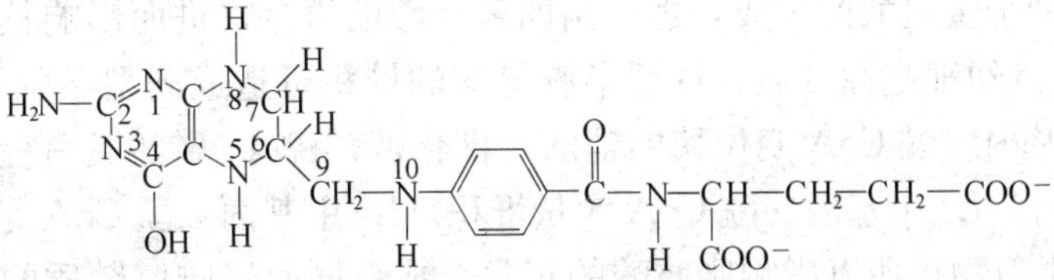

图 6-14　四氢叶酸的结构

（二）生理功能及缺乏

四氢叶酸（FH_4）是体内一碳单位转移酶的辅酶，分子中的N_5、N_{10}是携带一碳单位的活性位点。一碳单位参与体内多种物质合成，如嘌呤、嘧啶核苷酸的合成。当叶酸缺乏时，DNA合成受阻，骨髓巨幼红细胞DNA合成减少，细胞分裂速度降低，细胞体积变大，造成巨幼红细胞性贫血。

叶酸盐在自然界广泛存在，动植物中都有。肝、肾、绿叶蔬菜、马铃薯、麦麸等含量丰富，肠道细菌也能合成，所以一般不缺乏。孕妇及哺乳期因代谢较旺盛，应适量补充叶酸。

九、维生素 B_{12}

（一）化学本质及性质

维生素B_{12}又称为钴胺素（cobalamin），是惟一含金属元素的维生素。因在体内的结合基团不同，可有多种形式，如氰钴胺素、羟钴胺素、5'-脱氧腺苷钴胺素，后两种是钴胺素的活性形式，也是血液中存在的主要形式。

它的分子中有 4 个还原性吡咯环联结在一起，这种结构叫做咕啉，它与核苷酸二甲基苯并咪唑及核糖相连，另一方面与 D－1－氨基－2－丙醇相连，钴与核苷酸之 N 相连（图 6-15）。结合—CN 的钴胺素被称为氰钴胺素，—CN 可为其他基团代替，成为不同类型的钴胺素。

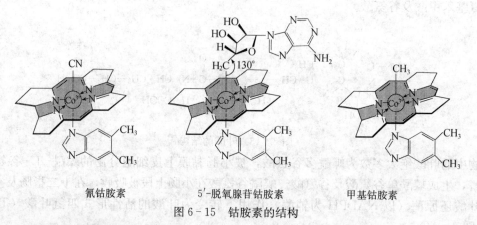

氰钴胺素　　　　　5′-脱氧腺苷钴胺素　　　　甲基钴胺素

图 6-15　钴胺素的结构

（二）生理功能及缺乏

体内催化半胱氨酸甲基化生成蛋氨酸的蛋氨酸合成酶的辅基是维生素 B_{12}，参与甲基转移，缺乏维生素 B_{12} 不利于蛋氨酸的生成，也抑制四氢叶酸的再生，进而影响核酸的生物合成，影响细胞分裂，可导致巨幼细胞性贫血；D 型半胱氨酸的堆积可造成同型半胱氨酸尿症。5′-脱氧腺苷钴胺素是 L-甲基丙二酰 CoA 变位酶的辅酶，催化琥珀酰 4-磷酸泛酰巯基乙胺 CoA 的生成。当缺乏维生素 B_{12} 时，L-甲基丙二酰 CoA 大量堆积，L-甲基丙二酰 CoA 是脂肪酸合成的中间产物丙二酰 CoA 的类似物，所以影响脂肪酸的正常合成，同时影响髓鞘质的转换，导致神经系统的疾患，神经系统的症状起初为隐性的，先由周围神经开始，手指有刺痛感，后发展至脊柱后侧及大脑，记忆力减退，易激动，嗅味觉不正常，运动也不正常等。其主要原因为神经脱离了髓鞘。

维生素 B_{12} 在动物食品中存在广泛，正常膳食者少见缺乏症，但偶见于严重吸收障碍疾病患者及长期素食者。

十、α 硫辛酸

α 硫辛酸（lipoic acid），不属于维生素，但它是乙酰转移酶的辅酶。其氧化型和还原型互变完成酰基转移作用（图 6-16）。

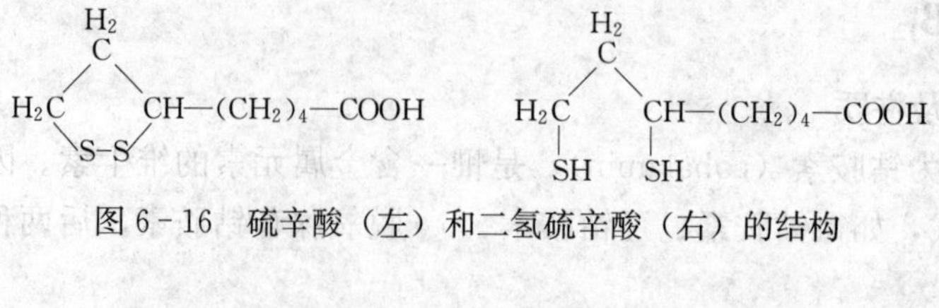

$$\underset{S-S}{\overset{\underset{\displaystyle CH_2}{|}}{H_2C\quad CH}}-(CH_2)_4-COOH \qquad \underset{SH\quad SH}{\overset{\underset{\displaystyle CH_2}{|}}{H_2C\quad CH}}-(CH_2)_4-COOH$$

图 6-16　硫辛酸（左）和二氢硫辛酸（右）的结构

α硫辛酸有抗脂肪肝和降低血胆固醇的作用。另外，它很容易发生氧化还原反应，故有保护巯基酶免受金属离子毒害的作用。

目前尚未发现有硫辛酸缺乏症。

第三节 脂溶性维生素

脂溶性维生素有维生素 A、维生素 D、维生素 E、维生素 K，均溶于脂类溶剂，不溶于水，在食物中通常与脂肪一起存在，吸收它们需要脂肪和胆汁酸。

一、维生素 A

（一）化学本质及性质

维生素 A（视黄醇）指所有具有视黄醇生物活性的物质，即动物性食物中的视黄醇（维生素 A_1）、脱氢视黄醇（维生素 A_2，生物活性为维生素 A_1 的 40%）（图 6-17）、视黄醛、视黄酸等。

食物中的维生素 A 在小肠经胰液或小肠细胞的视黄酯水解酶分解为游离型后进入小肠细胞，然后在微粒体中酯酶作用下再合成维生素 A 棕榈酸酯。植物中的类胡萝卜素在人体内可转变成维生素 A，成为维生素 A 原。维生素 A 和类胡萝卜素在小肠内的吸收过程是不同的。类胡萝卜素的

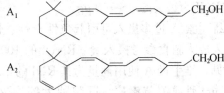

图 6-17 维生素 A 结构式

吸收方式为物理扩散性，吸收量与肠内浓度相关。维生素 A 则为主动吸收，需要消耗能量，吸收速率比类胡萝卜素快 7～30 倍。无论是维生素 A 还是维生素 A 原类胡萝卜素均与乳糜微粒结合，通过淋巴系统进入血循环，然后转运到肝脏。当周围靶组织需要维生素 A 时，肝脏中储存的维生素 A 棕榈酸酯经酯酶水解为视黄醇后，以 1：1 的比例与视黄醇结合蛋白结合，再与前白蛋白结合，形成复合体后释放入血，经血循环转运至靶组织。维生素 A 在体内的半衰期平均为 128～154 d。

（二）生理功能及缺乏

1. 维持正常视觉 暗视觉中发挥作用的杆状细胞中含有感光物质——视紫红质，视紫红质中含有视黄醛。

2. 维持上皮的正常生长与分化 9-顺式视黄酸和全反式视黄酸在细胞分化中的作用尤为重要（影响糖蛋白生物合成）。

3. 促进生长发育 视黄酸促进蛋白质生物合成及骨细胞分化，可维持动物正常生长和健康，但对生殖及视觉功能无作用。

4. 维持机体正常免疫功能 细胞核内特异性的视黄酸受体包括 RAR（retinoic acid receptor）和 RXR（retinoid x receptor）。在有 9-顺式视黄酸存在的情况下，视黄酸受体可对靶细胞基因的相应区域进行调控。这种对基因调控的结果可以促进免疫细胞产生抗体的能力，也可以促进细胞免疫的功能，以及促进 T 淋巴细胞产生某些淋巴因子。已经证明人淋巴细胞中存在

RAR，其分布形式以 RARα 亚型为主，RARγ 亚型也有表达。维生素 A 缺乏时，免疫细胞内视黄酸受体的表达下降。

5. 抗氧化作用 淬灭单线态氧是类胡萝卜素的重要化学特征之一。单线态氧的反应活性远大于空气中的氧，能与细胞中的许多成分相互作用产生多种氧化产物。类胡萝卜素与单线态氧相互作用，生成类胡萝卜素氧化物，后者随即无害地向周围溶液释放能量。因此，类胡萝卜素具有清除细胞内强氧化剂的作用。

维生素 A 缺乏易引起夜盲症、干眼病、毛囊角化过度症、儿童呼吸道感染、机体不同组织上皮干燥、增生及角化等；呼吸、消化、泌尿、生殖上皮细胞角化变性，容易遭受细菌侵入，引起感染。特别是儿童、老人容易引起呼吸道炎症，严重时可引起死亡。另外，维生素 A 缺乏还会引起血红蛋白合成代谢障碍，免疫功能低下，儿童生长发育迟缓。孕妇缺乏维生素 A 可引胎儿宫内发育迟缓，骨骼发育不良，低体重儿出生率增加。

推荐摄入量（recommended nutrient intake，RNI）可以满足某一特定群体中绝大多数（97%～98%）个体的需要。长期摄入推荐摄入量水平，可以维持组织中有适当的储备。维生素 A 的 RNI 为每天 600～700 μg。

维生素 A 过多摄入可引起急性毒性、慢性毒性及致畸毒性。急性毒性产生于一次或多次连续摄入成人膳食参考摄入量（RNI）的 100 倍，或儿童大于其 RNI 的 20 倍。慢性中毒比急性中毒常见，维生素 A 使用剂量为其 RNI 的 10 倍以上时可发生。表现为疲倦、厌食、毛发脱落、指甲变脆、骨或关节疼痛、肝脾肿大等，孕妇在妊娠早期每天大剂量摄入（7 500～45 000 mg RE)，娩出畸形儿相对危险度为 25.6。

二、维生素 D

（一）化学本质及性质

维生素 D 又称为抗佝偻病维生素，维生素 D 和维生素 D 原都是类固醇化合物，其母核为环戊烷多氢菲。

维生素 D 是固醇类化合物，主要有维生素 D_2、维生素 D_3、维生素 D_4、维生素 D_5。其中维生素 D_2 和维生素 D_3 活性最高。在生物体内，维生素 D_2 和维生素 D_3 本身不具有生物活性。它们在肝脏和肾脏中进行羟化后，形成 1,25 -二羟基维生素 D。其中 1,25 -二羟基维生素 D_3 生物活性最强。

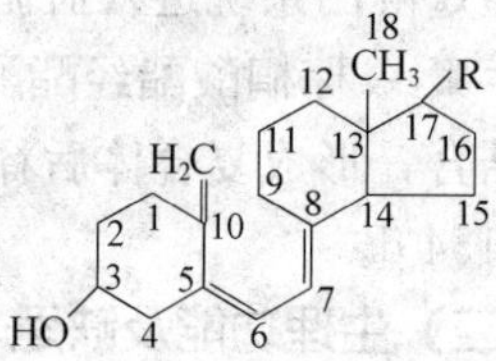

图 6 - 18 维生素 D 的通式

（二）生理功能及缺乏

维生素 D 的主要功能是调节钙、磷代谢，可促使小肠吸收钙，使血钙浓度增加，也可促使小肠吸收磷，使血磷浓度升高。另外，维生素 D 还有促进血液凝固，降低神经兴奋的作用。维生素 D 储存在脂肪组织中，其主要排泄途径是胆汁。长期维生素 D 摄食不足或不晒太阳，易引起体内缺乏维生素 D，不能维持钙平衡，患者骨质软弱，膝关节发育不全，两腿形成内曲或外曲畸形，手足痉挛；成人则患骨骼脱钙作用，孕妇和授乳妇女的脱钙作用严重时，导致骨质疏松病，患者骨骼易折，牙齿易脱落；儿童则会骨骼发育不良，易患佝偻病（软骨病）。经常服用鱼肝油可防治维生素 D 缺乏病。日光中的紫外线可使皮肤内的维生素 D 前体（7 -脱氢胆固醇）转化为维生素 D，故多晒日光可预防维生素 D 缺乏。

维生素 D 摄食过量会引起中毒，表现为食欲不振、体重减轻、恶心、呕吐、腹泻、头痛、多尿、烦渴、发热；血清钙磷增高，以至发展成动脉、心肌、肺、肾、气管等软组织转移性钙化和肾结石。维生素 D 中毒后立即停服维生素 D、限制钙摄入，重症者可静脉注射 EDTA，促进钙排出。

三、维生素 E

（一）化学本质及性质

维生素 E 又称为抗不育维生素，是一类由生育酚组成的脂溶性维生素。天然存在的维生素 E 有 8 种：α、β、γ、δ、ξ_2、η、ϵ、ξ_1，一般所指的为其中的 α 生育酚。如果将 α 生育酚的生物活性定为 100，那么 β 生育酚的相对活性为 25～50，γ 生育酚为 10～35。维生素 E 对氧十分敏感，极易被氧化而保护其他物质不被氧化，是动物和人体中最有效的抗氧化剂。如保护线粒体膜上的磷脂、有抗自由基的作用。

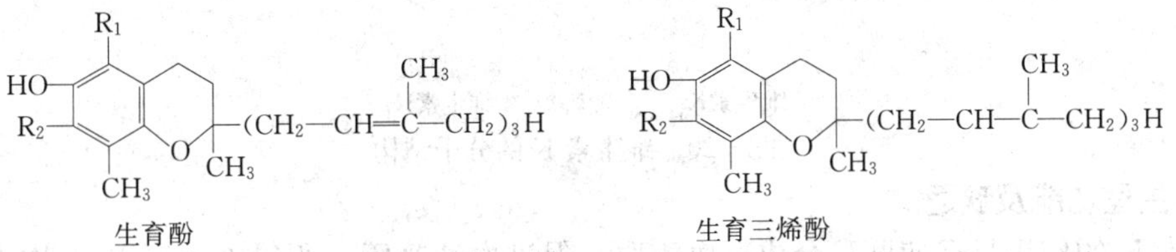

图 6-19　维生素 E 分子结构

（α-生育酚和 α-生育三烯酚的 R_1 和 R_2 都为—CH_3；β-生育酚和 β-生育三烯酚的 R_1 和 R_2 分别为—CH_3 和—H；
γ-生育酚和 γ-生育三烯酚的 R_1 和 R_2 分别为—H 和—CH_3；δ-生育酚和 δ-生育三烯酚的 R_1 和 R_2 都为—H）

在自然界，维生素 E 广泛分布于动植物油脂、蛋黄、牛奶、水果、莴苣叶等食品中，在麦胚油、玉米油、花生油、棉子油中含量更丰富。维生素 E 的 RNI 为 14 mg。

（二）生理功能及缺乏

维生素 E 是一种强抗氧化剂，能有效地阻止食物和消化道内脂肪酸的酸败，保护细胞免受不饱和脂肪酸氧化产生的有害物质的伤害；是极好的自由基清除剂，能保护生物膜免受自由基攻击，为有效的抗衰老营养素；提高肌体免疫力；保持血红细胞的完整性，促进血红细胞的生物合成；是细胞呼吸的必需促进因子，可保护肺组织免受空气污染的伤害；预防心血管病；维持正常生殖功能，动物缺乏维生素 E 时精子生成和雌性繁殖力都降低。

维生素 E 一般不易缺乏。

维生素 E 的毒性相对较小。长期每天摄入 600 mg 以上的维生素 E 有可能出现过多症，如视觉模糊、头痛和极度疲乏等。有不少人自行补充维生素 E，但每天摄入量以不超过 400 mg 为宜。

四、维生素 K

（一）化学本质及性质

维生素 K 又称为凝血维生素，是一种由萘醌类化合物组成的能促进血液凝固的脂溶性维生素。广泛存在于绿色植物如苜蓿、菠菜中，猪肝、蛋黄中也富含维生素 K。维生素 K 有 3 种：

维生素 K_1、维生素 K_2 和维生素 K_3。其中维生素 K_3 是人工合成的。

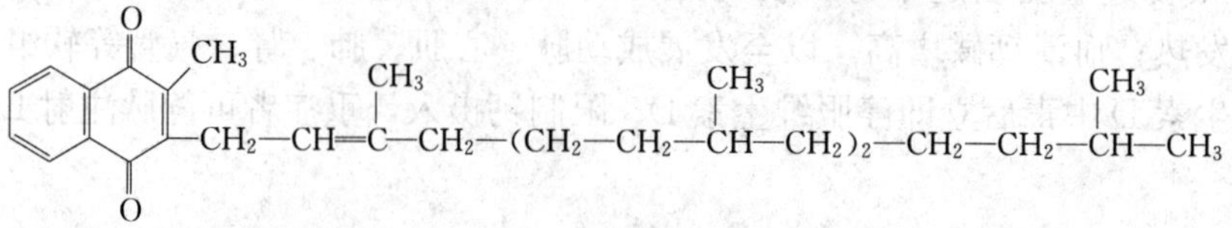

维生素K_1

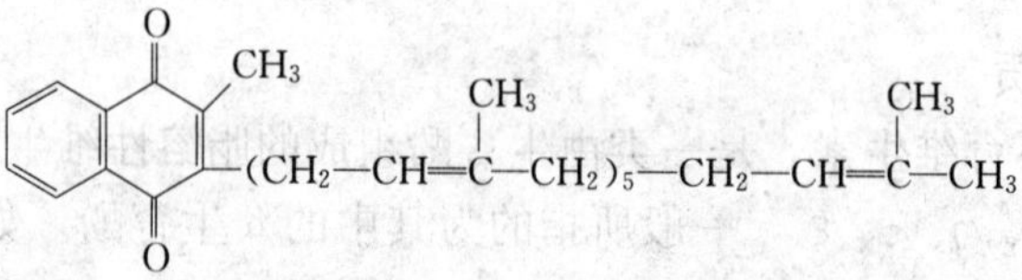

维生素K_2

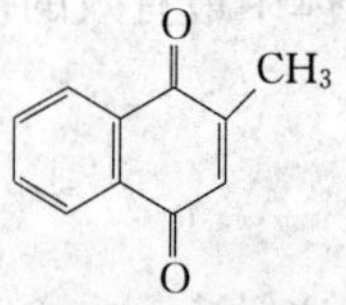

维生素K_3

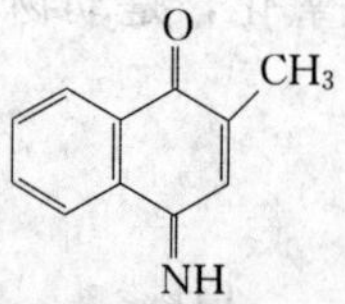

维生素K_4

图 6-20 维生素 K 的分子结构

（二）生理功能及缺乏

维生素 K 的作用是促使肝脏合成凝血酶原，促进血液凝固，所以维生素 K 也称为凝血维生素。人类每天的维生素 K 需要量为 60～80 μg。动物缺乏维生素 K，血凝时间延长，可引起创伤流血不止。成人一般不易缺乏维生素 K，因为自然界绿色植物中含量丰富，而且人的肠道中的某些细菌可以合成维生素 K，供给宿主。有时新生儿或胆管阻塞病人会因维生素 K 的缺乏而凝血时间延长。故维生素 K 制剂在临床上可用于止血。引起维生素 K 缺乏的原因可能是胰腺疾病、胆管疾病、小肠黏膜萎缩等，长期应用抗生素也可引起维生素 K 缺乏。

小 结

1. 维生素（vitamin）是指一类维持细胞正常功能所必需的，但在生物体内不能自身合成而必须由食物供给的小分子有机化合物。

2. B 族维生素和维生素 C 易溶解于水中，称为水溶性维生素。体内大部分的辅酶与辅基衍生于水溶性维生素。维生素的重要性在于它们是体内一些重要的代谢酶的辅酶或辅基的组成成分。

3. 维生素 B_1 与焦磷酸生成焦磷酸硫胺素（TPP），是体内的活性形式，即羧化辅酶。维生素 B_2 的主要功能是以黄素单核苷酸（FMN）和黄素腺嘌呤二核苷酸（FAD）构成体内许多黄素酶中的辅助因子。维生素 PP 是辅酶Ⅰ和辅酶Ⅱ的组成成分，辅酶Ⅰ为尼克酰胺腺嘌呤二核苷酸（NAD^+），辅酶Ⅱ为尼克酰胺腺嘌呤二核苷酸磷酸（$NADP^+$），它们都是脱氢酶的辅酶。维生素 B_6 包括吡哆醇（pyridoxine）、吡哆醛（pyridoxal）、吡哆胺（pyridoxamine），在体内以磷酸酯的形式存在。磷酸吡哆醛和磷酸吡哆胺可以相互转变，均为活性形式。泛酸又称为遍多酸，被磷酸化并获得巯基乙胺而生成 4-磷酸泛酰巯基乙胺，4-磷酸泛酰巯基乙胺是辅酶 A(CoA) 及酰基载体蛋白（ACP）的组成成分。

4. 脂溶性维生素有维生素 A、维生素 D、维生素 E 和维生素 K，均溶于脂类溶剂，不溶于水，在食物中通常与脂肪一起存在，吸收它们需要脂肪和胆汁酸。

复 习 思 考 题

1. 列举水溶性维生素与辅酶的关系及其主要生物学功能。
2. 列举说明常见的维生素缺乏症。

主要参考文献

王镜岩，朱圣庚，徐长发主编. 2002. 生物化学. 第三版. 北京：高等教育出版社.

袁勤生主编. 2001. 现代酶学. 第二版. 上海：华东理工大学出版社.

周晓云主编. 2007. 酶学原理与酶工程. 北京：中国轻工业出版社.

郭勇主编. 2004. 酶工程. 第二版. 北京：科学出版社.

David L. Nelson, Michael M. Cox. 2000. Lihninger's Principles of Biochemistry. Third Edition. Worth Publishers.

Jeremy M. Berg, John L. Tymoczko, Lubert Stryer, Neil D Clarke. 2002. Biochemistry. Fifth Edition. W. H. Freeman and Company.

第七章 生 物 膜

生物的基本结构和功能单位是细胞，所有的细胞都以一层薄膜（厚度为 6～10 nm）将其内含物与环境分开，这层膜称为细胞膜或外周膜。此外，大多数细胞中还有许多内膜系统，它们组成具有各种特定功能的亚细胞结构和细胞器，例如细胞核、线粒体、内质网、溶酶体、高尔基体、过氧化物酶体；在植物细胞中还有叶绿体等。与真核细胞相比，原核细胞的内膜系统不很丰富，只有少量的膜结构。细胞的外周膜和内膜系统称为生物膜（biomembrane）。

生物膜结构是细胞结构的基本形式，在真核细胞中，膜结构占整个细胞干重的 70%～80%。这些膜结构不仅构成了维持细胞内环境相对稳定的有高度选择性的半透性屏障，而且直接参与物质转运、能量转换、信息传递、细胞识别等重要的生命活动。细胞的形态发生、分化、生长、分裂以及细胞免疫、代谢调控、神经传导、肿瘤发生、药物和毒物的作用、生物体对环境的反应等，都与生物膜有密切的联系。

对生物膜的研究不仅具有重要的理论意义，而且在工、农、医实践方面也有很广阔的应用前景。例如，在医药方面，用磷脂和能识别癌细胞表面抗原的抗体制成内含抗癌药物的微囊，能定向地杀死癌细胞。在工业方面，正在模拟生物膜选择透性的功能，一旦成功将大大提高污水处理、海水淡化以及工业副产品回收的效率。在农业方面，从细胞膜结构与功能的角度来研究农作物的抗寒、抗旱、耐盐、抗病的抗性机理，这方面的研究成果将为农业增产带来显著成效。20世纪 70 年代以来，生物膜的研究已深入到生物学的各个领域，是现代生命科学研究的焦点之一。

第一节 生物膜的组成

生物膜主要由蛋白质和脂质组成，还含少量的糖、水、金属离子等。其中蛋白质和脂质的比例，因膜的种类不同而有很大的差异，范围从 1∶4 到 4∶1。生物膜功能越复杂，膜蛋白质所占比例越大，这说明蛋白质与膜的功能有关。例如，神经髓鞘膜功能简单，主要起绝缘作用，仅含有 3 种蛋白质，蛋白质与脂质的比值约为 0.25；而线粒体内膜功能复杂，含有电子传递链和氧化磷酸化等酶类共约 60 种蛋白质，蛋白质和脂质的比值约为 3.6。表 7 - 1 中列出了几种生物膜的化学组成。

表 7 - 1 几种生物膜的化学组成

膜类型	蛋白质（%）	脂质（%）	蛋白质∶脂质	糖（%）
人红细胞质膜	49	43	1.14	8
神经髓鞘膜	18	79	0.23	3

（续）

膜类型	蛋白质（%）	脂质（%）	蛋白质：脂质	糖（%）
线粒体内膜	76	24	3.17	1~2
线粒体外膜	52	48	1.08	2.4
内质网系膜	67	33	2.03	
菠菜叶绿体膜	70	30	2.33	
鼠肝细胞核膜	59	35	1.69	2.9
变形虫质膜	54	42		4
支原体细胞膜	58	37		1.5
革兰氏阳性菌	75	25	3.00	

一、膜脂

膜脂是生物膜的基本组成成分，生物膜的脂类主要包括磷脂、糖脂和胆固醇，其中以磷脂含量最高，占整个膜脂的 50% 以上。不同细胞脂质组成不同，即便同一细胞在不同的生长发育时期其膜组成也不同。

（一）磷脂

磷脂又可分为甘油磷脂和鞘磷脂两类。甘油磷脂以甘油为骨架，甘油分子的 C_1 和 C_2 位羟基分别与两条脂肪酸链形成酯。C_3 羟基则与磷酸酯化，所得化合物称为磷脂酸，它是最简单的甘油磷脂。生物膜只含有少量的磷脂酸（phosphatidic acid，PA）。在生物膜中，虽然磷脂酸的含量不多，但是它是生物膜其他甘油磷脂合成的前体，它的磷酸基团可以与其他醇生成酯，如磷酸基分别与丝氨酸、乙醇胺、胆碱、肌醇结合分别形成磷脂酰丝氨酸（phosphatidyl serine，PS）、磷脂酰乙醇胺（phosphatidyl ethanolamine，PE）、磷脂酰胆碱（phosphatidyl choline，PC）、磷脂酰肌醇（phosphatidyl inositol，PI）。这四种磷脂是组成膜的主要成分。此外，还可形成磷脂酰甘油（phosphatidyl glycerol，PG）、双磷脂酰甘油（diphosphatidyl glycerol，DPG）等（图 7 - 1）。

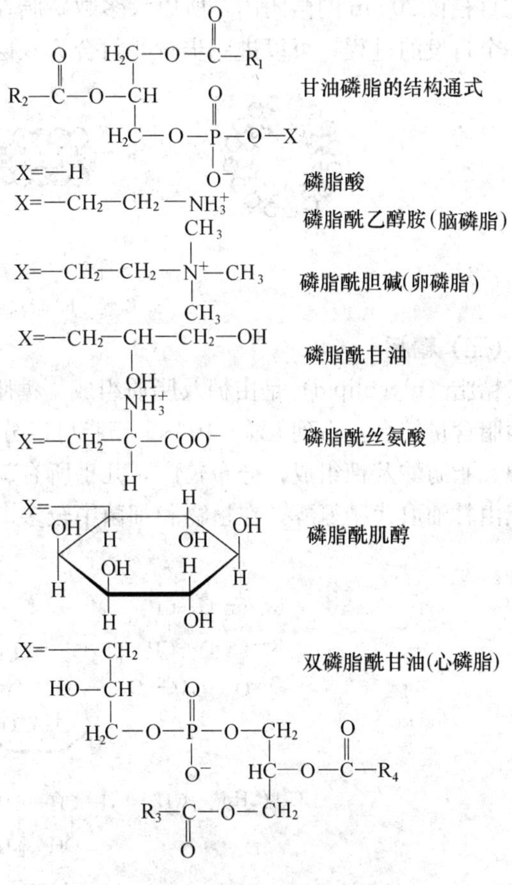

图 7 - 1　甘油磷脂的结构

鞘磷脂的基本骨架不是甘油而是鞘氨醇。鞘氨醇是一个含有不饱和长链烃的氨基醇，其骨架上的氨基通过一个酰胺键与脂肪酸相连，而其伯羟基与磷酸胆碱（或磷酸乙醇胺）酯化。

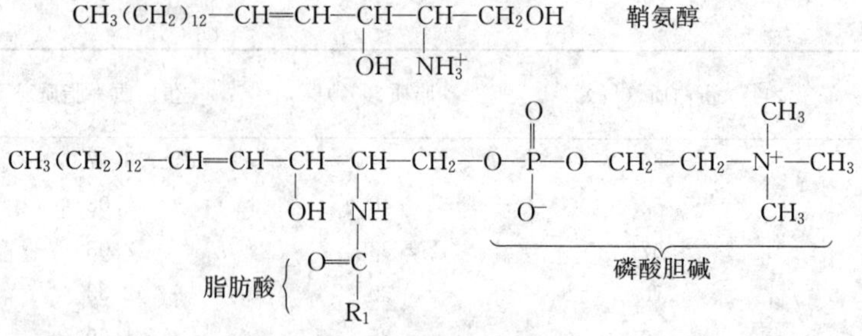

$$CH_3(CH_2)_{12}-CH=CH-CH-CH-CH_2OH \qquad 鞘氨醇$$
$$\underset{OH}{|} \quad \underset{NH_3^+}{|}$$

$$CH_3(CH_2)_{12}-CH=CH-CH-CH-CH_2-O-P-O-CH_2-CH_2-N^+-CH_3$$

脂肪酸 R_1

磷酸胆碱

图 7-2 鞘磷脂结构

从磷脂的结构可以看出，无论是甘油磷脂还是鞘磷脂，都是双亲媒性分子（amphipathic molecule），每个分子中既有亲水部分又有疏水部分。其中，磷酸基团及其连接的胆碱、乙醇胺、肌醇等构成分子的亲水头部，植物中甘油连接的两条脂肪酸链为疏水尾部，动物中鞘氨醇及脂肪酸链构成疏水部分。在水中磷脂亲水头部与水接触，疏水尾部通过疏水键和范德华力尽可能靠近，形成微囊（micelle）或脂双层（bilayer）的结构形式。但由于两条疏水的脂肪酸烃链很难容纳在直径仅 20 nm 的微团内，所以大多数磷脂在水溶液中都以脂双层形式存在。磷脂形成脂双层是一个自发的过程，可以进一步自我封合为双层微囊（liposome）（图 7-3）。

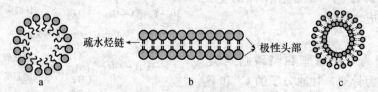

疏水烃链 ← → 极性头部

a   b   c

图 7-3 磷脂形成的结构
a. 微囊   b. 脂双层结构   c. 双层微囊

（二）糖脂

糖脂（glycolipid）是由糖及脂质组成。糖脂的含量占膜脂总量的 5% 以下，在神经细胞质膜上糖脂含量较高，占到 5%～10%。糖脂可以分为两类：糖鞘氨酯和糖甘油酯。糖鞘氨酯是由鞘氨醇、脂肪酸及糖组成，分布较广，几乎所有动物细胞膜都有，特别是神经细胞含量丰富。糖甘油酯由甘油取代鞘氨醇，在植物和细菌中较多。几种糖脂的结构如图 7-4。

$$R_1-C-O-CH_2$$
$$R_2-C-O-CH$$
$$H_2C-O-$$

单半乳糖甘油二酯

$$CH_3(CH_2)_{12}-CH=CH-CH-CH-CH_2-O-\boxed{\begin{array}{c}葡萄糖或\\半乳糖\end{array}}$$

脑苷脂类结构

脂肪酸 R_1

图 7-4 糖脂的结构类型

糖脂与磷脂类似，也是双亲分子。极性头部为亲水的糖基，非极性尾部是两条脂肪烃链。

（三）固醇类化合物

固醇（sterol）又称为甾醇，也是膜脂组分。不同生物的生物膜所含固醇的种类不同。动物膜固醇主要是胆固醇，而植物细胞膜系中胆固醇含量很低，常见的固醇是豆固醇和谷固醇。许多真菌和酵母菌的膜固醇以麦角固醇为主（图 7-5）。

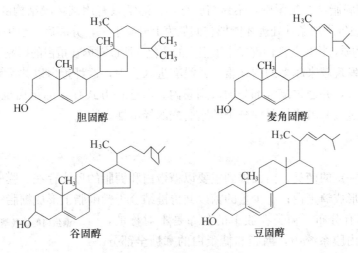

图 7-5　几种固醇的结构

二、膜蛋白

细胞中有 20%～25% 的蛋白质与膜结构相联系，膜蛋白是生物膜功能的主要执行者，在后面的生物膜功能中将详细介绍。膜蛋白（包括酶及受体）属单纯蛋白质的很少，多是糖蛋白、脂蛋白或糖脂蛋白。它们与其他蛋白质在组分上没什么不同，皆由氨基酸组成，只是疏水氨基酸含量相应较多。

根据膜蛋白与膜脂相互作用的方式以及在膜上的定位，可将其分为外周蛋白（peripheral protein）和内在蛋白（intrinsic protein）。

（一）外周蛋白

外周蛋白又称为外在蛋白，分布于膜的外表面，一般占膜蛋白的 20%～30%。它通过离子键或氢键与膜脂的极性头部相结合，或和其他膜蛋白的亲水部分相结合。如结合在线粒体内膜上的细胞色素 c、己糖激酶、F_1-ATP酶、红细胞膜的纤维状蛋白等都属于此类（图 7-6）。外周蛋白由于与膜其他组分结合力弱，所以比较容易从膜上分离。可以通过改变介质的 pH、离子强度或加入金属螯合剂进行提取，而且不破坏膜的结构。

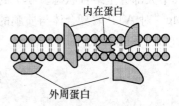

图 7-6　生物膜外周蛋白和内在蛋白

真核细胞质膜上的一些蛋白质可与寡糖连接生成糖蛋白（glycoprotein）。糖链可通过 C—O 键与蛋白质上的丝氨酸或苏氨酸残基的羟基连接，也可通过 C—N 键与蛋白质中的天冬酰胺的酰胺基相连。寡糖链伸向膜的外表面，形成各种细胞表面的特异天线。细胞之间可借助此天线相互识别并交换信息，还可以接受外来的化学信号。

（二）内在蛋白

内在蛋白占膜蛋白的 70%～80%，它通过非极性氨基酸残基侧链与脂双层疏水区的疏水作用而结合在膜上。有的全部埋于脂双层的疏水区内，有的部分插入脂双层中，有的贯穿整个脂双层（图 7-6）。内在蛋白与膜脂结合很紧密，不易与膜分离，通常只有用破坏膜结构的试剂（如去垢剂、有机溶剂）或超声波等剧烈条件处理才能把它们从膜上分离下来，分离后一旦去掉有机溶剂或去污剂又聚合为不溶性物质，构象与活性都发生了很大的变化。所以对内在蛋白的研究滞后于外周蛋白。

在真核生物中发现越来越多的内在蛋白并没有进入膜内，这种蛋白以共价键与脂质、脂酰链或异戊烯基团相结合，并通过疏水部分插入到膜内。以这种方式存在的蛋白也可称为锚定蛋白，如碱性磷酸酯酶通过糖基磷脂酰肌醇分子的脂肪酸的烃链插入膜内。

三、糖类

生物膜中含有一定的糖类，前面提到主要以糖蛋白和糖脂的形式存在。膜中的糖以寡糖链共价键结合于蛋白，形成糖蛋白；有少量的糖以共价键结合于鞘磷脂上形成糖脂。糖类在细胞质膜和细胞内膜系统都有分布。糖类在膜上的分布是不对称的，无论是在质膜还是内膜系统中，糖脂和糖蛋白的寡糖全部分布在非细胞质的一侧，即：质膜中所有的糖类均暴露在细胞外表面，细胞内膜系统的糖类则朝向内膜系统的内腔（图 7-7）。在生物膜中，组成寡糖的单糖主要有半乳糖、甘露糖、岩藻糖、半乳糖胺、葡萄糖胺、葡萄糖和唾液酸等。糖类约占生物膜组分的 5%，但其结构复杂，功能很重要，许多反应都是糖蛋白起着关键性的作用，有人把细胞膜的糖部分比喻为细胞表面的天线。

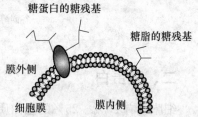

图 7-7　暴露在质膜外表面的糖脂和糖蛋白的糖残基

如在细胞免疫、细胞与细胞间的相互识别、细胞与感染等接受外界信息方面具有重要作用。糖蛋白也是许多膜上的酶、受体、膜抗原的主要组成部分。

四、其他膜组分

除上述 3 种组分外，生物膜还含有水和少量的无机盐类。据估计，水约占膜重量的 30%，其中大部分呈结合状态。膜上的金属离子与膜蛋白和膜脂的结合有关，能起到盐桥的作用，例如 Mg^{2+} 对 ATP 酶复合体与质膜的结合有促进作用。有些金属离子还参与调节膜蛋白的生物功能，如 Ca^{2+} 和 K^+ 等。

第二节　生物膜的结构

一、生物膜的结构特征

（一）脂双层是生物膜的骨架

脂双层结构指一层生物膜由两层膜脂分子组成。两层膜脂分子的极性头部朝向膜的表面，非极性尾部朝向膜内。厚度可达到 1 nm（图 7 - 8）。

从热力学角度讲，这种结构具有最大的稳定性。由于疏水尾部都伸向内侧，存在疏水作用力，这种结构使得水分子与膜脂分子无相互接触，水分子熵值增大，疏水作用力增大，疏水作用力是维持脂双层的主要作用力。此外，膜表面的极性头部还可以形成各种极性键，如氢键、离子键和范德华引力。由于这种结构具有热力学稳定性，所以这种结构不仅可以自动装配

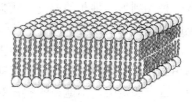

图 7 - 8　脂双层结构示意图

形成还可以自动融合，这样形成的都是连续结构，没有暴露在外面的疏水尾部。

（二）蛋白质以两种方式与膜结合

各种蛋白质或酶可以镶嵌或附着在脂双层上面。前已述及，膜上的蛋白可分为外周蛋白和内在蛋白两种。这两种蛋白质在理化性质上有所区别，但它们都是生物膜执行功能所必需的成分。

（三）膜组分两侧呈不对称分布

脂双层的脂质种类和分布在膜内外两侧是不对称的。例如，真核细胞中鞘磷脂（sphingomyelin，SM）和磷脂酰胆碱在外层分布较多，而磷脂酰乙醇胺及磷脂酰丝氨酸在内侧较多。膜蛋白在膜上的分布也是不对称的。如在线粒体内膜上存在的电子传递体中，细胞色素 c 存在于内膜的外侧，而其他细胞色素氧化酶及琥珀酸脱氢酶则存在于膜内侧。膜脂和膜蛋白的这种不对称分布，导致膜内外两侧生物功能存在差异。此外，糖在膜两侧的分布也是不对称的，糖脂和糖蛋白上的寡糖都分布于膜非细胞质的一侧。

（四）生物膜具有一定的流动性

生物膜的流动性包括膜脂、膜蛋白的运动性。研究表明，膜适当的流动性对膜表现正常的生物功能具有十分重要的作用。

1. 膜脂的流动性　膜脂的基本组分是磷脂，所以膜脂的流动性主要取决于磷脂。磷脂的运动有以下几种方式：①在膜内做侧向扩散或侧向移动；②围绕与膜平面垂直的轴做旋转运动；③围绕与膜平面垂直的轴左右摆动；④膜脂沿膜平面纵轴的上下振动；⑤在脂双层中做翻转运动；⑥烃链围绕 C—C 键旋转而导致的异构化运动（图 7 - 9）。

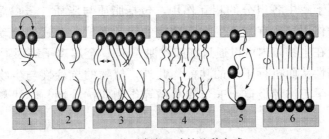

图 7 - 9　磷脂运动的几种方式

1. 侧向扩散或侧向移动　2. 绕垂直于膜平面的轴旋转　3. 围绕与膜平面垂直的轴摆动　4. 上下振动
5. 翻转运动　6. 异构化运动

在正常生理条件下，磷脂大多数处于既具有流动性又具有有序性的液晶态，当温度逐渐降低膜脂逐渐趋向有序性的凝胶态；当温度升高时，膜脂会从液晶态向液态转变。习惯上相变温度指

从一种相到另一种相的温度。膜脂的相变温度特指从液晶态向晶胶态转变的温度（图 7 - 10）。不同的膜脂相变温度不同。

磷脂的流动性受很多因素的影响，主要有：①脂肪酸烃链的长度。脂肪酸链越长，它们之间的相互作用也越强，脂双层的流动性降低。②脂肪酸烃基的不饱和度。不饱和度越高，流动性越强。这主要是由于不饱和的顺式双键会产生烃链的扭曲，并且促进双键两侧的烃链的旋转运动，分子间的距离也增大，降低了脂质分子排列的有序性，从而削弱了相邻脂质的相互作用。③胆固醇对膜流动性的调节具有双重作用。在相变温度以上，胆固醇的刚性部分会干扰脂质的旋转异构化运动，从而降低膜的流动性；而在相变温度以下时，胆固醇又会阻止脂酰链的有序排列，防止其向凝胶态转化。所以胆固醇的存在能够增大液晶态存在的温度范围，使膜的流动性适中（图 7 - 11）。

 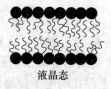 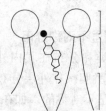

极性头部

受胆固醇
影响流动性
降低的区域

流动性较
大的区域

凝胶态　　　　　　　液晶态

图 7 - 10　生物膜的相变　　　　　图 7 - 11　脂质单分子层中的胆固醇对膜流动性的影响

在生物膜中，由于膜脂组分比较复杂，而不同膜脂的相变温度不同，再加上膜蛋白及其他因素的影响，因此在一定温度下，生物膜中有些膜脂呈凝胶态，有些呈流动性的液晶态，这种现象称为分相。

2. 膜蛋白的流动性　实验证明，膜蛋白在生物膜上也具有流动性。其中最典型的就是 1970 年 Frye 和 Edidin 所做的细胞融合（cell fusion）实验。它们用细胞融合技术将小鼠细胞和人体细胞进行融合，并同时用不同的荧光抗体标记各自细胞表面的蛋白质。当两种细胞融合形成杂核细胞后，各自特定的蛋白质分布在各自膜表面。一段时间后发现不同的蛋白质已均匀地分布在杂核细胞膜上。

膜的流动性有利于膜中各组分的相互作用，包括脂质与脂质、蛋白质与蛋白质、脂质与蛋白质等相互之间的作用，也有利于生物膜功能的正常发挥。合适的流动性是膜蛋白正常功能表现的必要条件，在生物体内可以通过细胞代谢、pH、金属离子等因素对生物膜进行调控，使其具有合适的流动性从而执行正常的功能。此外，植物的抗冷性与生物膜的流动性存在一定的相关性。我国科学工作者报道，玉米或水稻等作物的抗冷性与其线粒体膜的流动性具有一定的内在联系。

二、生物膜的结构模型

半个多世纪以来，许多科学工作者致力于对生物膜的研究，对生物膜的基本结构和性质的认识不断深入，曾提出不少关于膜结构的模型。对质膜的研究最早始于 1895 年欧文顿（E. Overton）对细胞通透性的研究，他认为细胞由一定连续的脂质物质组成。1925 年，戈特

（Gorter）和哥伦德尔（Grendel）提出生物膜主要以脂双层的形式存在。在此基础上先后提出了下述结构模型。

（一）片层结构模型

片层结构模型（lamella structure model）是由 Danielli 与 Davson 于 1935 年提出来的。他们认为，生物膜主要是由蛋白质和脂质分子组成。蛋白质分子以单层覆盖在脂质双层的两侧，因而形成蛋白质-脂质-蛋白质的三夹板式结构，又称三夹板模型（图7-12）。这个模型曾得到电子显微镜观察结果和 X 衍射分析等方面的支持。

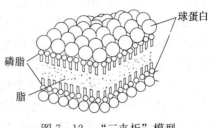

图 7-12 "三夹板"模型

（引自王镜岩，2002）

（二）单位膜模型

20 世纪 50 年代末期，Robertson 在三夹板模型的基础上，应用电子显微镜观察到膜具有三层结构，即在膜两侧呈现电子密度高、中间电子密度低的现象，经过大量实验 Robertson 发现，除细胞质膜外，其他如内质网、线粒体、叶绿体、高尔基体等在电子显微镜下都呈现相似的三层结构。因此，1964 年他提出了单位膜模型（unit membrane model）。这种模型和上述三夹板模型的不同之处在于脂双层两侧蛋白质分子以 β 折叠的形式存在，而不是球蛋白，而且呈不对称分布（图7-13）。

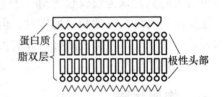

图 7-13 单位膜模型

（引自王镜岩，2002）

这一模型能够解释细胞质膜的一些基本特性，例如质膜有很高的电阻，这是由于膜脂的非极性端的碳氢化合物是不良导体的缘故；再如由于膜脂的存在，使它对脂溶性强的非极性分子有较高的通透性，而脂溶性弱的小分子则不易透过膜。但随着研究的深入人们逐渐发现大多数膜蛋白都需要用比较剧烈的方法（如去垢剂、有机溶剂等）才能从膜上分离下来，这些现象单位膜模型难以解释。

（三）流动镶嵌模型

在生物膜流动性和膜蛋白分布的不对称性等研究获得一系列重要成果的基础上，1972 年美国科学家 Singer 和 Nicolson 提出了流动镶嵌模型（fluid mosaic model）（图7-14）。该模型要点为：脂双分子层是细胞膜的主要结构支架；膜蛋白为球蛋白，分布于脂双层表面或嵌入脂分子中，有的甚至横跨整个脂双层；细胞膜具有流动性；组成细胞膜的各种成分在膜中的分布是不均匀的，即具有不对称性。这一模型提出了流动性和膜蛋白分布的不对称性，至今仍然是最为广泛地被人们接受的膜结构理论。但也有它的局限性，它过分强调了膜的流动性，同时忽视了蛋白质、脂类等组分之间的

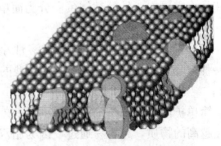

图 7-14 生物膜流动镶嵌模型

相互作用。

（四）板块镶嵌模型

近年来，在流动镶嵌模型的基础上人们又提出了不少模型。其中具有代表性的是 Jain 和 White 在 1977 年提出的板块镶嵌模型。该模型认为，在脂双层为骨架的生物膜中，膜蛋白、膜脂及膜内物质存在一些特殊的相互作用，整个膜是由组织结构不同、性质不同、大小和流动性不同的板块组成的。即生物膜具有不同流动性的板块相间隔的动态结构（图 7 - 15）。该模型的贡献在于强调了生物膜结构和功能的区域化特点。

图 7 - 15 块板镶嵌模型

第三节 生物膜的功能

过去人们只是认为膜仅仅起到一种包裹的作用，使膜内外物质分开，同时防止膜内物质流出，维持细胞内各组分的相对稳定性。但是随着生物膜研究的不断深入，人们越来越认识到细胞内的很多生命活动都直接或间接与膜有关。生物膜的功能可归纳为 4 个方面：物质运输、能量传递、细胞识别和信息传递。

一、物质运输

生物膜是具有高度选择性的半透膜，细胞能从环境中摄取所需的营养物质，并排出代谢产物和废物，使细胞保持动态恒定，这是活细胞维持正常的生理内环境的基本因素。此外，细胞间的相互作用、氧化磷酸化过程中能量的转化、神经和肌肉的兴奋等都与膜的物质运输密切相关。物质运输可分为小分子物质的运输与生物大分子的运输两类。

（一）小分子物质的运输

根据物质运输过程中的自由能变化，可分为被动运输（passive transport）和主动运输（active transport）。当 $\Delta G < 0$ 时，物质顺电化学梯度运输，为被动运输；当 $\Delta G > 0$ 时，物质逆电化学梯度运输，为主动运输。

1. 被动运输 被动运输是指物质顺着电化学梯度的方向跨膜运输，即从膜的高浓度一侧扩散到低浓度一侧，它的自由能减少，反应自发进行，不需供给能量。被动运输的扩散速度取决于该物质在膜两侧的浓度差，并与分子大小、电荷性质、在膜脂双层中的溶解性有关。被动运输根据其是否需要专一性的载体蛋白分为简单扩散（simple diffusion）和协助扩散（facilitated diffusion）。

（1）简单扩散 这是许多脂溶性小分子运送的主要方式。物质从高浓度一侧通向低浓度一侧，不与膜上物质发生任何类型的反应，扩散的最终结果使膜两侧的浓度相等（图 7 - 16）。

简单扩散除受膜两侧浓度梯度影响外，扩散速度还与物质在油-水两相的分配系数有关。脂溶性越高的物质，越容易通过，因为脂双层是膜的骨架。如医用的麻醉剂多数是脂溶性的，这些物质很容易穿膜渗入细胞发挥其麻醉作用。很多杀虫剂也是脂溶性的，将它们以乳剂的形式进行喷洒，很容易进入昆虫细胞起到杀虫的效果。

溶质的电离程度也是影响扩散的一个重要因素。电离程度越大，亲水性越强，通过膜进行简单扩散的速度就越小。如甘油进入细胞后随即发生磷酸化，生成磷酸甘油，磷酸甘油在生理 pH 下电离成阴离子，通过膜扩散的速度降低，这样就减少了甘油从膜内溢出的可能性。一般物质电荷数越多，越难通过细胞膜扩散。

溶质分子大小及形状对简单扩散也有很大影响。分子越小，扩散过膜的能力越强，反之越难通过。对大分子而言，膜几乎是不可逾越的屏障。据估计，膜上的亲水小孔的平均直径约

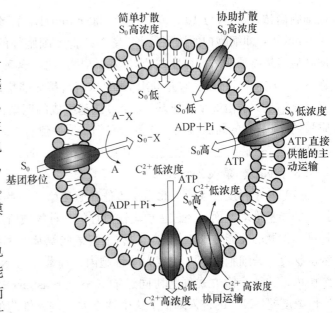

图 7-16 小分子物质跨膜运输的几种方式

0.8 nm，它是由膜蛋白的亲水基团围成的通道。所以 0.8 nm 就是各种分子通过膜难易的一个界限。常见扩散的物质：水分子直径为 0.3 nm，尿素为 0.36 nm，水化 Cl^- 为 0.386 nm，水化 Na^+、K^+ 分别为 0.512 和 0.396。此外，乳酸分子的直径为 0.52 nm，甘油分子的直径为 0.6 nm，这些离子或分子直径都小于 0.8 nm，所以都能以不同速度通过扩散透过膜的小孔。膜是一个可塑的流动结构，其孔径大小是可以变化的，而且还受其他多种因子（如激素等）的调节。

（2）协助扩散　协助扩散中，溶质也是从高浓度一侧向低浓度一侧运输，直至浓度相等达到动态平衡，也不需外界提供能量（图 7-16）。与简单扩散不同的是，被动运输的物质必须与膜上的特定载体发生可逆结合，并在这种载体的帮助下扩散过膜。目前认为这类载体是镶嵌在膜上的多肽或蛋白质，属透性酶系，可用适当的方法把它们从膜上分离下来。载体可通过构象变化来运输物质，在膜的任何一侧都能结合和释放被运送的物质，这取决于被运输的物质在膜两侧的浓度。这种运输方式是研究葡萄糖进入细胞膜时发现的。

协助扩散与上述简单扩散在动力学性质上的显著差别就是协助扩散具有饱和效应。当被运送的物质浓度不断增加时，运送速度开始会增加，后来达到一个极限值。这与底物浓度不断增加酶促反应速度会达到 v_{max} 相似。

2. 主动运输　主动运输是指物质逆电化学梯度的方向跨膜运输，即从膜的低浓度一侧运输到高浓度一侧，它的自由能增大，是需要供给能量的过程，同时也需要膜上特殊的载体蛋白的参与。细胞中主动运输的供能方式主要有 3 种：①ATP 水解放能；②氧化还原反应、光化学反应或 ATP 水解中建立的质子或其他离子的浓度梯度；③膜两侧离子的不对称分布产生的电位。根据主动运输中的能量利用方式可分为以下几种类型。

（1）ATP 直接提供能量的主动运输　生物细胞内外存在很大的离子浓度差，如 Na^+ 和 K^+

在细胞内浓度分别为 10 mmol/L 和 100 mmol/L，而细胞外分别为 $100 \sim 140$ mmol/L 和 $5 \sim$ 10 nmol/L，即细胞内的浓度是 K^+ 高 Na^+ 低，细胞外的浓度是 Na^+ 高 K^+ 低。这种明显的离子梯度显然是离子逆浓度梯度主动运输的结果。执行这种运输功能的体系称为 $Na^+ - K^+$ 离子泵或称 $Na^+ - K^+ - ATP$ 酶。它是利用 ATP 水解直接放能推动的。$Na^+ - K^+ - ATP$ 酶由 α、β 两种亚基组成，是一个由 2 个 α 亚基、2 个 β 亚基组成的四聚体。α 亚基是催化亚基，是一个相对分子质量约 100 000 的跨膜蛋白，该蛋白在细胞质一侧有 Na^+ 和 ATP 结合位点，在细胞外一端有 K^+ 结合位点。β 亚基是一个糖蛋白，功能尚不清楚。$Na^+ - K^+ - ATP$ 酶每水解一分子 ATP 向膜外泵出 3 个 Na^+、泵入 2 个 K^+。

（2）离子梯度形成的电化学动力进行的运输　一些物质的主动运输并不是直接靠水解 ATP 提供的能量推动，而是经过主动运输过程的一种物质所产生的电化学势能，是同离子梯度、质子梯度相偶联的耗能方式。例如，动物细胞某些氨基酸和糖的主动运输是依赖于质膜两侧的 Na^+ 浓度梯度，若细胞外 Na^+ 浓度大于细胞内，葡萄糖与 Na^+ 和专一运送蛋白结合，一起被运送入细胞内，这种运输方式称为协同运输（co - transport）。葡萄糖运送的速度和量取决于膜两侧 Na^+ 浓度差，Na^+ 的进入降低了这个浓度差，进入细胞的 Na^+ 再被 $Na^+ - K^+$ 离子泵运送到细胞外，这时才利用 ATP（图 7 - 16）。大肠杆菌中的乳糖传递就是由氧化磷酸化所产生质子梯度所驱动的主动运输方式。

（3）基团移位　物质在跨膜运输过程中，被转运物质受到化学修饰，并直接或间接消耗能量，称为基团移位（图 7 - 16）。一般物质透过膜无需化学修饰，但某些细菌糖的主动运输与它的磷酸化相偶联，磷酸基团供体在转磷酸酶系的催化下，将高能磷酸基团转给糖，成为糖-磷酸，以糖-磷酸的形式通过膜。细菌中普遍存在糖磷酸转移酶系统，它是以磷酸烯醇式丙酮酸作为磷酰基供体，而不是利用 ATP 或其他核苷三磷酸。

（二）生物大分子的运输

实验表明，小分子的跨膜运输主要是通过运送蛋白系统来完成的。但是对于多核苷酸、多糖等生物大分子甚至颗粒物，细胞膜是不能通透的，只能通过其他方式进行跨膜运输。运输方式主要有内吞作用（endocytosis）和外排作用（exocytosis）两种。

1. 内吞作用　细胞从外界摄入大分子或颗粒时，首先被质膜吸附，然后逐渐被质膜的一小部分包围、内陷，最后从质膜脱落形成含有摄入物质的细胞内囊泡的过程，称为内吞作用，如高等动物免疫系统的巨噬细胞内吞入侵的病原体。

如果内吞物是固体称为吞噬作用（phagocytosis），如果是液体称为胞饮作用（pinocytosis）。有些被内吞的物质与细胞表面专一性受体结合，并引发质膜内陷，将内吞物裹入并输入到细胞内的过程，称为受体介导的内吞作用。与吞噬作用和胞饮作用相比，受体介导的内吞作用的专一性更强，能使细胞选择性地摄入大量物质。如动物摄取胆固醇的过程就是通过受体介导的内吞作用实现的。

2. 外排作用　与内吞作用相反，外排物质先在细胞内被膜包裹形成分泌小泡，然后与质膜接触、融合并向外释放被裹入的物质的过程称为外排作用。激素、神经递质、分泌蛋白等都通过外排作用释放到胞外。

二、能量传递

生物膜在参与能量传递和转换中起很重要的作用。最突出的例子就是线粒体和高等植物中叶绿体的内膜系统。线粒体是细胞进行生物氧化和能量转换的主要细胞器，它普遍存在于真核细胞中。线粒体内膜上有序分布着许多电子传递载体和氧化磷酸化酶系。它们精确的定位和排列，并形成许多复合体，从而保证膜上生物氧化产生的电子按照一定顺序传递，并与 ADP 磷酸化相偶联形成 ATP，为物质合成和生命代谢过程提供必需的能量。与线粒体内膜上的能量转换和传递相似，叶绿体的类囊体膜上也存在捕获光能的叶绿素蛋白复合体、电子传递复合体和光合磷酸化偶联酶系。在光合作用中，光子推动的电子传递产生电子动力，形成高还原力的 NADPH，同时和 ADP 相偶联产生 ATP。这些进一步表明细胞的内膜系统是能量转换和传递的必要场所，同时还对能量转换和传递过程进行时空的调节。

三、信息传递

生物在生长发育的过程中，不断与外界环境条件进行信息交换，这种交换是通过生物膜来实现的。细胞膜控制着信号的发生和传递。细胞膜和一些细胞器膜上存在一些特殊的蛋白质负责膜内外的信息交流，这些蛋白质被称为信号受体（signal receptor）。大多数信号受体是膜表面的糖蛋白或糖脂，分子中的寡糖链能够对一定的化学信号（如神经递质、激素、生长因子、抗原和药物等）表现出特异的亲和力。

四、识别功能

生命活动中，细胞通过其表面的特殊受体选择性地与胞外信号物质分子发生相互作用，从而引起胞内一系列的生理生化反应，最终导致细胞的整体的生物学效应，这个过程称为细胞识别（cell recognition）。胞外信号物质包括能引起生物学效应的各类大分子和小分子、胞外基质、其他细胞的表面抗原等。识别这些信号物质的受体多为膜蛋白。

细胞识别包括对游离信号物质的识别和细胞与细胞间的识别。前者涉及对激素、神经递质、药物、毒素、抗原、食物和其他物质的识别，后者包括同种同类细胞间的识别（如凝血过程中血小板聚集、低等生物细胞聚集等）、同种异类细胞间的识别（如有性繁殖过程中配子的结合、免疫细胞对衰老细胞的吞噬等）、异种异类细胞间的识别（如病原体对寄主细胞的侵染和各种共生、寄生过程）以及异种同类间的识别（如输血、器官移植中的识别）。细胞识别现象遍及动物、植物和微生物，体现了物种之间、同一物种个体内部的相互联系。细胞表面，尤其是质膜，活跃地参与识别过程。对细胞识别的研究已涉及发育生物学、细胞学、内分泌学、免疫学、神经生物学、胚胎学以及农业、医学等基础理论的若干领域和许多有着重大实用价值的课题。

第四节　膜表面受体介导的信号转导

细胞外的信号跨膜转导一般分为两类，一类是某些脂溶性信号分子穿过细胞膜进入细胞内，与胞质受体结合，再穿过细胞核的核膜进入细胞核内，与核受体结合，通过调节基因的表达而完成信号转导。第二类细胞外信号的跨膜转导作用于细胞膜表面，胞外的信息分子（第一信使）首先与受体专一性结合，并使受体活化，活化受体的细胞内产生相应的新的信息分子（称为第二信使），在第二信使作用下，细胞内进行相应的生化级联反应，最终细胞做出相应的功能应答。第二类占了绝大多数。根据细胞膜上感受信号物质的受体的结构和功能的不同，跨膜信号转导的途径大致可分为 3 类：① G 蛋白偶联受体（G - protein-linked receptor）介导的信号转导；②离子通道受体（ion-channel-linked receptor）介导的信号转导；③酶偶联受体（enzyme-linked receptor）介导的信号转导（图 7 - 17）。

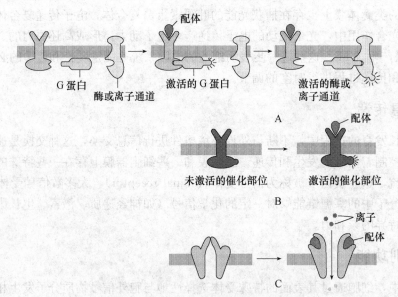

图 7 - 17　细胞膜上感受信号物质的受体
A. G 蛋白偶联受体　B. 酶偶联受体　C. 离子通道受体
（引自翟中和，2000）

一、G 蛋白偶联受体介导的信号转导

（一）参与 G 蛋白偶联受体跨膜信号转导的信号分子

1. G 蛋白偶联受体　G 蛋白偶联受体是存在于细胞膜上的一类膜受体，由于要通过 G 蛋白才能发挥作用，故称为 G 蛋白偶联受体，也称为促代谢型受体（metabotropic receptor），总数多达 1 000 种左右，在分子结构上属于同一超家族，每种受体都是由一条 7 次穿膜的肽链构成，故也称为 7 次跨膜受体（图 7 - 18）。G 蛋白偶联受体与配体结合后，通过构象变化结合并激活 G 蛋白。

2. G 蛋白　G 蛋白即鸟苷酸结合蛋白（guanine nucleotide-binding protein），通常是指由 α、β、γ 3 个亚单位形成的异源三聚体 G 蛋白。此外，还有一类单一亚单位的 G 蛋白，称为小 G 蛋白。G 蛋白的种类很多，每一类还有许多亚型。G 蛋白的共同特点是其中的 α 亚单位同时具有结合 GTP 或 GDP 的能力和 GTP 酶活性。G 蛋白分为失活型（结合 GDP）和激活型（结合 GTP）两种形式，并能互相转化，在信号转导的级联反应中起分子开关的作用。G 蛋白激活后，可进一步激活膜的效应器蛋白，把信号向细胞内转导。

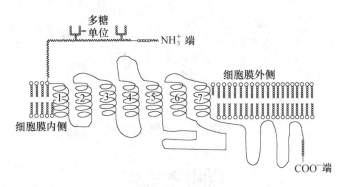

图 7 - 18 β 肾上腺素受体的结构

(受体中部为镶嵌在脂双层细胞膜中的螺旋区，N 端有两个多糖单位，位于细胞膜的外侧，

C 端有多个丝氨酸残基，在防止受体与 G 蛋白作用时它们被磷酸化，

受体在细胞膜内侧的一个泡区参与活化 G 蛋白的过程)

(引自王镜岩等，2002)

3. G 蛋白效应器 G 蛋白效应器（G-protein effector）主要是指催化生成（或分解）第二信使的酶。G 蛋白调控的效应器酶主要有腺苷酸环化酶（adenyl cyclase，AC）、磷脂酶 C（phospholipase C，PLC）、磷脂酶 A_2、鸟苷酸环化酶和 cGMP 磷酸二酯酶等。

4. 第二信使 第二信使（second messenger）是指激素、递质、细胞因子等信号分子（第一信使）作用于细胞膜后产生的细胞内信号分子，其能把细胞外信号分子携带的信息转入胞内。重要的第二信使有环化腺苷酸（cAMP）、三磷酸肌醇（inositol triphosphate，IP_3）、二酰甘油（diacylglycerol，DG）、环化鸟苷酸（cGMP）和 Ca^{2+} 等。

（二）G 蛋白偶联受体信号转导的主要途径

能与受体发生特异性结合的活性物质称为配体（ligand）。有 100 多种配体可通过 G 蛋白偶联受体实现跨膜信号转导。较重要的转导途径有以下几条。

1. 受体-G 蛋白-腺苷酸环化酶途径 胞外信号分子（配体）与膜上受体结合后，活化 G 蛋白，通过 G 蛋白与激素受体的偶联，将信息传递给腺苷酸环化酶，活化的腺苷酸环化酶催化 ATP 生成 cAMP。作为第二信使的 cAMP 再去激活蛋白激酶，蛋白激酶又使磷酸化酶激酶磷酸化而被激活，磷酸化酶激酶催化相应的化学反应引起一系列的生理效应（图7-19）。

蛋白激酶不仅能使磷酸化酶激活产生磷酸化作用，还可以使许多蛋白质（组蛋白、核糖体蛋白、脂肪细胞的膜蛋白、线粒体的膜蛋白、微粒体蛋白及溶菌酶等）产生磷酸化作用。

2. 受体-G 蛋白-磷脂酶 C 途径 胞外信号分子（配体）与膜上受体结合后，活化 G 蛋白，G 蛋白开启磷酸肌醇酶（磷脂酶 C）的催化活性（图 7 - 20）。这一过程的胞内信使是磷酸肌醇酶催化 4,5 -二磷酸磷脂酰肌醇（PIP_2）分解的两个酶解产物：1,4,5 -三磷酸肌醇（IP_3）和二酰甘油（DG）。二酰基甘油进一步活化蛋白激酶 C，促使靶蛋白质中的苏氨酸残基与丝氨酸残基磷酸化，最终改变一系列酶的活性。例如，糖原合成酶被蛋白激酶 C 磷酸化后，停止合成糖原。三磷酸肌醇则作用于内质网膜受体，打开 Ca^{2+} 通道，升高细胞内 Ca^{2+} 浓度，改变钙调蛋白和其他钙传感器的构象，使之变得更易于与其靶蛋白质结合，改变靶蛋白质的生物活性，从而完成激素的磷酸肌醇级联放大作用，在多种细胞内引起广泛的生理效应。

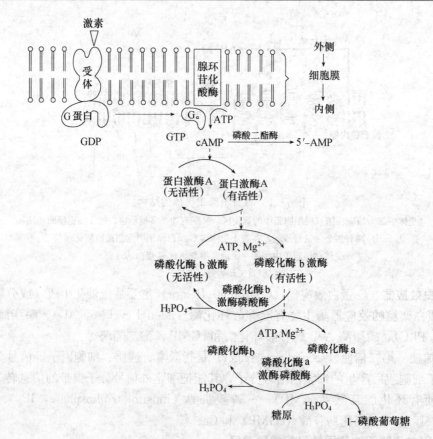

图 7-19　受体-G 蛋白-腺苷酸环化酶途径

（引自黄熙泰等，2005）

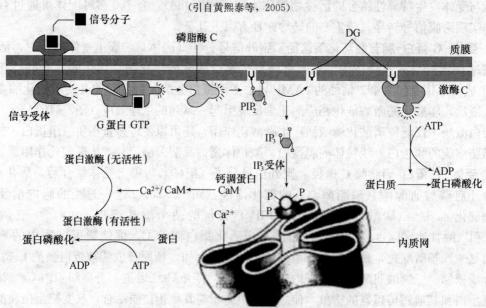

图 7-20　受体-G 蛋白-磷脂酶 C 途径

二、离子通道受体介导的信号转导

离子通道受体是一类自身为离子通道的受体，离子通道的开放和关闭称为门控（gating）。根据门控机制的不同，将离子通道主要分为 3 大类：化学门控通道、电压门控通道和机械门控通道，这 3 种通道蛋白质使不同细胞对外界相应的刺激起反应，完成跨膜信号转导。离子通道受体介导的信号转导的特点：不需要产生其他细胞内信使分子，信号转导的速度快，对外界作用出现反应的位点较局限。

（一）化学门控通道

化学门控通道（chemically-gated ion channel）又称为配体门控性离子通道，是由某些化学物质控制其开或关的通道，以递质受体命名，如乙酰胆碱受体通道、谷氨酸受体通道、天冬氨酸受体通道等。

N 型乙酰胆碱受体阳离子通道是由 4 种不同的亚单位组成的五聚体蛋白质，形成一种结构为 $\alpha_2\beta\gamma\delta$ 的梅花状通道样结构；每个亚单位的肽链都要反复贯穿膜 4 次；在 5 个亚单位中，乙酰胆碱的结合位点在 α 亚单位上，结合后可引起通道结构的开放，然后靠相应离子的易化扩散而完成跨膜信号转导（图 7-21）。通道结构开放使终板膜外高浓度的 Na^+ 内流，同时也能使膜内高浓度的 K^+ 外流，结果使原来存在的两侧静息电位几乎消失，即使该处膜内外电位差接近于 0 值，这就是终板电位，于是完成了乙酰胆碱这种化学信号的跨膜传递，因为肌细胞出现的兴奋和收缩都是以终板电位为起因的。很显然，化学门控通道也具有受体功能，故也称为通道型受体；由于其激活时直接引起跨膜离子流动，故也称为促离子型受体。

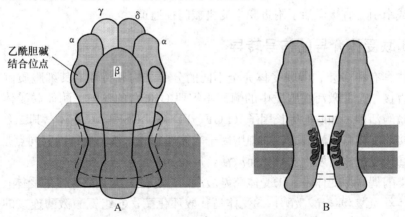

乙酰胆碱结合位点

图 7-21　N 型乙酰胆碱门控通道的分子结构

A. N 型 Ach 门控通道的 5 个亚单位和它们所含 α 螺旋在膜中存在的形式

B. 5 个亚单位相互吸引，包绕成一个通道样结构

（二）电压门控通道

电压门控通道（voltage-gated ion channel）又称为电压依赖性或电压敏感性离子通道，因膜电位变化而开启和关闭，以最容易通过的离子命名，如 K^+ 通道、Na^+ 通道、Ca^{2+} 通道、Cl^- 通道 4 种主要类型，各类型又分若干亚型。分子结构与化学门控通道类似，但分子结构中存在一些对跨膜电位的改变敏感的结构域或亚单位，诱发整个通道分子功能状态的改变。

在动物界，除了一些特殊的鱼类，一般没有专门感受外界电刺激或电场改变的器官或感受细胞，但在体内有很多细胞（如神经细胞和各种肌细胞），在它们的细胞膜中却具有多种电压门控通道蛋白质，它们可由于同一细胞相邻的膜两侧出现的电位改变而再现通道的开放，并由于随之出现的跨膜离子流而出现这些通道所在膜的特有的跨膜电位改变。例如，前述的终板膜由 Ach 门控通道开放而出现终板电位时，这个电位改变可使相邻的肌细胞膜中存在的电压门控式 Na^+ 通道和 K^+ 通道相继激活（即通道开放），出现肌细胞的所谓动作电位；当动作电位在神经纤维膜和肌细胞膜上传导时，也是由于一些电压门控通道被邻近已兴奋的膜的电变化所激活，结果使这些通道所在的膜也相继出现特有的电变化。由此可见，电压门控通道所起的功能也是一种跨膜信号转换，只不过它们接受的外来刺激信号是电位变化，经过电压门控通道的开闭，再引起细胞膜出现新的电变化或其他细胞内功能变化，后者在 Ca^{2+} 通道打开引起膜外 Ca^{2+} 内流时甚为多见。

（三）机械门控通道

机械门控通道（mechanically-gated ion channel）又称为机械敏感性离子通道，是一类感受细胞膜表面应力变化，实现胞外机械信号向胞内转导的通道。根据通透性分为离子选择性通道和非离子选择性通道；根据功能作用分为张力激活型离子通道和张力失活型离子通道。

体内存在不少能感受机械性刺激并引起细胞功能改变的细胞。如内耳毛细胞顶部的听毛在受到切向力的作用产生弯曲时，毛细胞会出现短暂的感受器电位，这也是一种跨膜信号转换，即外来机械性信号通过某种结构内的过程，引起细胞的跨膜电位变化。据精细观察，从听毛受力而致听毛根部所在膜的变形，到该处膜出现跨膜离子移动之间，只有极短的潜伏期，因而推测可能是膜的局部变形或牵引，直接激活了附近膜中的机械门控通道。

三、酶偶联受体介导的信号转导

酶偶联受体具有和 G 蛋白偶联受体完全不同的分子结构和特性，其细胞质侧自身具有酶的活性，或者可直接结合并激活细胞质中的酶而不需要 G 蛋白的参与。酶偶联受体分为两类，其一是本身具有激酶活性，如肽类生长因子（EGF、PDGF、CSF 等）受体；其二是本身没有酶活性，但可以连接非受体酪氨酸激酶，如细胞因子受体超家族。这类受体的共同点是：①通常为单次跨膜蛋白；②接受配体后发生二聚化而激活，启动其下游信号转导。

已知的 6 类酶偶联型受体是：①受体酪氨酸激酶；②酪氨酸激酶连接的受体；③受体酪氨酸磷脂酶；④受体丝氨酸/苏氨酸激酶；⑤受体鸟苷酸环化酶；⑥组氨酸激酶连接的受体（与细菌的趋化性有关）。下面主要介绍受体酪氨酸激酶和受体鸟苷酸环化酶。

（一）受体酪氨酸激酶

1. 受体酪氨酸激酶　受体酪氨酸激酶（receptor protein tyrosine kinase，RPTK）是最大的一类酶偶联受体。受体酪氨酸激酶都由 3 部分组成：细胞外结构域、单次跨膜的疏水 α 螺旋区和细胞内结构域。受体酪氨酸激酶的胞外区是结合配体结构域，配体是可溶性或膜结合的多肽或蛋白类激素，包括胰岛素和多种生长因子。胞内段是酪氨酸蛋白激酶的催化部位，并具有自磷酸化位点。

受体酪氨酸激酶的激活是一个相当复杂的过程，配体（如 EGF）在胞外与受体结合并引起构象变化，导致受体二聚化形成同源二聚体或异源二聚体，在二聚体内彼此相互磷酸化胞内段酪氨酸残基，激活受体本身的酪氨酸蛋白激酶活性，二聚体的细胞内结构域装配成一个信号转导复合物（图 7 - 22）。这类受体主要有 EGF、PDGF、FGF 等。

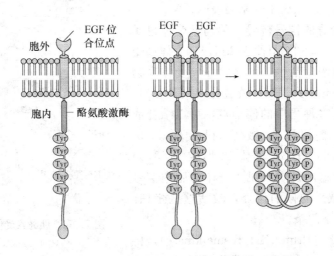

图 7 - 22　EGF 受体酪氨酸激酶的二聚化和自磷酸化

（引自翟中和，2000）

2. Ras 信号途径　Ras（rat sarcoma）是原癌基因 c-ras 表达的产物，RTKs/Ras 是目前研究得比较清楚的一条主要的信号转导途径。Ras 蛋白的分子质量为 21 ku，是单体 GTP 结合蛋白，具有弱的 GTP 酶活性。通过与 GTP 或 GDP 的结合调节其活性。

受体酪氨酸激酶（RPTK）结合信号分子，形成二聚体，并发生自磷酸化而活化，活化的 RPTK 激活 Ras，由活化的 Ras 与 Raf 结合并使其激活（图 7 - 23），Raf 是丝氨酸/苏氨酸蛋白激酶（MAPKK），活化的 Raf 结合并磷酸化另一种蛋白激酶 MAPKK，使其活化，MAPKK 又使 MAPK 激活。MAPK 为有丝分裂原活化蛋白激酶，活化的 MAPK 进入细胞核，可使许多转录因子活化，如将 Elk - 1 激活，促进 c-fos、c-jun 的表达。

Ras 蛋白释放 GDP、结合 GTP 时才能激活，GDP 的释放需要鸟苷酸交换因子（如 Sos）参与。Sos 不能直接和受体结合，需要接头蛋白（如 Grb₂）的连接。接头蛋白与活化受体的磷酸酪氨酸残基结合，再通过与 Sos 结合，Sos 与膜上的 Ras 接触使其活化。Ras 本身具有 GTP 酶活性，在 GTP 酶活化蛋白的参与下，

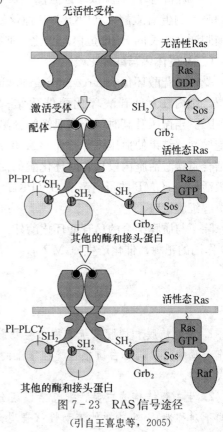

图 7 - 23　RAS 信号途径

（引自王喜忠等，2005）

使 Ras 结合 GTP 水解而失活。

RPTK-Ras 信号通路可概括如下：配体→RPTK→接头蛋白→GEF→Ras→Raf（MAPKKK）→MAPKK→MAPK→进入细胞核→转录因子→基因表达。

3. 胰岛素受体介导的信号转导 胰岛素受体也属于受体酪氨酸激酶，由 α 和 β 两种亚基组成四聚体型受体，其中 β 亚基具有激酶活性，可将胰岛素受体底物（insulin receptor substrate，IRS）磷酸化（图7-24）。胰岛素受体底物作为多种蛋白的停泊点，可以结合或激活靶蛋白，如磷脂酰肌醇 3-激酶（phosphotidylinositol 3-kinase，PI3K）。PI3K 催化 PI 形成 PI(3,4)P_2 和 PI(3,4,5)P_3，这两种磷酸肌醇可作为胞内信号蛋白（含 PH 结构域）的停泊位点，激活这些蛋白。其信号通路主要有以下两条。

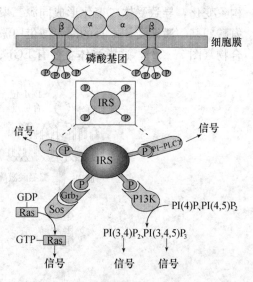

图 7-24 胰岛素受体介导的信号转导
（引自王喜忠等，2005）

① 通过激活 BTK（Bruton's tyrosine kinase），再激活磷脂酶 Cγ(PLCγ)，引起磷脂酰肌醇途径。

② 激活磷脂酰肌醇依赖性激酶（phosphoinositol dependent kinase，PKD1），PKD1 激活转位到膜上的蛋白激酶 B（PKB，一种丝氨酸/苏氨酸激酶，如 Akt）。激活的 PKB 返回细胞质，将细胞凋亡相关的 BAD 蛋白磷酸化，抑制 BAD 的活性，从而使细胞存活。

（二）受体鸟苷酸环化酶

受体鸟苷酸环化酶（receptor guanylate cyclase）是单次跨膜蛋白受体，胞外段是配体结合部位，胞内段为鸟苷酸环化酶催化结构域。受体的配体如心房排钠肽（ANP）和脑排钠肽（BNP）。当血压升高时，心房肌细胞分泌 ANP，促进肾细胞排水、排钠，同时导致血管平滑肌细胞松弛，结果使血压下降。介导 ANP 反应的受体分布在肾和血管平滑肌细胞表面。ANP 与受体结合直接激活胞内段鸟苷酸环化酶的活性，使 GTP 转化为 cGMP，cGMP 作为第二信使结合并激活依赖 cGMP 的蛋白激酶 G（PKG），导致靶蛋白的丝氨酸/苏氨酸残基磷酸化而活化，从而引起细胞反应。

除了与质膜结合的鸟苷酸环化酶外，在细胞质基质中还存在可溶性的鸟苷酸环化酶，它们是 NO 作用的靶酶，催化产生 cGMP。

小　结

1. 细胞质膜和内膜系统统称为生物膜。生物膜主要成分为糖类、脂类和蛋白质。其中脂双层作为膜的骨架，蛋白质根据其在膜上的位置分为外周蛋白和内在蛋白，糖类以糖脂或糖蛋白的形式存在。

2. 生物膜结构的主要特征包括膜组分的不对称性（即膜脂、膜蛋白、糖在膜两侧组成和分布的不对称性）、生物膜的流动性（表现为膜脂和膜蛋白的运动性）。生物膜结构模型以流动镶嵌模型为代表。

3. 生物膜具有多种多样的生物学功能。表现为物质运输、能量传递、信息传递、细胞识别等。此外，细胞的形态发生、生长、分裂、细胞免疫等都与生物膜有关。生物膜的研究已经越来越受到人们的重视，并应用于工农业和医药卫生等领域。

4. 根据细胞膜上感受信号物质的受体的结构和功能的不同，跨膜信号转导的途径大致可分为 3 类：G 蛋白偶联受体介导的信息转导、酶偶联受体介导的信息转导和离子通道受体介导的信号转导。

复 习 思 考 题

1. 生物膜组成有哪些，说明它们的功能。
2. 简述生物膜的结构要点。
3. 什么是生物膜的流动性？有何生物学意义？
4. 相变温度指什么？影响相变温度的因素有哪些？
5. 说明被动运输和主动运输有哪些区别点？
6. 简述 $Na^+ - K^+ - ATP$ 酶的作用机理。
7. 试述大分子物质跨膜运输的方式。
8. 试述细胞膜上感受信号物质的受体类型。

主要参考文献

郭蔼光.2005.基础生物化学.北京：高等教育出版社.

黄熙泰，于自然，李翠凤.2005.现代生物化学.北京：化学工业出版社.

王金胜.2006.基础生物化学.北京：中国林业出版社.

王镜岩，朱圣庚，徐长法.2002.生物化学（下）.北京：高等教育出版社.

杨志敏，蒋立科.2005.生物化学.北京：高等教育出版社.

北京大学生命科学学院编写组.2000.生命科学导论.北京：高等教育出版社.

王喜忠，丁明孝，张传茂，杨玉华主译.2005.分子细胞生物学.北京：高等教育出版社.

翟中和，王喜忠，丁明孝.2000.细胞生物学.北京：高等教育出版社.

第八章　糖类代谢

　　糖类是自然界分布最广的物质之一，从细菌到高等动物的机体都含有糖类物质，其中植物体中含量最丰富。植物通过光合作用把二氧化碳和水同化成葡萄糖，葡萄糖可进一步合成寡糖和多糖，如蔗糖，淀粉及构成植物细胞壁的纤维素和肽聚糖等。

　　糖类代谢为生物体提供重要的能源和碳源。生物体生存活动所需的能量，主要由糖类物质分解代谢提供，葡萄糖经彻底氧化分解成二氧化碳和水可释放约 2 870 kJ/mol 的能量。糖类代谢的中间产物还为氨基酸、核苷酸、脂肪酸、甘油的合成提供碳原子或碳骨架，进而合成蛋白质、核酸、脂类等生物大分子。分解代谢首先是大分子糖经酶促降解生成小分子单糖，动物、植物通过淀粉酶或淀粉磷酸化酶水解淀粉（糖原）生成葡萄糖。含有纤维素酶的微生物水解纤维素生成葡萄糖。蔗糖、乳糖等寡糖经水解和异构化成葡萄糖。然后葡萄糖再通过不同途径进一步氧化分解，包括：糖酵解的共同分解途径；三羧酸循环的最后氧化途径；磷酸戊糖途径糖的直接氧化途径。葡萄糖经糖酵解、三羧酸循环氧化分解产生 CO_2 和 NADH、$FADH_2$，NADH、$FADH_2$ 可进入呼吸链被彻底氧化产生 H_2O 并释放大量能量。磷酸戊糖途径则生成 CO_2 和 NADPH，NADPH 是生物合成代谢反应的还原剂。糖的分解代谢有不同的途径，同样，糖也可通过不同途径合成，并且各种途径都包括一系列复杂的反应，本章主要介绍这两方面的内容。

第一节　代谢概论

　　生物体最显著的基本特征就是能够进行繁殖和新陈代谢（metabolism）。生物体要从周围环境摄取营养物质和能量，通过体内一系列化学变化合成自身的组成物质，这个过程称为同化作用（assimilation）。同时，生物体内原有的物质又经过一系列的化学变化最终分解为不能利用的废物和热量排出体外到周围环境中去，这个过程称为异化作用（dissimilation）。通过这种分解与合成过程，使生物体的组成物质得到不断的更新，这就是生物体的新陈代谢。新陈代谢是生命活动的物质基础和推动力。生物体的所有生命现象，包括生长、发育、遗传、变异等都建立在生物不断进行、从不停止的新陈代谢基础之上；在这些变化中，生物体内特殊的生物催化剂——酶起着决定性的作用。

　　应当注意的是，同一种物质的分解代谢和合成代谢途径一般是不相同的。它们并不是简单的可逆反应，而往往是通过不同的中间反应或不同的酶来实现。可以把分解代谢形象地比作高山上的巨石往山下滚动。巨石在不断滚动中，逐步释出本身所具有的潜能。山坡越陡峭，巨石滚动得越快，能消失得也越快。若是沿着相同的途径，将巨石上推到原来的位置，几乎是不可能的。但是如果沿着盘山路逐步上推，就可以比较容易地达到山顶。合成代谢正是通过比较容易达到的途径，合成机体所需要的大分子。分解和合成代谢选择不同的途径，使生物机体增加了体内化学反应的数量，并使其对代谢活动的调控具有更大的灵活性和应变能力。生物机体的分解代谢和合成代谢不只是采取不同的途径，甚至同一种物质的两种过程是在细胞的不同部位进行的。这种现象特别在真核细胞生物是比较常见的。例如，ATP 的合成反应是在线粒体内进行的，而 ATP 的供能（分解）反应大多是在细胞溶胶中进行的；又如脂肪酸分解成乙酰辅酶 A 是在线粒体内进行的，而乙酰辅酶 A 合成脂肪酸是在细胞溶胶中进行的。虽然分解代谢和合成代谢基本上采取不同的途径，但有许多代谢环节还是双方都可共同利用的。例如，不同氨基酸分解代谢的结果可形成柠檬酸循环中的中间产物。柠檬酸循环中的 α-酮戊二酸是谷氨酸脱去氨基的产物。柠檬酸循环中的草酰乙酸是天冬氨酸脱去氨基的产物等。两用代谢途径的存在，使机体细胞的代谢更增加了灵活性。动态生物化学是研究组成生物体的化学物质在生物体内进行的分解与合成、相互转化与制约以及物质转化过程中伴随的能量转换等问题。

生物体生命活动所需的能量都来自化学变化。在能量概念中，自由能（free energy）的概念对研究生物化学的过程有重要意义。因为机体用于做功的能正是体内有机物在化学反应中所释放出的自由能。自由能的概念在物理化学中是指体系在恒温、恒压下所做的最大有用功的那部分能量；在生物化学中，凡是能够用于做功的能量就称为自由能。生物氧化反应近似于在恒温、恒压状态下进行，过程中发生的能量变化可以用自由能变化 ΔG 表示。ΔG 表达从某个反应可以得到多少可利用的能量，也是衡量化学反应的自发性的标准。

例如，物质 A 转变为物质 B 的反应：

$$A \rightleftharpoons B$$
$$\Delta G = G_B - G_A$$

当 ΔG 为正值时，反应是吸能的，不能自发进行，必须从外界获得能量才能被动进行，但其逆反应则是自发的；当 ΔG 是负值时，反应是放能的，能自发进行，自发反应进行的推动力与自由能的降低成正比。一个物质所含的自由能越少就越稳定。由此可见 ΔG 值的正负表达了反应发生的方向，而 ΔG 的数值则表达了自由能变化量的大小。当 $\Delta G = 0$ 时，表明反应体系处于平衡状态，此时反应向任一方向进行都缺乏推动力。应该说明的是，通过实验测得的有自由能降低的化学反应并不等于这个反应实际上已经自发地进行，还必须供给反应分子的活化能或用催化剂来降低活化能，反应才能进行。生物催化剂——酶就起着这种催化作用。例如，葡萄糖可被 O_2 氧化成 CO_2 和 H_2O，其反应方程式为

$$C_6H_{12}O_6 \longrightarrow 6O_2 + 6CO_2 + 6H_2O$$

此反应的 ΔG 是一个很大的负值（约为 $-2\,870$ kJ/mol），但这一相当大的 ΔG 只能说明反应是释放能量，却与反应速率没有关系。当葡萄糖在弹式量热计中有催化剂存在时，它可在几秒钟内发生氧化；在大多数生物体中，上述反应可在数分钟到数小时内完成。但是把葡萄糖放在玻璃瓶中，即使有空气它也可以存放数年而不发生氧化反应。

第二节　糖的生物合成与降解

一、双糖的生物合成与降解

蔗糖在植物中分布最广，它是高等植物光合作用的重要产物，也是植物体内糖类储藏和运输

的主要形式。在高等植物体中，蔗糖的合成主要有两种途径，分别由蔗糖合成酶及磷酸蔗糖合成酶催化。用于合成寡糖和多糖的葡萄糖分子，首先要转变为活化形式，该形式是糖与核苷酸相结合的化合物，称为核苷酸糖。

在高等植物中，Leloir 最早发现了第一个核苷酸糖：尿苷二磷酸葡萄糖（uridine diphosphate glucose，UDPG），因此，在 1970 年 Leloir 获得了诺贝尔奖。后来又发现腺苷二磷酸葡萄糖（adenosine diphosphate glucose，ADPG）和鸟苷二磷酸葡萄糖（guanosine diphosphate glucose，GDPG）都是葡萄糖的活化形式，它们分别在寡糖和多糖的生物合成中作为葡萄糖的供体。核苷二磷酸葡萄糖的结构通式见图 8-1。

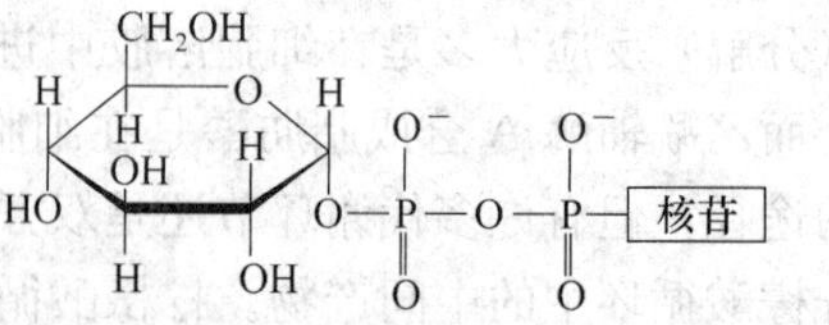

图 8-1 核苷二磷酸葡萄糖的结构通式

（一）蔗糖的生物合成

1. 蔗糖合成酶途径 蔗糖合成酶（sucrose synthetase）能利用 UDPG 作为葡萄糖的供体与果糖合成产生蔗糖。

$$UDPG+果糖 \xrightarrow{蔗糖合成酶} UDP+蔗糖$$

蔗糖合成酶除了可利用 UDPG 外，也可利用 ADPG、GDPG 等核苷酸糖作为葡萄糖的供体。UDPG 和 ADPG 可在相应的酶的催化下生成，UDPG 是在 UDPG 焦磷酸化酶的催化下由 1-磷酸葡萄糖和 UTP 生成的，而 ADPG 是在 ADPG 焦磷酸化酶的催化下由 1-磷酸葡萄糖和 ATP 生成的。

$$1-磷酸葡萄糖+UTP \xrightleftharpoons{UDPG 焦磷酸化酶} UDPG+PPi$$

$$1-磷酸葡萄糖+ATP \xrightleftharpoons{ADPG 焦磷酸化酶} ADPG+PPi$$

虽然蔗糖合成酶可以利用多种核苷酸糖合成蔗糖，但该途径不是蔗糖合成的主要途径。因为这个酶的作用主要是使蔗糖分解，提供 UDPG，为多糖合成提供糖基，在储藏淀粉的组织器官中对蔗糖转变成淀粉起着重要作用。例如，正在发育的谷类作物子粒中，蔗糖合成酶能将运输来的蔗糖分解为 UDPG 或 ADPG，然后用于合成淀粉。

2. 磷酸蔗糖合成酶途径 磷酸蔗糖合成酶（sucrose phosphate synthetase）在光合组织中活性高，其特点是只利用 UDPG 作为葡萄糖的供体。此合成途径包括两步反应，首先由 6-磷酸蔗糖合成酶催化 UDPG 与 6-磷酸果糖生成 6-磷酸蔗糖；第二步是经磷酸酯酶作用，水解脱去 6-磷酸蔗糖中的磷酸基团形成蔗糖。此途径是蔗糖生物合成的主要途径。

$$UDPG+6-磷酸果糖 \xrightleftharpoons{6-磷酸蔗糖合成酶} 6-磷酸蔗糖+UDP$$

$$6-磷酸蔗糖+H_2O \xrightarrow{磷酸酯酶} 蔗糖+Pi$$

3. 蔗糖磷酸化酶途径 蔗糖磷酸化酶（sucrose phosphorylase）可催化 1-磷酸葡萄糖和果糖合成蔗糖并生成一分子磷酸，反应是可逆的。但此途径仅存在于微生物中，在高等植物中至今未发现这种合成蔗糖的途径。

$$1-磷酸葡萄糖+果糖 \xrightleftharpoons{蔗糖磷酸化酶} 蔗糖+Pi$$

（二）蔗糖的降解途径

生物体中的双糖在相应酶的催化下被降解为单糖，然后进一步被氧化分解，或转化为其他化合物。例如，人和高等动物的肠黏膜细胞中有蔗糖酶、乳糖酶和麦芽糖酶，可以将相应的双糖降解。蔗糖的水解有两个途径，一个是蔗糖合成酶途径（其过程见上文）；另一个是蔗糖酶途径，此酶也称为转化酶（invertase），在植物体内广泛存在，蔗糖水解后产生 1 分子葡萄糖和 1 分子果糖。

$$蔗糖 + H_2O \xrightarrow{\text{蔗糖酶}} 葡萄糖 + 果糖$$

麦芽糖酶催化 1 分子麦芽糖水解产生 2 分子 α-D-葡萄糖。另外，植物中还存在 α-葡萄糖苷酶，此酶也可催化麦芽糖的水解。乳糖的水解由乳糖酶催化，生成 1 分子半乳糖和 1 分子葡萄糖。

二、淀粉的酶促降解

淀粉的降解有两个途径：水解途径和磷酸解途径。

（一）淀粉的水解

能够催化淀粉 α-1,4 糖苷键或 α-1,6 糖苷键水解的酶叫做淀粉酶（amylase），主要包括 α 淀粉酶、β 淀粉酶和 R 酶。

1. α 淀粉酶　α 淀粉酶又称为 α-1,4 葡聚糖水解酶。这是一种内切淀粉酶（endoamylase），可以水解直链淀粉或糖原分子内部的任意 α-1,4 糖苷键，但对距淀粉链非还原性末端第五个以后的糖苷键的作用受到抑制。当底物是直链淀粉时，水解产物为葡萄糖和麦芽糖、麦芽三糖以及低聚糖的混合物；当底物是支链淀粉时，则直链部分的 α-1,4 糖苷键被水解，而 α-1,6 糖苷键不被水解，水解产物为葡萄糖和麦芽糖、麦芽三糖等寡聚糖类以及含有 α-1,6 糖苷键的短的分支部分极限糊精（α 极限糊精）的混合物。

2. β 淀粉酶　β 淀粉酶又称 α-1,4 葡聚糖基-麦芽糖基水解酶。这是一种外切淀粉酶（exoamylase），从淀粉分子外围的非还原性末端开始，每间隔一个糖苷键进行水解，生成产物为麦芽糖。如果底物是直链淀粉，水解产物几乎都是麦芽糖；如果底物是支链淀粉，水解产物为麦芽糖和多分支糊精（β 极限糊精）。

α 淀粉酶是需要与 Ca+ 结合而表现活性的金属酶，因此螯合剂 EDTA 等能抑制此酶。β 淀粉酶是含巯基的酶，氧化巯基的试剂能抑制此酶。α 淀粉酶耐热不耐酸，在 pH 3.3 时酶被破坏，而在 70 ℃下，保持 15 min 仍保持酶活性。β 淀粉酶则耐酸不耐热，在 pH 3.3 时酶可保持活性，但在 70 ℃下 15 min 酶被破坏。

需要说明的是，α 淀粉酶和 β 淀粉酶中的 α 和 β 并不是指其作用的 α 糖苷键或 β 糖苷键，而只是表明对淀粉水解作用不同的两种酶，实际上，这两种酶都只作用于淀粉的 α-1,4 糖苷键，水解的终产物以麦芽糖为主（图 8-2）。

3. R 酶　R 酶又称为脱支酶（debranching enzyme），它可作用于淀粉的 α-1,6 糖苷键，但它不能水解支链淀粉内部的分支，只能水解支链淀粉的外围分支。所以支链淀粉的完全降解需要有 α 淀粉酶、β 淀粉酶和 R 酶的共同作用。

（二）淀粉、糖原的磷酸解

淀粉、糖原除了可以被水解外，也可以被磷酸解（phosphorolysis）。

1. α-1,4 糖苷键的降解　淀粉磷酸化酶可作用于淀粉的 α-1,4 糖苷键，从非还原端依次进行磷酸解，每次释放 1 分子 1-磷酸葡萄糖。生成的 1-磷酸葡萄糖不能扩散到细胞外，可进一步在磷酸葡萄糖变位酶的催化下转化为 6-磷酸葡萄糖，最后转化为葡萄糖；6-磷酸葡萄糖也可直

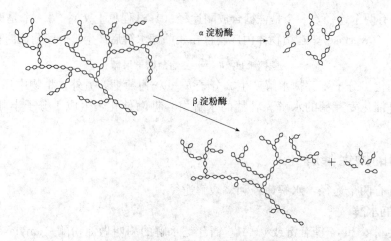

图 8-2 α淀粉酶、β淀粉酶对支链淀粉的分解作用

(引自郭蔼光, 2001)

接经糖酵解被氧化。由于磷酸化酶只能作用于 α-1,4 糖苷键，所以不能完全降解支链淀粉，支链淀粉的完全降解还需有其他酶的配合。

2. α-1,6 糖苷键的降解 支链淀粉经过磷酸解完全降解需 3 种酶的共同作用。这 3 种酶分别是磷酸化酶、转移酶和 α-1,6 糖苷酶。首先，磷酸化酶（phosphorylase）从非还原性末端依次降解并释放出 1 分子 1-磷酸葡萄糖，直到在分支点以前还剩 4 个葡萄糖残基为止。然后转移酶（transferase）将一个分支上剩下的 4 个葡萄糖残基中的 3 个葡萄糖残基转移到另一个分支上，并形成一个新的 α-1,4 糖苷键。最后，α-1,6糖苷酶（α-1,6-glucosidase）降解暴露在外的 α-1,6 糖苷键。这样，原来的分支结构就变成了直链结构，磷酸化酶可继续催化其磷酸解，生成 1-磷酸葡萄糖。糖原的降解也是通过磷酸解，由磷酸化酶和转移酶以及 α-1,6 糖苷酶共同作用将糖原完全降解。整个过程见图 8-3。

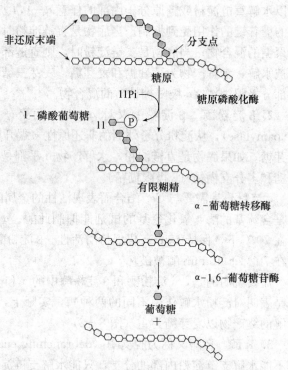

图 8-3 支链淀粉（或糖原）彻底磷酸解的步骤

三、纤维素的酶促降解

纤维素是葡萄糖由 β-1,4 苷键组成的多糖，虽然也以葡萄糖为基本组成单位，但其性质与淀粉有很大差异，纤维素是一种结构多糖而不起营养作用。

纤维素的降解是在纤维素酶（cellulase）的催化下进行的。有些微生物（包括真菌、放线菌、细菌）及反刍动物的消化系统胃中的某些细菌能产生纤维素酶，所以能降解与消化纤维素。而人体内没有纤维素酶，所以不能消化植物纤维。

纤维素酶是参与水解纤维素的一类酶的总称，采用各种层析和电泳技术等可将纤维素酶分成不同的组分，主要包括 C_1 酶、C_x 酶和 β-葡萄糖苷酶 3 种类型。

（一）C_1 酶

C_1 酶是纤维素酶系中的重要组分，它在天然纤维素的降解过程中起主导作用。C_1 酶破坏天然纤维素晶状结构，使其变成可被 C_x 酶作用的形式。

（二）C_x 酶

C_x 酶也称为 β-1,4 葡聚糖酶，能水解溶解的纤维素衍生物或者膨胀和部分降解的纤维素，但不能作用于结晶的纤维素。

β-1,4-葡聚糖酶有两种类型：外切 β-1,4 葡聚糖酶和内切 β-1,4 葡聚糖酶。外切 β-1,4 葡聚糖酶能从纤维素链的非还原性末端一个一个地依次切下葡萄糖单位，产物是 α-葡萄糖。外切 β-1,4 葡聚糖酶专一性比较强。它对纤维寡糖的亲和力强，能迅速水解内切酶作用产生的纤维寡糖。内切 β-1,4-葡聚糖酶以随机形式水解 β-1,4-葡聚糖，它作用于较长的纤维素链，对末端键的敏感性比中间键小，主要产物是纤维糊精、纤维二糖和纤维三糖。

（三）β-葡萄糖苷酶

β-葡萄糖苷酶（EC 3.2.1.21）也称为纤维二糖酶，能水解纤维二糖和短链的纤维寡糖生成葡萄糖。对纤维二糖和纤维三糖的水解很快，随着葡萄糖聚合度的增加水解速度下降。它水解纤维二糖生成 2 分子葡萄糖。

在这上述几种酶的共同作用下，纤维素可被水解为葡萄糖。

四、淀粉与糖原的生物合成

植物经光合作用合成的糖大部分转化为淀粉。淀粉是植物界普遍存在的储存多糖，禾谷类作物种子、豆类和薯类等粮食中含有大量淀粉。淀粉有直链淀粉和支链淀粉两种，对于支链淀粉来说，除了要形成 α-1,4 糖苷键，还要形成 α-1,6 糖苷键。

（一）直链淀粉的生物合成

1. 淀粉磷酸化酶　淀粉磷酸化酶催化 1-磷酸葡萄糖与引物合成淀粉。动物、植物、酵母和某些微生物细菌中都有淀粉磷酸化酶存在，该酶在离体条件下催化可逆反应。

$$1\text{-磷酸葡萄糖}+（引物）_n \Longleftrightarrow （引物）_{n+1}+Pi$$

引物主要是由 α-1,4 糖苷键形成的淀粉或葡萄多糖。引起反应的最小引物分子为麦芽三糖，即 $n \geqslant 3$。引物的功能是作 α-葡萄糖的受体，转移来的葡萄糖分子，结合在引物非还原性末端的羟基上。过去认为这是植物体内合成淀粉的反应，但植物细胞内无机磷酸浓度较高，不适宜反应向合成方向进行。因此，有人提出，淀粉磷酸化酶主要使淀粉分解，或为其他酶提供引物，所以不是合成淀粉的主要途径。

2. 淀粉合成酶　淀粉合成酶催化 UDPG 或 ADPG 与引物合成淀粉。UDPG（或 ADPG）作为葡萄糖的供体，此途径是淀粉合成的主要途径。

$$UDPG + \text{（引物）}_n \longrightarrow \text{（引物）}_{n+1} + UDP$$

或
$$ADPG + \text{（引物）}_n \longrightarrow \text{（引物）}_{n+1} + ADP$$

淀粉合成酶利用 ADPG 比利用 UDPG 的效率高近 10 倍。

3. D 酶 D 酶（D-enzyme）是一种糖苷转移酶，它可作用于 α-1,4 糖苷键，将一个麦芽多糖的残余片段转移到受体上。受体可以是葡萄糖、麦芽糖或其他 α-1,4 键的多糖。例如将麦芽三糖中的两个葡萄糖单位转移给另一个麦芽三糖，生成麦芽五糖，反应继续进行，便可使淀粉链延长。

上述几种途径只能形成 α-1,4 糖苷键，所以不能催化支链淀粉的形成（图 8-4）。

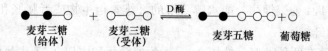

图 8-4　D 酶的作用示意图

（二）支链淀粉的合成

支链淀粉的合成除了要形成 α-1,4 糖苷键，还要形成 α-1,6 糖苷键。催化 α-1,6 糖苷键形成的酶为 Q 酶。此酶能从直链淀粉的非还原端切下一段 6～7 个残基的寡聚糖碎片，并将其转移到一段直链淀粉的一个葡萄糖残基的 C_6 羟基处，形成 α-1,6 糖苷键，这样就形成分支结构。因此，Q 酶与形成 α-1,4 键的淀粉合成酶共同作用就可合成支链淀粉（图 8-5）。

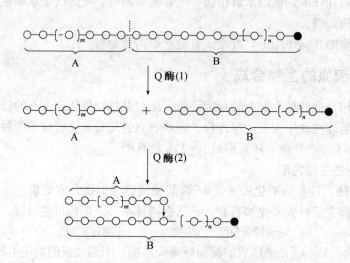

图 8-5　在 Q 酶作用下支链淀粉的形成

［在反应（1）中，Q 酶将直链淀粉在虚线处切断，生成 A、B 两段直链；在反应（2）中，Q 酶将 A 段直链以 1,6 糖苷键连接到 B 段直链上，形成分支。○代表葡萄糖残基；●代表还原性端葡萄糖残基；一代表 1,4 联结↓代表 1,6 联结］。

（三）糖原的生物合成

动物糖原与植物淀粉虽然在结构的复杂程度上不同，但它们的生物合成机制相似。动物糖原分支要比植物支链淀粉多得多。糖原的分支主要由分支酶形成 α-1,6 糖苷键来完成。

动物消化淀粉成 6-磷酸葡萄糖，再将其转化成 1-磷酸葡萄糖，形成 UDPG 作为葡萄糖供体，由动物自身特殊的酶类——糖原合成酶合成糖原储存于肝脏，糖原是动物体内葡萄糖的有效储存形式。

五、纤维素的生物合成

纤维素分子是由葡萄糖残基以 β-1,4 糖苷键连接成的不分支的直链葡聚糖，是植物中最广泛存在的骨架多糖，构成植物细胞壁的结构。

纤维素的合成和蔗糖、淀粉一样都是以核苷酸糖作为葡萄糖的供体。催化 β-1,4 糖苷键形成的酶为纤维素合成酶，同时需要一段由 β-1,4 糖苷键连接的葡聚糖作为引物。

$$NDPG + (葡萄糖)_n \longrightarrow NDP + (葡萄糖)_{n+1}$$

在不同植物细胞中，糖基供体有所不同。有些植物（如玉米、绿豆、豌豆及茄子）以 GDPG 作为糖基供体；有些植物（如棉花）则以 UDPG 为糖基供体；而细菌只能利用 UDPG 为糖基供体来合成纤维素。

第三节　糖　酵　解

糖酵解（glycolysis）这一名词来源于希腊语 glykos 的词根，是"甜"的意思，lysis 是分解的意思。糖酵解作用的阐明，主要依赖动物肌肉和酵母的实验结果，其全过程于 1940 年就已研究清楚。在这项研究中，有 3 位德国生物化学家：Gustav Embden、Otto Meyerhof 和 Jacob Parnas 的贡献最大，因此，糖酵解过程又称为 Embden-Meyerhof-Parnas 途径，简称 EMP 途径。

从历史的纪元开始，人们就已经会用酵母菌将葡萄糖发酵成乙醇和 CO_2。在生活实践中，人们发展了酿酒、制作工业酒精以及面包制造业等，这些都是利用酵母菌的发酵过程。虽然人们很早就开始利用发酵，但是对发酵的研究却只是在 19 世纪后半叶才开始的。

对发酵现象的解释，1854—1864 年的 10 年间，Louis Pester 的观点占有统治地位。他认为，发酵现象是由微生物引起的，发酵过程以及各种生物过程都离不开一种生命物质所固有的"活力"（vital forne）的作用。他称发酵为"不要空气的生命"。

1897 年，Hens Buchner 和 Edward Buchner 兄弟，开始制作不含有细胞的酵母浸出液以供药用。他们用细沙和酵母一起研磨，加上硅藻土（kie selguhr），用水力压榨机榨出汁液来。取得了汁液后，考虑到如何防腐的问题。因为他们打算将榨液用于动物实验，选择了不妨碍动物实验的防腐剂——日常惯用的蔗糖。这就是重大发现的开端，酵母菌的榨液居然引起了蔗糖发酵。这是第一次发现没有活酵母存在的发酵现象，从此开始了研究没有活细胞参加的酒精发酵的新纪元，这就是糖酵解过程发现的开端。

可以说，糖酵解的各个步骤在 19 世纪 40 年代就已经很清楚了。但对糖酵解的深入研究，例如对有关酶的结构与功能的研究，还在不断深入地进行着。从以上的研究中可以看出，发酵（fermentation）是最早研究的由酵母菌将葡萄糖转化为酒精的过程。而酵解这一名词最初是来自动物肌肉利用葡萄糖最后转化为乳酸的过程。但是，经过广泛的研究表明，它们的基本途径都是一致的，只存在极小的差异。除在产物上可能有所差别（例如乙醇和乳酸）外，在不同种属和不同类型细胞之间还可能存在同工酶以及不同的调节方式。当前人们将葡萄糖降解产生丙酮酸这一段过程称为糖酵解过程或酵解过程。

机体的生存需要能量，糖类降解是生物体产生能量的一种主要方式。单糖的降解主要有两条途径，一条是有氧降解途径，即在有氧的条件下，葡萄糖先降解为丙酮酸，进一步彻底氧化为二氧化碳和水，从中释放出大量自由能形成大量的 ATP；另一条是无氧降解途径，即在没有氧的条件下，葡萄糖先降解为丙酮酸，并在此过程中产生 2 分子 ATP，丙酮酸进一步转化为酒精或乳酸。无论是在有氧还是无氧条件下，葡萄糖降解都要经过葡萄糖降解为丙酮酸的过程，即糖酵解阶段。

糖酵解过程被认为是生物最古老、最原始获取能量的一种方式。在自然发展过程中出现的大多数高等生物，虽然进化为利用有氧生物氧化获取大量的自由能，但仍保留了这种原始的方式。这一系列过程不但成为生物体共同经历的葡萄糖的分解代谢前期途径，而且有些生物体还利用这一途径在供氧不足的条件下，给机体提供能量，或供应急需要。这一途径是人们最早阐明的酶促反应系统，也是研究得非常透彻的一个过程。

一、糖酵解的过程

糖酵解的过程在细胞质中进行，全部过程从葡萄糖开始，共包括 10 步反应，这 10 个步骤可划分为两个阶段，第一阶段是糖酵解的准备阶段（包括 5 步反应），第二阶段为放能阶段（也包括 5 步反应）。

（一）糖酵解的准备阶段

在第一阶段中，通过两次磷酸化反应，将葡萄糖活化为 1,6 - 二磷酸果糖，进一步裂解成 2 分子磷酸丙糖。这一阶段共消耗 2 分子 ATP，可称为耗能的糖活化阶段，包括 5 步反应。

1. 葡萄糖磷酸化　葡萄糖被 ATP 磷酸化形成 6 - 磷酸葡萄糖（6 - P - G），即第一个磷酸化反应，这个反应由己糖激酶（hexokinase）催化（图 8 - 6）。己糖激酶是从 ATP 转移磷酸基团到各种六碳糖上去的酶，该酶是糖酵解过程中的第一个调节酶，催化的这个反应是不可逆的。磷酸基团的转移是生物化学中的基本反应。从 ATP 转移磷酸基团到受体上的酶称为激酶（kinase）。所有激酶的活性都需要 Mg^{2+}（或其他二价金属离子如 Mn^{2+}）作为激活因子。

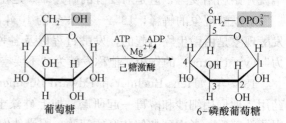

图 8 - 6　葡萄糖磷酸化

图 8 - 6 表明，葡萄糖第 6 位碳原子上的羟基氧原子上有一孤电子对，它向 Mg^{2+} - ATP 的 γ 磷原子进攻。Mg^{2+} 吸引了 ATP 磷酸基团上 2 个氧的负电荷，使 γ 磷原子具有亲电子性质，更易接受孤电子对的亲核进攻，结果促使 γ 磷原子与 β 磷原子之间氧桥所共有的电子对向氧原子一方转移，于是 ATP 的 γ 磷酸基团与氧桥断键并与葡萄糖分子结合成 6 - 磷酸葡萄糖。

由于能量的损失，使葡萄糖形成 6 - 磷酸葡萄糖的反应基本上是不可逆的，这一反应保证了进入细胞的葡萄糖可立即被转化为磷酸化形式。不但为葡萄糖随后的裂解活化了葡萄糖分子，还保证了葡萄糖分子一旦进入细胞就有效地被捕获，不会再透出胞外。

催化葡萄糖形成 6-磷酸葡萄糖反应的酶称为己糖激酶（hexokinase），因为它所催化的底物不只限于 D-葡萄糖，对其他六碳糖如 D-甘露糖（D-mannose）、D-果糖（D-fructose）、氨基葡萄糖（aminoglucose）都有催化作用，字头 hexo 即表示不专一的六碳糖（己糖）。激酶是能够在 ATP 和任何一种底物之间起催化作用转移磷酸基团的一类酶。己糖激酶存在于所有细胞内。在肝脏中还存在一种专一性强的葡萄糖激酶又称为葡糖激酶，这种酶在维持血糖的恒定中起作用。

参与上述反应的 ATP，必须与 Mg^{2+} 形成 Mg^{2+}-ATP 复合物。未形成复合物的 ATP 分子，对己糖激酶反而有强的竞争性抑制作用。

酵母己糖激酶的相对分子质量为 108 000。X 射线晶体研究证明，己糖激酶在起催化作用时，其酶分子先结合上葡萄糖分子和 Mg^{2+}-ATP 分子，形成一个三元复合物（ternary complex）。在未与葡萄糖结合之前，球形的己糖激酶分子分成大小不等的两叶（两个亚基）构成中间明显的裂缝。当与葡萄糖结合后，两叶像钳子一样便合拢起来，将葡萄糖夹在酶分子中间。酶分子的这种变构动作恰好使 ATP 分子和葡萄糖的第 6 位碳原子的羟基靠拢。这大大有利于 ATP 的 γ 磷酸基团向葡萄糖第 6 碳原子羟基的转移。由己糖激酶催化的 ATP 的 γ 磷酸基团向葡萄糖分子的转移速度，比向水分子的转移速度快 40 000 倍。

己糖激酶是一种调节酶。它催化的反应产物 6-磷酸葡萄糖和 ADP 能使该酶受到变构抑制。但葡萄糖激酶不受 6-磷酸葡萄糖的抑制，它对葡萄糖的米氏常数 K_m（5～10 mmol/L）比己糖激酶的 K_m（0.1 mmol/L）大得多。因此当葡萄糖浓度相当高时，葡萄糖激酶才起作用。当血液和肝细胞内游离葡萄糖的浓度增高时，它催化葡萄糖形成 6-磷酸葡萄糖，该物质是葡萄糖合成糖原的中间物，在肝脏合成糖原。

从动物组织中分离得到 4 种不同的己糖激酶，分别称为Ⅰ型、Ⅱ型、Ⅲ型、Ⅳ型。它们在机体的分布情况不同，催化的性质也不完全相同。Ⅰ型主要存在于脑和肾中，Ⅱ型存在于骨骼和心肌中，Ⅲ型存在于肝脏和肺中，Ⅳ型只存在于肝脏中。Ⅰ型、Ⅱ型、Ⅲ型己糖激酶大都存在于基本不能合成糖原的组织中。无机磷酸有解除 6-磷酸葡萄糖和 ADP 对Ⅰ型、Ⅱ型、Ⅲ型己糖激酶抑制的作用。Ⅰ型己糖激酶对无机磷酸最为敏感，这和脑细胞需要保持一定的酵解速度以维持能量的需要有关，只要有少量的无机磷酸存在，就能解除 6-磷酸葡萄糖的抑制作用，使酵解中间物维持一定水平。Ⅱ型己糖激酶由于对无机磷酸远不及Ⅰ型敏感，当肌肉处于静息状态时，并不要求高的酵解速度，而是受 6-磷酸葡萄糖的抑制，使酵解速度保持低的水平。此外，Ⅰ型己糖激酶还可由柠檬酸激活。Ⅳ型己糖激酶（葡萄糖激酶）的合成受胰岛素（insulin）的诱导，使肝脏中的Ⅳ型己糖激酶维持在较高的水平。当肝细胞损伤或患糖尿病时，此酶的合成速度降低，不仅糖的合成受到阻碍，糖的降解也受影响。肝细胞内也有专一性不强的己糖激酶，存在于肝细胞线粒体和细胞溶胶两部分。结合于线粒体上的酶活性较高。肝细胞内己糖激酶的分布受到某些条件的调节，例如 6-磷酸葡萄糖和无机磷酸等。酶的区域性分布是机体对酶活性调控的一种方式。

2. 6-磷酸果糖的生成　这是磷酸己糖的同分异构化反应，由磷酸葡萄糖异构酶（phosphoglucose isomerase）催化 6-磷酸葡萄糖异构化为 6-磷酸果糖（6-P-F），即醛糖转变为酮糖（图 8-7）。

这一反应的标准自由能变化是极其微小的，$\Delta G^{0'} = 1.67$ kJ/mol（0.4 kcal/mol）。因此，这一

反应是可逆的。在正常情况下，6-磷酸葡萄糖和6-磷酸果糖保持或接近平衡状态。在这一反应中，葡萄糖第一碳原子位上的羰基（成环后的半缩醛基），不像第6位碳上的羟基那样容易磷酸化，所以下一步反应是使葡萄糖分子发生异构化。这就是葡萄糖的羰基从第1位碳转移到第2位碳，使葡萄糖分子由醛式转变成酮式的果糖，其第1位碳上即形成了自由羟

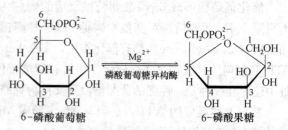

图 8-7 6-磷酸果糖的生成

基。6-磷酸葡萄糖和6-磷酸果糖的存在形式都是以环式为主，而异构化反应需以开链形式进行。异构化形成的6-磷酸果糖随后又形成环状结构。

磷酸葡萄糖异构酶又称为磷酸己糖异构酶，对该酶的催化机制的初步研究表明，该酶活性部位的催化残基可能为赖氨酸（Lys）和组氨酸（His）。催化反应的实质包括一般的酶促酸碱催化机制。磷酸葡萄糖异构酶有绝对的底物专一性和立体专一性（stereospecificity）。6-磷酸葡糖酸（6-phosphogluconate，6-PG）、4-磷酸赤藓糖（erythrose-4-phosphate，E4P）、7-磷酸景天庚酮糖（sedoheptulose-7-phosphate，S7P）等对磷酸葡萄糖异构酶都是竞争性抑制剂。上述的3种糖类磷酸化合物都是磷酸戊糖途径（pentose phosphate pathway）的代谢中间物。

3. 1,6-二磷酸果糖的生成　6-磷酸果糖被 ATP 磷酸化为 1,6-二磷酸果糖，即第二个磷酸化反应，这个反应由磷酸果糖激酶（phosphofructokinase，PFK）催化，$\Delta G^{0'} = -4.23$ kJ/mol，是糖酵解过程中的第二个不可逆反应（图 8-8）。

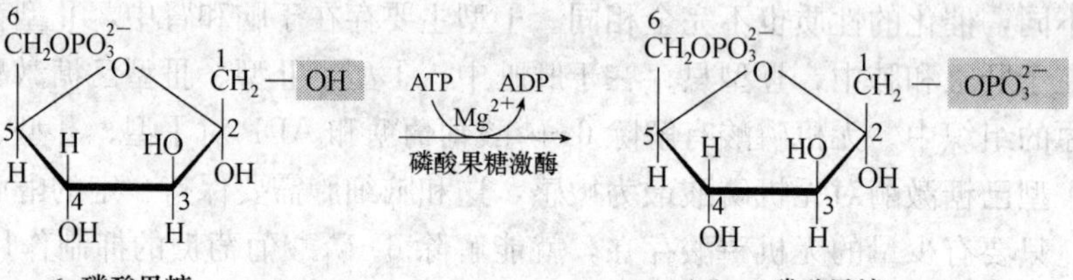

图 8-8　1,6-二磷酸果糖的生成

磷酸果糖激酶需要 Mg^{2+} 参加反应，其他二价金属离子虽然也有一定作用，但以 Mg^{2+} 的作用最为显著。该酶的催化机制和己糖激酶催化的反应机制基本一致。6-磷酸果糖第1位碳原子上的羟基氧原子的孤电子对向 Mg^{2+}-ATP 的 γ 磷原子进行亲核进攻，导致 γ 磷原子与 β 磷原子之间氧桥的共用电子对向氧原子转移，从而断键，于是6-磷酸果糖与 γ 磷酸基团结合而形成1,6-二磷酸果糖。

从兔分离得到的磷酸果糖激酶，发现有3种同工酶：A、B 和 C。同工酶 A 存在于心肌和骨骼中，同工酶 B 存在于肝和红细胞中，同工酶 C 存在于脑中。这3种同工酶对影响酶活力的不同因素反应各异。例如，同工酶 A 对磷酸肌酸（phosphocreatine）、柠檬酸和无机磷酸的抑制作用最敏感，同工酶 B 对 2,3-二磷酸甘油酸（2,3-bisphosphoglycerate，BPG）的抑制作用最敏感，同工酶 C 对腺嘌呤核苷酸的抑制作用最敏感。

4. 1,6-二磷酸果糖的裂解　1,6-二磷酸果糖裂解为 3-磷酸甘油醛和磷酸二羟丙酮，反应由醛缩酶（aldolase）催化（图 8-9）。醛缩酶的名称来自该酶所催化的逆反应。由 1,6-二磷酸果糖裂解为二羟基丙酮磷酸和 3-磷酸甘油醛的 $\Delta G^{0\prime} = 23.97$ kJ/mol（5.73 kcal/mol）。可认为在标准状况下，这一反应是向缩合的方向，即自右向左进行。但在正常生理条件下，由于 3-磷酸甘油醛在下一阶段的反应中不断被氧化消耗，使细胞中 3-磷酸甘油醛的浓度大大降低，从而驱动反应向裂解方向进行。细胞内产生的 1,6-二磷酸果糖的浓度为 0.1 mmol/L，根据计算有 53.9% 被醛缩酶所裂解。

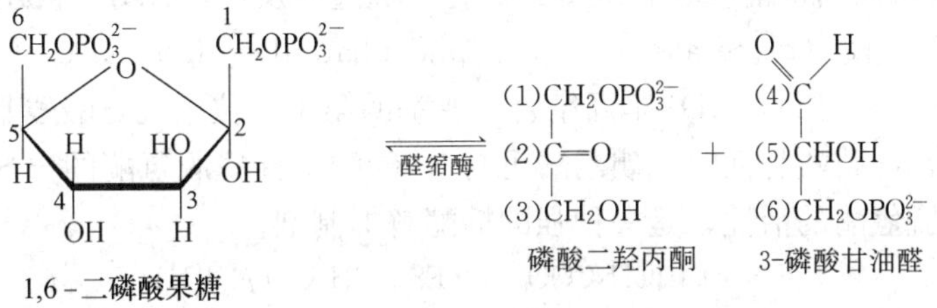

图 8-9　1,6-二磷酸果糖的裂解

醛缩酶有两种不同的类型。动物和植物中的醛缩酶称为 I 型，从肌肉中分离出来的醛缩酶的相对分子质量为 160 000，含有 4 个亚基。分子内有数个游离的 —SH 基，游离的 —SH 基是酶催化活性所必需的。醛缩酶 I 型又有 3 种同工酶，分别称为醛缩酶 A、醛缩酶 B 和醛缩酶 C。醛缩酶 A 主要存在于肌肉中，醛缩酶 B 主要存在于肝脏，醛缩酶 C 主要存在于脑组织。这 3 种醛缩酶都由氨基酸组分不同的 4 个多肽链构成。II 型的醛缩酶主要存在于细菌、酵母、真菌以及藻类中。它和 I 型的区别在于含有 2 价金属离子。通常是 Zn^{2+}、Ca^{2+} 或 Fe^{2+}，也需要 K^+。它的相对分子质量约为 65 000，只相当于动物、植物中醛缩酶的一半左右。

5. 磷酸丙糖的同分异构化　磷酸二羟丙酮不能继续进入糖酵解途径，但它可以在磷酸丙糖异构酶的催化下迅速异构化为 3-磷酸甘油醛（图 8-10），3-磷酸甘油醛可以直接进入糖酵解的后续反应。虽然该反应的平衡趋于向左进行，但由于 3-磷酸甘油醛有效地进入后续反应而不断被消耗利用，因此反应仍向右进行。所以一分子 1,6-二磷酸果糖形成了 2 分子 3-磷酸甘油醛。

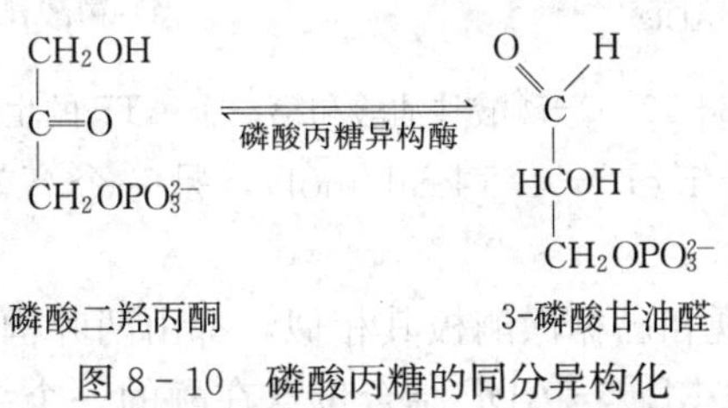

图 8-10　磷酸丙糖的同分异构化

（二）放能阶段

6. 1,3-二磷酸甘油酸的生成　在有 NAD^+ 和 H_3PO_4 时，3-磷酸甘油醛被 3-磷酸甘油醛脱氢酶催化，进行氧化脱氢生成 1,3-二磷酸甘油酸（图 8-11）。

该反应是糖酵解中惟一的一次氧化还原反应，同时又是磷酸化反应。在这步反应中产生了一个高能磷酸化合物，C_1 上的醛基变成酰基磷酸，它是磷酸与羧酸的混合酸酐，具有转移磷酸基

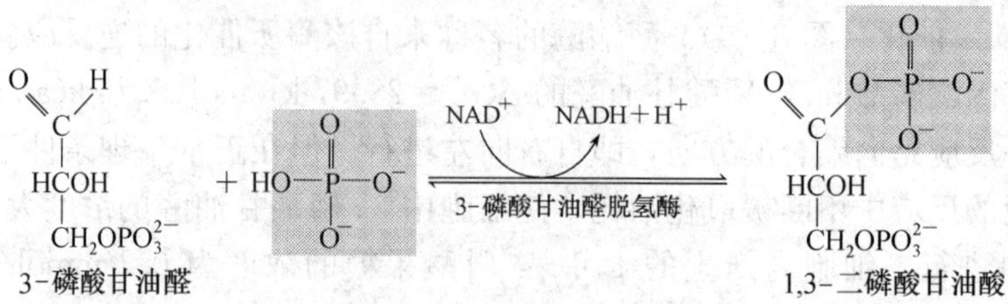

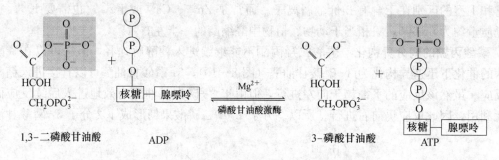

图 8-11 1,3-二磷酸甘油酸的生成

团的高势能。形成酸酐所需的能量来自醛基的氧化。通过此反应，NAD^+ 被还原为 NADH。

3-磷酸甘油醛脱氢酶（glyceraldehyde-3-phosphate dehydrogenase，GAPDH）是由 4 个相同亚基组成的四聚体，可与 NAD^+ 牢固结合。亚基的第 149 位半胱氨酸残基的—SH 基是活性基团，能特异地结合 3-磷酸甘油醛。碘乙酸可与 3-磷酸甘油醛脱氢酶的—SH 基反应，因此能抑制 3-磷酸甘油醛脱氢酶的活性，是一种强的糖酵解抑制剂。

$$E-SH+ICH_2COO^- \longrightarrow ES-CH_2COO^- +HI$$

7. 3-磷酸甘油酸和第一个 ATP 的生成 磷酸甘油酸激酶（phosphoglycerate kinase，PGK）催化 1,3-二磷酸甘油酸分子 C_1 上高能磷酸基团转移到 ADP 上，生成 3-磷酸甘油酸和 ATP（图 8-12）。3-磷酸甘油醛氧化产生的高能中间物将其高能磷酸基团直接转移给 ADP 生成 ATP，这是糖酵解中第一次产生 ATP 的反应，这种 ATP 的生成方式称为底物水平磷酸化。因为 1 分子葡萄糖分解为 2 分子的三碳糖，实际产生 2 分子 ATP，这样就抵消了在第一阶段中葡萄糖的磷酸化所消耗的 2 分子 ATP。

图 8-12 3-磷酸甘油酸和第一个 ATP 的生成

该反应的 $\Delta G^{0\prime}=-18.5 \text{ kJ/mol}(-4.5 \text{ kcal/mol})$，是一个高效的放能反应，因此起到推动前一步反应顺利进行的作用。

磷酸甘油酸激酶分子的外观和己糖激酶极其相似，都由两叶构成，很像钳子，中间有很深的裂缝，活性部位在裂缝的底部。Mg^{2+}-ADP 结合位点在酶的一个结构域中。1,3-二磷酸甘油酸的结合部位在另一个结构域中，二者相距大约 1 nm。当酶与底物结合后，酶的两个结构域合拢，使底物得以在无水的环境中发生反应。这种情况和己糖激酶的作用机制也非常相似。

8. 3-磷酸甘油酸异构化为 2-磷酸甘油酸 磷酸甘油酸变位酶（phosphoglycerate mutase）催化 3-磷酸甘油酸 C_3 上的磷酸基团转移到分子内的 C_2 原子上，生成 2-磷酸甘油酸。该反应实际是分子内的重排，磷酸基团位置的移动（图 8-13）。

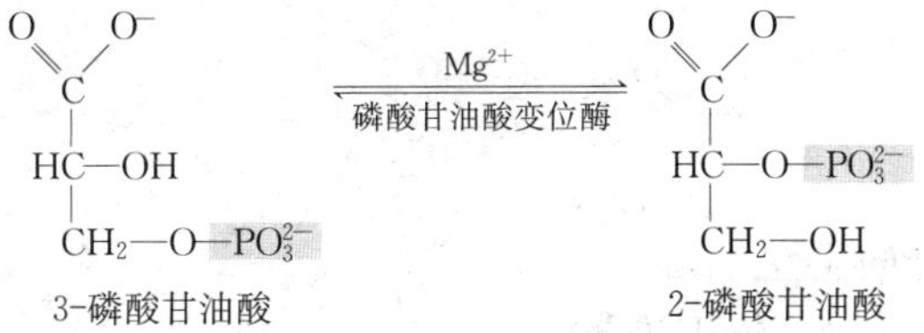

图 8 - 13　3-磷酸甘油酸异构化为 2-磷酸甘油酸

磷酸甘油酸变位酶的活性部位结合有一个磷酸基团。当 3-磷酸甘油酸作为酶的底物结合到酶的活性部位后，原来结合在酶活性部位的那个磷酸基团便立即转移到底物分子上，形成一个与酶结合的二磷酸的中间产物 2,3-二磷酸甘油酸（2,3 - bisphosphoglycerate, 2,3 - BPG），这个中间产物又立即使酶分子的活性部位再磷酸化，同时产生游离的 2-磷酸甘油酸。

对上述反应机制的解释有以下的实验根据。

① 磷酸甘油酸变位酶的催化机制需有 2,3-二磷酸甘油酸作为引物，或者说是必需因素。

② 将极少量用 ^{32}P 标记的 2,3-二磷酸甘油酸与酶一起保温发现，具有放射性的磷酸基团标记到酶的组氨酸残基上。

③ 用 X 射线观察酶的结构发现，在酶的活性部位 His_8（第 8 位的组氨酸残基）上有放射性磷标记的磷酸基团。

上面的实验还有力地证明了与磷酸基团结合的残基是酶活性部位中第 8 位的组氨酸。

2,3-二磷酸甘油酸不只在磷酸甘油酸变位酶的催化过程中起着重要的作用，在红细胞对氧的转运中还起着调节剂的作用。它使脱氧血红蛋白稳定化，从而降低血红蛋白对氧的亲和力。没有它，血红蛋白在通过组织的毛细血管时就很难脱下氧。2,3-二磷酸甘油酸在红细胞中的浓度极高，大约与血红蛋白具有相同的浓度，在其他的细胞中则只存在微量。

9. 磷酸烯醇式丙酮酸的生成　在有 Mg^{2+} 或 Mn^{2+} 存在的条件下，由烯醇化酶（enolase）催化 2-磷酸甘油酸脱去一分子水，生成磷酸烯醇式丙酮酸（phosphoenolpyruvate, PEP）（图8-14）。

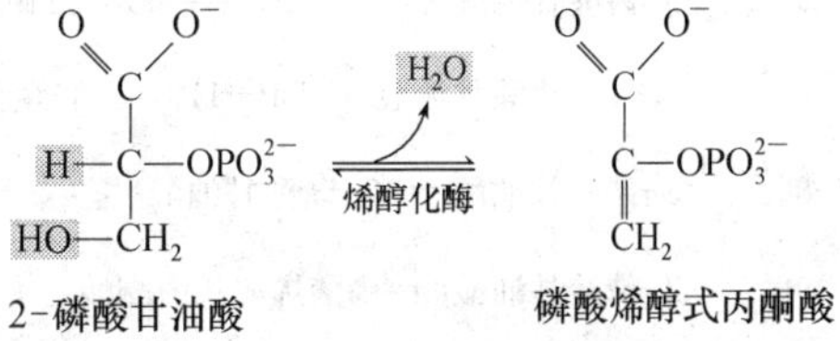

图 8 - 14　磷酸烯醇式丙酮酸的生成

这一脱水反应，使分子内部能量重新分布，C_2 上的磷酸基团转变为高能磷酸基团，因此，磷酸烯醇式丙酮酸是高能磷酸化合物，而且非常不稳定。

烯醇化酶在与底物结合前先与 2 价阳离子如 Mg^{2+} 或 Mn^{2+} 结合形成一个复合物，才有活性。烯醇化酶活性部位碱性残基上的孤电子对吸引 2-磷酸甘油酸第 2 位碳原子上的氢原子，形成负碳离子中间产物，于是 2-磷酸甘油酸第 3 位碳原子上的—OH基团即离开负碳离子中间产物，形成磷酸烯醇式丙酮酸。

烯醇化酶的相对分子质量为 85 000，氟化物是该酶强烈的抑制剂。其原因是氟与镁和无机磷酸形成一个复合物，取代天然情况下酶分子上镁离子的位置，从而使酶失活。

10. 丙酮酸和第二个 ATP 的生成　在 Mg^{2+} 或 Mn^{2+} 的参与下，丙酮酸激酶催化磷酸烯醇式丙酮酸的磷酸基团转移到 ADP 上，生成烯醇式丙酮酸和 ATP（图8-15）。而烯醇式丙酮酸很不稳定，迅速重排形成丙酮酸（图8-16）。

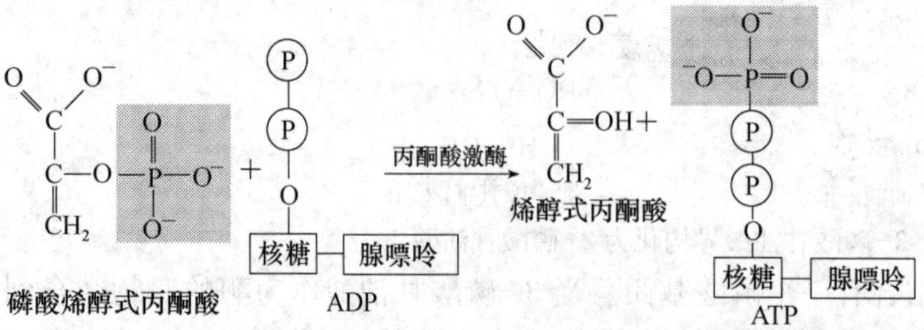

图 8-15 烯醇式丙酮酸和第二个 ATP 的生成

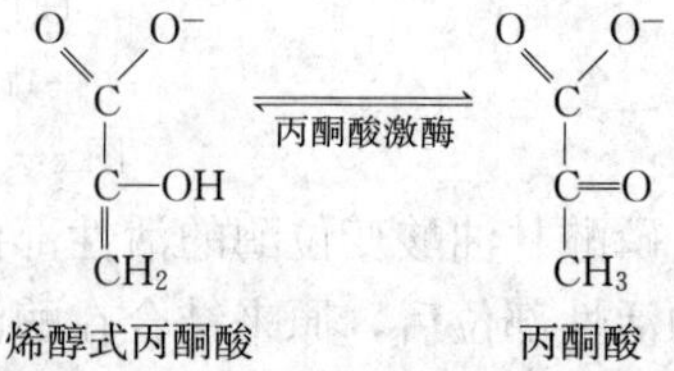

图 8-16 丙酮酸的生成

这是糖酵解过程中第二次产生 ATP 的反应，ATP 的生成方式也是底物水平磷酸化。而且这步反应是细胞质中进行糖酵解的第三个不可逆反应。

糖酵解的反应过程可概括于表 8-1 和图 8-17。

表 8-1 糖酵解的反应

步骤	反　　应	酶	$\Delta G^{0\prime}$	ΔG
1	葡萄糖＋ATP$\longrightarrow$6-磷酸葡萄糖＋ADP＋H^+	己糖激酶	−16.7	−33.5
2	6-磷酸葡萄糖$\Longleftrightarrow$6-磷酸果糖	磷酸葡萄糖异构酶	+1.67	−2.51
3	6-磷酸果糖＋ATP$\longrightarrow$1,6-二磷酸果糖＋ADP＋H^+	磷酸果糖激酶	−14.2	−22.2
4	1,6-二磷酸果糖$\Longleftrightarrow$磷酸二羟丙酮＋3-磷酸甘油醛	醛缩酶	+23.8	−1.26
5	磷酸二羟丙酮$\Longleftrightarrow$3-磷酸甘油醛	磷酸丙糖异构酶	+7.53	+1.67
6	3-磷酸甘油醛＋Pi＋$NAD^+$$\Longleftrightarrow$1,3-二磷酸甘油酸＋NADH＋$H^+$	3-磷酸甘油醛脱氢酶	+6.28	−2.51
7	1,3-二磷酸甘油酸＋ADP＋$H^+$$\Longleftrightarrow$3-磷酸甘油酸＋ATP	磷酸甘油酸激酶	−18.8	+1.26
8	3-磷酸甘油酸$\Longleftrightarrow$2-磷酸甘油酸	磷酸甘油酸变位酶	+4.60	+0.84
9	2-磷酸甘油酸$\Longleftrightarrow$磷酸烯醇式丙酮酸	烯醇化酶	+1.67	−3.35
10	磷酸烯醇式丙酮酸＋ADP＋$H^+$$\longrightarrow$丙酮酸＋ATP	丙酮酸激酶	−31.4	−16.7

注：$\Delta G^{0\prime}$和 ΔG 是以 kJ/mol 为单位；ΔG 为实际的自由能变化，是根据 $\Delta G^{0\prime}$和典型的生理条件下已知的反应物浓度计算出来的。

二、糖酵解产生的 ATP 与生物学意义

糖酵解的总反应可表示为

$$葡萄糖＋2ADP＋2Pi＋2NAD^+ \longrightarrow 2\,丙酮酸＋2ATP＋2NADH＋2H^+＋2H_2O$$

在糖酵解过程的起始阶段消耗 2 分子 ATP，形成 1,6-二磷酸果糖，以后在 1,3-二磷酸甘油酸及磷酸烯醇式丙酮酸反应中各生成 2 分子 ATP。因此糖酵解过程净产成 2 分子 ATP。表 8-2 概括了糖酵解中 ATP 的消耗和产生。

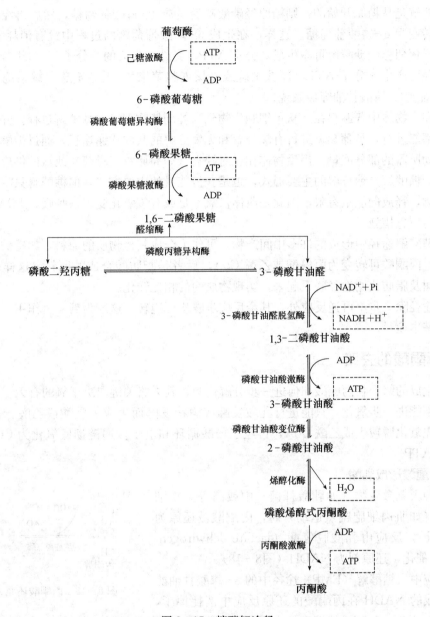

图 8-17 糖酵解途径

表 8-2 **糖酵解中 ATP 的消耗和产生**

反 应	酵解 1 分子葡萄糖的 ATP 变化
葡萄糖＋ATP —→ 6-磷酸葡萄糖＋ADP＋H⁺	−1
6-磷酸果糖＋ATP —→ 1,6-二磷酸果糖＋ADP＋H⁺	−1
1,3-二磷酸甘油酸＋ADP＋H⁺ ⇌ 3-磷酸甘油酸＋ATP	+2
磷酸烯醇式丙酮酸＋ADP＋H⁺ —→ 丙酮酸＋ATP	+2

如果糖酵解是从糖原开始的，则糖原经磷酸解后生成 1-磷酸葡萄糖，然后再经磷酸葡萄糖变位酶催化转变为 6-磷酸葡萄糖。这样，在生成 6-磷酸葡萄糖的过程中没有消耗 ATP，所以相当于每分子葡萄糖经糖酵解可净生成 3 分子 ATP。另外，生成的 2 分子 NADH 若进入有氧的彻底氧化途径可产生 5 分子 ATP（原核细胞或真核细胞苹果酸-天冬氨酸穿梭系统）或 3 分子 ATP（真核细胞 3-磷酸甘油穿梭系统）。

糖酵解在生物体中普遍存在，从单细胞生物到高等动植物都存在糖酵解过程。并且在无氧及有氧条件下都能进行，是葡萄糖进行有氧分解和无氧分解的共同代谢途径。通过糖酵解，生物体获得生命活动所需的部分能量。当生物体在相对缺氧（如高原氧气稀薄）或氧的供应不足（如激烈运动）时，糖酵解是糖分解的主要形式，也是获得能量的主要方式，但糖酵解只将葡萄糖分解为三碳化合物，释放的能量有限，因此是肌体供氧不足或有氧氧化受阻（呼吸、TCA 机能障碍）时补充能量的应急措施。

此外，糖酵解途径中形成的许多中间产物，可作为合成其他物质的原料，如磷酸二羟丙酮可转变为甘油，丙酮酸可转变为丙氨酸或乙酰 CoA，后者是脂肪酸合成的原料，这样就使糖酵解与蛋白质代谢及脂肪代谢途径联系起来，实现物质间的相互转化。

糖酵解途径除 3 步不可逆反应外，其余反应步骤均可逆转，这就为糖异生作用（见本章第六节）提供了基本途径。

三、丙酮酸的去路

糖酵解生成的终产物丙酮酸如何进一步分解代谢，其去路关键取决于氧的有无。在无氧条件下，丙酮酸不能进一步氧化，只能进行乳酸发酵或酒精发酵而生成为乳酸或乙醇。在有氧条件下，丙酮酸先氧化脱羧生成乙酰 CoA，再经三羧酸循环和电子传递链彻底氧化为 CO_2 和 H_2O，并产生大量 ATP。

（一）丙酮酸形成乳酸

在许多种厌氧微生物（如乳酸杆菌）中或高等生物细胞供氧不足（如肌肉细胞剧烈运动）时，丙酮酸被还原为乳酸（lactate），反应由乳酸脱氢酶（lactate dehydrogenase，LDH）催化，还原剂为 NADH（图 8-18）。

在此反应中，糖酵解（EMP）途径中的 3-磷酸甘油醛氧化时所形成的 NADH 在丙酮酸的还原反应中消耗掉了，

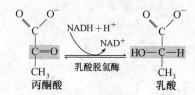

图 8-18　丙酮酸还原为乳酸

使 NAD+ 得到再生，从而维持糖酵解在无氧条件下继续不断地运转。如果 NAD+ 不能再生，那么糖酵解进行到 3-磷酸甘油醛就不能再向下进行，也就没有 ATP 的产生。

葡萄糖转变为乳酸的总反应为

$$葡萄糖 + 2Pi + 2ADP \longrightarrow 2乳酸 + 2ATP + 2H_2O$$

哺乳动物有两种不同的乳酸脱氢酶亚基。一种是 M 型（或称为 A 型），一种是 H 型（或称为 B 型）。这 2 种亚基类型构成 5 种同工酶：M_4、M_3H、M_2H_2、MH_3、H_4。每种同工酶都有对底物（丙酮酸和 NADH 或乳酸和 NAD+）特有的 K_m。M_4 和 M_3H 型对丙酮酸有较小的 K_m，也就是较高的亲和力。它们在骨骼肌和其他一些依赖糖酵解获得能量的组织

中占优势。相反，MH_3、H_4 型对丙酮酸有较大的 K_m，即较低的亲和力，它们在需氧的组织中占优势。例如，心肌中是 H_4 型对丙酮酸的亲和力最小。这确保了在心肌中丙酮酸不能转变为乳酸，而有利于丙酮酸脱氢酶（pyruvate dehydrogenase）的催化，使其朝有氧代谢方向进行。

机体血液内乳酸脱氢酶同工酶的比例是比较恒定的。临床上利用测定血液中乳酸脱氢酶同工酶的比例关系作为诊断心肌、肝脏等疾患的重要指标之一。

动物、植物及微生物都可进行乳酸发酵。如果动物缺氧时间过长，将大量积累乳酸，造成代谢性酸中毒，严重时会导致死亡。乳酸发酵可用于生产奶酪、酸奶、泡菜及动物青贮饲料等。如泡菜的腌制就是乳酸杆菌大量繁殖，产生乳酸积累导致酸性增强，抑制其他细菌的活动，因而使泡菜不腐烂。

（二）丙酮酸形成乙醇

在酵母和某些微生物细菌中，丙酮酸可由丙酮酸脱羧酶催化脱羧变成乙醛，该酶需焦磷酸硫胺素（thiamine pyrophosphate，TPP）为辅酶。乙醛继而在乙醇脱氢酶催化下被 NADH 还原形成乙醇。

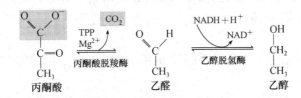

图 8-19　丙酮酸形成乙醇

由葡萄糖转变为乙醇的过程称为酒精发酵（alcoholic fermentation），这一无氧过程的净反应为

$$葡萄糖 + 2Pi + 2ADP + 2H^+ \longrightarrow 2 乙醇 + 2CO_2 + 2ATP + 2H_2O$$

在乙醛生成乙醇的过程中，NAD^+ 也得到再生，可用于 3-磷酸甘油醛的氧化。乙醇发酵有很大的经济意义，在发面、制作面包以及酿酒工业中起着关键性的作用。在酿醋工业上，微生物先在无氧条件下形成乙醛而后在有氧条件下氧化为醋。酒精发酵也存在于真菌和缺氧的植物器官中。如甘薯在长期淹水供氧不足时，块根进行无氧呼吸，产生乙醇而使块根具有酒味。

丙酮酸在无氧条件的去路可总结于图 8-20。

（三）丙酮酸形成乙酰辅酶 A

如果在有氧条件下，丙酮酸进入线粒体内被脱羧形成乙酰 CoA，催化此反应的酶是丙酮酸脱氢酶系。

$$丙酮酸 + NAD^+ + CoASH \longrightarrow 乙酰 CoA + CO_2 + NADH + H^+$$

NADH 通过线粒体中的电子传递链把电子传递给 O_2 时，NAD^+ 再生出来，可供此反应和 3-磷酸甘油醛的氧化反应所用。乙酰 CoA 进入三羧酸循环，被彻底氧化生成 CO_2 和 H_2O（见本章第四节）。

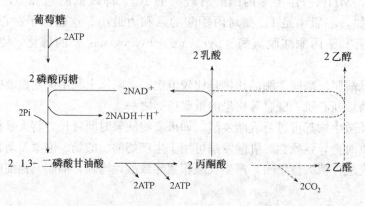

图 8 - 20 丙酮酸在无氧条件下的去路

四、糖酵解的调控

在糖酵解中，除己糖激酶、磷酸果糖激酶和丙酮酸激酶所催化的反应是不可逆反应外，其余反应都是可逆反应。因此，上述 3 种酶催化的反应是糖酵解的控制部位，调节着糖酵解的速度，以满足细胞对 ATP 和合成原料的需要。

（一）磷酸果糖激酶

磷酸果糖激酶是糖酵解过程中最重要的调节酶，糖酵解速度主要决定于该酶活性，因此它是一个限速酶。

磷酸果糖激酶是一个四聚体的变构酶，该酶活性可通过几种途径被调节。

1. ATP 浓度的影响 AMP 是磷酸果糖激酶的变构激活剂；ATP 既是该酶的变构抑制剂，又是该酶作用的底物，究竟起何作用，决定于 ATP 的浓度及酶的活性中心和变构中心对 ATP 的亲和力。磷酸果糖激酶的活性中心对 ATP 的亲和力高，即 K_m 低，而变构中心对 ATP 的亲和力低，即 K_m 高。因此，当 ATP 浓度低时，ATP 作为底物与酶的活性中心结合，酶就发挥正常的催化功能；当 ATP 浓度高时，ATP 与酶的变构中心结合，引起酶构象改变而失活。总之，ATP 通过自身浓度的变化来影响磷酸果糖激酶的活性，从而调节糖酵解的速度。当 ATP/AMP 的比值降低时，此酶的活性增高，即在细胞能荷低时，糖酵解被促进。

2. 柠檬酸浓度的影响 柠檬酸也是磷酸果糖激酶的变构抑制剂，柠檬酸是丙酮酸进入三羧酸循环的第一个中间产物，当糖酵解的速度快时，柠檬酸生成多，高浓度柠檬酸与磷酸果糖激酶的变构中心结合，使酶构象改变而失活，导致糖酵解减速。当细胞中能量和作为原料的碳架都有富余时，磷酸果糖激酶的活性几乎等于零。

3. NADH 和脂肪酸的影响 NADH 和脂肪酸也抑制磷酸果糖激酶的活性，即机体内能量水平高，不需糖分解生成能量，该酶活性就受到抑制，从而控制糖酵解的速度。

4. 其他因素的影响 研究发现，分布于哺乳动物、真菌和植物中的 2,6-二磷酸果糖也是磷酸果糖激酶的激活剂。2,6-二磷酸果糖是在磷酸果糖激酶 2（phosphofructokinase-2，PFK-2）催化下 6-磷酸果糖磷酸化生成的。此外，磷酸果糖激酶被 H^+ 离子抑制，在 pH 明显下降时糖酵解速率降低。这对防止在缺氧条件下形成过量的乳酸而导致酸毒症具有重要的意义。

(二)己糖激酶

己糖激酶的变构抑制剂是其催化反应的产物 6-磷酸葡萄糖。当磷酸果糖激酶活性被抑制时，该酶的底物 6-磷酸果糖积累，从而使处于平衡中的 6-磷酸葡萄糖的浓度也相应升高，进而抑制己糖激酶使其活性下降。因此，ATP/AMP 比值高，或柠檬酸水平高也会抑制己糖激酶的活性。

(三)丙酮酸激酶

丙酮酸激酶活性也受高浓度 ATP 及乙酰 CoA 等代谢物的抑制，这是产物对反应本身的反馈抑制。当 ATP 的生成量超过细胞自身需要时，通过丙酮酸激酶的变构抑制使糖酵解速度降低。所以当能荷高时，磷酸烯醇式丙酮酸生成丙酮酸的反应将受阻。

第四节 三羧酸循环

一、三羧酸循环途径的发现

1. 早期工作 1920 年 Thunberg，1932 年 H. Krebs，1935 年 Albert Szeut-Gyorgyi 发现，在肌肉糜中加入柠檬酸和四碳二羧酸（如琥珀酸、延胡索酸、苹果酸、草酰乙酸）可刺激氧的消耗。1937 年 Carl Martins 和 Franz Knoop 阐明了从柠檬酸经乌头酸、异柠檬酸、α-酮戊二酸到琥珀酸的氧化途径。

2. 1931 年 Krebs 的研究成果 他证实了六碳三羧酸（柠檬酸、顺乌头酸、异柠檬酸）、α-酮戊二酸和四碳二羧酸（琥珀酸、延胡索酸、苹果酸、草酰乙酸）强烈刺激肌肉中丙酮酸氧化的活性，其他天然存在的有机酸都没有上述几种酸活性强。

3. 琥珀酸形成的证实 Kreb 发现丙二酸是琥珀酸脱氢酶的竞争性抑制剂，即使在肌肉悬浮液中加入上述活性有机酸，也还有抑制效应，说明此酶催化的反应在丙酮酸氧化途径中起着重要的作用。在其抑制的肌肉糜悬浮液中有柠檬酸、α-酮戊二酸和琥珀酸的积累，证明没有丙二酸时，上述物质转化成琥珀酸。

4. 环式氧化途径的提出 被丙二酸抑制的肌肉糜悬浮液中加入琥珀酸脱氢酶催化反应的产物（如延胡索酸、苹果酸、草酰乙酸）也可引起琥珀酸的积累。说明另有一条途径氧化成琥珀酸，由此 Krebs 提出环状氧化途径的概念。

5. 丙酮酸氧化抑制及解除 草酰乙酸加入被丙二酸抑制的肌肉悬液中可以消除对丙二酸氧化的抑制，悬液中有柠檬酸积累。Krebs 解释为丙酮酸氧化需消耗草酰乙酸，合成柠檬酸，若加入丙二酸，由于不能再生成草酰乙酸，所以丙酮酸氧化被抑制。

6. 丙酮酸氧化的主要途径 由于环中每个有机酸的加入都可以使丙酮酸氧化量增加数倍。每个有机酸的最大反应速度都与丙酮酸氧化的最大速度相同，所以认为这是丙酮酸氧化的主要途径。

通过总结前人的经验及上述一系列实验，1937 年 Krebs 提出：在有氧条件下，糖酵解产物丙酮酸氧化脱羧形成乙酰 CoA，乙酰 CoA 通过一个循环被彻底氧化为 CO_2，这个循环称为 Krebs 循环；此循环的第一个产物是柠檬酸，又称为柠檬酸循环（citric acid cycle）；因为柠檬酸有 3 个羧基，所以也称为三羧酸循环（tricarboxylic acid cycle，简称 TCA 循环）。后来发现这一途径在动物、植物和微生物细胞中普遍存在，不仅是糖分解代谢的主要途径，也是脂肪、蛋白质分解代谢的最终途径，具有重要的生理意义。为此，1953 年 Krebs 获得诺贝尔奖，并被称为 TCA 循环之父。催化三羧酸循环各步反应的酶类存在于线粒体的基质（matrix）中，因此三羧酸循环进行的场所是线粒体。

大部分生物的糖分解代谢是在有氧条件下进行的，糖的有氧分解实际上是丙酮酸在有氧条件下的彻底氧化，因此无氧酵解和有氧氧化是在丙酮酸生成以后才开始进入不同的途径。丙酮酸的氧化可分为两个阶段：丙酮酸氧化为乙酰 CoA 和乙酰 CoA 的乙酰基部分经过三羧酸循环被彻底氧化为 CO_2 和 H_2O，同时释放出大量能量。

二、丙酮酸的氧化脱羧

丙酮酸的氧化脱羧是糖酵解产物丙酮酸在有氧条件下，由丙酮酸脱氢酶系（pyruvate dehydrogenase complex）催化生成乙酰 CoA 的不可逆反应。该反应既脱氢又脱羧，故称为氧化脱羧，它本身并不属于三羧酸循环，而是连接糖酵解与三羧酸循环的桥梁与纽带，是丙酮酸进入三羧酸循环的必经之路。

丙酮酸脱氢酶系是一个多酶复合体，位于线粒体内膜上，由丙酮酸脱氢酶（E_1）、二氢硫辛酸转乙酰酶（E_2）和二氢硫辛酸脱氢酶（E_3）3 种酶组成，在多酶复合体中还包含有焦磷酸硫胺素（TPP）、硫辛酸、CoASH、FAD、NAD^+ 和 Mg^{2+} 6 种辅助因子。酶系催化的反应分下述 5 步进行。

1. 丙酮酸脱氢酶催化丙酮酸与 TPP 结合，从而发生脱羧反应 反应式见图 8－21。

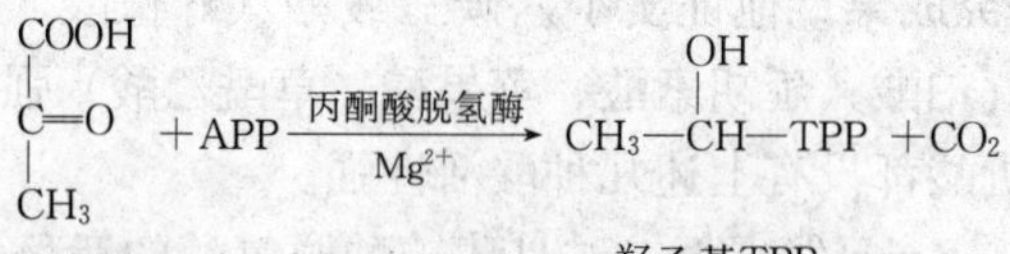

丙酮酸　　羟乙基TPP

图 8－21 丙酮酸与 TPP 的结合

2. 乙酰硫辛酸的形成 二氢硫辛酸转乙酰酶催化，使连在 TPP 上的羟基被氧化，形成乙酰基，并转移到硫辛酸上，形成乙酰硫辛酸（图 8－22）。

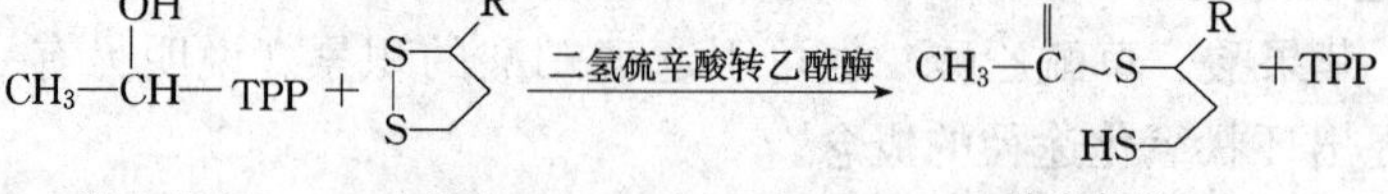

羟乙基TPP　　硫辛酸　　乙酰硫辛酸

图 8－22 乙酰硫辛酸的形成

3. 乙酰辅酶 A 和二氢硫辛酸的形成 还是由二氢硫辛酸转乙酰酶催化，使乙酰基从乙酰硫辛酸上转移到 CoASH 上，形成乙酰辅酶 A，并保留高能硫酯键（图 8－23）。

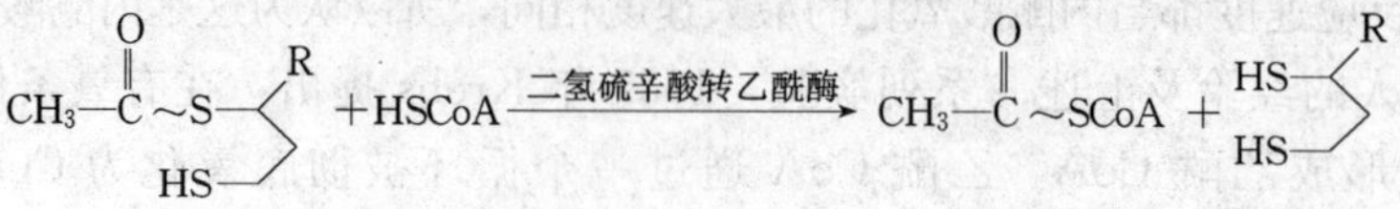

乙酰硫辛酸　　乙酰辅酶A　　二氢硫辛酸

图 8－23 乙酰辅酶 A 和二氢硫辛酸的形成

4. 硫辛酸的再生 由二氢硫辛酸脱氢酶催化，将二氢硫辛酸脱氢氧化，使硫辛酸再生，此酶以 FAD 作为辅基（图 8 - 24）。

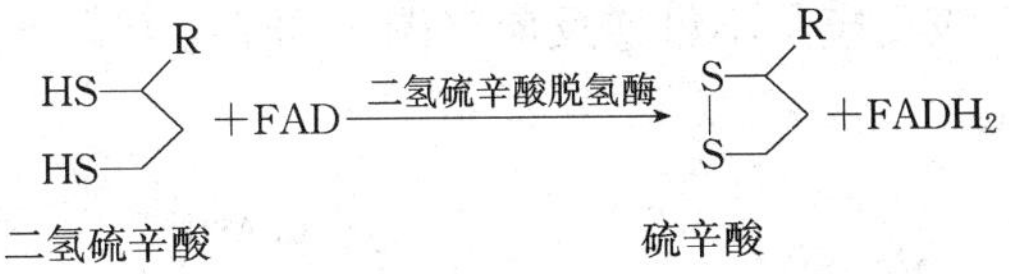

$$HS{-}R{-}HS + FAD \xrightarrow{\text{二氢硫辛酸脱氢酶}} S{-}R{-}S + FADH_2$$

二氢硫辛酸　　　　　　　　　　　　硫辛酸

图 8 - 24　硫辛酸的再生

5. FADH$_2$ 的氧化和 NAD$^+$ 的还原 还是由二氢硫辛酸脱氢酶催化，将 FADH$_2$ 脱氢氧化，氢被 NAD$^+$ 接受生成 NADH+H$^+$，完成丙酮酸氧化脱羧的全过程。

$$FADH_2 + NAD^+ \xrightarrow{\text{二氢硫辛酸脱氢酶}} FAD + NADH + H^+$$

整个丙酮酸氧化脱羧反应见图 8 - 25。

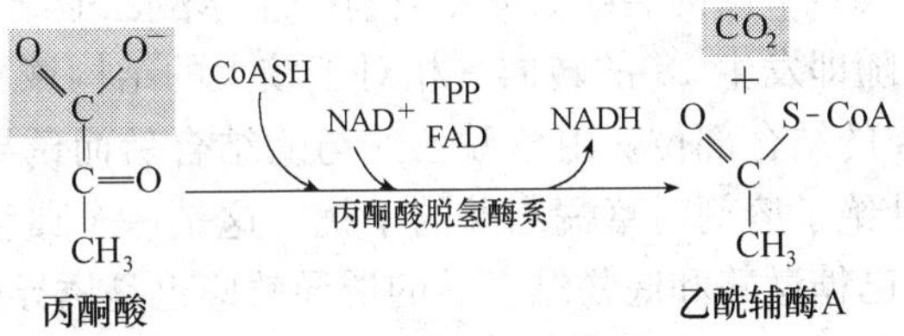

图 8 - 25　丙酮酸氧化脱羧的总反应

整个丙酮酸氧化脱羧过程如图 8 - 26 所示。

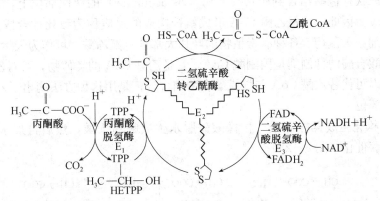

图 8 - 26　丙酮酸脱氢酶系催化的反应

上述反应生成的乙酰辅酶 A 进入三羧酸循环，而 NADH＋H$^+$ 则进入呼吸链，产生能量。该反应受到能量水平与代谢物水平的调节：当细胞内 ATP、乙酰辅酶 A 和 NADH 含量高时，可以抑制丙酮酸脱氢酶系。其抑制机理是：使丙酮酸脱氢酶的一个亚基磷酸化而失活；辅酶 A 抑制二氢硫辛酸转乙酰酶，NADH 抑制二氢硫辛酸脱氢酶，从而阻止丙酮酸氧化脱羧的进行。

三、三羧酸循环的反应过程

在有氧条件下，乙酰 CoA 中的乙酰基经过三羧酸循环被彻底氧化为 CO$_2$ 和 H$_2$O，整个过程包括合成、加水、脱氢、脱羧等 8 步反应。

1. 乙酰 CoA 与草酰乙酸缩合生成柠檬酸　在柠檬酸合酶（citrate synthase）的催化下，乙酰 CoA 与草酰乙酸缩合生成柠檬酸 CoA，然后高能硫酯键水解形成 1 分子柠檬酸并释放 CoASH，放出大量能量，该反应是不可逆反应（图 8 - 27）。

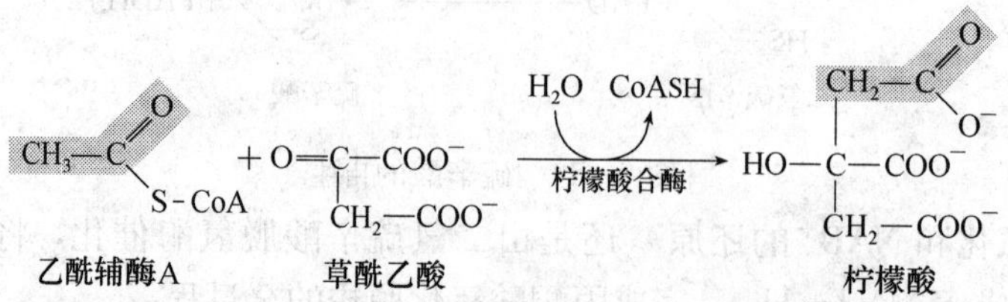

图 8 - 27　乙酰辅酶 A 与草酰乙酸缩合生成柠檬酸

在催化过程中，草酰乙酸先于乙酰 CoA 与酶结合。柠檬酸合酶是由两个亚基构成的二聚体。每个亚基的两个结构域构成一个深的裂缝。其中含有一个草酰乙酸结合位点。酶与草酰乙酸结合后，其较小的那个结构域随即发生 18°的转向（相对于较大的结构域），造成酶分子的裂缝合拢，同时又暴露出与乙酰 CoA 的结合部位。由草酰乙酸与酶结合后而诱导出的构象变化，产生了乙酰 CoA 的结合部位并且杜绝了溶剂对草酰乙酸的干扰。这是一个典型的由于底物与酶结合而诱导产生的诱导楔合模型。己糖激酶和底物结合后的诱导效应也是诱导楔合机制。

柠檬酸合酶属于调控酶，它的活性受 ATP、NADH、琥珀酰 CoA、脂酰 CoA 等的抑制。它是柠檬酸循环中的限速酶。由氟乙酸形成的氟乙酰 CoA 可被柠檬酸合酶催化与草酰乙酸缩合生成氟柠檬酸。它取代柠檬酸结合到顺乌头酸酶（cis-aconitase）的活性部位上，从而抑制柠檬酸循环的下一步反应。因此，由氟乙酰 CoA 形成氟柠檬酸的反应称为致死性合成反应。这一特性可用于制造杀虫剂或灭鼠药。各种有毒植物的叶片大都含有氟乙酸，可作为天然杀虫剂使用。

另一种柠檬酸合酶的抑制剂是丙酮酰 CoA，它是乙酰 CoA 的类似物，可对乙酰 CoA 的反应产生抑制效应，因可代替乙酰 CoA 与柠檬酸合酶结合。正是用这种方法测出了乙酰 CoA 在柠檬酸合酶上的结合部位。

2. 柠檬酸异构化生成异柠檬酸　柠檬酸先脱水生成顺乌头酸，然后再加水生成异柠檬酸。反应由顺乌头酸酶催化（图 8 - 28）。

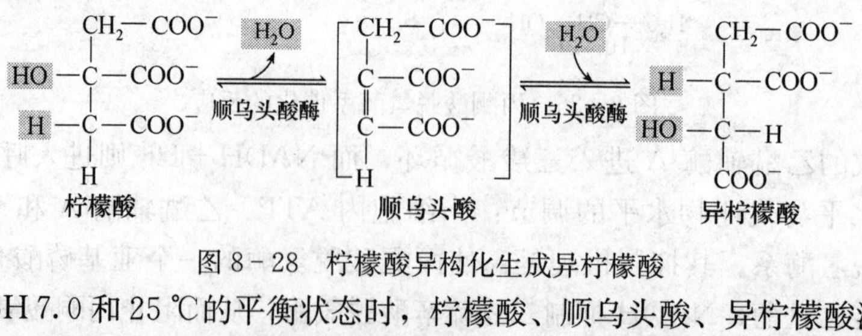

图 8 - 28　柠檬酸异构化生成异柠檬酸

上述反应在 pH 7.0 和 25 ℃ 的平衡状态时，柠檬酸、顺乌头酸、异柠檬酸浓度的比例依次为 90：4：6，由于异柠檬酸在下一步反应中极迅速地被氧化，从而推动此反应向生成异柠檬酸的方向进行。

柠檬酸有一个对称平面因此没有旋光性，但它具有前手性。顺乌头酸酶能识别柠檬酸的前 R(pro-R)和前 S(pro-S) 两种取向不同的羧甲基，即顺时针和逆时针取向不同的两个基团。顺乌头酸酶含有由共价键结合的 4 个铁原子（Fe^{2+}）。这 4 个铁原子和 4 个无机硫化物、4 个半胱氨酸（Cys）的硫原子一起结合成团，称为 Fe-S 聚簇。顺乌头酸酶的这个 Fe-S 聚簇与柠檬酸结合，并参与底物的脱水和再水合作用。与 Fe-S 聚簇结合着的蛋白质称为铁硫蛋白（iron-sulfur protein），或称为非血红素铁蛋白（nonheme iron protein）（图 8-29）。

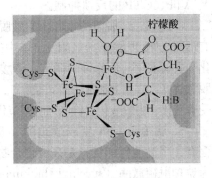

图 8-29 铁硫蛋白
（引自 Leninger, 2004）

3. 异柠檬酸氧化脱羧生成 α-酮戊二酸 在异柠檬酸脱氢酶（isocitrate dehydrogenase）的催化下，异柠檬酸被氧化脱氢，生成草酰琥珀酸中间产物。中间产物草酰琥珀酸是一个不稳定的 α 酮酸，迅速脱羧生成 α-酮戊二酸。该反应释放出大量能量，为不可逆反应，产生 1 分子 $NAD(P)H+H^+$ 和 1 分子 CO_2（图 8-30）。这是三羧酸循环的第一次氧化还原反应。

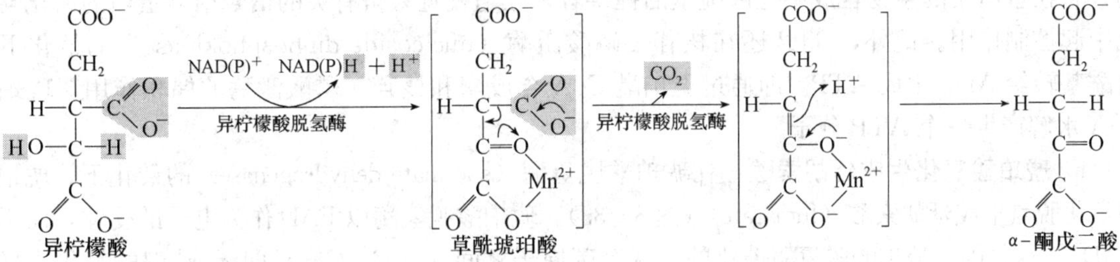

图 8-30 异柠檬酸氧化脱羧生成 α-酮戊二酸

异柠檬酸脱氢酶在高等动植物以及大多数微生物中有两种。一种以 NAD^+ 为辅酶，另一种以 $NADP^+$ 为辅酶。以 NAD^+ 为辅酶的异柠檬酸脱氢酶需要有 Mg^{2+} 或 Mn^{2+} 激活，这种酶只存在于线粒体中。另一种类型的异柠檬酸脱氢酶既存在于线粒体中也存在于细胞溶胶中。

异柠檬酸脱氢酶是一个变构调节酶。它的活性受 ADP 变构激活。ADP 可增强酶与底物的亲和力。该酶与异柠檬酸、Mg^{2+}、NAD^+、ADP 的结合有相互协同作用。与 NAD^+、ADP 的作用相反，NADH、ATP 对该酶起变构抑制作用。

在能荷低的情况下〔能荷＝$([ATP]+1/2[ADP])/([ATP]+[ADP]+[AMP])$〕，$NAD^+$ 的含量升高，不仅有利于异柠檬酸脱氢，对其他需要以 NAD^+ 为辅助因子的酶促反应也有推动作用。异柠檬酸脱氢酶所具有的这些性质，使它在柠檬酸循环中起到调节酶的作用。

实际上，在许多植物和一些细菌体内，异柠檬酸的转变有两条途径。当需要能量时，生成 α-酮戊二酸。当能量储备充裕时，异柠檬酸裂解即进行氧化脱羧形成琥珀酸和乙醛酸，催化此反应的酶称为异柠檬酸裂解酶（isocitrate lyase）（见第十章第二节乙醛酸循环的相关内容）。

4. α-酮戊二酸氧化脱羧生成琥珀酰 CoA 这是柠檬酸循环两次氧化脱羧作用中的第二次脱羧。该反应需要 NAD^+ 和 CoA 作为辅助因子（图 8-31）。

α-酮戊二酸脱氢酶系与丙酮酸脱氢酶系的结构和催化机制相似，由 α-酮戊二酸脱氢酶（E_1）、转琥珀酰酶（E_2）和二氢硫辛酸脱氢酶（E_3）3 种酶组成；也是氧化脱羧反应，需要 TPP、硫辛酸、CoASH、FAD、NAD^+ 及 Mg^{2+} 6 种辅助因子的参与；同样受产物 NADH、琥珀酰 CoA

及 ATP、GTP 的反馈抑制。

α-酮戊二酸脱氢酶系和丙酮酸脱氢酶复合体有不同之处。丙酮酸脱氢酶复合体中的 E_1 受磷酸化和去磷酸化共价修饰的调节，磷酸化使丙酮酸脱氢酶（E_1）失去活性。而 α-酮戊二酸脱氢酶不受磷酸化、去磷酸化共价修饰的调节作用。

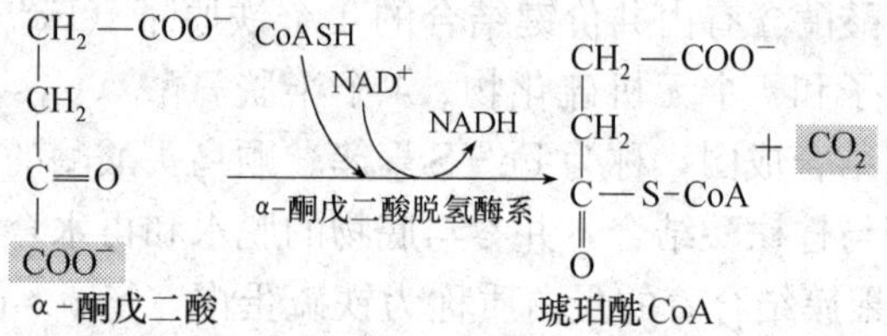

图 8-31　α-酮戊二酸氧化脱羧生成琥珀酰 CoA

5. 琥珀酰 CoA 生成琥珀酸　琥珀酰 CoA 含有一个高能硫酯键，是高能化合物，在琥珀酰 CoA 合成酶（succinyl-CoA synthetase）或者称为琥珀酰硫激酶（succinyl thiokinase）的催化下，高能硫酯键水解释放的能量使 GDP 磷酸化生成 GTP，同时生成琥珀酸（图 8-32）。GTP 很容易将磷酸基团转移给 ADP 形成 ATP。

这是三羧酸循环中惟一的底物水平磷酸化反应。这个反应的要点是产生一个高能磷酸键；在哺乳动物形成一分子 GTP，在植物和微生物可直接形成 ATP。GTP 在生物合成中有其特殊的作用，它在蛋白质的生物合成中是磷酰基的提供者，在与视觉兴奋有关的信号结合蛋白的活化与钝化中起控制作用。此外，GTP 还在核苷二磷酸激酶（nucleoside diphosphokinase）的催化下将磷酰基转给 ADP 生成 ATP。即通过琥珀酰 CoA 合成酶和核苷二磷酸激酶的偶联作用，琥珀酰 CoA 水解产生一个 ATP 分子。

6. 琥珀酸氧化生成延胡索酸　在琥珀酸脱氢酶（succinate dehydrogenase）的催化下，琥珀酸被氧化脱氢生成延胡索酸（fumarate）（图 8-33）。琥珀酸脱氢酶以 FAD 作为电子的受体，而不是 NAD^+，这是因为琥珀酸脱氢酶催化的是两个碳原子之间（—C—C—）即碳-碳键的氧化，释放的自由能不足以使脱下的电子转移到 NAD^+ 上。这是三羧酸循环中的第三次氧化还原反应。

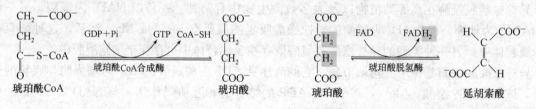

图 8-32　琥珀酰 CoA 生成琥珀酸　　　　　图 8-33　琥珀酸氧化生成延胡索酸

尽管琥珀酸脱氢酶的作用是专一的，但与它的底物在结构上相类似的化合物〔例如丙二酸（malonate）〕可以与酶结合抑制酶的活性，丙二酸、戊二酸等是琥珀酸脱氢酶的竞争性抑制剂。柠檬酸循环的发现者 Krebs 首先观察到丙二酸抑制细胞呼吸的现象，这一现象是启发他提出柠檬酸循环假说的重要实验证据之一。

琥珀酸脱氢酶与柠檬酸循环中的其他酶不同，是惟一嵌入到线粒体内膜的酶，是线粒体内膜的一个重要组成部分，而其他的酶大多存在于线粒体的基质（matrix）。

7. 延胡索酸加水生成苹果酸　在延胡索酸酶（fumarase）的催化下，延胡索酸水化生成苹果酸（malate）。该酶的催化反应具有严格的立体专一性。因此形成的苹果酸只有 L-苹果酸（S-苹果酸）。

从猪心获得的延胡索酸酶结晶，相对分子质量为 200 000，由 4 个相同的亚基组成，每个亚基含有 3 个酶活性所必需的巯基。

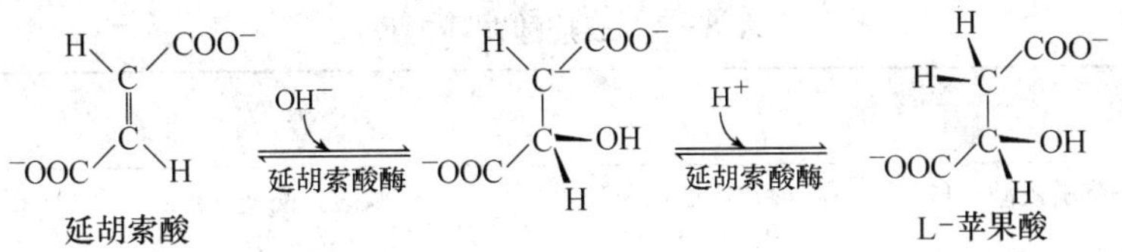

图 8-34　延胡索酸加水生成苹果酸

8. 苹果酸氧化生成草酰乙酸　在苹果酸脱氢酶 (malate dehydrogenase) 的催化下, 苹果酸氧化脱氢生成草酰乙酸, NAD^+ 是氢受体 (图 8-35), 这是三羧酸循环中的第四次氧化还原反应, 也是循环的最后一步反应。至此, 草酰乙酸得以再生, 又可接受进入循环的乙酰 CoA 分子, 进行下一轮三羧酸循环反应。

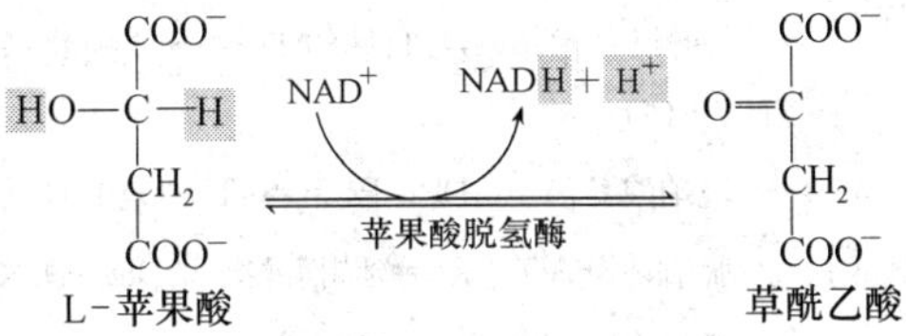

图 8-35　苹果酸氧化成草酰乙酸

三羧酸循环的整个反应历程如图 8-36 所示, 催化各步反应的酶概括于表 8-3。

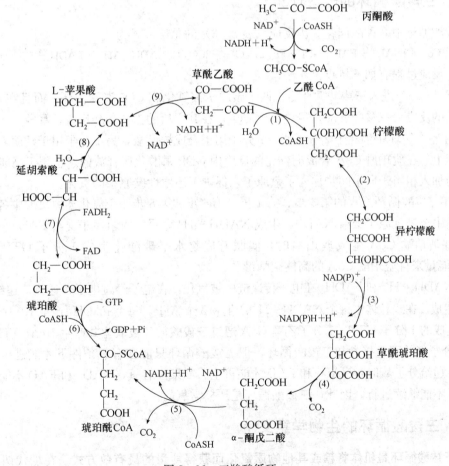

图 8-36　三羧酸循环

(1) 柠檬酸合酶　(2) 顺乌头酸酶　(3)、(4) 异柠檬酸脱氢酶　(5) α-酮戊二酸脱氢酶系
(6) 琥珀酸 CoA 合成酶　(7) 琥珀酸脱氢酶　(8) 延胡索酸酶　(9) 苹果酸脱氢酶

表 8-3 三羧酸循环的反应

步骤	反　　　应	酶	辅酶因素
1	乙酰 CoA＋草酰乙酸＋H_2O ——→柠檬酸＋CoASH	柠檬酸合酶	CoASH
2	柠檬酸⇌异柠檬酸	顺乌头酸酶	Fe^{2+}
3	异柠檬酸＋NAD^+——→α-酮戊二酸＋CO_2＋NADH＋H^+	异柠檬酸脱氢酶	NAD^+、Mg^{2+}
4	α-酮戊二酸＋CoASH＋NAD^+——→琥珀酰 CoA＋NADH＋H^+＋CO_2	α-酮戊二酸脱氢酶系	CoASH、NAD^+、硫辛酸、TPP、FAD、Mg^{2+}
5	琥珀酸 CoA＋GDP＋Pi⇌GTP＋琥珀酸＋CoASH	琥珀酸 CoA 合成酶	CoASH、GDP、GTP
6	琥珀酸＋FAD-酶⇌延胡索酸＋$FADH_2$-酶（结合在酶上）	琥珀酸脱氢酶	FAD
7	延胡索酸＋H_2O⇌苹果酸	延胡索酸酶	
8	苹果酸＋NAD^+⇌草酰乙酸＋NADH＋H^+	苹果酸脱氢酶	NAD^+

四、三羧酸循环的能量计算

三羧酸循环中 8 种酶催化 8 步反应（表 8-3）的总反应式为

乙酰 CoA＋$3NAD^+$＋FAD＋GDP＋Pi＋$2H_2O$——→$2CO_2$＋3NADH＋$3H^+$＋$FADH_2$＋GTP＋CoASH

整个反应过程有如下特点。

① 乙酰 CoA 进入三羧酸循环后，两个碳原子被氧化成 CO_2 离开循环；而且在 α-酮戊二酸脱羧之前的反应为三羧酸反应，释放 1 个 CO_2，在其之后的为二羧酸反应，释放 1 个 CO_2。

② 在整个循环中消耗了 2 分子水，1 分子用于合成柠檬酸，另 1 分子用于延胡索酸的水合作用。实际上，在琥珀酰 CoA 合成酶催化的反应中 GDP 磷酸化所释放的水也用于高能硫酯键的水解。水的加入相当于向中间物加入了氧原子，促进了还原性碳原子的氧化。

③ 在三羧酸循环过程的第 3 步、第 4 步、第 6 步和第 8 步 4 个氧化还原反应中各脱下 1 对氢原子，其中 3 对氢原子交给 NAD^+，生成 NADH＋H^+，另 1 对氢原子交给 FAD 生成 $FADH_2$。

④ 在琥珀酰 CoA 生成琥珀酸时，偶联有底物水平磷酸化生成 1 分子 GTP（植物中为 ATP），能量来自琥珀酰 CoA 的高能硫酯键。

⑤ NADH＋H^+ 和 $FADH_2$ 在电子传递链中被氧化，在电子经过电子传递体传递给 O_2 时偶联 ATP 的生成。在线粒体中每个 NADH＋H^+ 产生 2.5 个 ATP，每个 $FADH_2$ 产生 1.5 个 ATP，再加上直接生成的 1 分子 GTP，1 分子乙酰 CoA 通过三羧酸循环被氧化共产生 10 个 ATP。

⑥ 分子氧并不直接参与三羧酸循环，但三羧酸循环只能在有氧条件下才能进行，因为只有当电子传递给分子氧时，NAD^+ 和 FAD 才能再生。如果没有氧，NAD^+ 和 FAD 不能再生，三羧酸循环就不能继续进行。因此，三羧酸循环是严格需氧的。

五、三羧酸循环的生物学意义

1. 三羧酸循环是机体将糖或其他物质氧化而获得能量的最有效方式　在糖代谢中，糖经此途径氧化产生的能量最多。每分子葡萄糖经有氧氧化生成 H_2O 和 CO_2 时，可净生成 32 分子 ATP（原核好气性生物）或 30 分子 ATP（真核生物）。

2. 三羧酸循环是糖、脂和蛋白质三大类物质代谢与转化的枢纽 一方面，此循环的中间产物（如草酰乙酸、α-酮戊二酸、丙酮酸、乙酰 CoA 等）是合成糖、氨基酸、脂肪等的原料。另一方面，该循环是糖、蛋白质和脂肪彻底氧化分解的共同途径：蛋白质水解的产物（如谷氨酸、天冬氨酸、丙氨酸等脱氨后或转氨后的碳架）要通过三羧酸循环才能被彻底氧化；脂肪分解后的产物脂肪酸经 β 氧化后生成乙酰 CoA 以及甘油，也要经过三羧酸循环而被彻底氧化（图 8-37）。因此，三羧酸循环是联系三大类物质代谢的枢纽。在植物体内，三羧酸循环中间产物（如柠檬酸、苹果酸等）既是生物氧化基质，也是一定生长发育时期特定器官中的积累物质，如柠檬、苹果分别富含柠檬酸和苹果酸。

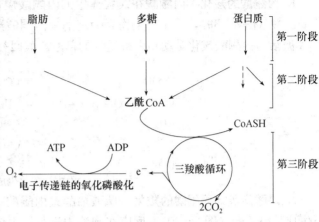

图 8-37 生物获得能量的 3 个阶段

六、草酰乙酸的回补反应

三羧酸循环中间产物是很多生物合成的前体。例如，α-酮戊二酸和草酰乙酸分别是谷氨酸和天冬氨酸合成的碳架；琥珀酰 CoA 是卟啉环合成的前体，而卟啉是叶绿素和血红素的组成部分；柠檬酸转运至胞液后裂解成乙酰 CoA 可用于脂肪酸合成。上述过程将最终导致草酰乙酸浓度下降，从而影响三羧酸循环的进行。因此，必须不断补充才能使草酰乙酸的浓度维持在一定的水平，保证三羧酸循环正常进行。这种补充称为草酰乙酸的回补反应（anaplerotic reaction），如图 8-38 所示。

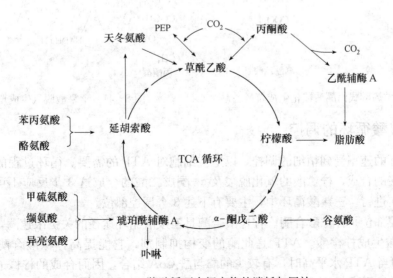

图 8-38 三羧酸循环中间产物的消耗与回补

产生草酰乙酸的回补反应主要有以下几种途径。

1. 丙酮酸的羧化 丙酮酸在线粒体中的丙酮酸羧化酶（pyruvate carboxylase）催化下生成草酰乙酸（图 8-39），反应需生物素为辅酶。丙酮酸羧化酶是一个调节酶，它被高浓度的乙酰 CoA 激活。丙酮酸羧化是动物中最重要的草酰乙酸回补反应，保证三羧酸循环的进行。

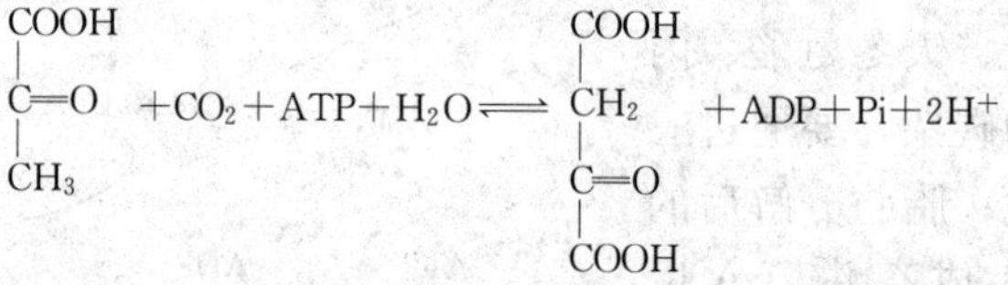

COOH
C=O
CH3
+CO2+ATP+H2O
CH2
+ADP+Pi+2H+
COOH
C=O
COOH

丙酮酸　　　　草酰乙酸

图 8-39　丙酮酸羧化生成草酰乙酸

2. 磷酸烯醇式丙酮酸的羧化 磷酸烯醇式丙酮酸（PEP）在磷酸烯醇式丙酮酸羧激酶作用下生成草酰乙酸（图 8-40）。反应在胞液中进行，生成的草酰乙酸需转变成苹果酸后经穿梭进入线粒体，然后再脱氢生成草酰乙酸。

3. 天冬氨酸和谷氨酸的转氨作用 天冬氨酸和谷氨酸经转氨作用，可形成草酰乙酸和 α-酮戊二酸。异亮氨酸、缬氨酸、苏氨酸、甲硫氨酸也可形成琥珀酰 CoA。

4. 苹果酸脱氢生成草酰乙酸 在动物、植物和微生物中，还存在由苹果酸酶催化丙酮酸羧化生成苹果酸，后者在苹果酸脱氢酶（以 NAD^+ 为辅酶）的作用下，脱氢生成草酰乙酸（图 8-41）。

COOH
C—OPO3H2
CH2
+CO2+H2O
COOH
CH2
+Pi
C=O
COOH

磷酸烯醇式丙酮酸　　　　草酰乙酸

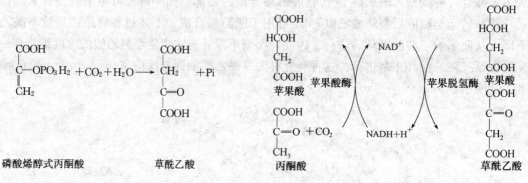

图 8-40　磷酸烯醇式丙酮酸羧化生成草酰乙酸

COOH
HCOH
CH2
COOH
苹果酸
苹果酸酶
NAD+
苹果脱氢酶
COOH
HCOH
CH2
COOH
苹果酸
COOH
C=O
CH3
+CO2
丙酮酸
NADH+H+
COOH
C=O
CH2
COOH
草酰乙酸

图 8-41　苹果酸脱氢生成草酰乙酸

七、三羧酸循环的调控

三羧酸循环的速率受到精细的调控，以适应细胞对 ATP 的需要。循环过程的多个反应是可逆的，但柠檬酸的合成、柠檬酸的氧化脱羧及 α-酮戊二酸的合成这 3 步反应不可逆，因此整个循环只能单方向进行。三羧酸循环中，主要有下述 3 个调控部位。

第一个调控部位是柠檬酸合酶。柠檬酸合酶是三羧酸循环途径的关键限速酶，该酶催化乙酰 CoA 和草酰乙酸生成柠檬酸。ATP 是此酶的变构抑制剂，它能提高柠檬酸合酶对其底物乙酰 CoA 的 K_m，即当 ATP 水平高时，有较少的酶与酰 CoA 结合，因而合成的柠檬酸少。而作为底物的草酰乙酸和乙酰 CoA 浓度高时，可激活柠檬酸合酶。

第二个调控部位是异柠檬酸脱氢酶。ATP、琥珀酸 CoA 和 NADH 抑制异柠檬酸脱氢酶的活性；而 ADP 是该酶的变构激活剂，能增大此酶对底物的亲和力。

第三个调控部位是 α-酮戊二酸脱氢酶系。该酶受 ATP 及其所催化的反应产物琥珀酰 CoA、NADH 的抑制（图 8-42）。

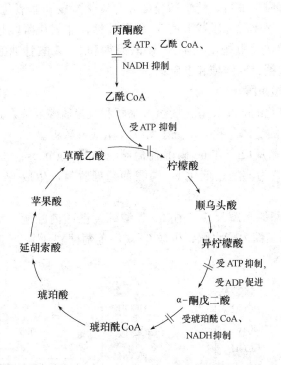

图 8-42　三羧酸循环及丙酮酸氧化脱羧的控制

总之，调节三羧酸循环的关键因素是 $[NADH]/[NAD^+]$ 的比值、$[ATP]/[ADP]$ 的比值和草酰乙酸、乙酰 CoA 等代谢物的浓度。

第五节　磷酸戊糖途径

糖的无氧酵解和有氧氧化过程是生物体内糖分解代谢的主要途径，但并非惟一途径。在组织匀浆中加入糖酵解的抑制剂，如碘乙酸或氟化钠后，糖酵解过程被抑制，但葡萄糖仍有一定量的消耗，说明葡萄糖还有其他分解代谢途径。用同位素 ^{14}C 分别标记葡萄糖 C_1 和 C_6，如果糖酵解是惟一代谢途径，由于己糖裂解生成两分子磷酸丙糖，那么 $^{14}C_1$ 葡萄糖和 $^{14}C_6$ 葡萄糖生成 $^{14}CO_2$ 的分子数应相等，但实验表明 $^{14}C_1$ 更容易氧化成 $^{14}CO_2$，这就更直接证明了其他代谢途径的存在。1954 年 Racker、1955 年 Gunsalus 等人发现了磷酸戊糖途径（pentose phosphate pathway，PPP），又称为磷酸己糖支路（hexose monophosphate pathway shunt，HMP 或 HMS）。

磷酸戊糖途径的主要特点是葡萄糖直接氧化脱氢和脱羧，不必经过糖酵解和三羧酸循环，脱

氢酶的辅酶不是 NAD^+ 而是 $NADP^+$，产生的 NADPH 作为还原力以供生物合成用，而不是传递给 O_2，无 ATP 的产生与消耗。

一、磷酸戊糖途径的过程

磷酸戊糖途径在细胞溶质中进行，整个途径可分为氧化阶段和非氧化阶段。氧化阶段从 6－磷酸葡萄糖氧化开始，直接氧化脱氢脱羧形成 5－磷酸核糖；非氧化阶段是磷酸戊糖分子在转酮酶和转醛酶的催化下互变异构及重排，产生 6－磷酸果糖和 3－磷酸甘油醛。此阶段产生中间产物：三碳糖、四碳糖、五碳糖、六碳糖和七碳糖。

（一）不可逆的氧化脱羧阶段

第一阶段包括 3 种酶催化的 3 步反应：脱氢、水解和脱氢脱羧反应。这一阶段是不可逆的氧化阶段，由 $NADP^+$ 作为氢的受体，脱去 1 分子 CO_2，生成五碳糖。

1. 6－磷酸葡萄糖的脱氢反应 在 6－磷酸葡萄糖脱氢酶（glucose－6－phosphate dehydrogenase）作用下，以 $NADP^+$ 为辅酶，催化 6－磷酸葡萄糖脱氢，生成 6－磷酸葡萄糖酸内酯及 NADPH（图 8－43）。

2. 6－磷酸葡萄糖酸内酯的水解反应 在 6－磷酸葡萄糖酸内酯酶（6－phosphogluconolactonase）催化下，6－磷酸葡萄糖内酯水解，生成 6－磷酸葡萄糖酸（图 8－44）。

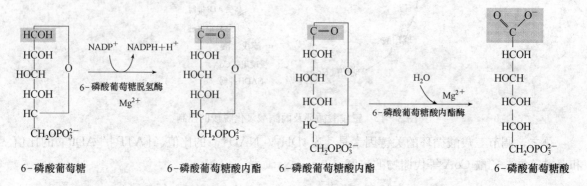

图 8－43 6－磷酸葡萄糖的脱氢反应   图 8－44 6－磷酸葡萄酸内酯的水解反应

3. 6－磷酸葡萄糖酸的脱氢脱羧反应 在 6－磷酸葡萄糖酸脱氢酶（6－phosphogluconate dehydrogenase）作用下，以辅酶 $NADP^+$ 为氢受体，催化 6－磷酸葡萄糖酸氧化脱羧，生成 5－磷酸核酮糖和另一分子 NADPH（图 8－45）。

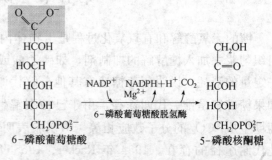

图 8－45 6－磷酸葡萄糖酸的脱氢脱羧反应

（二）可逆的非氧化分子重排阶段

第二阶段是可逆的非氧化阶段，包括异构化、转酮和转醛反应，使糖分子重新组合，分 5 步进行。

4. 磷酸戊糖的异构化反应 磷酸核糖异构酶（phosphoriboisomerase）催化 5－磷酸核酮糖转变为 5－磷酸核糖，而磷酸戊酮糖表异构酶（phosphoketopentose epimerase）催化 5－磷酸核酮糖转变为 5-磷酸木酮糖（图 8-46）。

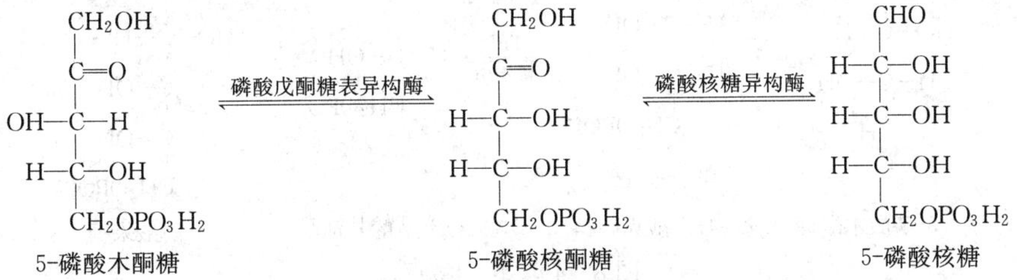

图 8-46　磷酸戊糖的异构化反应

5. 转酮反应　转酮酶（transketolase）催化 5-磷酸木酮糖上的乙酮醇基（羟乙酰基）转移到 5-磷酸核糖的第一个碳原子上，生成 3-磷酸甘油醛和 7-磷酸景天庚酮糖（$C_5 + C_5 \rightleftharpoons C_3 + C_7$）（图 8-47）。在反应中，转酮酶转移一个二碳单位，二碳单位的供体是酮糖，而受体是醛糖。转酮酶以焦磷酸硫胺素（TPP）为辅酶，其作用机理与丙酮酸脱氢酶系中的 TPP 类似。

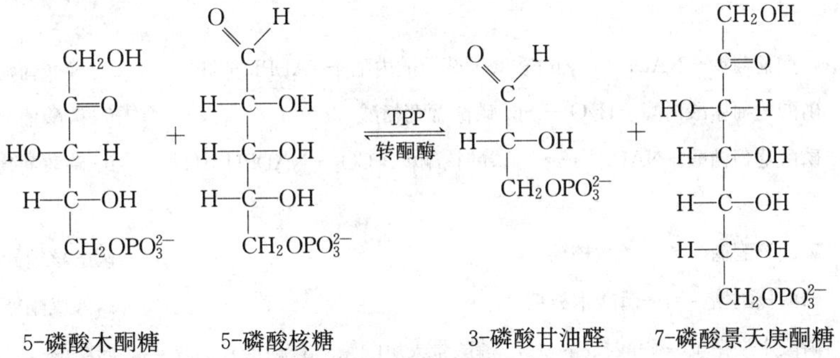

图 8-47　转酮醇反应

6. 转醛反应　转醛酶（transaldolase）催化 7-磷酸景天庚酮糖上的二羟丙酮基转移给 3-磷酸甘油醛，生成 4-磷酸赤藓糖和 6-磷酸果糖（$C_7 + C_3 \rightleftharpoons C_4 + C_6$）（图 8-48）。转醛酶转移一个三碳单位，三碳单位的供体是酮糖，而受体是醛糖。

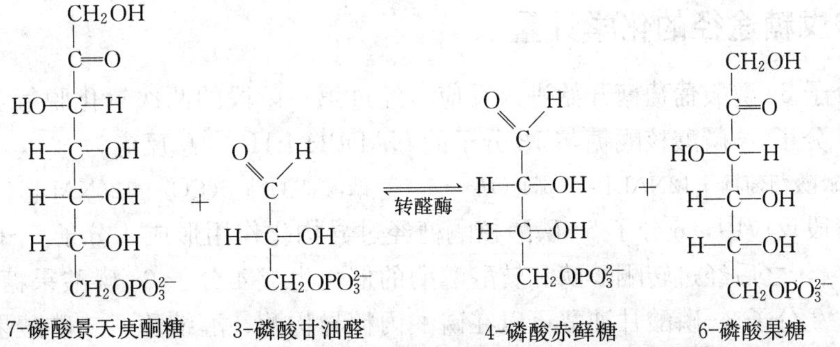

图 8-48　转醛反应

7. 转酮反应　转酮酶催化 5-磷酸木酮糖上的乙酮醇基（羟乙酰基）转移到 4-磷酸赤藓糖的第一个碳原子上，生成 3-磷酸甘油醛和 6-磷酸果糖（$C_5 + C_4 \rightleftharpoons C_3 + C_6$）（图 8-49）。此步反应与第 5 步相似，转酮酶转移的二碳单位供体是酮糖，受体是醛糖。

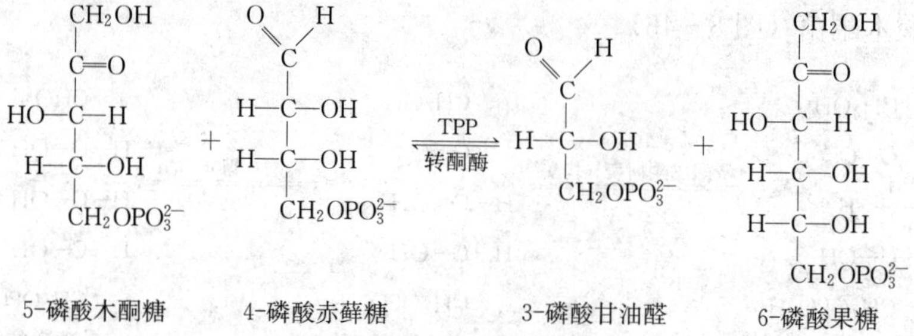

$$CH_2OH \qquad O \quad H \qquad O \quad H \qquad CH_2OH$$

（图：化学结构式）

5-磷酸木酮糖　　　4-磷酸赤藓糖　　　3-磷酸甘油醛　　　6-磷酸果糖

图 8-49　转酮醇反应

8. 磷酸己糖的异构化反应　6-磷酸果糖经磷酸己糖异构酶异构化形成 6-磷酸葡萄糖。磷酸戊糖途径（PPP）的全过程可概括为表 8-4 和图 8-50。

表 8-4　磷酸戊糖途径的反应

步　骤	反　应	酶
不可逆的氧化阶段		
1	6-磷酸葡萄糖＋$NADP^+$——→6-磷酸葡萄糖酸内酯＋$NADPH＋H^+$	6-磷酸葡萄糖脱氢酶
2	6-磷酸葡萄糖酸内酯＋H_2O——→6-磷酸葡萄糖酸	6-磷酸葡萄糖酸内酯酶
3	6-磷酸葡萄糖酸＋$NADP^+$——→5-磷酸核酮糖＋CO_2＋$NADPH＋H^+$	6-磷酸葡萄糖酸脱氢酶
可逆的非氧化阶段		
4	5-磷酸核酮糖 ⇌ 5-磷酸核糖	磷酸核糖异构酶
	5-磷酸核酮糖 ⇌ 5-磷酸木酮糖	磷酸戊酮糖表异构酶
5	5-磷酸木酮糖＋5-磷酸核糖 ⇌ 7-磷酸景天庚酮糖＋3-磷酸甘油醛	转酮醇酶
6	7-磷酸景天庚酮糖＋3-磷酸甘油醛 ⇌ 6-磷酸果糖＋4-磷酸赤藓糖	转醛酶
7	5-磷酸木酮糖＋4-磷酸赤藓糖 ⇌ 6-磷酸果糖＋3-磷酸甘油醛	转酮醇酶
8	6-磷酸果糖 ⇌ 6-磷酸葡萄糖	磷酸己糖异构酶

二、磷酸戊糖途径的化学计量

如果从 6 分子 6-磷酸葡萄糖开始进入反应，经过第一阶段的两次氧化脱氢及脱羧后，产生 6 分子 CO_2 和 6 分子 5-磷酸核酮糖与 12 分子的 $NADPH＋H^+$。总反应为

6×6-磷酸葡萄糖＋$12NADP^+$＋$6H_2O$——→6×5-磷酸核酮糖＋$6CO_2$＋$12(NADPH＋H^+)$

在非氧化阶段反应中，6 分子 5-磷酸核酮糖经过异构化作用形成 4 分子 5-磷酸木酮糖和 2 分子 5-磷酸核糖，之后经过转酮醇酶和转醛醇酶的催化生成 4 分子 6-磷酸果糖和 2 分子 3-磷酸甘油醛。而这 2 分子 3-磷酸甘油醛可以在磷酸丙糖异构酶、醛缩酶、二磷酸果糖磷酸酯酶和磷酸葡萄糖异构酶的催化下生成 1 分子 6-磷酸葡萄糖。

6×5-磷酸核酮糖＋H_2O——→5×6-磷酸葡萄糖＋H_3PO_4

因此由 6 分子 6-磷酸葡萄糖开始，经过 6 次磷酸戊糖途径的一系列反应，可转化为 5 分子 6-磷酸果糖，进一步转化为 6-磷酸葡萄糖和 6 分子 CO_2，相当于 1 分子 6-磷酸葡萄糖被彻底氧

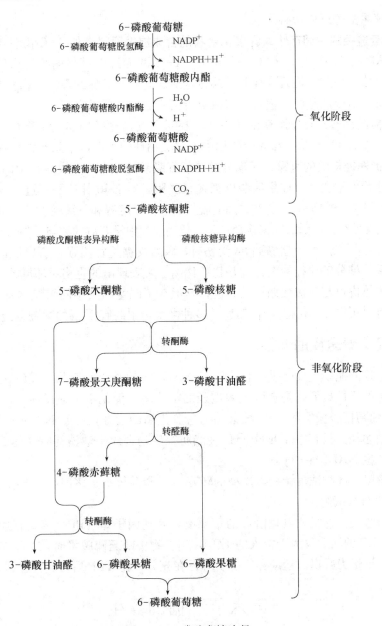

图 8-50 磷酸戊糖途径

化。此途径的总反应可用下式表示：

$$6-磷酸葡萄糖 + 12NADP^+ + 7H_2O \longrightarrow 6CO_2 + 12NADPH + 12H^+ + H_3PO_4$$

三、磷酸戊糖途径的生物学意义

磷酸戊糖途径是生物中普遍存在的一种糖代谢途径，具有多种生物学意义。

1. 磷酸戊糖途径产生大量的 NADPH，为细胞的各种合成反应提供还原力 NADPH+H$^+$ 作为氢和电子供体，是脂肪酸的合成、非光合细胞中硝酸盐与硝酸盐的还原、氨的同化以及丙酮酸羧化还原成苹果酸等反应所必需的。

2. 磷酸戊糖途径的中间产物为许多化合物的合成提供原料 如 5-磷酸核糖是合成核苷酸的原料，也是 NAD^+、$NADP^+$、FAD 等的组分；4-磷酸赤藓糖可与糖酵解产生的中间产物磷酸烯醇式丙酮酸合成莽草酸，最后合成芳香族氨基酸。此外，核酸的降解产物核糖也需由磷酸戊糖途径进一步分解。所以磷酸戊糖途径与核酸及蛋白质的代谢联系密切。

3. 磷酸戊糖途径与光合作用有密切关系 在磷酸戊糖途径的非氧化重排阶段中，一系列中间产物 C_3、C_4、C_5、C_7 及酶类与光合作用中卡尔文循环的大多数中间产物和酶相同。

4. 磷酸戊糖途径与糖的有氧、无氧分解是相互联系的 磷酸戊糖途径中间产物 3-磷酸甘油醛是三种代谢途径的枢纽点。如果磷酸戊糖途径受阻，3-磷酸甘油醛则进入无氧或有氧分解途径，反之，如果用碘乙酸抑制 3-磷酸甘油醛脱氢酶，使糖酵解和三羧酸循环不能进行，3-磷酸甘油醛则进入磷酸戊糖途径。磷酸戊糖途径在整个代谢过程中没有氧的参与，但可使葡萄糖降解，这在种子萌发的初期作用很大。植物感病或受伤时，磷酸戊糖途径增强，所以该途径与植物的抗病能力有一定关系。糖分解途径的多样性是物质代谢上所表现出的生物对环境的适应性。通常，磷酸戊糖途径在机体内可与三羧酸循环同时进行，但在不同生物及不同组织器官中所占比例不同。如在植物中，有时可占 50% 以上，在动物及多种微生物中约有 30% 的葡萄糖经此途径氧化。

四、磷酸戊糖途径的调控

磷酸戊糖途径的速率主要受生物合成时对 NADPH 的需要所调节。在氧化脱羧阶段，6-磷酸葡萄糖脱氢酶的活性最低，是磷酸戊糖途径的限速酶，催化不可逆反应。$NADPH+H^+$ 竞争性抑制 6-磷酸葡萄糖脱氢酶和 6-磷酸葡萄糖酸脱氢酶的活性，因此 $NADPH+H^+$ 可以有效反馈抑制磷酸戊糖途径。只有 $NADPH+H^+$ 在脂肪等生物合成中被消耗时才能解除抑制，再通过氧化脱氢脱羧产生 $NADPH+H^+$。

在非氧化阶段，底物浓度调控着戊糖的转变。5-磷酸核糖过多时，可转化成 6-磷酸果糖和 3-磷酸甘油醛进行糖酵解。

转酮酶是磷酸戊糖途径非氧化阶段的重要酶，其辅因子是 TPP，某些有遗传缺陷的人，体内转酮酶结合 TPP 的活力仅为正常人的 1/10，当食物中缺乏硫胺素时，产生神经功能紊乱，如不能辨认方向、记忆力减退、运动器官麻痹等，在充分补充 TPP 后可缓解症状。

第六节 糖的异生

葡萄糖的生物合成可以通过光合作用和葡萄糖异生作用完成，其中光合作用是某些光合微生物及植物体所特有的合成途径（请参阅微生物学及植物生理学有关内容），生成的葡萄糖可进一步转化为寡糖和多糖，如蔗糖、淀粉和糖原，还有构成植物细胞壁的纤维素和肽聚糖等。本节重点介绍葡萄糖异生作用。

葡萄糖异生作用（gluconeogenesis）是由非糖化合物合成葡萄糖的过程。能够进行葡萄糖异生作用的非糖前体化合物有多种，如丙酮酸、草酰乙酸、乳酸、某些氨基酸以及甘油等。在剧烈运动的肌肉中，当糖酵解的速率超过三羧酸循环和呼吸链的速率时就会积累乳酸。在饥饿时，肌肉中的蛋白质分解产生氨基酸。脂肪的水解产生甘油和脂肪酸。在糖酵解中，葡萄糖转变为丙酮酸，而在葡萄糖异生作用中则是由丙酮酸转变为葡萄糖。但葡萄糖异生并不是糖酵解的简单逆转。因为在糖酵解中，由己糖激酶、磷酸果糖激酶和丙酮酸激酶催化的 3 步反应释放大量的自由能，是不可逆的，所以必须通过另一些酶催化，绕过这 3 个反应步骤，葡萄糖异生作用才能顺利进行，见图 8-54。

一、丙酮酸生成磷酸烯醇式丙酮酸

由丙酮酸生成磷酸烯醇式丙酮酸的反应通过下述两步完成。

1. 丙酮酸羧化酶催化丙酮酸羧化成草酰乙酸　丙酮酸羧化酶（pyruvate carboxylase）是一个生物素蛋白，以生物素为辅酶，另外还需乙酰 CoA 和 Mg^{2+} 作为辅助因子，反应消耗一分子 ATP（图 8-51）。丙酮酸羧化酶存在于线粒体内，而糖酵解是在细胞质中进行的，因此，丙酮酸需从细胞质转移到线粒体内才能羧化成草酰乙酸，后者只有在转变为苹果酸后才能再进入细胞质。苹果酸再经细胞质中的苹果酸脱氢酶催化转变成草酰乙酸（图 8-52）。

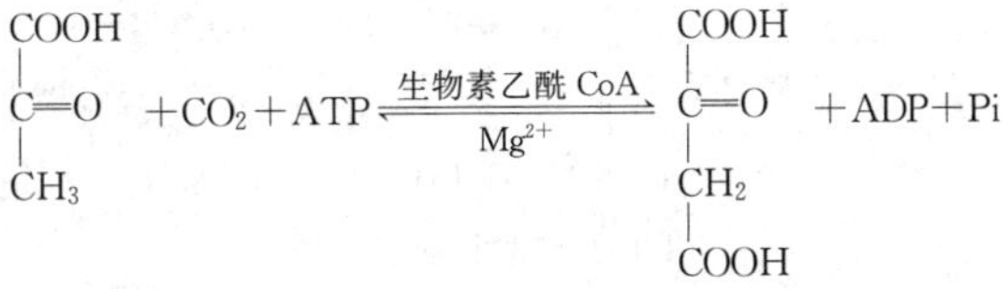

$$\begin{array}{l}\text{COOH} \\ | \\ \text{C}{=}\text{O} \\ | \\ \text{CH}_3 \end{array} + CO_2 + ATP \xrightarrow[\text{Mg}^{2+}]{\text{生物素乙酰 CoA}} \begin{array}{l}\text{COOH} \\ | \\ \text{C}{=}\text{O} \\ | \\ \text{CH}_2 \\ | \\ \text{COOH} \end{array} + ADP + Pi$$

丙酮酸　　　　　　　　　　　　　　草酰乙酸

图 8-51　丙酮酸羧化生成草酰乙酸

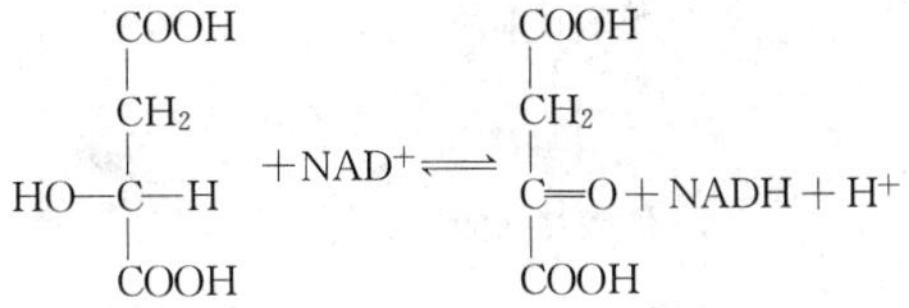

$$\begin{array}{l}\text{COOH} \\ | \\ \text{CH}_2 \\ | \\ \text{HO}{-}\text{C}{-}\text{H} \\ | \\ \text{COOH} \end{array} + NAD^+ \rightleftharpoons \begin{array}{l}\text{COOH} \\ | \\ \text{CH}_2 \\ | \\ \text{C}{=}\text{O} \\ | \\ \text{COOH} \end{array} + NADH + H^+$$

苹果酸　　　　　　　　　草酰乙酸

图 8-52　苹果酸脱氢为草酰乙酸

2. 磷酸烯醇式丙酮酸羧激酶催化草酰乙酸形成磷酸烯醇式丙酮酸　草酰乙酸在磷酸烯醇式丙酮酸羧激酶（PEP carboxykinase）的催化下由 GTP 提供磷酸基，脱羧生成磷酸烯醇式丙酮酸（phosphoenolpyruvate，PEP）（图 8-53）。

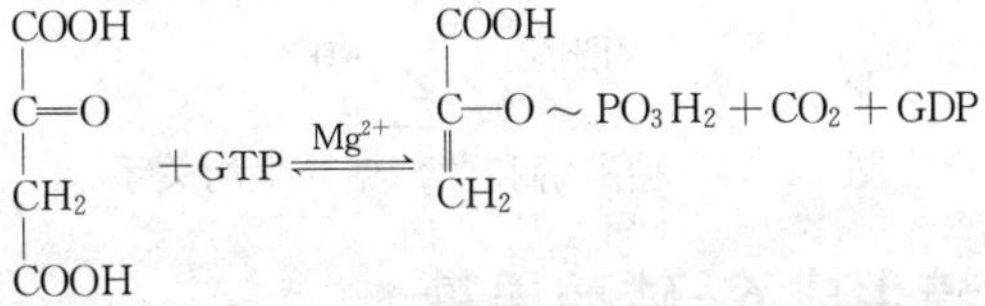

$$\begin{array}{l}\text{COOH} \\ | \\ \text{C}{=}\text{O} \\ | \\ \text{CH}_2 \\ | \\ \text{COOH} \end{array} + GTP \xrightarrow{\text{Mg}^{2+}} \begin{array}{l}\text{COOH} \\ | \\ \text{C}{-}\text{O}{\sim}\text{PO}_3\text{H}_2 \\ | \\ \text{CH}_2 \end{array} + CO_2 + GDP$$

草酰乙酸　　　　　　　　磷酸烯醇式丙酮酸

图 8-53　由草酰乙酸生成磷酸烯醇式丙酮酸

这两个步骤的总反应为：

$$丙酮酸 + ATP + GTP \longrightarrow 磷酸烯醇式丙酮酸 + ADP + GDP + Pi$$

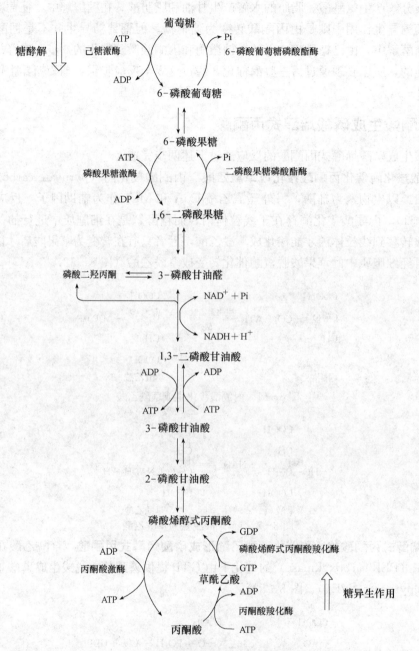

图 8 - 54 糖酵解和葡萄糖异生的关系

二、1,6 -二磷酸果糖生成 6 -磷酸果糖

该反应由二磷酸果糖磷酸酯酶（fructose - 1,6 - diphosphatase）催化，水解 C_1 上的磷酸酯键，生成 6 -磷酸果糖。

二磷酸果糖磷酸酯酶是变构酶，受 AMP 变构抑制。当生物体内 AMP 浓度很高时，说明生物体内能量缺少，需糖酵解产生能量。因此，高浓度的 AMP 抑制二磷酸果糖磷酸酯酶的活性，不能进行糖异生作用而进行糖酵解，产生的丙酮酸进入三羧酸循环，生成大量 ATP，供给生物体能量。但该酶受 ATP、柠檬酸变构激活。

三、6-磷酸葡萄糖生成葡萄糖

该反应由 6-磷酸葡萄糖磷酸酯酶（glucose 6-phosphatase）催化，将 6-磷酸葡萄糖的磷酸酯键水解，生成葡萄糖。

葡萄糖异生的化学计量关系为：

$$2\text{丙酮酸}+4\text{ATP}+2\text{GTP}+2\text{NADH}+6H_2O \longrightarrow \text{葡萄糖}+4\text{ADP}+2\text{GDP}+6\text{Pi}+2\text{NAD}^+$$

在葡萄糖异生中，由丙酮酸合成葡萄糖需要 6 个高能磷酸键，所以此过程是一个吸能过程。只要完成以上 3 步反应，糖异生作用就可基本沿糖酵解的逆转，使非糖化合物转化为葡萄糖。葡萄糖异生是一个非常重要的代谢过程，在自然界中广泛存在。哺乳动物的肝脏中能进行糖异生作用；动物体的某些组织（例如脑），几乎完全是以葡萄糖为主要燃料的，在长时间处于饥饿状态时，必须由非糖的化合物形成葡萄糖以保证存活；另外，在剧烈运动时葡萄糖异生作用也是重要的。高等植物油料作物种子萌发时，脂肪酸氧化分解产生的甘油和乙酰 CoA 能向糖转变。其中的乙酰 CoA 经过乙醛酸循环转变为琥珀酸，再由琥珀酸生成草酰乙酸，然后通过葡萄糖异生作用合成葡萄糖，以供幼苗生长利用。

小　　结

1. 糖酵解途径：糖酵解途径中，葡萄糖在一系列酶的催化下，经 10 步反应降解为 2 分子丙酮酸，同时产生 2 分子 NADH＋H^+ 和 2 分子 ATP。主要步骤为①葡萄糖磷酸化形成二磷酸果糖；②二磷酸果糖分解成为磷酸甘油醛和磷酸二羟丙酮，二者可以互变；③磷酸甘油醛脱去 $2H^+$ 及磷酸变成丙酮酸，脱去的 $2H^+$ 被 NAD^+ 所接受，形成 NADH＋H^+。

2. 丙酮酸的去路：①有氧条件下，丙酮酸进入线粒体氧化脱羧转变为乙酰辅酶 A，同时产生 1 分子 NADH＋H^+。乙酰辅酶 A 进入三羧酸循环，最后氧化为 CO_2 和 H_2O。②在厌氧条件下，可生成乳酸和乙醇。同时 NAD^+ 得到再生，使酵解过程持续进行。

3. 三羧酸循环：在线粒体基质中，丙酮酸氧化脱羧生成的乙酰辅酶 A，再与草酰乙酸缩合成柠檬酸，进入三羧酸循环。柠檬酸经脱水加水转变成异柠檬酸，异柠檬酸经连续两次脱氢和脱羧生成琥珀酰 CoA；琥珀酰 CoA 发生底物水平磷酸化产生 1 分子 GTP 和琥珀酸；琥珀酸再脱氢，加水及再脱氢作用依次变成延胡索酸、苹果酸及循环开始的草酰乙酸。三羧酸循环每循环一次放出 2 分子 CO_2，产生 3 分子 NADH＋H^+ 和 1 分子 $FADH_2$。

4. 磷酸戊糖途径：在胞质中，在磷酸戊糖途径中磷酸葡萄糖经氧化阶段和非氧化阶段被氧化分解为 CO_2，同时产生 NADPH＋H^+。其主要过程是 6-磷酸葡萄糖脱氢并水解生成 6-磷酸葡萄糖酸，再脱氢、脱羧生成 5-磷酸核酮糖。6 分子 5-磷酸核酮糖经转酮反应和转醛反应生成 5 分子 6-磷酸葡萄糖。中间产物 3-磷酸甘油醛、6-磷酸果糖与糖酵解相衔接；5-磷酸核糖是合成核酸的原料，4-磷酸赤藓糖参与芳香族氨基酸的合成；NADPH＋H^+ 提供各种合成代谢所需要的还原力。

　　5. 糖异生作用：非糖物质（如丙酮酸、草酰乙酸和乳酸等）在一系列酶的作用下合成糖的过程，称为糖异生作用。糖异生作用不是糖酵解的逆反应，因为要克服糖酵解的 3 个不可逆反应，且反应过程是在线粒体和细胞液中进行的。2 分子丙酮酸经糖异生转变为 1 分子葡萄糖。

复 习 思 考 题

　　1. 糖类物质在生物体内起什么作用？
　　2. 为什么说三羧酸循环是糖、脂和蛋白质三大物质代谢的共同通路？
　　3. 糖代谢和脂代谢是通过哪些反应联系起来的？
　　4. 什么是糖的异生？有何意义？
　　5. 磷酸戊糖途径有什么生理意义？
　　6. 为什么糖酵解途径中产生的 NADH 必须被氧化成 NAD^+ 才能被循环利用？
　　7. 糖分解代谢可按 EMP－TCA 途径进行，也可按磷酸戊糖途径进行，决定因素是什么？
　　8. 试说明丙氨酸的成糖过程。
　　9. 糖酵解的中间物在其他代谢中有何应用？
　　10. 琥珀酰 CoA 的代谢来源与去路有哪些？

主要参考文献

吴显荣. 1997. 基础生物化学. 第二版. 北京：中国农业出版社.

唐咏，吕淑霞. 1995. 基础生物化学. 长春：吉林科学技术出版社.

沈黎明. 1996. 基础生物化学. 北京：中国林业出版社.

阎隆飞，李明启. 1985. 基础生物化学. 北京：农业出版社.

沈同，王镜岩. 1990. 生物化学. 第二版. 北京：高等教育出版社.

郭蔼光. 2001. 基础生物化学. 北京：高等教育出版社.

Conn E E，Stumpf P K，Bruening G，Dol R H. 1987. Outlines of Biochemistry，5th ed. John Wiley & Sons，Inc.

Goodwin T W，Mercer E I. 1983. Introduction to Plant Biochemistry. 2nd ed. Pergamon Press Ltd.

Lehninger A L，Nelson D L，Cox M M. 1993. Principles of Biochemistry. 2nd ed. Worth Publishers，Inc.

Stryer L. 1988. Biochemistry. 3rd ed. New York：W. H. Freeman and Co.

第九章　生物氧化与氧化磷酸化

生物的一切活动都需要能量。绿色植物和光合细菌等自养生物通过光合作用，利用太阳能将 CO_2 和 H_2O 同化为糖类等有机化合物，使太阳能转变成化学能储存于其中；动物和某些微生物等异养生物不能直接利用太阳能，只能利用光合植物形成的有机化合物在生物体内氧化产生有效化学能。生物主要通过细胞呼吸作用把有机化合物氧化成 CO_2 和 H_2O，同时产生 ATP，即生物在物质代谢中伴随的能量代谢与能量转换。

第一节　生物氧化概述

一、生物氧化的概念、特点和方式

（一）生物氧化的概念

生物活动的能量主要来源是有机物质糖、蛋白质或脂肪在生物体内的氧化。糖、蛋白质、脂肪等有机物质在生物活细胞里进行氧化分解，最终生成 CO_2 和 H_2O，同时释放大量能量的过程称为广义的生物氧化（biological oxidation）。高等动物通过肺部进行呼吸，吸入氧，排出二氧化碳，吸入氧用来氧化摄入体内的营养物质获得能量；微生物则以细胞直接进行呼吸，因此生物氧化又称为组织呼吸、细胞呼吸。生物氧化包括细胞呼吸作用中的一系列氧化还原反应。

糖、蛋白质、脂肪等有机物在生物体内彻底氧化之前，总是先进行分解代谢。它们的分解代谢途径是复杂而又不相同的，但它们在彻底氧化为 CO_2 和 H_2O 时，都经历一段相同的终端氧化过程，也就是狭义的生物氧化，即代谢中间物脱氢生成的还原型辅酶（NADH 和 $FADH_2$）经电子传递链（呼吸链）传递给分子氧生成水，电子传递过程伴随着 ADP 磷酸化生成 ATP。

（二）生物氧化的特点

生物氧化与有机物质在体外燃烧（或非生物氧化）的化学本质是相同的，都是加氧、去氢、失去电子，最终的产物都是 CO_2 和 H_2O，并且有机物质在生物体内彻底氧化伴随的能量释放与在体外完全燃烧释放的能量总量相等，但二者表现的形式和氧化条件不同。生物氧化有其自身特点：①生物氧化是在活细胞内，在体温、常压、近于中性 pH 及水环境介质中进行的，是在一系列酶、辅酶和中间传递体的作用下逐步进行的；②生物氧化时，氧化还原过程逐步进行，能量逐步释放，这样不会因为氧化过程中能量骤然释放而损害机体，同时使释放的能量得到有效的利用；③生物氧化的主要方式是脱氢和电子转移的反应，脱下的氢最后与氧形成水。生物氧化过程产生的能量通常都先储存在一些特殊的高能化合物中，主要是腺苷三磷酸（ATP），然后通过 ATP 再供给机体的需能反应，因此 ATP 相当于生物体内的能量"转运站"，是能量的"流通货币"。而体外燃烧条件剧烈，有机物在体外燃烧需要高温及干燥条件；燃烧时，能量突然释放，产生大量的光和热，散失于环境中，同时引起高温。

（三）生物氧化的方式

对真核生物而言，生物氧化进行的场所是在线粒体内，因为丙酮酸氧化脱羧、脂肪酸β氧化、三羧酸循环在线粒体中进行，呼吸链的各种组分分布在线粒体的内膜上，合成 ATP 的酶也结合在线粒体内膜上。而对于不含线粒体的原核生物（如细菌细胞）而言，生物氧化则在细胞膜上进行，因为呼吸链的各种组分与合成 ATP 的酶分布在细胞质膜上。生物氧化与体外的化学氧化实质相同，即一种物质丢失电子为氧化，得到电子为还原。化学上的氧化作用包括加氧、脱氢和脱电子等作用，细胞内物质进行氧化也是采用加氧、脱氢和脱电子方式。

1. 加氧反应　物质分子中直接加入氧分子或氧原子，这种物质即被氧化。例如，苯丙氨酸氧化成为酪氨酸（图 9-1）。

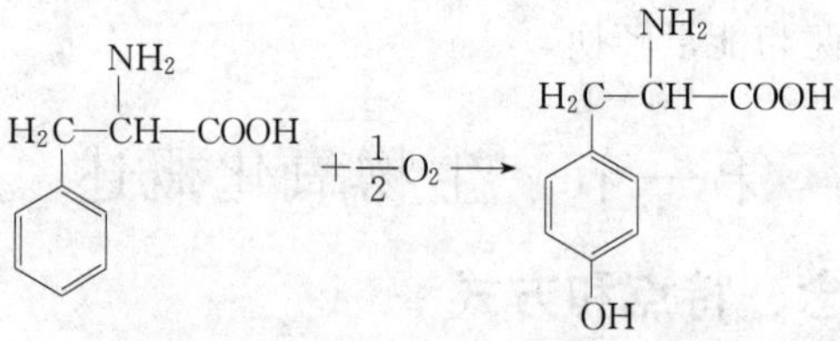

$$H_2C-\underset{\underset{\displaystyle |}{NH_2}}{CH}-COOH + \frac{1}{2}O_2 \longrightarrow H_2C-\underset{\underset{\displaystyle |}{NH_2}}{CH}-COOH$$

苯丙氨酸　　　　　　　　　　　酪氨酸

图 9-1　苯丙氨酸氧化成酪氨酸

2. 脱氢反应　脱氢氧化时，从作用物分子中脱下一对质子和一对电子。例如，乳酸氧化成丙酮酸的反应（图 9-2）。

$$CH_3-\underset{\underset{\displaystyle |}{OH}}{CH}-COOH \longrightarrow CH_2-\underset{\displaystyle ||}{\overset{\displaystyle O}{C}}-COOH + 2H^+ + 2e^-$$

图 9-2　乳酸脱氢氧化成丙酮酸

3. 加水脱氢反应　向作用物分子中加入水分子，同时脱去两个质子和两个电子，其总结果是底物分子中加入一个来自水分子的氧原子。例如，乙醛加水脱氢氧化成乙酸（图 9-3）。

$$CH_3CHO + H_2O \longrightarrow CH_3\underset{\underset{\displaystyle |}{OH}}{CH} \longrightarrow CH_3COOH + 2H^+ + 2e^-$$

图 9-3　乙醛加水脱氢生成乙酸

4. 脱电子（e^-）反应　从作用物分子中脱下一个电子。例如，二价铁被氧化成三价铁。

$$Fe^{2+} \longrightarrow Fe^{3+} + e^-$$

还原反应与氧化反应相反，即脱氧、加氢、加电子。氧化与还原反应二者不能各自独立地进行，一种物质被氧化，必有另一种物质被还原，所以氧化和还原反应总是偶联进行的。被氧化的物质失去电子或氢原子，必有物质得到电子或氢原子而被还原。被氧化的物质是还原剂（reductant），是电子或氢的供体；被还原的物质则是氧化剂（oxidant），是电子或氢的受体。在生物氧化中，既能接受氢（或电子），又能供给氢（或电子）的物质，起传递氢（或电子）的作用，称为传递氢载体（或电子载体，electron carrier）。

二、氧化还原电位及自由能

化学能是化合物的属性，化学能主要以键能的形式储存在化合物的原子间的化学键上，原子间的化学键靠电子以一定的轨道绕核运转来维持。电子占据的轨道不同，其具有的电子势能就不同。当电子从较高能级的轨道跃迁到较低能级的轨道时，就有一定的能量释放，反之，则要吸收一定的能量。氧化还原的本质是电子的迁移，是电子从还原剂转移到氧化剂的过程。因此，不难理解，生物氧化过程中，由于被氧化的底物上的电子势能下降而有能量释放。

（一）氧化还原电位

在生物氧化反应中，通过研究各种化合物对电子的亲和力，可以了解它们是容易被氧化（作为电子供体），还是容易被还原（作为电子受体）。通常用氧化还原电位（oxidation-reduction potential）相对地表示各种化合物对电子亲和力的大小。

生物体内任何的氧化还原物质连在一起，都可以有氧化还原电位产生。生物体内许多重要的生化物质氧化还原体系的氧化还原电位已经测出，其数据见表 9-1。

表 9-1 生物体中某些重要氧化还原体系的标准氧化还原电位

标准氧化还原电位	$E^{0'}(V)$
乙酸+$2H^+$+$2e^-$——→乙醛+H_2O	-0.58
$2H^+$+$2e^-$——→H_2	-0.421
α-酮戊二酸+CO_2+$2H^+$+$2e^-$——→异柠檬酸	-0.38
乙酰乙酸+$2H^+$+$2e^-$——→β-羟基丁酸	-0.346
NAD^++$2H^+$+$2e^-$——→$NADH$+H^+	-0.320
$NADP^+$+$2H^+$+$2e^-$——→$NADPH$+H^+	-0.324
乙醛+$2H^+$+$2e^-$——→乙醇	-0.197
丙酮酸+$2H^+$+$2e^-$——→乳酸	-0.185
FAD+$2H^+$+$2e^-$——→$FADH_2$	-0.180
FMN+$2H^+$+$2e^-$——→$FMNH_2$	-0.166
延胡索酸+$2H^+$+$2e^-$——→琥珀酸	-0.031
2 细胞色素 b(Fe^{3+})+$2e^-$——→2 细胞色素 b(Fe^{2+})	$+0.030$
氧化型辅酶 Q+$2H^+$+$2e^-$——→还原型辅酶 QH_2	$+0.10$
2 细胞色素 c_1(Fe^{3+})+$2e^-$——→2 细胞色素 c_1(Fe^{2+})	$+0.22$
2 细胞色素 c(Fe^{3+})+$2e^-$——→2 细胞色素 c(Fe^{2+})	$+0.25$
2 细胞色素 a(Fe^{3+})+$2e^-$——→2 细胞色素 a(Fe^{2+})	$+0.29$
2 细胞色素 a_3(Fe^{3+})+$2e^-$——→2 细胞色素 a_3(Fe^{2+})	$+0.385$
$\frac{1}{2}O_2$+$2H^+$+$2e^-$——→H_2O	$+0.816$

因为氧化还原电位较高的体系，其氧化能力较强；反之，其还原能力较强。因此，根据氧化还原电位大小，可以预测任何两个氧化还原体系如果发生反应时其氧化还原反应向哪个方向进行。从表 9-1 中可看出 $\frac{1}{2}O_2$——→H_2O 系统有可能氧化所有在它以上的各个体系，反过来说，

这些体系也都有可能使 $\frac{1}{2}O_2 \longrightarrow H_2O$ 体系还原。

氧化还原体系对生物体之所以重要，不只是因为生物体内许多重要反应都属于氧化还原反应，更重要的是生物体的能量来源于体内所进行的氧化还原反应。要了解氧化还原体系和能量之间的关系，必须弄清有关能量的一些基本概念。

（二）氧化还原电位与自由能变化

一个化学反应的自由能变化与该反应的平衡常数和质量作用定律密切相关。在下述反应中，

$$A+B \Longrightarrow C+D$$

当一个反应处于平衡态时，$([C]\cdot[D])/([A]\cdot[B])=K_{eq}$，这里 $[C]$、$[D]$、$[A]$、$[B]$ 代表物质的浓度，K_{eq} 是平衡常数。当产物浓度的乘积与反应物浓度的乘积的比值等于 K_{eq} 时，反应处于平衡状态；大于 K_{eq} 时，反应趋向左方进行；小于 K_{eq} 时，反应趋向右方进行。上述 3 种状态相应的自由能改变分别是 $\Delta G=0$、$\Delta G>0$ 和 $\Delta G<0$。可以看出，ΔG 不但取决于反应物和产物的化学结构，还取决于它们的浓度，因为浓度决定反应的方向。

化学反应的自由能随环境温度和物质浓度（活度）而改变，在比较自由能变化时，必须在标准状况下进行测定，即 25 ℃，溶液中溶质的标准状态为单位摩尔浓度，若为气体，则为 101.325 kPa，所测得的值称为标准自由能变化，用 ΔG° 表示。

在化学反应中，自由能和化学反应平衡常数 K_{eq} 之间有如下的关系 $\Delta G^\circ=-RT\ln K_{eq}$。式中，$R$ 为气体常数；T 为热力学温度。

在生物体内参与反应的物质浓度都很低，往往不是在标准状况，所测得的自由能变化并不是标准自由能变化，用 ΔG 表示。ΔG 与标准自由能变化 ΔG° 之间有一定的关系，可用下述公式表示。

$$\Delta G=\Delta G^\circ+RT\ln K_{eq}$$

在许多生物化学反应中，还往往包括 H^+ 离子的变化，自由能随 pH 的变化也会有较大的改变，因此所测得的自由能变化应注明 H^+ 离子浓度，当 pH=7.0 时，反应的标准自由能用 $\Delta G^{\circ\prime}$ 表示，因为在生物化学能量学（biochemical energetics）中，通常把 pH 7.0 作为标准状态（reference state），不是以物理化学中应用的 pH 0.0（即氢离子浓度为 1.0 mol/L）作为标准。因此该 $\Delta G^{\circ\prime}$ 称为生化标准自由能变化。应该指出的是，无论在试管中还是在细胞中，要维持单位摩尔浓度的环境是很困难的，而且生物体内许多代谢作用发生在非均相系统中。尽管如此，标准自由能变化的概念在中间代谢研究中仍然很有用。

自由能的变化可以从平衡常数计算，也可以由反应物与产物的氧化还原电位计算。在实验的基础上，总结出反应的自由能变化与氧化还原体系的氧化还原电位差有如下关系

$$\Delta G=-nF\Delta E$$

若为标准态，则表示为

$$\Delta G^{\circ\prime}=-nF\Delta E^{\circ\prime}$$

式中，n 表示迁移的电子数；F 表示法拉第常数 $[96.487\ kJ/(V\cdot mol)]$；$\Delta E$ 表示发生反应的两个氧化还原体系电位差。

利用这个式子对于任何一对氧化还原反应都可由 ΔE 方便地计算出 ΔG。例如，NADH 传递链中 $NAD^+/(NADH+H^+)$ 的氧化还原标准电位为 -0.32 V，而 $\frac{1}{2}O_2 \longrightarrow H_2O$ 的氧化还原标

准电位为＋0.816 V，因此一对电子自 NADH＋H⁺ 传递到氧原子的反应中，标准自由能变化可按上式计算求得。

$$\Delta E^{\circ\prime}=0.816-(-0.32)=1.136(V)$$
$$\Delta G^{\circ\prime}=-nF\Delta E^{\circ\prime}=-2\times96.487\times1.136=-219.22(kJ/mol)$$

然而在生物体内，并不是有电位差的任何两体系间都能发生反应，如上述的 NAD⁺/（NADH＋H⁺）和 O₂/H₂O 两体系之间的电位差很大，它们之间直接反应的趋势很强烈。但是这种直接反应通常不能发生，因为生物体是高度组织的，氢（电子）通过组织化的各中间传递体按顺序传递，能量的释放才能逐步进行。

三、高能磷酸化合物

磷酸化合物在生物机体的能量转换过程中起着重要作用。在机体内有许多磷酸化合物，其磷酸键中储存大量的能量，这种能量称为磷酸键能。

一般将含有 20.9 kJ/mol 以上能量的磷酸化合物称为高能磷酸化合物，含有高能的键称为高能键。高能键常以"～"符号表示。

在生物化学中所说的高能键和物理化学中的高能键的含义是根本不同的。物理化学中的高能键是指该键很稳定，要使其断裂则需大量的能量。而生物化学中的高能键指的是随着水解反应或基团转移反应可放出大量自由能的键，此处高能键是不稳定的键，如具有高的磷酸基团转移势能或水解时释放较多自由能的磷酸酐键或硫酸键。

在生物体内具有高能键的化合物是很多的，根据键的特性，可以分成下述几种类型。

1. 磷氧键型（—O～P） 属于这种键型的化合物很多，又可分成下述几类。

（1）焦磷酸化合物 三磷酸腺苷为其代表（图9-4）。

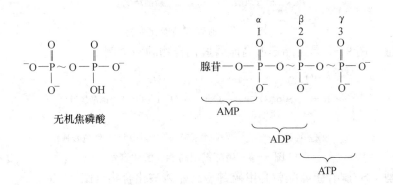

图9-4 焦磷酸化合物

（2）烯醇式磷酸化合物 例如，磷酸烯醇式丙酮酸（图9-5）。

图9-5 磷酸烯醇式丙酮酸

（3）酰基磷酸化合物　图9-6是几种酰基磷化合物。

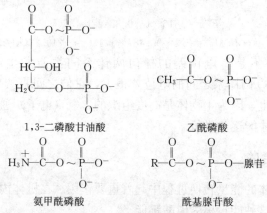

1,3-二磷酸甘油酸　　　　乙酰磷酸

氨甲酰磷酸　　　　　酰基腺苷酸

图9-6　几种酰基磷酸化合物

2. 氮磷键型　胍基磷酸化物属于此类（图9-7）。

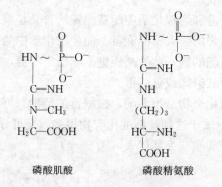

磷酸肌酸　　　　　磷酸精氨酸

图9-7　氮磷键高能化合物

3. 硫酯键型　图9-8是硫酯键型高能磷酸化合物的两个例子。

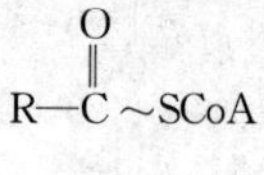

$$R\!-\!\overset{O}{\overset{\|}{C}}\!\sim\!SCoA \qquad\qquad O\!=\!\overset{O}{\overset{\|}{S}}\!\sim\!O\!-\!\overset{O}{\overset{\|}{P}}\!-\!O\!-\!3'\text{-磷酸腺苷}$$

酰基辅酶A 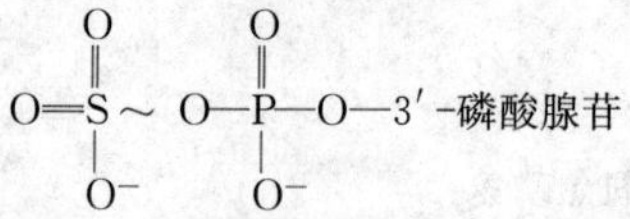　　　　3′-磷酸腺苷-5′-磷酰硫酸（活性硫酸基）

图9-8　硫酯键型高能磷酸化合物

4. 甲硫键型　S-腺苷蛋氨酸就是甲硫键型高能磷酸化合物（图9-9）。

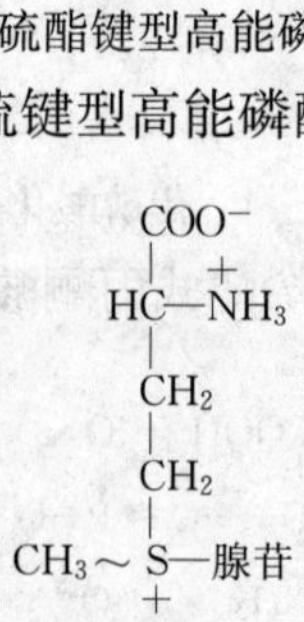

$$\begin{array}{c}COO^-\\ |\\ HC\!-\!\overset{+}{N}H_3\\ |\\ CH_2\\ |\\ CH_2\\ |\\ CH_3\!\sim\!\overset{+}{S}\text{-腺苷}\end{array}$$

图9-9　S-腺苷蛋氨酸（活性蛋氨酸）

上述高能化合物中含有磷酸基团的占绝大多数。但是，并不是所有的含有磷酸基团的化合物都属于高能磷酸键。例如 6-磷酸葡萄糖、3-磷酸甘油等化合物中的磷酯键，水解时 1 mol 只能释放出 4.184～12.552 kJ 能量，因此属于低能磷酸键。

高能化合物具有重要的功能。磷酸烯醇式丙酮酸、1,3-二磷酸甘油酸以及乙酰磷酸都有特定的代谢功能，包括化学能的保存和转移。磷酸肌酸及磷酸精氨酸为代谢能的储存形式。磷酸肌酸在供给肌肉能量上特别重要，储藏在其分子中的高能磷酸键供给肌肉收缩所需要的 ATP。当肌肉 ATP 浓度高时，末端磷酸基团即转移到肌酸上产生磷酸肌酸。当 ATP 因肌肉运动而消耗时，ADP 浓度增高，促进磷酸基团向相反方向转移，即生成 ATP。

在一些无脊椎动物（如虾蟹）的肌肉中则以磷酸精氨酸作为能量的储藏形式。

第二节　电子传递链

生物氧化主要是通过脱氢反应来实现的。脱氢是氧化的一种方式，生物氧化中所生成的水是代谢物脱下的氢经生物氧化作用和吸入的氧结合而成的。

糖、蛋白质、脂肪的代谢物所含的氢，在一般情况下是不活泼的，必须被相应的脱氢酶激活后才能脱落。进入体内的氧也必须经过氧化酶激活后才能变为活性很高的氧化剂。但激活的氧在一般情况下，尚不能直接氧化由脱氢酶激活而脱落的氢，两者之间尚需传递才能结合生成水。即代谢底物脱下的氢通常须经一系列氢、电子传递体传递给激活的氧，在酶的作用下生成水。

一、电子传递链的组成及其功能

代谢物上的氢原子被脱氢酶激活脱落后，经过一系列的传递体，最后传递给被激活的氧分子而生成水的全部体系称为电子传递链（electron transport chain，ETS）或电子传递体系，又称为呼吸链（respiratory chain）。

电子传递链主要由下列五类电子传递体组成：烟酰胺脱氢酶类（又名尼克酰胺脱氢酶类）、黄素脱氢酶类、铁硫蛋白类、细胞色素类及辅酶 Q（又称泛醌）。它们都是疏水性分子，除脂溶性辅酶 Q 外，其他组分都是结合蛋白质，通过其辅基的可逆氧化还原传递电子。

（一）烟酰胺脱氢酶类

烟酰胺脱氢酶类（nicotinamide dehydrogenases）以 NAD^+ 和 $NADP^+$ 为辅酶，现已知在代谢中这类酶有 200 多种。这类酶催化脱氢时，其辅酶 NAD^+ 或 $NADP^+$ 先和酶的活性中心结合，然后再脱下来。它与代谢物脱下的氢结合而还原成 NADH 或 NADPH。当有受氢体存在时，NADH 或 NADPH 上的氢可被脱下而氧化为 NAD^+ 或 $NADP^+$。其递氢机制是：当其接受代谢物脱下的一对氢原子时，就由氧化型（NAD^+ 或 $NADP^+$）变为还原型（NADH＋H^+ 或 NADPH＋H^+），吡啶环接受一个氢原子和一个电子后，氮原子就由五价变成三价，而 H^+ 则游离于介质中。

在糖代谢中，许多底物脱氢是由以 NAD^+ 或 $NADP^+$ 为辅酶的脱氢酶催化的，如异柠檬酸脱氢酶、苹果酸脱氢酶、丙酮酸脱氢酶、α-酮戊二酸脱氢酶、乳酸脱氢酶、3-磷酸甘油醛脱氢酶等。

（二）黄素脱氢酶类

黄素脱氢酶类（flavin dehydrogenases）是以 FMN 或 FAD 作为辅基。FMN 或 FAD 与酶蛋白结合是较牢固的。这些酶所催化的反应是将底物脱下的一对氢原子直接传递给 FMN 或 FAD 而形成 $FMNH_2$ 或 $FADH_2$。其传递氢的机制是 FMN 或 FAD 的异咯嗪环上第 1 位及第 10 位两个氮原子能反复地进行加氢和脱氢反应，因此 FMN、FAD 同 NAD^+、$NADP^+$ 的作用一样也是递氢体。

在电子传递链中的 NADH 脱氢酶，它的辅基是 FMN，它催化的反应是将 NADH 上的电子传递给电子传递链的下一个成员辅酶 Q。在三羧酸循环中，琥珀酸脱氢酶以 FAD 为辅基；在脂肪酸 β 氧化中催化脂肪酸的第一步脱氢的脂酰 CoA 脱氢酶的辅基是 FAD。另外，二氢硫辛酸脱氢酶以 FAD 为辅基，该酶是参与丙酮酸形成乙酰 CoA 以及 α-酮戊二酸脱氢形成琥珀酰 CoA 过程中多酶体系的一种酶。

（三）铁硫蛋白类

铁硫蛋白类（iron-sulfur proteins）又称为非血红素铁蛋白类（nonheme iron proteins），分子中含非卟啉铁与对酸不稳定的硫（酸化时放出硫化氢，也除去铁）。因其活性部分含有两个活泼的硫和两个铁原子，故称为铁硫中心，又称为铁硫桥。这种铁硫蛋白在生物系统的许多氧化还原反应中起着关键性的电子传递作用。铁硫蛋白在线粒体内膜上与黄素酶或细胞色素形成复合物，它们的功能是以铁的可逆氧化还原反应传递电子：氧化态三价铁形式是红色或绿色，还原态二价铁颜色消退，铁硫蛋白是单电子传递体。在从 NADH 到氧的呼吸链中，有多个不同的铁硫中心，有的在 NADH 脱氢酶中，有的与细胞色素 b 及细胞色素 c_1 有关。另外，铁硫蛋白在叶绿体中也参与光合作用中的电子传递。铁硫蛋白有几种不同的类型，有的只含有一个铁原子（Fe-S），有的含有两个铁原子（2Fe-2S），有的含有 4 个铁原子（4Fe-4S）。只有一个铁原子的铁硫蛋白其铁原子以四面体形式与蛋白质的 4 个半胱氨酸残基上的—SH 配位相连。含有两个铁原子的（2Fe-2S），每个铁原子分别与两个半胱氨酸残基的—SH 相连。此外两个铁原子又同时与两个无机硫原子相连。含有 4 个铁原子的铁硫蛋白（4Fe-4S），其 4 个铁原子除每个铁原子各与一个半胱氨酸残基的—SH 相连外，每个铁原子还与聚簇中的 4 个无机硫原子的 3 个相连。3 种类型的铁硫蛋白可用图 9-10 表示铁硫关系。

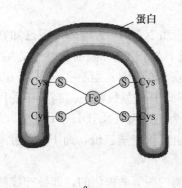
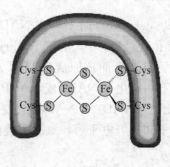
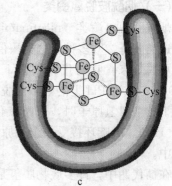

图 9-10　铁硫蛋白类铁硫关系
a. Fe-S　b. 2Fe-2S　c. 4Fe-4S

（四）辅酶 Q 类

辅酶 Q(coenzyme Q，CoQ) 是一类脂溶性的化合物，因广泛存在于生物界，故又名泛醌（ubiquinone）。其分子中的苯醌结构能可逆地加氢和脱氢（图 9 - 11），故 CoQ 也属于递氢体。不同来源的辅酶 Q 的侧链长度是不同的，某些微生物线粒体中的辅酶 Q 含有 6 个异戊二烯单位（CoQ_6），动物细胞线粒体中的辅酶 Q 含有 10 个异戊二烯单位（CoQ_{10}）。另外，植物细胞中的质体醌在光合作用的电子传递中起着类似的作用。

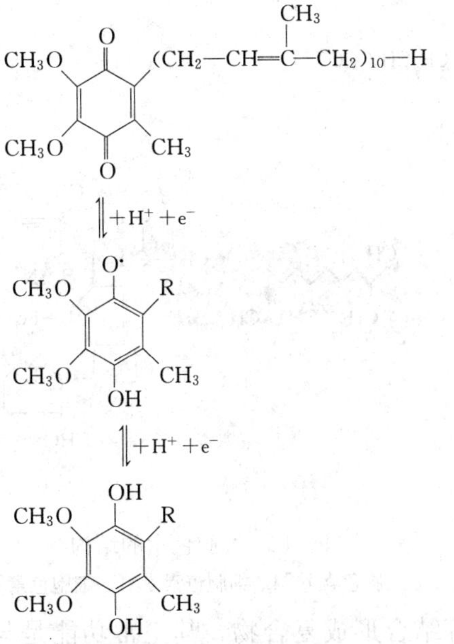

图 9 - 11　辅酶 Q 的氧化与还原

（五）细胞色素类

细胞色素（cytochrome，or cellular pigment）是一类以铁卟啉衍生物为辅基的结合蛋白质，因有颜色，所以称为细胞色素。细胞色素的种类较多，已经发现存在于高等动物线粒体电子传递链中的细胞色素有 b、c_1、c、a 和 a_3。其中细胞色素 c（Cyt c）为线粒体内膜外侧的外周蛋白，其余的均为内膜的整合蛋白。细胞色素 c 容易从线粒体内膜上溶解出来。不同种类的细胞色素的辅基结构与蛋白质的连接方式是不同的。细胞色素中的辅基与酶蛋白的关系以细胞色素 c 研究得最清楚，如图 9 - 12 所示。

在典型的线粒体呼吸链中，细胞色素的排列顺序依次是：Cyt b→Cyt c_1→Cyt c→Cyt aa_3→O_2，其中仅最后一个 Cyt a_3 可被分子氧直接氧化，但现在还不能把 Cyt a 和 Cyt a_3 分开，故把 Cyt a 和 Cyt a_3 合称为细胞色素氧化酶 aa_3，由于它是有氧条件下电子传递链中最末端的载体，故又称末端氧化酶（terminal oxidase）。在 Cyt aa_3 分子中，除铁卟啉外，尚含有两个铜原子，依靠其化合价的变化，把电子从 Cyt a_3 传到氧，故在细胞色素体系中也呈复合体的排列。

除细胞色素 aa_3 外，其余的细胞色素中的铁原子均与卟啉环和蛋白质形成 6 个共价键或配位键，除卟啉环 4 个配位键外，另两个是蛋白质上的组氨酸与甲硫氨酸支链，因此不能与 CO、CN^-、H_2S 等结合。唯有细胞色素 aa_3 的铁原子形成 5 个配位键，还保留一个配位键，可以与

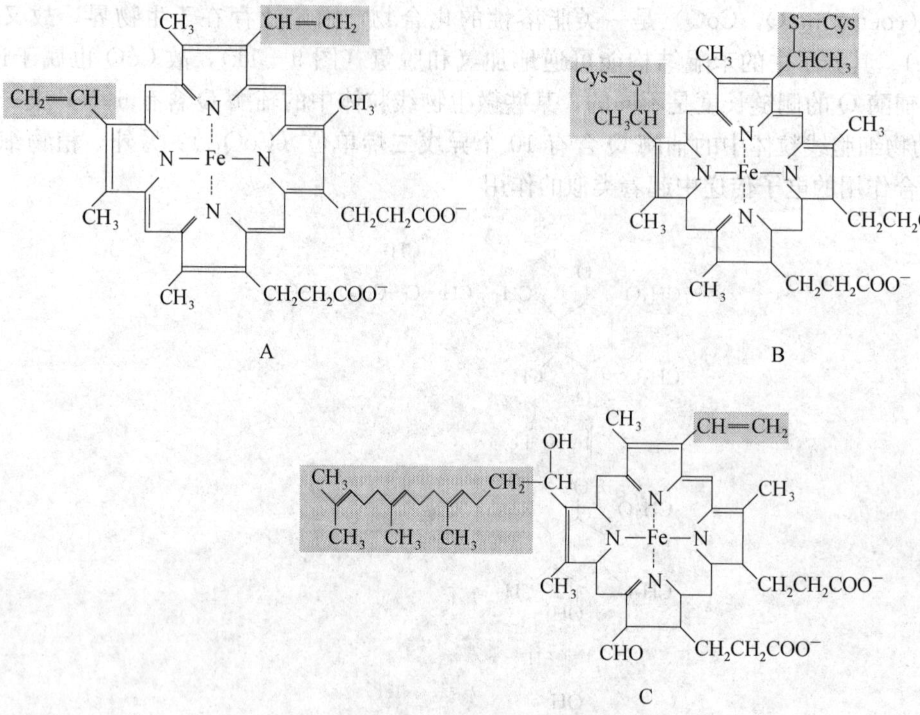

图 9 - 12 细胞色素的结构

A. 细胞色素 b B. 细胞色素 c C. 细胞色素 a

O_2、CO、CN^-、N_3^-、H_2S 等结合形成复合物，其正常功能是与氧结合，但当有 CO、CN^- 和 N_3^- 存在时，它们就和 O_2 竞争与细胞色素 aa_3 结合，所以这些物质是有毒的。其中，CN^- 与氧化态的细胞色素 aa_3 有高度的亲和力，因此对需氧生物的毒性极高。

细胞色素辅基中的铁能可逆地进行氧化还原反应，Fe^{3+} 得到电子被还原成 Fe^{2+}，Fe^{2+} 给出电子被氧化成 Fe^{3+}，所以细胞色素在电子传递中起着载体的作用，是单电子传递体。当辅酶 Q（还原态）被氧化时，细胞色素就被还原。一个还原态的泛醌分子能给出两个电子而与两分子的细胞色素作用，生成的两个质子释放到介质中，最后把电子传递给氧，使氧变为氧离子（O^{2-}）。氧离子的活性较强，可以和介质中的 $2H^+$ 结合成水。

二、电子传递链及其传递体的排列顺序

电子传递链（呼吸链）中氢和电子的传递有着严格的顺序和方向。这些顺序和方向是根据各种电子传递体标准氧化还原电位（$E^{\circ\prime}$）的数值测定的，并利用某种特异的抑制剂切断其中的电子流后，再测定电子传递链中各组分的氧化还原状态，以及在体外将电子传递体重新组成呼吸链等实验而得到的结论。

电子传递链各组分在链中的位置、排列次序与其得失电子趋势的大小有关。电子总是从对电子亲和力小的低氧化还原电位流向对电子亲和力大的高氧化还原电位。氧化还原电位 $E^{\circ\prime}$ 的数值

越低，失电子的倾向越大，越易成为还原剂，处在呼吸链的前面（标准氧化还原电位 E° 在 pH 7.0 时用 $E^{\circ\prime}$ 表示）。因此，电子传递链中的传递体的排列顺序和方向是按各组分的 $E^{\circ\prime}$ 由小到大依次排列的（图 9-13）。

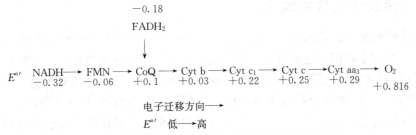

图 9-13　电子传递链中的传递体的排列顺序和方向

应该说明的是，氧化还原电位值与电子传递链组分排列顺序有时不完全一致。如上所述，按 $E^{\circ\prime}$ 数值，Cyt b 应在 CoQ 之前，但实验测定结果证明 Cyt b 在 CoQ 之后。在具有线粒体的生物中，典型的呼吸链有两条：NADH 呼吸链和 FADH$_2$ 呼吸链（图 9-14）。这是根据接受代谢物上脱下的氢的初始受体不同区分的。

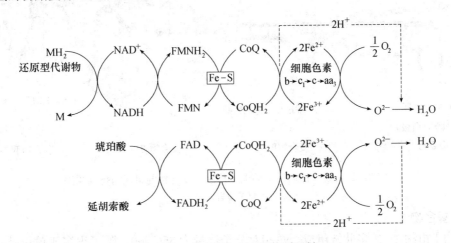

图 9-14　NADH、FADH$_2$ 呼吸链

（一）NADH 呼吸链

NADH 呼吸链存在最广，糖、蛋白质、脂肪三大燃料分子分解代谢中的脱氢氧化反应，绝大部分是通过 NADH 呼吸链完成。中间代谢物上的两个氢原子经以 NAD$^+$ 为辅酶的脱氢酶作用，使 NAD$^+$ 还原成为 NADH+H$^+$，再经过 NADH 脱氢酶（以 FMN 为辅基）、辅酶 Q、铁硫蛋白、细胞色素 b、细胞色素 c$_1$、细胞色素 c、细胞色素 aa$_3$ 到分子 O$_2$。一对高势能电子通过 NADH 呼吸链传递到分子 O$_2$ 产生 2.5 个 ATP。

（二）FADH$_2$ 呼吸链

有些代谢中间物的氢原子是由以 FAD 为辅基的脱氢酶脱氢，即底物脱下氢的初始受体是 FAD。如脂酰 CoA 脱氢酶、琥珀酸脱氢酶等，脱下的氢通过 FAD 之后进入呼吸链，所以 FADH$_2$ 呼吸链又称为琥珀酸氧化呼吸链。代谢物脱下的一对氢原子经该呼吸链氧化放出的能量可生成 1.5 分子 ATP。

上述两条呼吸链中，在 CoQ 之前是传递氢的，在 CoQ 之后是传递电子，而氢以 H^+ 质子形式进入介质中。

三、电子传递体复合物的组成

在电子传递链组分中，除辅酶 Q 和细胞色素 c 外，其余组分实际上形成嵌入内膜的结构化超分子复合物。美国学者用毛地黄皂苷、胆酸盐等去垢剂处理分离线粒体，溶解线粒体外膜，并成功地将线粒体内膜电子传递链拆离成 4 个仍保存部分电子传递活性的复合物（Ⅰ～Ⅳ）以及辅酶 Q 和细胞色素 c。这些复合物在传递功能上都是有顺序地连在一起的，在一定条件下按 1∶1∶1∶1 的比例将它们重组可基本上恢复原有活力。电子传递链复合物的组成与排列顺序如图 9-15 所示。

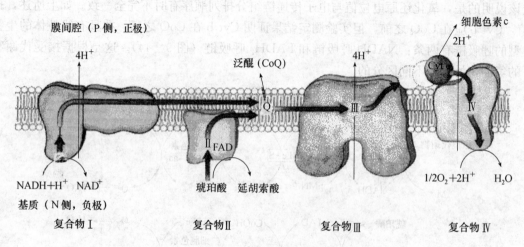

图 9-15　线粒体内膜中的电子传递链复合物的组成与排列顺序

（引自王镜岩，2004）

（一）复合物Ⅰ

复合物Ⅰ由约 26 条多肽链组成，总相对分子质量为 850 000，除了很多亚单位外，还含有 1 个 FMN-黄素蛋白和至少 6 个铁硫蛋白。它是电子传递链中最复杂的酶系，其作用是催化 NADH 脱氢，并将电子传递给辅酶 Q，因此，又被称为 NADH-辅酶 Q 还原酶（或 NADH 脱氢酶复合物）。

（二）复合物Ⅱ

复合物Ⅱ由 4～5 条多肽链组成，总相对分子质量为 127 000～140 000。它含有 1 个 FAD 为辅基的黄素蛋白、2 个铁硫蛋白和 1 个细胞色素 b。它的作用是催化琥珀酸脱氢，并将电子通过 FAD 和铁硫蛋白传给辅酶 Q，因此，又被称为琥珀酸脱氢酶复合物（或琥珀酸-辅酶 Q 还原酶）。

（三）复合物Ⅲ

复合物Ⅲ由 9～10 条多肽链组成，总相对分子质量为 250 000～280 000，在线粒体内膜上以二聚体形式存在。每个复合物Ⅲ单体含有 2 个细胞色素 b、1 个细胞色素 c_1 和 1 个铁硫蛋白。复合体Ⅲ的作用是催化电子从辅酶 Q 传给细胞色素 c，使还原型辅酶 Q 氧化而使细胞色素 c 还原。因此，又被称为细胞色素 c 还原酶（或辅酶 Q-细胞色素 c 还原酶）。

（四）复合物Ⅳ

复合物Ⅳ由 13 条多肽链组成，总相对分子质量为 200 000，在线粒体内膜上以二聚体形式存在。每个单体含 1 个细胞色素 a、1 个细胞色素 a_3 和 2 个铜原子。其作用是将从细胞色素 c 接受的电子传递给分子氧而生成水，催化还原型细胞色素 c 氧化。因此，又被称为细胞色素 c 氧化酶（或细胞色素氧化酶）。

4 种复合物在电子传递过程中协调作用。复合物Ⅰ、复合物Ⅲ和复合物Ⅳ组成主要的电子传递链，即 NADH 呼吸链，催化 NADH 的氧化；复合物Ⅱ、复合物Ⅲ和复合物Ⅳ组成另一条电子传递链，即 $FADH_2$ 呼吸链。辅酶 Q 处在这两条电子传递链的交汇点上，它还接受其他黄素酶类脱下的氢。所以，辅酶 Q 在电子传递链中处于中心地位。表 9-2 列出哺乳动物线粒体的电子传递系统中的 4 种复合物的特性。

表 9-2　电子传递系统中 4 种复合物的特性

	复合物Ⅰ	复合物Ⅱ	复合物Ⅲ	复合物Ⅳ
名称	NADH-CoQ 还原酶	琥珀酸-CoQ 还原酶	CoQ-细胞色素 c 还原酶	细胞色素氧化酶
反应顺序	$NAD^+ \rightarrow CoQ$	琥珀酸→CoQ	CoQ→细胞色素 c	细胞色素 c→O_2
相对分子质量	850 000	127 000	280 000	200 000
亚基数目	26	5	10	13
铁硫蛋白	+	+	+	—
$\Delta E^{\circ\prime}$(V)	−0.42	+0.02	+0.15	+0.57
ATP 合成	+		+	+

四、电子传递抑制剂

能够阻断电子传递链中某一部位电子传递的物质称为电子传递抑制剂（inhibitor）。利用某种特异的抑制剂选择性地阻断电子传递链中某个部位的电子传递，是研究电子传递链中电子传递体顺序以及氧化磷酸化部位的一种重要方法。已知的抑制剂有以下几种。

（一）鱼藤酮

鱼藤酮（rotenone）是一种极毒的植物物质，可用做杀虫剂，其作用是阻断电子从 NADH 向 CoQ 的传递，从而抑制 NADH 脱氢酶，即抑制复合物Ⅰ。与鱼藤酮抑制部位相同的抑制剂还有安密妥（amytal）、杀粉蝶菌素 A(piericidin A) 等。

（二）抗霉素 A

抗霉素 A(antimycin A) 是由淡灰链霉菌分离出的抗菌素，有抑制电子从细胞色素 b 到细胞色素 c_1 传递的作用，即抑制复合物Ⅲ。

（三）氰化物、硫化氢、一氧化碳和叠氮化物等

这类化合物能与细胞色素 aa_3 卟啉铁保留的一个配位键结合形成复合物，抑制细胞色素氧化

酶的活力，阻断电子由细胞色素 aa_3 向分子氧的传递，这就是氰化物等中毒的原因。图 9-16 表示出电子传递链中被上述抑制剂所阻断的部位。

$$NADH \longrightarrow FMN \xrightarrow{\text{鱼藤酮}} CoQ \longrightarrow Cyt\ b \xrightarrow{\text{抗霉素 A}} Cyt\ c_1 \longrightarrow Cyt\ c \longrightarrow Cyt\ aa_3 \xrightarrow{CN^- \text{ 或 } CO} O_2$$

图 9-16　电子传递抑制剂的作用部位

第三节　氧化磷酸化作用

一、ATP 合成的途径

糖、蛋白质、脂肪等代谢物的分子结构中蕴藏着大量的化学能，在细胞代谢中，这些物质逐渐分解，经生物氧化逐步释放能量，一部分能量用于形成高能磷酸键，储存于高能磷酸化合物中，供机体直接利用，一部分能量以热的形式维持体温或散失于环境中。细胞内的 ATP 是由 ADP 磷酸化生成的，在这个过程中需要消耗化学能。ADP 的磷酸化主要有 3 种方式：底物水平磷酸化、氧化磷酸化和光合磷酸化。

（一）底物水平磷酸化

底物在分解代谢中，有少数脱氢或脱水反应，引起代谢物分子内部能量重新分布，形成某些高能中间代谢物，这些高能中间代谢物中的高能键，可以通过酶促磷酸基团转移反应，直接使 ADP 磷酸化生成 ATP，这种作用称为底物水平磷酸化（substrate-level phosphorylation）。

$$X\sim P + ADP \longrightarrow XH + ATP$$

上述反应通式中，$X\sim P$ 代表底物在氧化过程中所形成的高能磷酸化合物。例如，在糖分解代谢中，由糖酵解途径生成的 1,3-二磷酸甘油酸和磷酸烯醇式丙酮酸，由三羧酸循环中的 α-酮戊二酸氧化脱羧生成琥珀酸 CoA 都是带有高能键的中间代谢物，可使 ADP 磷酸化为 ATP。

底物水平磷酸化是捕获能量的一种方式，在发酵作用中是进行生物氧化取得能量的惟一方式。底物水平磷酸化和氧的存在与否无关，在 ATP 生成中没有氧分子参与，也不经过电子传递链传递电子。

（二）氧化磷酸化

氧化磷酸化是指利用代谢物脱下的 2H（NADH＋H^+ 或 $FADH_2$）经过电子传递链（呼吸链）传递到分子氧形成水的过程中所释放出的能量，使 ADP 磷酸化生成 ATP 的作用。简言之，H 经呼吸链氧化与 ADP 磷酸化为 ATP 反应的偶联，就是氧化磷酸化（图 9-17）。

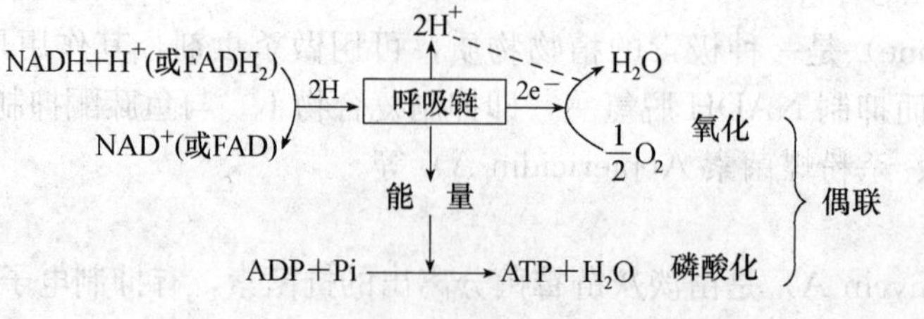

图 9-17　氧化与磷酸化偶联示意图

氧化磷酸化是需氧生物获得 ATP 的一种主要方式，是生物体内能量转移的主要环节，需要氧分子的参与。真核生物氧化磷酸化过程在线粒体内膜进行，原核生物在细胞质膜上进行。

（三）光合磷酸化

在光合作用的光反应中，除了将一部分光能转移到 NADPH 中暂时储存外，还要利用另外一部分光能合成 ATP，将光合作用与 ADP 的磷酸化偶联起来，这一过程称为光合磷酸化。它同线粒体的氧化磷酸化的主要区别是：氧化磷酸化是由高能化合物分子氧化驱动的，而光合磷酸化是由光子驱动的。

二、氧化磷酸化的细胞结构基础

线粒体是真核细胞内的一种重要的独特的细胞器，它是细胞内的动力站，其主要功能是进行氧化磷酸化合成 ATP，为细胞生命活动提供直接能量。

线粒体由外膜、内膜、膜间隙及基质（内室）4 部分组成。内膜位于外膜内侧，把膜间隙与基质分开，内膜向基质折叠形成嵴（图 9 - 18）。

用电子显微镜负染法观察分离的线粒体时，可见内膜和嵴的基质面上有许多排列规则的带柄的球状小体，称为基本颗粒，简称基粒。基粒由头部、柄部和基部组成，也称为三联体或 ATP 酶复合体（图 9 - 19）。

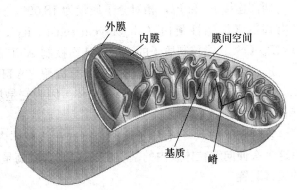

图 9 - 18　线粒体结构示意图
（引自王镜岩，2002）

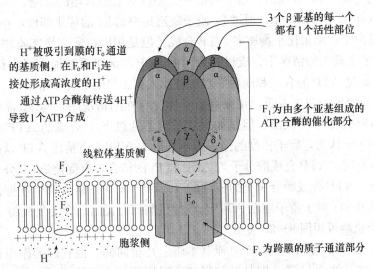

图 9 - 19　$F_1 - F_0 -$ ATPase 结构示意图
（引自 Lehninger，2004）

（一）头部

ATP 酶复合体的头部简称 F_1（偶联因子），它由 α、β、γ、δ 和 ε 5 种亚基组成的九聚体（$\alpha_3\beta_3\gamma\delta\epsilon$）。此外，$F_1$ 还含有一个热稳定的小分子蛋白质，称为 F_1 抑制蛋白（F_1 inhibitor protein），相对分子质量为 10 000，专一地抑制 F_1 的 ATP 酶活力。它可能在正常条件下起生理调节作用，防止 ATP 的无谓水解，但不抑制 ATP 的合成。F_1 的相对分子质量共为 370 000 左右，其功能是催化 ADP 和 Pi 发生磷酸化而生成 ATP。因为它还有水解 ATP 的功能，所以又称为 F_1-ATP 酶。

（二）基部

ATP 酶复合体的基部简称 F_0，由嵌入线粒体内膜的疏水蛋白组成，至少含有 4 条多肽链，相对分子质量共为 70 000。F_0 具有质子通道的作用，能传送质子通过膜到达 F_1 的催化部位。

（三）柄部

柄部连接 F_1 和 F_0，相对分子质量为 18 000。这种蛋白质没有催化活性。F_1 和 F_0 之间的柄含有寡霉素敏感性蛋白（oligomycin sensitivity conferring protein, OSCP），因此，柄部简称 OSCP。OSCP 能控制质子的流动，从而控制 ATP 的生成速度。

F_1、OSCP 和 F_0 3 部分统称 ATP 合成酶（ATP synthase）或 F_1-F_0-ATPase 复合物（F_1-F_0-ATP synthase complex）或三联体。因为它是从线粒体内膜上分离出的第五个复合物，所以又被称为复合物 V。

复合物的柄 F_0 含有质子通道，镶嵌在线粒体内膜中；复合物的头 F_1，呈球状，与 F_0 结合后这个头伸向线粒体膜内的基质中。ATP 合成酶是氧化磷酸化作用的关键装置，也是合成 ATP 的关键装置。

ATP 合成酶分布很广泛，除线粒体内膜外，也存在于叶绿体类囊体膜、原核生物（如大肠杆菌、耐热细菌、嗜盐菌等）的质膜上。

质子流是如何驱动 ATP 合成的？这个问题一直是科学家感兴趣的课题。一种假设认为，最初是能化的质子（energized proton）通过 F_0 质子通道集中到 F_1 的催化部位，在此处质子脱去无机磷酸上的一个氧原子，结果使平衡驱向 ATP 合成。但是用同位素交换实验却证明了与酶结合着的 ATP 在没有质子动力的情况下合成很容易。将 ADP 和无机磷酸加入到含有 $H_2^{18}O$ 的 ATP 合酶中，标记 ^{18}O 通过 ATP 的合成和随后的水解被掺入到无机磷酸分子中。

^{18}O 掺入到无机磷酸的速度表明，在没有质子梯度存在的情况下，与 F_1 催化部位结合着的 ATP 和游离的 ADP 处于平衡状态。但是如果质子流不通过 F_0，合成的 ATP 就不离开催化部位。因此，Paul Boyer 认为，质子梯度的作用并不是形成 ATP，而是使 ATP 从酶分子上解脱下来。Paul Boyer 还发现，ATP 合成酶分子与 ADP 和 Pi 的结合，有促使 ATP 分子从酶上解脱下来的作用。这表明，ATP 合成酶分子上的核苷酸（ATP、ADP）结合部位在催化过程中有相互协调的作用。Paul Boyer 对于质子驱动 ATP 合成的机制问题提出结合变化机制（binding-change mechanism）。这个机制可用图 9-20 表示。

Paul Boyer 提出 ATP 合酶上的 3 个 β 亚基本质上是相同的。但它们的作用在任何情况下都是不相同的。其中之一处于 O 态，即是开放形式，对底物的亲和力极低。第二种状态是 L 态，这种状态与底物的结合较松弛，对底物没有催化能力。第三种状态是 T 态，与底物结合紧密，并有催化活性。如果在酶分子的 T 部位结合着一个 ATP 分子，又有 ADP 和 Pi 结合到它的 L 部位，这时质子流的能量使 T 部位转变为 O 部位，L 部位转变为 T 部位，O 部位转变为 L 部位。当 ATP 所处的部位转变为 O 部位时，就使 ATP 容易从这个新形成的 O 部位解脱下来，同时又

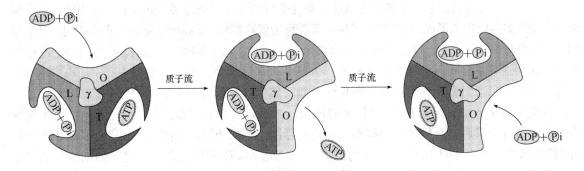

图 9-20　结合变化机制

使 ADP 和 Pi 由原来 L 部位转变成 T 部位并合成新的 ATP 分子。只有当质子流从 F_0 流至膜的 F_1 时才发生 O、L 和 T 的相互转化。这种构象转化是连续发生的，很可能是亚基相互作用发生的变化。

对于膜电势的作用可做如下的设想：假如在细胞溶胶一侧的膜电势为 +0.18 V，而膜两侧的 pH 都是 7.5。在 F_0 通道的 H^+ 浓度不可能是均一的。因为 H^+ 必然被膜的基质侧相对于另一侧的电负性所吸引，如果电势差为 0.18 V，即可导致 H^+ 浓度在 F_0—F_1 接头处比在 F_0 通道入口处高出 1 000 倍。这就是说，膜的正电势由于在 F_0 和接头处形成局部的高 H^+ 浓度而导致 ATP 的合成。特别是，0.18 V 电势产生的浓度梯度和膜两边 3 个 pH 单位差所产生的浓度梯度是相同的。如果有 3 个 H^+ 通过 ATP 合酶的 F_0—F_1 接头处，即导致合成一个 ATP 分子。

ADP 输入以及 ATP 移出线粒体的过程依赖于 ATP 转移酶的作用，然而 ADP 的输入以及 ATP 的移出是一个耗能的过程，相当于消耗了 1 个 H^+，如图 9-21 所示，那么实际上合成 1 个 ATP 要消耗 4 个 H^+。这样每个 NADH 氧化释放的一对电子在呼吸链传递至氧共泵出 10 个 H^+，每 4 个 H^+ 回流至基质使 1 个 ATP 输出。所以每

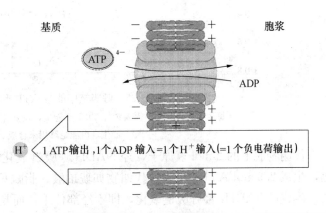

图 9-21　ATP 转移酶使 ADP 的输入以及 ATP 的移出线粒体

个 NADH 彻底氧化产生的 ATP 数为 10/4=2.5 个，琥珀酸氧化链（$FADH_2$）彻底氧化产生 $6H^+$，产生的 ATP 数为 6/4=1.5 个，细菌细胞等原核细胞内，由于没有线粒体，因此没有 ATP 输出过程，则 1 个 NADH 产生的 ATP 数为 10/3≈3 个，1 个 $FADH_2$ 产生的 ATP 数为 6/3=2 个。

三、氧化磷酸化的偶联部位和 P/O 比

呼吸链中的氧化是放能过程（exergonic process），ADP 的磷酸化是吸能过程（endergonic

process)，两者只有偶联起来才能形成 ATP。电子在呼吸链中按顺序逐步传递释放自由能，其中释放自由能较多足以用来形成 ATP 的电子传递部位称为偶联部位（coupling site）。实验证明，呼吸链的 4 个复合物中，复合物 I、复合物Ⅲ和复合物Ⅳ是偶联部位，复合物Ⅱ不是偶联部位。NADH 经呼吸链氧化要通过复合物 I、复合物Ⅲ和复合物Ⅳ 3 个偶联部位，所以形成 2.5 个 ATP；FADH$_2$ 经呼吸链氧化只通过复合物Ⅲ和复合物Ⅳ两个偶联部位，只形成 1.5 个 ATP。

在电子传递链中有 3 处 $E^{\circ\prime}$ 差异较大的部位。根据计算理论（$\Delta G^{\circ\prime} = -nF\Delta E^{\circ\prime}$），也说明复合物 I、复合物Ⅲ和复合物Ⅳ是偶联部位，和实际测定结果相符，如图 9-22 所示。这 3 个部位分别称为部位 I（NADH 和 CoQ 之间的部位）、部位Ⅱ（CoQ 和细胞色素 c 之间的部位）和部位Ⅲ（细胞色素 c 和氧之间的部位）。这样就把电子对由 NADH（$E^{\circ\prime} = -0.32$ V）传递到分子氧（$E^{\circ\prime} = +0.82$ V）所释放的大量的自由能或者说由每个氧原子还原所产生的 219.22 kJ 自由能分成几步，一步步地将能量释放出来（即能量降）。

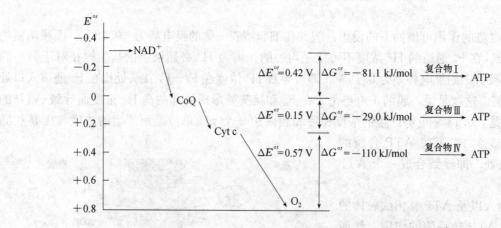

图 9-22　呼吸链中能量 ATP 形成的可能部位
（每生成 1 mol ATP 需要消耗 30.5 kJ 能量，在复合物 I、复合物Ⅲ和复合物Ⅳ处产生自由能足够用来合成 ATP）

代谢物脱下的 2 mol 氢原子，经 NADH 呼吸链氧化而使氧原子还原，有 3 处可以偶联磷酸化，生成 2.5 mol ATP。但有些代谢物如琥珀酸、脂酰 CoA、磷酸甘油等由黄素脱氢酶类催化脱氢，生成的 FADH$_2$ 经呼吸链氧化，即不经部位 I，而是直接通过辅酶 Q 进入呼吸链，因此只有两处能偶联磷酸化，产生 1.5 mol ATP。通过电化学实验和测定线粒体抑制剂的 P/O 比值都可得到上面的结果。

P/O 比值（P/O ratio）是指每消耗 1 mol 氧原子所消耗无机磷酸的摩尔数。因为 2 mol 氢原子经呼吸链氧化后与 1 mol 氧原子结合为水，该过程偶联 ADP 磷酸化生成 ATP 的反应，磷酸化反应要消耗无机磷酸，即每生成 1 mol ATP，消耗 1 mol 的无机磷酸，所以 P/O 比值反映了每消耗 1 mol 氧原子，产生 ATP 的摩尔数。经实际测量得知，NADH 呼吸链 P/O 比值是 2.5，而 FADH$_2$ 呼吸链 P/O 比值是 1.5。

通过氧化与磷酸化偶联生成 ATP 是生物细胞截获能量的重要方式，这种截获能量的效率有多高？研究表明：氧化磷酸化正常进行时，只要有 ADP 与 Pi 存在，就有 ATP 生成。其全过程可用如下方程式表示。

$$NADH+H^++2.5ADP+3Pi+1/2O_2 \longrightarrow NAD^++3.5H_2O+2.5ATP$$

这一反应实际上是呼吸链的氧化过程，即放能反应与 ATP 的生成即吸能反应的总结果。放能反应为

$$NADH+H^++1/2O_2 \longrightarrow NAD^++H_2O$$

$$\Delta G^{\circ\prime}=-219.22 \text{ kJ/mol}$$

吸能反应为

$$2.5ADP+3Pi \longrightarrow 2.5ATP+2.5H_2O$$

$$\Delta G^{\circ\prime}=2.5 \times 30.5=76.25 \text{ kJ/mol}$$

可见，3 个 ATP 分子的形成捕获了呼吸链中电子由 NADH 传递到分子氧所产生的全部自由能的 34.8%（76.25/219.22×100%＝34.8%）。

四、氧化磷酸化的作用机理

在 NADH 和 FADH$_2$ 的氧化过程中，电子传递是如何偶联磷酸化的？目前主要有 3 个学说：化学偶联学说、构象变化偶联学说、化学渗透偶联学说。

（一）化学偶联学说

化学偶联学说（chemical-coupling hypothesis）认为，电子传递过程中所释放的化学能直接转到某种高能中间物中，然后由这个高能中间物提供能量使 ADP 和无机磷酸形成 ATP。

其大致过程可用下列反应式表示。

$$AH_2+B+X \Longrightarrow A{\sim}X+BH_2$$

$$A{\sim}X+Pi \Longrightarrow X{\sim}P+A$$

$$X{\sim}P+ADP \Longrightarrow ATP+X$$

总反应为　　　　　$$AH_2+B+Pi+ADP \Longrightarrow A+BH_2+ATP$$

A 和 B 分别代表呼吸链上两个相邻的电子传递体，X 为假定的偶联因子，～代表高能键，氧化还原反应释放的能量储于高能中间物 A～X 中，然后传给无机磷酸（Pi）生成 X～P，最后 X～P 将～P 转给 ADP 生成 ATP。

由于至今未在线粒体中发现假定的高能中间物，且未能分离到偶联因子 X，并且此学说也不能解释氧化磷酸化依赖于线粒体内膜的完整性，因而没有得到大家的公认。

（二）构象变化偶联学说

构象变化偶联学说（conformational-coupling hypothesis）认为，电子在传递过程中，释放的能量使线粒体内膜发生构象变化，成为收缩态（即高能构象态），当这种收缩态变成膨胀态（即低能构象态）时，就把能量传给 ADP 生成 ATP。总之，构象变化偶联学说认为能量变化引起维持蛋白质三维构象的一些次级键（如氢键、疏水基团等）的数目和位置的变化，当高能结构中的能量提供给 ADP 和无机磷酸生成 ATP 后，它就可逆地回到原来的低能状态。也有人认为，构象偶联学说是化学偶联学说的另一种提法，其过程的反应式与化学偶联学说相似，到目前为止，还没有发现更多的支持这种学说的证据。

（三）化学渗透偶联学说

化学渗透偶联学说（chemiosmotic-coupling hypothesis）是由英国生物化学工作者 P. Mitchell

于 1961 年最先提出的，并已得到较多支持，因此 P. Mitchell 于 1978 年获得诺贝尔化学奖。其要点如下。

① 呼吸链中递氢体和电子传递体在线粒体内膜中是间隔交替排列的，并且都有特定的位置，催化反应是定向的。

② 递氢体有氢泵的作用，当递氢体从线粒体内膜内侧接受从 NADH＋H$^+$ 传来的氢后，可将其中的电子（2e$^-$）传给位于其后的电子传递体，而将 H$^+$ 从内膜泵出到膜外侧。

③ H$^+$ 不能自由通过内膜，泵出膜外侧 H$^+$ 不能自由返回膜内侧，因而使线粒体内膜外侧的 H$^+$ 浓度高于内侧，造成 H$^+$ 浓度的跨膜梯度，此 H$^+$ 浓度差使外侧的 pH 较内侧的 pH 低 1.0 单位左右，并使原有的外正内负的跨膜电位增高，此电位差中就包含着电子传递过程中所释放的能量，好像电池两极的离子浓度差造成电位差含有电能一样。这种 H$^+$ 质子梯度和电位梯度就是质子返回内膜的一种动力。

④ 利用线粒体内膜上的 ATP 合酶的特点，将膜外侧的 2H$^+$ 转化成膜内侧的 2H$^+$，与氧生成水，即 H$^+$ 通过 ATP 酶的特殊途径，返回到基质，使质子发生逆向回流。由于 H$^+$ 浓度梯度所释放的自由能，偶联 ADP 与无机磷酸合成 ATP，质子的电化学梯度也随之消失（图 9 - 23）。

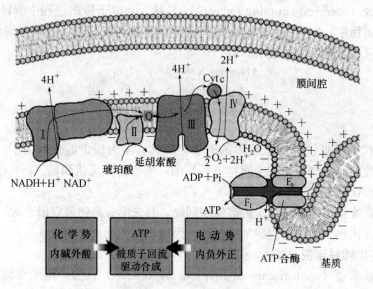

图 9 - 23　化学渗透偶联假说中呼吸链上氧化还原示意图

（引自 Lehniger，2004）

化学渗透偶联假说是较为公认的对氧化磷酸化作用机理有一定说服力的学说。但还不够成熟，其递氢体和电子传递体的顺序以及 3 个磷酸化的偶联部位与前述的呼吸链不完全一致，故有待于进一步研究。

五、氧化磷酸化的解偶联剂和抑制剂

氧化磷酸化过程可受到许多化学因素的作用。不同化学因素对氧化磷酸化过程的影响方式不同，根据它们的不同影响方式可分为：解偶联剂和氧化磷酸化抑制剂。

（一）解偶联剂

某些化合物能够消除跨膜的质子浓度梯度或电位梯度，使 ATP 不能合成，这种既不直接作用于电子传递体也不直接作用于 ATP 合酶复合体，只解除电子传递与 ADP 磷酸化偶联的作用称为解偶联作用，其实质是只有氧化过程（电子照样传递）而没有磷酸化作用。这类化合物被称为解偶联剂（uncoupler）。人工的或天然的解偶联剂主要有下列 3 种类型。

1. 化学解偶联剂　2,4-二硝基苯酚（2,4-dinitrophenol，DNP）是最早发现的也是最典型的化学解偶联剂（chemical uncoupling agent），其特点是呈弱酸性和脂溶性，在不同的 pH 环境中可释放 H^+ 和结合 H^+：在 pH 7.0 的环境中，DNP 以解离形式存在，不能透过线粒体膜；在酸性环境中，解离的 DNP 质子化，变为脂溶性的非解离形式，能透过膜的磷脂双分子层，同时把一个质子从膜外侧带入到膜内侧，因而破坏电子传递形成的跨膜质子电化学梯度，起着消除质子浓度梯度的作用，抑制 ATP 的形成。

2. 离子载体　有一类脂溶性物质能与某些阳离子结合，插入线粒体内膜脂双层，作为阳离子的载体，使这些阳离子能穿过线粒体内膜。它和化学解偶联剂的区别在于它是作为 H^+ 离子以外的其他一价阳离子的载体。例如，由链霉菌产生的抗菌素缬氨霉素（valinomycin）能与 K^+ 离子配位结合形成脂溶性复合物，穿过线粒体内膜，从而将膜外的 K^+ 转运到膜内。又如，短杆菌肽（gramicidin）可使 K^+、Na^+ 及其他一些一价阳离子穿过内膜。这类离子载体（ionophore）由于增加了线粒体内膜对一价阳离子的通透性，消除跨膜的电位梯度，消耗了电子传递过程中产生的自由能，从而破坏了 ADP 的磷酸化过程。

3. 解偶联蛋白　解偶联蛋白（uncoupling protein）是存在于某些生物细胞线粒体内膜上的蛋白质，为天然的解偶联剂。如动物的褐色脂肪组织的线粒体内膜上分布有解偶联蛋白，这种蛋白构成质子通道，让膜外质子经其通道返回膜内而消除跨膜的质子浓度梯度，抑制 ATP 合成而产生热量以增加体温。

图 9-24 为几种解偶联剂的作用机理。解偶联剂不抑制呼吸链的电子传递，甚至还加速电子传递，促进燃料分子（糖、脂肪、蛋白质）的消耗和刺激线粒体对分子氧的需要，但不形成 ATP，电子传递过程中释放的自由能以热量的形式散失。如患病毒性感冒时，体温

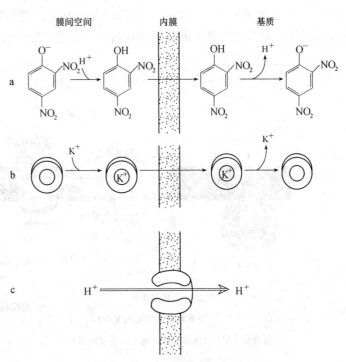

图 9-24　几种解偶联剂的作用机理
a. 2,4-二硝基苯酚　b. 缬氨霉素　c. 解偶联蛋白

升高，就是因为病毒毒素使氧化磷酸化解偶联，氧化产生的能量全部变为热使体温升高。又如，在某些环境条件或生长发育阶段，生物体内也发生解偶联作用：冬眠动物、耐寒的哺乳动物和新出生的温血动物通过氧化磷酸化的解偶联作用，呼吸作用照常进行，但磷酸化受阻，不产生 ATP，也不需 ATP，产生的热以维持体温；植物在干旱、寒害或缺钾等不良条件下，可能发生解偶联而不能合成 ATP，呼吸底物的氧化照样进行，成为"徒劳"呼吸。

解偶联剂只抑制电子传递链中氧化磷酸化作用的 ATP 生成，不能影响底物水平磷酸化。

（二）氧化磷酸化抑制剂

氧化磷酸化抑制剂（oxidative phosphorylation inhibitor）主要是指直接作用于线粒体 F_0F_1-ATP 合酶复合体中的 F_1 组分而抑制 ATP 合成的一类化合物。寡霉素（oligomycin）是这类抑制剂的一个重要例子，它与 F_0 的一个亚基结合而抑制 F_1；另一个例子是双环己基碳二亚胺（dicyclohexylcarbodiimide，DCCD），它阻断 F_0 的质子通道。这类抑制剂直接抑制了 ATP 的生成过程，使膜外质子不能通过 F_0F_1-ATP 合酶返回膜内，膜内质子继续泵出膜外显然越来越困难，最后不得不停止，所以这类抑制剂间接抑制电子传递和分子氧的消耗。

总之，氧化磷酸化抑制剂不同于解偶联剂，也不同于电子传递抑制剂（图 9-25）。氧化磷酸化抑制剂抑制电子传递，进而抑制 ATP 的形成，同时也抑制氧的吸收利用；解偶联剂不抑制电子传递，只抑制 ADP 磷酸化，因而抑制能量 ATP 的生成，氧消耗量非但不减反而增加；电子传递抑制剂是直接抑制电子传递链上载体的电子传递和分子氧的消耗，因为代谢物的氧化受阻，偶联磷酸化就无法进行，ATP 的生成随之减少。例如当具有剧毒的氰化物进入体内过多时，可以因 CN^- 与细胞色素氧化酶的三价铁结合成氰化高铁细胞色素氧化酶，使细胞色素失去传递电子的能力，结果呼吸链中断，磷酸化过程也随之中断，细胞死亡。

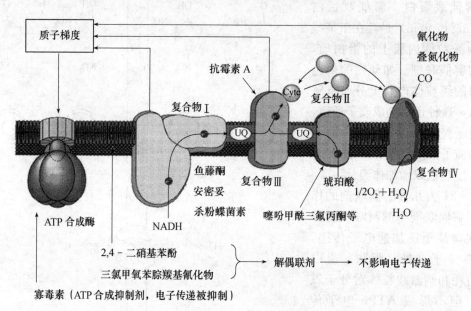

图 9-25 电子传递抑制剂、氧化磷酸化的解偶联剂和抑制剂的作用部位

（引自 Lehninger，2004）

六、线粒体的穿梭系统

呼吸链、生物氧化与氧化磷酸化都存在于线粒体（mitochondria）内。线粒体的主要功能是氧化供能，相当于细胞的发电厂。线粒体具有双层膜的结构，外膜的通透性较大，内膜却有着较严格的通透选择性，通常通过外膜与细胞浆进行物质交换。糖酵解作用是在胞浆（cytosol）中进行，在真核生物胞液中的 NADH 不能通过正常的线粒体内膜，要使糖酵解所产生的 NADH 进入呼吸链氧化生成 ATP，必须通过较为复杂的过程，据现在了解，线粒体外的 NADH 可将其所带的 H 转交给某种能透过线粒体内膜的化合物，进入线粒体内后再氧化。即 NADH 上的氢与电子可以通过一个所谓穿梭系统的间接途径进入电子传递链。能完成这种穿梭任务的化合物有磷酸甘油和苹果酸等。

在动物细胞内有两个穿梭系统，一是磷酸甘油穿梭系统，主要存在于动物骨骼肌、脑及昆虫的飞翔肌等组织细胞中；二是苹果酸穿梭系统，主要存在于动物的肝、肾和心肌细胞的线粒体中。

（一）磷酸甘油穿梭系统

胞液中的 NADH 在两种不同的 3-磷酸甘油脱氢酶的催化下，以 3-磷酸甘油为载体穿梭往返于胞液和线粒体之间，间接转变为线粒体内膜上的 $FADH_2$ 而进入呼吸链，这种过程称为磷酸甘油穿梭（glycerol phosphate shuttle）。

在线粒体外的胞液中，糖酵解产生的磷酸二羟丙酮和 $NADH+H^+$，在以 NAD^+ 为辅酶的 3-磷酸甘油脱氢酶的催化下，生成 3-磷酸甘油。3-磷酸甘油可扩散到线粒体内，再由线粒体内膜上的以 FAD 为辅基的 3-磷酸甘油脱氢酶（一种黄素脱氢酶）催化，重新生成磷酸二羟丙酮和 $FADH_2$，前者穿出线粒体返回胞液，后者 $FADH_2$ 将 2H 传递给 CoQ，进入呼吸链，最后传递给分子氧生成水并形成 ATP（图 9-26）。由于此呼吸链和琥珀酸的氧化相似，越过了第一个偶联部位，因此胞液中 $NADH+H^+$ 中的两个氢被呼吸链氧化时就只形成 1.5 分子 ATP，比线粒体中 $NADH+H^+$ 的氧化少产生 1 分子 ATP，也就是说经过这个穿梭过程每转一圈要消耗 1 个 ATP。电子传递之所以要用 FAD 作为电子受体是因为线粒体内 NADH 的浓度比细胞质中的高，如果线粒体和细胞质中的 3-磷酸甘油脱氢酶都与 NAD^+ 连接，则电子就不能进入线粒体。利用 FAD 能使电子逆着 $NADH+H^+$ 梯度从细胞质转移到线粒体中，转入的代价是每对电子要消耗 1 分子 ATP。这种穿梭作用存在于某些肌肉组织和神经细胞，因此这种组织中每分子葡萄糖氧化只产生 30 分子的 ATP。

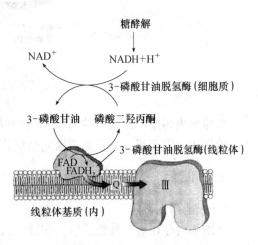

图 9-26　3-磷酸甘油穿梭作用

（引自 Lehninger, 2004）

（二）苹果酸-天冬氨酸穿梭系统

苹果酸-天冬氨酸穿梭系统（malate-aspartate shuttle）需要两种谷-草转氨酶、两种苹果酸脱氢酶和一系列专一的透性酶共同作用。首先，NADH 在胞液苹果酸脱氢酶（辅酶为 NAD^+）催化下将草酰乙酸还原成苹果酸，然后苹果酸穿过线粒体内膜到达内膜基质，经基质中苹果酸脱氢酶（辅酶也为 NAD^+）催化脱氢，重新生成草酰乙酸和 $NADH+H^+$；$NADH+H^+$ 随即进入呼吸链进行氧化磷酸化，草酰乙酸经基质中谷-草转氨酶催化形成天冬氨酸，同时将谷氨酸变为 α-酮戊二酸，天冬氨酸和 α-酮戊二酸通过线粒体内膜返回胞液，再由胞液谷-草转氨酶催化变成草酰乙酸，参与下一轮穿梭运输，同时由 α-酮戊二酸生成的谷氨酸又回到衬质（图 9-27）。上述代谢物均需经专一的膜载体通过线粒体内膜。线粒体外的 $NADH+H^+$ 通过这种穿梭作用而进入呼吸链被氧化，仍能产生 2.5 分子 ATP，此时每分子葡萄糖氧化共产生 32 分子 ATP。

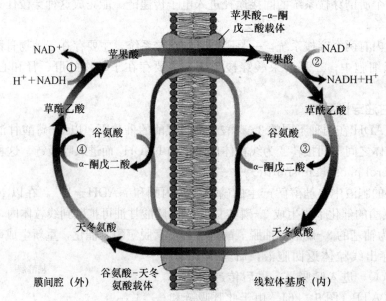

图 9-27 苹果酸-天冬氨酸穿梭作用

①、②胞液或线粒体苹果酸脱氢酶 ③、④胞液或线粒体谷-草转氨酶

（引自 Lehninger，2004）

在原核生物中，胞液中的 NADH 能直接与质膜上的电子传递链及其偶联装配体作用，不存在穿梭作用，因而当每分子葡萄糖完全氧化成 CO_2 和 H_2O 时，总共能生成 32 分子的 ATP。

七、能荷

（一）能荷的概念

在细胞内存在着 3 种腺苷酸：ATP、ADP 和 AMP，称为腺苷酸库（adenylate pool）。在细胞中 ATP、ADP 和 AMP 在某一时间的相对数量控制着细胞的代谢活动。为了衡量细胞中高能磷酸状态在数量上的大小，Atkinson（1968）提出了能荷的概念。能荷的大小可以说明生物体中 ATP、ADP、AMP 系统的能量状态。能荷（energy charge）的定义可用下式表示。

$$能荷=\frac{[ATP]+\frac{1}{2}[ADP]}{[ATP]+[ADP]+[AMP]}$$

从以上方程式可以看出，储存在 ATP、ADP 系统中的能量是与 ATP 的摩尔数加上 1/2 ADP 的摩尔数成正比的，亦即能荷的大小取决于 ATP 和 ADP 的多少。

（二）能荷对 ATP 生成与利用途径的调节

能荷数值的变化范围为 0～1.0，即当细胞中全部的 AMP 和 ADP 都转化成 ATP 时，能荷为 1.0。在细胞以较快的速度进行磷酸化（合成 ATP），而生物合成反应又很少进行时，才能出现这种情况，此时，腺苷酸系统中可利用态的高能磷酸键数量最大。当腺苷酸化合物都呈 ADP 状态时，能荷为 0.5，系统中含有一半的高能磷酸键。而当所有的 ATP 和 ADP 都转化为 AMP 时，则能荷等于零，此时腺苷酸系统中完全不存在高能化合物（图 9 - 28）。

Atkinson 还证明：能荷高时能抑制生物体内 ATP 的生成，但却促进 ATP 的利用，也就是说高的能荷能够促进合成代谢而抑制分解代谢。由图 9 - 28 可见，能荷小时，生成 ATP 的速率高，生物可以通过高分子的降解以产生能量。当能荷

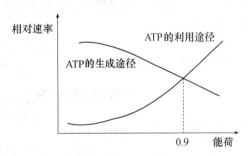

图 9 - 28 能荷对 ATP 生成途径（分解代谢）和 ATP 利用途径（合成代谢）相对速率的影响

逐渐增大时，生成 ATP 的途径就下降，也就是说分解代谢减弱。当能荷低时，ATP 利用的速率就低，而随着能荷的增加，ATP 利用的相对速率就增加。这就说明生物体内 ATP 的利用和形成有自我调节与控制的作用。从图 9 - 28 中还可以看到，这两条曲线相交于 0.9 处，显然这些分解代谢与合成代谢能够将生物体内能荷的数量控制在相当狭窄的范围之内。所以说，细胞中的能荷犹如 pH 缓冲体系一样是可以缓冲的。根据测定，大多数细胞中的能荷为 0.8～0.95。细胞中的能荷对 ATP 的生成与利用途径的调节可通过 ATP、ADP 及 AMP 对一些酶的反应进行变构调节。如 ATP、ADP 系统调节糖酵解的主要部位是 6 - 磷酸果糖和 1,6 - 二磷酸果糖的相互转化。

$$6-磷酸果糖 + ATP \xrightleftharpoons{Mg^{2+}} 1,6-二磷酸果糖 + ADP$$

催化此反应的磷酸果糖激酶是变构酶，受到 ATP 的强烈抑制，但却被 AMP 和 ADP 激活。反之，1,6 - 二磷酸果糖磷酸酯酶则能受 ATP 的激活和被 AMP 所抑制。另外，在三羧酸循环中，当细胞或组织能荷接近 1.0 时，高浓度的 ATP 和低水平的 AMP 会降低柠檬酸成酶和异柠檬酸脱氢酶的活性，从而使三羧酸循环的活性降低以减少呼吸作用而达到调节生成 ATP 数量的目的。

总之，能荷由 ATP、ADP 和 AMP 的相对数量决定，它在代谢中起调控作用。高能荷能抑制 ATP 的生成（分解代谢）途径而激活 ATP 利用（合成代谢）的途径。

第四节 其他末端氧化酶系统

通过细胞色素系统进行氧化的体系是一切动物、植物、微生物的主要氧化途径，它与 ATP 的生成紧密相关。除了细胞色素氧化酶系统外，还有一些氧化体系，称为非线粒体氧化体系，它们与 ATP 的生成无关，从底物脱氢到 H_2O 的形成是经过其他末端氧化酶系完成的，但具有其他重要生理功能。

一、多酚氧化酶系统

多酚氧化酶（polyphenol oxidase）系统存在于微粒体中，是含铜的末端氧化酶，也称为儿茶酚氧化酶，由脱氢酶、醌还原酶和酚氧化酶组成，催化多酚（如对苯二酚、邻苯二酚、邻苯三酚）氧化为醌，醌又可被 $NADPH+H^+$（或 $NADH+H^+$）还原为多元酚，$NADPH+H^+$（或 $NADH+H^+$）来自于代谢物（呼吸底物）的脱氢反应，这样便构成以多酚氧化酶为末端的氧化还原系统（图 9 - 29）。

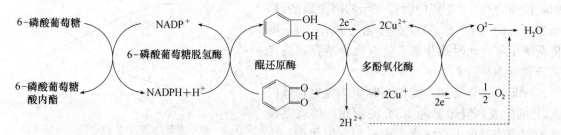

图 9 - 29　多酚氧化酶系统

多酚氧化酶普遍存在于植物体内，主要分布于细胞质中。马铃薯块茎、苹果、梨及茶叶中都富含这种酶。块茎、果实削皮后出现褐色、荔枝果皮变为褐色以及叶片受机械损伤后的褐变都是多酚氧化酶作用的结果。茶叶中的多酚氧化酶活力很高，制红茶时，须揉捻茶叶，揉破细胞，使多酚氧化酶与茶叶中的儿茶酚和单宁接触，将这些酚类化合物氧化并聚合成红褐色的色素。而制绿茶时，须将采下的新鲜茶叶立即焙火杀青，破坏多酚氧化酶，以保持茶叶的绿色。

图 9 - 29 表明，代谢底物脱下的氢通过多酚氧化酶系统氧化生成水，并消耗分子氧。该系统被认为是一种电子传递途径，但不与 ADP 磷酸化偶联，不生成 ATP。其生理意义尚不很清楚。有研究发现，多酚氧化酶与植物组织的受伤反应有关，植物组织受伤以及受病菌侵害时，植物多酚氧化酶活力增高（呼吸作用也增强），有利于把酚类化合物氧化为醌，醌对病菌有毒害而起杀菌抗病作用。

二、抗坏血酸氧化酶系统

抗坏血酸氧化酶（ascorbic acid oxidase）也是一种含铜的氧化酶，它催化抗坏血酸氧化为脱氢抗坏血酸，其过程常与谷胱甘肽、NADPH（或 NADH）的氧化还原相偶联，形成一个以抗坏血酸氧化酶系统为末端的氧化还原系统（图 9 - 30）。

图 9 - 30　抗坏血酸氧化酶系统

抗坏血酸氧化酶在植物中普遍存在，特别是黄瓜、南瓜等，主要分布于细胞质中。抗坏血酸氧化酶系统促进代谢底物脱氢氧化并消耗分子氧生成水，也被认为是一种呼吸电子传递途径，但以抗坏血酸氧化酶为末端的电子传递过程不和ADP磷酸化相偶联，不生成ATP。其生理意义仍不很清楚。但植物组织感染病菌后，抗坏血酸氧化酶活力增高，呼吸增强，耗氧量增加，三者呈平行关系。如植物组织感染病菌后，磷酸戊糖途径中的6-磷酸葡萄糖脱氢酶和6-磷酸葡萄糖酸脱氢酶的活力明显增高，并与抗坏血酸氧化酶活力增高呈平行关系，这表明抗坏血酸氧化酶系统可能与植物的抗病性有关。

此外，抗坏血酸氧化酶系统可以防止含巯基蛋白质的氧化，延缓衰老进程。

三、细胞色素 P_{450} 系统

在动物和植物细胞的内质网膜上也有一些电子传递链，但不与ADP磷酸化相偶联，不生成ATP。其中，最重要的一种电子传递链是由黄素蛋白、铁硫蛋白和细胞色素 P_{450} 组成的电子传递体系，称为细胞色素 P_{450} 系统。

细胞色素 P_{450} 是一种以铁卟啉（血红素）为辅基的蛋白质，属于b族细胞色素，因为还原型的细胞色素 P_{450} 与一氧化碳的配位复合物 P_{450}^{2+}-CO 在 450 nm 处有强吸收峰，故称为细胞色素 P_{450}。它与细胞色素氧化酶（Cyt aa_3）类似，能与氧直接作用，但它属于单加氧酶类（monooxygenase）。单加氧酶催化的反应是将分子氧中的一个氧原子加到底物上，使底物羟化，另一个氧原子被还原为水，所以又称为混合功能氧化酶或羟化酶。这种加氧作用（羟化作用）的总反应为

$$AH + O_2 + NADPH + H^+ \longrightarrow A-OH + NADP^+ + H_2O$$

在动物和植物细胞内，细胞色素 P_{450} 系统催化底物的加氧（羟化）作用，对正常的物质代谢或对进入体内的药物代谢都有重要意义。细胞色素 P_{450} 系统的组成和电子传递过程很复杂，尚未完全清楚，目前已知该系统至少含有黄素蛋白（辅基为FAD）、铁硫蛋白和细胞色素 P_{450} 等组分，以NADPH为电子最初供体，分子氧为电子最终受体，其电子传递过程简化表示于图9-31。

图 9-31　细胞色素 P_{450} 系统
(Cyt P_{450}^{3+} 和 Cyt P_{450}^{2+} 分别表示细胞色素 P_{450} 的氧化型和还原型)

四、超氧化物歧化酶、过氧化氢酶和过氧化物酶系统

在许多酶促反应或非酶反应中，或某些环境因素（如电离辐射、强光等）影响下，生物体内产生了更活泼的含氧物质，如 H_2O_2、O_2^-、脂质过氧化中间产物等，统称活性氧。其中的超氧阴离子自由基（O_2^-）和过氧化氢（H_2O_2）是很强的氧化剂，它们在细胞代谢过程中产生，又对细胞本身有很强的毒害作用，如蛋白质、膜脂等生物大分子极易受到活性氧的攻击，损伤严重时导致代谢紊乱和疾病。因此，必须及时清除，机体才能免受其害。

生物在长期进化过程中，体内形成了一套及时有效地清除活性氧的机制，使活性氧的生成与清除保持动态平稳。超氧化物歧化酶、过氧化氢酶和过氧化物酶就是这个清除系统中的重要成员。超氧化物歧化酶、过氧化氢酶和过氧化物酶广泛存在于需氧生物体内。超氧化物歧化酶（superoxide dismutase，SOD）是一类含金属的酶，按所含的金属不同分为：Cu-Zn-SOD、Mn-SOD 和 Fe-SOD 3 种类型。Cu-Zn-SOD 主要分布于高等植物的叶绿体和细胞质中；Mn-SOD 主要分布于真核生物线粒体中；Fe-SOD 主要分布于细菌中。它们催化超氧阴离子自由基（O_2^-）的歧化反应形成 H_2O_2。过氧化氢酶（catalase，CAT）是以铁卟啉为辅基的酶，催化过氧化氢分解形成 H_2O 和 O_2。过氧化物酶（peroxidase，POD）也是以铁卟啉为辅基的酶，催化过氧化氢氧化抗坏血酸、胺类和酚类化合物。这些酶作为氧化系统所催化的反应如下：

$$O_2^- + O_2^- + 2H^+ \xrightarrow{\text{超氧化物歧化酶}} H_2O_2 + O_2$$

$$2H_2O_2 \xrightarrow{\text{过氧化氢酶}} 2H_2O + O_2$$

$$AH_2 + H_2O_2 \xrightarrow{\text{过氧化物酶}} A + 2H_2O$$

上述 3 类酶在清除机体内的活性氧过程中起着十分重要的作用。以它们为主，配合其他酶，组成一个清除活性氧的酶系统，反应过程见图 9-32。

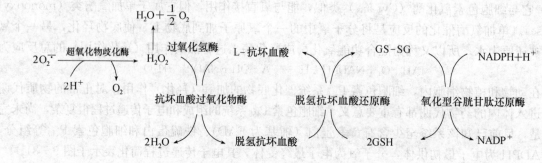

图 9-32　清除活性氧的酶系统及其催化的反应过程

五、植物抗氰氧化酶系统

在植物线粒体内膜上，除了以细胞色素氧化酶为末端的正常呼吸链之外，还有以抗氰氧化酶为末端的抗氰呼吸链。抗氰氧化酶（cyanide resistant oxidase，CRO）是一种含铁的蛋白质，但不是细胞色素和铁硫蛋白那样的含铁蛋白质，而是一种非血红素铁蛋白，容易被氧肟酸抑制，却不被氰或氰化物抑制，因此而得名。在某些高等植物中，例如玉米、豌豆、绿豆的种子和马铃薯的块茎等都含有抗氰氧化酶。这些植物在用 KCN、NaN_3、CO 处理时，呼吸作用并未被完全抑制，仍表现出一定程度的氧吸收，这是因为电子传递不经过细胞色素氧化酶系统，而是通过对氰化物不敏感的抗氰氧化系统传给氧，这种呼吸称为抗氰呼吸。以抗氰氧化酶（CRO）为末端氧化酶的抗氰电子传递顺序见图 9-33。

由图 9-33 可见，抗氰呼吸途径的电子传递是在正常呼吸链中电子从 CoQ 开始的支路，电子传至 CoQ 以前的途径相同；从 CoQ 以后电子经一种黄素蛋白（FP$_{ma}$）传递给抗氰氧化酶再直接传递到分子氧，并且生成 H_2O_2，而不是生成 H_2O。实验表明，这段电子传递不生成 ATP。

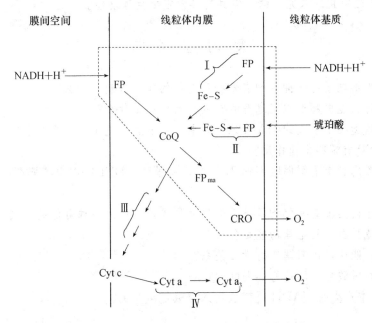

图 9-33　抗氰呼吸电子传递过程（虚线方框内）

Ⅰ、Ⅱ、Ⅲ、Ⅳ. 正常呼吸链的 4 个复合物　FP_{ma}. 一种具有中等氧化还原电位的黄素蛋白　CRO. 抗氰氧化酶

因此，线粒体内的 NADH＋H^+ 经抗氰电子传递的 P/O 比为 1，即生成 1 分子 ATP；琥珀酸和线粒体外的 NADH＋H^+ 的 P/O 比为 0，即不生成 ATP。电子传递所释放的自由能完全以热的形式散发，这可能是抗氰呼吸的生理意义之一，产生热量提高组织温度，有利于低温沼泽地区植物的开花。如天南星科海芋属植物开花时其花序进行抗氰呼吸，虽然环境温度只有 20 ℃，但花序温度提高至 40 ℃，使其芳香腺里的胺或吲哚挥发，用于引诱昆虫传粉。

小　结

1. 生物活动的能量主要来源是有机物质糖、蛋白质或脂肪在生物体内的氧化。生物氧化与物质在体外氧化的化学本质相同。

2. 生物氧化主要是通过脱氢反应来实现的。脱氢是氧化的一种方式，生物氧化中所生成的水是代谢物脱下的氢，经生物氧化作用和吸入的氧结合而成的。代谢底物脱下的氢通常须经一系列氢、电子传递体传递给激活的氧，在酶的作用下生成水。这个传递氢的全部体系称为电子传递链，又称为呼吸链。电子传递链主要由下列 5 类电子传递体组成：烟酰胺脱氢酶类、黄素脱氢酶类、铁硫蛋白类、细胞色素类及辅酶 Q（又称泛醌）。

3. 生物体内存在两种类型的呼吸链：NADH 型和 $FADH_2$ 型。

4. 生物体内 ADP 的磷酸化主要有 3 种方式：底物水平磷酸化、氧化磷酸化和光合磷酸化。化学渗透偶联假说是解释氧化磷酸化机理中得到支持最多的学说。

5. 生物体内存在一些非线粒体氧化体系，它们与 ATP 的生成无关，从底物脱氢到 H_2O 的形成是经过其他末端氧化酶系完成的，但具有其他重要生理功能。

复习思考题

1. 常见的呼吸链电子传递抑制剂有哪些？它们的作用机制是什么？

2. 氰化物为什么能引起细胞窒息死亡？其解救机理是什么？

3. 在磷酸戊糖途径中生成的 NADPH，如果不去参加合成代谢，那么它将如何进一步氧化？

4. 在体内 ATP 有哪些生理作用？

5. 有人曾经考虑过使用解偶联剂如 2,4-二硝基苯酚（DNP）作为减肥药，但很快就被放弃使用，为什么？

6. 某些植物体内出现对氰化物呈抗性的呼吸形式，试提出一种可能的机制。

7. 什么是铁硫蛋白？其生理功能是什么？

8. 何为能荷？能荷与代谢调节有什么关系？

9. 氧化作用和磷酸化作用是怎样偶联的？

10. 糖酵解当中产生的 NADH 是怎么进入呼吸链氧化的？

主要参考文献

吴显荣. 1997. 基础生物化学. 第二版. 北京：中国农业出版社.

唐咏，吕淑霞. 1995. 基础生物化学. 长春：吉林科学技术出版社.

沈黎明. 1996. 基础生物化学. 北京：中国林业出版社.

阎隆飞，李明启. 1985. 基础生物化学. 北京：农业出版社.

沈同，王镜岩. 1990. 生物化学. 第二版. 北京：高等教育出版社.

郭蔼光. 2001. 基础生物化学. 北京：高等教育出版社.

Conn E E, Stumpf P K, Bruening G, Dol R H. 1987. Outlines of Biochemistry. 5th ed. John Wiley & Sons, Inc.

Goodwin T W, Mercer E I. 1983. Introduction to Plant Biochemistry. 2nd ed. Pergamon Press Ltd.

Lehninger A L, Nelson D L, Cox M M. 1993. Principles of Biochemistry. 2nd ed. Worth Publishers, Inc.

Stryer L. 1988. Biochemistry. 3rd ed. New York. W. H. Freeman and Co.

第十章　脂类代谢

脂质根据组成可分为单纯脂质、复合脂质和非皂化脂质。单纯脂质主要指由脂肪酸和醇类所形成的酯，包括脂肪（甘油三酯）和蜡。复合脂质中除了脂肪酸和醇组成的酯外，分子中还有其他非脂成分，如磷脂和糖脂等构成生物膜的主要组分。非皂化脂质一般不含有脂肪酸和酯键，不能进行皂化反应，称为非皂化脂质或类脂，主要包括甾醇类化合物和萜类化合物。

第一节　脂肪的降解

植物中的主要储存脂类是脂肪，食品中常见的脂类也是脂肪，脂肪也是动物中的主要能量储存形式。当脂肪需氧化供能时，会通过降解的方式，首先将脂肪中的 3 个酯键水解，产生甘油和脂肪酸，然后各自按照不同的途径分别进行降解和转化。

一、脂肪的酶促降解

在 3 种脂肪酶（lipase）的作用下，可以逐步水解脂肪中的 3 个酯键，最后形成甘油和脂肪酸（图 10-1）。

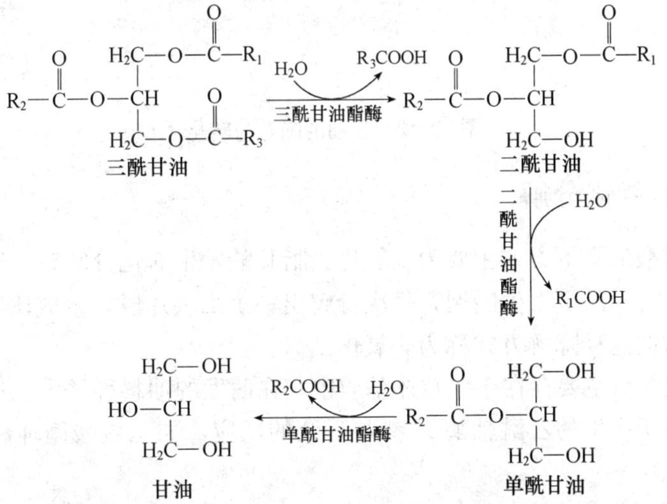

图 10-1　脂肪的水解

酯酶存在于细胞基质或油体中。油料种子萌发时，这些酯酶的活性急剧升高，可以将储存的脂肪迅速水解，进一步产能或转化为其他物质以供新组织利用。动物中脂类的降解主要在小肠中，小肠的蠕动和胆汁酸的乳化作用可以大大增大脂水界面的表面积，提高脂肪的降解速率。

二、甘油的降解与转化

甘油在甘油激酶的催化下，消耗一分子 ATP 磷酸化生成 3-磷酸甘油。3-磷酸甘油可以作为脂肪合成的底物参与到脂肪的合成过程中（参见本章第三节），也可以接着在磷酸甘油脱氢酶（α-phosphoglycerol dehydrogenase）的催化下，脱氢生成磷酸二羟丙酮（DHAP）。

磷酸二羟丙酮是糖代谢的中间产物，可以沿着糖酵解、三羧酸循环途径彻底氧化分解，为机体提供能量，也可以沿着糖异生途径转变为糖（图 10-2）。由此可见甘油代谢和糖代谢密切联系，可以相互转化。

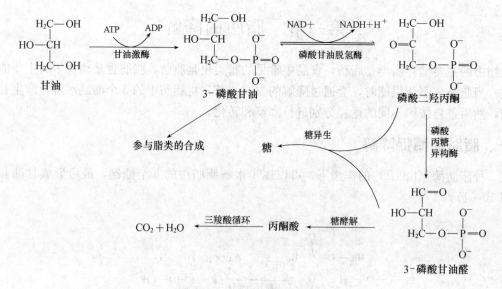

图 10-2 甘油的降解与转化

三、脂肪酸的氧化分解

生物体内的脂肪酸的降解方式主要为 β 氧化。脂肪酸发生氧化分解时，碳链的 β 碳原子发生氧化，然后 C_α 和 C_β 之间的键发生断裂，每次分解出一个二碳片段，生成比原来少两个碳原子的脂酰辅酶 A。脂肪酸的这种降解方式称为 β 氧化。

参与 β 氧化过程的酶主要存在于线粒体基质中，在萌发的油料种子中，这些酶也存在于乙醛酸体中。这种分布便于产生的乙酰辅酶 A 参与后续的反应，如三羧酸循环和乙醛酸循环（见本章第二节）。

（一）脂肪酸的活化

脂肪水解产生的脂肪酸在进入 β 氧化之前首先进行活化。脂肪酸的活化反应是指脂肪酸在酶的催化下，在 ATP 及辅酶 A 的参与下，它的羧基与辅酶 A 酯化形成脂酰辅酶 A 的过程。脂酰辅酶 A 就是脂肪酸的活化形式。

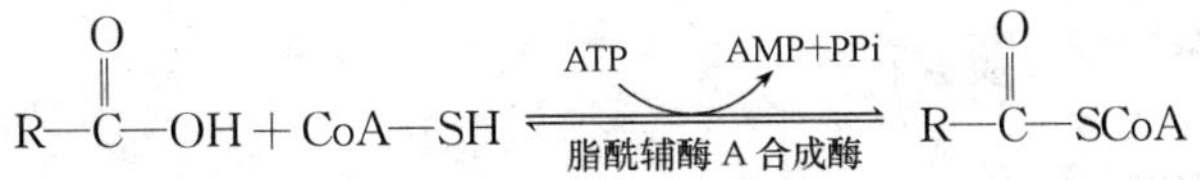

$$R-\overset{\overset{\displaystyle O}{\|}}{C}-OH + CoA-SH \underset{\text{脂酰辅酶 A 合成酶}}{\overset{ATP \quad AMP+PPi}{\rightleftharpoons}} R-\overset{\overset{\displaystyle O}{\|}}{C}-SCoA$$

这个反应本身是一个近平衡的可逆反应，但是在体内，焦磷酸（PPi）不稳定，很快被磷酸酶水解，使得反应不可逆。活化需要 ATP 的参与，每活化 1 分子脂肪酸需 1 分子的 ATP 转化为 AMP，反应中消耗两个高能键，相当于消耗两分子的 ATP。

细胞中有两种脂酰辅酶 A 合成酶：内质网脂酰辅酶 A 合成酶（又称硫激酶，活化 12 个碳原子以上的脂肪酸）、线粒体脂酰辅酶 A 合成酶（活化 4～10 个碳原子的脂肪酸）。

（二）脂肪酸转入线粒体

活化的脂酰辅酶 A 在胞质中，而脂肪酸的 β 氧化作用通常在线粒体的基质中进行，中链脂肪酸和短链脂肪酸可以直接穿过线粒体内膜进入线粒体，长链脂肪酸需通过肉碱转运机制运入线粒体中。肉碱作为酰基载体在胞质和线粒体基质中两种肉碱脂酰转移酶作用下，先形成脂酰肉碱（图 10-3），然后在线粒体内膜上肉碱载体蛋白的协助下，跨越内膜进入线粒体基质，再把脂酰基交给辅酶 A（图 10-4）。

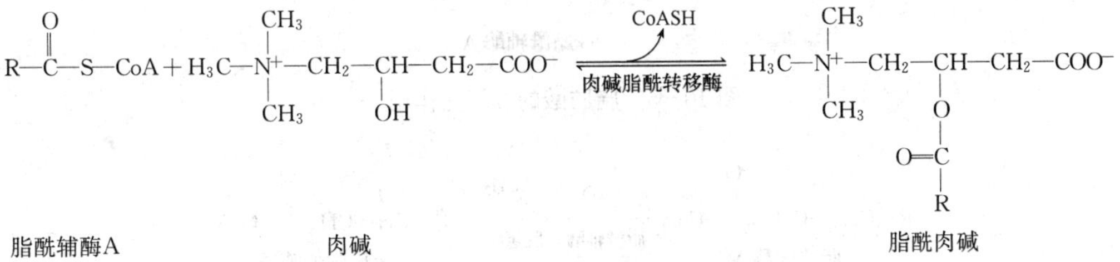

$$R-\overset{\overset{\displaystyle O}{\|}}{C}-S-CoA + H_3C-\overset{\overset{\displaystyle CH_3}{|}}{\underset{\underset{\displaystyle CH_3}{|}}{N^+}}-CH_2-\overset{\overset{\displaystyle }{|}}{\underset{\underset{\displaystyle OH}{|}}{CH}}-CH_2-COO^- \underset{\text{肉碱脂酰转移酶}}{\overset{CoASH}{\rightleftharpoons}} H_3C-\overset{\overset{\displaystyle CH_3}{|}}{\underset{\underset{\displaystyle CH_3}{|}}{N^+}}-CH_2-CH-CH_2-COO^-$$

脂酰辅酶A　　　　　　　肉碱　　　　　　　　　　　　　　　　脂酰肉碱

图 10-3 肉碱形成脂酰肉碱

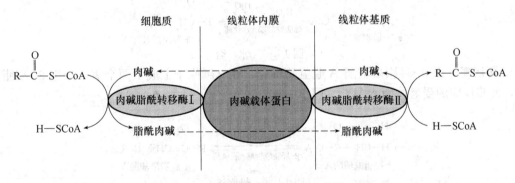

图 10-4 脂酰辅酶 A 转运至线粒体的机制

（三）脂肪酸的 β 氧化过程

脂酰辅酶 A 进入线粒体后，经过多轮 β 氧化作用逐步降解形成多个二碳单位——乙酰辅酶 A。β 氧化过程包括 4 个反应步骤，分别为脱氢、水合、再脱氢和硫解（图 10-5）。

1. 脱氢 在脂酰辅酶 A 脱氢酶的催化下，脂酰辅酶 A 的 α、β 位碳原子上各脱去一个氢，生成 α,β-烯脂酰辅酶 A（反-Δ^2-烯脂酰辅酶 A），同时 FAD 接受氢还原为 $FADH_2$（图 10-6）。

2. 水合 在烯脂酰辅酶 A 水化酶的催化下，α,β-烯脂酰辅酶 A 双键上反式加水，形成 β-羟脂酰辅酶 A（图 10-7）。

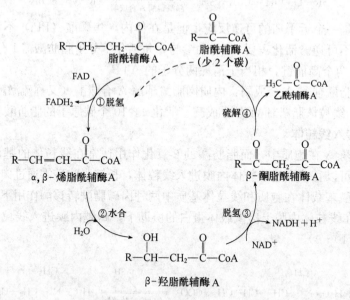

图 10-5 脂肪酸的 β 氧化作用

图 10-6 脱 氢

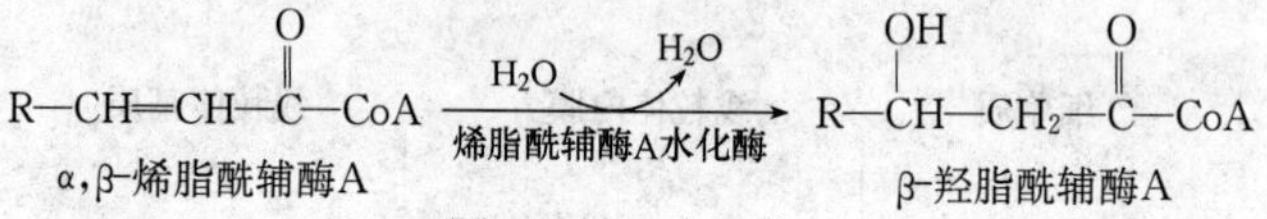

图 10-7 水 合

3. 再脱氢 由 β-羟脂酰辅酶 A 脱氢酶催化，在 β 碳原子上脱下两个氢，产生 β-酮脂酰辅酶 A，此步反应的受氢体为 NAD^+（图 10-8）。

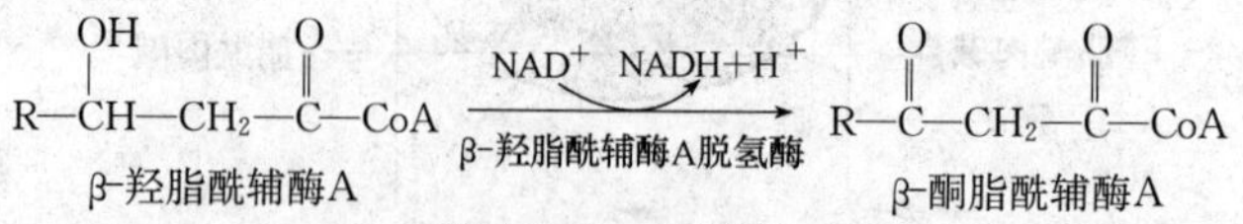

图 10-8 再脱氢

4. 硫解 在 β-酮脂酰辅酶 A 硫解酶催化下，同时辅酶 A 参与，β-酮脂酰辅酶 A 在 α 和 β 位碳原子之间发生硫解，形成一分子乙酰辅酶 A 和少两个碳原子的脂酰辅酶 A（图 10-9）。

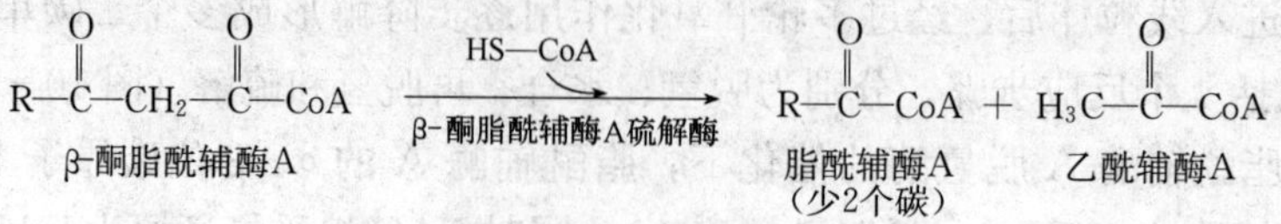

图 10-9 硫 解

以上 4 步反应组成了一轮 β 氧化，生成少两个碳的脂酰辅酶 A 和一个乙酰辅酶 A。每次 β 氧化的总反应式如图 10 - 10 所示。

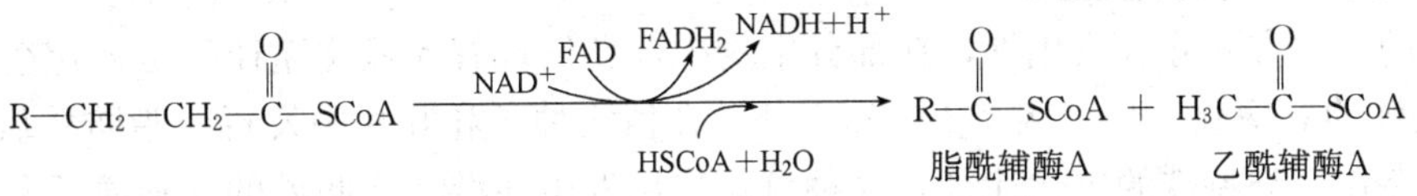

$$R-CH_2-CH_2-\overset{\overset{\displaystyle O}{\|}}{C}-SCoA \xrightarrow[\text{HSCoA}+H_2O]{\text{NAD}^+ \quad \text{FAD} \quad \text{FADH}_2 \quad \text{NADH}+H^+} R-\overset{\overset{\displaystyle O}{\|}}{C}-SCoA + H_3C-\overset{\overset{\displaystyle O}{\|}}{C}-SCoA$$
脂酰辅酶A   乙酰辅酶A

图 10 - 10 每次 β 氧化的总反应

生成少两个碳的脂酰辅酶 A 可以再重复进行 β 氧化，每次均产生一个二碳的乙酰辅酶 A，直到最后完全把长链脂肪酸降解为乙酰辅酶 A（偶数碳脂肪酸）。对于含偶数碳的脂肪酸如软脂酸（棕榈酸 $C_{15}H_{31}COOH$）需经过 7 次 β 氧化，生成 8 分子乙酰辅酶 A。脂肪酸在 β 氧化之前需首先活化形成脂酰辅酶 A，同时消耗 1 分子 ATP 形成 AMP。反应式如下：

$$CH_3(CH_3)_{14}COOH + ATP + 7NAD^+ + 7FAD + 7H_2O + 8CoASH \longrightarrow$$
$$8CH_3COSCoA + 7FADH_2 + 7NADH + 7H^+ + AMP + PPi$$

（四）脂肪酸氧化的能量计算

从上述反应可知，每一次 β 氧化过程可生成一分子 NADH 和一分子的 $FADH_2$。二者经过呼吸链氧化磷酸化可以分别产生 2.5 分子 ATP 和 1.5 分子 ATP，因此每进行一轮 β 氧化可产生 4 个 ATP。

产物乙酰辅酶 A 可以经过三羧酸循环彻底氧化分解，每分子乙酰辅酶 A 彻底氧化分解可以产生 10 个 ATP。

任何脂肪酸在发生 β 氧化之前首先要活化生成脂酰辅酶 A，活化需消耗一分子 ATP 转变为 AMP，消耗两个高能键，相当于净消耗 2 分子 ATP。

对于 n 个（偶数）碳的饱和脂肪酸可以发生 $n/2-1$ 次 β 氧化，生成 $n/2$ 个乙酰辅酶 A，通过活化消耗 2 个 ATP，彻底氧化分解产生的 ATP 数 $=\frac{n}{2}\times10+\left(\frac{n}{2}-1\right)\times(1.5+2.5)-2$。

以 1 分子软脂酸为例，计算偶数碳脂肪酸彻底氧化产生的 ATP 的量，结果表 10 - 1。

表 10 - 1 一分子软脂酸彻底氧化分解产生的 ATP 分子数

软脂酸氧化分解步骤	形成产物	生成 ATP 个数
脂肪酸活化	脂酰辅酶 A	-2ATP
第一次脱氢	$7FADH_2$	$7\times1.5=10.5$
第二次脱氢	7NADH	$7\times2.5=17.5$
硫解	8 乙酰辅酶 A	$8\times10=80$
合计		106

软脂酸彻底氧化时自由能总变化为 $-9\,790.56$ kJ/mol，一分子 ATP 水解自由能变化为 -30.5 kJ/mol，软脂酸自由能除生成 ATP 外，其余全以热的形式散放出去，因此能量利用率 $=\frac{30.5\times106}{9\,790.56}\times100\%\approx33.02\%$。

在发芽的油料种子中，脂肪酸的 β 氧化在乙醛酸循环体内进行，产生的乙酰辅酶 A 不进入三羧酸循环氧化供能，而是通过乙醛酸循环转变为琥珀酸，再经糖异生作用转化成糖。

（五）脂肪酸的其他氧化方式

脂肪酸的氧化方式除 β 氧化外，在部分生物中，还发现有 α 氧化途径和 ω 氧化途径。

1. 脂肪酸的 α 氧化　1956 年，Stumf P. K. 在植物种子和叶片中发现，脂肪酸氧化分解除 β 氧化外，还存在一类特殊的氧化途径，这种氧化作用发生在游离脂肪酸的 α 碳原子上，每次氧化作用分解出一个一碳单位 CO_2，生成少一个碳原子的脂肪酸，这种氧化作用称为 α 氧化。后来在动物脑和肝细胞中也发现了脂肪酸的这种氧化方式。

该途径以游离的脂肪酸直接作为底物，在 α 碳原子上发生羟化或氢过氧化，然后进一步氧化脱羧，可能的途径见图 10-11。这种途径对于降解奇数碳脂肪酸、含甲基的支链脂肪酸以及过长脂肪酸（C_{22}、C_{24}）有重要作用。人类摄取的某些食品和反刍动物的脂肪中，存在大量的植烷酸，如果没有 α 氧化作用系统，就会造成植烷酸在体内的积累，会导致外周神经炎类型的运动失调及视网膜炎等症状。现已证实人体内降解绿色蔬菜中带支链的植烷酸也是采用这种方式。

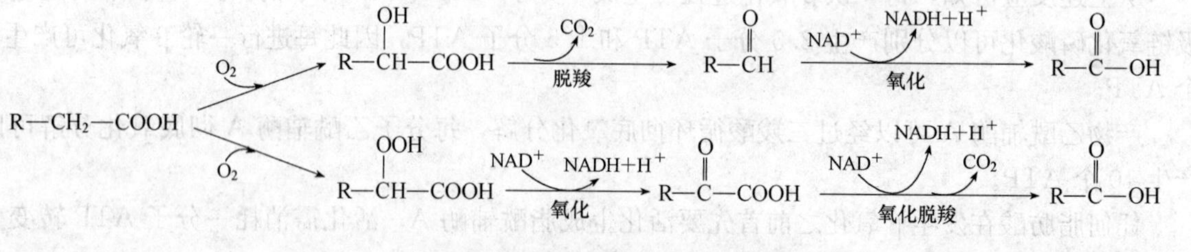

图 10-11　脂肪酸的 α 氧化

2. 脂肪酸的 ω 氧化　ω 氧化是指脂肪酸的末端甲基（ω 端）发生氧化，转变为 ω-羟脂酸，继而再氧化生成 α,ω-二羧酸的过程。此二羧酸两端的羧基都可以与辅酶 A 结合，并且进行 β 氧化。

脂肪酸的 ω 氧化是由 Verkade 在 1932 年发现的，他通过用一元酸 C_{11} 羧酸喂养动物，发现体内有 C_{11}、C_9、C_7 的二元羧酸产生，即在远离羧基的 ω 碳原子上发生氧化，催化此反应的酶存在于内质网的微粒体中。反应如图 10-12 所示。

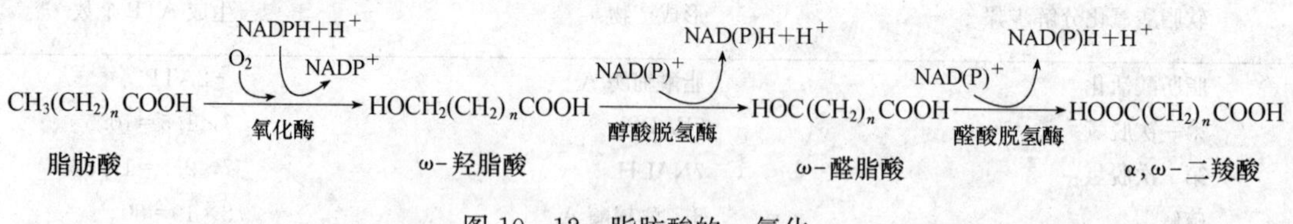

图 10-12　脂肪酸的 ω 氧化

动物体内十二碳以下的脂肪酸常常通过 ω 氧化途径进行降解，植物体内一些 ω 端具有含氧官能团（羟基、醛基或羧基）的脂肪酸大多数也是通过 ω 氧化生成的，这些脂肪酸通常是角质层或细胞壁的组分。目前发现，一些好氧性细菌能利用 ω 氧化分解长链烷烃或将其转变为可溶性物质，如海洋中的一些浮游细菌可降解海面的浮油，因此受到环保部门的重视。

（六）不饱和脂肪酸的氧化

不饱和脂肪酸的氧化也是在线粒体中进行的，它和饱和脂肪酸一样首先进行活化，然后跨越线粒体内膜进入线粒体中经 β 氧化而降解。但在某些步骤中还需其他酶的参与。生物体中的不饱和脂肪酸都是顺式构型而且位置也很有规律，第一个双键都是在 C_9 和 C_{10} 之间（写作 Δ^9），如果是多不饱和脂肪酸以后每隔 3 个碳原子出现一个不饱和键。

1. 单不饱和脂肪酸的降解　以油酸（$18:1\Delta^9$）为例，它的氧化过程见图 10-13。活化形成油酰辅酶 A 后进入线粒体，首先进行 3 轮 β 氧化，生成 Δ^3-顺式十二烯酰 CoA。这种产物并不是烯脂酰辅酶 A 水合酶的合适底物，必须先经烯脂酰辅酶 A 异构酶催化转化为 Δ^2-反式十二烯酰 CoA，然后才能被烯脂酰辅酶 A 水合酶催化，继续进行 β 氧化。因此，与相同碳原子的饱和脂肪酸（硬脂酸）相比，油酸的氧化相当于以一次双键的异构化取代了一次脱氢反应，所以它少产出 1 个 $FADH_2$ 和 1.5 个 ATP。

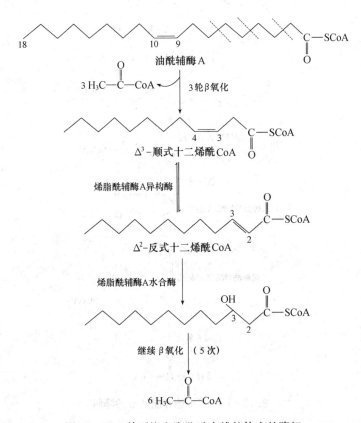

图 10-13　单不饱和脂肪酸在线粒体中的降解

2. 多不饱和脂肪酸的降解　多不饱和脂肪酸也是通过 β 氧化而降解，但它比油酸需要更多的酶参与。以亚油酸（$18:1\Delta^{9,12}$）为例，它的氧化过程见图 10-14。前 4 轮反应与油酸相同，首先进行 3 轮 β 氧化，第四轮先通过异构酶作用将双键异构化，继续进行一次 β 氧化。第五轮经过一次正常的脱氢，生成 Δ^2-反式-Δ^4-顺式二烯酰辅酶 A，这个产物在还原酶和 NADPH 的作用下生成 Δ^3-反式烯脂酰辅酶 A，再通过 Δ^2-反式异构体，继续进行 β 氧化。

如果脂肪酸含有 3 个不饱和键，它前 4 轮反应与油酸相同，第五轮、六轮重复亚油酸的第五轮步骤；如果含有 4 个不饱和键则第五轮、第六轮、第七轮重复亚油酸的第五轮反应，以此

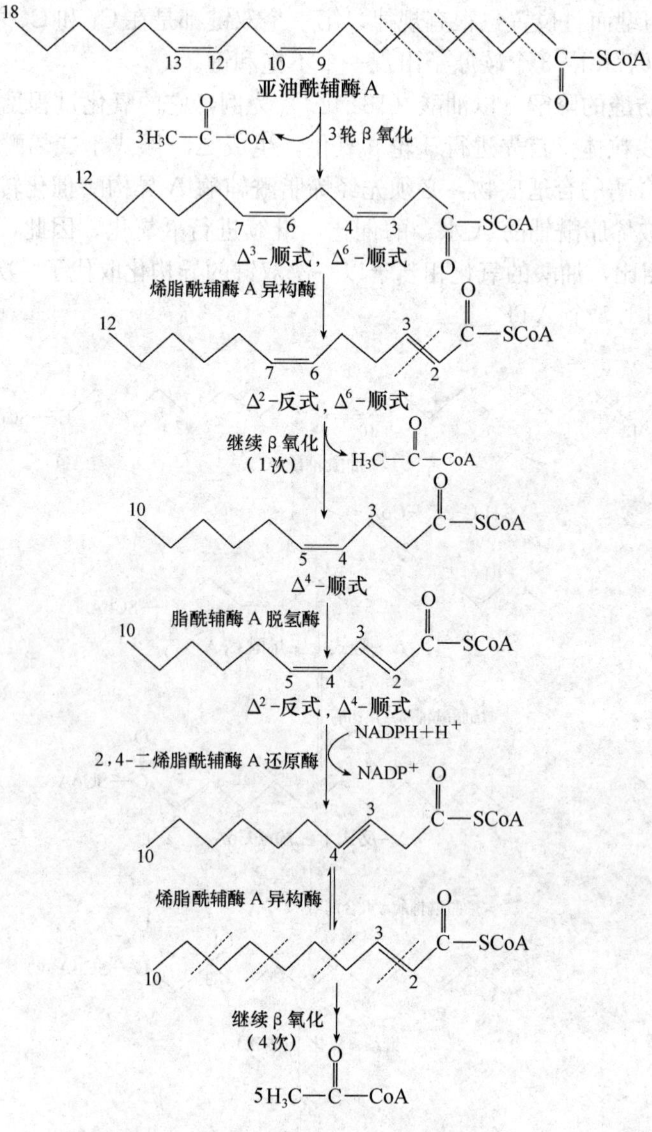

图 10-14　多不饱和脂肪酸的降解

类推。

（七）奇数碳原子脂肪酸的氧化

自然界中发现的脂肪酸大多数为偶数碳的脂肪酸，但在许多植物、海洋生物、石油酵母中也发现奇数碳的脂肪酸。这些脂肪酸的降解方式有两种，一种首先进行 α 氧化转变为偶数碳的脂肪酸后再进行 β 氧化。另一种方式是奇数碳的脂肪酸直接进行 β 氧化，经过多轮 β 氧化后，最后产物除乙酰辅酶 A 外，还有丙酰辅酶 A。此外，一些氨基酸（如异亮氨酸、缬氨酸和甲硫氨酸）在降解的过程中也会产生丙酰辅酶 A。

丙酰辅酶 A 的代谢途径也有两条，一是丙酰辅酶 A 通过一次羧化、两次异构化形成琥珀酰辅酶 A，见图 10-15。这是动物体内的代谢途径。另一条途径是丙酰辅酶 A 先通过 β 氧化作用的脱氢、水合两步反应，生成 β 羟丙酰辅酶 A，然后水解成 β-羟丙酸，继续氧化脱羧生成乙酰辅酶 A，见图 10-16。这种方式在植物和微生物中较普遍。

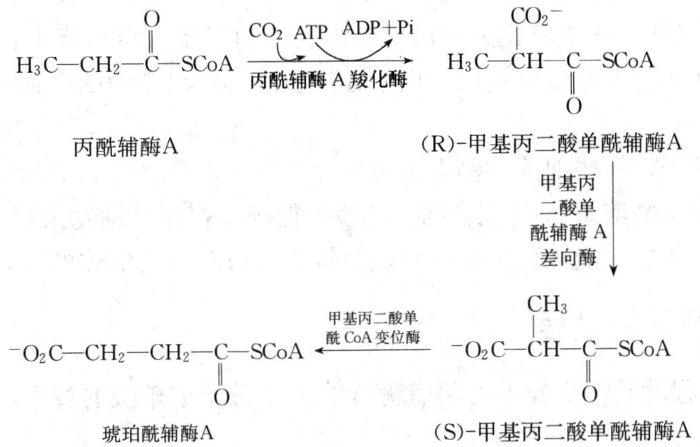

图 10-15　丙酰辅酶 A 生成琥珀酰辅酶 A

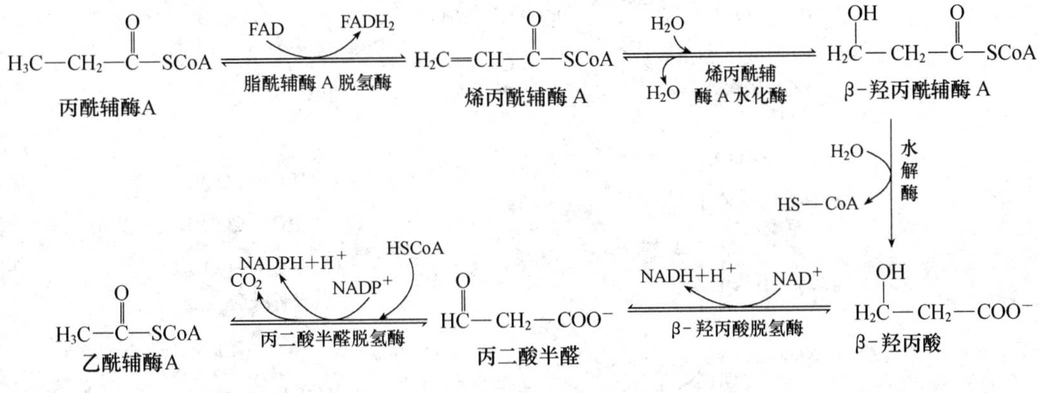

图 10-16　丙酰 CoA 生成乙酰 CoA

（八）脂肪酸氧化的调节

脂肪酸氧化也是受调节的，调节氧化的关键酶是肉碱脂酰转移酶 I，它受丙二酸单酰辅酶 A 的抑制，丙二酸单酰辅酶 A 是脂肪酸合成的二碳供体，它的含量增高会激活脂肪的合成，抑制脂肪的氧化分解。

第二节　乙醛酸循环

通过第八章的糖代谢以及前面提到的甘油和脂肪酸的降解，可知甘油的降解代谢产物可以进入糖代谢彻底氧化分解或通过糖异生生成糖。而脂肪酸降解产生的乙酰辅酶 A 只能通过三羧酸循环彻底分解放能。但有一些细菌、藻类和处于生长特定阶段的高等植物（如发芽的油料种子），脂肪酸降解产生的乙酰辅酶 A 可以通过另外一条途径——乙醛酸循环（glyoxylate cycle）将脂肪酸进一步转化成糖。

一、乙醛酸循环的概况

油料种子中的主要储藏物质是脂肪,发芽时油脂分解,产生的脂肪酸可通过在乙醛酸体
(glyoxysome) 中的氧化进一步转化为糖供新组织合成的需要。当幼苗生长到可以进行光合作用
时,不再需要油脂转化,乙醛酸体消失。由于在反应历程中出现中间产物——乙醛酸,故称为乙
醛酸循环。

除了油料植物种子,一些细菌、藻类也可以通过这一循环将脂肪酸转化为糖或利用环境中的
乙酸盐和其他能产生乙酰辅酶 A 的化合物。乙醛酸循环不存在于动物及高等植物的营养器官内。
对于动物所摄取的脂肪酸不能转变为糖,只能直接降解或转变为酮体的形式进行氧化供能。

二、乙醛酸循环的过程

乙醛酸循环的过程就是将 2 分子乙酰辅酶 A 合成 1 分子琥珀酸的过程,反应历程如图 10 - 17
所示。

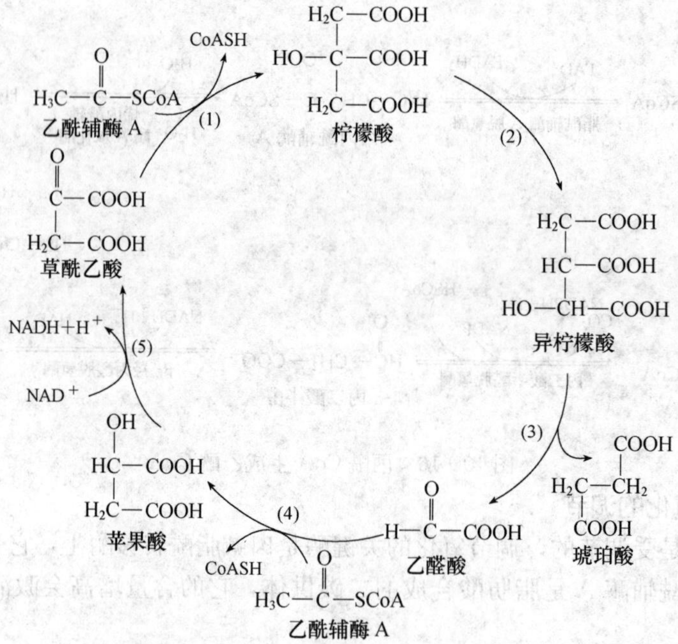

图 10 - 17　乙醛酸循环

(1) 柠檬酸合酶　(2) 顺乌头酸酶　(3) 异柠檬酸裂解酶　(4) 苹果酸合酶　(5) 苹果酸脱氢酶

在乙醛酸循环中,乙酰辅酶 A 首先经柠檬酸合酶和顺乌头酸酶催化生成异柠檬酸,这两
步反应及催化所需酶和三羧酸循环中的相同。接下来,异柠檬酸在异柠檬酸裂解酶 (isocitrate
lyase) 的催化下裂解为乙醛酸和琥珀酸。乙醛酸和另一分子的乙酰辅酶 A 在苹果酸合酶
(malate synthase) 催化下生成苹果酸。然后苹果酸脱氢酶催化脱氢生成草酰乙酸,整个过程构
成一个循环。在这个循环中,相当于净消耗 2 分子乙酰辅酶 A,生成 1 分子琥珀酸,其总反应

如图 10-18 所示。

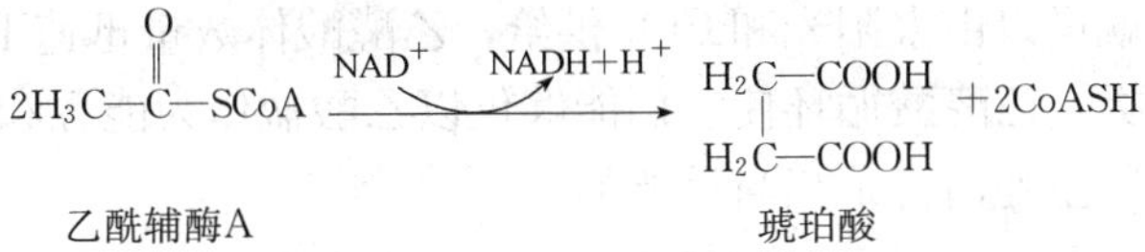

$$2H_3C-\overset{\overset{\displaystyle O}{\|}}{C}-SCoA \quad \overset{NAD^+ \quad NADH+H^+}{\curvearrowright} \quad \begin{matrix} H_2C-COOH \\ H_2C-COOH \end{matrix} \quad +2CoASH$$

乙酰辅酶A　　　　　　　　　　　　　琥珀酸

图 10-18　乙醛酸循环的总反应

异柠檬酸裂解酶和苹果酸合酶是乙醛酸循环的关键酶。

三、脂肪酸转化成糖的过程

乙醛酸循环生成的琥珀酸可以进入线粒体中，通过三羧酸循环的部分反应转化为苹果酸，然后进入细胞质中经过糖异生途径转化为糖。乙醛酸循环过程中生成的苹果酸也可以直接通过糖异生作用生成糖，但必须及时回补保证循环的正常进行（图 10-19）。回补反应可以将三羧酸循环中的草酰乙酸转化为天冬氨酸穿膜进入乙醛酸体中再生成草酰乙酸，保证乙醛酸循环正常进行。

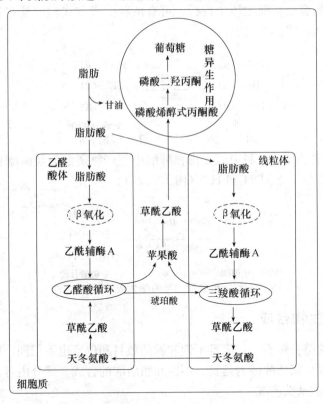

图 10-19　脂肪酸转化为糖的过程

四、乙醛酸循环的生物学意义

乙醛酸循环只存在于一些细菌、藻类和油料植物种子的乙醛酸体中，不存在于动物和高等植物的营养器官内。油料种子中的主要储藏物质是脂肪，种子萌发时，乙醛酸体大量出现，可以通过乙醛酸循环、三羧酸循环和糖异生 3 条反应途径将脂肪转化为糖，并以蔗糖的形式运输至种苗的其他组织供给生长所需的能源和碳源。当种子萌发终止、储脂耗尽，同时叶片能进行光合作用时，植物的能源和碳源就可以由太阳光和CO_2供给，乙醛酸体数量迅速下降甚至消失。

对于一些细菌和藻类，乙醛酸循环使它们能够仅以乙酸盐作为能源和碳源进行生长。可以看出，乙醛酸循环对于这些生物而言是相当重要的。

第三节　脂肪的生物合成

脂肪是由甘油和脂肪酸在酶的催化下合成的，而且合成所需要的底物为磷酸甘油和脂酰辅酶A。所以脂肪的生物合成分3部分：合成磷酸甘油、合成脂酰辅酶A、磷酸甘油和脂酰辅酶A合成脂肪。

一、3-磷酸甘油的生物合成

3-磷酸甘油的生物合成在细胞质中进行，可有两种生成方式。一是在甘油激酶催化下，消耗1分子ATP直接生成（图10-20）。

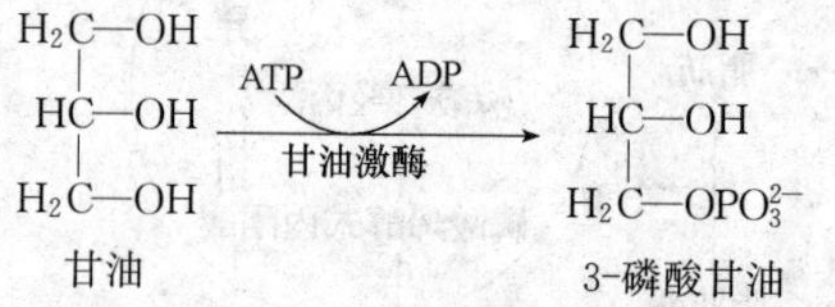

图10-20　由甘油生成3-磷酸甘油

生物合成3-磷酸甘油的另一种方式是由糖酵解中间产物磷酸二羟丙酮在磷酸甘油脱氢酶催化下生成，同时消耗1分子NADH和H^+（图10-21）。

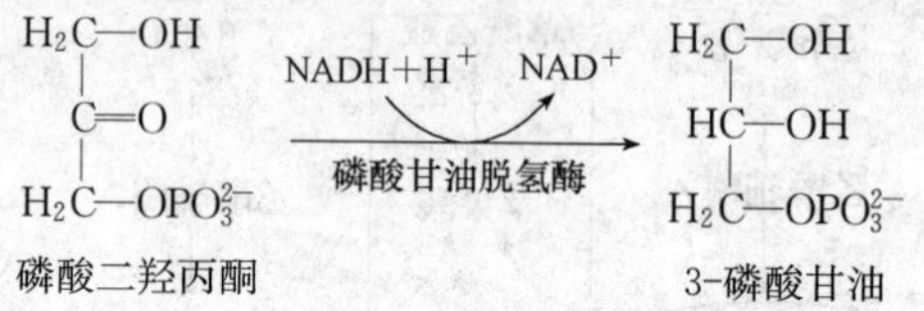

图10-21　由磷酸二羟丙酮生成3-磷酸甘油

二、脂肪酸的生物合成

生物体内的脂肪酸链长短不一，而且不饱和键的数目和位置也不相同，所以脂肪酸合成包括饱和脂肪酸的从头合成、脂肪酸链的延长、不饱和脂肪酸的合成3部分内容。

（一）饱和脂肪酸的从头合成

脂肪酸从头合成是以乙酰辅酶A为碳源，合成不超过16个碳的饱和脂肪酸。动物体内这一过程主要发生在细胞质中，植物则在叶绿体和前质体中进行。合成过程中需磷酸戊糖途径等代谢产生的NADPH提供还原力，并且由ATP提供能量。催化反应过程的酶主要是两个酶系统：乙酰辅酶A羧化酶系和脂肪酸合成酶系。

1. 乙酰辅酶A羧化酶系　原核生物中的乙酰辅酶A羧化酶系是由两种酶和一种蛋白质组成的三元复合体。这3种组分分别为生物素羧基载体蛋白（biotin carboxyl - carrier protein，BC-

CP)、生物素羧化酶（biotin carboxylase，BC）和羧基转移酶（carboxyl transferase，CT），它们共同作用催化 CO_2 共价结合在乙酰辅酶 A 上使其羧化形成丙二酸单酰 CoA（图 10-22）。

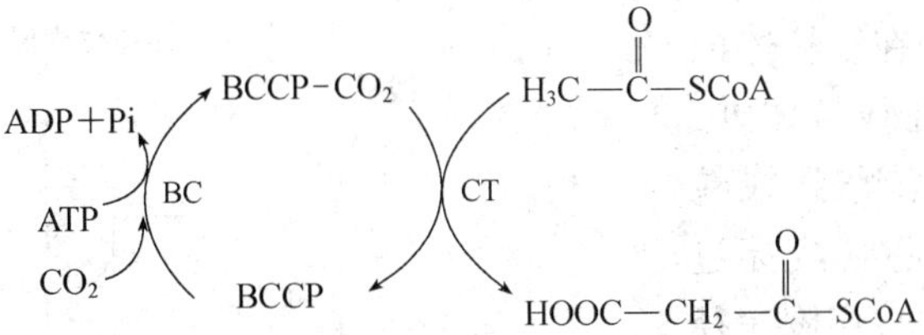

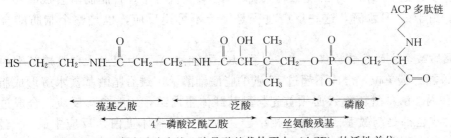

图 10-22　乙酰辅酶 A 羧化酶系

在动物和高等植物体内，乙酰辅酶 A 羧化酶是由多个亚基组成的寡聚酶，每个亚基都具有原核生物 3 种组分的功能，但只有当他们聚合成完整的寡聚酶后才有活性。

2. 脂肪酸合成酶系　脂肪酸合成酶系（fatty acid synthase system，FAS）是一个多酶复合体，它由 6 种酶和一种载体构成：①乙酰辅酶 A-酰基载体蛋白酰基转移酶（acetyl CoA-ACP transacetylase，AT）；②丙二酸单酰辅酶 A-酰基载体蛋白转移酶（malonyl CoA-ACP transferase，MT）；③β-酮脂酰-酰基载体蛋白合酶（β-ketoacyl-ACP synthase，KS）；④β-酮脂酰-酰基载体蛋白还原酶（β-keto-ACP reductase，KR）；⑤β-羟脂酰-酰基载体蛋白脱水酶（β-hydroxyacyl-ACP dehydratase，HD）；⑥烯脂酰-酰基载体蛋白还原酶（enoyl-ACP reductase，ER）；⑦酰基载体蛋白（acyl carrier protein，ACP）。

目前生物体内发现的脂肪酸合成酶系催化脂肪酸合成的过程基本相似，但是它们的结构却不相同。在大肠杆菌中，6 种酶以酰基载体蛋白为中心，有序地组成多酶复合体。在许多真核生物中，每个单体具有多种酶的催化活性，即一条多肽链上由多个不同催化功能的结构域。如脊椎动物的脂肪酸合成酶系由两个相同的亚基组成的二聚体，每个亚基都有上述 7 种蛋白和一种硫酯酶的活性，但只有它们聚合成二聚体后才有催化活性。

酰基载体蛋白本身没有活性，只是作为整个合成过程中脂肪酸中间体的载体，将 6 种酶整合为一簇。不同生物的酰基载体蛋白十分相似，大肠杆菌酰基载体蛋白是一个由 77 个氨基酸残基组成的热稳定性蛋白质，它的第 36 位丝氨酸残基上连有 4'-磷酸泛酰巯基乙胺（图 10-23），是酰基载体蛋白的活性辅基，它如同一个转动的手臂通过末端的巯基携带着脂酰基依次转移到各酶的活性中心，发生相应的反应。由于酰基载体蛋白与脂酰基的连接方式与 CoA 和脂酰基的连接方式类似，所以常将酰基载体蛋白（ACP）简写为 ACP-SH。

图 10-23　磷酸泛酰巯基乙胺是酰基载体蛋白（ACP）的活性单位

3. 饱和脂肪酸生物合成过程

（1）乙酰辅酶 A 的转运　合成脂肪酸的原料是乙酰辅酶 A，它主要来自脂肪酸的 β 氧化、丙酮酸氧化脱羧及氨基酸氧化等过程，这些代谢历程多数是在线粒体内进行，而脂肪酸合成是在线粒体外。因此，乙酰辅酶 A 必须转移到线粒体外，而乙酰辅酶 A 不能直接穿过线粒体内膜，需通过柠檬酸穿梭途径来完成转运。

柠檬酸穿梭的过程如下：乙酰辅酶 A 先与草酰乙酸结合形成柠檬酸，然后通过线粒体内膜上的三羧酸载体转运进入细胞质中，再由柠檬酸裂解酶裂解为草酰乙酸和乙酰辅酶 A。草酰乙酸不能直接透过膜，必须转变为苹果酸或丙酮酸，再经内膜载体返回线粒体，到达线粒体基质后苹果酸或丙酮酸分别以不同的方式重新生成草酰乙酸。至此，完成乙酰辅酶 A 的一次转运（图 10-24）。循环 1 次净消耗 1 分子的 ATP 将乙酰辅酶 A 从线粒体转运至细胞质中，同时产生的 NADPH 还为脂肪酸的合成提供还原力。

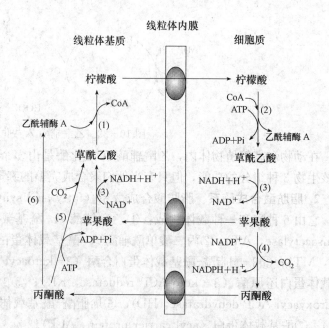

图 10-24　柠檬酸穿梭过程
（1）柠檬酸合酶　（2）柠檬酸裂解酶　（3）苹果酸脱氢酶
（4）苹果酸酶　（5）丙酮酸羧化酶　（6）丙酮酸脱氢酶

（2）乙酰辅酶 A 活化　转运至细胞质中的乙酰辅酶 A 不能直接参与脂肪酸从头合成反应，需要先进行活化，活化形式是丙二酸单酰辅酶 A，是在乙酰辅酶 A 羧化酶催化下羧化形成的（图 10-25）。

$$\underset{\text{乙酰辅酶A}}{H_3C-\overset{\overset{\displaystyle O}{\|}}{C}-SCoA} + ATP + CO_2 \xrightarrow[\text{羧化酶}]{\text{乙酰辅酶A}} \underset{\text{丙二酸单酰辅酶A}}{HOOC-CH_2-\overset{\overset{\displaystyle O}{\|}}{C}-SCoA} + ADP + Pi$$

图 10-25　乙酰辅酶 A 的活化

通过这一步反应，ATP 中的能量转入新的 C-C 共价键中，在脂肪酸合成时用于产物中新键的合成。由于 ATP 水解，这一反应过程是一个不可逆反应，也是整个脂肪酸合成的限速步骤。

（3）脂肪酸合成的反应历程　这一过程以乙酰辅酶 A 作为起点，在其羧基端由丙二酸单酰辅酶 A 添加二碳单位，合成不超过 16 碳的脂酰辅酶 A，最后脂酰基被水解形成脂肪酸。乙酰辅酶 A 和丙二酸单酰辅酶 A 必须首先与酰基载体蛋白结合才能参与反应。合成过程中的各种酰基化合物也都是与酰基载体蛋白相结合，所以酰基载体蛋白是反应中的一个公共载体。反应通过缩合、还原、脱水和再还原 4 步循环进行。每完成一个循环产物就增加一个二碳单位。

① 反应起始：将乙酰辅酶 A 在乙酰辅酶 A-酰基载体蛋白酰基转移酶催化下，乙酰基转移到酰基载体蛋白（ACP）上，形成乙酰-酰基载体蛋白（图 10-26）。

$$H_3C—\overset{O}{\overset{\|}{C}}—SCoA + HS—ACP \xrightarrow[\text{蛋白酰基转移酶}]{\text{乙酰辅酶 A-酰基载体}} H_3C—\overset{O}{\overset{\|}{C}}—S—ACP + SH—CoA$$

　　　乙酰辅酶A　　　　酰基载体蛋白　　　　　　　　　　　乙酰-酰基载体蛋白

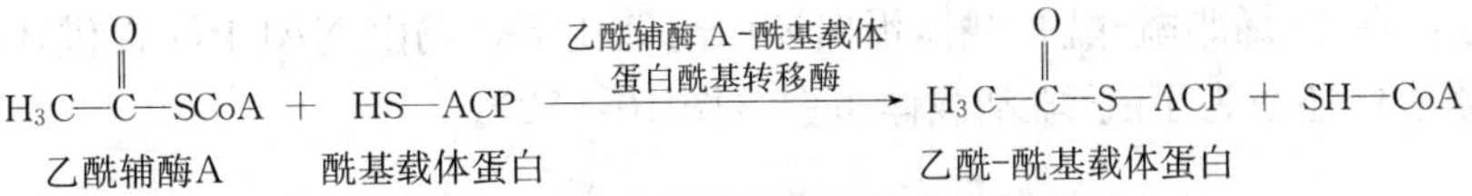

图 10-26　乙酰基转移到酰基载体蛋白上

乙酰基在 β-酮脂酰-酰基载体蛋白合酶催化下，从酰基载体蛋白上转移到该酶的半胱氨酸残基上，使酰基载体蛋白空出来（图 10-27）。

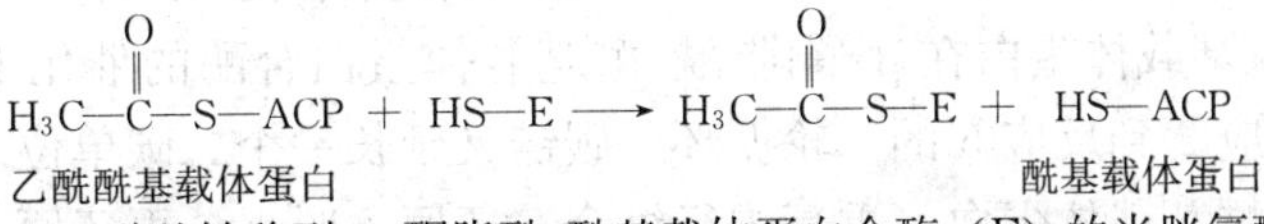

$$H_3C—\overset{O}{\overset{\|}{C}}—S—ACP + HS—E \longrightarrow H_3C—\overset{O}{\overset{\|}{C}}—S—E + HS—ACP$$

　　　乙酰酰基载体蛋白　　　　　　　　　　　　　　　　酰基载体蛋白

图 10-27　乙酰基转移到 β-酮脂酰-酰基载体蛋白合酶（E）的半胱氨酸残基上

② 缩合：丙二酸单酰辅酶 A 的丙二酸单酰基在酶的催化下转移到酰基载体蛋白上（图 10-28），然后在 β-酮脂酰-酰基载体蛋白合酶催化下，将该合酶带来的乙酰基与丙二酸单酰基缩合，生成乙酰乙酰-酰基载体蛋白，并释放活化时加入的 CO_2（图 10-29）。

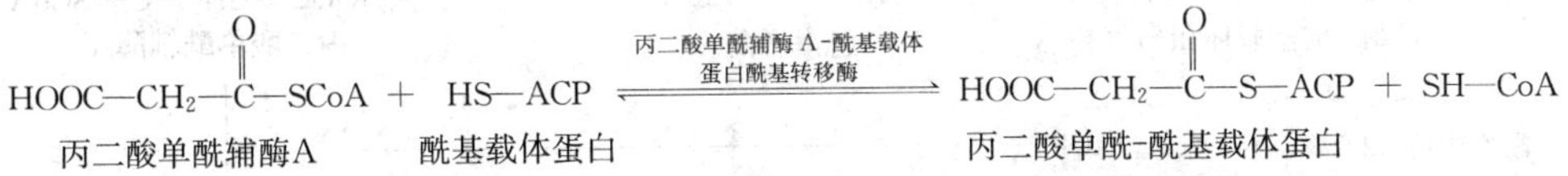

$$HOOC—CH_2—\overset{O}{\overset{\|}{C}}—SCoA + HS—ACP \xrightleftharpoons[\text{蛋白酰基转移酶}]{\text{丙二酸单酰辅酶 A-酰基载体}} HOOC—CH_2—\overset{O}{\overset{\|}{C}}—S—ACP + SH—CoA$$

　　　丙二酸单酰辅酶A　　　　酰基载体蛋白　　　　　　　　　丙二酸单酰-酰基载体蛋白

图 10-28　丙二酸单酰辅酶 A 的丙二酸单酰基转移到酰基载体蛋白上

$$HOOC—CH_2—\overset{O}{\overset{\|}{C}}—S—ACP + H_3C—\overset{O}{\overset{\|}{C}}—S—E \xrightleftharpoons[\text{载体蛋白合酶}]{\text{β-酮脂酰酰基}} H_3C—\overset{O}{\overset{\|}{C}}—CH_2—\overset{O}{\overset{\|}{C}}—S—ACP + HS—E+CO_2$$

　丙二酸单酰酰基载体蛋白　　　　　　　　　　　　　　　　乙酰乙酰-酰基载体蛋白

图 10-29　β-酮脂酰-酰基载体蛋白合酶（E）上的乙酰基与丙二酸单酰基缩合

缩合反应中，乙酰辅酶 A 羧化消耗的 CO_2 并没有掺入到脂肪酸链中，而是又以 CO_2 的形式释放出来。其作用是：乙酰辅酶 A 通过羧化将 ATP 的能量储存在丙二酸单酰 CoA 中，从而在缩合反应中通过脱羧为反应提供能量。同时羧化反应是不可逆的，这样使整个脂肪酸合成过程的不可逆性，有利于反应向脂肪酸合成的正反应方向进行。

③ 还原：在 β-酮脂酰-酰基载体蛋白还原酶催化下，NADPH 提供还原力，使乙酰乙酰-酰基载体蛋白中的 β 酮基还原为 β 羟基，生成 β-羟丁酰-酰基载体蛋白（图 10-30）。

$$H_3C—\overset{O}{\overset{\|}{C}}—CH_2—\overset{O}{\overset{\|}{C}}—S—ACP \xrightleftharpoons[\substack{\text{β-酮脂酰-}\\\text{酰基载体蛋白还原酶}}]{NADPH+H^+ \quad NADP^+} H_3C—\overset{OH}{\overset{|}{C}}H—CH_2—\overset{O}{\overset{\|}{C}}—S—ACP$$

　　乙酰乙酰-酰基载体蛋白　　　　　　　　　　　　　　β-羟丁酰-酰基载体蛋白

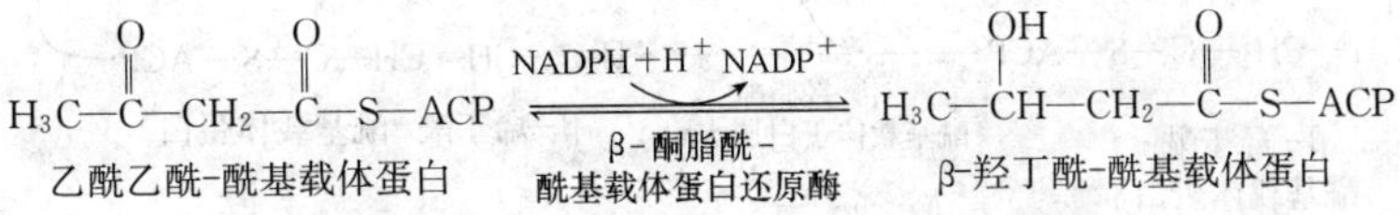

图 10-30　乙酰乙酰-酰基载体蛋白中的 β 酮基还原为羟基

④ 脱水：由 β-羟脂酰-酰基载体蛋白脱水酶催化，在 α 碳和 β 碳之间脱水形成一个双键，生成 β-烯丁酰-酰基载体蛋白（图 10-31）。

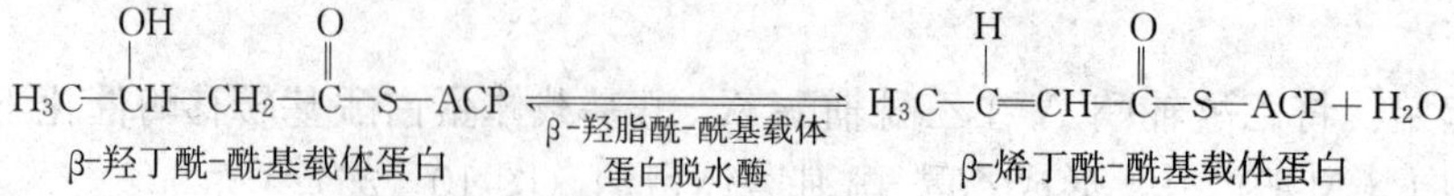

$$H_3C—\overset{OH}{\underset{|}{CH}}—CH_2—\overset{O}{\overset{\|}{C}}—S—ACP \underset{\text{蛋白脱水酶}}{\overset{\beta\text{-羟脂酰-酰基载体}}{\rightleftharpoons}} H_3C—\overset{H}{\underset{|}{CH}}=CH—\overset{O}{\overset{\|}{C}}—S—ACP+H_2O$$

β-羟丁酰-酰基载体蛋白   β-烯丁酰-酰基载体蛋白

图 10-31   β-羟丁酰-酰基载体蛋白的脱水

⑤ 再还原：在 β-烯脂酰-酰基载体蛋白还原酶催化下，仍由 NADPH 提供还原力，将 β-烯丁酰-酰基载体蛋白还原为丁酰-酰基载体蛋白（图 10-32）。

$$H_3C—CH=CH—\overset{O}{\overset{\|}{C}}—S—ACP \underset{\text{酰基载体蛋白还原酶}}{\overset{NADPH+H^+ \quad NADP^+}{\rightleftharpoons}} H_3C—CH_2—CH_2—\overset{O}{\overset{\|}{C}}—S—ACP$$

β-烯丁酰-酰基载体蛋白   烯脂酰-   丁酰-酰基载体蛋白

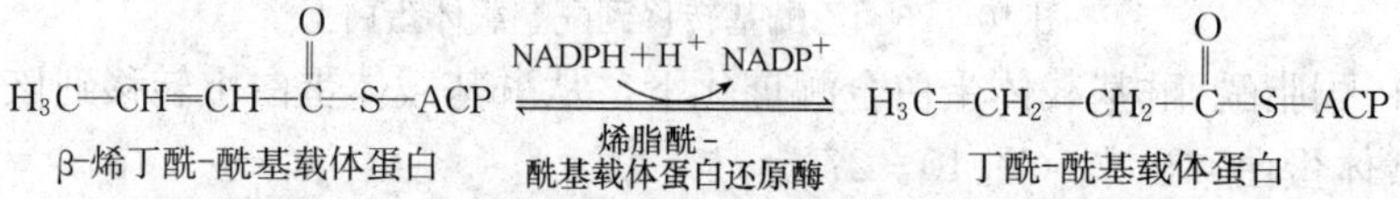

图 10-32   β-烯丁酰-酰基载体蛋白的还原

接下来，丁酰-酰基载体蛋白在 β-酮脂酰-酰基载体蛋白合酶的催化下，将丁酰基转移给该酶分子，然后重复反应②到反应⑤的一轮循环，碳链又延长一个二碳单位。这样再进一步重复将脂酰基转移给酶释放酰基载体蛋白，重复进行缩合、还原、脱水、再还原，经过 7 轮循环就可以合成出一个含十六碳的软脂酰-酰基载体蛋白。整个反应过程如图 10-33 所示。

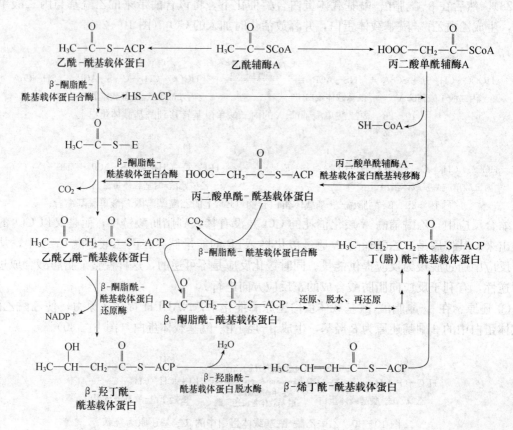

图 10-33   脂肪酸的生物合成

反应生成的脂酰-酰基载体蛋白在硫解酶（thioesterase）催化下，脂酰基从酰基载体蛋白上水解下来，成为游离的脂肪酸，然后转运到适当的细胞部位由硫激酶（thiokinase）催化，与辅酶A结合成软脂酰辅酶A，用于三酰甘油或其他脂质的生物合成。释放的脂肪酸合成酶系又可以用于下一个脂肪酸的从头合成。

综合整个脂肪酸的从头合成，脂肪酸合成的碳源全部来自乙酰辅酶A，活化的二碳供体是羧化后的丙二酸单酰辅酶A，合成过程需要消耗ATP和还原力NADPH。以合成软脂酸为例，每合成1分子软脂酸需将7分子的二碳供体活化，消耗7分子ATP，另一分子乙酰辅酶A不需要活化，直接参与合成。每延长1个二碳单位需2分子NADPH。总反应式为：

$$8乙酰辅酶A+7ATP+14NADPH+14H^++H_2O \longrightarrow 软脂酸+8SH-CoA+7ADP+7Pi+14NADP^+$$

饱和脂肪酸的从头合成和β氧化是两个相反的过程，但它们不是简单的逆转关系。它们的区别见表10-2。

表 10-2　脂肪酸合成与分解代谢的区别（以16碳脂肪酸为例）

区 别 点	脂肪酸从头合成	脂肪酸β氧化
1. 细胞中进行部位	细胞质	线粒体、过氧化物酶体、乙醛酸体
2. 酰基载体	ACP	CoA
3. 加入、断裂的二碳	丙二酸单酰CoA	乙酰CoA
4. 电子供体或受体	NADPH	FAD、NAD
5. 羟脂酰基的立体异构	D型	L型
6. 能量变化	消耗7个ATP、14个NADPH	产生106个ATP
7. 对CO_2和柠檬酸的要求	需要	不需要
8. 底物转运	柠檬酸穿梭	肉碱转运
9. 循环步骤	缩合、还原、脱水、再还原	脱氢、水合、再脱氢、硫解

（二）饱和脂肪酸的延长途径

脂肪酸链的延长以脂酰CoA作为起点，通过与从头合成相似的步骤，即缩合、还原、脱水、再还原，逐步在羧基端增加二碳单位。延长过程发生在内质网以及动物的线粒体和植物的叶绿体或前质体中。

（1）动物体中脂肪酸链的延长　动物体中的线粒体延长过程相当于脂肪酸β氧化的逆转，二碳供体为乙酰CoA，酰基载体为CoA，只是还原反应中载体为NADPH。内质网延长酶系与从头合成相似，二碳供体为丙二酸单酰CoA，酰基载体也是CoA而不是ACP。

（2）植物体中脂肪酸链的延长　植物中的脂肪酸链延长系统也有两个。叶绿体或前质体中的酶只负责将16碳的软脂酸变为18碳，这一过程也类似于从头合成途径。碳链的进一步延长则由内质网延长酶系完成。

（三）不饱和脂肪酸的合成

在生物体内，存在大量的不饱和脂肪酸，如棕榈酸（palmitoleic acid，9-十六碳烯酸，$16:1^{\Delta 9}$）、油酸（oleic acid，9-十八碳烯酸，$18:1^{\Delta 9, trans}$）、亚油酸（linoleic acid，9，12-十八碳二烯酸，$18:2^{\Delta 9,12}$）、亚麻酸（α-linolenic acid，9,12,15-十八碳三烯酸，$18:3^{\Delta 9, 11, 13}$）等，它

们都是由相应的饱和脂肪酸经去饱和作用形成的。去饱和作用有需氧和厌氧两条途径,前者主要存在于真核生物中,后者存在于厌氧微生物中。

1. 需氧途径 该途径是由去饱和酶系及 NADPH 和 O_2 的共同参与下完成的。去饱和酶系由去饱和酶(desaturase)及一系列电子传递体组成。去饱和酶可以将 NADPH 和脂酰基上的各一对电子传给氧生成两分子水,同时脂酰基特定部位氧化形成双键。动物和植物体内的去饱和酶和电子传递体略有不同。

在动物中,去饱和酶结合在内质网膜上,以脂酰辅酶 A 为底物,以细胞色素 b_5 还原酶(cytochrome b_5 reductase)和细胞色素 b_5 作为递电子体,能将饱和硬脂酰辅酶 A(stearyl-CoA)转变为顺式油酰辅酶 A(oleyl-CoA)。在植物中,去饱和酶是游离在细胞质中的可溶性酶,以脂酰-酰基载体蛋白为底物,对脂酰辅酶 A 不起作用,以黄素蛋白和铁氧还蛋白作为电子递体,催化的反应见图 10-34。

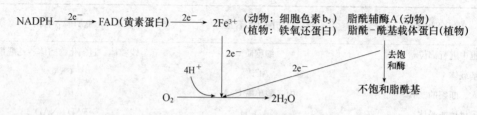

图 10-34 脂肪酸的需氧去饱和作用

去饱和作用一般发生在饱和脂肪酸的第 9 位和第 10 位碳原子上,生成单不饱和脂肪酸,如棕榈酸、油酸。接下来,对于动物,从该双键向脂肪酸的羧基端继续去饱和形成多不饱和脂肪酸;而植物从该双键向脂肪酸的甲基端继续去饱和生成亚油酸、亚麻酸等多不饱和脂肪酸。动物不能合成亚油酸和亚麻酸,但这两种不饱和脂肪酸对维持正常的生理功能是必需的,所以必须从食物中获得,它们对于哺乳动物和人类而言是必需脂肪酸。

2. 厌氧途径 厌氧途径可以使厌氧微生物合成单不饱和脂肪酸。该过程发生在脂肪酸从头合成过程中,厌氧微生物先在脂肪酸合成酶系催化下从头合成 10 个碳的羟脂酰-酰基载体蛋白,接下来脱水并不是发生在 α、β 位之间,而是由另一专一性的脱水酶催化 β、γ 位之间脱水,然后不是进行还原反应,而是继续掺入二碳单位,重复从头合成过程。这样就可以产生不同碳原子数的单不饱和脂肪酸。

厌氧途径只能生成单不饱和脂肪酸,所以厌氧微生物中不存在多不饱和脂肪酸。

(四)脂肪酸合成的调节

当细胞内能量过剩时,会转化为脂肪酸进而转化为脂肪。脂肪酸合成的限速酶是乙酰辅酶 A 羧化酶,该酶活性控制着脂肪酸合成的速度。

乙酰辅酶 A 羧化酶为变构酶,在动物体中,柠檬酸是该酶的变构激活剂,而软脂酰辅酶 A 则是该酶的变构抑制剂。同时,乙酰辅酶 A 羧化酶受共价修饰调节,该酶蛋白侧链丝氨酸残基上可以共价连接磷酸基团,当酶分子磷酸化时失去活性,脱磷酸化后又恢复活性。磷酸化和去磷酸化主要受 cAMP 的影响,cAMP 浓度高时促进磷酸化,浓度低时抑制磷酸化。cAMP 又受到胰岛素、肾上腺素等激素的调节。

三、三脂酰甘油的生物合成

合成三脂酰甘油的原料是 3-磷酸甘油和脂酰辅酶 A。合成时 3-磷酸甘油先与两分子脂酰辅酶 A 结合生成磷脂酸,反应由磷酸甘油脂酰转移酶催化。接下来,磷脂酸在磷酸酶作用下脱去磷酸生成二酰甘油,二酰甘油再与一分子脂酰辅酶 A 缩合形成三酰甘油,反应由二酰甘油脂酰转移酶催化。具体过程见图 10-35。

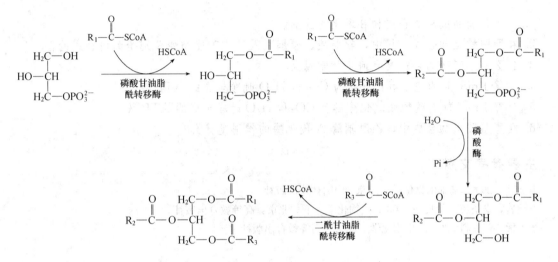

图 10-35　三酰甘油的合成过程

小　　结

1. 脂质的主要功能是能量储藏及氧化供能,根据组成可分为单纯脂质、复合脂质和非皂化脂质。植物中的主要储存脂类为脂肪。

2. 脂肪在酶催化下降解为甘油和脂肪酸。甘油可以进入糖代谢中彻底氧化分解或生成糖。饱和脂肪酸氧化分解主要是通过 β 氧化。脂肪酸先活化形成脂酰辅酶 A 后,通过肉碱转运机制转运至线粒体基质中。在一系列酶催化下,通过脱氢、水合、再脱氢、硫解 4 步循环反应将碳骨架降解为一个个的二碳单位(乙酰辅酶 A)。反应中两次脱下的氢分别交给 FAD 和 NAD。产物乙酰辅酶 A 可以通过三羧酸循环彻底氧化分解,受氢体接受氢后可以通过氧化磷酸化转化为 ATP。除 β 氧化外,还有 α 氧化和 ω 氧化协助脂肪酸降解。

3. 对于一些油料作物和部分微生物还可以利用临时细胞器乙醛酸体,将 β 氧化产生的乙酰辅酶 A 经过乙醛酸循环合成琥珀酸,并通过三羧酸循环、糖异生生成糖。反应涉及乙醛酸体、线粒体和细胞质 3 个场所。

4. 饱和脂肪酸的生物合成有两种方式,一种为从头合成途径,另一种为链的延长途径。从头合成途径发生在细胞质中,原料乙酰辅酶 A 通过柠檬酸穿梭从线粒体转运至细胞质中,在羧化酶催化下活化为丙二酸单酰辅酶 A,在脂肪酸合成酶系催化下,经历缩合、还原、脱水、再还原的反应循环，直至最终形成十六碳。在延长酶系作用下进一步形成十八碳或更长碳链的脂肪酸。不饱和脂肪酸由相应碳原子数的饱和脂肪酸去饱和形成。

5. 三酰甘油是以 3-磷酸甘油和脂酰辅酶 A 为原料，在磷酸甘油脂酰转移酶和磷酸酶共同作用下生成。

复习思考题

1. 试比较脂肪酸从头合成和 β 氧化的区别。
2. 在脂肪酸生物合成过程中，软脂酸、硬脂酸及不饱和脂肪酸分别是如何合成的？
3. 什么是乙醛酸循环？其有何生物学意义。
4. 计算 1 mol 甘油完全氧化分解为 CO_2 和 H_2O 时净生成的 ATP 数。
5. 计算 1 mol 软脂酸彻底氧化分解为 CO_2 和 H_2O 时净生成的 ATP 数。
6. 在脂肪酸生物合成中，乙酰辅酶 A 羧化酶的作用是什么？

主要参考文献

王金胜. 2006. 基础生物化学. 北京：中国林业出版社.

王镜岩，朱圣庚，徐长法. 2002. 生物化学. 下. 北京：高等教育出版社.

杨志敏，蒋立科. 2005. 生物化学. 北京：高等教育出版社.

第十一章　含氮化合物代谢

蛋白质和核酸是生物体必不可少的两类含氮生物大分子，其基本结构单位氨基酸和核苷酸是机体分解代谢过程中两类最重要的含氮小分子化合物。一方面，机体为了维持正常的生命活动，必须从外环境中不断摄入外源蛋白质及合成蛋白质的原料，它们经酶促降解形成氨基酸，用来合成组织蛋白；另一方面，组织蛋白质每天也在不断更新。细胞内总是不断地进行着蛋白质降解为氨基酸，氨基酸合成蛋白质的过程，蛋白质合成与分解总处于动态平衡状态。

第一节　蛋白质的分解代谢

一、蛋白质的消化吸收

食物蛋白质的消化分解主要在胃及肠道中进行。消化道内存在多种蛋白酶（protease）进入胃及肠道的蛋白质被蛋白酶协同降解为氨基酸后，才能被吸收利用。首先，在胃中胃蛋白酶催化一些肽键断裂，生成分子质量较小的多肽。随后，胃中初步消化的产物进入小肠进一步消化，小肠肠液中，含有胰蛋白酶（trypsin）、胰凝乳蛋白酶（chymotrypsin）、弹性蛋白酶（elastase）、羧肽酶、氨肽酶、肠激酶（enterokinase）和二肽酶（dipeptidase）等，多种酶联合作用将食物蛋白质降解为多肽，再形成寡肽，寡肽降解为二肽，二肽水解成氨基酸。寡肽和氨基酸被肠道黏膜细胞吸收，进入肝脏，经过血液循环输送到机体的各个组织细胞中，在细胞内再合成机体本身特异的组织蛋白质和功能蛋白质。

植物体内种子萌发、胚芽生长发育等生命活动过程，也利用种子储存的蛋白质水解产生的氨基酸，形成幼苗植株中的蛋白质。

蛋白质周转过程中，其降解产物氨基酸，既能重新合成蛋白质，又能形成许多具有重要生理活性的分子，如酶类、激素、活性肽类、抗体等。同时，蛋白质的分解代谢也为机体提供生命活动所需能量。蛋白质代谢总处于动态平衡之中。

二、蛋白酶

蛋白酶是指催化蛋白质中肽键水解的一类酶。蛋白酶的种类繁多，存在广泛。动物的消化道、植物的茎叶和果实及微生物体中普遍存在。

常根据以下方法对蛋白酶进行分类。

1. 按细胞中产生的部位分　蛋白酶可分为胞内蛋白酶和胞外蛋白酶。

2. 按酶的来源分　蛋白酶可分为植物蛋白酶、动物蛋白酶和微生物蛋白酶。

3. 按其作用的最适 pH 分　蛋白酶可分为酸性蛋白酶、中性蛋白酶和碱性蛋白酶，其相应的最适 pH 分别为 2～2.5、7～8 和 9～11。

4. 按其活性部位和功能团的结构特征分 蛋白酶可分为下述 4 类。

（1）**丝氨酸蛋白酶类** 丝氨酸蛋白酶类（serine protease，EC 3.4.2.1）的活性中心具有丝氨酸和组氨酸残基，最适 pH 为中性左右。这类蛋白酶存在于动物体中，如胰凝乳蛋白酶、胰蛋白酶、弹性蛋白酶、凝血酶等。

（2）**硫醇蛋白酶类** 硫醇酶类（thiol protease，EC 3.4.2.2）的活性中心具有半胱氨酸残基，广泛分布于自然界，如植物体中的木瓜蛋白酶、无花果蛋白酶、菠萝蛋白酶、猕猴桃蛋白酶等，动物体中的组蛋白酶 B₁ 和组蛋白酶 B₂ 等。

（3）**天冬氨酸蛋白酶类** 天冬氨酸酶类（aspartic protease，EC 3.4.2.3）的活性中心具有两个天冬氨酸残基，最适 pH 为酸性条件。最常见的天冬氨酸酶是胃蛋白酶，其他还有凝乳酶、组织蛋白酶 D 等。

（4）**金属蛋白酶类** 金属蛋白酶类（metallo protease，EC 3.4.2.4）含有催化活性所必需的金属离子 Zn^{2+}、Mg^{2+} 等，常见的金属蛋白酶有：牛胰羧肽酶 A、脊椎动物胶原酶、嗜热菌蛋白酶、血管紧张肽转移酶等。

5. 按催化作用的部位分 蛋白酶可分为肽链内切酶（内肽酶）、肽链外切酶（外肽酶）和二肽酶 3 类。

三、肽酶

1. 肽链内切酶 肽链内切酶（endopeptidase 内肽酶）即蛋白酶，主要水解蛋白质多肽链内部的肽键，各种内肽酶对形成肽键的不同氨基酸残基有一定的专一性。不同蛋白酶作用专一性见图 11-1 和表 11-1。

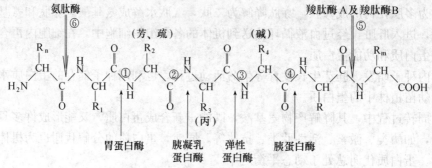

图 11-1 蛋白酶的专一性

（引自周顺伍，1999）

表 11-1 蛋白酶作用的特点

	酶	对 R 基团的要求	键作用部位	脯氨酸的影响
内肽酶	胃蛋白酶	R₁：芳香族氨基酸及疏水氨基酸（—NH₂ 端及—COOH 端）	①	对肽键提供—NH—的氨基酸为脯氨酸时，不水解
	胰凝乳蛋白酶	R₂：芳香族氨基酸及疏水氨基酸（—COOH 端）	②	对肽键提供—CO—的氨基酸为脯氨酸时，水解受阻

（续）

	酶	对 R 基团的要求	键作用部位	脯氨酸的影响
内肽酶	弹性蛋白酶	R_3：丙氨酸、甘氨酸、丝氨酸等短脂肪链的氨基酸（—COOH 端）	③	
	胰蛋白酶	R_4：碱性氨基酸（—COOH 端）	④	对肽键提供 —CO— 的氨基酸为脯氨酸时，水解受阻
外肽酶	羧肽酶 A	R_m：芳香族氨基酸	⑤ 羧基末端的肽键	
	羧肽酶 B	R_m：碱性氨基酸	⑤ 羧基末端的肽键	
	氨肽酶	R_n：任意氨基	⑥ 氨基末端的肽键	
二肽酶		要求相邻两个氨基酸上的 α 氨基和 α 羧基同时存在		

2. 肽链外切酶　肽链外切酶（exopeptidase）又称为端肽酶，主要水解多肽链末端的肽键，将蛋白质多肽链从末端开始逐一降解成为氨基酸。从肽链羧基端水解的酶称羧肽酶（carboxypeptidase）；从肽链氨基端水解的酶称为氨肽酶（aminopeptidase）。羧肽酶、氨肽酶作用时，除要求肽链的两端有游离的 α - COOH、α - NH$_2$ 外，还对形成肽键的氨基酸残基有要求。

3. 二肽酶　二肽酶（dipeptidase）作用于二肽，将二肽水解成单个氨基酸。

第二节　氨基酸的分解与转化

一、氨基酸的代谢概况

人和动物体内氨基酸根据其来源分为外源性和内源性两类，来自食物蛋白质降解产生的氨基酸称为外源性氨基酸，来自组织蛋白质分解产生的氨基酸称为内源性氨基酸，两者共同组成氨基酸代谢库（metabolic pool），参与体内的代谢活动。人和动物体内氨基酸的转化概况如图 11 - 2 所示。

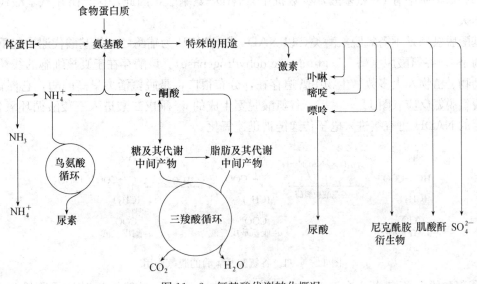

图 11 - 2　氨基酸代谢转化概况

天然氨基酸分子都含有 α 氨基和 α 羧基，因此，对这两个基团来说，各种氨基酸都有其共同的代谢规律，即氨基酸的一般分解代谢。氨基酸脱去氨基，可以形成酮酸或不饱和有机酸和氨，氨基也可以转移给另一个酮酸，酮酸再形成氨基酸；氨基酸脱去羧基，可以形成胺类和二氧化碳。

二、氨基酸的脱氨基作用

氨基酸脱去氨基生成氨和 α-酮酸的过程称为脱氨基作用（deamination）。体内氨基酸的脱氨基作用主要有氧化脱氨基、转氨基、联合脱氨基及脱酰胺等方式。

（一）氧化脱氨基作用

氨基酸在酶的催化下，先氧化脱氢形成亚氨基酸，亚氨基酸再与水作用生成 α-酮酸和氨的过程，称为氨基酸的氧化脱氨基作用（oxidative deamination）（图 11-3）。

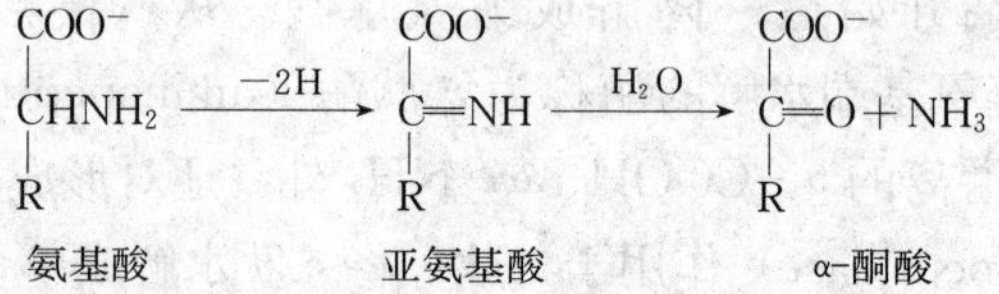

图 11-3 氨基酸的氧化脱氨基作用

催化氨基酸氧化脱氨的酶有两类：氨基酸氧化酶和氨基酸脱氢酶。

氨基酸氧化酶为需氧脱氢酶类，它们都以 FMN 和 FAD 为辅基，是一类黄素蛋白。其作用的底物专一性不同，专一催化 L-氨基酸氧化的称为 L-氨基酸氧化酶，专一催化 D-氨基酸氧化的称为 D-氨基酸氧化酶。L-氨基酸氧化酶以 FMN 为辅基，它虽可以催化 L-氨基酸的脱氨基作用，但在体内分布不广，活力不强，所以在生物体内 L-氨基酸的脱氨基作用中并不起主要作用。D-氨基酸氧化酶以 FAD 为辅基，在体内分布虽广，活性也强，但体内 D-型氨基酸不多，细菌的细胞壁物质中有 D-氨基酸，少数抗生素含 D-氨基酸，因此，这类酶在氨基酸代谢中的作用也不大。

氨基酸脱氢酶是不需氧脱氢酶类，以 NAD^+ 或 $NADP^+$ 为辅酶。在氨基酸代谢中起重要作用的脱氨酶是 L-谷氨酸脱氢酶（L-glutamate dehydrogenase）。该酶存在于真核细胞的线粒体基质中，在动物、植物及大多数微生物中普遍存在，分布很广，是脱氨活力最高的酶，它催化 L-谷氨酸的脱氢脱氨反应（图 11-4）。L-谷氨酸脱氨生成的 α-酮戊二酸进入三羧酸循环氧化分解，脱氨产生的 NADH 可直接进入电子传递链被迅速氧化。

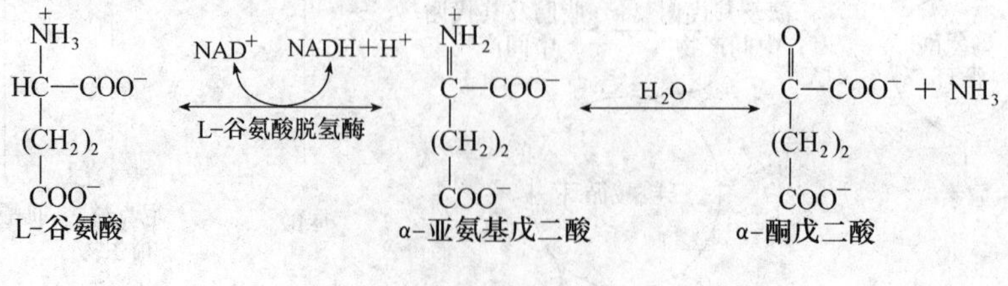

图 11-4 L-谷氨酸脱氢酶的脱氨作用

L-谷氨酸脱氢酶是由 6 个亚基组成的变构调节酶，每个亚基的相对分子质量为 56 000，

GTP、ATP 和 NADH 是该酶的变构抑制剂，GDP、ADP 及某些氨基酸是该酶的变构激活剂。当机体能量水平低时，谷氨酸氧化脱氨作用加速，产生出更多的 $NADH^+$ 和 α-酮戊二酸，参与氧化供能。

（二）转氨基作用

转氨基作用也称为氨基移换作用。在转氨酶（transaminase）的催化下，L-氨基酸上的氨基转移到 α-酮酸上，使酮酸变成相应的 L-氨基酸，原来的 L-氨基酸变成相应的酮酸，这个过程称为转氨基作用（transamination）（图 11-5）。

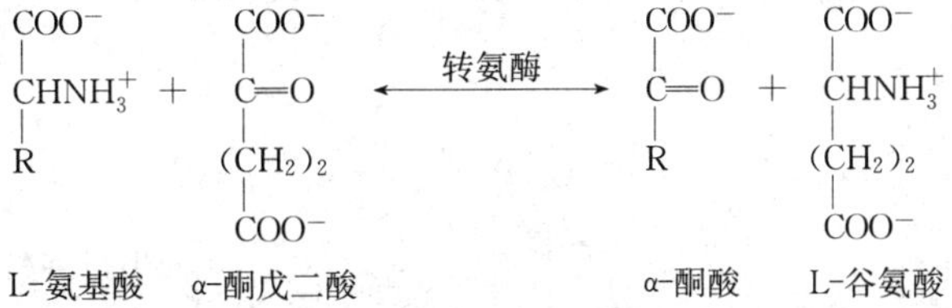

L-氨基酸　α-酮戊二酸　　　　　α-酮酸　L-谷氨酸

图 11-5　转氨基作用

转氨酶种类很多，在动植物及微生物中分布广。除赖氨酸、脯氨酸、苏氨酸、甘氨酸外，其余氨基酸均能进行转氨作用，大多以 α-酮戊二酸作为氨基受体。如最常见、活性最大、分布最广的天冬氨酸氨基转移酶（俗称谷草转氨酶，glutamate-oxaloacetate transaminase，GOT）和丙氨酸氨基转移酶（俗称谷丙转氨酶，glutamate-pyruvate transaminase，GPT），它们催化的氨基转移反应见图 11-6 和图 11-7。

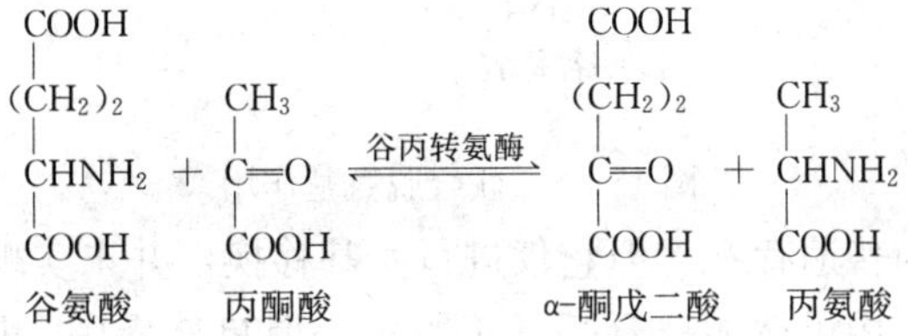

谷氨酸　　丙酮酸　　　　　α-酮戊二酸　丙氨酸

图 11-6　GPT 的转氨基作用

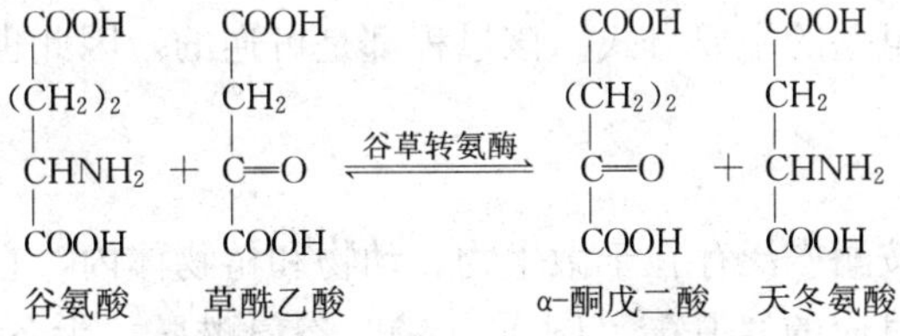

谷氨酸　　草酰乙酸　　　　α-酮戊二酸　天冬氨酸

图 11-7　GOT 的转氨基作用

GPT、GOT 主要存在于肝细胞和心肌细胞中。正常情况下，血清中的酶活性较低，当肝脏细胞或心肌细胞损伤时，细胞膜通透性增加，酶就释放到血液内，血清中酶活性大大增高。因此，临床上通常测定这两种酶活力的水平作为肝功能、心肌功能是否正常的一项指标。如早期急性肝炎患者、心肌梗塞患者，血清中 GPT、GOT 活力一般远高于正常人。

几乎所有转氨酶的辅酶都是磷酸吡哆醛。磷酸吡哆醛为维生素 B_6 的磷酸酯，其作用是通过磷酸吡哆醛与磷酸吡哆胺两种形式转变，实现氨基的相互转移。

转氨酶催化的反应为可逆反应，平衡常数约为 1.0。生物体中，转氨作用与氨基酸氧化分解作用相偶联，最终使转氨基作用向一个方向进行。转氨基作用既是氨基酸的分解代谢及体内非必需氨基酸的合成代谢，也是蛋白质代谢与糖代谢的桥梁，通过转氨基作用，丙酮酸、α-酮戊二酸、草酰乙酸分别形成丙氨酸、谷氨酸、天冬氨酸等非必需氨基酸。

（三）联合脱氨基作用

联合脱氨基作用（transdeamination）是指在转氨酶和谷氨酸脱氢酶的作用下，将转氨基作用和氧化脱氨基作用联合起来进行的一种脱氨方式。即各种氨基酸先与α-酮戊二酸进行转氨基反应，生成相应的α-酮酸和谷氨酸。然后谷氨酸再经L-谷氨酸脱氢酶作用，进行氧化脱氨基作用，生成氨和α-酮戊二酸，α-酮戊二酸继续参加转氨基作用。其反应过程如图11-8所示。

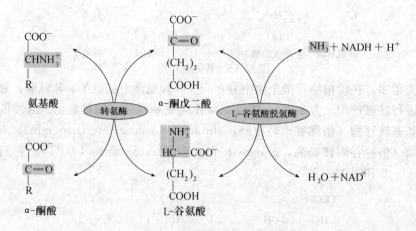

图 11-8 联合脱氨基作用

转氨基作用虽然在体内普遍存在，但它仅进行氨基移换，并未实现彻底脱去氨基，氨基酸也未发生分解。氧化脱氨基作用虽然能把氨基真正脱去，但自然界中，L-氨基酸氧化酶活力都很低，难以满足生物体脱氨的需要；谷氨酸脱氢酶活力虽很强，但只能使谷氨酸氧化脱氨。因此，联合脱氨基作用是体内脱氨基的主要方式。该过程都是可逆的，因此也是体内合成非必需氨基酸的重要途径。

（四）脱酰胺基作用

谷氨酰胺酶与天冬酰胺酶广泛存在于微生物、动物和植物体内，它们分别催化谷氨酰胺及天冬酰胺脱去酰胺基形成相对应的氨基酸（图11-9）。谷氨酰胺、天冬酰胺是微生物体内氨的一种储存形式，当机体需要氨合成含氮小分子时，酰胺分解提供氨。

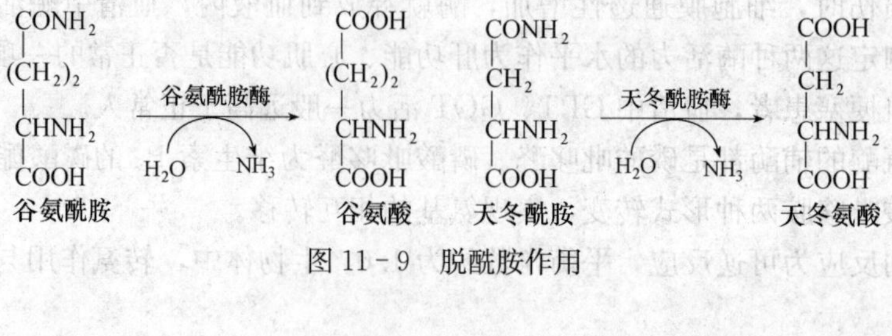

图 11-9 脱酰胺作用

三、氨基酸的脱羧基作用

氨基酸分解代谢的另一共同途径为脱羧基作用，氨基酸在脱羧酶的催化下，形成二氧化碳和胺类化合物。

(一) 氨基酸脱羧基作用方式

1. 直接脱羧基作用　氨基酸在氨基酸脱羧酶（amino acid decarboxylase）的催化下，脱去羧基产生胺和 CO_2 的过程称为氨基酸的脱羧基作用（decarboxylation）（图 11 - 10）。氨基酸脱羧酶广泛存在于微生物中，高等动物和高等植物体内也存在，其辅酶均为磷酸吡哆醛（组氨酸脱羧酶除外）。

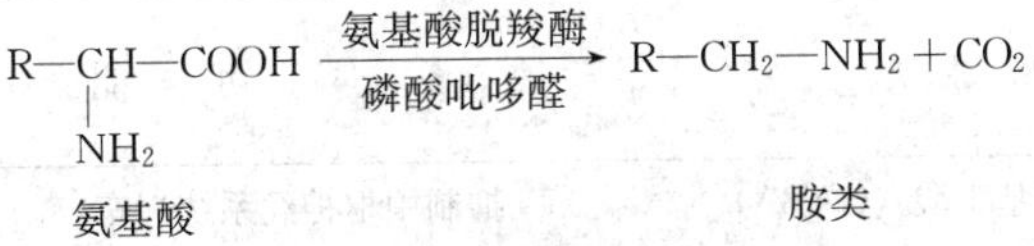
R—CH—COOH
NH₂
氨基酸脱羧酶
磷酸吡哆醛
R—CH₂—NH₂ + CO₂
氨基酸
胺类

图 11 - 10　氨基酸脱羧基作用

一般而言，氨基酸脱羧酶的专一性很强，某种氨基酸脱羧酶只作用于特定的氨基酸。如谷氨酸脱羧酶（glutamate decarboxylase）催化谷氨酸脱羧形成 γ-氨基丁酸（图 11 - 11）。

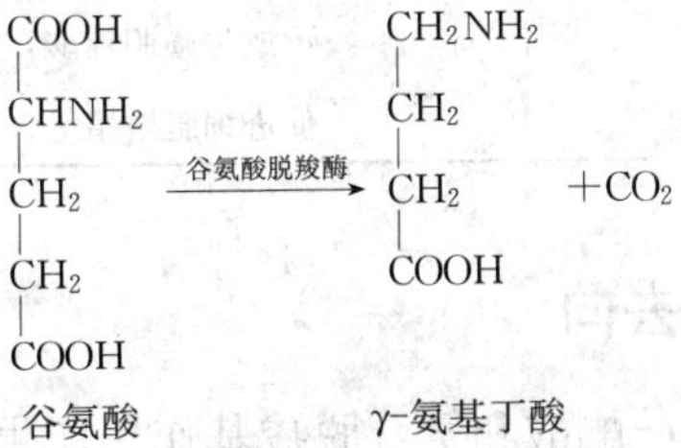
COOH
CHNH₂
CH₂
CH₂
COOH
谷氨酸脱羧酶
CH₂NH₂
CH₂
CH₂
COOH
+CO₂
谷氨酸
γ-氨基丁酸

图 11 - 11　谷氨酸脱羧基作用

在动物体内，γ-氨基丁酸对中枢神经系统产生抑制作用；在植物体中，它经一系列反应可转化为琥珀酸进入三羧酸循环，为机体提供能量。

丝氨酸脱羧后生成乙醇胺，乙醇胺接受 S-腺苷甲硫氨酸（SAM）提供的 3 个甲基生成胆碱。乙醇胺和胆碱是合成脑磷脂和卵磷脂的成分。

2. 羟化脱羧基作用　某些氨基酸脱去羧基前，先被羟基化。如酪氨酸在酪氨酸酶（tyrosinase）催化下羟化生成 3,4-二羟苯丙氨酸（3,4-dihydroxyphenylalanine，又称多巴 dopa），后者脱羧基生成 3,4-二羟苯乙胺（3,4-dihydroxyphenylamine，又称多巴胺 dopamine）。

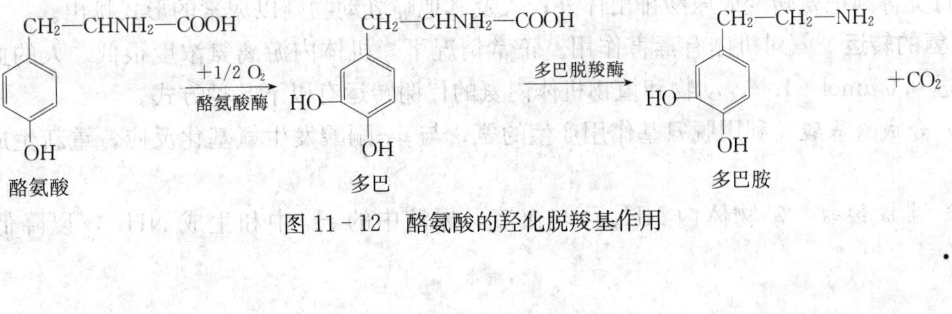
CH₂—CHNH₂—COOH
OH
+1/2 O₂
酪氨酸酶
CH₂—CHNH₂—COOH
HO
OH
多巴脱羧酶
CH₂—CH₂—NH₂
HO
OH
+CO₂
酪氨酸
多巴
多巴胺

图 11 - 12　酪氨酸的羟化脱羧基作用

多巴进一步氧化可形成聚合物黑色素。马铃薯、梨、苹果等切开后变黑，就是由于形成黑色素。植物体内的多巴和多巴胺可形成生物碱；动物体内的多巴和多巴胺可生成去甲肾上腺素和肾上腺素。

（二）氨基酸脱羧基作用的生理意义

氨基酸脱羧基作用不是氨基酸代谢的主要途径。脱羧后形成的产物在生物体内具有不同的生理功能。氨基酸脱羧生成的胺类，绝大多数是有毒的，有些具有较强的生理作用（表 11 - 2）。由于机体内广泛存在胺氧化酶（amine oxidase），该酶能将胺类分解成 NH_3 或氧化成醛类，醛再进一步氧化成羧酸，因而避免体内胺的蓄积。

表 11 - 2　生物体内一些胺类的功能

来　源	形成胺类	功　能
谷氨酸	γ-氨基丁酸（GABA）	抑制中枢神经系统兴奋
组氨酸	组胺	降血压、舒张血管、促胃液分泌
色氨酸	5-羟色胺	收缩血管、升高血压、促神经兴奋转变成植物生长素
酪氨酸	儿茶酚胺	神经递质
天冬氨酸	β-丙氨酸	促进植物生长
半胱氨酸	牛磺酸	形成牛磺胆汁酸，促脂类分解
鸟氨酸、精氨酸	腐胺，精胺等	促进细胞增殖等

四、氨基酸分解产物的去向

氨基酸经脱氨基作用产生的 α-酮酸和氨，脱羧基作用产生二氧化碳和胺类化合物，胺经氧化酶分解成氨。氨既是代谢的废物，又是体内的氮源，它在体内有几个不同的代谢途径。

（一）氨的代谢

1. 氨的来源与去路　植物体中的氨主要是由谷氨酰胺、天冬酰胺分子脱酰胺基产生的。人和动物体内的氨来源于：氨基酸脱氨基、胺分解、消化道内细菌脲酶分解尿素、谷氨酰胺的分解等。生物体内氨的去路有两方面，其一是储藏利用，其二是排出体外。

高等动物和植物都有重新利用氨的能力。植物有明显的储氨作用，氨与草酰乙酸或天冬氨酸结合，形成天冬氨酸或天冬酰胺被储存。动物体容易获得氮源，所以储存不是主要去路。氨作为废物排出体外时，不同动物有不同的排出形式。鱼类、水生动物、原生动物等可以直接排氨；鸟类、爬行类等则把氨转变成尿酸排出体外；人及其他哺乳动物则以尿素的形式排出。

2. 氨的转运　氨对机体有毒害作用。正常情况下，机体内游离氨浓度很低。人的血氨浓度应不超过 $0.6 \ \mu mol \cdot L^{-1}$。动物和植物机体内氨的代谢转运有以下几种方式。

（1）合成氨基酸　利用脱氨基作用产生的氨，与 α-酮酸发生氨基化反应，重新生成新的氨基酸。

（2）生成铵盐　动物体内 NH_3 可与血液、尿液中的 H^+ 中和生成 NH_4^+，以降低体液中的 H⁺浓度，使 H⁺不断从肾脏排出体外，从而有利于维持机体的酸碱平衡。植物体内，氨和有机酸（异柠檬酸、柠檬酸、苹果酸和草酰乙酸等）结合生成铵盐，保持细胞内 pH 的稳定。

（3）谷氨酰胺转运氨　在谷氨酰胺合成酶的催化下，氨与谷氨酸生成无毒的谷氨酰胺（图 11-13）。谷氨酰胺既是氨的解毒产物，又是氨的储存及运输形式。谷氨酰胺可提供酰胺基，使天冬氨酸在天冬酰胺合成酶催化下，转变为天冬酰胺。

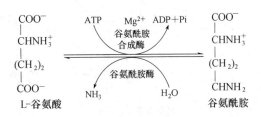

图 11-13　谷氨酰胺的合成

（4）丙氨酸-葡萄糖循环　这是人和动物体特有的氨转运方式。肌肉中，经转氨作用把氨基酸的氨基转移给丙酮酸，生成丙氨酸，丙氨酸再经血液循环运送到肝脏，在肝脏中由联合脱氨基作用，释放出氨。生成的丙酮酸经糖异生作用生成葡萄糖。葡萄糖再经血液循环运送到肌肉组织，再发生转氨。这样，形成了一个循环代谢途径，称为丙氨酸-葡萄糖循环（图 11-14）。

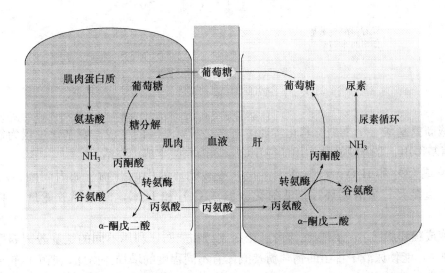

图 11-14　丙氨酸-葡萄糖循环
（引自邹思湘，2005）

（5）合成尿素　在哺乳动物体内，氨的转运主要是在肝脏中合成尿素并随尿液排出体外。植物体内也能合成尿素，但转运活性低。

尿素循环又称为鸟氨酸循环或 Krebs-Henseleit 循环。1932 年 Hans Krebs 和他的学生 Kurt Henseleit 共同阐述了该环式代谢途径（图 11-15）。

（二）α-酮酸的代谢

20 种氨基酸经脱氨基作用后，分别生成 7 种相应的 α-酮酸（丙酮酸、乙酰辅酶 A、乙酰乙酰辅酶 A、α-酮戊二酸、琥珀酰辅酶 A、延胡索酸和草酰乙酸）。这些 α-酮酸在体内有下述 3 种

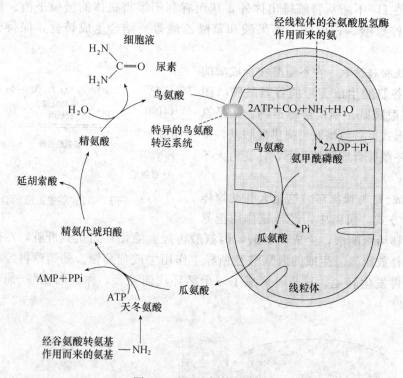

图 11-15 尿素循环机制

(引自邹思湘，2005)

代谢去路。

1. 合成新氨基酸 α-酮酸氨基化实现体内非必需氨基酸的生成。氨基化过程为氧化脱氨基作用、转氨基作用、联合脱氨基作用的逆反应，如丙酮酸生成丙氨酸。

2. 氧化成 CO_2 和 H_2O α-酮酸大多是三羧酸循环的中间产物，如丙酮酸、乙酰辅酶 A 等。它们可直接经三羧酸循环，彻底氧化分解成 CO_2 和 H_2O，同时释放能量，供生理活动需要。

3. 转变成糖和脂肪 α-酮酸在体内可转变成糖和脂肪。利用不同的氨基酸饲养患实验性糖尿病的动物时，能使尿液中排出的葡萄糖及酮体有不同程度的增加。由此，把可以转变成葡萄糖的氨基酸称为生糖氨基酸（glucogenic amino acid）；可转变成酮体的氨基酸称为生酮氨基酸（ketogenic amino acid）；同时产生葡萄糖和酮体的氨基酸称为生糖兼生酮氨基酸（glucogenic and ketogenic amino acid）。表 11-3 是 20 种氨基酸的生糖及生酮转变。

表 11-3 生糖及生酮的氨基酸

生糖氨基酸	生糖兼生酮氨基酸	生酮氨基酸
丙氨酸、半胱氨酸、甘氨酸、丝氨酸、天冬氨酸、苏氨酸、缬氨酸、天冬酰胺、精氨酸、谷氨酸、甲硫氨酸、脯氨酸、组氨酸、谷氨酰胺	色氨酸、苯丙氨酸、酪氨酸、异亮氨酸	亮氨酸、赖氨酸

生糖氨基酸形成的中间产物，大多为糖代谢途径中间产物，这些代谢物有些能直接异生成糖；有些可经三羧酸循环途径，转变为草酰乙酸，然后沿着糖异生途径转变成糖或糖原。生酮氨基酸的产物为乙酰辅酶A、乙酰乙酰辅酶A，乙酰辅酶A是脂肪合成的原料，进一步转变成脂酰辅酶A，再与α-磷酸甘油合成脂肪。图11-16为氨基酸分解代谢的碳骨架与糖代谢、脂类代谢的关系。因此，糖、脂肪、蛋白质三大营养物质代谢紧密联系，彼此互变，形成完整的代谢体系。

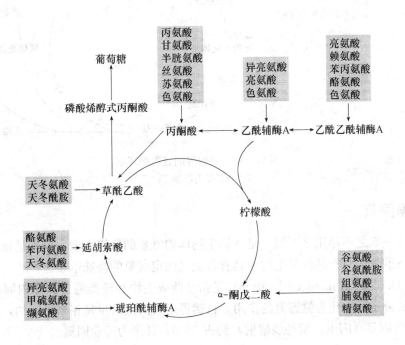

图 11-16　氨基酸碳骨架的代谢途径

第三节　氮源与氨基酸的生物合成

一、氮素循环

　　氮是组成生物体的基本元素。不同生物利用的氮源形式也不同，有无机氮源和有机氮源两类。自然界中的不同氮源经常发生相互转化，形成一个氮素循环（nitrogen cycle）。大气中的氮气，通过工业固氮、大气固氮（如闪电）、生物固氮而转变为氨或硝酸盐，进入土壤中。土壤中的氨在亚硝酸细菌、硝化细菌的作用下，发生硝化作用氧化为硝酸盐，氨和硝酸盐被植物吸收后，经同化作用把无机氮转化为有机氮，构成植物体内的蛋白质及其他氮化物。这些有机氮被当食物或饲料，供人畜和其他动物食用时，植物体内的氮化物又转变为动物体内的氮化物。动物排泄物、植物枯枝落叶、动植物个体死亡后残骸中的有机氮化合物，经微生物分解，重新变成无机氮，进入土壤中。这样，整个生物界形成无机氮和有机氮的平衡即氮素循环（图11-17）。

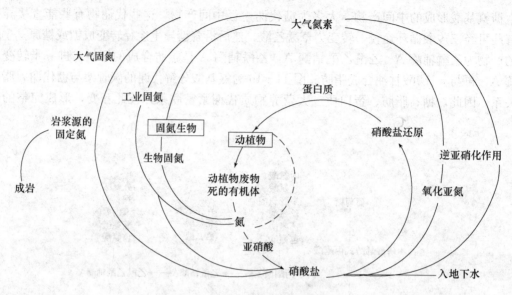

图 11-17　自然界的氮素循环
(引自张曼夫，2002)

二、生物固氮

大气中的氮气取之不尽用之不竭，是一切生物体内氮素的最终来源。但不是每一种生物都可直接利用分子态的氮，只有某些微生物才具有将氮气固定成氨的特殊本领。

生物固氮（biological nitrogen fixation）是指某些微生物和藻类通过其体内固氮酶复合体的作用把空气中的分子氮转化为氨态氮的作用。自然界生物固氮的量是相当可观的，约占整个固氮量的 60%，大气固氮（闪电、紫外线辐射）约占 15%，其余为工业固氮。

三、硝酸还原作用

植物体内，氮是以铵（NH_4^+）的状态进入氨基酸，然后转变为蛋白质和其他含氮化合物。植物根系从土壤吸收的主要是无机氮化合物，以铵盐、硝酸盐和亚硝酸盐为主。铵盐可直接用于合成氨基酸，但硝酸盐和亚硝酸盐则必须被还原为铵才能合成氨基酸。因此，必须把硝酸还原为铵。硝酸还原酶（nitrate reductase）和亚硝酸还原酶（nitrite reductase）催化这个还原过程（图 11-18）。

$$NO_3^- \xrightarrow[\text{硝酸还原酶}]{2e^-} NO_2^- \xrightarrow{2e^-} \xrightarrow{2e^-} \xrightarrow[\text{亚硝酸还原酶}]{2e^-} NH_4^+$$

图 11-18　硝酸还原作用

四、氨的同化

由氮素固定或硝酸还原生成的氨，经同化作用转变成氨基酸等含氮有机化合物，进而合成蛋白质。氨同化的方式包括谷氨酸形成途径和氨甲酰磷酸形成途径。

(一) 谷氨酸形成途径

生物通过谷氨酸脱氢酶（glutamate dehydrogenase）或谷氨酰胺合成酶（glutamine synthetase）催化形成谷氨酸或谷氨酰胺，谷氨酸和谷氨酰胺可进一步形成其他含氮有机化合物。所以，谷氨酸和谷氨酰胺在氮素合成代谢中起重要作用。

1. 谷氨酸脱氢酶　在谷氨酸脱氢酶催化下，α-酮戊二酸还原氨基生成谷氨酸（图 11-19）。

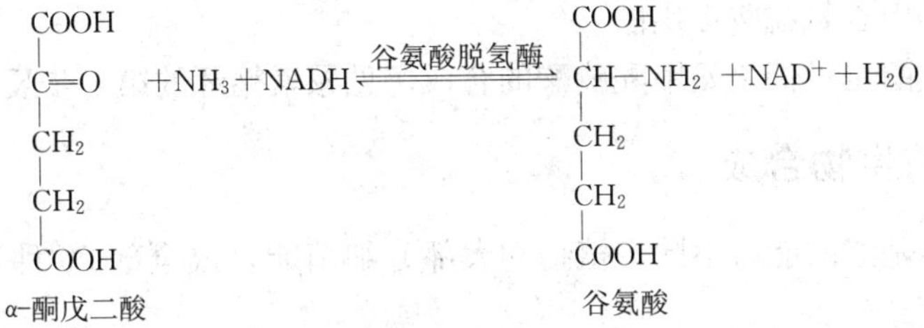

$$
\begin{array}{c}
\text{COOH} \\
| \\
\text{C=O} \\
| \\
\text{CH}_2 \\
| \\
\text{CH}_2 \\
| \\
\text{COOH}
\end{array}
+\text{NH}_3+\text{NADH}
\xrightleftharpoons{\text{谷氨酸脱氢酶}}
\begin{array}{c}
\text{COOH} \\
| \\
\text{CH—NH}_2 \\
| \\
\text{CH}_2 \\
| \\
\text{CH}_2 \\
| \\
\text{COOH}
\end{array}
+\text{NAD}^++\text{H}_2\text{O}
$$

α-酮戊二酸　　　　　　　　　　谷氨酸

图 11-19　谷氨酸脱氢酶催化的氨同化作用

谷氨酸脱氢酶催化的氨同化不是氨同化的主要途径。因为谷氨酸脱氢酶对 NH_4^+ 的 K_m 很高，所以当植物体内 NH_4^+ 以正常的浓度存在时，该酶与谷氨酰胺合成酶的竞争不占优势。

2. 谷氨酰胺合成酶　谷氨酰胺合成酶催化谷氨酸和氨反应形成谷氨酰胺，使氨储存在谷氨酰胺的酰胺基内。谷氨酰胺作为氨基的供体，经谷氨酸合成酶催化，将酰胺基团上的氨基转移给 α-酮戊二酸，生成 2 分子谷氨酸（图 11-20）。NADH、NADPH 和还原型铁氧还蛋白都可作为反应还原剂。

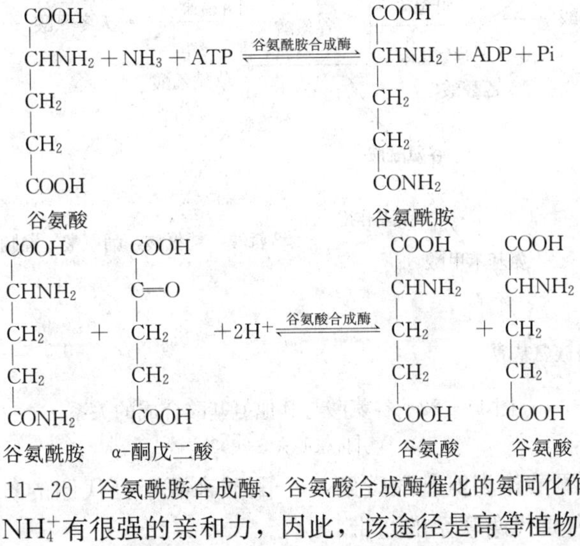

图 11-20　谷氨酰胺合成酶、谷氨酸合成酶催化的氨同化作用

谷氨酰胺合成酶对 NH_4^+ 有很强的亲和力，因此，该途径是高等植物体内氨同化的主要途径。其总反应为

$$\text{NH}_3+\text{ATP}+\alpha\text{-酮戊二酸}+2\text{H}^+ \rightleftharpoons \text{谷氨酸}+\text{ADP}+\text{Pi}$$

(二) 氨甲酰磷酸形成途径

在氨甲酰激酶催化下，NH_3 与 CO_2 生成氨甲酰磷酸，反应需要消耗 ATP（图 11-21）。

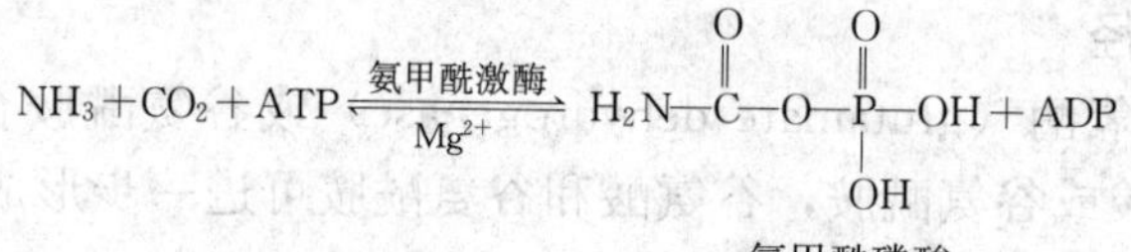

$$NH_3 + CO_2 + ATP \underset{Mg^{2+}}{\overset{氨甲酰激酶}{\rightleftharpoons}} H_2N-\overset{O}{\overset{\|}{C}}-O-\overset{O}{\underset{OH}{\overset{\|}{P}}}-OH + ADP$$

氨甲酰磷酸

图 11-21 氨甲酰磷酸的生成

该反应需要辅因子，在动物肝细胞及大肠杆菌中，辅因子是 N-乙酰谷氨酸。在植物体内，氨甲酰磷酸中的氨是由谷氨酰胺提供的。

氨甲酰磷酸合成酶也可催化氨甲酰磷酸的合成，见尿素循环的第一步反应（图 11-15）。

五、氨基酸的生物合成

不同生物合成氨基酸的能力不同，植物和大部分细菌能合成全部 20 种氨基酸，而人和动物只能合成部分氨基酸。

（一）谷氨酸的氨基转移

氨基酸可经过多种途径合成，共同点是氨基主要由谷氨酸经氨基化作用或转氨作用形成新氨基酸，谷氨酸担当氨基的转换站（图 11-22）。

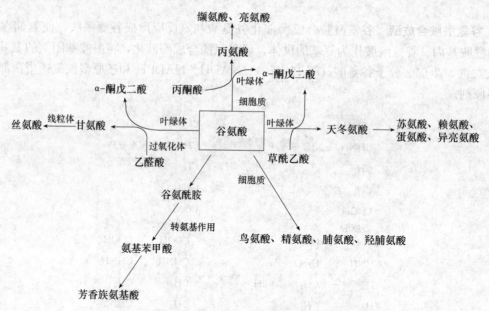

图 11-22 谷氨酸与其他氨基酸合成的关系

（引自张曼夫，2002）

转氨反应中需要 α-酮酸作为氨基酸碳架，α-酮酸来源于糖代谢的各种途径，因此该过程成为糖代谢、氨基酸和蛋白质代谢联系的纽带。

（二）各族氨基酸的合成

根据氨基酸合成碳架的来源不同，可将氨基酸分为 6 族。在同一族内，几种氨基酸有共同的碳架来源。在此概括介绍它们碳架的来源及在合成过程中的相互关系。

1. 丙氨酸族 丙族氨基酸包括丙氨酸、缬氨酸和亮氨酸。它们的共同碳架来源是糖酵解产物丙酮酸。这 3 种氨基酸的合成关系见图 11-23。

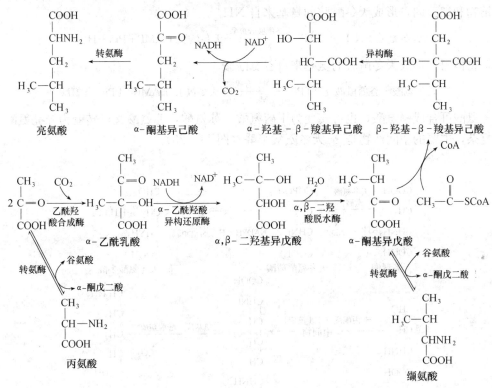

图 11-23 丙氨酸、缬氨酸和亮氨酸的合成

2. 丝氨酸族 丝氨酸族氨基酸包括丝氨酸、甘氨酸和半胱氨酸。丝氨酸是由糖酵解中间产物 3-磷酸甘油酸合成的。3-磷酸甘油酸首先被氧化成 3-磷酸羟基丙酮酸，然后经转氨作用生成 3-磷酸丝氨酸，水解后产生丝氨酸（图 11-24）。

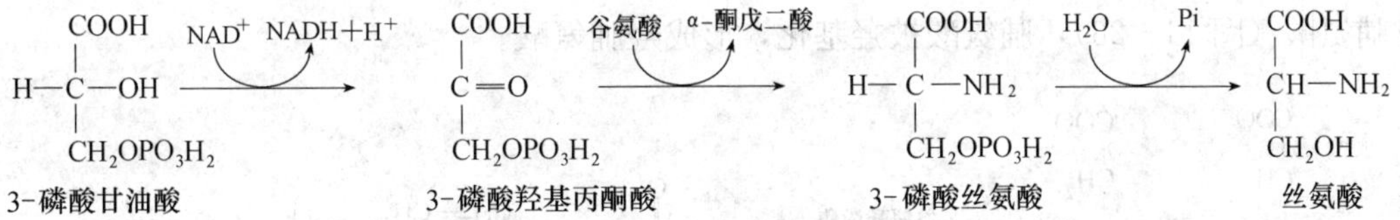

图 11-24 丝氨酸的生成

丝氨酸在丝氨酸羟甲基转移酶催化下形成甘氨酸。

丝氨酸也可作为半胱氨酸的前体，经下列反应生成半胱氨酸。

丝氨酸 ——（乙酰辅酶A→CoA）→ O-乙酰丝氨酸 ——（硫化物）→ 半胱氨酸＋乙酸

3. 天冬氨酸族 天冬氨酸族氨基酸包括天冬氨酸、天冬酰胺、甲硫氨酸、苏氨酸、赖氨酸和异亮氨酸。它们的碳架都来自三羧酸循环中的草酰乙酸或延胡索酸。草酰乙酸经转氨反应就可生成天冬氨酸。

草酰乙酸＋谷氨酸 ⇌（转氨酶）天冬氨酸＋α-酮戊二酸

天冬酰胺合成酶催化天冬氨酸转变成天冬酰胺，不同生物在形成天冬酰胺时，其氨基来源不同。在植物和细菌内，形成天冬酰胺的氨基来自 NH_4^+。

$$\text{天冬氨酸} + NH_4^+ + ATP \xrightarrow[\text{Mg}^{2+}]{\text{天冬酰胺合成酶}} \text{天冬酰胺} + AMP + PPi + H_2O$$

在动物体内，形成天冬酰胺的氨基来自谷氨酰胺。

$$\text{天冬氨酸} + \text{谷氨酰胺} + ATP \xrightarrow[\text{Mg}^{2+}]{\text{天冬酰胺合成酶}} \text{天冬酰胺} + AMP + PPi + \text{谷氨酸}$$

天冬氨酸可合成赖氨酸，也可转变为甲硫氨酸、苏氨酸，苏氨酸又可转变为异亮氨酸。该反应过程复杂，主要的中间产物是 β-天冬氨酸半醛（图 11 - 25）。

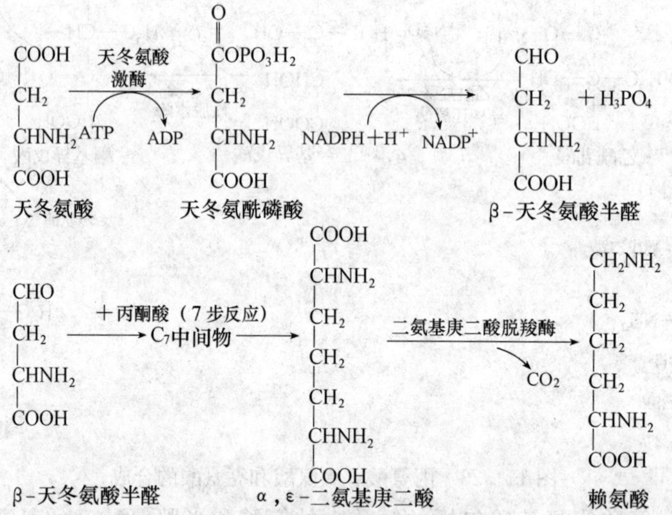

图 11 - 25　赖氨酸的生成

4. 谷氨酸族　谷氨酸族氨基酸包括谷氨酸、谷氨酰胺、脯氨酸和精氨酸。其碳架来源于三羧酸循环的中间产物 α-酮戊二酸，α-酮戊二酸生成谷氨酸进而生成谷氨酰胺，以谷氨酸为前体生成脯氨酸（图 11 - 26），脯氨酸被羟基化，形成羟脯氨酸。

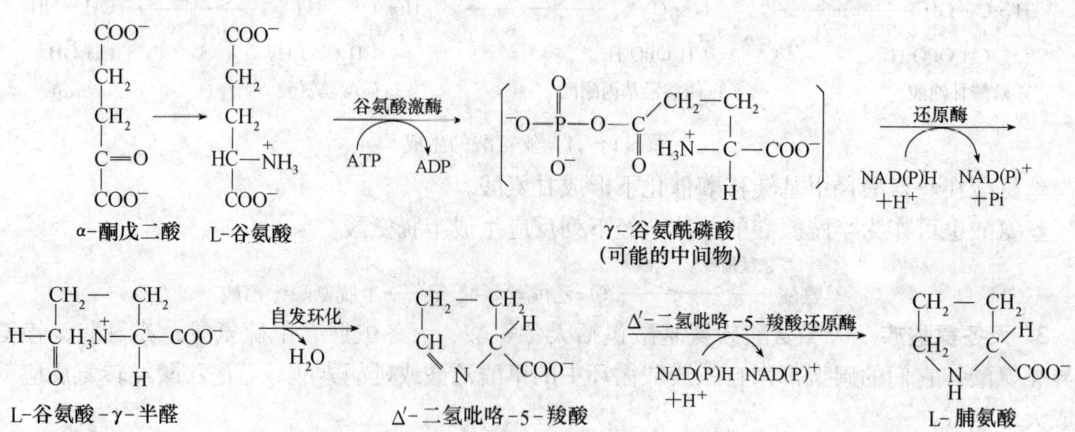

图 11 - 26　脯氨酸的生成

由谷氨酸也可以转变为精氨酸，其合成过程较复杂（图 11 - 27）。

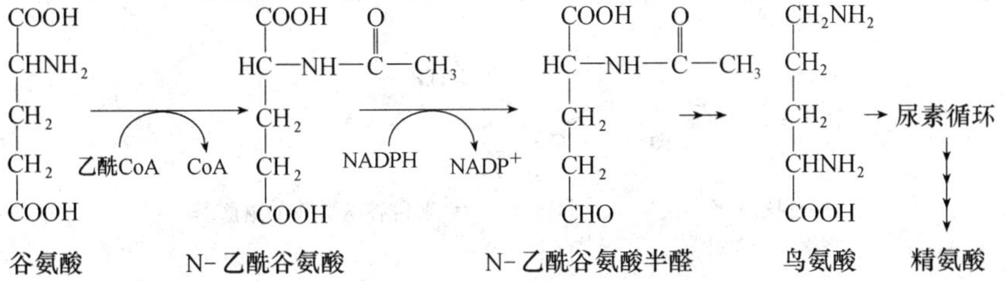

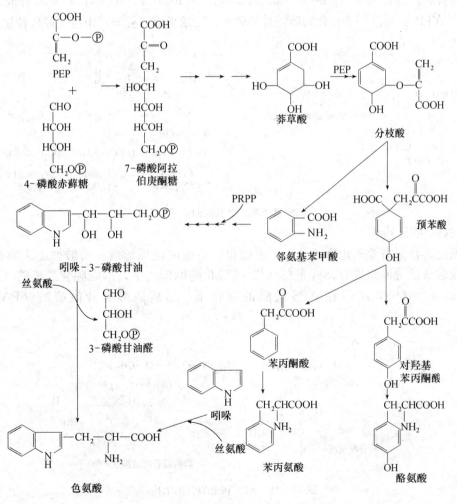

图 11 - 27 精氨酸的生成

5. 芳香族氨基酸 芳香族氨基酸包括苯丙氨酸、酪氨酸和色氨酸，它们的碳架来自糖酵解的中间产物磷酸烯醇式丙酮酸（PEP）和磷酸戊糖途径中的 4 - 磷酸赤藓糖。主要反应过程见图 11 - 28。

图 11 - 28 芳香族氨基酸的合成过程

6. 组氨酸 组氨酸的合成过程较复杂，它的碳架来自5-磷酸核糖，由 ATP、磷酸核糖焦磷酸（PRPP）、谷氨酸和谷氨酰胺合成。组氨酸分子中各原子来源见图11-29。

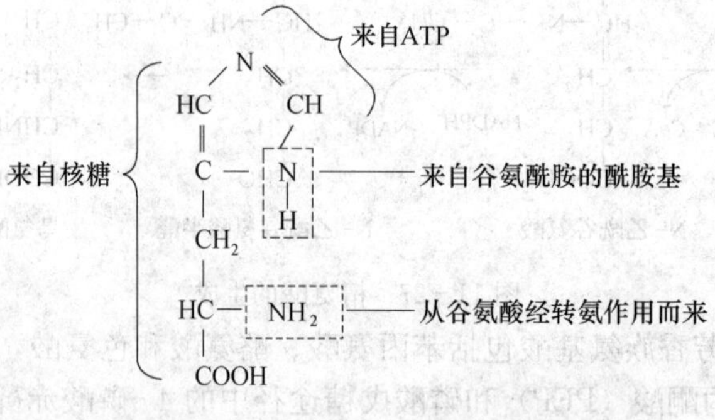

图 11-29 组氨酸分子中各原子的来源

首先由磷酸核糖焦磷酸（phosphoribosyl pyrophosphate，PRPP）与 ATP 缩合成磷酸核糖 ATP（PR-ATP），再进一步转化为咪唑甘油磷酸，继续形成组氨醇，由组氨醇再转化为组氨酸（图 11-30）。

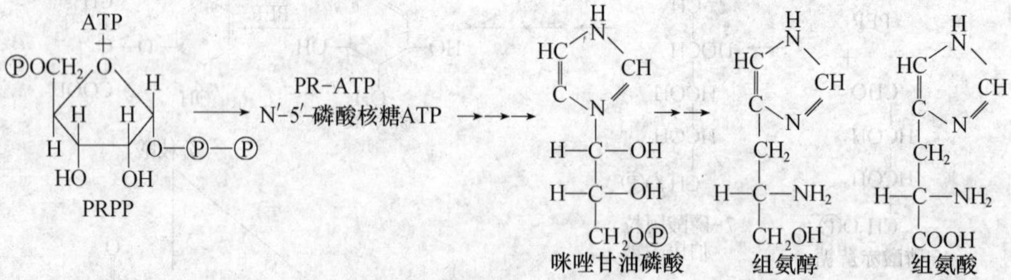

图 11-30 组氨酸的合成

（三）SO_4^{2-} 的还原

半胱氨酸的合成需要硫化物的参与，该硫化物由硫酸还原形成。硫酸被还原前首先必须被激活。硫酸激活分两步进行，首先在 ATP 硫酸化酶的催化下，形成腺苷酰硫酸（adenosine phospho-sulfate，APS），然后在 APS 激酶的催化下，形成磷酸腺苷酰硫酸（PAPS）（图 11-31）。

腺苷酰硫酸(APS)

磷酸腺苷酰硫酸(PAPS)

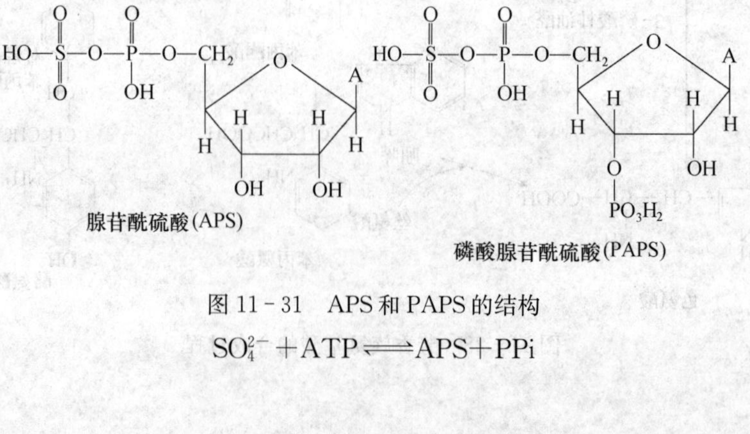

图 11-31　APS 和 PAPS 的结构

$$SO_4^{2-} + ATP \rightleftharpoons APS + PPi$$

$$APS+ATP \Longrightarrow PAPS+ADP$$

硫酸被激活后再被还原。首先，APS（或 PAPS，视不同生物而异）将硫酰基转移到含有一个或多个巯基的载体分子上。在小球藻及高等植物内，生成的载体——硫代硫酸复合物被铁氧还蛋白还原，产物可用于合成半胱氨酸。

第四节　核酸的分解代谢

核酸在核酸酶的作用下，水解为寡核苷酸或单核苷酸，单核苷酸可进一步降解为碱基、戊糖和磷酸。不同来源的核酸酶，其专一性、作用方式都有所不同。有些核酸酶只能作用于 RNA，称为核糖核酸酶（RNase），有些核酸酶只能作用于 DNA，称为脱氧核糖核酸酶（DNase），有些核酸酶专一性较低，既能作用于 RNA 也能作用于 DNA，因此统称为核酸酶（nuclease）。根据核酸酶作用的位置不同，又可将核酸酶分为核酸外切酶（exonuclease）和核酸内切酶（endonuclease）。

一、核酸外切酶

有些核酸酶能从 DNA 或 RNA 链的一端逐个水解下单核苷酸，所以称为核酸外切酶。核酸外切酶从 3′ 端开始逐个水解核苷酸，称为 3′→5′ 外切酶，如蛇毒磷酸二酯酶。核酸外切酶从 5′ 端开始逐个水解核苷酸，称为 5′→3′ 外切酶，如牛脾磷酸二酯酶。

二、核酸内切酶

核酸内切酶催化水解多核苷酸内部的磷酸二酯键。有些核酸内切酶仅水解 5′ 磷酸二酯键，把磷酸基团留在 3′ 位置上，称为 5′ 内切酶；而有些仅水解 3′ 磷酸二酯键，把磷酸基团留在 5′ 位置上，称为 3′ 内切酶（图 11 - 32）。还有一些核酸内切酶对磷酸酯键一侧的碱基有专一要求，如胰脏核糖核酸酶（RNase A）作用于嘧啶核苷酸的 $C_{3'}$ 上的磷酸根和相邻核苷酸的 $C_{5'}$ 之间的键，产物为 3′ 嘧啶单核苷酸或以 3′ 嘧啶核苷酸结尾的低聚核苷酸。

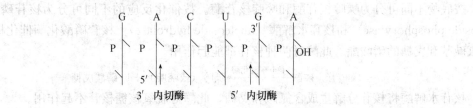

图 11 - 32　核酸内切酶的水解位置

三、限制性核酸内切酶

20 世纪 70 年代，在细菌中陆续发现了一类核酸内切酶，能专一性地识别并水解双链 DNA 上的特异核苷酸顺序，称为限制性核酸内切酶（restriction endonuclease），简称限制酶。当外源 DNA 侵入细菌后，限制性核酸内切酶可将其水解切成片段，从而限制了外源 DNA 在细菌细胞内的表达，而细菌本身的 DNA 由于在该特异核苷酸顺序处被甲基化酶修饰，不被水解，从而得到保护。

近年来，限制性核酸内切酶的研究和应用发展很快，已提纯的限制性核酸内切酶有 100 多种，许多已成为基因工程研究中必不可少的工具酶。

限制性核酸内切酶可被分成 3 种类型。Ⅰ 型和 Ⅲ 型限制性核酸内切酶水解 DNA 需要消耗 ATP，全酶中的部分亚基有通过在特殊碱基上补加甲基基团对 DNA 进行化学修饰的活性。Ⅱ 型限制性核酸内切酶水解 DNA 不需要 ATP 也不以甲基化或其他方式修饰 DNA，能在所识别的特殊核苷酸顺序内或附近切割 DNA。因此，被广泛用于 DNA 分子克隆和序列测定。部分限制性核酸内切酶来源及识别位点见表 11-4。

表 11-4　限制性核酸内切酶来源及识别位点

酶名称	来　源	识别位点	
Eco R	E. coli R	-N-C-T-T-A-A G-N-5	5-N-G A-A-T-T-C-N-
Bam H	Bacillus amyloliquefaciens H	-N-C-C-T-A-G G-N-5	5-N-G G-A-T-C-C-N-
Hind	Hemophilus influenzae D	-T-T-C-G-A A-5	5-A A-G-C-T-T-

第五节　核苷酸的分解代谢

核酸经核酸酶降解后产生的核苷酸还可以进一步分解。生物体内广泛存在的核苷酸酶（磷酸单酯酶）可催化核苷酸水解，产生磷酸和核苷。核苷酸酶的种类很多，特异性也各不相同。有些核苷酸酶具有特异性，如有的只能水解 3′核苷酸，称为 3′核苷酸酶，有的只能水解 5′-核苷酸，称为 5′-核苷酸酶。有些核苷酸酶不具有特异性。

一、核苷的分解

核苷酸酶水解产生的核苷可在核苷酶的作用下进一步分解为戊糖和碱基。核苷酶的种类也很多，按底物不同可分为嘌呤核苷酶和嘧啶核苷酶。按催化反应的不同可分为核苷磷酸化酶（nucleoside phosphorylase）和核苷水解酶（nucleoside hydrolase）。核苷磷酸化酶催化核苷分解生成含氮碱基和戊糖的磷酸酯。此酶对两种核苷都能起作用。

$$核苷＋磷酸 \xrightarrow{\text{核苷磷酸化酶}} 嘌呤（或嘧啶）＋1-磷酸戊糖$$

核苷水解酶将核苷分解生成含氮碱和戊糖，此酶对脱氧核糖核苷不起作用。

$$核苷＋H_2O \xrightarrow{\text{核苷水解酶}} 嘌呤（或嘧啶）＋戊糖$$

核苷分解产生的嘌呤碱和嘧啶碱在生物体中还可以继续进行分解。

二、嘌呤的分解

首先，嘌呤在脱氨酶的作用下脱去氨基，腺嘌呤脱氨后生成次黄嘌呤（hypoxanthine），然后，在黄嘌呤氧化酶（xanthine oxidase）作用下，将次黄嘌呤氧化成黄嘌呤。鸟嘌呤脱氨后直接生成黄嘌呤（xanthine）。黄嘌呤进一步氧化为尿酸（uric acid），尿酸在尿酸氧化酶（urate oxidase），作用下降解为尿囊素（allantoin）和CO_2，尿囊素在尿囊素酶（allantoinase）作用下水解为尿囊酸（allantoic acid），尿囊酸进一步在尿囊酸酶（allantoicase）的作用下降解为尿素和乙醛酸。嘌呤分解代谢过程见图 11 - 33。

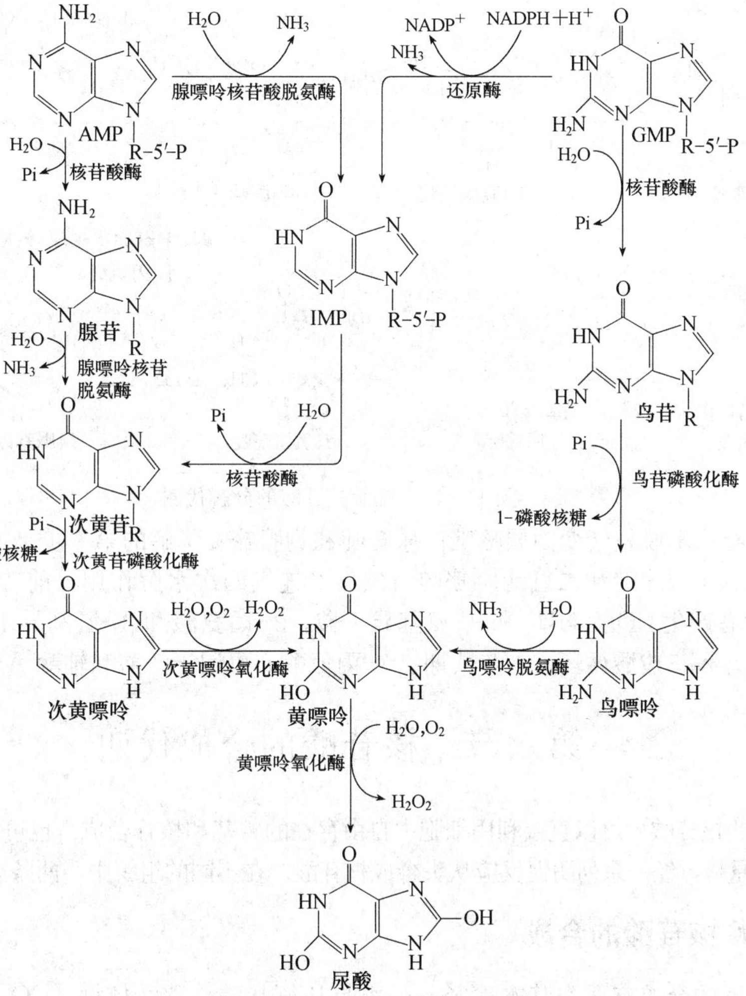

图 11 - 33　嘌呤核苷酸的分解代谢

不同种类生物降解嘌呤碱基的能力不同，因而代谢产物的形式也各不相同。人类、灵长类、鸟类、爬虫类以及大多数昆虫体内缺乏尿酸酶，故嘌呤代谢的最终产物是尿酸。人类及灵长类以外的其他哺乳动物体内存在尿酸氧化酶，可将尿酸氧化为尿囊素，故尿囊素是其体内嘌呤代谢的终产物。在某些硬骨鱼体内存在尿囊素酶，可将尿囊素氧化分解为尿囊酸。在大多数鱼类、两栖类中的尿囊酸酶，可将尿囊酸进一步分解为尿素及乙醛酸。而氨是甲壳类、海洋无脊椎动物等体内嘌呤代谢的终产物，因这些动物体内存在脲酶，可将尿素分解为氨和二氧化碳。

植物、微生物体内嘌呤代谢的途径与动物相似。

三、嘧啶的分解

嘧啶碱的分解过程比较复杂，包括水解脱氨基作用、氨化、还原、水解和脱羧基作用等。不同种类生物分解嘧啶的过程不同，在大多数生物体内嘧啶的降解过程如图 11-34 所示。

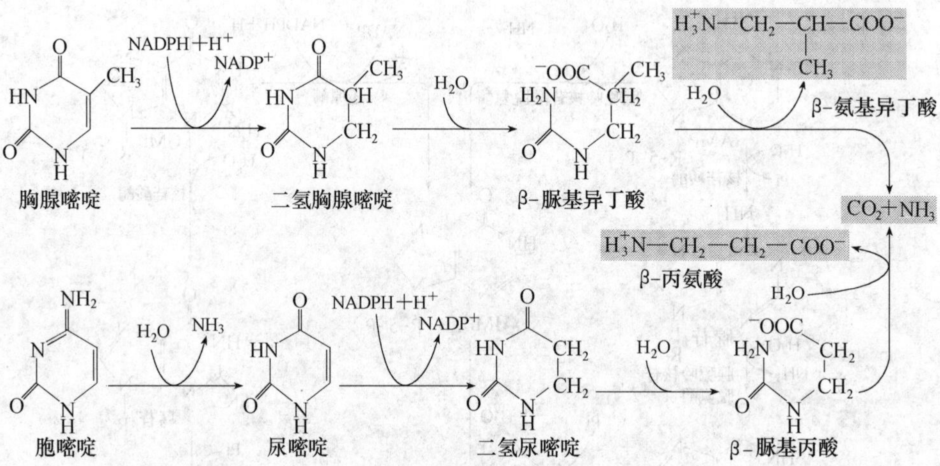

图 11-34　嘧啶核苷酸的分解代谢

胞嘧啶先经水解脱氨转变为尿嘧啶。尿嘧啶和胸腺嘧啶降解的第一步是加氢还原反应，生成的产物分别是二氢尿嘧啶和二氢胸腺嘧啶，然后经连续两次水解作用，前者产生 CO_2、NH_3 和 β-丙氨酸，后者产生 CO_2、NH_3 和 β-氨基异丁酸。β-丙氨酸和 β-氨基异丁酸脱去氨基转变为相应的酮酸，并入三羧酸循环进一步代谢。β-丙氨酸亦可用于泛酸和辅酶 A 的合成。

第六节　核苷酸的合成代谢

生物体内的核苷酸，可以直接利用细胞中自由存在的碱基和核苷合成，也可以利用氨基酸和某些小分子物质为原料，经一系列酶促反应从头合成核苷酸。在不同的组织中，两条途径的重要性不同。

一、嘌呤核苷酸的合成

嘌呤核苷酸的合成有两类基本途径，一类是从氨基酸、磷酸核糖、CO_2 和 NH_3 这些化合物合成核苷酸。由于此途径不经过碱基、核苷的中间阶段，所以称为从头合成途径。另一类途径是由核酸分解产生的嘌呤碱基、核苷转变成核苷酸，此途径称为补救途径。从头合成是生物体合成嘌呤核苷酸的主要途径。

（一）从头合成途径

除某些细菌外，几乎所有的生物体都能合成嘌呤碱。此途径主要是以 CO_2、甲酸盐、甘氨酸、天冬氨酸和谷氨酰胺为原料合成嘌呤环（图 11-35）。

嘌呤核苷酸的合成并不是先形成游离的嘌呤，然后生成核苷酸，而是直接形成次黄嘌呤核苷酸（inosin monophosphate，IMP，也叫肌苷酸），再转变为其他嘌呤核苷酸。嘌呤核苷酸的合成分为下述 3 个阶段。

1. 从 5′-磷酸核糖形成 5′-氨基咪唑核苷酸　合成次黄嘌呤核苷酸是从 5′-磷酸核糖-1′-焦磷酸（PRPP）的形成开始的。它是由 ATP 和 5′-磷酸核糖在磷酸核糖焦磷酸激酶（也称 PRPP 合成酶）催化下合成的，5′-磷酸核糖主要由磷酸戊糖途径提供。磷酸核糖焦磷酸接受谷氨酰胺的酰胺基，生成 5′-磷酸核糖胺（PRA），然后 5′-磷酸核糖胺与甘氨酸结合生成甘氨酰胺核苷酸（GAR）。甘氨酰胺核苷酸中甘氨酸残基的 α 氨基被亚甲四氢叶酸甲酰化，产生 α-N-甲酰甘氨酰胺核苷酸，接着又进一步被谷氨酰胺氨基化生成甲酰甘氨脒核苷酸（FGAM），后者再脱水环化，产生 5-氨基咪唑核苷酸（AIR）。这个中间产物含有嘌呤骨架的完整的五元环（图 11-36）。

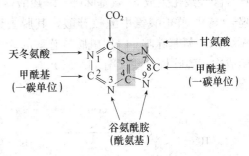

图 11-35　嘌呤环中各原子的来源

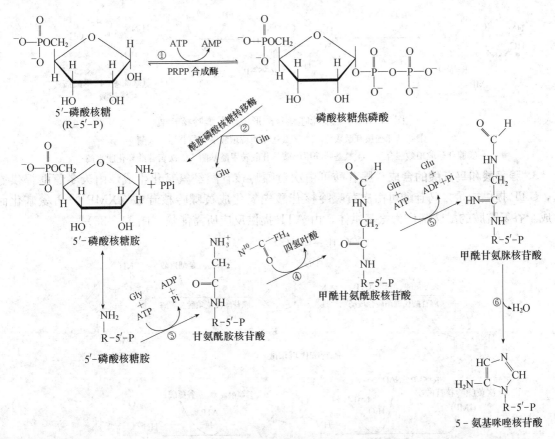

图 11-36　5′-磷酸核糖形成 5′-氨基咪唑核苷酸

①PRPP 合成酶　②磷酸核糖焦磷酸转酰胺酶　③甘氨酰胺核苷酸合成酶
④甘氨酰胺核苷酸转甲酰酶　⑤甲酰甘氨脒核苷酸合成酶　⑥氨基咪唑核苷酸合成酶

2. 5-氨基咪唑核苷酸形成次黄嘌呤核苷酸　在氨基咪唑核苷酸羧化酶催化下，5-氨基咪唑核苷酸经羧化生成 5-氨基咪唑-4-羧酸核苷酸（CAIR），后者与天冬氨酸缩合，形成 5-氨基咪唑-4-N-琥珀酸氨甲酰核苷酸，其脱去延胡索酸生成 5-氨基咪唑-4-甲酰胺核苷酸（AIC-AR）。5-氨基咪唑-4-甲酰胺核苷酸的 5-氨基又从 N^{10}-甲酰四氢叶酸接受甲酰基并脱水闭环而形成次黄嘌呤核苷酸（图 11-37）。

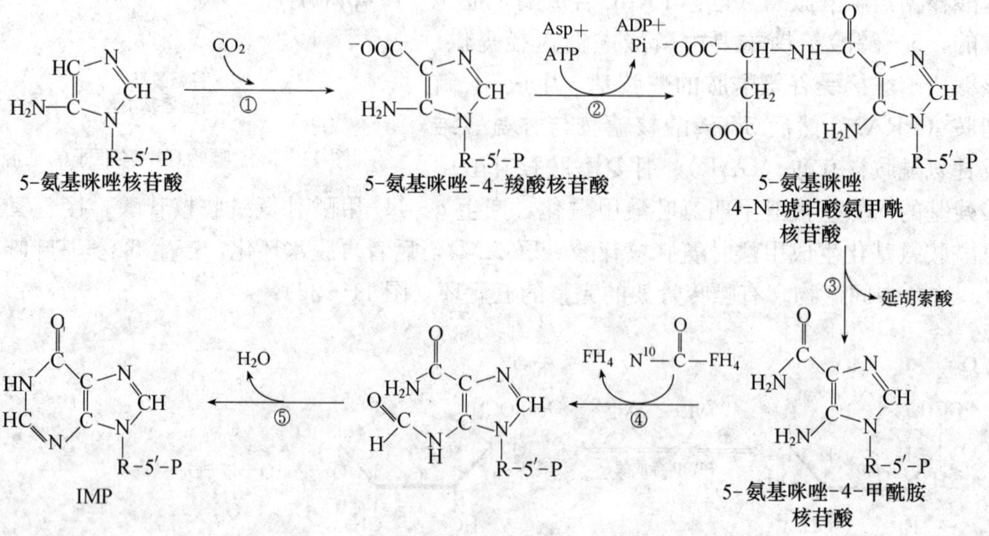

图 11-37 氨基咪唑核苷酸形成次黄嘌呤核苷酸
①氨基咪唑核苷酸羧化酶 ②氨基咪唑琥珀酸甲酰核苷酸合成酶
③腺苷酸琥珀酸裂合酶 ④氨基咪唑甲酰胺核苷酸转甲酰基酶 ⑤次黄苷酸环化脱水酶

3. 腺苷酸和鸟苷酸的合成 腺苷酸可由次黄嘌呤核苷酸经氨基化生成，由天冬氨酸提供氨基，GTP 提供能量。鸟苷酸可由次黄嘌呤核苷酸先氧化成黄嘌呤核苷酸（XMP），再氨基化而生成。谷氨酰胺的酰胺基作为氨基供体，由 ATP 提供反应所需能量（图 11-38）。

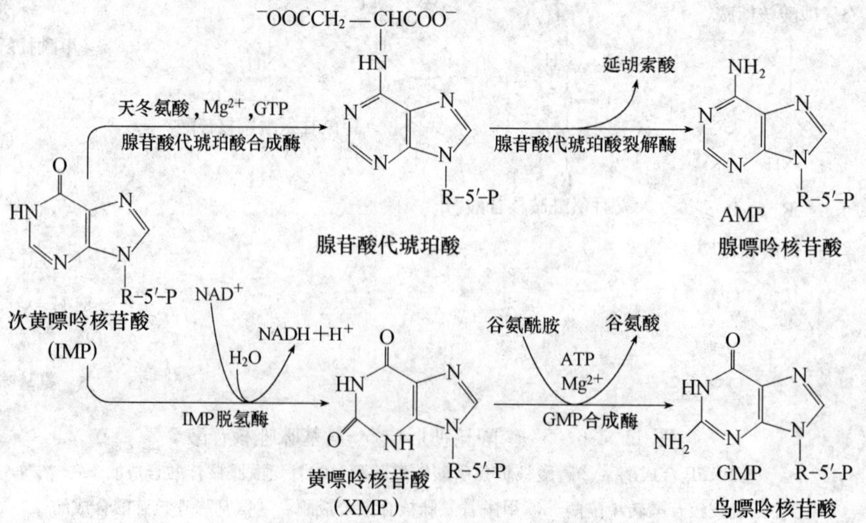

图 11-38 次黄嘌呤核苷酸转变为腺苷酸和鸟苷酸

AMP 和 GMP 可以进一步在激酶作用下，利用 ATP 再次转磷酸基，分别生成 ATP 和 GTP（图 11-39）。

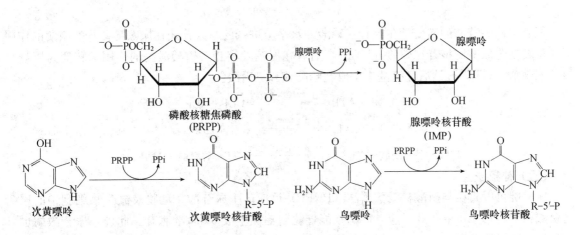

AMP/GMP   ATP → ADP   ADP/GDP   ATP → ADP   ATP/GTP
嘌呤核苷一磷酸   激酶   嘌呤核苷二磷酸   激酶   嘌呤核苷三磷酸

图 11-39　AMP 和 GMP 转变为 ATP 和 GTP

（二）补救途径

嘌呤核苷酸也可通过补救途径合成（图 11-40）。在补救反应里磷酸核糖焦磷酸的核糖磷酸部分转移给嘌呤形成相应的核苷酸。有两种酶可催化补救途径，它们的专一性不同，形成的产物也不同。腺嘌呤磷酸核糖转移酶催化腺嘌呤核苷酸的形成，次黄嘌呤-鸟嘌呤磷酸核糖转移酶催化次黄嘌呤核苷酸和鸟嘌呤核苷酸的形成。

图 11-40　嘌呤核苷酸合成的补救途径

二、嘧啶核苷酸的合成

嘧啶核苷酸的合成也有从头合成途径和补救途径。

（一）嘧啶碱的从头合成途径

合成嘧啶的原料主要是 CO_2、NH_3 和天冬氨酸。同位素示踪实验表明，嘧啶环中的第 3 位 N 来自 NH_3；第 2 位 C 来自 CO_2，二者结合生成氨甲酰磷酸；其余第 1 位 N 及第 4、5、6 位 C 来自天冬氨酸（图 11-41）。

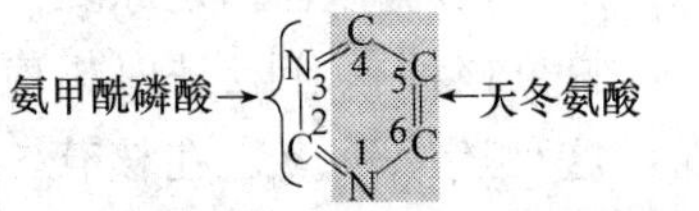

嘧啶核苷酸与嘌呤核苷酸的合成有所不同。生物体先利用小分子化合物形成嘧啶环，然后再与核糖磷酸结合形成嘧啶核苷酸。首先形成的是尿苷酸，然后再转变为其他嘧啶核苷酸。

图 11-41　嘧啶环中各原子的来源

尿苷酸的合成是从氨甲酰磷酸与天冬氨酸合成氨甲酰天冬氨酸开始的，然后经环化、脱水生成二氢乳清酸，再经脱氢作用形成乳清酸，至此已形成嘧啶环。乳清酸与磷酸核糖焦磷酸（PRPP）提供的 5′-磷酸核糖结合，形成乳清酸核苷酸，再经脱羧作用生成尿苷酸。整个过程见

图11-42。

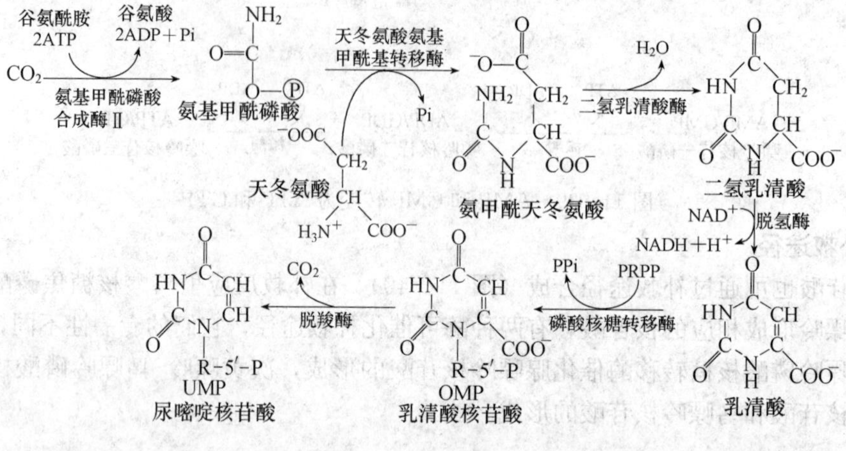

图 11-42 嘧啶核苷酸的合成过程

尿苷酸向胞苷酸的转变是在核苷三磷酸的水平上进行的。尿苷酸在尿嘧啶核苷酸激酶的作用下，可转变为尿嘧啶核苷二磷酸（UDP），后者在尿嘧啶核苷二磷酸激酶的作用下转变为尿嘧啶核苷三磷酸（UTP），然后经氨基化生成胞嘧啶核苷三磷酸。

$$UMP+ATP \xrightarrow{\text{尿嘧啶核苷酸激酶}} UDP+ADP$$

$$UDP+ATP \xrightleftharpoons{\text{核苷二磷酸激酶}} UTP+ADP$$

$$UTP+谷氨酰胺+ATP+H_2O \xrightarrow{\text{CTP合成酶}} CTP+谷氨酸+ADP+Pi$$

（二）补救途径

尿嘧啶可以直接与磷酸核糖焦磷酸（PRPP）反应产生尿苷酸。动物及微生物细胞中的尿嘧啶磷酸核糖转移酶可催化此反应。此酶不能催化胞嘧啶生成 5′-磷酸胞苷。此外，尿苷激酶也可催化尿苷生成尿苷酸。

$$尿嘧啶+PRPP \xrightleftharpoons{} 5'-磷酸尿苷+PPi$$

$$尿苷+ATP \xrightarrow{Mg^{2+}} 5'-磷酸尿苷+ADP$$

尿苷及胞苷均可作为此酶的底物，但次黄苷不能作为此酶的底物。

三、脱氧核糖核苷酸的合成

（一）核糖核苷酸还原酶

脱氧核糖核苷酸是由相应的核糖核苷酸还原形成的。最早是以大肠杆菌为材料研究发现，这种还原反应是在核苷二磷酸水平上进行的，在核糖核苷酸还原酶作用下，核糖核苷二磷酸（NDP）核糖部分的 2′羟基被氢原子取代，转变成脱氧核糖核苷二磷酸（dNDP）。总反应式为

$$核苷二磷酸+NADPH+H^+ \longrightarrow 脱氧核苷二磷酸+NADP^++H_2O$$

（二）脱氧胸苷酸的生物合成

脱氧胸苷酸是由脱氧尿苷酸经甲基化生成的，催化此反应的酶是胸苷酸合成酶，甲基供体是

N^5，N^{10}-亚甲四氢叶酸（图 11-43）。

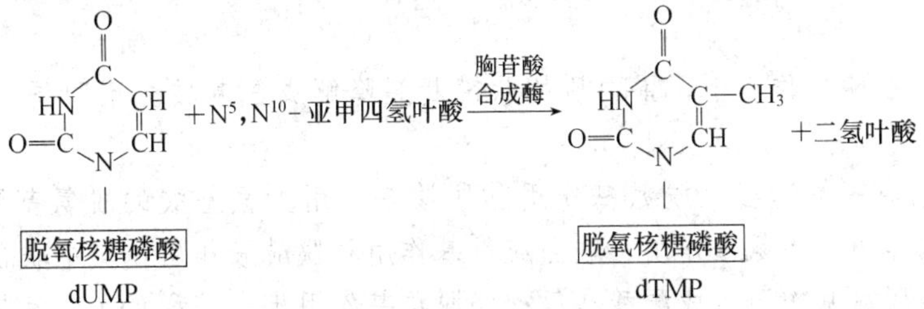

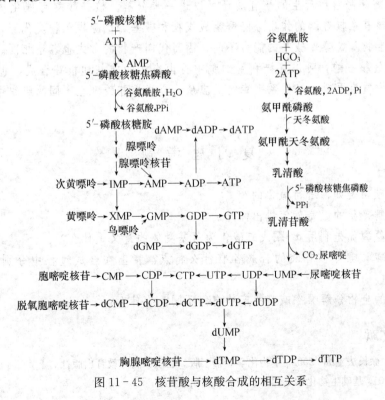

图 11-43 脱氧胸苷酸的生物合成

（三）核苷三磷酸的生物合成

RNA 合成的底物是 4 种核糖核苷三磷酸，DNA 合成的底物是 4 种脱氧核糖核苷三磷酸。它们都可从核苷一磷酸或脱氧核苷一磷酸（NMP 或 dNMP）由相应的磷酸激酶催化，经核苷二磷酸（NDP 或 dNDP）生成（图 11-44）。

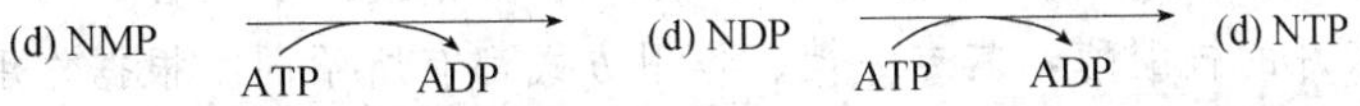

图 11-44 核苷三磷酸和脱氧核苷三磷的生物合成

这两种酶催化的反应均为可逆反应，并且都需要 ATP 作为磷酸基团的供体。

各种核苷酸合成及相互关系总结于图 11-45。

图 11-45 核苷酸与核酸合成的相互关系

小 结

1. 在蛋白酶、肽酶的作用下，蛋白质的肽键断裂降解成氨基酸。不同蛋白酶、肽酶的专一性不同。

2. 氨基酸有两种降解途径：脱氨基作用和脱羧基作用。氨基酸的脱氨基降解途径有 4 种，分别是氧化脱氨基作用、转氨基作用、联合脱氨基作用和脱酰胺作用，其中联合脱氨基作用是主要途径。氨基酸经脱氨基作用生成酮酸和氨；经脱羧基作用生成胺和 CO_2。氨基酸的降解产物还可以进一步分解或转化，如酮酸可进入糖类分解代谢或转变为糖和脂肪、氨转化为尿素排出体外等。

3. 生物通过谷氨酸脱氢酶或谷氨酰胺合成酶催化形成谷氨酸，谷氨酸通过转氨基作用将氨基转给 α-酮酸生成相应的氨基酸，α-酮酸主要来自糖类代谢。根据氨基酸合成碳架来源不同，可将氨基酸分为 6 族。在同一族内，几种氨基酸有共同的碳架来源。

4. 核酸在核酸酶的作用下，水解为寡核苷酸或单核苷酸，单核苷酸可进一步降解为碱基、戊糖和磷酸。不同来源的核酸酶，其专一性、作用方式都有所不同。根据作用的底物种类可将核酸酶分为核糖核酸酶（RNase）、脱氧核糖核酸酶（DNase）、非特异性核酸酶。根据核酸酶作用的位置不同，又可将核酸酶分为核酸外切酶和核酸内切酶。能专一性地识别并水解双链 DNA 上的特异核苷酸的核酸内切酶称为限制性核酸内切酶。

5. 核酸经核酸酶降解后产生的核苷酸还可以进一步分解。核苷酸酶可催化核苷酸水解，产生磷酸和核苷。核苷在核苷酶的作用下降解生成戊糖和碱基。戊糖进入糖类代谢，碱基可再进一步分解，但不同生物降解嘌呤碱基的能力不同，因而代谢产物的形式也各不相同。

6. 生物体内的核苷酸，可以直接利用细胞中自由存在的碱基和核苷合成，也可以利用氨基酸和某些小分子物质为原料，经一系列酶促反应从头合成核苷酸。在不同的组织中，两条途径的重要性不同。

复 习 思 考 题

1. 氨基酸的碳架是如何进行氧化的？
2. 氨基酸分解产生的氨是如何排出体外的？
3. 大多数转氨酶优先利用 α-酮戊二酸作为氨基受体的意义是什么？
4. 嘧啶核苷酸和嘌呤核苷酸的合成各有什么特点？指出在合成过程中分别有哪些氨基酸参加。
5. 不同种类的生物分解嘌呤碱基的产物有何不同？为什么？

主要参考文献

王镜岩，朱圣，徐长法主编 . 2002. 生物化学 . 第三版 . 北京：高等教育出版社 .

郭蔼光主编 . 2001. 基础生物化学 . 北京：高等教育出版社 .

邹思湘主编 . 2004. 动物生物化学 . 第三版 . 北京：中国农业出版社 .

张洪渊主编 . 2002. 生物化学教程 . 第三版 . 成都：四川大学出版社 .

Lehningger A L，Nelson D L，Cox M M. 2000. Principles of Biochemistry. 3rd ed. Worth Publishers. Inc.

Stryer L，Berg J M，Tymoczko J L. 2001. Biochemistry. 5th ed. New York：W. H. Freeman and Company.

Zubay G L. 1998. Biochemistry. 4th ed. Wm. C. Brown Publishers. Inc.

第十二章　核酸的生物合成

第一节　中心法则

1958 年，F. Crick 提出了中心法则（图 12-1），中心法则表示了生物体遗传信息传递的方向，即信息可以通过复制一直世代传递下去；信息也可以从 DNA 传递到 RNA，又从 RNA 传递到蛋白质。但信息不能离开蛋白质再传递到其他分子。转录能产生编码一个或几个遗传信息的 RNA（包括 mRNA）分子。翻译则将编码在 mRNA 核苷酸序列中的信息转变为蛋白质中的氨基酸序列。RNA 沟通了遗传物质和蛋白质之间的联系。

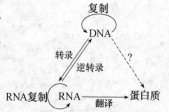

图 12-1　中心法则示意图

20 世纪 70 年代以后，随着对病毒的认识，中心法则得到进一步的完善。如 RNA 病毒，遗传信息本来就编码在 RNA 中而不是在 DNA 中，所以能通过自身复制其 RNA 分子，并产生 mRNA。另外，某些 RNA 病毒含有逆转录酶，能将病毒 RNA 逆转录成 DNA 分子，它产生了与早期中心法则规定方向相反的信息流向。结合这些病毒的特殊过程，1971 年 F. Crick 提出了完整的中心法则路线，中心法则最简明地表述了生物界遗传信息的传递方向及相互关系，从宏观上更深刻地揭示了遗传信息的相互关系及作用。

中心法则实质上蕴涵着核酸和蛋白质这两类生物大分子之间的相互联系和相互作用，而其产生和发展则与人类对核酸结构和功能的认识密切相关。中心法则充分体现了现代自然科学的理论特征，把多因子的、动态的、复杂的相互作用引入生物学。如果说，细胞学说和达尔文进化论是近代生物学的理论基石，那么可以说，中心法则是现代生物学的理论基石。我国著名遗传学家谈家桢认为，中心法则是"生物学上继达尔文提出进化论后的第二个里程碑"。

第二节　DNA 的生物合成

一、原核生物 DNA 的复制

（一）DNA 半保留复制方式及其证明

复制是指以亲代 DNA 分子的双链为模板，按照碱基互补配对原则，合成出与亲代 DNA 分子相同的两个子代双链 DNA 分子的过程。1958 年，M. Meselson 和 F. W. Stahl 用同位素标记实验证实了 DNA 的半保留复制过程。他们把大肠杆菌放在以 $^{15}NH_4Cl$ 为惟一氮源的培养基中培养若干代，由于大肠杆菌可利用 NH_4Cl 做氮源合成 DNA，所以分离纯化的 DNA 是含 ^{15}N 的重DNA，密度比普通含 ^{14}N 的 DNA 高 1%。经密度梯度离心后，^{15}N-DNA 形成的致密区带位于 ^{14}N-DNA 所形成的致密区带下方。然后将含 ^{15}N-DNA 的大肠杆菌转回普通含 $^{14}NH_4Cl$ 培养基中培养。提取子一代的 DNA 做密度梯度离心分析，发现其致密区带介于重带与普通带之间，看不到有单独的重 DNA 带或普通 DNA 带。把子一代大肠杆菌放回普通含$^{14}NH_4Cl$培养基中继续培养，提取子二代的 DNA 再做密度梯度离心分析，发现其致密区带有二条，一条介于$^{15}N-DNA$带与$^{14}N-DNA$带之间，另一条为$^{14}N-DNA$带（图 12-2）。

实验结果说明，子一代 DNA 双链中有一条是^{15}N单链，而另一条是

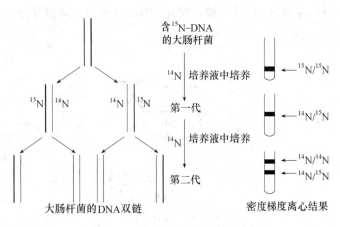

图 12-2 DNA 半保留复制的证据

^{14}N单链，前者是从亲代接受和保留下来的，后者则是完全新合成的。子二代 DNA 双链也是同样情况，一条是从亲代接受和保留下来的，另一条则是完全新合成的。亲代双链复制出的子代双链 DNA 的可能方式有 3 种：全保留式、半保留式和混合式的复制，密度梯度离心结果完全支持半保留复制学说。

（二）参与 DNA 复制的酶和蛋白质因子

DNA 生物合成是在酶催化下的核苷酸聚合过程，除了 DNA 模板、4 种 dNTP 底物和 Mg^{2+} 离子外，在起始、延伸和终止的各个阶段中，都需要许多酶和蛋白因子的参与。

1. DNA 聚合酶 DNA 链内的核苷酸是通过$3',5'-$磷酸二酯键的生成而逐一聚合连接的。反应的底物是 dNTP 而不是 dNMP。在 DNA 聚合酶的催化下，dNTP 上 α 磷原子与相邻核苷酸上脱氧核糖的$3'-OH$生成磷酸二酯键，dNTP 的 β、γ 磷原子以焦磷酸（PPi）形式被释放。这只是连续反应中的一次，经过许多这样的连续反应才能形成 DNA 链，复制的延长过程总反应式如图 12-3 所示。

$$
\begin{array}{c}
n_1 dATP \\
+ \\
n_2 dGTP \\
+ \\
n_3 dCTP \\
+ \\
n_4 dTTP
\end{array}
+ DNA
\xrightarrow[Mg^{2+}]{DNA聚合酶}
\left[
\begin{array}{c}
dAMP \\
dGMP \\
dCMP \\
dTMP
\end{array}
\right]
---- DNA + (n_1+n_2+n_3+n_4)PPi
$$

图 12-3 DNA 的聚合反应

因为底物的$5'$磷酸是加到原有链$3'$末端脱氧核糖$3'-OH$上形成磷酸二酯键，所以新链的合成只能从$5'$端向$3'$端延长，这就是复制的方向性。由于 DNA 双螺旋的两条链反向平行，因此复制时也按相反走向各自按模板链指引合成新链。

DNA 聚合酶的全称是依赖 DNA 的 DNA 聚合酶（DNA-dependent DNA polymerase，DNA-pol）。1958 年，A. Kornberg 在大肠杆菌中发现了这种酶，并在 100 kg 的细菌沉渣中提纯出 0.5 g 的 DNA 聚合酶。在试管内的实验还证实，在有模板、底物和引物存在的情况下，DNA 聚合酶可催化新链 DNA 的生成（图 12-4）。这类酶的共同性质是以脱氧核苷三磷酸（dNTP）为前体催化合成 DNA；需要模板和引物的存在，才能合成新的 DNA 链；催化 dNTP 加到生长中

的 DNA 链 3′-OH 末端；催化 DNA 合成的方向是 5′→3′。

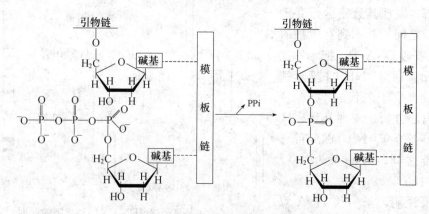

图 12-4　DNA 聚合酶催化的链延长反应

（1）大肠杆菌 DNA 聚合酶　已发现大肠杆菌中至少含有 5 种不同的 DNA 聚合酶，它们分别称为 DNA 聚合酶Ⅰ、DNA 聚合酶Ⅱ、DNA 聚合酶Ⅲ、DNA 聚合酶Ⅳ和 DNA 聚合酶 V。

① DNA 聚合酶Ⅰ：Kornberg 等从大肠杆菌中分离出的 DNA 聚合酶起初被称为复制酶（replicase），以后随着其他 DNA 聚合酶的发现，这种最先被发现的酶就称为 DNA 聚合酶Ⅰ。DNA 聚合酶Ⅰ的相对分子质量为 103 000，由一条多肽链组成，多肽链中含有一个锌原子。酶分子呈球状，直径约 6.5 nm，为 DNA 直径的 3 倍左右。当有底物和模板存在时，DNA 聚合酶Ⅰ可使脱氧核糖核苷酸逐个地加到具有 3′-OH 末端的多核苷酸链上。与其他种类的 DNA 聚合酶一样，DNA 聚合酶Ⅰ只能在已有核酸链上延伸 DNA 链，而不能从无到有开始 DNA 链的合成，也就是说，它催化的反应需要有引物链（DNA 链或 RNA 链）的存在。在 37 ℃条件下，每分子 DNA 聚合酶Ⅰ每分钟可以催化 1 000 个左右核苷酸聚合。

DNA 聚合酶Ⅰ是一个多功能酶，它可以催化以下反应：A. 通过核苷酸聚合反应，使 DNA 链沿 5′→3′方向延长（DNA 聚合酶活性）；B. 由 3′端水解 DNA 链（3′→5′核酸外切酶活性）；C. 由 5′端水解 DNA 链（5′→3′核酸外切酶活性）；D. 由 3′端使 DNA 链发生焦磷酸解（相当于核苷酸聚合反应的逆反应）。因此，实际上 DNA 聚合酶Ⅰ兼有聚合酶、3′→5′核酸外切酶和 5′→3′核酸外切酶的活性，但 3′→5′核酸外切酶活性仅在出现碱基配对错误时才被启动。

DNA 聚合酶的 3′→5′核酸外切酶活性对 DNA 复制的忠实性（fidelity）极为重要。如果没有这种活性，DNA 复制的错误将会大大增加。DNA 聚合酶Ⅰ尚具有 5′→3′核酸外切酶活性，它只作用于双链 DNA 的碱基配对部分，从 5′末端水解下核苷酸或寡核苷酸。因而该酶被认为在切除由紫外线照射而形成的嘧啶二聚体（pyrimidine dimer）中起着重要作用。DNA 合成中 5′端 RNA 引物的切除也有赖于这一外切酶活性。

1969 年，Delucia 和 Cairus 分离出一种大肠杆菌突变菌株，它的 DNA 聚合酶Ⅰ活性几乎检测不到，却能以正常的速度进行 DNA 复制，不过这个突变株对造成 DNA 损伤的理化因素比对野生型敏感得多，即对 DNA 损伤的修复机能有明显缺陷，因而说明 DNA 聚合酶Ⅰ的主要功能是复制 DNA 的损伤修复。

② DNA 聚合酶Ⅱ和 DNA 聚合酶Ⅲ：DNA 聚合酶Ⅰ缺陷的突变株仍能生存，这表明 DNA

聚合酶 I 不是 DNA 复制的主要聚合酶。DNA 聚合酶 II 为多亚基酶，这个酶的活力比 DNA 聚合酶 I 高。该酶的催化特性如下：A. 该酶催化 DNA 的聚合，但是对模板有特殊的要求，该酶的最适模板是双链 DNA 中中间有空隙（gap）的单链 DNA 部分，而且该单链空隙部分不长于 100 个核苷酸；B. 该酶也具有 $3'→5'$ 外切酶活性，但无 $5'→3'$ 外切酶活性；C. 该酶对作用底物的选择性较强，一般只能将脱氧核苷酸掺入到 DNA 链中；D. 该酶不是复制的主要聚合酶，因为此酶缺陷的大肠杆菌突变株的 DNA 复制都正常。可能在 DNA 的损伤修复中该酶起到一定的作用。

　　DNA 聚合酶 III 全酶由多个亚基组成（表 12-1），而且易解离。现在认为它是大肠杆菌细胞内真正负责重新合成 DNA 的复制酶（replicase）。DNA 聚合酶 III 催化的聚合反应具有高度连续性，可以沿模板连续移动，一般在加入 5 000 个以上的脱氧核苷酸之后才脱离模板。因此其催化的聚合反应速度快，大约每秒可逐个加入 1 000 个脱氧核苷酸。其 $3'→5'$ 外切酶活性可使错误的核苷酸停止进入或除去，然后连续加入正确的核苷酸，因而具有编辑和校对功能。DNA 聚合酶 III 与 DNA 聚合酶 I 协同作用可使复制的错误率大大降低，从 10^{-4} 降为 10^{-6} 或更少。

表 12-1　DNA 聚合酶 III 的组成

亚基	分子质量（ku）	亚基功能	其他名称
α	140	$5'→3'$ 聚合酶活性	dna E 蛋白、pol C 蛋白
ε	25	$3'→5'$ 外切酶校对功能	dna Q 蛋白、mut D 蛋白
θ	10	组建核心酶（αεθ）	hol E 蛋白
τ	83	核心酶二聚化	dna X 蛋白
γ	52	依赖 DNA 的 ATP 酶，形成 γ 复合物	dna Z 蛋白
δ	32	可与 β 亚基结合，形成 γ 复合物	hol A 蛋白
β	40	两个 β 亚基形成滑动夹子，以提高酶的持续合成能力	dna N 蛋白、copol III

DNA 聚合酶 I、DNA 聚合酶 II 和 DNA 聚合酶 III 的基本性质总结于表 12-2。

表 12-2　大肠杆菌 3 种 DNA 聚合酶特征

	DNA 聚合酶 I	DNA 聚合酶 II	DNA 聚合酶 III
分子质量（ku）	109	120	＞600
每个细胞中的分子数	400	17～100	10～20
$5'→3'$ 聚合活性	+	+	+
37 ℃每个酶分子每分钟转化核苷酸数	1 000～1 200	2 400	15 000～60 000
$5'→3'$ 外切酶活性	+	-	+
$3'→5'$ 外切酶活性	+	+	+
对 dNTP 亲和力	低	低	高

　　③ DNA 聚合酶 IV 和 DNA 聚合酶 V：DNA 聚合酶 IV 和 DNA 聚合酶 V 是在 1999 年才被发现的，它们涉及 DNA 的错误倾向修复（errorprone repair）。当 DNA 受到严重损伤时，即可诱导产生这两个酶，使修复缺乏准确性（accuracy），因而出现高突变率。它能在 DNA 许多损伤部位继续复制，在跨越损伤部位时造成错误倾向的复制。高突变率虽会杀死许多细胞，但至少可以克服复制障碍，使少数突变的细胞得以存活。

（2）真核生物的 DNA 聚合酶　真核生物有多种 DNA 聚合酶，从哺乳动物细胞中分离出 5 种，分别称为 DNA 聚合酶 α、DNA 聚合酶 β、DNA 聚合酶 γ、DNA 聚合酶 δ 和 DNA 聚合酶 ε。真核生物 DNA 聚合酶和细菌 DNA 聚合酶的基本性质相同，均以 4 种脱氧核糖核苷三磷酸为底物，需要 Mg^{2+} 激活，聚合时必须有模板和引物 $3'-OH$ 存在，链的延伸方向为 $5' \rightarrow 3'$。DNA 聚合酶 α 和 DNA 聚合酶 δ 都是在复制延长中起催化作用。DNA 聚合酶 ε 则与原核生物的 DNA 聚合酶 I 相似，在复制过程中起校读、修复和填补缺口的作用。DNA 聚合酶 β 也只是在没有其他 DNA 聚合酶时才发挥催化功能。真核生物 DNA 聚合酶的性质见表 12-3。

表 12-3　真核生物 DNA 聚合酶性质总结

DNA 聚合酶特性	α	β	γ	δ	ε
分子质量（ku）					
催化亚基	16.5	4.0	14.0	12.5	25.5
相关亚基	7.0 及 4.8~5.8	—	未知	4.8	未知
胞内定位	细胞核	细胞核	线粒体	细胞核	细胞核
内在的聚合酶活性	中等	低	高	低	高
$3' \rightarrow 5'$ 外切酶活性	—	—	+	+	+
复制的保真性	高	低	高	高	高
功能	延长 DNA 链	切除修复	线粒体 DNA 的复制	延长 DNA 链	补平引物切除后的空隙

2. DNA 拓扑异构酶　细胞内的复制应先解开 DNA 的超螺旋等拓扑结构。核酸的拓扑结构是指核酸分子的空间结构关系。在 DNA 的复制、重组、转录和装配等过程中无不牵涉及其拓扑结构的改变。

DNA 拓扑异构酶（DNA topoisomerase）能够使 DNA 产生拓扑学上的种种变化，从而引起 DNA 三级结构发生有利于复制的变化。原核生物 DNA 的拓扑学变化见图 12-5。

在原核和真核生物中都发现有两类拓扑异构酶：DNA 拓扑异构酶 I（Topo I）和 DNA 拓扑异构酶 II（Topo II）。原核生物中与复制有关的主要是 DNA 拓扑异构酶 II，又称为 DNA 解旋酶（DNA gyrase），原核生物 Topo I 可能与转录有关。

大肠杆菌 DNA 拓扑异构酶 II 的作用很复杂，大致为以下过程：DNA 拓扑异构酶 II 首先与 DNA 结合，并使环状 DNA 扭曲而形成右手结结构，这个作用是形成一个稳定的正超螺旋（以"+"表示），同时又引入一个负超螺旋（以"−"表示）。然后 DNA 拓扑异构酶 II 在右手结的背后打断双链 DNA，并穿

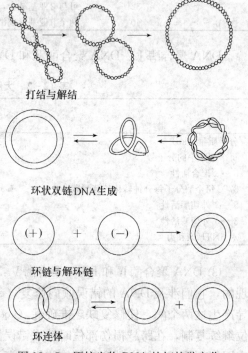

超螺旋的松弛

打结与解结

环状双链DNA生成

（+）　+　（−）　→

环链与解环链

环连体

图 12-5　原核生物 DNA 的拓扑学变化

到另一条链的前面，这样就将右手型正超螺旋变为左手型负超螺旋，最后将断点再连接起来。这个过程需 ATP 水解供能（图 12-6）。

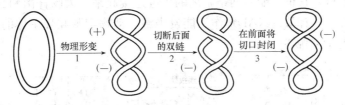

图 12-6　DNA 拓扑异构酶 Ⅱ 的拓扑异构作用

真核生物中 DNA 拓扑异构酶 Ⅰ 和 DNA 拓扑异构酶 Ⅱ 均与复制有关。DNA 拓扑异构酶 Ⅰ 不需消耗 ATP，其酪氨酸残基能与 DNA 3′磷酸基团形成共价结合的中间产物，它能使负或正超螺旋变为松弛态。DNA 拓扑异构酶 Ⅱ 的作用需要 ATP 供能，它不仅参与 DNA 复制，还促进两个子代分子的分离。DNA 拓扑异构酶 Ⅱ 与 DNA 拓扑异构酶 Ⅰ 的另一不同之处在于它独特地沿着染色体分布，与染色体结构、压缩及核基质组成有关。

3. 解螺旋酶　DNA 双螺旋在复制和修复中都必须解链，以便提供单链 DNA 模板。DNA 双螺旋并不会自动打开，解螺旋酶（helicase）可以促使 DNA 在复制位置处打开双链。解螺旋酶可以和 DNA 分子中的一条单链 DNA 结合，利用 ATP 分解成 ADP 时产生的能量沿 DNA 链向前运动，促使 DNA 双链打开。大肠杆菌中已发现有两类解螺旋酶参与这个过程，一类称为解螺旋酶 Ⅱ 或解螺旋酶 Ⅲ，与随后链的模板 DNA 结合，沿 5′→3′方向运动；第二类称为 Rep 蛋白，和前导链的模板 DNA 结合，沿 3′→5′方向运动。

4. 单链 DNA 结合蛋白　在复制中，DNA 双螺旋经解螺旋酶解链形成的单链很快会被单链结合蛋白（single-strand binding protein，SSB）所覆盖，防止其重新配对形成双链 DNA 或被核酸酶降解，同时也促进 DNA 的解链。

单链结合蛋白不属于酶，大肠杆菌细胞中的单链结合蛋白由 4 个相同的亚基组成，相对分子质量为 74 000，结合单链 DNA 的跨度约 32 个核苷酸单位。一个单链结合蛋白结合于单链 DNA 上可以促进其他单链结合蛋白的结合，这个过程称为协同结合（cooperative binding）。单链结合蛋白结合到单链 DNA 上后，使其呈伸展状态，没有弯曲和结节，有利于单链 DNA 作为模板。单链结合蛋白可以重复使用，当新生的 DNA 链合成到某一位置时，该处的单链结合蛋白便会脱落，并被重复利用。

5. 引物酶　人们在研究各种 DNA 聚合酶所需的反应条件时发现，已知的任何一种 DNA 聚合酶都不能从头起始合成一条新的 DNA 链，而必须有一段引物。已发现的大多数引物为一段 RNA，长度一般为 1～10 个核苷酸。合成这种引物的酶称为引物酶（primerase），这种 RNA 聚合酶与转录时的 RNA 聚合酶不同，因为它对利福平不敏感。引物酶在模板的复制起始部位催化互补碱基的聚合，形成短片段的 RNA。

引物之所以是 RNA 而不是 DNA，是因为 DNA 聚合酶没有催化两个游离 dNTP 聚合的能力，而生成 RNA 的核苷酸聚合则可以是酶促的游离 NTP 聚合。一段短 RNA 引物即可以提供 3′-OH 末端供 dNTP 加入、延长之用。

6. DNA 连接酶 连接酶（ligase）催化双链 DNA 中一条链上的缺口以 $3'$，$5'$磷酸二酯键共价连接，缺口上的 $3'$-OH 和 $5'$磷酰基必须相邻（图 12-7）。如果间隔一个或几个核苷酸残基，连接酶就不能连接缺口，它也不能将两条游离的单链连接起来。大肠杆菌和其他细菌的 DNA 连接酶以烟酰胺腺嘌呤二核苷酸（NAD）作为能量来源，动物细胞和噬菌体的连接酶则以腺苷三磷酸（ATP）作为能量来源。

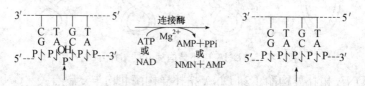

图 12-7 动物细胞和噬菌体 DNA 连接酶催化的反应

DNA 聚合酶只能催化多核苷酸链的延长反应，不能使链之间连接。链之间的连接反应是由 DNA 连接酶（DNA ligase）催化的，这个酶催化双链 DNA 切口处的磷酸基和戊糖上的羟基生成磷酸二酯键。

（三）原核生物 DNA 的复制过程

DNA 的复制是指以 DNA 为模板合成 DNA 的过程。大肠杆菌染色体 DNA 的复制过程可分为 3 个阶段：起始、延伸和终止。

1. 复制的起始阶段 复制起始过程就是把 DNA 双链解开成为单链和生成引物。原核生物（例如 *E. coli*），是从固定的起始点（origin copy，oriC）开始，同时向两个方向进行复制，称为双向复制（bidirectional replication）。复制时双链打开，分开成两条，新链沿着张开的模板生成，复制中形成这种 Y 字形 DNA 结构称为复制叉（replication fork）（图 12-8）。

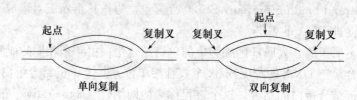

图 12-8 单向复制和双向复制

复制起始时，多种蛋白质需要与复制起始点上一些特有的核苷酸序列结合，形成蛋白质-DNA 复合物。复制的起始部位不是随意的，大肠杆菌复制起始点 oriC 跨度为 245 bp，碱基序列分析说明在这段 DNA 上有 3 组串联重复序列和 2 对反向重复序列。

在大肠杆菌中，解螺旋酶有辨认复制起始点的功能，可以和其他复制因子一起形成复合体，然后结合引物酶，形成较大的聚合体，再结合到模板 DNA 上，这种复合物称为引发体（primosome）。引发体的下游双链解开，再由引物酶催化引物的合成。

2. 复制的延伸阶段 在引发的复制叉上，DNA 聚合酶Ⅲ按照模板链的指令，向 RNA 引物 $3'$-OH 末端依次添加新的 dNMP 残基，新生的 DNA 链只能沿着 $5' \rightarrow 3'$ 的方向复制延伸，不能沿 $3' \rightarrow 5'$ 方向合成。而任何 DNA 双螺旋又都是由走向相反的两条链构成，亲代链中一条是 $5' \rightarrow 3'$，另一条是 $3' \rightarrow 5'$。这样，$3' \rightarrow 5'$ 这条亲代链可以连续合成子代链。而 $5' \rightarrow 3'$ 链则如何合成呢？

1968 年冈崎（R. Okazaki）发现 $5'{\rightarrow}3'$ 亲代链是先合成一些约 1 000 个核苷酸的片段，称为冈崎片段，短暂地存在于复制叉周围。随着复制的进行，这些片段再连成一条子代 DNA 链。因此，在 DNA 复制中，一条子代链是可以连续进行的，称为前导链（leading strand）。另一条子代链是不连续复制的称为随后链（lagging strand），所以 DNA 复制是半不连续复制。在不连续复制的链上，引发体需多次生成。这两条链合成的基本反应相同，且同时进行，并且都由 DNA 聚合酶Ⅲ所催化。

在 DNA 复制叉处要有两套 DNA 聚合酶在同一时间分别复制 DNA 前导链和随后链。如果随后链模板环绕 DNA 聚合酶全酶，并通过 DNA 聚合酶，然后再折向与未解链的双链 DNA 在同一方向上，则随后链的合成可以和前导链的合成在同一方向上进行（图 12-9）。

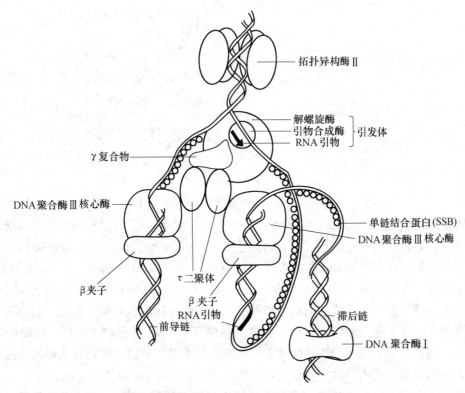

图 12-9　随后链的合成可以和前导链的合成在同一方向上进行
（引自王镜岩，2002）

这样，当 DNA 聚合酶沿着随后链模板移动时，由特异的引物酶催化合成的 RNA 引物即可以由 DNA 聚合酶延长。当合成的 DNA 链到达前一次合成的冈崎片段的位置时，随后链模板及刚合成的冈崎片段便从 DNA 聚合酶上释放出来。这时，由于复制叉继续向前运动，便产生了又一段单链的随后链模板，它重新环绕 DNA 聚合酶全酶，并通过 DNA 聚合酶开始合成新的随后链冈崎片段。通过这样的机制，前导链的合成不会超过随后链太多（最多只有一个冈崎片段的长度）。

按上述 DNA 复制的机制，在复制叉附近，形成了以两套 DNA 聚合酶全酶分子、引发体和

DNA 双螺旋构成的类似核糖体大小的复合体，称为 DNA 复制体（replisome）。复制体在 DNA 前导链模板和随后链模板上移动时便合成了连续的 DNA 前导链和由许多冈崎片段组成的随后链。在 DNA 合成延伸过程中主要是 DNA 聚合酶起作用。当冈崎片段形成后，DNA 聚合酶通过其 $5'\rightarrow3'$ 外切酶活性切除冈崎片段上的 RNA 引物。同时，利用后一个冈崎片段作为引物由 $5'\rightarrow3'$ 合成 DNA，然后由 DNA 连接酶将这些片段连接起来形成完整的 DNA 随后链。各种因子在 DNA 复制中的作用见图 12-10。

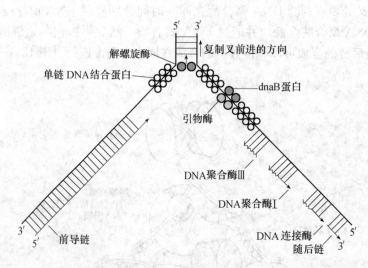

图 12-10　各种因子在 DNA 复制中的作用

3. 复制的终止　细菌环状染色体的两个复制叉向前推移，最后在终止区（terminus region）相遇并停止复制，该区含有多个约 22 bp 的终止子（terminator）位点。大肠杆菌有 6 个终止子位点，称为 *ter* A～*ter* F。与 *ter* 位点结合的蛋白质称为 Tus（terminus utilization substance）。Tus-*ter* 复合物只能够阻止一个方向的复制叉前移，即不让对侧复制叉超过终点后过量复制。在正常情况下，两个复制叉前移的速度是相等的，到达终止区后就都停止复制。如果其中一个复制叉前移受阻，一个复制叉复制过半后，就受到对侧 Tus-*ter* 复合物的阻挡，以便等待另一复制叉的汇合。这就是说，终止子的功能对于复制来说并不是必需的，它只是使环状染色体的两半边各自复制。因为两半边的基因方向也正好是相反的。

两个复制叉在终止区相遇而停止复制，复制体解体，其间仍有 50～100 bp 未被复制。其后两条亲代链解开，通过修复方式填补空缺。此时，两环状染色体互相缠绕，成为连锁体（catena）。此连锁体在细胞分裂前必须解开，否则将导致细胞分裂失败，细胞可能因此死亡。大肠杆菌分开连锁体需要拓扑异构酶Ⅳ（属于Ⅱ型拓扑异构酶）参与作用。每次作用可以使 DNA 两链断开和再连接，因而使两个连锁的闭环双链 DNA 彼此解开（图 12-11）。其他环状染色体，包括某些真核生物病毒，其复制的终止可能以类似的方式进行。

4. 高保真度复制的机制　生物的生存和发展需要精确的染色体复制。通常，大肠杆菌 DNA 复制的误差率被有效地控制在 $10^{-9}\sim10^{-10}$ 或以下。DNA 的复制的高保真度主要是靠 DNA 聚合酶实现的。首先是 DNA 聚合酶的 $5'\rightarrow3'$ 聚合活性部位对底物的选择，模板链碱基进入的 dNTP

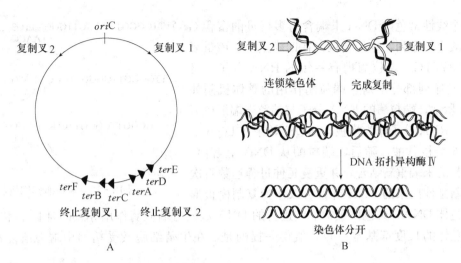

图 12 - 11 大肠杆菌染色体复制的终止

A. ter 位点在染色体的位置　B. DNA 拓扑异构酶Ⅳ使连锁环状染色体解开

碱基之间必须正确匹配。其次，DNA 聚合酶的 $3' \rightarrow 5'$ 外切活性具有校对功能，可以及时切除掺入新链 $3'$ 末端的错误残基，然后 DNA 聚合酶 I 在缺口处掺入正确的核苷酸，最后还是由连接酶把缺口补好。

综上所述，大肠杆菌的 DNA 复制是在包括 DNA 聚合酶在内的几十种酶和蛋白质因子的精确匹配下完成的，定点起始，两个复制叉双向等速前进，进行半保留、半不连续复制。

二、真核生物 DNA 的复制过程

真核细胞 DNA 复制在许多方面与大肠杆菌相似，比如都是以复制叉的形式进行半保留、半不连续复制。但由于真核细胞染色体中的 DNA 分子是线性的，且比原核细胞 DNA 大好几个数量级，因此它们的复制机制更为复杂。真核细胞 DNA 复制系统也包括不同的 DNA 聚合酶、拓扑异构酶、解螺旋酶、连接酶、单链结合蛋白和许多蛋白因子。

真核细胞核 DNA 是多起点双向复制的，构成了多个复制子。真核生物 DNA 复制的冈崎片段长为 $100 \sim 200$ 个核苷酸，相当于一个核小体 DNA 的长度。原核细胞在生长旺盛的条件下，第一轮复制尚未完成就在复制起点开始第二轮复制；而真核细胞在完成全部染色体复制之前，各复制子不能再开始新一轮复制。在 DNA 复制的同时，还要组装新的核小体。同位素标记实验表明，在真核复制子上亲代染色质上的核小体被逐个打开，组蛋白八聚体可直接转移到子代前导链上，而随后链则由新合成的组蛋白组装。

三、端粒与端粒酶

与细菌环形分子不同，真核生物染色体 DNA 为线性分子，按 DNA 复制机制，其滞后链 $5'$ 端不能被复制，因此在染色体端部就留下了缺口，使已复制出的新链缩短，从而使染色体端部随复制次数增加而不断缩短。多数生物是通过一种称为端粒酶（telomerase）的蛋白质负责端粒的复制。

每一个线性染色体 DNA 末端含有多拷贝的富含 G 的六核苷酸重复序列，称为端粒，在四膜虫中，该重复序列是 GGGTTG。端粒酶携有一短的 RNA 分子，可与富 G 重复序列部分配对。端粒酶作用的具体机制如图 12 - 12 所示。端粒酶的 RNA 分子与端粒末端形成氢键，接着，RNA 分子作为模板，通过逆转录在 DNA 3′末端添加 6 个核苷酸，随后，端粒酶从 DNA 上解离，再在新端粒的末端重新结合，并重复延伸过程达数百次后解离。新延伸出来的 DNA 链就可以作为复制模板形

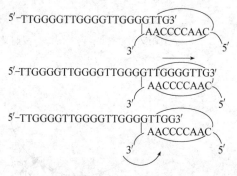

图 12 - 12　端粒酶作用机制

成双链染色体 DNA。染色体正常复制进行的 DNA 短缩与端粒酶作用导致的延长基本平衡，使每一条染色体的长度都基本一致。值得一提的是，在生殖细胞及受精卵中端粒酶才有较高的活性。

四、逆转录和逆转录酶

以 RNA 为模板合成 DNA 的过程称为逆转录（reverse transcription），催化这一反应的酶称为逆转录酶或称依赖于 RNA 的 DNA 聚合酶。

（一）逆转录酶性质

1970 年，Temin 和 Baltimore 同时分别从劳氏肉瘤病毒和小鼠白血病病毒等致癌的 RNA 病毒中分离出逆转录酶。逆转录酶是一种多功能酶，它兼有 3 种酶的活力：①依赖 RNA 的 DNA 聚合酶活力，即以 RNA 为模板，合成一条 DNA 互补链（complementary DNA，cDNA），形成 RNA - DNA 杂交分子；②糖核酸酶 H 的活力，即水解 RNA - DNA 杂交链中的 RNA，起着 3′→5′和 5′→3′外切酶作用；③DNA 指导的 DNA 聚合酶活力，即以新合成的 cDNA 为模板，合成互补 DNA 链，形成 DNA 双螺旋。逆转录酶催化反应方式与其他 DNA 聚合酶相同，也是5′→3′方向聚合，并需要引物。

（二）逆转录过程

1. 逆转录病毒　所有已知的致癌 RNA 病毒都含逆转录酶，因此被称为逆转录病毒（retrovirus）。当致癌病毒进入宿主细胞后，逆转录酶依次发挥上述 3 种酶活的功能，以 RNA 为模板，形成双链 DNA 分子（前病毒）。此双链 DNA 可进入宿主细胞核，并整合（integration）到宿主 DNA 中，随宿主 DNA 一起复制传递给子代细胞。在某些条件下，潜伏的 DNA 可以活跃起来转录出病毒 RNA 而使病毒繁殖（图 12 - 13）；在另一些条件下，它也可以引起宿主细胞癌变。

2. 嗜肝 DNA 病毒　例如，乙型肝炎病毒（hepattis B virus），在复制周朝中也需经过逆转录步骤。乙型肝炎病毒的基因组是一带缺口的环状 DNA 分子，其大小为 3 200 bp。病毒粒子中携带有 DNA 聚合酶（逆转录酶）和蛋白质引物。当细胞感染乙型肝炎病毒后，基因组 DNA 的缺口即由 DNA 聚合酶填补，从而形成闭环分子，并转录产生（＋）链 RNA。RNA 被组装到核壳内，在那里进行逆转录，最后加上外壳成为成熟的病毒粒子。

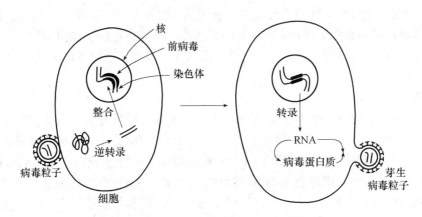

图 12-13　逆转录病毒的生活周期

（三）逆转录的生物学意义

逆转录过程的发现，不仅扩充了中心法则，还有其重要的生物学意义。它有助于人们对 RNA 病毒致癌机制的了解，并对防治肿瘤提供了重要线索。20 世纪 80 年代初发现的一种对人类健康威胁极大的传染病——艾滋病，也是一种逆转录病毒引起的，为了了解艾滋病的起因以及寻找防治途径，都需要深入研究这类病毒的生活周期和逆转录过程。

第三节　DNA 损伤与修复

一、DNA 损伤与突变

DNA 在复制过程中可能出现错配。DNA 重组、病毒基因的整合常常会局部破坏 DNA 的双螺旋结构。DNA 可以自发脱碱基：由于 N-C 糖苷键的自发断裂，引起嘌呤或嘧啶碱基的脱落，人体每日可有近万个核苷酸残基自发脱碱基。DNA 还可以自发脱氨基：胞嘧啶自发脱氨基可生成尿嘧啶，腺嘌呤自发脱氨基可生成次黄嘌呤，人体每日可有几十到几百个核苷酸残基自发脱氨基。而某些化学因素（如多环芳烃类、亚硝酸盐等）、物理因素（如紫外线、超声波、电离辐射等）也能引起 DNA 结构与功能的破坏。以紫外线为例，它可引起 DNA 分子中同一条链上相邻的两个嘧啶核苷酸以共价键连接生成环丁烷结构即嘧啶二聚体（图 12-14），最易见的是胸腺嘧啶二聚体。此种二聚体不能容纳在双螺旋结构中，它不能与互补链上的腺嘌呤形成氢键配对，影响 DNA 的复制和基因表达。此外，DNA 的损伤还有碱基可能改变或丢失、骨架中的磷酸二酯键可能断裂、螺旋链可能形成交联等。总之，DNA 的正常双螺旋结构遭到破坏，出现损伤，就有可能影响其功能。

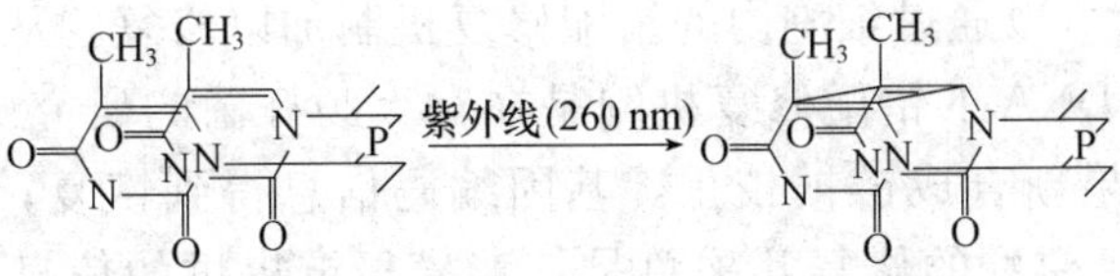

图 12-14　胸腺嘧啶二聚体

DNA 分子中的碱基序列发生突然而稳定的改变，从而导致 DNA 的复制以及后来的转录和翻译随之发生变化，表现出异常的遗传特性，称之为 DNA 突变。DNA 突变分为自发突变和诱发突变。DNA 复制的保真度很高，有 $10^{-9} \sim 10^{-10}$ 误差率所以自发突变的几率很低。诱发突变是外界因素引起的，可分为物理因素诱变和化学因素诱变。根据发生突变的碱基变化可把 DNA 突变分为以下几种。

（一）置换

一个或几个碱基的置换（replacement）又称为点突变，可再分为两种类型：①同类碱基之间的置换，即一个嘌呤碱被另一个嘌呤碱置换或一个嘧啶碱被另一个嘧啶碱置换，称为转换（transition）；②异类碱基之间的置换，即一个嘌呤碱被嘧啶碱置换或一个嘧啶碱被嘌呤碱置换，称为颠换（transversion）。亚硝基及碱基类似物都可诱导这类突变的发生。如 5-溴尿嘧啶（BU），由于其结构与胸腺嘧啶（T）极其相似，在 DNA 复制时易取代 T。BU 的酮式结构易与 A 配对，变为烯醇式结构后更易与 G 配对，于是在进一步复制时出现 G-C 对。又如亚硝酸可使胞嘧啶氧化脱氨变成尿嘧啶，把 DNA 中的 C-G 对变为 U-G 对，复制时形成 A-U 对，再次复制时形成 A-T 对。

（二）插入

如果在 DNA 链中插入一个或几个碱基对，将导致遗传密码解读框架的改变，从突变位点以后的密码都可能发生错误，称为移码突变（frameshift mutation）。吖啶类染料扁平的杂环分子很容易插入 DNA 的碱基之间诱发这类突变。

（三）缺失

若 DNA 链丢失一个或几个碱基对，同样会造成移码突变。点突变只涉及个别密码子，相应的肽链中只有个别氨基酸发生改变。而插入及缺失将导致染色体结构畸变，可能产生严重的后果。

二、DNA 损伤修复机制

DNA 损伤可能造成 DNA 碱基序列的改变，这些改变通过复制传递给子代细胞而具有永久性，从而发展成为突变。能给细胞提供优越性的突变是很罕见的，然而这种突变的频率也足以造成生物在自然选择和进化过程中产生多样性。大部分突变对细胞是有害的，导致细胞功能的丧失、肿瘤的发生、细胞的死亡等。不过，在一定条件下，生物体能使其 DNA 的损伤得到修复，这种修复是生物在长期进化过程中获得的一种保护功能。目前已经知道，细胞对 DNA 损伤的修复系统有 5 种：错配修复（mismatch repair）、直接修复（direct repair）、切除修复（excision repair）、重组修复（recombination repair）和易错修复（error prone repair）。

（一）错配修复

普通的 DNA 聚合酶在复制时出错的概率大约有 10^{-3}（每掺入 1 000 个脱氧核苷酸出 1 个错配），出现了错配以后可以通过细胞内的错配修复机制加以修复，从而可以提高复制精确性（可提高 $10^2 \sim 10^3$ 倍）。DNA 的错配修复机制是在对大肠杆菌的研究中被阐明的。DNA 在复制过程中出现错配，如果新合成链被校正，基因编码信息得到恢复；但如果模板链被校正，就会产生永久性的突变。错配的修复几乎总是依赖模板链提供的信息，这种修复系统有一种区分模板链和新合成链的机制。细胞将模板链甲基化以区分新合成链。大肠杆菌的错配修复系统含有起码 12 个以上的蛋白质成分，这些蛋白质既参加两链的区分，也参加 DNA 修复过程。

　　模板链和新合成链的区分由一种称为 Dam 的甲基化酶完成。这种甲基化酶甲基化所有含 GATC 序列中腺嘌呤 N_6 的位置。DNA 复制后的一段短时间内（几秒或几分钟），新合成链尚处于未甲基化状态（图 12-15），这就造成模板链和新合成链之间的区别。于是靠近 GATC 序列附近的错配，可以根据已甲基化的模板链加以修复，如果两条链都已被甲基化，这种修复过程几乎不发生。如果两条链都未甲基化，则修复作用可发生在双链中的任意一条。这一系统被称为甲基指导的错配修复，它能校正离半甲基化的 GATC 序列远至 1 000 bp 的错配碱基。

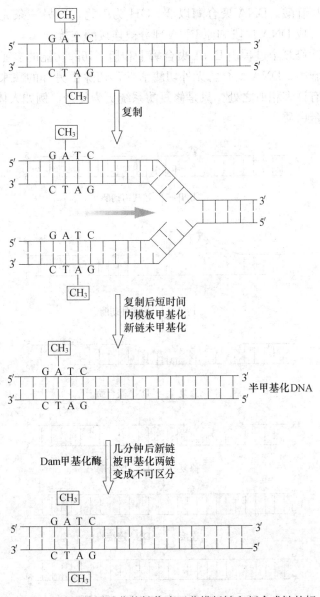

图 12-15　DNA 的甲基化能够作为区分模板链和新合成链的标志

　　错配修复是能量消耗特别大的过程，错配碱基可能在离 GATC 序列 1 000 bp 或 1 000 bp 以外的地方，这么长的链水解再合成新链替换它，是个巨大的能量投入，用许多激活的脱氧核苷三磷酸前体去修复单个碱基错配的 DNA，表明细胞基因组完整性的重要性。

（二）切除修复

　　切除修复是在一系列酶的作用下，将 DNA 分子中受损伤的部分切除掉，并以完整的那一条链为模板，合成出切去的部分，然后使 DNA 恢复正常结构的过程。这是比较普遍的一种修复机制，它对多种损伤均能起修复作用，主要修复小段 DNA 的损伤。其修复过程可概括为切开→切除→修复→连接 4 个步骤（图 12 - 16）。特异核酸内切酶（修复酶）在损伤部位两侧切开磷酸二酯键，除去损伤的寡核苷酸。DNA 聚合酶以 $3'$ - OH 为引物，以另一条完好的互补链为模板合成一段新互补链。新合成 DNA 片段和原 DNA 部分被连接酶连接。

　　在大肠杆菌中切除修复全过程由 DNA 聚合酶 I 和担当切除功能的多亚基 UvrAB（内切核酸酶）完成。在真核细胞中，DNA 聚合酶无外切酶活性，切除由另外的酶来完成。真核生物切除修复机制与大肠杆菌有许多相似之处，只是修复酶系统更为复杂，例如人体细胞参与切除修复的修复酶包括 8～10 种蛋白质。

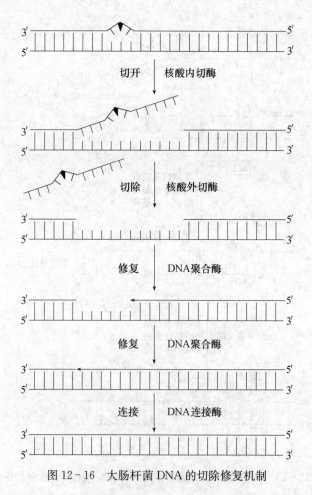

图 12 - 16　大肠杆菌 DNA 的切除修复机制

（三）直接修复

紫外光照射可以使 DNA 链中相邻的嘧啶碱基之间产生共价键，形成嘧啶二聚体，其中最常见的是胸腺嘧啶二聚体。嘧啶二聚体的形成使 DNA 双螺旋结构发生扭曲，从而使其复制和转录功能受到阻碍。嘧啶二聚体可以通过直接修复来解开，在强的可见光（400～500 nm）照射下，细胞内激活的光裂合酶与嘧啶二聚体结合并将其分开，恢复成两个单独的嘧啶碱基，这种直接修复方式叫做光裂合酶修复（图 12-17）。光裂合酶在生物界分布，从低等单细胞生物一直到鸟类都有，而高等哺乳动物没有。这说明在生物进化过程中该作用逐渐被暗修复系统所取代，并丢失了这个酶。

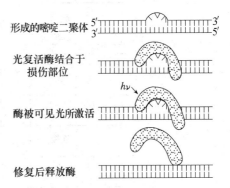

形成的嘧啶二聚体

光复活酶结合于损伤部位

酶被可见光所激活

修复后释放酶

图 12-17 光复活酶修复

（引自王镜岩，2002）

直接修复的另一个例子是 O^6-甲基鸟嘌呤的修复。O^6-甲基鸟嘌呤-DNA 甲基转移酶是一种自杀性酶（suicide enzyme），能将 O^6-甲基鸟嘌呤的甲基转移到酶本身的半胱氨酸残基上而修复 DNA，这是一个不可逆反应。此酶也可以修复其他烷基化鸟嘌呤，但修复活性低。

（四）DNA 重组和重组修复

DNA 重组是指由于不同 DNA 链的断裂和连接而产生的 DNA 片段的交换和重新组合，形成新的 DNA 分子的过程，新的 DNA 分子中含有原来的两个 DNA 分子的片段。

DNA 重组事件可以分成至少 3 个类型。其一是同源遗传重组（homologous genetic recombination）也称普通遗传重组，这种重组需要两个分子之间或一个分子的不同部分同源（几乎相同的）序列之间的遗传互换。另一类 DNA 重组称为点特异重组（site-specific recombination），在这类过程中遗传重组仅需要特定的 DNA 序列，无需同源部分。第三类 DNA 重组称为 DNA 转座（DNA transposition），它们的特别之处是某些 DNA 序列含有能够使自身的 DNA 片段从染色体的一个位点转移到另一个位点的功能。

同源重组又称为一般性重组（general recombination），它是由两条同源区的 DNA 分子通过配对、链的断裂和再连接，而产生片段交换的过程。同源重组常发生在减数分裂、细菌接合和 DNA 复制过程中。

同源重组过程已证实的功能有 3 种：①它提供了群体的遗传多样性；②它给真核细胞染色单体之间提供一种临时的物理联系，这种联系是第一次减数分裂中把染色体正确分配到两个子细胞所必需的；③它为几种类型的 DNA 损伤修复提供了机会。

Robin Holliday 于 1964 年提出了一个同源遗传重组模型（图 12-18）。

Holliday 的同源重组遗传模型有 4 个关键要点：①同源 DNA 依靠一种非特异的机制排列；②每条双链 DNA 中的一条链被切断，并和另一双链对应的切断链互换连接成 Holliday 中间体（Holliday intermediate）；③在这个区域，不同 DNA 分子的链进行配对，这种实体称为杂螺旋 DNA，互换链以分叉移动（branch migration）的方式延伸；④Holliday 中间体的两条交叉链被切断，切点被修复以形成重组产物。有两种切割和分解 Holliday 中间体的方法，图 12-18 中垂直切割方法产生的双链 DNA 是完全重组的；水平切割方式产生的双链 DNA 是部分重组的。真

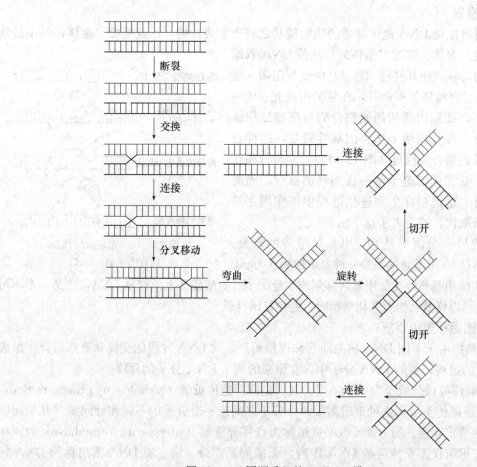

图 12-18 同源重组的 Holliday 模型

核生物或原核生物都可以观察到这两种结果。

同源重组是重组修复的重要方式。切除修复是在切除损伤片段后以原来正确的互补链为模板来合成新的片段而做到修复的，但在某些情况下没有互补链可以直接利用，例如在 DNA 复制进行时发生 DNA 损伤，此时 DNA 两条链已经分开，其修复采用图 12-19 所示的 DNA 重组方式：①受损伤的 DNA 链复制时，产生的子代 DNA 在损伤的对应部位出现缺口；②完整的另一条母链 DNA 与有缺口的子链 DNA 进行重组交换，将母链 DNA 上相应的片段填补至子链缺口处，而母链 DNA 出现缺口；③以另一条子链 DNA 为模板，经 DNA 聚合酶催化合成一新 DNA 片段填补母链 DNA 的缺口，最后由 DNA 连接酶连接，完成修补。大肠杆菌中，参与重组修复的酶主要有 RecA、RecB、RecC 以及 DNA 聚合酶和连接酶。

重组修复不能完全去除损伤，损伤的 DNA 片段仍然保

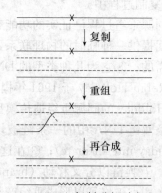

图 12-19 DNA 复制进行时发生 DNA
损伤的重组修复

留在亲代 DNA 链上，只是重组修复后合成的 DNA 分子是不带有损伤的，经多次复制后，损伤就被“稀释”了，在子代细胞中只有一个细胞是带有损伤 DNA 的，最后对正常生理过程没有影响，损伤也就得到了修复。

（五）SOS 修复和易错修复

SOS 是国际海难信号，而 SOS 修复表示这仅是一类应急性的修复方式，是一种在 DNA 分子受到较大范围损伤并且使复制受到抑制时出现的修复机制，以 SOS 借喻细胞处于危急状态。参与这一反应的，除了切除修复基因 *uvr* 类、重组修复基因 *rec* 类的产物外，还有调控蛋白 LexA 等。最近还发现，大肠杆菌（*E. coli*）的 DNA 聚合酶Ⅱ参与这一修复反应。所有这些基因组成一个称为调节子（regulon）的网络式调控系统。这一网络引致反应特异性低，对碱基的识别、选择能力差。通过 SOS 修复，复制如能继续，细胞是可存活的。然而，DNA 保留的错误会较多，引起较广泛、长期的突变。SOS 修复网络管辖下的基因一般情况都是不活跃的、不表达的，只有在紧急情况下才被整体地动员。用细菌为研究材料的实验还证明：不少能诱发 SOS 修复机制的化学药物，都是哺乳类动物的致癌剂。对 SOS 修复和突变、癌变的关系，是肿瘤学上研究的热点课题之一。

SOS 反应诱导的修复系统包括避免差错的修复（error free repair）和易产生差错的修复两类。错配修复、直接修复、切除修复和重组修复能够识别 DNA 损伤或错配碱基而加以消除，在它们的修复过程中并不明显引入错配碱基，因此属于避免差错的修复。SOS 反应能诱导切除修复和重组修复中某些关键酶和蛋白质的产生，使这些酶和蛋白质在细胞内的含量升高，从而加强切除修复和重组修复的能力。此外 SOS 反应还能诱导产生缺乏校对功能的 DNA 聚合酶，它能在 DNA 损伤部位进行复制而避免了死亡，可是却带来了高的变异率。SOS 的诱变效应与此有关。

第四节　RNA 的生物合成

根据中心法则，RNA 处于信息代谢的中间环节：储存在 DNA 分子上的遗传信息必须转录到 mRNA 分子中，才能用来指导蛋白质的合成（图 12－20）。同时，rRNA、tRNA 和具有特殊功能的小分子 RNA 都是以 DNA 为模板、在 RNA 聚合酶催化下合成的。此外，除逆转录病毒外，其他 RNA 病毒均以 RNA 为模板进行复制。

5′—GCAGTACATGTC—3′ } DNA
3′—CGTCATGTACAG—5′ }
↓ 转录
5′—GCAGUACAUGUC—3′ RNA
↓ 翻译
N—Ala—Val—His—Val—C 肽

图 12－20　遗传信息的主要流向

（DNA 中小写字母代表模板链，大写字母为编码链）

一、转录

转录（transcription）是在 DNA 指导的 RNA 聚合酶催化下，按照碱基配对的原则，以 4 种 NTP 为原料，合成一条与 DNA 互补的 RNA 链的过程。即把 DNA 的碱基序列转抄成 RNA 的碱基序列。除了某些病毒 RNA 基因组和兔网织红细胞是以 RNA 为模板合成 RNA 外，其他所有的 RNA 分子都是以 DNA 为模板合成的。在转录过程中，酶系统将 DNA 片段的遗传信息转变成与其中一条 DNA 链有互补碱基顺序的 RNA 链，产生了 3 种主要的 RNA：mRNA、tRNA、rRNA。

（一）DNA 的模板链和编码链

在转录中，双股 DNA 只有一条链是模板，称为模板链（template strand），又称为反义链（antisense strand）或负（—）链；另一条链称为编码链（coding strand），又称有义链（sense strand）或正（＋）链。由于 RNA 产物和有义链都与模板链反向平行，碱基互补，所以有义链与转录的 RNA 的碱基序列相同，当然在 DNA 正链中的 T 在 RNA 中被 U 替代。通常用正链 DNA 的碱基序列表示基因的序列，转录起点（与 RNA 产物中第一位残基相对应）标为＋1，其上游（5′侧）残基标记为—1，其余类推。染色体上各基因的有义链不一定在同一 DNA 单链上，即有些基因的转录模板在双链 DNA 的这条链上，其余的则分布在另一条链上。基因之间还有完全不被转录的非信息区，在高等生物中这一部分所占比例远远超过被转录的部分。由于转录仅以 DNA 一条链的某一区段为模板，因而称为不对称转录。

（二）RNA 聚合酶

RNA 聚合酶（RNA polymerase，RNA-pol）催化 RNA 主链中核苷酸间的 3′,5′-磷酸二酯键的形成。催化反应速度很快，在 37 ℃时 RNA 链的延伸可达每秒 40 个核苷酸。原核生物和真核生物的 RNA 聚合酸是有区别的。RNA 聚合酶催化的反应如图 12-21 所示。

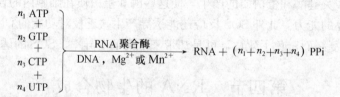

图 12-21 RNA 聚合酶催化的反应

1. 原核生物的 RNA 聚合酶 与 DNA 复制中催化 RNA 片断合成的引物酶不同，参与原核细胞转录作用的 RNA 聚合酶是相当复杂的多亚基酶。目前已研究得比较透彻的是大肠杆菌的 RNA 聚合酶。这是一个相对分子质量为 465 000，由 4 种亚基（α、β、β′和 σ）组成的五聚体（$\alpha_2\beta\beta'\sigma$）蛋白质。此外，在全酶中还存在一种相对分子质量较小的成分，称为 ω 亚基。各亚基大小及其功能见表 12-4。

表 12-4 大肠杆菌的 RNA 聚合酶各亚基及其功能

亚基	分子质量（u）	功　能
α	40 000	决定哪些基因被转录，酶的装配
β	155 000	结合核苷酸底物，催化磷酸二酯键形成
β′	160 000	结合 DNA 模板（开链）
σ	32 000～92 000	识别启动子，促进转录的起始
ω	11 000	未知

α₂ββ'亚基合称为核心酶（core enzyme）。试管内的转录实验（含有模板、酶和底物 NTP 等）证明：核心酶已能催化 NTP 按模板的指引合成 RNA，但合成的 RNA 没有固定的起始位点。而加有 σ 亚基的酶却能在特定的起始点上开始转录，可见 σ 亚基的功能是辨认转录起始点。σ 亚基加上核心酶称为全酶（holoenzyme）。活细胞的转录起始，需要全酶，但至转录延长阶段，则仅需核心酶，σ 亚基在转录延长时即脱落。

利福平（rifampicin）或利福霉素是一种抗生素，它专一性地结合 RNA 聚合酶的 β 亚基。在转录开始后再加入利福平，仍能发挥其抑制转录的作用，这就说明了 β 亚基在转录全过程都起作用。β'亚基是 RNA 聚合酶与 DNA 模板相结合的组分，所以也参与了转录全过程。α 亚基决定转录哪些种类的基因。

2. 真核生物的 RNA 聚合酶 原核生物中 RNA 由一种聚合酶合成，而真核细胞中至少有 3 种 RNA 聚合酶，都是由多个（8～14）亚基组成的含 Zn^{2+} 的寡聚酶，分别转录不同的基因。这些酶的基本特点及其对抑制剂 α-鹅膏蕈碱（α-amanitine）的敏感性见表 12－5。此外，线粒体和叶绿体中也有它们自己的 RNA 聚合酶，其分子大小和对抑制剂的敏感性质更接近于原核细胞的 RNA 聚合酶。

表 12－5 真核生物 RNA 聚合酶的种类和性质

种 类	功 能	对 α-鹅膏蕈碱的敏感性
RNA 聚合酶 Ⅰ	转录 45S rRNA，经加工生成 18S RNA、5.8S RNA 和 28S rRNA 的前体	不敏感
RNA 聚合酶 Ⅱ	转录 hnRNA（mRNA 前体）、核内小 RNA	敏感
RNA 聚合酶 Ⅲ	转录 tRNA、5S rRNA 前体和 scRNA	中等敏感

真核生物的 RNA 聚合酶和原核生物的聚合酶一样，按 DNA 模板链的指令进行转录；不需要引物；沿 $5' \rightarrow 3'$ 的方向合成新链；无核酸外切酶的校正作用；催化的底物是三磷酸核糖核苷酸，在合成的 RNA 中形成磷酸二酯键等。

（三）转录过程

转录起始于 DNA 模板的一个特定位点，并在一定位点处终止，此转录区域称为转录单位。一个转录单位可以是一个基因，也可以是多个基因。转录的起始是由 DNA 的启动子（promoter）区控制的，而控制终止的部位则称为终止子（terminator）。

转录过程可以分为 3 个阶段：起始、延伸和终止。

1. 转录的起始 转录起始需要 RNA 聚合酶全酶参与，只有当核心酶与 σ 亚基缔合成全酶，才能在 DNA 模板上特定的位点启动转录，合成有意义的 RNA 产物。在基因上，由 RNA 聚合酶识别、结合并确定转录起始位点的特定序列称为启动子（promoter），一般位于转录起点的上游，约包括 40 bp。启动子一般可分为两类，一类是 RNA 聚合酶可以直接识别的启动子；另一类启动子在和 RNA 聚合酶结合时需要有蛋白质辅助因子的存在，这种蛋白质因子能够识别与该启动子序列相邻或甚至重叠的 DNA 序列。RNA 聚合酶之所以仅在启动子处结合，显然启动子处具有能与 RNA 聚合酶结合的特异核苷酸序列，就像酶与底物结构相适合一样。

　　根据对 100 多个碱基序列的分析，大肠杆菌的启动子至少有两处共同序列，即 RNA 合成开始位点的上游大约 10 bp 和 35 bp 处的两个共同的序列，分别称为 −10 序列（区）和 −35 序列（区）。这两个序列各有其共同序列如下，−35 区为 TTGACA，−10 区为 TATAAT。其中，后者由 D. Pribnow 首先发现，也称为 Pribnow 盒（Pribnow box）。碱基序列分析的结果表明，−35 区是 RNA 聚合酶对转录起始的辨认位点（recognition site），辨认结合后，酶向下游移动，到达 Pribnow 盒，酶已跨入了转录起始点，形成相对稳定的酶-DNA 复合物，就可以开始转录。图 12-22 是大肠杆菌启动子的一个理想序列。

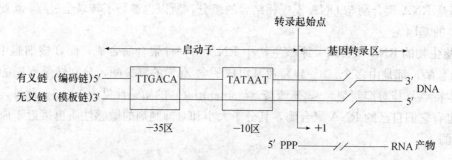

图 12-22　原核生物启动子的序列结构

　　真核生物的启动子有其特殊性，其 3 种 RNA 聚合酶每一种都有自己的启动子类型。以 RNA 聚合酶 II 的启动子结构为例，比较上百个真核生物 RNA 聚合酶 II 的启动子核苷酸序列发现，在 −25 区有 TATA 盒，又称为 Hogness 盒，基本上都由 A、T 碱基所组成，其功能与聚合酶的定位有关，DNA 双链在此解开并决定转录的起始位点。在 −75 区有 CAAT 盒，其一致的序列为 GGTCAATCT，CAAT 盒与转录的起始频率有关。真核生物启动子的结构如图 12-23 所示。

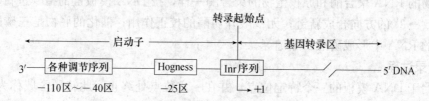

图 12-23　真核生物启动子的结构

　　除启动子外，真核生物基因组中还有一个称为增强子（enhancer）的序列，它能极大地促进启动子的转录活性，其作用有几个明显特点：①能在很远距离（大于几千碱基对）对启动子产生影响；②无论是位于启动子上游还是位于启动子下游都能发挥作用；③其功能与序列取向无关；④无生物种属特异性；⑤受发育和分化的影响。

　　真核生物也需要 RNA 聚合酶对起始区上游 DNA 序列进行辨认和结合，生成起始复合物。不同物种、不同细胞或不同的基因，有不同的上游 DNA 序列，统称为顺式作用元件（cis-acting element）。在真核生物中有很多种类能直接或间接辨认、结合转录上游区段 DNA 的蛋白质，统称为反式作用因子（trans-acting factor）。

　　由于真核生物转录起始十分复杂，往往需要多种蛋白因子的协助，这些蛋白因子统称为转录因子（transcriptional factor，TF），它们与 RNA 聚合酶Ⅱ形成转录起始复合物，共同参与转录起始的过程。根据这些转录因子的作用特点可大致分为 2 类，一类为普遍转录因子，它们与 RNA 聚合酶Ⅱ共同组成转录起始复合物，保证转录在正确的位置上开始。其中包括特异结合在 TATA 盒上的蛋白质，叫做 TATA 盒结合蛋白。另一类转录因子组成一组复合物，叫做转录因子Ⅱ（TFⅡ），转录因子Ⅱ与 RNA 聚合酶Ⅱ结合完成转录起始复合物的形成。

2. RNA 链的延伸 形成了（启动子全酶 NTP）复合物后，第二个 NTP 进入催化部位并形成 RNA 产物的第一个磷酸二酯键。结合几个核苷酸后，σ亚基从全酶上解离，RNA 链进入延伸阶段。全酶的构象有利于专一地与启动子结合，σ亚基解离后留下的核心酶则失去这种选择性结合能力。

转录和复制都依赖 DNA 模板，DNA 的双链需要解开成单链。与复制不同，转录解链的范围只需要 10 多个至 20 个核苷酸对，DNA 在这里形成一个局部解链的泡。含有核心酶、DNA 和新生 RNA 的区域称为转录泡（transcription bubble），如图 12-24 所示。核心酶沿模板链由 3′端向 5′端方向滑动，按照碱基配对的原则从 5′端向 3′端方向合成 RNA。鼓泡前方的 DNA 不断解链，鼓泡后边的 DNA 以同样的速度复链。实验表明，大肠杆菌 RNA 聚合酶以大约每秒 45 个核苷酸的速度合成 mRNA，与核糖体每秒约翻译 15 个氨基核的速度恰好吻合。RNA 聚合酶缺乏核酸外切酶活性，不具备校对功能，因此 RNA 转录的保真度比 DNA 复制要低得多，其误差率在 $10^{-4} \sim 10^{-5}$ 范围内。

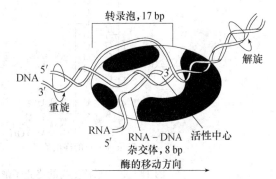

图 12-24 转录鼓泡的组成

在电子显微镜下观察原核生物的转录现象，可看到像羽毛状的图形（图 12-25）。这种形状说明，在同一 DNA 模

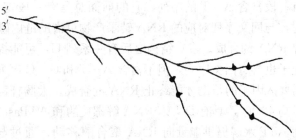

图 12-25 电子显微镜下大肠杆菌的转录现象

板上，有多个转录同时在进行。图中 12-25 自左至右，RNA 聚合酶越往前移，转录生成的 RNA 链越长。在 RNA 链上观察到的小黑点是多聚核糖体（polyribosome），即一条 mRNA 链连上多个核糖体，已在进行下一步的翻译过程。可见，转录尚未完成，翻译已在进行。转录和翻译都在高效率地进行着。

真核生物有核膜把转录和翻译隔成不同的细胞内区间，因此没有这种现象。除此之外，原核生物和真核生物转录延伸是大致相似的。

3. 转录的终止 像转录的起始一样，DNA 上的终止信号对转录终止进行严密的控制。这个信号是基因末端一段特殊的序列，称为终止子（terminator）。当 RNA 聚合酶在 DNA 模板上遇到终止信号时，转录产物 RNA 链和自身会从转录复合物上脱落下来，这就是转录终止。所有原核生物的终止子在终止点之前均有一个反向重复系列（回文结构），其产生的 RNA 可形成由茎环构成的发夹结构（图 12-26），该结构可使聚合酶减慢移动或暂停 RNA 的合成。

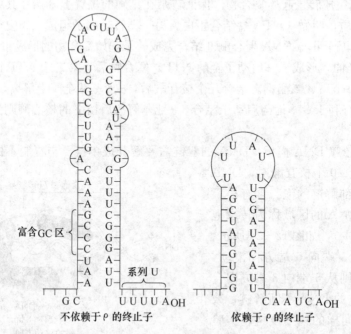

图 12-26　原核生物的终止子形成由茎环构成的发夹结构

大肠杆菌存在两类终止子：一类称为不依赖 Rho(ρ) 因子的终止子，其特点是在转录终点前有一段富含 A－T 的序列，它的前面总是有一段富含 G－C 的回文序列。当终止子序列被转录时，与回文序列对应的 RNA 转录产物可借助链内碱基对形成发夹结构，使聚合酶减慢移动或暂停 RNA 的合成。发夹结构之后有一系列 U，可能提供信号使 RNA 聚合酶脱离模板。另一类终止子也含有回文序列，但不富含 A－T 和 G－C 序列，它编码的 RNA 片段也形成发夹结构，但需要 ρ 因子的帮助才能终止 RNA 的合成。大肠杆菌 ρ 蛋白以六聚体形式存在，亚基相对分子质量为 46 000，具有 DNA－RNA 解螺旋酶和 ATPase 活性。ρ 蛋白可附着在新合成的 RNA 上，借助 ATP 水解提供能量向 RNA 聚合酶移动，通过与聚合酶的相互作用终止转录，并使 RNA－DNA 解链，把产物和聚合酶释放出来。

真核生物转录终止过程目前仍不清楚。实验表明，RNA 聚合酶 II 的转录产物是在 3′ 端切断，然后腺苷酸化，并无终止作用。转录终止过程很可能与 RNA 聚合酶 I 和 RNA 聚合酶 III 的转录产物末端连续的 U 序列附近的发夹结构和富含 G－C 对的区域有关。

（四）转录和复制的比较

复制和转录是中心法则的两个重要环节，都是酶促的核苷酸聚合过程，它们有许多相似之处：①都依赖 DNA 为模板指导，按照碱基互补原则进行核苷酸的聚合；②聚合酶依赖 DNA 为模板指导，聚合过程都是核苷酸之间生成磷酸二酯键，都按 5′→3′ 方向延伸成多聚核苷酸新链。

但相似之中又有显著不同，复制过程中整个 DNA 分子被复制，产生与亲代 DNA 相同的子代 DNA。而转录是有选择性的，只有特定的基因被转录，选择双链 DNA 分子中的一条链的一段进行转录，即不对称转录。RNA 链是连续合成的，不需要引物，复制则需要引物，而且是半不连续复制。复制所需的原料是 4 种 dNTP，而转录是 4 种 NTP。

二、RNA 的复制

RNA 的复制是指以 RNA 为模板合成 RNA 的过程。多数植物病毒以及许多动物病毒以 RNA 为遗传物质，称为 RNA 病毒。被这些病毒感染的寄主细胞中有特殊的 RNA 复制酶，能在病毒 RNA 指导下合成新的 RNA，称为 RNA 复制。RNA 复制酶具有很高的模板专一性，只识别病毒自身的 RNA，对寄主细胞或其他病毒的 RNA 均无反应。另外，兔网织红细胞内存在一种 RNA 复制酶，它能催化血红蛋白 mRNA 的复制。

从感染 RNA 病毒的细胞中可以分离出 RNA 复制酶，这种酶以病毒 RNA 做模板，在有 4 种 NTP 和 Mg^{2+} 存在时合成出与模板性质相同的 RNA。用复制产物去感染细胞，能产生正常的 RNA 病毒。可见，病毒的全部遗传信息，包括合成病毒外壳蛋白质和各种酶的信息均储存在被复制的 RNA 之中（图 12-27）。

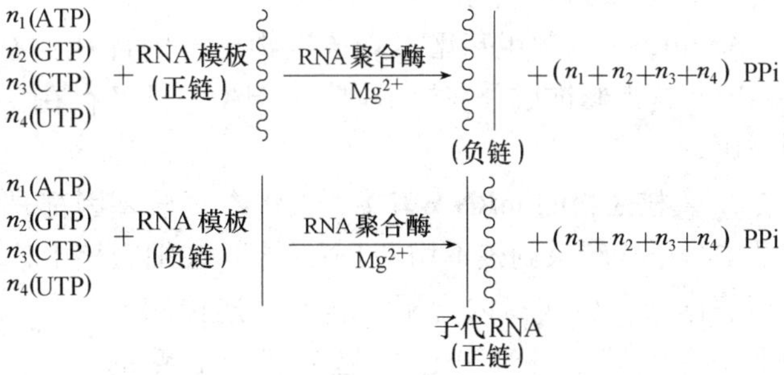

图 12-27 RNA 的复制

第五节 RNA 的转录后加工

原核生物和真核生物初级转录产物都需经一定程度的加工才能转变为具有活性的 RNA 分子，此过程称为 RNA 的成熟，或称为转录后加工（post transcriptional processing）。

原核生物的 mRNA 一经转录通常立即进行翻译，除少数例外，一般不进行转录后加工。但稳定的 RNA（tRNA 和 rRNA）都要经过一系列加工才能成为有活性的分子。真核生物由于存在细胞核结构，转录和翻译在时间上和空间上都被分割开来，转录后加工较为复杂，包括链的裂解、5′端与 3′端的切除和特殊结构的形成、核苷的修饰和糖苷键的改变、拼接等过程。对转录后修饰的研究发现了不少与生命活动有重大关系的现象，如真核生物的断裂基因、内含子的功能、具有催化活性的 RNA 等。下面主要介绍真核生物的转录后修饰（post transcriptional modification）。

一、mRNA 的转录后加工

真核生物编码蛋白质的基因以单个基因作为转录单位，其转录产物为单顺反子 mRNA。刚转录出来的 mRNA 是分子很大的前体，即核不均一 RNA（heterogeneous nuclear RNA，hnRNA）。核不均一 RNA 分子中大约只有 10% 的部分转变成成熟的 mRNA，其余部分将在转录后的加工过程中被降解掉。

由核不均一 RNA 转变成 mRNA 的加工过程，需进行 5′端和 3′端的修饰、mRNA 链剪接（splicing）、链内部核苷甲基化等。

（一）mRNA 前体的一般加工

1. 在 5′端加帽 成熟的真核生物 mRNA 的 5′端都有一个帽子结构（Gppp^{m}G-）结构，该结构亦存在于核不均一 RNA 中。mRNA 成熟过程中，先由磷酸酶把 5′- pppG -水解，生成 5′- ppG -或 5′- pG -，释放出无机焦磷酸。然后，5′端与另一鸟苷三磷酸（pppG）反应，生成双鸟苷三磷酸。在甲基化酶作用下，第一个或第二个鸟嘌呤碱基发生甲基化反应，形成帽子结构。帽子结构可能在转录的早期阶段或转录终止之前就已形成。

2. 在 3′端加尾 大多数的真核 mRNA 都有 3′端的多聚腺苷酸尾巴，多聚腺苷酸［poly(A)］尾巴不是由 DNA 编码的，而是转录后在核内加上去的。poly(A) 聚合酶能识别 mRNA 的游离 3′端，并加上约 200 个腺苷酸残基。

3. mRNA 内部甲基化 真核生物分子内部往往有甲基化的碱基，主要是 N^6-甲基腺嘌呤（m^{6}A）。这类修饰成分在核不均一 RNA 中已经存在。据推测，它可能对 mRNA 前体加工起识别作用。

4. 真核生物的 mRNA 剪接 大多数真核基因都是断裂基因（split gene），在转录时，外显子及内含子均转录到核不均一 RNA 中。在细胞核中核不均一 RNA 完成剪接过程，首先在核酸内切酶作用下剪切掉内含子，然后在连接酶作用下，将外显子各部分连接起来变为成熟的 mRNA，这就是剪接作用。

真核生物 mRNA 前体的剪接又可称为二次转酯反应（transesterification）。在内含子序列中有一个腺苷酸残基，它的 2′- OH 可以对内含子 5′端与外显子 1 连接的磷酸二酯键做亲电子攻击，切开了外显子 1，使它的 3′端游离出来，所以称为转酯反应。

而腺苷酸原来已有 3′,5′-磷酸二酯键相连的两个相邻的核苷酸残基，加上此 2′,5′-磷酸二酯键连接后，在腺苷酸处出现了一个由内含子弯成的套索样结构。已被切下的外显子 1 的 3′-OH 亲电攻击内含子 3′末端与外显子 2 之间的 3′,5′-磷酸二酯键，键断裂后，内含子以套索的形式被截下来，此时外显子 1 和外显子 2 可以连接起来。核不均一 RNA 的剪接过程见图 12-28。

5. 内含子的其他剪接方式及生物学意义 迄今所知，内含子共有 4 种类型。第 Ⅰ 类内含子主要出现在核、线粒体、叶绿体编码的

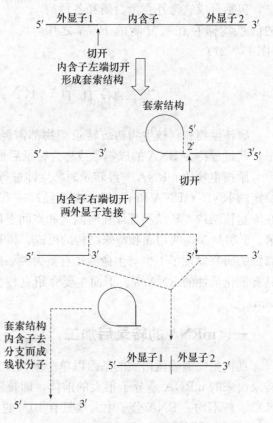

图 12-28 真核生物 mRNA 前体的剪接

rRNA、mRNA、tRNA 的基因中；第Ⅱ类内含子存在于真菌、藻类和植物线粒体与叶绿体 mRNA 的初始转录产物中；第Ⅲ类内含子是在核 mRNA 初始转录物中发现的；第Ⅳ类内含子是 tRNA 的基因及其初级转录产物中的内含子。

第Ⅰ类内含子剪接反应需鸟苷酸（或鸟苷）起辅助因子作用，它提供游离的 $3'-OH$，从而使内含子的 $5'$ 磷酸基转移其上。紧接着发生的二次转酯反应，由第一个外显子产生的 $3'-OH$ 攻击第二个外显子的 $5'$ 磷酸基，导致内含子的精确切除及外显子的连接。

第Ⅱ类内含子的剪接模式与第Ⅰ类内含子类似，只是第一步的亲核基团是内含子里的一个腺苷酸残基的 $2'-OH$，而不是外源的辅因子。

在核 mRNA 初始转录物中发现的第Ⅲ类也是最大的内含子。它通过与第Ⅱ类内含子一样的套索机制进行剪接。但它们不是自我剪接，剪接需要特殊的 RNA-蛋白质复合物作用，这种复合物即含有 snRNA 的真核 RNA。共有 5 种 snRNA（U_1、U_2、U_4、U_5 和 U_6）参与剪接反应。它们主要存在于真核生物的核中，与蛋白质形成一种叫做小核糖核蛋白的颗粒。小核糖核蛋白中的 RNA 与蛋白都是高度保守的。

第Ⅳ类内含子是 tRNA 的基因及其初级转录产物中的内含子，它的剪接需要 ATP 和核酸内切酶。此过程中核酸内切酶水解内含子两端的磷酸二酯键，两个外显子被连接起来，连接反应与 DNA 连接酶连接机制相同。

RNA 剪接现象的发现给生物学家带来了一系列疑问，围绕这些问题提出了很多设想。首先 RNA 剪接是生物有机体在进化历史中形成的，是进化的结果。其次，RNA 剪接是基因表达调节的重要环节，是真核生物遗传信息精确调节和控制的方式之一。第三，基因由模块装配而成，模块间的间隔序列也就演变成内含子，因此外显子和内含子有着同样古老的历史。再者，RNA 剪接主要存在于真核生物，原核生物中也并非完全没有。一种合理的解释是原核生物为适应快速生长的需要在进化过程中将内含子丢掉了。另外，外显子和内含子是相对的，有些内含子具有编码序列，能够产生蛋白质或功能 RNA。因此不能将内含子看成是无用的序列。

二、tRNA 的转录后加工

真核生物的 tRNA 由 RNA 聚合酶Ⅲ催化生成初级转录产物，然后加工成熟。真核生物刚转录生成的 tRNA 前体一般无生物活性，需要进行剪切和拼接。tRNA 前体在 tRNA 剪切酶的作用下，切成一定大小的 tRNA 分子。经过剪切后的 tRNA 分子还要在拼接酶作用下，将成熟 tRNA 分子所需的片段拼起来。

tRNA 的剪接是需酶反应，以下试验可证明：①成熟的 tRNA 能竞争性地抑制 tRNA 的剪接，这是酶促反应的特征之一；②tRNA 的成熟过程对温度敏感。

tRNA 的剪接是酶促反应，切除内含子的核酸内切酶由 tRNA 基因内含子编码。此外，tRNA 的转录后加工还包括各种稀有碱基的生成。成熟的 tRNA 分子中有许多的稀有碱基，tRNA 在甲基转移酶催化下，某些嘌呤生成甲基嘌呤如 $A \rightarrow mA$、$G \rightarrow mG$，有些尿嘧啶还原为二氢尿嘧啶，尿嘧啶核苷转变为假尿嘧啶核苷，某些腺苷酸脱氨基后成为次黄嘌呤核苷酸。在核苷酸转移酶作用下，$3'$ 末端除去个别碱基后，换上 tRNA 分子统一的 $CCA-OH$ 末端，完成 tRNA 分子中的氨基酸臂结构。tRNA 前体的加工过程见图 12-29。

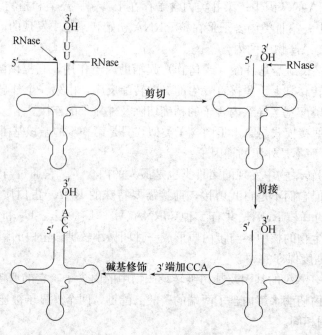

图 12-29 tRNA 前体的加工

三、rRNA 的转录后加工

真核细胞的 rRNA 基因（rDNA）拷贝较多，通常在几十至几千之间。rRNA 基因成簇排列在一起，由 16～18S rRNA、5.8S rRNA 和 26～28S rRNA 基因组成一个转录单位，不同生物的 rRNA 前体大小不同，大多数真核生物核内都可发现一种 45S rRNA 前体，它是 3 种 rRNA 的前身。45S rRNA 经剪接后，先分出属于核蛋白体小亚基的 18S rRNA。余下的部分再拼接成 5.8S rRNA 及 28S rRNA。rRNA 成熟后，就在核仁上装配，即与核糖体蛋白质一起形成核糖体，输入胞浆。生长中的细胞 rRNA 较稳定，静止状态细胞的 rRNA 寿命较短。真核生物 5S rRNA 前体独立于其他 3 种 rRNA 的基因转录。真核生物 rRNA 前体加工见图 12-30。

真核生物 rRNA 前体中含有插入序列，rRNA 前体要形成成熟的 rRNA，需要经过拼接反应，例如一种叫四膜虫（*Tetrahymena*）的简单真核生物的 rRNA 剪接。其 rRNA 前体的拼接是一种无酶催化的自动拼接过程。四膜虫基因组内，26S rRNA 编码的区域内有 413 bp 的插入序列。该插入序列可以不消耗能量从 rRNA 前体中被除掉，但反应中 Mg^{2+} 和鸟嘌呤核苷酸是必需的。用 ^{32}P-GTP 进行追踪实验表明，起始过程是 GTP 在插入序列 5′端发生亲核反应，同时 GMP 与 5′端切点的切除段形成磷酸二酯键并使原 RNA 断开。第二步是 5′切点的 3′-OH 与 3′切点的 5′-P 共价连接，获得成熟的 rRNA。被切除部分最后环化，形成一个环状结构，同时从 5′端去掉一个 15 个核苷酸的碎片。剩余部分连接成 399 个核苷酸的环状产物，再经过几步，切下 4 个核苷酸最后切下一个 19 个核苷酸的线性内含子序列。四膜虫 rRNA 前体拼接过程如图 12-31 所示。

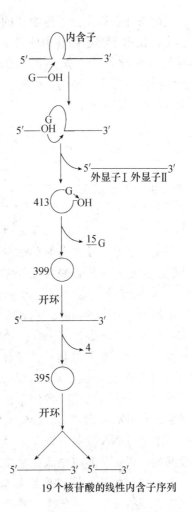

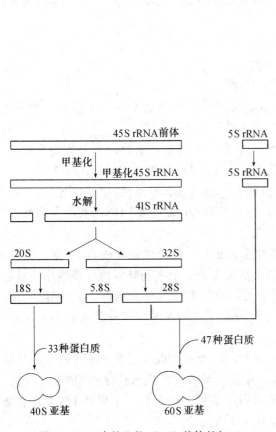

图 12-30　真核生物 rRNA 前体的加工　　　　图 12-31　四膜虫 rRNA 前体的自我剪接

四、核酶

通过研究 rRNA 的转录后加工，提出了一个生命科学中的重大问题：RNA 分子有酶的作用。研究中发现，rRNA 的剪接不需任何蛋白质参与即可发生，说明 RNA 本身就有酶的催化作用。由于 RNA 发挥酶的作用，因此把有酶促活性的 RNA 命名为核酶（ribozyme）。核酶大多在古老的生物中发现，有人认为它是现代生物物种内存在的"活化石"，对研究生命的起源和进化有重大意义。

四膜虫与人们熟悉的草履虫一样，都是单细胞的原生动物。口位于细胞的前端，内有 3 个小膜，口的边缘有一个波动膜，故称为四膜虫。四膜虫可以在简单的培养基中无菌培养，每 3 h 分裂一次，能迅速繁殖到每毫升含 5×10^5 细胞的浓度。四膜虫有许多独特的生物学特性，例如其细胞核的两态性，大核发育过程中，种质基因组发生广泛的断裂、缺失、拼接、多倍化和 rRNA 基因的扩增等，为分子生物学的研究提供了一个很好的模型。近十多年来，人们利用四膜虫

rRNA 的优越条件获得了分子生物学的几项重大发现。

在鉴定催化第 I 类、第 II 类内含子剪接酶的过程中，人们发现许多内含子是自我剪接的，内含子本身具有催化作用，无须蛋白酶的参与。最早是在 1981 年，由 T. Cech 在研究四膜虫 rRNA 前体拼接过程中发现的，他称具有催化功能的 RNA 为核酶（ribozyme），T. Cech 也因此获得了 1989 年诺贝尔化学奖。

小　结

1. 中心法则表示了生物体遗传信息传递的方向，即信息可以通过复制一直逐代传递下去；信息也可以从 DNA 传递到 RNA，又从 RNA 传递到蛋白质。

2. DNA 的复制是一个半保留的过程，即子代分子的一条链来自亲代，另一条链是新合成的。半保留复制保证了遗传信息的稳定性，这种稳定性是通过 DNA 的新陈代谢来维持的。

3. DNA 生物合成是在酶催化下的核苷酸聚合过程，除了 DNA 模板、4 种 dNTP 底物和 Mg^{2+} 离子外，在起始、延伸和终止的各个阶段中，还需要 DNA 聚合酶、DNA 拓扑异构酶、解螺旋酶、单链 DNA 结合蛋白、引物酶、DNA 连接酶等参与。

4. DNA 复制可分为 3 个阶段：起始、延伸和终止。复制起始过程就是把 DNA 双链解开成为单链和生成引物。复制起始时，多种蛋白质需要与复制起始点上一些特有的核苷酸序列结合，形成蛋白质-DNA 复合物。复制的起始部位是固定的，两链解开后形成复制叉。在延伸阶段，按照半不连续方式进行复制，即一条链连续合成（前导链），另一条链以冈崎片段的形式不连续合成（滞后链）。DNA 的复制在特定的终止子位点停止。

5. 真核细胞 DNA 复制在许多方面与大肠杆菌相似，比如都是以复制叉的形式进行半保留、半不连续复制。但由于真核细胞染色体中的 DNA 分子是线性的，且比原核细胞 DNA 大好几个数量级，因此它们的复制机制更为复杂。真核细胞 DNA 复制系统也包括不同的 DNA 聚合酶、拓扑异构酶、解螺旋酶、连接酶、单链结合蛋白和许多蛋白因子。

6. 以 RNA 为模板合成 DNA 的过程称为逆转录，催化这一反应的酶称为逆转录酶或称依赖于 RNA 的 DNA 聚合酶。逆转录酶是一种多功能酶，兼有 3 种酶的活力：①依赖 RNA 的 DNA 聚合酶活力，即以 RNA 为模板，合成一条 DNA 互补链，形成 RNA-DNA 杂交分子；②糖核酸酶 H 的活力，即水解 RNA-DNA 杂交链中的 RNA，起着 $3' \rightarrow 5'$ 和 $5' \rightarrow 3'$ 外切酶作用；③DNA 指导的 DNA 聚合酶活力，即以新合成的 DNA 为模板，合成互补 DNA 链，形成 DNA 双螺旋。

7. 在物理因素诱变和化学因素诱变下，DNA 分子中的碱基序列发生突然而稳定的改变，从而导致 DNA 的复制以及后来的转录和翻译随之发生变化，表现出异常的遗传特性，称为 DNA 突变。根据发生突变的碱基变化可把 DNA 突变分为：置换、插入和缺失。

8. 在一定条件下，生物体内的 DNA 损伤可以得到修复，这种修复是生物在长期进化过程中获得的一种保护功能。目前已经知道，细胞对 DNA 损伤的修复系统有 5 种：错配修复、直接修复、切除修复、重组修复和易错修复。

9. 转录是在 DNA 指导的 RNA 聚合酶催化下，按照碱基配对的原则，以 4 种 NTP 为原料，合成一条与 DNA 互补的 RNA 链的过程。大肠杆菌的 RNA 聚合酶是由 4 种亚基组成的五聚体（$\alpha_2\beta\beta'\sigma$）蛋白质，其中 $\alpha_2\beta\beta'$ 为核心酶；而真核细胞中至少有 3 种 RNA 聚合酶。

10. 转录起始于 DNA 模板的一个特定位点，并在一定位点处终止，此转录区域称为转录单位。一个转录单位可以是一个基因，也可以是多个基因。转录的起始是由 DNA 的启动子区控制的，而控制终止的部位则称为终止子。转录过程可以分为 3 个阶段：起始、延伸和终止。

11. 原核生物和真核生物初级转录产物都需经一定程度的加工才能转变为具有活性的 RNA 分子，此过程称为 RNA 的成熟，或称为转录后加工。

复 习 思 考 题

1. 解释 DNA 的半保留复制与半不连续复制。
2. 参与原核生物 DNA 复制过程的酶与蛋白质因子有哪些？
3. 大肠杆菌 DNA 聚合酶的多种催化功能对 DNA 的合成有何意义？
4. DNA 复制的准确性是如何决定的？
5. 简述生物体内 DNA 损伤的修复机制。
6. 比较转录过程与 DNA 复制过程的异同。
7. RNA 的转录后加工主要包括哪些内容？
8. 原核生物 RNA 聚合酶是如何找到启动子的？与真核生物 RNA 聚合酶有何区别？

主要参考文献

王镜岩，朱圣庚，徐长法 . 2002. 生物化学 . 第三版 . 北京：高等教育出版社 .

于自然，黄泰熙 . 现代生物化学 . 2001. 北京：化学工业出版社 .

周爱儒，查锡良 . 2001. 生物化学 . 第五版 . 北京：人民卫生出版社 .

第十三章　蛋白质的生物合成

蛋白质是生命现象的体现者。它忠实地执行遗传信息的指令，在细胞中行使自己的功能，赋予一个细胞或一个机体具体的生命特征。这些蛋白质必须依据细胞的需求而合成，被运送到自己的工作岗位，在不需要是适时地被降解。

蛋白质的生物合成是所有生物分子生物合成中最复杂的，也是最耗费能量的。在生长迅速的细菌细胞中，最多可达80％的能量和50％的细胞干重是专门用于蛋白质合成的。任何一种蛋白质的合成都需要300多种不同分子参与。可见蛋白质生物合成在生命活动中的重要性。也显示出蛋白质合成机制的复杂性。

尽管蛋白质合成机制非常复杂，但生物体却能够高速进行这一合成反应。一个大肠杆菌细胞合成100个氨基酸残基的多肽链仅需要5 s。在一个给定环境中，各种蛋白质合成的时机及数量，都受到严格的控制，从而使细胞保持合适的不同蛋白质比例及浓度与其代谢环境相适应。

蛋白质的生物合成是以DNA转录下来的mRNA为模板，在核糖体上把mRNA的遗传信息翻译成蛋白质的过程。这个过程也称为遗传信息的翻译。

第一节　蛋白质生物合成体系的主要成分

蛋白质的生物合成机器由4种基本成分组成：mRNA、tRNA、核糖体和氨酰tRNA合成酶。它们通过协同作用将有4个字母的核酸语言编码的遗传信息翻译成有20个字母的蛋白质语言。下面分别介绍这4个组分的主要特征和他们协同作用完成翻译的过程。

一、蛋白质合成的模板——mRNA

mRNA携带有DNA上的遗传信息，是指导蛋白质多肽链生物合成的模板，因此mRNA上的核苷酸排列顺序与蛋白质多肽链中的氨基酸排列顺序之间有着严格的对应关系，这种对应关系就如电报密码，被称为遗传密码。

蛋白质生物合成的信息蕴藏在4个字母的核酸语言编码的遗传信息中，如何才能翻译成有20个字母的蛋白质语言呢？如果4种核苷酸是密码的基本元素，它们应该有特定的组合为20种氨基酸编码。若由2个核苷酸编码一种氨基酸，只能编码$4^2＝16$种氨基酸；若3个核苷酸编码一种氨基酸，可以有$4^3＝64$种排列，能够满足为20种氨基酸编码的需要。为了证实这种编码方式和破解这些密码所编码的氨基酸种类，科学家采用生物化学和遗传学技术进行了破译。已有大量实验数据证实了密码是三联体形式，被称为三联体密码（codon triplet）或密码子（codon）。

1. 遗传密码的破译　1961年，Nirenberg等首先证实了UUU是苯丙氨酸的密码子。他们在20支试管中分别加入大肠杆菌的抽提物、人工合成的多聚尿苷酸［poly(U)］和20种氨基酸的混合物后进行温育。在这 20 支试管中，每一管中有一种 ^{14}C 同位素标记的氨基酸。结果只在加入标记苯丙氨酸的试管中，检测出了放射性的多肽链。从而确定了 mRNA 上的 UUU 是苯丙氨酸的密码子。后来同样的方法，以 poly(A)、poly(C) 为模板 mRNA，合成了多聚赖氨酸和多聚脯氨酸，确定了为赖氨酸编码的密码子为 AAA，为脯氨酸编码的密码子为 CCC。他们使用的这种方法称为无细胞体系的蛋白质合成。

遗传密码的破译得益于一种多核苷酸磷酸化酶的发现。在生理条件下，这种酶的主要作用是将 RNA 分解为二磷酸核苷。但在高浓度的二磷酸核苷存在下，该酶不需要 DNA 模板就能够催化 4 种单核苷酸合成 RNA 分子，而且所合成的产物完全依赖于反应混合物中二磷酸核苷的比例。例如，加入 ADP 和 CDP 两种核苷酸，ADP 占 5/6，CDP 占 1/6，这样合成的随机聚合体就会有较多的 AAA 三联体，少量的 AAC、ACA 三联体，更少的 ACC、CAC 三联体，稀少的 CCC 三联体。用这种人工合成的 mRNA 在无细胞体系中指导蛋白质合成，可以测知掺入多肽链中氨基酸的比例。Khorana 等采用这种杂聚核苷酸作为模板 mRNA 确定了很多三联体密码子。但此种方法无法确定 AAC、ACA 为哪种氨基酸编码，因为这两个密码子的比例是相同的。尤其是有同义密码子存在时，要根据反应混合物中二磷酸核苷的比例去判断掺入多肽链中氨基酸的比例就更困难。

1964 年，Nirenberg 等将核糖体、氨酰 tRNA 和寡聚三联体核苷酸混合进行温育，将反应混合物注入硝化纤维滤器中，发现只有核糖体和与之相结合的氨酰 tRNA 和核苷酸三联体能保留在滤器上，而游离的氨酰 tRNA 和核苷酸三联体可以过滤出去。他们设计了一个实验，采用 20 个试管，分别加入 20 种氨基酸的混合物，每一管中有一种 ^{14}C 同位素标记的氨基酸。并加入氨酰 tRNA 和寡聚三联体核苷酸混合进行温育。根据硝化纤维滤膜上所吸附的 ^{14}C 同位素标记的氨基酸种类和实验所用的三联体序列，确定其编码的氨基酸。例如，当所用的三联体为 GUU 时，只有含 ^{14}C 标记的缬氨酸混合物会使硝化纤维滤膜上带有 ^{14}C 标记。如果用 UGU 或 UUG 三联体模板，而仍用含 ^{14}C 标记的缬氨酸混合物，硝化纤维滤膜上就不会带有 ^{14}C 标记。这样利用已知序列的简单三核苷酸可以确定 64 种三联体密码中的 50 种。随后又有很多不同的实验相互印证，于 1966 年将所有氨基酸的三联体密码的碱基序列确定，绘制出了全部密码子的字典（表13-1）。

表 13-1　遗传密码字典

5′末端的碱基	中间的碱基				3′末端的碱基
	U	C	A	G	
U	苯丙氨酸	丝氨酸	酪氨酸	半胱氨酸	U
	苯丙氨酸	丝氨酸	酪氨酸	半胱氨酸	C
	亮氨酸	丝氨酸	终止信号	终止信号	A
	亮氨酸	丝氨酸	终止信号	色氨酸	G
C	亮氨酸	脯氨酸	组氨酸	精氨酸	U
	亮氨酸	脯氨酸	组氨酸	精氨酸	C
	亮氨酸	脯氨酸	谷氨酰胺	精氨酸	A
	亮氨酸	脯氨酸	谷氨酰胺	精氨酸	G

（续）

5'末端的碱基	中间的碱基				3'末端的碱基
	U	C	A	G	
A	异亮氨酸	苏氨酸	天冬酰胺	丝氨酸	U
	异亮氨酸	苏氨酸	天冬酰胺	丝氨酸	C
	异亮氨酸	苏氨酸	赖氨酸	精氨酸	A
	甲硫氨酸和甲酰甲硫氨酸	苏氨酸	赖氨酸	精氨酸	G
G	缬氨酸	丙氨酸	天冬氨酸	甘氨酸	U
	缬氨酸	丙氨酸	天冬氨酸	甘氨酸	C
	缬氨酸	丙氨酸	谷氨酸	甘氨酸	A
	缬氨酸	丙氨酸	谷氨酸	甘氨酸	G

注：密码子的阅读方向 5'端到 3'端。AUG 为起始密码子。

2. 遗传密码　遗传密码表描述了 mRNA 中核苷酸序列和蛋白质中氨基酸序列之间的关系。通过把第一碱基和第二碱基相同的密码子归到一个格子里的方法概括了 64 个三联体密码子和 20 种氨基酸之间的编码关系。水平方向四行都是由第一个碱基相同的密码子组成的，垂直方向四列都是由第二个碱基相同的密码子组成的。由行和列相交而成的各个盒子是密码子家族，他们仅在第三个碱基上有所不同。例如，密码子 UCU、UCC、UCA 和 UCG 构成了亮氨酸密码的家族。

虽然对大多数氨基酸来说，都存在有密码子家族，但是不同的生物体在使用任何指定家族中的某个密码子方面，都表现出强烈的倾向性（又称为偏爱密码子）。对于密码优先选择的确切原因尚不清楚，但在不同的生物体中，密码子以显著不同的效率被翻译是显而易见的。

3. 遗传密码的特性　遗传密码具有以下基本特性。

（1）遗传密码具有方向性　mRNA 上的密码子阅读方向均为 $5' \rightarrow 3'$，与指导蛋白质生物合成的方向一致。如要编码一个二肽（H_2N - Thr - Arg - COOH），其 mRNA 上的编码序列可以写成：5' - ACGCGA - 3'（其中 5' - ACG - 3'编码 Thr，5' - CGA - 3'编码 Arg），如果书写成 3' - GCAAGC - 5'，翻译出的二肽就变成了 H_2N - Arg - Thr - COOH。

（2）读码不重叠无间隔　遗传密码是不能重叠阅读的。如在一条多核苷酸链中（CAUCAU-CAUCAUCAUCAU……），3 个相邻的核苷酸为一个密码子，编码出多聚组氨酸的多肽链。如果 CAU 读完，再重复读 UCA、AUC……这就造成重叠读码。编码出的蛋白质多肽链就变成组氨酸、丝氨酸、甲硫氨酸……因此要正确地从起点开始阅读密码，此后连续不断地一个密码子接一个密码子往 3'方向阅读，直至终止密码子出现为止。若在这条多核苷酸链中插入或删去一个核苷酸，就会使在插入或删去位点后读码发生错误，这种现象称为移码。由于移码引起的突变称移码突变。

（3）遗传密码具有简并性　从密码表中可以看出，除甲硫氨酸和色氨酸只有一个对应的密码子外，其他氨基酸都由一个以上的密码子编码。亮氨酸、精氨酸和丝氨酸最多，各有 6 种密码子为其编码。脯氨酸、苏氨酸、甘氨酸、丙氨酸和缬氨酸各有 4 种密码子为其编码。异亮氨酸具有

3种密码子为其编码。一个氨基酸具有两个以上的密码子称为密码的简并性。可以编码相同氨基酸的密码子称为同义密码子。

大多数同义密码子的第一核苷酸和第二个核苷酸是完全相同的，变化的是第三个核苷酸，即密码子的简并性多数是第三位核苷酸不同，通常是一种嘌呤代替了另一种嘌呤，或一种嘧啶代替了另一种嘧啶。因此生物体中尽管 AT/CG 比例变化很大，但氨基酸组成和相对比例却变化不大。这一现象可以用密码子的简并性来解释。因为 GC 含量高者，在蛋白质生物合成中，多选用第三位为 GC 的密码子，因而不影响氨基酸的组成和比例。

(4) 终止密码子和起始密码子　在密码表中有 3 个不编码任何氨基酸，而是蛋白质多肽链合成的终止密码子：UAG、UAA、UGA。这 3 个密码子不能被 tRNA 阅读，只能被肽链释放因子识别。AUG 既为甲硫氨酸编码，又是翻译的起始信号，称为起始密码子。

(5) 密码子的通用性　从原核细胞和真核细胞中的 DNA 序列与相应的蛋白质序列加以比较，发现都使用同一套密码子。因此一个物种的 mRNA 可以在体内或体外被另一物种的蛋白质合成系统正确翻译，即一个物种的 mRNA 使用的密码子可以被另一物种的核糖体和 tRNA 正确识别。

遗传密码虽然具有惊人的通用性，但也存在着例外。这种例外大多与终止密码子有关。如在一些原核生物支原体中，UAG 是编码色氨酸的，而不是用来终止蛋白质合成的。在一些纤毛虫中，UAA 和 UAG 编码谷氨酸，不再是终止密码子。

在线粒体基因组 DNA 中，其密码的含义与核基因组中密码的含义有一定差异。从这个意义上讲，遗传密码并非是绝对通用的，而是近乎完全通用的。

4. 蛋白质多肽链是由 mRNA 上的编码区（可读框）规定的　每条 mRNA 的 5′端和 3′端都存在非编码区，而蛋白质多肽链的编码区由连续的、不交叉的、称为可读框（open reading frame，ORF）的密码子串组成。每个 ORF 编码一个蛋白质多肽链。

翻译起始于 5′端起始密码子，随后一个密码子接着一个密码子地读向 3′端，直至终点终止密码子。细菌中，起始密码子一般是 5′- AUG - 3′，但有时也会是 5′- GUG - 3′或 5′- UUG - 3′。真核细胞总是以 5′- AUG - 3′为起始密码子。这一密码子确定了所有后续密码子的可读框。由于密码子是一个紧接一个的三联体密码，因此，每条 mRNA 可以用 3 个不同的可读框来翻译，由起始密码子决定使用 3 个可读框中的哪一个。

真核细胞的 mRNA 一般只有一个 ORF，而原核细胞的 mRNA 经常含有两个或多个 ORF，因此可以编码多条多肽链。含有多个 ORF 的 mRNA 称为多顺反子，含有一个 ORF 的 mRNA 称为多单顺反子。多顺反子经常编码功能相关的蛋白质。

5. mRNA 具有核糖体结合位点　由于蛋白质的生物合成是在核糖体中进行的，因此 mRNA 必须有核糖体的识别和结合部位。在原核细胞中，mRNA 的起始密码子上游 3～9 个碱基内含有一段 5′- AGGAGG - 3′序列，被称为 S - D 序列（Shine - Dalgarno sequence），这是以发现这段序列的科学家的名字命名的。这段序列能与核糖体中的 16S rRNA 3′端的一段序列 5′- CCUCCU - 3′互补配对（图 13 - 1），使核糖体募集到可读框的起始处。核糖体结合位点和起始密码子之间的互补状况和距离对可读框翻译的活跃程度有很大的影响；互补度高且距离适合能提高翻译水平。在真核细胞中 mRNA 是通过 5′帽子的特殊结构来识别并结合核糖体的。核糖体一旦结合到

mRNA上就会沿 $5'$ 端到 $3'$ 端方向运行直至遇到起始密码子 $5'-$ AUG $-3'$，这一过程称为扫描。

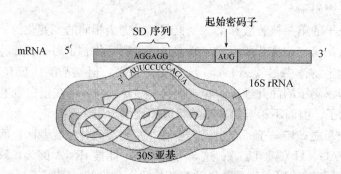

图 13-1　原核生物 mRNA 与核糖体中 16S rRNA $3'$ 端互补配对序列

（引自瞿礼嘉等，2004）

二、蛋白质合成中氨基酸的运载工具——tRNA

　　将 mRNA 的三核苷酸密码子中蕴含的遗传信息翻译成氨基酸是由 tRNA 完成的，因此把 tRNA 称为密码子与氨基酸之间的转配器。tRNA 上的氨基酸臂可携带活化的氨基酸，其反密码子环上的反密码子是识别密码子的关键部位（图 13-2），此外 tRNA 上还有识别核糖体的位点。这样，按照 mRNA 上密码子的指令，tRNA 运载着特定的氨基酸到核糖体上，合成出一定氨基酸序列的蛋白质多肽链。通常将未连接氨基酸的 tRNA 成为空载，如 tRNA^{Leu} 表示是转运亮氨酸的空载 tRNA。连接了氨基酸的 tRNA 称为负载，如 tRNA^{Leu} 表示此 tRNA 上连接有亮氨酸。

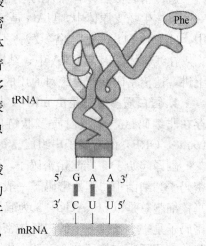

　　1. 同工受体 tRNA　由于密码的简并性，绝大多数氨基酸需要一种以上的 tRNA 作为转运工具，运输同一种氨基酸的 tRNA，称为同工受体 tRNA。蛋氨酸虽然只有一个密码子（AUG），由于这个密码子为蛋氨酸编码，又是起始密码子，因而有两种 tRNA，一种负责将蛋氨酸掺入蛋白质多肽链中，用 tRNA^{Met} 表示；另一种携带甲酰甲硫氨基酸参与蛋白质合成的起始，用 tRNA^{fMet} 表示。

图 13-2　tRNA 携带活化的氨基酸并识别 mRNA 上密码子

（引自瞿礼嘉等，2004）

　　2. 密码子与反密码子识别的配对摆动性　在蛋白质合成中，tRNA 的功能是通过反密码子识别 mRNA 上的密码子来实现的。tRNA 上的反密码子与 mRNA 上的密码子是反向互补配对的，结合如下：

$$密码子\ 5'\ \text{——ACG——}\ 3'$$
$$反密码子\ 3'\ \text{——UGC——}\ 5'$$

　　但这种识别过程并不完全遵循 G-C、A-U 的配对原则。有证据表明，某种高度纯化的已知序列的 tRNA 可以识别几种不同的密码子。也有研究发现，tRNA 中的反密码子除了 4 种常规的碱基外，还有第五种碱基次黄嘌呤（inosine，I）。1966 年 Francis Crick 提出了摆动理论

（wobble concept）来解释一种 tRNA 可以识别几种不同密码子的现象。他认为反密码子 5′端碱基配对时不像其他两个碱基有特异性，可以有一定的摆动性。即反密码子在识别密码子时，反密码子的第二位碱基和第三位碱基符合碱基配对规律，但反密码子的第一位碱基与密码子的第三位碱基不遵循碱基配对规律。位于反密码子摆动位置的 U 可以和密码子的 A、G 配对，反密码子摆动位置的 I 可以和 U、C 或 A 配对（表 13-2）。密码子摆动现象发生的原因是反密码子环的构象允许反密码子第一位碱基有一定的可变性。密码子和反密码子的这种简并和摇摆性大大提高了反密码子阅读密码的能力，在一定程度上保证了生物遗传的稳定性。

表 13-2 反密码子与密码子之间的碱基配对

tRNA 反密码子 第 1 位碱基	I	U	G	A	C
mRNA 密码子 第 3 位碱基	U、C、A	A、G	U、C	U	G

三、蛋白质生物合成的场所——核糖体

蛋白质合成过程发生在核糖体上，它提供了 mRNA 与氨酰 tRNA 之间相互作用的环境，犹如一个微型移动工厂，沿着 mRNA 模板链从 5′端向 3′端移动，进行快速的肽键合成循环。每个细菌细胞中平均约有 2 000 个核糖体，它们或以游历状态存在，或与 mRNA 结合成串珠状的多核糖体。每个真核细胞内含有 $10^6 \sim 10^7$ 个核糖体，其中一部分与内质网结合，形成粗糙内质网，其余的游离分布在细胞质中。

1. 核糖体是由大亚基和小亚基两部分组成的 核糖体是由 RNA 和蛋白质组成的大亚基和小亚基两个部件组成的。大亚基含有肽酰基转移酶中心，负责肽键的形成。小亚基含有解码负载氨基酸的中心，tRNA 在此阅读或解码 mRNA 的密码子。

大亚基和小亚基的命名是根据离心时的沉降速率（沉降系数）而定的（图 13-3），沉降系数表示沉降分子的大小特征。单位是 S（这是以超速离心的发明者 Theodor Svedberg 命名的），一个 S 单位为 1×10^{-13} s。沉降系数值越大，沉降速率越快。在原核细胞中，大亚基的沉降速率是 50S，称为 50S 亚基。小亚基沉降速率是 30S，称为 30S 亚基。完整的原核细胞核糖体为 70S。因为沉降速率是由溶质的形状、大小和密度决定的，因此完整的原核细胞核糖体不是简单的大亚基和小亚基沉降速率的加合关系。真核细胞核糖体是由 60S 和 40S 两个的亚基组成的，完整的真核细胞核糖体为 80S。

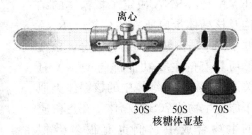

图 13-3 沉降速度法测定核糖体大亚基和小亚基沉降速率的示意图

核糖体的大亚基和小亚基都由 rRNA 和一些小的蛋白质组成（图 13-4）。

在大肠杆菌中，小亚基含一种 16S rRNA 和 21 种蛋白质；大亚基含一种 23S rRNA、一种 5S rRNA 和 31 种小蛋白质。看起来，核糖体中的蛋白质多于 rRNA，但核糖体的分子质量一半是蛋白质，一半是 RNA。在真核细胞中，大亚基含 3 种 rRNA（28S、5.8S、5S）和约 50 种小

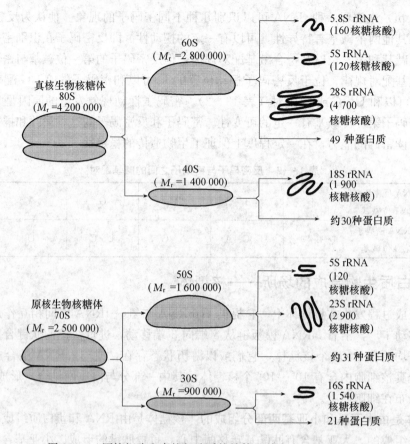

图 13-4　原核细胞和真核细胞质核糖体及其大小亚基和成分

（引自杨焕明等，2005）

蛋白质；小亚基含一种 18S rRNA 和 30 种蛋白质。虽然其含有较多的蛋白质，但在质量上 rRNA 仍然是主要的组成部分。rRNA 形成了核糖体每个亚基的骨架，核糖体蛋白都附着于 rRNA 上，rRNA 决定了核糖体的结构及核糖体蛋白所在的位置。rRNA 并不单单是核糖体的结构成分，核糖体所具有的主要功能都与 rRNA 有关。线粒体和叶绿体中的核糖体类似于原核生物的 70S 核糖体，在蛋白质的生物合成中它们也有很多类似之处。

　　利用电子显微镜和其他物理学的方法，已经提出了大肠杆菌 30S 亚基、50S 亚基及 70S 核糖体的结构模型（图 13-5）。30S 亚基的外形像一个动物的胚胎，长轴上有一凹下去的

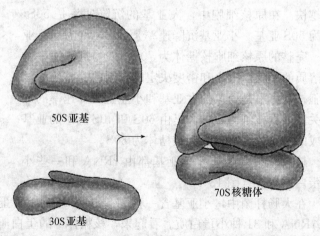

图 13-5　大肠杆菌 30S 亚基、50S 亚基及 70S 核糖体的结构模型

颈部，将 30S 亚基分成头部和躯干两个部分。50S 亚基的外形像一把特殊的椅子，三边带有突起，中间凹下去的部位有一个很大的空穴，当 30S 亚基和 50S 亚基互相结合成 70S 核糖体时，30S 亚基水平地与 50S 亚基结合，像一个胎儿横卧在沙发上，两亚基结合面上留有相当大的空隙，蛋白质的生物合成就在此进行。

2. 核糖体上的活性部位
核糖体上有 3 个 tRNA 结合位点，分别为 A 位点（accepter site）、P 位点（peptide site）和 E 位点（exit site）。A 位点专门结合新掺入的氨酰 tRNA；P 位点与延伸中的肽酰 tRNA 结合；E 位点是延伸的多肽链转移到氨酰 tRNA 后释放的空载 tRNA 结合位点。一个氨基酸要掺入正在合成的多肽链中，首先是氨酰 tRNA 进入 A 位，再移位到 P 位，最后空载 tR-NA 从 E 位离开核糖体。每一个 tRNA 结合位点都在大亚基和小亚基的交界面（图 13-6），因此结合的 tRNA 能横跨大亚基的肽酰基转移酶中心和小亚基的解码中心。

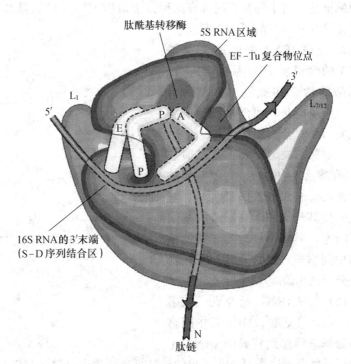

图 13-6 核糖体上的活性部位

肽酰基转移酶位于 50S 亚基，与 A 位的氨酰 tRNA 和 P 位上的肽酰 tRNA 上的 N 端接近。除此之外还有 mRNA 结合位点、蛋白质多肽链合成的起始因子、延长因子和释放因子的结合部位。在蛋白质合成过程中，核糖体的构象会发生变化。

四、氨酰 tRNA 合成酶

蛋白质的生物合成是从多肽链的 N 末端向 C 末端延伸。一个氨基酸的羧基和另一个氨基酸的氨基以肽键形式缩合。要形成肽键，从热力学观点看是很困难的，只有使氨基酸的羧基活化这种反应才能发生。

1. 第二遗传密码 尽管翻译的准确性比复制和转录低（大约每 10^4 个氨基酸掺入多肽链就会有 1 个错误），但翻译过程比复制和转录的复杂程度更高。主要原因是氨基酸要准确掺入到多肽链中，密码子和反密码子必须正确配对，氨基酸正确地连接到它们的同源 tRNA 上。氨基酸与同源 tRNA 的连接是由氨酰 tRNA 合成酶催化完成的。氨酰 tRNA 合成酶识别 tRNA 特异性的决定因素主要集中在 tRNA 分子的氨基酸臂和反密码子上，tRNA 的分子构象对识别也是重要的。

由于合成正确的氨酰 tRNA 在保持蛋白质合成的精确度中有关键作用，氨酰 tRNA 合成酶鉴别不同 tRNA 分子的特异性被称为第二遗传密码。这套密码远比第一套遗传密码复杂。氨酰 tRNA 合成酶必须正确识别自己特定的 tRNA 和氨基酸才能确保蛋白质多肽链是完全按照mRNA 分子上密码子的指令合成的。

在大多数生物中，氨酰 tRNA 合成酶具有极高的专一性，即每种氨基酸只由一个氨酰 tRNA 合成酶催化。对于那些有两种或两种以上对应 tRNA 的氨基酸，同一种氨酰 tRNA 合成酶可分别催化这几种对应的 tRNA 起反应。

2. 氨酰 tRNA 的合成 氨酰 tRNA 的合成反应分为两步进行：氨基酸的活化和氨酰 tRNA 的合成。这一反应是在可溶性细胞质中由氨酰 tRNA 合成酶催化完成。

（1）氨基酸的活化 氨基酸和 ATP 在酶活性中心反应，氨基酸的羧基亲核攻击 ATP 的 α 磷原子，氨基酸的羧基与 AMP 的 $5'$ 磷酸基团生成酯键，形成一种与酶非共价结合的中间物——氨酰 AMP‑E，释放一分子的焦磷酸（图 13‑7）。

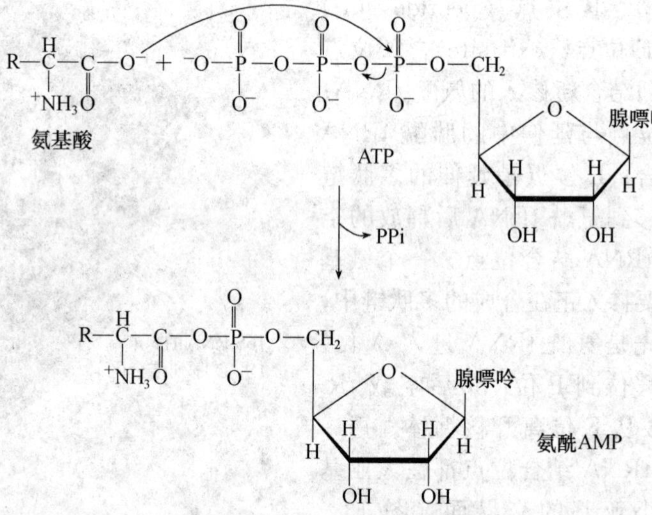

（2）氨酰 tRNA 的合成 在第二步中，是将氨酰 AMP‑E 中间物上的氨基酰转移到特异的 tRNA $3'$ 端的羟基氧上。这是 tRNA $3'$ 端的羟基氧亲核攻击氨酰 AMP 上的氨酰羰基碳而形成氨酰 tRNA（图 13‑8）。

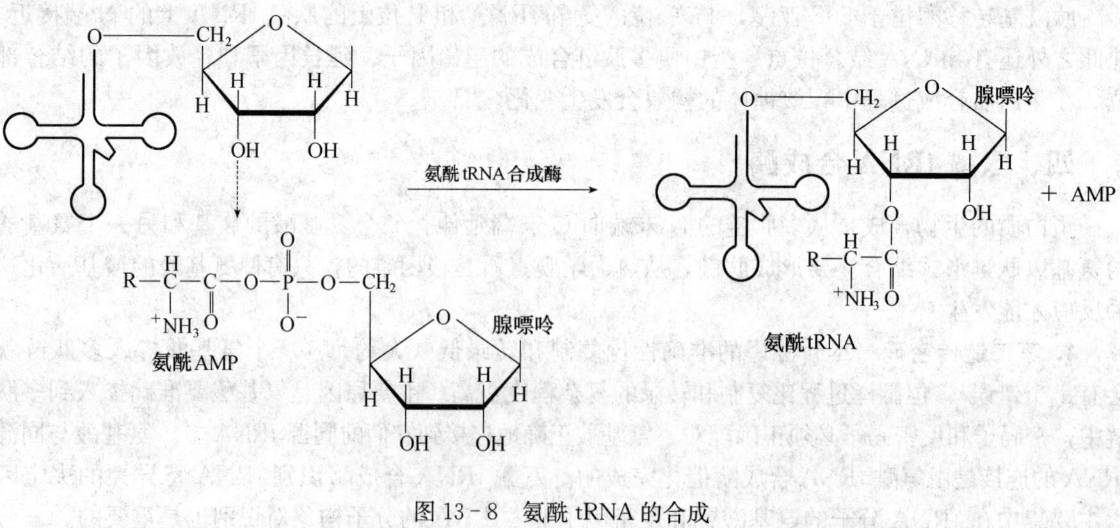

图 13‑7 氨基酸的活化

图 13‑8 氨酰 tRNA 的合成

此反应的 $\Delta G^{\circ\prime}$ 接近零，因为氨酰 tRNA 酯键水解的自由能和末端磷酸基水解的自由能相似。

那么是什么因素驱动氨酰 tRNA 合成呢? 实验结果显示, 该反应的驱动力是焦磷酸水解释放的自由能。因此合成一个氨酰 tRNA 最终消耗两个高能键, 其中一个消耗在氨酰 tRNA 酯键的生成上, 另一个消耗在推动此反应向右进行, 以至整个氨基酸活化过程是不可逆的。

氨酰酯键可以和 tRNA $3'$末端核糖的 $2'-OH$ 或 $3'-OH$ 结合。$3'-OH$ 和 $2'-OH$ 两个部位上氨酰基可以相互转换。氨酰酯键具有较高的水解自由能 (约 $-29\ kJ \cdot mol^{-1}$), 这可为以后形成肽键提供能量。

氨基酸一旦与 tRNA 形成氨基酰 tRNA, 进一步的去向就由 tRNA 来决定了。tRNA 凭借自身的反密码子与 mRNA 分子上的密码子相识别, 把所带的氨基酸掺入到多肽链的一定位置上。

3. 氨酰 tRNA 合成酶的校对作用　如上所述, 遗传信息的正确翻译依赖于氨酰 tRNA 合成酶的高度特异性。每种合成酶必须从 20 种氨基酸中辨别出一种, 从所有的 tRNA 组中辨别出同源 tRNA。这两个过程都必须高度精确的进行。氨酰 tRNA 合成酶在选择正确的氨基酸方面非常复杂, 尽管许多氨基酸的结构是非常接近的, 但出错的概率仍然很小。有人以异亮氨酰 tRNA 合成酶为例详尽地解释了该酶对异亮氨酸和缬氨酸这两个相似底物的区别能力。从理论上讲, 异亮氨酸比缬氨酸仅多出一个亚甲基 ($-CH_2-$), 结果使得异亮氨酰 tRNA 合成酶对异亮氨酸的活化比对缬氨酸的活化高 200 倍。但由于体内缬氨酸的浓度是异亮氨酸的 5 倍, 故缬氨酸替代异亮氨酸被错误掺入的几率是 1/40, 这是一个不能接受的高错配率。但实际错配率仅有 0.1%。这说明一定有校正步骤来提高其忠实性。校正是通过氨酰 tRNA 合成酶上的两个活性位点, 即合成位点 (形成腺苷酰基化) 和编辑 (水解) 位点实现的。异亮氨酰 tRNA 合成酶利用这两个活性位点空间的大小作为识别不同氨基酸的基础。任何大于异亮氨酸体积的氨基酸都不能进入酶的合成位点, 而缬氨酸的体积小于异亮氨酸, 能轻易地进入合成位点的口袋与氨基酸结合位点结合, 形成 AMP-Val, 但却逃脱不了编辑位点对其校对。由于酶的编辑位点比合成位点的空间小, 异亮氨酸进不了编辑位点的口袋而不被编辑, 但 AMP-Val 能进入编辑位点, 结果被水解成自由的 AMP 和 Val 而释放出来。这个机制的要点是酶提供了一个双分子筛, 以分子大小来区分相似的氨基酸。

第二节　蛋白质生物合成的过程

蛋白质的生物合成过程是按照 mRNA 上的遗传信息 (密码子) 指令, 转换为相应的氨基酸连接的蛋白质多肽链的过程。这个过程被分为起始、延伸和终止 3 个阶段。

一、蛋白质生物合成的起始

蛋白质合成起始反应的速度相对较慢, 它决定了 mRNA 的翻译速度。在蛋白质合成中的每一步都有一些辅助因子参与, 不同合成阶段所需的能量由 GTP 水解提供。蛋白质生物合成的起始过程包括 3 个步骤: 核糖体的激活、fMet-tRNA$_f^{Met}$-30S 复合物的形成、70S 起始复合物的形成。

(一) 一种特定的 tRNA 起始子启动多肽链的合成

在遗传密码表中已经知道 AUG 密码子是蛋白质多肽链合成的起始信号, 因此所有蛋白质的合成都由同一氨基酸——甲硫氨酸开始。但是，AUG 又能为多肽链中的甲硫氨酸编码。如何区分这两种状况，主要依赖于携带这种氨基酸的 tRNA。有两类 tRNA 能携带甲硫氨酸，一种用于掺入延伸的多肽链中，一种用于起始。这种能够携带起始氨基酸的 tRNA 称为 tRNA 起始子。

1. 原核细胞中的 tRNA 起始子　在原核生物中有两种类型 tRNA^{Met}，一类是 tRNA$_f^{Met}$，一类是 tRNA$_m^{Met}$。两者都是由甲硫氨酰 tRNA 合成酶催化负载上甲硫氨酸。但 Met -tRNA$_f^{Met}$会立即被 tRNA -甲硫氨酰甲基转移酶所识别，催化其甲基化形成甲酰甲硫氨酰 tRNA（fMet - tRNA$_f^{Met}$）（图 13 - 9）。

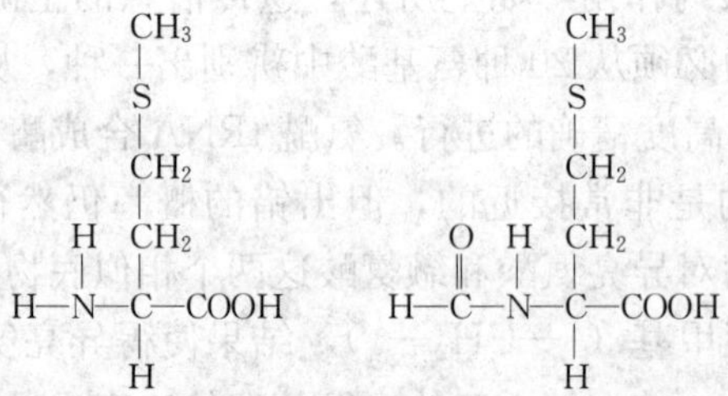

$$CH_3 \qquad\qquad CH_3$$
$$|S \qquad\qquad |S$$
$$CH_2 \qquad\qquad CH_2$$

甲硫氨酸　　　　　N-甲酰甲硫氨酸（fMet）

图 13 - 9　甲硫氨酸与 N-甲酰甲硫氨酸结构

是什么机制使 tRNA -甲硫氨酰甲基转移酶能识别出 tRNA$_f^{Met}$与 tRNA$_m^{Met}$的不同呢？研究发现在 tRNA$_f^{Met}$结构中有两个部位具有特异性，一是氨基酸臂末端有不配对的碱基，而在其他 tRNA 中是配对的。如果在此位置发生突变使其可以配对，那么这个 tRNA$_f^{Met}$也会掺入到延伸的肽链中去。因此断定这种不配对特性是甲酰化酶识别的位点。另一个具有特异性的部位是在反密码子臂上有 3 个 G - C 碱基对，它是 tRNA$_f^{Met}$所特有的，这些碱基对是 fMet - tRNA$_f^{Met}$直接插入到核糖体大亚基 P 位所必需的。

甲酰化不是严格必需的，因为非甲酰化的 Met - tRNA$_f^{Met}$也能作为起始子，但甲酰化能提高 Met - tRNA$_f^{Met}$的起始效率，因为在蛋白质起始复合物形成过程中，甲酰化为 IF - 2（起始因子）提供了识别的特征。

尽管在原核细胞中蛋白质多肽链合成的第一个氨基酸都是甲酰甲硫氨酸，但一般情况下，细胞内的去甲酰化酶在多肽链合成的过程中或之后将这个甲酰基从甲硫氨酸上去除。实际上许多原核生物的蛋白质中第一个氨基酸并非甲硫氨酸，大多数蛋白质在合成进行到第 15 个氨基酸时，N 端的甲硫氨酸就会被细胞内的氨肽酶去除。

2. 真核细胞中的 tRNA 起始子　真核生物在使用特定的起始密码子 AUG 和 tRNA 起始子上与原核生物具有相同特征。真核细胞的起始氨基酸是甲硫氨酸，该甲硫氨酸不能被甲基化。真核细胞起始肽链的 tRNA^{Met}和延伸的 tRNA^{Met}虽然都负载甲硫氨酸，但特性不同。在酵母中，故起始子 tRNA^{Met}也用 tRNA$_i^{Met}$表示，以区别用于延伸的 tRNA$_m^{Met}$。在酵母中，起始子 tRNA^{Met}具有罕见的三级结构，同时它在第 64 位碱基处的 2′核糖位点被磷酸化修饰，如果不被修饰，该起始子可被用于延伸。

（二）蛋白质合成的起始——起始复合物的形成

蛋白质合成的起始不是完整核糖体所具有的功能，而是由游离亚基执行的。大亚基和小亚基在起始合成的反应中再结合在一起形成起始复合物。起始过程必须有 3 个事件发生。一是核糖体必须被募集到 mRNA 上；二是氨酰 tRNA 必须置于核糖体的 P 位点；三是核糖体必须精确定位在 mRNA 的起始密码子上。其中，第三个事件是关键，因为这一步确定了 mRNA 翻译的可读框。这些事件的发生是由蛋白质生物合成起始因子（initiation factor，IF）协助完成的。由于真核与原核细胞中的 mRNA 结构不同，起始过程也不相同。下面分别进行讨论。

1. 原核细胞中多肽链合成的起始　原核细胞中多肽链合成的起始分下述 3 个步骤。

首先，核糖体 30S 小亚基被募集到 mRNA 上。细胞中完整的核糖体不能直接被募集到 mRNA 上。因此，必须在起始因子 IF_1 的作用下解离出大亚基和小亚基，再分别装配到 mRNA 上。大肠杆菌中有 IF_1、IF_2 和 IF_3 3 种起始因子，均是特殊的蛋白质（表 13-3）。在 IF_1 的作用下解离出的小亚基暴露出 IF_3 的结合位点后，IF_3 与小亚基结合阻止了 30S 亚基与 50S 亚基的结合。此时小亚基与 mRNA 结合。其识别位点是 mRNA 上 5′端的 S-D 序列（富含嘌呤碱基）与小亚基 16S rRNA 3′端一段序列（富含嘧啶碱基）正好具有互补作用（图 13-1）。mRNA 与 rRNA 的相互作用使 mRNA 中 5′-AUG 序列能处于 30S 亚基的准确位置，使 50S 大亚基与 30S 小亚基结合后，AUG 这个起始密码子正好处于 P 位点。

表 13-3　原核生物起始因子的生物功能

起始因子	生　物　功　能
IF_1	占据 A 位防止结合其他 tRNA
IF_2	促进起始 tRNA 与小亚基结合
IF_3	促进大亚基与小亚基分离，提高 P 位对起始 tRNA 的敏感性

起始过程的第二步是形成 $fMet\text{-}tRNA_i^{Met}$-30S 复合物。mRNA 募集上 30S 小亚基后，在 $GTP\text{-}IF_2$ 的帮助下，$fMet\text{-}tRNA_i^{Met}$ 占据 P 位点，其反密码子恰好与 mRNA 上的起始密码子 AUG 互补配对。图 13-10 中清楚地显示了由于 IF_1 占据了 30S 小亚基的 A 位点，IF_3 则占据了将成为 E 位点的位置，这样在小亚基的 3 个潜在 tRNA 结合位点中，只有 P 位点在起始因子存在的条件下能够结合 tRNA。

第三步是形成 70S 复合物。一旦 $fMet\text{-}tRNA_i^{Met}$ 在起始密码子上后，IF_3 即离开复合物，此时 30S 小亚基和 50S 大亚基的结合部位就暴露出来，两者结合形成 70S 核糖体，IF_1 离开 30S 小亚基。此时 P 位被 $fMet\text{-}tRNA_i^{Met}$ 占据，A 位被 IF_2 占据，要使第二个氨酰 tRNA 进入 A 位，必须将 A 位空出。这时一个 GTP 酶在 A 位被活化，与 IF_2 结合的 GTP 水解出 GDP 和 Pi，IF_2 从 A 位点释放。至此 70S 复合物的形成，肽链合成的起始阶段完成（图 13-10）。

2. 真核细胞中多肽链合成的起始　由于真核细胞中 mRNA 结构与原核细胞中的不同，真核细胞中 40S 小亚基寻找 mRNA 上蛋白质合成起始的方式完全不同于原核细胞。真核细胞中小亚基与起始子 tRNA 结合后，才被募集到 mRNA 的 5′端帽子结构上，然后从 5′到 3′端沿着 mRNA 扫描，直到遇见第一个有正确上游序列和下游序列的 5′-AUG-3′（CCPuCCAUGG），才作为阅读框开始的起始信号。

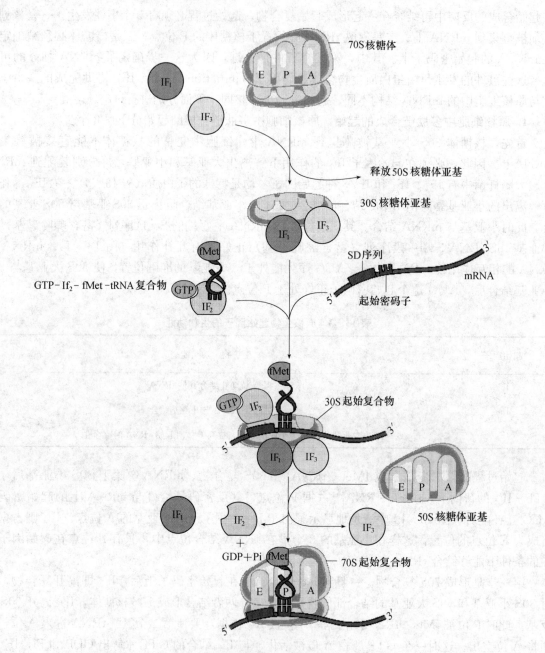

图 13 - 10　原核细胞肽链的起始复合物的形成

　　首先形成43S起始前复合体。真核细胞中多肽链合成的起始过程至少需要9种起始因子来驱动（表13 - 4）。核糖体大亚基和小亚基的解离是依靠 eIF$_3$（防止小亚基再与大亚基结合）和 eIF1A（与原核的 IF$_3$ 和 IF$_1$ 相对应）完成的。两个 GTP 结合蛋白——eIF$_2$ 和 eIF$_{2B}$ 介导了小亚基与 Met - tRNA$_i^{Met}$ 的结合。GTP - eIF$_{2B}$ 帮助 GTP - eIF$_3$ - Met - tRNA$_i^{Met}$ 3 元复合物结合到 40S 小亚基潜在的 P 位点上形成43S起始前复合体（图13 - 11、图13 - 12）。

表 13-4 真核生物起始因子的生物功能

起始因子	生物功能
eIF_2	促进起始 tRNA 与小亚基结合
eIF_{2B}	最先结合小亚基，促进大亚基分离
eIF_3	
eIF_{4A}	有解螺旋酶活性，促进 mRNA 结合小亚基
eIF_{4B}	结合 mRNA，促进 mRNA 扫描定位 AUG
eIF_{4E}	结合 mRNA 5′帽子
eIF_{4G}	结合 eIF_{4E} 和 PAB
eIF_5	促进各种起始因子解离，结合大亚基
eIF_6	促进核蛋白体分离成大亚基和小亚基

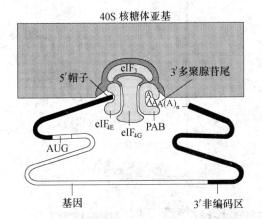

图 13-11 43S 起始前复合体示意图

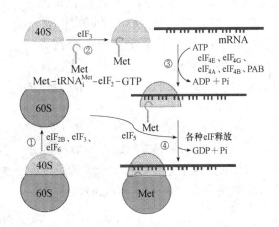

图 13-12 真核肽链的起始复合体的形成

43S 起始前复合体去识别 mRNA 的 5′端帽子结构。这一识别过程是由 eIF_{4F} 介导完成的，eIF_{4F} 包含 3 个亚基——eIF_{4E}、eIF_{4G}、eIF_{4A}。eIF_{4G} 直接与 5′端帽子结合，同时又与 eIF_{4E} 和一个称为 poly(A) 结合蛋白（PAB）的蛋白质结合（图 13-11），eIF_{4A} 具有 RNA 解螺旋酶的活性，eIF_{4B} 加入这一复合体激活 eIF_{4A} 的解螺旋酶的活性，解开末端二级结构（如发夹结构），使 mRNA 的 5′端展开，eIF_{4F} 和 eIF_{4B} 与展开的 mRNA 结合募集 43S 起始前复合体到 mRNA 上。

一旦 43S 前复合体在组装好，43S 起始前复合体就会在 ATP 供能、eIF_{4A} 的 RNA 解螺旋酶驱动下，按照 5′端到 3′端方向移动，寻找 mRNA 上的起始密码子。当 Met - $tRNA_i^{Met}$ 上的反密码子与起始密码子 AUG 正确配对后，eIF_2 和 eIF_3 释放使得大亚基与小亚基结合。大亚基的结合刺激了 eIF_{5B} - GTP（类似于原核的 IF_2）的水解，导致剩余的起始因子释放。此时 Met - $tRNA_i^{Met}$ 处于核糖体的 P 位点，A 位点空出的密码子为接受一个相应的氨酰 tRNA 开始第一个肽键的合成做好了准备（图 13-12）。

二、蛋白质生物合成的延伸

与翻译的起始不同，蛋白质合成的延伸机制在原核和真核细胞之间是高度保守的。延伸过程需要起始复合体、氨酰 tRNA、延伸因子（elongation factor，EF）、GTP。每掺入一个氨基酸残基也有下述 3 个关键事件发生。

1. 氨酰 tRNA 的进入 按照 mRNA 的指令，正确的氨酰 tRNA 结合于 70S 核糖体起始复合物的 A 位点上。这一步，需要 GTP 和两个延伸因子——EF - Tu 和 EF - Ts 参加。这两个延伸因子常以二聚体状态存在（EF - Tu - EF - Ts），只有呈二聚体状态才能与 GTP 反应生成 EF - Tu - GTP 去结合氨酰 tRNA，形成的氨酰 tRNA - EF - Tu - GTP 三元复合物再与 70S 结合起始复合物反应，即氨酰 tRNA 与 mRNA 上可读框中的第二个密码子配对，结合于核糖体的 A 位点上。这是核糖体大亚基上的 GTP 水解酶促使 GTP 水解，释放 EF - Tu - GDP 和 Pi。EF - Tu - GDP 再与 EF - Ts 聚合成 EF - Tu - EF - Ts 二聚体，并释放 GDP。复原的二聚体再进入下一轮延伸反应。而氨酰 tRNA 则留在 A 位点与 Met 形成肽键（图 13 - 13）。

每个细菌中约有 70 000 个 EF - Tu 分子，约占细胞中总蛋白的 5%，与氨酰 tRNA 分子的数目接近，这意味着大多数

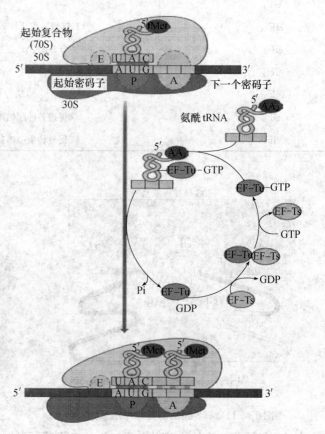

图 13 - 13 EF - Tu 护送氨酰 tRNA 至核糖体的 A 位点

的氨酰 tRNA 存在于三元复合体中。每个细胞约只有 10 000 个 EF - Ts 分子，与核糖体的数目接近。EF - Tu 与 EF - Ts 结合的动力学提示，EF - Tu - EF - Ts 仅是瞬间存在，所以 EF - Tu 可以迅速转变为与 GTP 结合的形式，然后形成三元复合体。

在真核细胞中，$eEF_{1\alpha}$ 因子（类似于原核的 EF - Tu）负责将氨酰 tRNA 带到核糖体，同样需要 GTP 高能键的断裂。它在数量上也是充足的。GTP 水解后，$eEF_{1\alpha}$ 活性的再生需要 $eEF_{1\beta\gamma}$ 因子（类似于原核的 EF - Ts）。

2. 肽键的形成 A 位上氨酰基的 $\alpha - NH_2$ 作为亲核基团对 P 位上甲酰甲硫氨酰的羰基碳进行亲核进攻形成肽键。从而 A 位上就占据了一个二肽酰 tRNA，而 P 位上只剩下一个空载 tRNA（图 13 - 14）。这一反应由核糖体的 50S 亚基上的肽酰基转移酶催化完成。

催化肽键形成的酶曾被认为是大亚基中的一种或多种蛋白的特性。1992 年，Harry Noller

和他的同事发现催化这个反应的是 23S rRNA 而不是蛋白质,这给核酶有增加了一个重要的生物学功能。这个令人惊奇的发现对理解星球上生命的进化有着重要的意义。

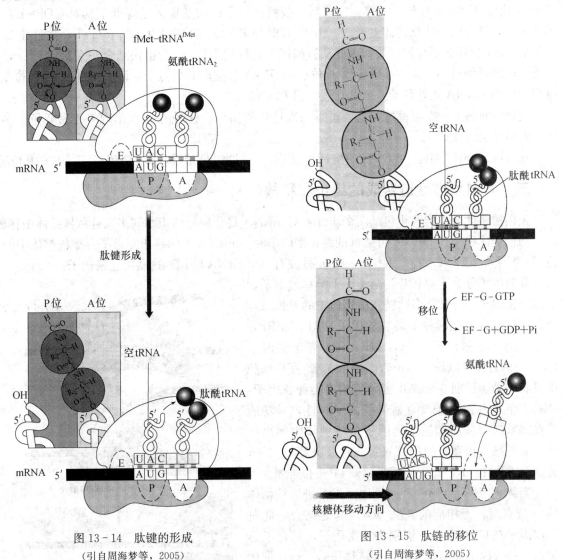

图 13-14 肽键的形成
(引自周海梦等,2005)

图 13-15 肽链的移位
(引自周海梦等,2005)

3. 移位 将一个氨基酸掺入正在延伸的肽链中,这样一次循环以移位结束。移位也有 3 个动作发生:mRNA 移动、空载 tRNA 从 P 位上脱落、二肽酰tRNA从 A 位移位到 P 位。移位需要 GTP 和延伸因子 EF-G(移位酶)。EF-G 通过取代结合在 A 位点的 tRNA 来驱动移位。核糖体要移动,一方面要打破它与 tRNA 之间的连接,另一方面要保证 tRNA 与反密码子的配对。

移位是与肽酰转移酶偶联的。一旦在 A 位点形成二肽酰 tRNA,这个 tRNA 的氨酰末端就移到大亚基的 P 位点上,但其反密码子部分仍与 A 位点的密码子结合。这时 P 位点上已脱氨基的 tRNA 的 3′端位于大亚基的 E 位点,其反密码子部分仍与 P 位点的密码子结合。这等于先解决了 tRNA 与大亚基结合上的移位,结果使 tRNA 处于结合位点的杂合状态。这种杂合状态的结果是使 A 位点的大亚基上暴露出了 EF-G 的结合位点——因子结合中心，当EF-G-GTP 与该中心结合后，就刺激 GTP 的水解形成 GDP-ET-G，这种构象的改变，使它能进入小亚基，刺激 A 位点 tRNA 的移位。当移位完成后，核糖体构象的改变极大地降低了其对 GDP-ET-G 的亲和力，延伸因子从核糖体上释放。由于 GDP 与 ET-G 的亲和力远低于 GTP，并且在 GTP 水解后生成的 GDP 很快被释放，因此从核糖体上释放的 ET-G 会很快结合一个新的 GTP，进入下一轮的延伸过程。移位结果导致 A 位点的 tRNA 移位至 P 位点上，P 位点的 tRNA 移位至 E 位点上，而 mRNA 正好移动 3 个核苷酸（图 13-15）。

这样，每掺入一个氨基酸，就要进行一次这样的循环，直到 A 位点出现终止密码子，多肽链的合成才会终止。

在真核生物中，对应于 EF-G 的是 eEF₂ 蛋白，它们的功能接近，都是依赖 GTP 水解的移位酶。

三、蛋白质多肽链合成的终止和释放

蛋白质多肽合成的终止包括两个步骤：对 mRNA 终止信号的识别和多肽链从核糖体中释放。

当核糖体移动到 mRNA 可读框的终止密码子时，mRNA 上的终止密码子占据核糖体中的 A 位点。除释放因子（release factor，RF）外没有一个 tRNA 能识别这些终止密码子。

释放因子分为 Ⅰ 类和 Ⅱ 类两类。Ⅰ 类释放因子识别终止密码子，并催化多肽链从核糖体中的 P 位点释放。原核细胞中有两种 Ⅰ 类释放因子：RF₁ 和 RF₂。RF₁ 识别终止密码子 UAG，RF₂ 识别终止密码子 UGA，两者皆可以识别终止密码子 UAA。真核细胞中只有一种能识别 3 个终止密码子的 Ⅰ 类释放因子：eRF₁。Ⅱ 类释放因子没有密码子的专一性，其功能是在多肽链释放后刺激 Ⅰ 类因子从核糖体中解离出来。原核细胞和真核细胞都只有一种 Ⅱ 类释放因子，分别是 RF₃ 和 eRF₃。它们都需要 GTP 提供能量。

当终止密码子 UAG、UAA 或 UGA 进入核糖体的 A 位点时，无相应的氨酰 tRNA 与之结合，此时释放因子在 GTP 存在下识别终止密码子，结合于 A 位点。释放因子的结合导致肽基转移酶的激活，催化 P 位点上的 tRNA 与肽链之间水解。至此，多肽链的合成终止。新生的肽链和最后一个非酰基化的 tRNA 从 P 位点上释放下来。70S 核糖体解离成 30S 亚基和 50S 亚基，再进入新一轮的多肽合成（图 13-16）。

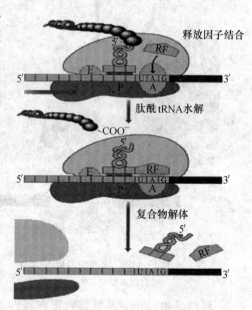

图 13-16 翻译的终止
（引自周海梦等，2005）

四、蛋白质合成所需的能量

蛋白质的合成是一个高能耗过程，每合成一个肽键要消耗 4 个高能磷酸键。这 4 个高能磷酸键分别消耗在：①氨基酸活化阶段，每合成一个氨酰 tRNA 消耗 2 个高能磷酸键，相当于 2 分子的 ATP。②肽链的延伸过程中，每合成一个肽键需要 2 分子 GTP 水解成 GDP 和无机磷酸。其中一个 GTP 消耗于氨酰 tRNA 与核糖体 A 位的结合，另一分子则用于促进核糖体在 mRNA 上的移位。肽链水解时，$\Delta G^{\circ\prime}$ 为 $-20.9\,\text{kJ}\cdot\text{mol}^{-1}$，而 4 mol GTP 水解的 $\Delta G^{\circ\prime}$ 为 $-30.5\times4=-122.0(\text{kJ})$，这种高耗能过程进一步确保了翻译的准确性。

五、多核糖体

在蛋白质合成活跃的细胞中，可分离到由 $10\sim100$ 个核糖体组成的念珠状结构，此结构称为多聚核糖体。这样的结构在电子显微镜下可以直接观察到（图 13-17）。多聚核糖体上核糖体的距离随不同生物而异，一般为 $5\sim10$ nm。结合在一条 mRNA 上的这些核糖体各自独立地发挥作用，每一个都合成一条完整的多肽链。这显著地提高了 mRNA 的利用效率。

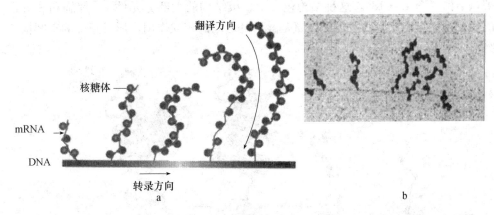

图 13-17　多核糖体

a. 示意图　b. 电子显微镜照片

在原核细胞中，转录和翻译位于同一区域，紧密偶联。因此，核糖体能够在 mRNA 从 RNA 聚合酶中暴露出来后与其结合，以每秒 20 个氨基酸的速度进行翻译。这与 RNA 聚合酶每秒合成 $50\sim100$ 个核苷酸的速度几乎相当。因此，在原核细胞中往往是转录完成，细胞中就会出现相应的蛋白质。与原核细胞不同，真核细胞中的转录和翻译位于不同的区域。转录发生在细胞核中，翻译发生在细胞质中，并且以每秒 $2\sim4$ 个氨基酸的较慢速度翻译。

六、有些短肽不是由核糖体合成的

在生物系统中，还存在另一种不同的肽键形成机制。如短杆菌肽 S 的合成，这是一种由两个相同的五肽头尾相连的环多肽。此抗菌素是由短芽孢杆菌菌株合成的。

短杆菌肽 S 的合成不依赖核糖体与 mRNA。只需要 E_1 和 E_2 两个酶的复合体作用。E_1 负责 D-丙氨酸的活化，E_2 负责五肽单位中其他 4 种氨基酸的活化。在此系统中，活化后的氨基酸以酯键的形式连接在 E_1 和 E_2 的巯基上而不是 tRNA 的 $3'$ 羟基上。然后 E_2 上的 D-丙氨酸被转移到 E_1 上的 L-脯氨酸的亚氨基上，生成一个二肽，随后的反应只需 E_1 参加。二肽中，L-脯氨酸上活化的羧基与同一酶上的缬氨酸上的氨基反应，生成一个三肽。相同的过程在鸟氨酸和亮氨酸上相继发生，即生成一个与 E_1 相连的五肽。最后两个 E_1 分子上相连的五肽再彼此作用，生成环状的短杆菌肽 S。这种多肽抗菌素的合成可能是进化早期蛋白质合成原始方式的残存遗迹。

第三节 蛋白质生物合成后的加工处理

许多新合成的蛋白质并不是终产物，还要经过加工处理才能具有生物活性。加工包括折叠和修饰两部分。蛋白质成熟过程中折叠和修饰是相辅相成的。

一、蛋白质多肽链的折叠

蛋白质折叠是指多肽链的线性结构（一维）通过建立合适的氢键、离子键、范德华力和疏水作用力的相互关系而逐渐形成空间构象（三维）的过程。在这个过程中，新合成的蛋白质先折叠成一种绒球结构（图 13-18），这种结构包含了二级结构的大部分元件（α 螺旋和 β 折叠）及它们之间的相互排列。在此基础上再经过氨基酸侧链之间的相互作用，形成正确的空间构象。

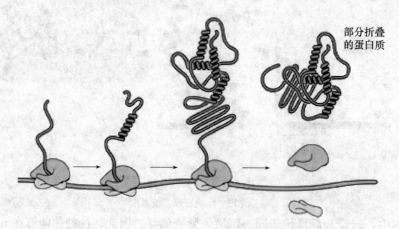

图 13-18 新合成的蛋白质先折叠成一种绒球结构示意图

（引自瞿礼嘉等，2004）

有些蛋白质可以自发地折叠成正确的空间构象，要检验一个蛋白质是否具有这种能力，只需将其变性，并判定它是否可以自动恢复为活性形式，这种能力称为自我组装。有些蛋白质不具有自我组装的能力，因此它们要折叠成正确的空间构象就需要许多蛋白质和因子参与。根据已有的研究，辅助蛋白质进行正确折叠的因子分为两类：作为酶催化蛋白质折叠的辅助因子和分子伴侣。

1. 作为酶催化蛋白质折叠的辅助因子

① 蛋白质二硫键异构酶（PDI）催化加速形成蛋白质中正确的二硫键。它通过不断破坏二硫键并促进在正确位置形成二硫键的形式，加速富含半胱氨酸的蛋白质的折叠。

② 肽酰脯氨酰顺反异构酶（PPI）催化肽酰脯氨酰之间肽键的旋转加速蛋白质的折叠过程。由于蛋白质中的肽键通常是反式结构，而在完全折叠的蛋白质中涉及脯氨酸残基的肽键有将近6％是顺式构型。在折叠过程中，X-Pro 键（X 为任意氨基酸）必须异构化为最终的顺式或反式构型。如果这个过程靠自发进行，需要一个漫长的过程，因此对于发生在生物有效时间内的蛋白

质，酶促完成这个过程是必需的。

2. 分子伴侣帮助新生肽链正确折叠　分子伴侣并不决定蛋白质的特异折叠方式，只是阻止多肽内部、多肽之间或多肽与大分子之间不正确相互作用的形成。可以说，分子伴侣提高了多肽链折叠成正确三维构象的能力。同时，分子伴侣也保护正在折叠中的蛋白质在细胞的高密度蛋白质环境中不与其他大分子的相互作用。

分子伴侣主要分为两种类型。第一类是 Hsp_{70} 家族，存在于原核及真核的大部分区室中。此家族的分子伴侣将未折叠的多肽链维持在可溶形式，以便折叠。另一类是伴侣蛋白，存在于所有细胞，可以促进蛋白质的正确折叠。

（1）Hsp_{70} 家族维持多肽链处于未折叠状态　Hsp_{70} 是一种热激蛋白（heat shock protein，Hsp），因其分子质量大约为 70 ku 而得名。这个家族包括 Hsp_{70}、Hsp_{40} 和 GrpE。在蛋白质合成过程中，只有一个完整的结构域（100～200 个氨基酸）从核糖体上显露出来，新生肽链才能进行稳定的、正确的折叠。然而当新生肽链不断从核糖体上延伸，一个完整结构域的肽链没有从核糖体上显露之前，其中的疏水性片段很容易与链中其他疏水性片段聚集，这种结合是随机发生的，结果会导致不正确的折叠。Hsp_{70} 家族的功能就是识别并结合这些疏水性片段，维持新生肽链处于非聚集的状态（图 13-19）。

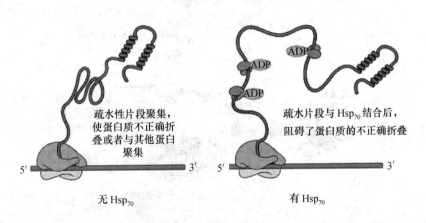

图 13-19　Hsp_{70} 家族识别并结合疏水性片段，维持新生肽链处于非聚集的状态示意图

这些因其大小（大约 70 ku）而命名的蛋白质依赖 ATP 结合并释放尚未折叠蛋白质的疏水性片段，使它们进行正确的折叠（图 13-20）。

（2）伴侣蛋白促进蛋白质的折叠　伴侣蛋白是分子伴侣中最多样化且结构复杂的一类。已发现的伴侣蛋白有两类：GroEL（亦即 Hsp_{60}、伴侣蛋白 60 或 cpn_{60} 组）和 GroES。典型的结构是一个多亚基圆环，类似一个个油炸面圈叠成的具有空腔的圆柱体，目标蛋白质被有效地控制在空腔中进行正确的折叠，这个过程所需的能量都由 ATP 提供。事实上，组成环的亚基都是ATP 酶。

分子伴侣在蛋白质寡聚结构的形成和蛋白质的跨膜运转中都起着一定的作用。

Hsp_{70} 分子伴侣在蛋白质折叠过程的早期阶段（通常是翻译期间）通过识别新生多肽表面小的疏水区域来行使功能；伴侣蛋白在此过程的后期（翻译后）行使功能（图 13-21）。

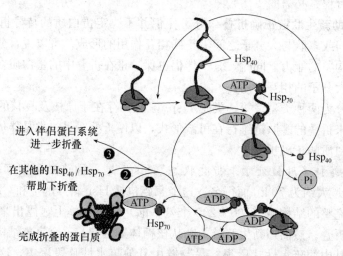

图 13-20　Hsp_{40}/Hsp_{70} 帮助下的蛋白质折叠

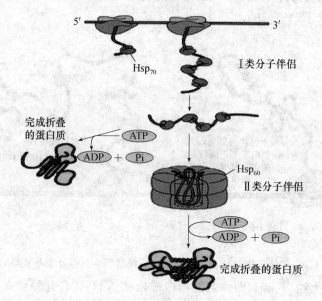

图 13-21　Hsp_{70} 分子伴侣和伴侣蛋白在蛋白质折叠过程中的作用

二、蛋白质的修饰

新生蛋白质与成熟蛋白质在一级结构上存在一定的差异，这是对新生肽链进行修饰的结果。如何修饰完全取决于蛋白质自身的性质，这也许是 mRNA 线性的遗传信息在蛋白质中的体现形式。

1. N 端修饰　虽然所有多肽合成的起始氨基酸是 N-甲酰甲硫氨酸（原核细胞）残基或一个甲硫氨酸残基（真核细胞），但大多数功能蛋白质（约 70%）的 N 端并非这两种氨基酸残基。即多肽合成后，氨基末端的一个或几个氨基酸残基会被氨基肽酶切掉。真核细胞中约 50% 的蛋白质合成后，N 末端的氨基被乙酰化，羧基端残基有时也被修饰。

2. 二硫键的形成　一些蛋白质折叠成天然构象之后，在半胱氨酸残基间形成链内或链间二硫键来保护蛋白质的天然构象，以避免环境的变化而引起的变性或逐渐氧化。

3. 氨基酸残基的修饰　多肽中的丝氨酸、苏氨酸和酪氨酸残基的羟基通过酶促作用被 ATP 磷酸化。在不同的蛋白质中，这种修饰的功能意义不同。例如，牛奶的酪蛋白中具有许多磷酸丝氨酸基团，这些基团与 Ca^{2+} 结合，为哺乳的婴儿提供钙、磷酸和氨基酸这些必需的营养元素。一些蛋白质中的谷氨酸残基上被额外引入了羧基，生成 γ-羧基谷氨酸残基。如凝血酶原的氨基末端区域就含有许多 γ-羧基谷氨酸残基，这些羧基与 Ca^{2+} 结合是启动凝血机制所必需的。一些肌动蛋白质和细胞色素 c 的赖氨酸残基被甲基化，形成单甲基或双甲基赖氨酸残基，如大多数钙调素蛋白在特定位置存在三甲基赖氨酸残基。

4. 糖基化修饰　在糖蛋白中，有些糖类侧链在专一酶催化下被连接到蛋白质多肽链的天冬酰胺残基上（N 连接寡糖），有些被连接到丝氨酸或苏氨酸残基上（O 连接寡糖）。许多具有胞外功能或润滑作用的蛋白质，含有寡糖侧链。

5. 蛋白质的水解　许多蛋白质的初始合成产物很大，不具有生物活性，必须经过特异的切割，才能产生有活性的成熟分子。如胰岛素、一些病毒蛋白质以及胰凝乳蛋白酶就属于这种类型。

6. 异戊二烯基团的修饰　异戊二烯来源于胆固醇生物合成的焦磷酸化产物，如法呢基焦磷酸。许多真核细胞蛋白质中的半胱氨酸残基和异戊二烯之间形成硫醚键。以这种方式修饰的蛋白包括 ras 肿瘤基因和原癌基因的产物、G 蛋白和存在于核基质中的核纤层蛋白。在一些情况下，异戊二烯基团可以将蛋白锚定于膜中。当异戊二烯化过程被阻断后，ras 肿瘤基因就失去致癌活性。这激发了人们将这种翻译后修饰途径的抑制剂用于癌症化学疗法的兴趣。

三、蛋白质生物合成受许多抗生素和毒素的抑制

蛋白质的生物合成几乎每一步都会被抗生素专一地抑制，所以抗生素已成为研究蛋白质生物合成的有用工具。

由链霉菌产生的嘌呤霉素是了解得最清楚的一种抑制性抗生素，其结构与 tRNA 的 3′ 端很相似，因此能与核糖体的 A 位点结合，并且参与肽链的形成，产生肽基嘌呤霉素，但不能参与核糖体的移位和分离，却能很快与 P 位点的肽酰 tRNA 的羧基结合，导致过早地终止多肽的合成。

四环素通过阻断核糖体的 A 位点，抑制氨酰 tRNA 与 A 位点结合来抑制细菌的蛋白质合成。氯霉素通过阻断细菌的核糖体中（以及线粒体和叶绿体中）肽基的转移来抑制的蛋白质合成，但不能抑制真核细胞中的蛋白质合成的。而防线菌素能抑制真核细胞核糖体的肽基转移酶，不抑制原核细胞（以及线粒体和叶绿体中）核糖体的肽基转移酶。链霉素是一种碱性三糖，在较低浓度下会造成密码的错误阅读，在高浓度下会抑制蛋白质合成的起始。

白喉棒状杆菌产生的白喉霉素可对真核细胞中的延伸因子 eEF_2 中组氨酸残基上进行腺苷二磷酸核糖的修饰（称为白喉酰胺）而使之失活，抑制肽链的移位作用，由于 eEF_2 是一种酶蛋白，因此极小量就能完全抑制蛋白质的合成，因而这是一种剧毒物。而蓖麻毒蛋白会引起 23S rRNA 中一个特定腺苷酸发生去嘌呤作用而使真核细胞中 60S 大亚基失去活性。

表 13 - 5　抗生素抑制蛋白质生物合成的原理

抗生素	作用位点	作用原理	应用
四环素族（金霉素、新霉素、土霉素）	原核细胞核糖体小亚基	抑制氨酰 tRNA 与小亚基结合	抗菌药
链霉素、卡那霉素、新霉素	原核细胞核糖体小亚基	改变构象引起读码错误，抑制起始	抗菌药
氯霉素、林可霉素	原核细胞核糖体大亚基	抑制转肽酶，阻断肽链延伸	抗菌药
红霉素	原核细胞核糖体大亚基	抑制转肽酶，妨碍转位	抗菌药
梭链孢酸	原核细胞核糖体大亚基	与 FEG - GTP 结合，抑制肽链延长	抗菌药
放线菌酮	真核细胞核糖体大亚基	抑制转肽酶，阻断肽链延伸	医学研究
嘌呤霉素	真核细胞、原核细胞核糖体	引起未成熟肽链脱落	抗肿瘤药

第四节　蛋白质的定位

　　真核生物细胞是由许多结构、区室和细胞器组成的，它们都需要各种不同的蛋白质和酶来行使特定的功能。因此，在所有的亚细胞区室中都有可溶性蛋白质，在界定这些区室的脂质双分子层中又有各种膜结合蛋白。细胞质中合成的蛋白质要运送到这些区室或定位到膜的特定位置中，细胞有其特定的机制来分选每一种蛋白质并指引它们定位到正确的位置上。

一、蛋白质的分选

　　所有在细胞质中合成的蛋白质被分选成两大组。第一组留在细胞质中或定位到不同的目的地，如质体、线粒体、过氧化物酶体和和核仁（图 13 - 22）。

　　另一组则在 N 端信号肽的引导下定位于内质网。信号肽促使核糖体结合在内质网上，形成粗糙内质网。在粗糙内质网上合成的蛋白质进入分泌途径。进入分泌途径的蛋白质首先在膜系统中经过修饰、组装，接着被转入高尔基体，然后分选到该分泌系统的不同区室（图 13 - 23）。

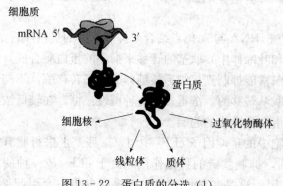

图 13 - 22　蛋白质的分选（1）

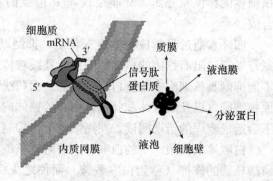

图 13 - 23　蛋白质的分选（2）

　　蛋白质的最终去向是由特定的分拣信号决定的，分拣信号是连于蛋白质上的一段短的氨基酸序列或共价修饰物。转运装置是小的膜性囊泡，囊泡通过从供体膜表面出芽释放，然后和靶膜表面融合的方式在区室之间的转移。囊泡中的蛋白质根据自身的特性被释放到不同的靶区域化部位。这样的转运过程暗示了小泡可以根据它们所负载的蛋白质来识别目的地。这种识别的特异性即为分选机制的一部分。

　　在合成缺乏信号肽的蛋白质时，核糖体不与内质网结合，被称为游离核糖体。游离核糖体与内质网上的核糖体之间并没有本质的区别。核糖体开始合成蛋白质时并不知道其到底是在细胞质中合成还是转运到膜上合成，而是由合成出的信号序列引发了与膜的结合。

二、蛋白质的共翻译转运

　　细胞中所有蛋白质，除了留在细胞质中的，都包含一个或多个作为位置标签的信号序列（引导结构域）。信号序列通常是短的多肽或氨基酸基序或者是低聚糖。信号序列决定细胞中蛋白质定位于何种区室和膜系统中。

　　蛋白质的跨膜转运需要分子伴侣的协助。一些细胞质中的分子伴侣与新生肽链相互作用，保持蛋白质的非折叠构象，使其通过膜上的蛋白质通道到达合适的区室或膜；细胞器内的分子伴侣再与穿过膜的新生肽链结合，促使其正确折叠（图13-24）。

　　大部分溶酶体蛋白、膜蛋白和分泌蛋白的 N 末端均具有信号序列。信号序列包含13～36 个氨基酸残基，都具有以下特征：有一个或多个带正电荷的氨基酸残基，接着是一串 10～15 个疏水氨基酸残基，在羧基末端（靠近切割位点）有一短的极性氨基酸序列。尤其在离切割位点最近处有短侧链氨基酸残基（尤其是丙氨酸）。

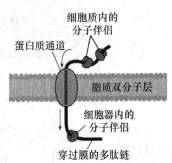

图 13-24　分子伴侣参与的
蛋白质跨膜运转
（引自瞿礼嘉等，2004）

　　信号序列位于新合成肽链的 N 末端，能将蛋白质引导到细胞中的恰当位置，并且在转运过程中或到达最终目的地后被切除。实验已经证明这种特殊信号的定向引导功能。如把一种蛋白质的信号序列连接在另一种蛋白质的 N 末端，第二种蛋白质就会到达第一种蛋白质原来所处的位置。这一转运过程分为下述两个阶段。

　　（1）新生肽链穿膜机制　新生肽链的翻译和转运进入内质网膜腔的过程是同时进行的。当信号肽从核糖体中显露以后就被细胞中的信号肽识别颗粒（signal recognition particle，SRP）所识别并与之结合（信号肽识别颗粒是一种核糖核蛋白复合体，包含一条 300 个核苷酸的小 RNA 和6 种不同的蛋白质），抑制新生肽链的延伸。而后信号肽识别颗粒携带核糖体与内质网膜上的信号肽识别颗粒受体（信号肽识别颗粒受体是一个由两种不同的 GTP 结合多肽组成的膜内在蛋白）结合而停靠在内质网膜上。停靠后，信号肽识别颗粒和信号肽识别颗粒受体的两条多肽链之一就利用 GTP 水解的能量与信号肽解离。信号肽识别颗粒释放到细胞质中，核糖体和新生肽链就停靠在转运复合体上（转运复合体是内质网膜上的跨膜蛋白通道，由 3 个膜内在蛋白组成）。接着信号肽识别颗粒和信号肽识别颗粒受体就开始了将新生肽链插入蛋白通道的过程。整条新生肽链的转运需要内质网膜腔里的分子伴侣帮助，需要 GTP 提供能量。当新生肽链进入内质网膜腔后，信号肽就被内质网膜腔中的信号肽酶切割掉（图 13-25）。

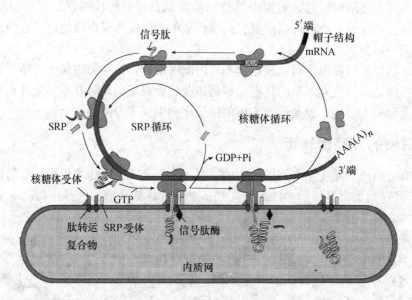

图 13-25　新生肽链的穿膜机制
（引自黄熙泰等，2005）

在内质网的内腔中有很多酶和分子伴侣，它们可以保证蛋白质的正确折叠，并且降解那些结构有缺陷而无法正确成熟的多肽。这个机制保证了只有正确折叠和组装的蛋白质才能沿着分泌途径转运到它们的最终目的地。

（2）膜内在蛋白在膜上的定位　所有生物膜都含有蛋白质，它们通过非共价作用与脂双层膜结合。蛋白质与膜结合的方式是多样的。膜内在蛋白的一个共同特点是都存在至少一个跨膜结构域，这个跨膜区域含有 21~26 个疏水氨基酸的 α 螺旋片段，这些跨膜区域保证了蛋白质插入到膜脂双层结构中去。跨膜结构域在这些膜蛋白的功能中也发挥了重要作用，它们能形成跨膜通道，或在膜内使亚基发生寡聚化。

膜蛋白和分泌蛋白插入膜中的起始通路都是由信号肽决定的，因此在起始阶段它们都是一致的。但膜蛋白还有第二种停止转运序列。它以带电氨基酸残基附近的一簇疏水氨基酸残基的形式出现。这一簇疏水氨基酸残基可以作为一个锚定序列，能抓着膜，从而阻止蛋白质直接穿越。而锚定序列的位置决定了蛋白质在穿膜过程中何时停止。

三、蛋白质翻译后的转运

虽然叶绿体中有自己的 DNA，但大部分蛋白质是由核 DNA 编码并从细胞质中转运来的。这些游离核糖体上合成的蛋白质，其 N 端带有 40~50 个氨基酸残基组成的转运肽，用于指定多肽定位到叶绿体中，当它们通过叶绿体被膜后，肽酶将转运肽切除。多肽一旦进入叶绿体，就可能有几种命运。如果该蛋白质要驻留在基质中，就会有一个大而复杂的分子伴侣通过有 ATP 参与的过程帮助其正确折叠；而在类囊体中起作用的可溶性蛋白质和作为类囊体的膜蛋白，分子伴侣维持它们的非折叠状态以便向下插入和运输到下一个目的地。定位到外被膜上的蛋白质不会进入转运通道而直接从细胞质中结合到膜内。

蛋白质向线粒体的转运类似于向叶绿体的转运，但靠的是不同的引导结构域——导肽和一种不同的输入装置。

蛋白质向过氧化物酶体的转运至少需要两种不同的引导信号和 ATP 的参与。

各种不同的蛋白质，包括调控蛋白、组蛋白、RNA 聚合酶、不均一核 RNA 结合蛋白都在细胞质中合成，然后选择性地运输到核内。大多数要进入核的蛋白质具有核定位信号，核定位信号具有共同的特点，但没有共同的序列，它们在蛋白质上的位置在各个蛋白质中是不同的。其他细胞器中可溶性蛋白质上的引导结构域在运输期间会被切除，而核定位信号不会从核蛋白上切除。因此，当核蛋白进入细胞质或在有丝分裂期核膜崩解被释放到细胞质后可以再次进入核内。

第五节　蛋白质的降解

细胞中大多数蛋白质的功能都受到严格的时空限制，真核细胞中蛋白质的半衰期由 30s 到几天不等。许多处于代谢关键位置的调节蛋白和酶都是短寿命的。为了防止异常的或不需要的蛋白质在细胞中积累，蛋白质总是不断地被降解。降解是一个选择性的过程，除了蛋白质的非特异性降解，还存在着特异性的降解机制。任何蛋白质的寿命都是由专门执行这项任务的蛋白水解酶系统调节的。

一、蛋白质的非特异性降解

在溶酶体途径中，蛋白质的降解大多是非特异性的。主要是降解经内吞进入细胞的蛋白质。还有一些寿命较短的蛋白质，其 N 端氨基酸残基上有一定的标记，这些标记一般是一段短的序列元件。如一个称为 PEST 的序列富含 Pro(P)、Glu(E)、Ser(S) 和 Thr(T)。该肽段可作为蛋白质水解的信号。在很多情况下，促进蛋白质变性的条件（如热、干燥、重金属胁迫和病原体侵染）也会激活蛋白质水解途径。识别受损和不正确折叠的蛋白质可能与蛋白质表面暴露出的疏水基团或疏水链有关。这些疏水区域的结构可能是不同蛋白水解酶识别并结合的位点。

二、蛋白质的特异性降解

细胞中蛋白质的选择性降解是由蛋白酶体来完成的。最重要也是研究最清楚的是泛素-蛋白酶体途径。在该途径中，蛋白质和一个或多个泛素（ubiquitin）分子结合后在一个 26S 的蛋白酶体中被降解。泛素-蛋白酶体系统是蛋白质选择性降解的工具，因此在细胞中发挥着重要的调节作用。

1. 泛素化将靶蛋白定位到降解途径　泛素是广泛存在于真核细胞中的含有 76 个氨基酸残基的蛋白质。泛素首先要水解识别的靶蛋白并与之结合，这个过程称为蛋白质的泛素化。泛素化系统包括 3 种组分：泛素活化酶 E_1、泛素结合酶 E_2 和泛素-蛋白连接酶 E_3。泛素化需要 ATP 并经这 3 个酶的作用完成（图 13-26）。

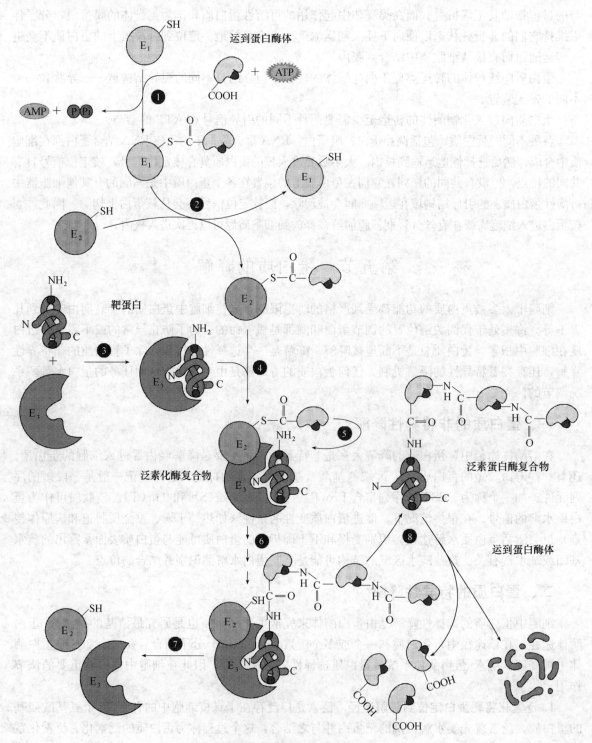

图 13 - 26　泛素化标记蛋白质的降解过程
（引自瞿礼嘉等，2004）

首先泛素通过其 C 末端甘氨酸羟基与泛素活化酶 E_1 中的 —SH 基团连接而被酰基化——活化，活化过程需要 ATP 提供能量。而后泛素酰基从 E_1 转移到泛素结合酶 E_2 活性位点内的半胱氨酸—SH基团上。泛素化的第三步是泛素-蛋白连接酶 E_3 催化泛素转移到靶蛋白。E_3 具有对底物靶蛋白选择的功能。在这个反应中，泛素通过其 C 末端甘氨酸羟基以异肽键的形式与 E_3 携带的底物靶蛋白上 Lys 残基的 ε-NH_2 连接。随后结合在靶蛋白上的泛素本身可以再与其他泛素分子结合，结果在靶蛋白上形成多泛素链。靶蛋白上这种多泛素链是蛋白酶体识别并对其进行降解的标记。

2. 蛋白酶体是一个能降解泛素化蛋白质的机器　将要进行降解的蛋白质一旦被泛素化以后，就会被递送到蛋白酶体被降解。蛋白酶体有两种形式：20S 的核心蛋白酶体、26S 的蛋白酶体复合物。核心蛋白酶体由 4 个堆积环组成，每个堆积环由 7 个亚基构成。穿过堆积环中心的通道含有蛋白酶的活性位点（图 13-27）。

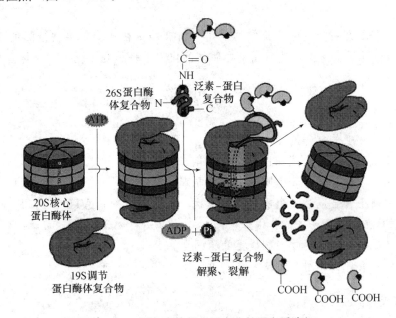

图 13-27　蛋白酶体催化泛素化的蛋白质降解

通道的入口由另外一个蛋白复合体控制，此蛋白复合体与核心蛋白酶体结合形成 26S 的结构。此蛋白复合体担当核心蛋白酶体的"嘴巴"，一旦将靶蛋白吞入，就帮助靶蛋白去折叠，并注入堆积环结构的通道里，然后在那里降解。

小　结

1. 蛋白质合成是一个复杂的过程。在这个过程中，编码在核酸上的遗传信息被翻译成蛋白质中的氨基酸序列。每一个氨基酸的掺入位置由 mRNA 上的三联体密码决定。遗传密码有 64 个密码子，其中 61 个密码子为专一的氨基酸编码，另外 3 个是终止密码子。在相应的氨酰 tRNA 合成酶催化下，ATP 驱动氨基酸的羧基与相应 tRNA 的 3′ 末端脱水形成氨基酰 tRNA。氨基酰

tRNA 依靠自身的反密码子与 mRNA 上的密码子碱基序列的相互配对，将携带的氨基酸掺入到蛋白质多肽链中。

2. 蛋白质多肽链的合成从 N 端向 C 端延伸。蛋白质合成过程有 3 个阶段：起始、延伸和终止。每个阶段都需要几个蛋白质因子。尽管原核细胞和真核细胞的翻译具有极大的相似处，但也有几个方面是不同的。最重要的不同点是翻译因子的特性和功能。

3. 蛋白质的合成也包括翻译后的修饰，翻译后修饰是为其具有功能作用，有助于折叠或靶向其到达特定位点所必需的分子形式。这些共价改造包括水解蛋白质的过程，将某些基团加在氨基酸残基的侧链上和插入一个辅因子。

4. 蛋白质生物合成最重要的是原初多肽折叠成具有生物活性的构象。蛋白质在合成之后必须定位到合适的细胞位置，分子伴侣对细胞中蛋白质的正确折叠是必需的。尽管目前对多肽的物理和化学研究已经比较深入，但是蛋白质多肽链的原初序列指令分子折叠成最终构象的分子机制还没有被揭示。

5. 通过蛋白质的降解来清除不正常的或错误折叠的蛋白质。需要被清除的蛋白质在泛素化酶复合体作用下被标记上泛素，然后在蛋白酶体的作用下将结合了泛素的目标蛋白质降解。

复 习 思 考 题

1. 列举并且描述遗传密码的 4 个特性。
2. 为什么将氨酰 tRNA 合成酶的功能称为第二遗传密码？
3. 描述蛋白质生物合成的 3 个阶段中的主要事件。
4. 计算蛋白质生物合成 200 个氨基酸的多肽，至少需要多少 ATP 和 GTP 分子。
5. 讨论 GTP 在翻译因子中的作用。
6. 列出真核生物和原核生物在翻译上的不同点。
7. 翻译后修饰有什么作用？讨论并举例说明。

主要参考文献

David L，Nelson Michael，M Cox. 2004. Lehninger Principles of Biochemistry. 3rd ed. Worth Publishers.

瞿礼嘉，顾红雅，等译 . 2003. 植物生物化学与分子生物学 . 北京：科学出版社 .

Trudy Mckee，James R. Mckee. 2001. Biochemistry：An introduction. 2nd ed. 北京：科学出版社（影印版）.

杨焕明，等译 . 2005. 基因的分子生物学 . 第五版 . 北京：科学出版社 .

第十四章 代谢调节与基因表达调控

自然界千姿百态的生物体都由核酸、蛋白质、碳水化合物、脂类等生物大分子和小分子物质构成。这些物质在生物体内的代谢过程不是彼此孤立、互不影响的，而是互相联系、互相制约、彼此交织在一起的。这些物质的代谢及相互转化过程按照生物的生长发育及适应外界环境的需要有条不紊、相互协调地进行，表现出了生物体代谢调控的高效性、灵敏性和准确性。

第一节 物质代谢的相互联系

在动物中，食物在胃和肠道被消化和吸收后，食物成分的每个分子都会进入代谢途径。在植物中，从土壤中吸收的养分和光合作用固定的碳素会根据植物生长发育的需要进行不同的代谢活动。不同分子的相互作用、相互转化和相互调节会在整个代谢过程中贯穿始终。代谢途径可分为合成代谢与分解代谢，而根据作用成分的不同又可分为糖代谢、脂类代谢、含氮化合物代谢等。

事实上，各种代谢之间都有密切的相互联系。如糖酵解生成的丙酮酸可以通过转氨基作用而生成丙氨酸；而谷氨酸和天冬氨酸脱氨代谢分别生成的 α-酮戊二酸和草酰乙酸则是三羧酸循环的中间产物。至于分子应当如何转化、参与哪个代谢过程，则要受到细胞的严格调控。

一、糖代谢途径是其他物质代谢途径的枢纽

在各种代谢途径中，糖代谢是作为代谢中心而存在的。葡萄糖通过糖酵解生成丙酮酸，在无氧条件下生成乳酸或乙醇；而在有氧条件下生成乙酰辅酶 A。乙酰辅酶 A 可以进入三羧酸循环被彻底氧化分解为 CO_2 和 H_2O，脱下的氢经过氧化磷酸化生成 ATP。脂类是生物能量的主要储存形式，脂类要彻底氧化分解为 CO_2 和 H_2O，也必须进入三羧酸循环，并且能为机体提供更多的能量。而蛋白质代谢产生的 α-酮酸和核酸代谢产生的糖类同样可以通过糖代谢而被彻底氧化分解（图14-1）。

葡萄糖及其代谢产物也参与其他代谢过程。①葡萄糖可以在肝脏或骨骼肌中转变为肝糖原或肌糖原。②磷酸戊糖途

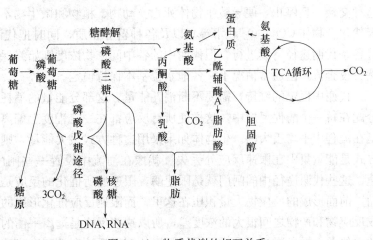

图 14-1 物质代谢的相互关系

径产生的核糖可以用来合成核酸。③磷酸丙糖可以转化为用来合成脂肪的甘油。④丙酮酸和三羧酸循环的中间产物为氨基酸的合成提供了碳骨架，而乙酰辅酶 A 又可以用来合成脂肪酸和胆固醇。

二、平衡反应和非平衡反应

根据热力学原理，当化学反应处于平衡状态时有两个特点：①正反应和逆反应的速度相等，因而尽管正反应和逆反应都在进行，但反应物和产物的浓度都保持不变，此时没有任何物质净生成；②整个反应系统没有能量的得失，当正反应进行时，反应物的化学能全部转移给产物；而当逆反应进行时，产物的化学能全部转移给反应物，此时能量转移的效率达 100%。

一个反应处于非平衡状态时，会自动向平衡状态转变。此时反应物的浓度逐渐降低，产物的浓度逐渐增加，直至达到平衡为止。在此过程中有物质的净生成，并伴随着能量的释放。这意味着反应物的化学能不能百分之百地传给产物，而且，偏离平衡越远，释放的能量也就越多，促使反应进行的动力也就越大。

生物体内，化学反应由非平衡状态向平衡状态转变时释放的能量有 3 种去向：①以热的形式释放；②用来完成各种生物功，如渗透功、离子的主动运输、原生质运动等；③推动另一吸能过程的进行，或者说和一个吸能过程相偶联。例如，生物氧化过程中释放的能量，可与 ADP 的磷酸化作用相偶联，也可以与线粒体膜上的主动转移过程相偶联。

在动物、植物和微生物的生命过程中，需要经常得到物质和能量的供应，这就意味着代谢过程必须沿单方向进行，即必须处于非平衡状态。当然，这并不意味着每个简单反应都是非平衡的，其中某些反应难于达到准平衡状态，但从总体上来看必须是非平衡的。非平衡状态的维持必须有部分能量以热的形式散失，这被看成为生物为了维持生命活动必须付出的一些代价。但是，所有的生物在长期的进化中形成的代谢类型，是把这种代价减少到最低限度的。

三、恒态和代谢调节

生物体通过不断与周围环境进行物质和能量的交换，使代谢过程持续地维持在非平衡状态。这种交换一旦停止，便导致生物体死亡。动物、植物和微生物不但从环境中摄取代谢底物（包括天然化合物如 CO_2、O_2 和水等）以及各种营养物质，同时把代谢产物不断排出体外。这样，尽管各条代谢途径持续进行，但代谢中的各中间产物浓度则始终保持恒定。正如江河中的流水，虽然日夜奔流，但通常情况下，各地水位基本保持恒定。

代谢中恒定的维持，需要不断消耗能量。这部分能量的消耗，有两种不同的方式。一是平均分配在每一个酶促反应中，这样使所有反应都在一定程度上偏离平衡。犹如天然江河一样，势能是在流程中平均丢失的。生物体如果采用这种方式丢失能量，则代谢速度很难灵活控制。另一种方式是能量集中在限速反应处丢失。就像在河流中设置一些闸门，通过升降闸门有效地控制流速。这些代谢途径中的闸门就是限速酶，限速酶所催化的反应是整个代谢途径中最慢的一步。因而，前面形成的反应物大量积压在这里，而限速反应催化形成的产物又被后面的酶迅速移走，造成反应物和产物之间很大的浓度差，所以这些反应是远离平衡的。正如闸门两边总是存在着较大的水位差一样，通过提升或关闭闸门而达到灵活、有效和准确地控制江河的流速。对代谢过程快慢的调节也是通过对限速酶数量或催化活性控制而实现的。

四、细胞结构对代谢途径的分隔调节

在细胞内进行的各种代谢途径是被严格分区的。要使每条代谢途径中的前一个酶的产物是后一个酶的底物，酶与酶之间很好地配合，才能保证代谢中的各种中间产物既不缺乏，也不过剩。正如工业上的流水作业一样，各道工序之间必须紧密配合，才能保证工件正常传递。生物体为了使代谢途径顺利进行，使每条途径都形成一个酶促反应的序列，就必须把有关的酶组织起来，形成多酶系统，并分布在细胞特定的部位，使它们相互接近。而其他酶系则分布在细胞的不同部位，避免互相干扰。细胞内膜组织的存在，为酶系统的空间隔离提供了有利条件。

真核生物的细胞呈高度区域化，由膜包围的许多细胞器（如细胞核、内质网、高尔基体、线粒体、叶绿体、过氧化物体、溶酶体和液泡等），都分布在细胞质内。各种细胞器都含有特定的酶系统，执行着特定的代谢功能。例如，糖酵解、磷酸戊糖途径、合成棕榈酸以下脂肪酸的酶系都分布在胞浆中；水解酶类主要存在于溶酶体中，在植物细胞内则存在于液泡中；合成 RNA 和 DNA 的酶类，主要分布于细胞核内（线粒体和叶绿体中也含有少量）；在内质网上存在着合成蛋白质和多糖的酶系统等。而且即使在同一细胞器中，各种酶也有一定的定位。例如，分布在线粒体内膜、外膜和内部衬质中的酶系完全不同。三羧酸循环和脂肪酸β氧化的有关酶类都分布在内部衬质中；呼吸链和氧化磷酸化作用的载体和酶类则有序地排列在内膜和嵴上。酶的空间隔离或细胞的区域化为细胞水平上的代谢调节创造了有利条件。

除了酶的空间隔离外，底物在细胞间和细胞器间的选择性运输也有效地调节着代谢途径的运行速度。

图 14-2 描述了亚细胞结构下不同代谢途径的发生位点。线粒体明显处于中心位置，它包含三羧酸循环、β氧化、生酮作用的

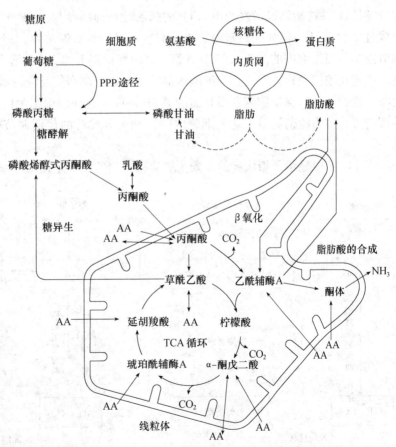

图 14-2　主要代谢途径在细胞中的定位

AA→代表必需氨基酸的代谢　　AA←代表非必需氨基酸的代谢

酶，还含有呼吸链和ATP合成酶。糖酵解、磷酸戊糖途径、脂肪酸合成都在细胞质中进行。糖异生的底物（例如乳糖和丙酮酸）也是在细胞质中形成的。但是它们需要进入线粒体转化为草酰乙酸来生成糖。脂肪（三脂酰甘油）的合成酶系统在内质网的膜上。而核糖体则用来合成蛋白质。可见，不同的细胞器在不同物质的代谢和转化方面有着严格的分工，也就是说，各自执行不同的功能。

第二节 酶活性的调节

生物体可以对细胞内已有的酶活性进行调节，从而改变各代谢途径的速度和方向。这种调节方式在生物体内普遍存在，且灵敏、快捷，可称之为微调。生物体内影响各种酶活性的因子，都可以作为酶活性的调节剂。

一、能荷对酶活性的调节

某一时间细胞中能荷的大小对细胞的代谢活动有重要的调节作用。能荷值的增加（代表ATP积累）往往激活或增强利用ATP的酶活性，抑制参与ATP再生过程的酶活性，以此防止形成过多的ATP。例如，细胞内的能荷水平可以同时对糖酵解、三羧酸循环和氧化磷酸化进行调节控制。当细胞内的能荷（ATP含量）高时便抑制上述3个过程的进行，降低ATP的生成速度，以避免浪费底物。反之，当细胞内能荷低时，分解产能反应（如糖酵解、三羧酸循环等）就会激活进行，从而保证细胞获得必需的ATP供应。这种根据细胞内能荷高低而开启或关闭反应的调控方式称为能荷调节。这是细胞内的一种十分灵巧的代谢调节机制，属于酶水平调节方式之一。

图14-3中显示了糖代谢的3条主要途径：糖酵解（途径1）、糖原合成（途径2）和糖原分

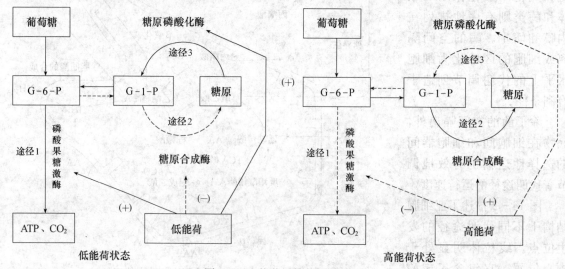

图14-3 能荷对糖代谢的调节

（＋）代表激活 （－）代表抑制

解（途径 3），葡萄糖有两个代谢方向，一个是通过糖酵解和三羧酸循环途径氧化供能；另一个是通过 G-1-P 以糖原的形式储存起来，待需要时再分解释放。究竟选择哪个代谢方向，则取决于细胞的能荷。当耗能过程强烈时，低能荷将使途径 1 的磷酸果糖激酶和途径 3 的糖原磷酸化酶激活，抑制途径 2 的糖原合成酶。这样就动员出储存的糖原进行磷酸化降解为 G-1-P，再转变为 G-6-P，然后通过磷酸果糖激酶进入糖酵解和三羧酸循环途径，彻底氧化供能。而当耗能过程减弱时，ATP 浓度较高，此时葡萄糖通过 G-6-P 转变成糖原储存起来。这样，可以根据机体的耗能情况和 ATP 水平调节代谢的速度和方向。能荷对途径 1、途径 2 和途径 3 的交替调节，维持机体内糖的代谢平衡，可以避免三者同时被激活而造成代谢的不协调。

二、酶原激活

有些酶在细胞内合成或初分泌时，只是酶的无活性前体，称为酶原（proenzyme）。当到达作用部位与催化底物接触前，才受激活剂作用转变为有活性的酶。许多酶原激活时，是在另外酶的作用下切去一个肽段，使构象发生改变，形成酶的活性中心，这个过程称为酶原的激活。胃蛋白酶、胰凝乳蛋白酶和胰蛋白酶在初分泌时都是以无活性的酶原形式存在，在受到某些因素的作用或修饰后，才转化为相应的有活性的酶。如胰蛋白酶原进入小肠后，在 Ca^{2+} 存在下受肠激酶的激活，第 6 位赖氨酸与第 7 位异亮氨酸残基之间的肽键被切断，水解掉一个六肽，分子构象发生改变，形成酶活性部位，从而成为有催化活性的胰蛋白酶（见本书第五章）。

酶原激活具有重要生理意义。它能保护生物体（如消化道）不会因酶的水解作用而遭到破坏。如出血性胰腺炎的发生就是由于胰蛋白酶原在未进入小肠时就被激活，激活的胰蛋白酶水解自身腺细胞，导致胰脏出血、肿胀、腹部剧痛。

三、酶的共价修饰

酶分子中的某些基团，在其他酶的催化下，可逆地与某些小分子基团共价结合，引起酶分子构象变化，使其处于活性与无活性的互变状态，从而调节酶的活性，称为酶的共价修饰或化学修饰。常见的小分子基团有磷酰基和腺苷酰基。已经发现有 100 多种酶的活性调节要经过共价修饰，其中一部分是处于分支途径，对代谢流量起调节作用的关键酶。酶的共价修饰是生物体内重要的代谢调节方式（参见本书第五章第七节）。

四、反馈调节

反馈调节是酶水平调节中最广泛、最重要的一种方式。反馈调节分为反馈抑制和前馈激活两种形式。

（一）反馈抑制

反馈抑制指的是某个生物合成途径的终产物可以抑制反应途径中的某个酶。

反馈抑制的酶是反应系列中催化非平衡反应的限速酶（或关键酶）。假如在图 14-4 反应中，只有 A→B 是非平衡反应，则催化此反应的酶 E_2 的活性就限制整个途径由 S 到 P 的流量，E_2 就叫做限速酶，它是一种别构酶（或调节酶）。当生物体内这一代谢产物逐渐积累时，就反馈抑制这一代谢途径中的限速酶，从而使代谢反应逐渐减慢；而当终产物被消耗或被移走，致使浓度降低时，反馈抑制作用被消除，反应又可以进行。

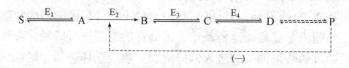

图 14-4　反馈抑制模式

从别构酶的动力学性质（参看第五章第七节）可以看出，酶活性变化对调节物浓度的改变很敏感。这意味着在反馈调节中，终产物浓度的微小变化，限速酶的活性将会发生明显改变，从而使整个反应系列的速度得到灵敏的调节。而且催化非平衡反应的别构酶一般位于起始反应处，或分支反应的分支处，这样，通过反馈调节可避免反应系列中间产物的积累，这对原料的合理利用和节约 ATP 的消耗都具有重要的生理意义。

图 14-4 是在线性反应系列中，只有一种产物的反馈抑制模式，称为一价反馈抑制。而在分支反应中，如图 14-5 所示，产物不只一种，如果产物之一 X 积累后抑制了 E₁，就会导致细胞还需要 Y 产物时，Y 产物的合成就被抑制了，这样细胞的代谢活动就会产生紊乱。最好是 X 和 Y 同时产生一定的反馈抑制，即二价反馈抑制。二价反馈抑制的情况比较复杂的，有同工酶调节、顺序反馈抑制、协同反馈和累积反馈等几种调节类型。

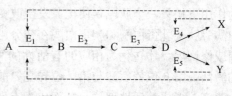

图 14-5　二价反馈抑制模式

在大肠杆菌中，天冬氨基酸合成赖氨酸、蛋氨酸、苏氨酸和异亮氨酸的分支途径是一个代表性的例子，可以说明很多反馈抑制的类型（图 14-6）。

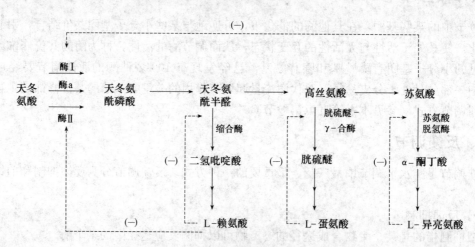

图 14-6　一个分支代谢途径的多重反馈抑制

1. 同工酶调节　同工酶指的是分子结构不同，但催化同一反应的一类酶。它们往往可以被不同的终产物抑制。在图 14-6 中，催化起始反应的天冬氨酸激酶属于别构酶，它有 3 种同工酶，同工酶 I 和同工酶 II 分别受分支反应终产物苏氨酸和赖氨酸的反馈抑制，而同工酶 a 不受抑制，这样总的反应系列不会被全部抑制。当某个分支途径中的终产物积累时，只能反馈抑制分支处的别构酶和一种同工酶，而不会影响其他分支途径中的产物生成，这样几种氨基酸的合成便分别得到调节而又互不干扰。

2. 顺序反馈抑制　在图 14 - 7 所示的顺序反馈抑制中，不是受分支途径终产物 X 和 Y 的直接反馈抑制，而是通过 X 和 Y 对分支反应中酶的抑制，使 D 积累，进而反馈抑制起始反应的酶 E_1。通过这种连续性反馈，使整个途径因 X 和 Y 的积累而得到调节。如图 14 - 6 中，分支产物异亮氨酸的积累，抑

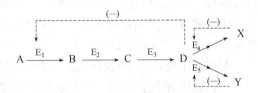

图 14 - 7　顺序反馈抑制

制了分支途径酶（苏氨酸脱氢酶），造成苏氨酸的积累，进一步反馈抑制了催化起始反应的天冬氨酸激酶Ⅰ的活性。

在糖代谢中，ATP 对磷酸果糖激酶的反馈抑制、G - 6 - P 对葡萄糖激酶的反馈抑制也属于这种类型。当细胞内生物氧化迅速或耗能过程减弱时，ATP 的含量增加，随即对磷酸果糖激酶发生远程的能荷反馈抑制，使 F - 6 - P 和 G - 6 - P 等中间产物积累。G - 6 - P 积累的结果，又会对另一限速酶（己糖激酶）产生反馈抑制（图 14 - 8）。这样 ATP 可以对整个葡萄糖的降解途径起顺序反馈抑制作用，从而有规律地调节细胞内 ATP 的水平，有效地利用能源。

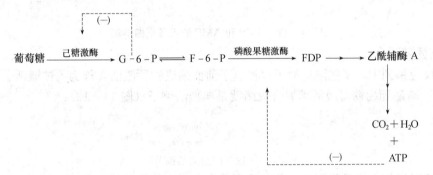

图 14 - 8　ATP 对糖酵解的顺序反馈

3. 协同反馈　在图 14 - 9 所示的协同反馈中，单独 X 或 Y 的积累，只能分别抑制 E_4 或 E_5，并不影响 E_1。而当 X 和 Y 同时积累时，才能协同反馈抑制 E_1。被抑制的酶可能是同一种酶，也可能是同工酶。

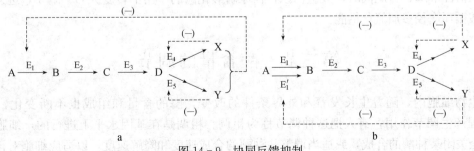

图 14 - 9　协同反馈抑制

a. 协同反馈抑制同一种酶　　b. 协同反馈抑制同工酶

4. 累积反馈　在有些分支反应中，产物当 X 或 Y 单独积累时，对代谢中起始反应的酶只产生部分反馈抑制作用；而当 X 和 Y 同时积累时，则对 E₁ 起累积性反馈，即所产生的抑制作用比 X 和 Y 单独积累时所产生的抑制作用的总和要大得多（图 14-10）。

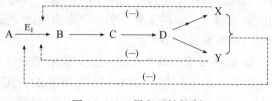

图 14-10　累积反馈抑制

例如，在嘌呤核苷酸的合成过程中，产物 GMP 和 AMP 单独积累时，对起始反应酶抑制率分别为 15％ 和 20％；如果两种终产物同时积累时，对转酰胺酶的抑制率可达 90％，远远超过 15％ 和 20％ 的总和（图 14-11）。

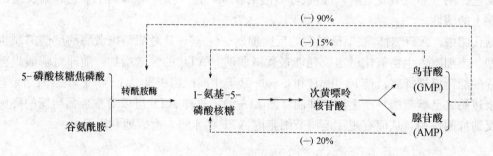

图 14-11　GMP 和 AMP 的累及反馈抑制

（二）前馈激活

在一个反应系列中，某些限速酶可以被位于前面的底物所激活，称为前馈激活。例如，在糖原合成中，6-磷酸葡萄糖可激活糖原合成酶就是典型的例子（图 14-12）。

$$G\text{-}6\text{-}P \Longrightarrow G\text{-}1\text{-}P \xrightarrow[\text{糖原磷酸化酶}]{\text{糖原合成酶}} 糖原$$

图 14-12　前馈激活调节

前馈激活对机体内能量代谢的调节有重要的意义。当体内能量丰富时，通过 ATP 的顺序反馈（图 14-8），使 G-6-P 不能迅速降解，而在细胞中积累；通过它对糖原合成酶的前馈激活，加快了糖原的合成，将能源储存起来。而当细胞的耗能过程加快，ATP 被大量耗用时，磷酸果糖激酶的抑制作用被解除，使糖酵解和三羧酸循环途径加快运转，G-6-P 也继续降解，则糖原合成酶的活性下降，与此同时，大量糖原在糖原磷酸化酶的作用下转变为 G-6-P，进入糖酵解和三羧酸循环途径参加氧化供能。

第三节　酶含量的调节

在生物细胞内，随着生长发育和外界条件的改变，酶的含量和组成也不断变化，从而对代谢过程产生调节作用，有人把这种调节称为粗调。粗调是在基因水平上进行的，细胞可以开启或完全关闭某种酶的合成，或适当调整某种酶的合成速度和降解速度，以适应细胞对该种酶的需要。

一、原核生物基因表达调节

酶合成的调节实质上是基因表达的调节。它可以在不同水平上进行，但转录水平的调节是关键环节。在原核生物细胞中的这种调节方式被研究得比较清楚。生物细胞含有该生物整个生长发育过程所必需的遗传信息，但这些遗传信息只是根据各个生长发育时期的需要，有时空性地进行表达。就酶这种特殊的蛋白质而言，有些酶的含量在细胞中大体上是保持恒定不变的，如细胞内糖代谢或脂代谢等保持基本代谢的一些酶，这些酶称为组成型酶。另一些酶是当环境条件或营养条件发生变化时诱导产生的酶，这类酶称为诱导酶或适应酶。如硝酸还原酶，光照或硝酸盐存在都诱导该酶的含量增加。停止照光或去除硝酸盐，硝酸还原酶含量会下降。在原核生物中，酶的诱导或阻遏的例子很多，这里主要选取乳糖操纵子和色氨酸操纵子这两个具有概括性的经典例子来介绍在原核生物中分解代谢途径和合成代谢途径中对酶含量是如何进行调节的。

(一) 分解代谢途径的操纵子

细菌经常面临着碳源和氮源浓度大幅度的变化，为了生存和繁殖，必须竭力从新的碳源和氮源中取得能量以克服饥饿，这就是细菌的适应性。细菌用一种简单的机制来协调对于编码基因的调控。这些编码基因（结构基因）往往串联排列在染色体上被共转录。共转录出的 mRNA 称为多顺反子，即一条 mRNA 上可以翻译出多个蛋白质。所谓操纵子是控制蛋白质合成的一个功能单位，它包括一个或多个结构基因(structural gene)［结构基因表达一种或几种功能相关的蛋白（酶)］及一个操纵基因（operator gene）和一个启动子（promoter）组成的调控位点，调控位点控制结构基因的表达。

目前研究的比较清楚的编码分解代谢途径的操纵子主要有乳糖操纵子（lac）、半乳糖操纵子（gal）、阿拉伯糖（ara）和甘露糖降解酶系操纵子。尽管每一种操纵子受自身特异调节系所控制，但它们有着共同的特点：①依赖于为其表达所需的 cAMP 受体蛋白或称为分解代谢物激活蛋白质（catabolic active protein，CAP）。②都产生葡萄糖效应，即葡萄糖等分解代谢物的浓度影响细胞质中的 cAMP 水平。通常高浓度葡萄糖存在时，尽管细胞通过酵解途径而生长，但此时基因表达率大大下降。③分解代谢途径的操纵子的基因产物（酶）的合成，一般是诱导型的。

大肠杆菌的乳糖代谢需要 3 种酶参加，即 β-半乳糖苷酶、透过酶和乙酰转移酶。当将大肠杆菌培养在乳糖作为惟一碳源的培养基中时，则 3 种酶被大量诱导合成。如果培养基中以葡萄糖为惟一碳源时，则 3 种酶的合成受阻。

图 14-13 显示了乳糖操纵子结构。在乳糖操纵子上有 3 个结构基因：①lacZ 基因，编码 β-半乳糖苷酶（β-galactosidase），分子质量约为 500 ku，活性形式是四聚体，能催化乳糖水解为葡萄糖和半乳糖；②lacY 基因，编码 β-半乳糖苷透过酶（permease），分子质量为 30 ku，是一个膜结合蛋白，能将 β-半乳糖苷转运入细胞；③lacA 基因，编码 β-半乳糖苷乙酰转移酶（transacetylase），将乙酰基从乙酰辅酶 A 转移到 β-半乳糖苷上。lacI 是一个调节基因，在正常细胞中 lacI 基因的表达是组成型的，即以恒速表达，它表达出的产物是一个阻遏子亚基，这些亚基很快被聚合成四聚体起作用。启动子（promoter）和操纵基因（operator）都是不表达产物的基因，但它们本身的序列对结构基因的表达具有作用。

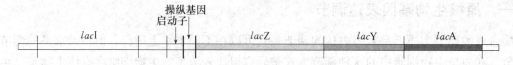

图 14 - 13　乳糖操纵子结构

在没有乳糖的情况下，乳糖操纵子是被阻遏的，即结构基因不能表达（图 14 - 14A）。lacI 基因编码的阻遏蛋白就会结合在操纵基因上，从而阻止 RNA 聚合酶与启动子的结合，结构基因就不被转录。但当碳源由葡萄糖转变为乳糖时，细菌会迅速做出应答，即在细胞内合成大量能够消化乳糖的酶（图 14 - 14B）。此时，乳糖（诱导分子）可以结合在阻遏蛋白的特异位点，并引起阻遏蛋白的构象变化，使其从操纵基因上解离，此时 RNA 聚合酶就顺利地与启动子的结合，启动结构基因的转录。

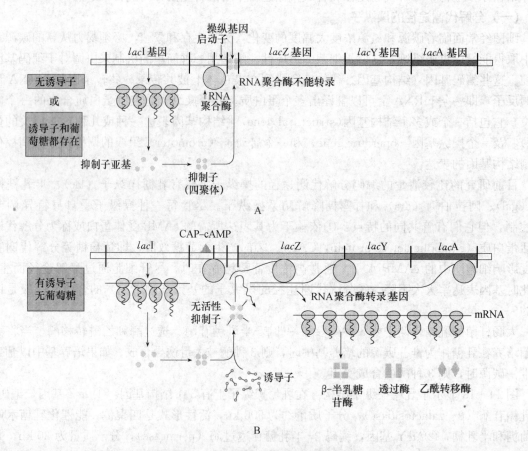

图 14 - 14　乳糖操纵子及其调控原理

但在培养基中葡萄糖和乳糖同时存在时，大肠杆菌也是先利用葡萄糖，后利用乳糖（图 14 - 14A），这就是葡萄糖效应，这种保证细胞优先利用最好碳源和能源的机制称为分解代谢产物阻遏，属于这一类调节作用的操纵子对分解代谢产物敏感。

在乳糖操纵子中，除了 lacI 编码的阻遏物调节乳糖操纵子的表达外，还受到分解代谢产物阻遏调节，这种调节需要一个转录激活物，即分解代谢物产物活化蛋白（CAP）和一个小分子的效应物（cAMP）。这种调节属于一个全局性调节类型。在这种调节中，cAMP 的水平是至关重要的，当 CAP 与 cAMP 结合后，就与操纵子上的 CAP 区上的结合位点结合激活 DNA 的转录（图 14-15）。CAP 位点对 RNA 聚合酶结合位点起控制作用。当没有葡萄糖存在时，CAP 与 cAMP 形成一个 CAP-cAMP 复合物，随即结合在 CAP 位点上，改变 RNA 聚合酶结合位点的结构，形成一个 RNA 聚合酶的入口，以便 RNA 聚合酶结合上去，刺激 RNA 转录水平提高 50 倍，所以 CAP 是个正调控因子。CAP 对转录的刺激是必需的，因为野生型乳糖启动子是个相当弱的启动子。只有在 CAP 蛋白结合于启动子附近时，RNA 聚合酶与启动子的开放复合物才能形成。当把正常培养的细菌转移至富含葡萄糖培养基上生长时，细菌内的 cAMP 浓度较低，CAP-cAMP 不能形成，CAP 位点不被结合，就不能构成 RNA 聚合酶入口位点，结构基因就不能转录。综上所述，乳糖操纵子的强烈诱导，分别受到启动子的正调控和操纵基因的负调控，既需要有乳糖存在来灭活阻遏子，又需要高浓度的 cAMP 促进与 CAP 的结合。

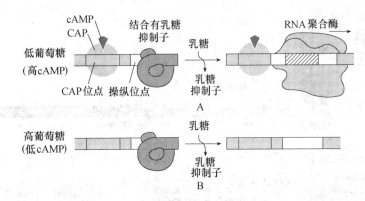

图 14-15　葡萄糖、乳糖结合在乳糖操纵子上后对其表达的影响

A. 葡萄糖浓度低而乳糖浓度高时发生高水平转录　B. 没有激活子（activator，CRP-cAMP）时操纵子几乎不转录。即使存在高浓度乳糖且乳糖抑制子不存在也不会使操纵子表达

（引自周海梦等，2005）

（二）合成代谢途径的操纵子

原核生物能够利用简单的碳源和氮源合成各种氨基酸、核苷酸和生物大分子。为了适应环境条件的变化并维持最适生长，细菌必须采取一种或多种有效的调控机制。细菌的一些氨基酸合成操纵子也是借助阻遏机制来关闭合成酶系基因表达的。但阻遏机制是使表达有或无的问题，它不能解决一组产物中各个产物的比例变化和配比问题，或各种产物的数量问题。而另一种在转录水平上控制基因表达的衰减机制，就是通过结构基因上游前导序列上的特殊序列（衰减子）来减弱转录的强度。另一方面，在操纵子上会有多个启动子可使一组酶分段表达以解决各种产物配比和数量问题，因此衰减机制比阻遏机制更灵活，但也更复杂。现已知道，苯丙氨酸、苏氨酸、异亮氨酸和生物素、嘧啶等操纵子的转录过程中都存在衰减机制。下面以色氨酸操纵子为例介绍衰减位点、前导序列编码的前导 RNA 和前导肽起什么作用、衰减位点如何调控转录过程。

在大肠杆菌或其他细菌细胞中，色氨酸及其他芳香族氨基酸的生物合成是由磷酸烯醇式丙酮酸（PEP）和 4-磷酸赤鲜糖合成一个共同的中间物（分支酸），经分支途经合成的。分支酸转变成色氨酸有 5 步反应，由 3 个酶催化完成。编码这 3 个酶的基因有 5 个：$trpE$、$trpD$、$trpC$、$trpB$ 和 $trpA$。在这 5 个基因上游有前导区 $trpL$，紧接着是 P-O 区（图 14-16）。$trpL$ 和 $trpD$ 分别编码邻氨基苯甲酸合成酶组分 I 和邻氨基苯甲酸合成酶组分 II，这两个组分组成一个四聚体复合物，催化由分支酸开始的头两步反应。$trpC$ 编码异构酶-吲哚甘油磷酸合成酶复合物，$trpB$ 和 $trpA$ 编码色氨酸合成酶的 α 亚基和 β 亚基。这 5 个结构基因可以因条件不同受两个启动子（主要启动子 P_1 和微弱启动子 P_2）控制。P_1 控制 $trpE \rightarrow trpA$ 的全程转录；P_2 则因位于 $trpD$ 的末端，只控制 $trpC$、$trpB$ 和 $trpA$ 的转录。与乳糖操纵子 P-O 区相同：$trpP$ 和 $trpO$ 组成的 P-O 区负责调控转录的起始和转录效率；但与乳糖操纵子又有区别：一是这个 P-O 区不直接与结构基因紧邻，而是和一条前导序列（leader sequence）邻接；二是 $trpO$（操纵基因）与 $trpP$（启动基因）的序列重叠，并且 O 区位于 P 区内部。此外，调控色氨酸操纵子的调节基因 R 与操纵子结构基因不连锁，$trpR$ 产物是一个无活性的阻遏物原，必须与其辅阻遏物（色氨酸-tRNA）结合才形成活性的复合物。

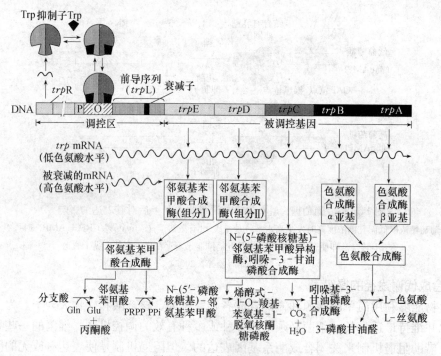

图 14-16　色氨酸操纵子

如前所述，在色氨酸操纵子上有两个启动基因 $trpP_1$ 和 $trpP_2$。由于 $trpP_1$ 与 $trpO$ 重叠，当阻遏物先结合在 $trpO$ 上时，RNA 聚合酶就无法与 $trpP_1$ 结合，转录就被阻止；相反，RNA 聚合酶先与 $trpP_1$ 结合时，阻遏物就无法与 $trpO$ 结合，结构基因的转录就得以进行。因此，RNA 聚合酶和阻遏物在 P-O 重叠区的结合是竞争的。$trpP_2$ 是一个微弱启动子。在阻遏的情况下（高浓度的色氨酸情况下），$trpP_2$ 促使 $trpC$、$trpB$ 和 $trpA$ 的转录，并且比 $trpE$、$trpD$ 的表达高出 5 倍。说明 P_1 的功能在此情况下部分受阻，而 P_2 启动不受影响。

$trpP$ 启动转录起始的效率与乳糖操纵子不同，即使在阻遏的情况下，结构基因仍然能有一个基础的水平表达；色氨酸操纵子的阻遏效应比乳糖操纵子小得多，大约是乳糖操纵子的1/1 000。

图 14 - 17 是色氨酸操纵子的阻遏机制。*trp*R 表达产物是一个蛋白亚基，聚合成无活性的四聚体形成阻遏蛋白原，当细胞中的缺乏 L -色氨酸时，没有辅阻遏物与阻遏蛋白原结合，阻遏蛋白原就无法与 *trp*O 结合，RNA 聚合酶可以顺利地结合 *trp*P₁ 位点，启动结构基因的转录，合成色氨酸的酶就得以表达。当细胞中的色氨酸含量高时，生成的色氨酸- tRNA 作为辅阻遏物与阻遏蛋白原结合，形成有活性的阻遏物与 *trp*O 结合，RNA 聚合酶就无法与 *trp*P₁ 位点结合，结构基因就无法转录。

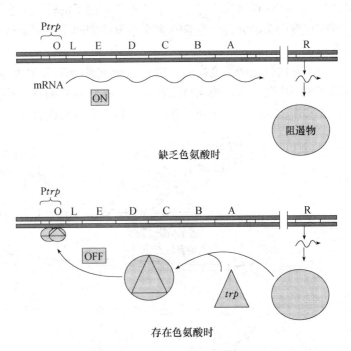

图 14 - 17 通过 *trp*R 阻遏物控制的色氨酸操纵子的负调控

色氨酸操纵子的衰减机制。阻遏机制不能完全抑制色氨酸操纵子上的结构基因的表达，这说明阻遏机制不是色氨酸操纵子惟一的调节机制。在色氨酸操纵子上还存在着衰减机制的调节。在 *trp*E 的上游有一段 162 个核苷酸的前导序列，在这个序列上有一个终止子结构，有一个衰减子结构。前导序列由 4 段构成，分别标为 1、2、3 和 4（图 14 - 18）。在这 4 段序列中，序列 1 和序列 2 可以配对，序列 3 和序列 4 可以配对，序列 2 和序列 3 也可以配对。谁与谁配对取决于细胞中的色氨酸浓度。

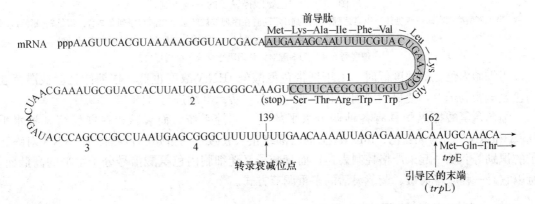

图 14 - 18 色氨酸衰减子的前导序列
（引自周海梦等，2005）

其中序列 3 和序列 4 能够形成茎环结构，其茎部富含 G—C 对，茎环结构后有多尿嘧啶核苷串联排列序列，这事实上是一个不依赖于ρ因子的转录终止子结构。前导序列中的序列1是感觉色氨酸浓度的关键元件。它含有多个色氨酸密码子，可看做色氨酸传感器，并决定序列3到底和谁配对。

当细胞内色氨酸浓度高时，携带色氨酸的tRNA浓度也高，翻译就可紧跟转录通过多个色氨酸密码子串联区段，使核糖体在序列3被转录之前进入序列2。这样，被核糖体覆盖的序列2就不能和序列3配对，从而序列3和序列4配对形成衰减子结构，使转录被终止（图14-19A）。

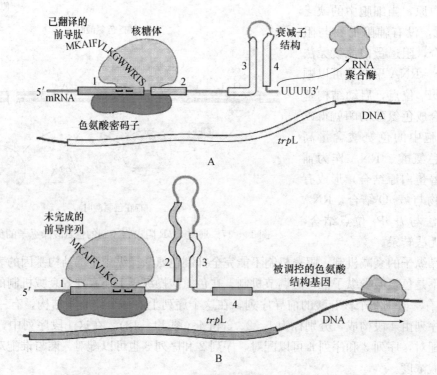

图14-19 色氨酸操纵子的衰减机制

A. 当色氨酸浓度高时（核糖体可以迅速翻译出序列1，同时在序列3被转录出之前与序列2结合。继续转录导致序列3和序列4形成衰减子结构） B. 当色氨酸浓度低时（核糖体停在序列1的色氨酸密码子处。使序列2和序列3配对，从而阻止衰减子结构形成）

当细胞内色氨酸浓度低时，由于携带色氨酸的tRNA浓度也低，核糖体就会被滞留在串联的色氨酸密码子上，使得的序列2和序列3配对，转录继续进行（图14-19B）。

细菌色氨酸操纵子具有各种调节水平的复合调控系统，而衰减机制能够将几种水平［如DNA和RNA的构象变化、mRNA上的内部终止（衰减）的重建、核糖体上tRNA对终止密码子的识别等］统一起来严格控制表达，而衰减子又随细胞内色氨酸信号分子水平的高低而复现，所以它是一种应答灵敏、调节灵活的多重调节方式。

二、真核生物基因表达调控

真核生物对基因表达的调控与原核有很大的不同。真核基因一般都有内含子、非编码序列、中度重复序列和高度重复序列，而且DNA与组蛋白形成的核小体结构使真核基因的表达启动具有自身特性，不具备快速启动的能力。在真核生物中，转录和翻译分别在细胞核和细胞质中进行，成熟 mRNA 的形成要经过大量的拼接和加工过程。mRNA 是否可以通过核膜，其半衰期等都对基因起重要的调节作用。

原核生物和真核生物在基因表达调控上最重要的差别在于：原核生物通过开启或关闭某些基因的表达来适应外界环境，群体中的每个细胞对外界环境变化的反应都是基本一致的；有些真核生物（如酵母菌等单细胞）的基因虽然也是可以诱导的，但它们没有原核细胞的可逆调控反应。大多数真核细胞基因表达调控的最明显特征是能够在特定的时间和特定的细胞中激活特定的基因，从而实现具有时序性的、不可逆的分化、发育过程，并使生物的组织和器官在一定的环境范围内保持正常功能。

根据真核基因调控发生的先后次序，又可分为转录水平调控（transcriptional regulation）、转录后水平调控（post transcriptional regulation）、翻译水平调控（translational regulation）、蛋白质加工水平的调控（regulation of protein maturation）等。

（一）顺式作用元件和反式作用元件

1. 顺式作用元件　顺式作用元件（cis-acting element）是指存在于基因旁侧序列中，能影响基因表达的序列。顺式作用元件不编码任何蛋白质，仅仅提供一个与反式作用元件（trans‐acting factor）的结合位点。其中起正调控作用的顺式作用元件有启动子、增强子；起负调控作用的顺式作用元件有沉默子（silencer）。

启动子是指与 RNA 聚合酶结合并起始转录的 DNA 序列。真核生物的启动子不像原核生物的启动子那样具有明显共同一致的序列。真核生物中，不同的启动子需要多种不同的蛋白质因子相互协调，才能启动转录。而不同启动子序列也很不相同，要比原核更复杂，序列也更长。真核生物启动子一般包括转录起始点（核心启动子元件）及其上游约 100～200 bp 序列，包含有若干具有独立功能的 DNA 序列元件，每个元件长 7～30 bp。仅在拟南芥中不同的启动子就已检测出 200 多个，可见在真核生物中转录水平的调控是相当复杂的。

启动子中的元件可以分为两种：①核心启动子元件（core promoter element），由转录起始点及其上游-25～-30 bp 处的 TATA 框组成，其中 TATA 框极为保守，是许多通用转录因子的装配位点。②上游启动子元件（upstream promoter element），包括通常位于-70 bp 附近的 CAAT 盒和 GC 盒以及距转录起始点更远的上游元件。这些元件与相应的蛋白因子结合能提高或改变转录效率。不同基因具有不同的上游启动子元件组成，其位置也不相同，就使得不同的基因表达分别有不同的调控。

增强子是一种能够提高转录效率的顺式调控元件，最早是在 SV_{40} 病毒中发现长约 200 bp 的一段 DNA（图 14‐20），可使旁侧的基因转录提高 100 倍，其后在多种真核生物、甚至在原核生物中都发现了增强子。增强子通常占 100～200 bp 长度，也和启动子一样由若干组件构成，其基本核心组件常为 8～12 bp，可以单拷贝或多拷贝以串联形式存在。

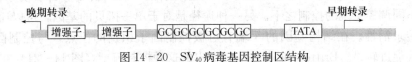

图 14‐20　SV_{40} 病毒基因控制区结构

增强子的作用有以下特点：①增强子提高同一条DNA链上基因转录效率，可以远距离起作用，通常可距离1～4 kb，个别情况下离开所调控的基因30 kb仍能发挥作用，而且在基因的上游或下游都能起作用。②增强子的作用与其序列的正反方向无关，将增强子方向倒置依然能起作用。而将启动子倒置就不能起作用，可见增强子与启动子是很不相同的。③增强子要有启动子才能发挥作用，没有启动子存在，增强子不能表现活性。但增强子对启动子没有严格的专一性，同一增强子可以影响不同类型启动子的转录。例如，当含有增强子的病毒基因组整合入宿主细胞基因组时，可增强整合区附近宿主某些基因的转录；当增强子随某些染色体段落移位时，也能提高移到的新位置周围基因的转录。使某些癌基因转录表达增强，可能是肿瘤发生的因素之一。④增强子的作用机理虽然还不明确，但与其他顺式调控元件一样，必须与特定的蛋白质因子结合后才能发挥增强转录的作用。增强子一般具有组织特异性或细胞特异性，许多增强子只在某些细胞或组织中表现活性，是由这些细胞或组织中具有特异性蛋白质因子所决定的。

2. 反式作用元件 反式作用元件是参与基因表达调控的蛋白质，在细胞内可以自由扩散，通过与DNA上的顺式作用元件相互作用而实现其调控功能，所以也称其为转录调控蛋白或转录因子（transcripter factor，TF）。转录因子有两个重要的功能结构域：与DNA结合的结构域和转录调控结构域，这两个结构域是发挥转录调控功能必需的。一些转录因子还有二聚体结构域。反式作用元件可被诱导合成，其活性也受多种因素的调节。已经发现有上百种与转录有关的DNA结合蛋白（反式作用元件），它们有的具有组织特异性或细胞特异性，有的具有基因特异性或序列特异性，有些是细胞固有的转录因子及转录活化因子，与细胞周期、发育等密切相关，也有些是介导激素、生长因子、致癌物等外来信号分子所诱导产生的转录调控因子。

（二）真核生物基因转录水平的调控

在基因调控的众多环节中，转录起始的调节居于首要地位。与原核生物基因相似，真核生物基因的转录调控是蛋白质因子与基因调控区的某些元件相互作用的结果。根据这些蛋白质因子的功能可以分为两类：基础转录因子和特异性转录因子。

基础转录因子的主要功能是将RNA聚合酶募集、识别和结合到真核生物基因的核心启动子区域，构建成转录起始复合物，如TFⅡD、TFⅡA、TFⅡB等。基础转录因子控制的基因呈组成型表达，用于合成细胞所必需的各种成分，被称为持家基因（house‐keeping gene）。

特异性转录因子也属于序列特异性DNA结合蛋白，但它们的合成或激活过程受到细胞类型或发育时期的严格控制，并能对来自细胞或外界的信号做出迅速而准确的反应，进而从时间和空间上调节基因的转录，特异性转录因子的识别序列又称为应答元件。

不同类型的细胞中由不同组合的基因表达，产生特定的表现型。然而，每种细胞类型是如何保证表达一套组合基因的呢？这可以通过两种基本方式做到。一种途径是基因重复。有些基因在基因组中有几个相同的或相似的重复拷贝。不同类型的细胞表达不同的拷贝，每个拷贝处在与其细胞类型相应的特异性控制之下。已经知道不少的基因家族（如珠蛋白基因家族等），其不同拷贝的表达处于不同调控系统的控制之下。另一种途径是对于单一拷贝的基因，可以通过复合控制系统来调控其转录活性。在结构基因的5′端有可被控制因子识别的位点，与控制因子结合后，可以以某种方式促进转录。Britten和Davidson提出的这种控制模型（图14－21）在结构基因的

5′端连接有一段称为接受位点的序列，它可以被某种激活因子所识别，激活因子由它的综合者（integrator）基因产生。这类似于细菌操纵子与其调控基因之间的关系，但不同的是，真核生物的综合者基因自身还受到与它相邻的感受位点（sensor site）的控制。感受位点负责接受激素等基因表达的调控信号。

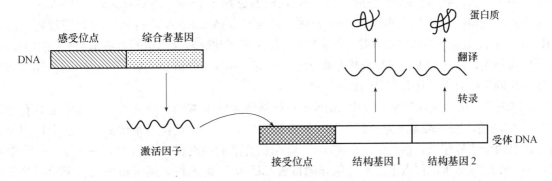

图 14 - 21　真核基因表达调控模型

　　根据上述模型，一个特定的激活蛋白可以同时控制含有相应接受位点的许多结构基因的表达。因此，从基因表达调控的意义上来说，所有接受同样接受位点的基因组成一组，相当于原核生物的一个操纵子。很可能同属一组的结构基因编码在功能上相互联系的蛋白质，如同一个生化途径中的不同的酶。如果一个结构基因拥有不同的接受位点，每个接受位点可以被一个特异性的激活因子识别，这样它就可能作为不同组的成员而在不同情况下表达。图 14 - 22 描述了 X、Y 和 Z 3 个结构基因的组合表达情况。当综合者基因 a 产生激活因子 A 时，使 X 和 Y 基因表达；当 b 产生激活因子 B 时，X、Y 和 Z 基因均表达；当 c 产生激活因子 C 时，X 和 Z 基因表达。基因表达的协同调控还可以通过感受位点控制不同的综合者基因而达到，如图 14 - 22 Ⅱ所示，在接受了特定信号的刺激后，一个感受位点可以同时产生几种激活因子，进而同时激活几组不同的结构基因，同处于一个感受位点控制之下的所有结构基因叫做一套（battery）基因，一组基因可以是不同套的成员。这个模型要求要有重复的综合者基因和接受位点，而重复序列正是真核生物 DNA 中

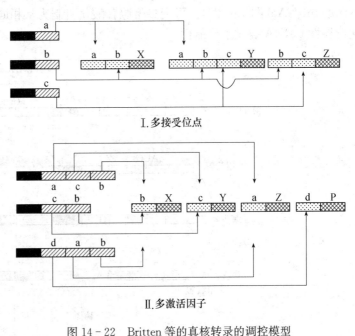

图 14 - 22　Britten 等的真核转录的调控模型

大量存在的。但必须指出，这个模型和生物体内存在的错综复杂的调控系统相比是过分简单化了，很多机制需要实验数据来证明。

（三）真核生物基因转录后水平的调控

在真核生物中，转录和翻译在细胞的不同部位进行，核转录的产物是前体 mRNA，被称为初级转录体。从初级转录体到能够作为翻译蛋白质的成熟 mRNA，还要对前体 mRNA 5′端和 3′末端分别进行加帽处理和多聚腺苷酸化处理，以及对前体 mRNA 进行剪接的处理过程。前体 mRNA 5′端和 3′末端的修饰及前体 mRNA 的剪接决定了初级转录体中的哪些信息可以用于蛋白质的生物合成。这些加工可以特异性地影响加工后的 mRNA 的信息内容，这对组织特异性和细胞特异性的蛋白质表达具有重要的影响。

5′端帽子结构是翻译起始过程中 mRNA 和核糖体 40S 亚基结合所必需的，加帽也具有稳定 mRNA 的功能。而 3′端多聚腺苷酸化是在初级转录体 3′末端特定位点水解的。在这个特定位点的上游有两个信号序列，水解位点上游 10～30 个核苷酸的高度保守的 AAUAAA 序列是一个信号，另一个信号是水解位点上游不太保守的富含 GU 或 U 的元件，两者组成了多聚腺嘌呤化信号。一些前体 mRNA 在其 3′末端带有多个多聚腺苷酸化信号，这样可以从初级转录体形成多种不同的 mRNA（图 14-23）。可变多聚腺苷酸化机制为从相同的初级转录体产生组织特异性和细胞特异性 mRNA 提供了可能性。

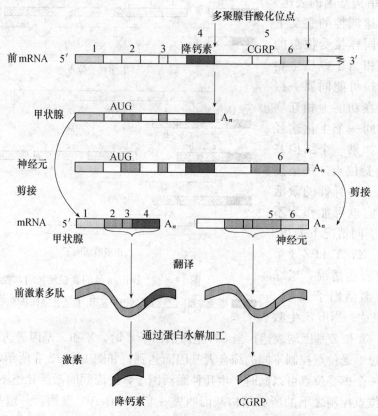

图 14-23　鼠降钙素基因表达中的可变多聚腺苷酸化

对前体 mRNA 进行剪接的处理过程也是从相同前体 mRNA 产生不同信息的主要途径。在真核生物中，遗传信息是以编码蛋白质序列的 DNA 片段（外显子）存在的，这些外显子被非编码序列（内含子）所割断。为了形成成熟的 mRNA，内含子必须被切除，外显子以正确的顺序再被连接起来。这个过程被称为剪接。根据对四膜虫 23S RNA 的自身剪接的研究，推测 DNA 中的磷酸二酯键的断裂和连接是剪接体中的 RNA 成分完成的。基因中多个外显子和内含子的存在使可变剪接成为可能。从单一的前体 mRNA 开始，通过不同外显子的连接（可变剪接），可形成几个成熟的 mRNA，每一个编码不同活性和功能的蛋白质，这就增加了基因内包含的信息量，也是细胞组织特异性表达调节的一种途径。一些可变剪接事件是组成型的，而另一些是由发育或生理信号调节的，以这种方式可以根据被转换的外来信号，实现对特异性 mRNA 水平的灵活调节（图 14-24）。

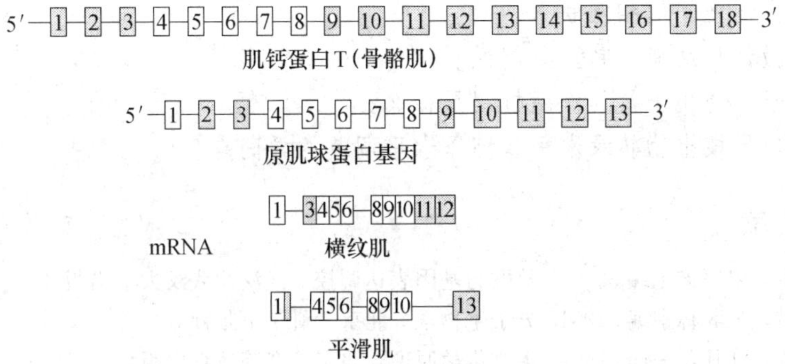

图 14-24　肌蛋白的不同剪接

（四）翻译水平的调控

翻译水平的调控主要表现在 mRNA 的稳定性和翻译起始调控两个方面。mRNA 的稳定性方面，例如持家基因转录的 mRNA 一般是长寿的，而奢侈基因转录的 mRNA 一般是短寿命的。翻译起始调控有如下几种调节机制：①翻译起始因子被一些蛋白激酶磷酸化。磷酸化形式的起始因子活性降低，导致细胞中翻译的普遍阻遏；②一些蛋白质直接结合，起着翻译阻遏子的作用，有些蛋白结合于 $3'$ 非翻译区（$3'$-UTR）的特殊位置，与其他结合于 mRNA 或 40S 核糖体亚基的翻译起始因子相互作用，阻碍翻译的起始；③一种结合蛋白（如哺乳动物的 $4E$-BP_S）破坏真核生物 eIF_{4E} 和 eIF_{4G} 之间的相互作用。当细胞生长缓慢时，这些蛋白结合在 eIF_{4E} 和 eIF_{4G} 相互作用的位点上限制翻译。当细胞对生长因子或其他刺激做出反应重新开始生长时，这些结合蛋白被蛋白激酶依赖的磷酸化作用灭活。

小　　结

1. 生物体的新陈代谢是一个完整统一的过程，存在复杂的调节机制。糖类代谢、脂类代谢、蛋白质代谢、核酸代谢之间存在着密切的联系，其中糖类代谢是其他物质代谢的枢纽。

2. 生物体可以通过多种方式对细胞内的酶活性进行调节，从而改变各代谢途径的速度和方向。酶活性调节的方式有：能荷调节、酶原激活调节、共价修饰调节和反馈调节。

3. 生物体可在基因表达水平上调控细胞内酶的生成，从而控制体内酶的含量，达到调节代谢的目的。

4. 原核生物基因组成操纵子作为表达的协同单位，分为合成代谢途径操纵子和分解代谢途径操纵子两类。真核生物基因不组成操纵子，不形成多顺反子 mRNA。真核生物的基因表达受到多级调控系统的调节，可分为转录水平调控、转录后水平调控、翻译水平调控、蛋白质加工水平的调控等。

复 习 思 考 题

1. 何谓操纵子？试述原核生物体内酶的诱导和阻遏机制。
2. 叙述物质代谢之间的相互联系。
3. 何谓前馈激活和反馈抑制？举例说明。
4. 何谓增强子和弱化子？其作用机制是什么？
5. 比较真核与原核生物转录水平和翻译水平调节的异同点。

主要参考文献

张西平，王鄂生，申宗侯主编 . 2002. 核酸与基因表达调控 . 武汉：武汉大学出版社 .

刘进元，李文君，王薛林主编 . 2001. 分子生物学 . 北京：科学出版社 .

周海梦，昌增益，江凡，等译 . 2005. 生物化学原理 . 北京：高等教育出版社 .

吴乃虎主编 . 2002. 基因工程原理 . 第二版 . 北京：科学出版社 .

孙超，刘景生，等译 . 2005. 信号转导与调控的生物化学 . 北京：化学工业出版社 .

图书在版编目（CIP）数据

生物化学／刘卫群主编 . —北京：中国农业出版社，
2009.2（2017.8 重印）
全国高等农林院校"十一五"规划教材
ISBN 978 - 7 - 109 - 13366 - 2

Ⅰ. 生… Ⅱ. 刘… Ⅲ. 生物化学-高等学校-教材
Ⅳ. Q5

中国版本图书馆 CIP 数据核字（2009）第 009114 号

中国农业出版社出版
（北京市朝阳区农展馆北路 2 号）
（邮政编码 100125）
责任编辑 李国忠

北京通州皇家印刷厂印刷 新华书店北京发行所发行
2009 年 3 月第 1 版 2017 年 8 月北京第 3 次印刷

开本：820mm×1080mm 1/16 印张：25.5
字数：610 千字
定价：48.50 元
（凡本版图书出现印刷、装订错误，请向出版社发行部调换）